Título original:

ÁLGEBRA: FUNDAMENTOS Y ESTRUCTURAS MATEMÁTICAS
De los Números Naturales a los Números Reales

Autor:

MBA. Luque Zevallos Helbert Justo

Editor a través de amazon.com
Independently published
Disponible en https://www.amazon.com

Prohibida la reproducción total o parcial de esta obra

DERECHOS RESERVADOS

País de origen: PERÚ
Idioma: Español

ISBN: 9798301297434

1. Presentación

La matemática es un lenguaje universal que ha permitido a la humanidad comprender, modelar y resolver problemas complejos en una amplia variedad de campos. Dentro de esta disciplina, el álgebra ocupa un lugar central, sirviendo como una herramienta esencial para el desarrollo del pensamiento lógico, la abstracción y la resolución de problemas. Desde sus raíces en las antiguas civilizaciones, el álgebra ha evolucionado hasta convertirse en una pieza clave en áreas como la ciencia, la tecnología y la ingeniería, siendo indispensable en la comprensión de fenómenos naturales y en la creación de modelos que impulsan el progreso tecnológico.

El objetivo de este libro es proporcionar una introducción sólida y estructurada a los conceptos fundamentales del álgebra, presentándolos de manera clara y accesible para un público amplio. A lo largo de este texto, se pretende abordar no solo los aspectos teóricos de esta disciplina, sino también sus múltiples aplicaciones prácticas, permitiendo que los lectores conecten los conceptos matemáticos con situaciones reales. Este enfoque tiene como finalidad no solo transmitir conocimientos, sino también inspirar un mayor interés y aprecio por el papel de las matemáticas en la vida cotidiana y profesional.

El contenido del libro está organizado de forma progresiva, comenzando con los fundamentos de la teoría de conjuntos, un marco que sustenta gran parte de las matemáticas modernas. Posteriormente, se introducen los números naturales, enteros, racionales y reales, con énfasis en sus propiedades, operaciones y relaciones. Se avanza hacia los números complejos, explorando su importancia en áreas como la física y la ingeniería, así como su papel en el desarrollo de estructuras algebraicas más complejas. Cada capítulo está cuidadosamente diseñado para construir un entendimiento profundo y riguroso de los temas, mientras que los ejemplos y ejercicios permiten al lector aplicar y consolidar los conceptos aprendidos.

Una característica importante de este texto es su enfoque en la resolución de problemas, integrando ejemplos prácticos que reflejan situaciones comunes en diversas disciplinas. Además, se presentan ejercicios con diferentes niveles de dificultad, diseñados para fomentar la práctica activa y el desarrollo de habilidades de razonamiento crítico. Estos ejercicios no solo buscan reforzar los conceptos, sino también estimular la creatividad y el análisis en la resolución de problemas matemáticos.

El álgebra no es solo una herramienta técnica, sino también un campo que fomenta la creatividad y el pensamiento abstracto. Este libro busca transmitir la belleza inherente a los conceptos matemáticos, desde las propiedades simétricas de los números hasta las sorprendentes conexiones entre diferentes ramas de las matemáticas. A través de su estudio, se espera que los lectores no solo adquieran habilidades prácticas, sino que también desarrollen una apreciación más profunda por la elegancia y el poder transformador de las matemáticas.

Este texto ha sido diseñado para servir como un recurso integral para estudiantes, profesionales y cualquier persona interesada en adquirir o reforzar sus conocimientos de álgebra. Independientemente del contexto en el que se utilice, ya sea en un entorno académico, en un proyecto personal o como base para estudios más avanzados, el libro busca ser una herramienta útil y confiable. Los conceptos presentados en estas páginas constituyen la base para explorar áreas más avanzadas de las matemáticas, proporcionando un punto de partida sólido para la investigación y el aprendizaje continuo.

Esperamos que este libro no solo cumpla su propósito como recurso educativo, sino que también inspire a los lectores a profundizar en el mundo fascinante del álgebra y las matemáticas. La exploración de esta disciplina es un viaje que recompensa a quienes se aventuran con curiosidad y perseverancia, abriendo puertas a nuevas ideas y formas de entender el mundo que nos rodea.

MBA. Helbert Justo Luque Zevallos
Autor

Índice general

1 Presentación 3

2 Sumario 11

3 Introducción 13

Conjuntos y Números Naturales

1 Teoría de conjuntos y funciones 17

1.1 Pertenencia e inclusión — 17
1.1.1 Elementos de un conjunto 17
1.1.2 Subconjuntos y propiedades de inclusión 19

1.2 Operaciones entre conjuntos — 24
1.2.1 Unión e intersección 24
1.2.2 Diferencia de conjuntos 30
1.2.3 Diferencia simétrica 36
1.2.4 Complemento de conjuntos 43

1.3 Familias de conjuntos — 48
1.3.1 Definición y notación de familias de conjuntos ... 48
1.3.2 Intersección y unión de familias 57

1.4 Producto cartesiano — 63
1.4.1 Pares ordenados y su representación 63
1.4.2 Propiedades del producto cartesiano 70

1.5 Cardinalidad de conjuntos — 79
1.5.1 Conjuntos finitos e infinitos 79

1.5.2	Comparación de cardinalidades	85
1.6	**Relaciones binarias**	**92**
1.6.1	Propiedades de las relaciones	92
1.6.2	Representación de relaciones como gráficos	99
1.7	**Relaciones de equivalencia**	**105**
1.7.1	Clases de equivalencia	105
1.7.2	Particiones inducidas por relaciones de equivalencia	114
1.8	**Tipos de Funciones**	**121**
1.8.1	Funciones Inyectividad	121
1.8.2	Funciones sobreyectividad	127
1.8.3	Funciones biyectivas	131
1.9	**Imagen directa e imagen inversa**	**137**
1.9.1	Definición y propiedades de la imagen directa	137
1.9.2	Imagen inversa de una función	143
1.10	**Composición de funciones**	**150**
1.10.1	Definición y propiedades de la composición	150
1.10.2	Asociatividad de la composición	156
1.11	**Función inversa**	**161**
1.11.1	Cálculo de la función inversa	161
1.11.2	Propiedades de las funciones invertibles	169
1.12	**Ejercicios Resueltos**	**176**
1.12.1	Pertenencia e inclusión	176
1.12.2	Operaciones entre conjuntos	178
1.12.3	Familias de conjuntos	179
1.12.4	Producto cartesiano	180
1.12.5	Cardinalidad de conjuntos	181
1.12.6	Relaciones binarias	182
1.12.7	Relaciones de equivalencia	184
1.12.8	Tipos de funciones	185
1.12.9	Imagen directa e imagen inversa	186
1.12.10	Composición de funciones	187
1.12.11	Función inversa	189
1.13	**Ejercicios Propuestos**	**190**
1.13.1	Pertenencia e inclusión	190
1.13.2	Operaciones entre conjuntos	191
1.13.3	Familias de conjuntos	191
1.13.4	Producto cartesiano	192
1.13.5	Cardinalidad de conjuntos	193
1.13.6	Relaciones binarias	194
1.13.7	Relaciones de equivalencia	195
1.13.8	Tipos de funciones	195
1.13.9	Imagen directa e imagen inversa	196
1.13.10	Composición de funciones	198
1.13.11	Función inversa	199

2 Números naturales ... 201

2.1 Operaciones en los números naturales — **201**
2.1.1 Propiedades de la adición ... 201
2.1.2 Propiedades de la multiplicación ... 205

2.2 Leyes de números naturales — **211**
2.2.1 Ley asociativa y conmutativa ... 211
2.2.2 Ley distributiva ... 219
2.2.3 Otras leyes en números naturales ... 224

2.3 Principio de inducción matemática — **231**
2.3.1 Formulación del principio de inducción ... 231
2.3.2 Uso del principio en demostraciones ... 238

2.4 Axioma de Peano y el principio del buen orden — **243**
2.4.1 Definición de los axiomas de Peano ... 243
2.4.2 Propiedades del principio del buen orden ... 248

2.5 Definiciones por recurrencia — **252**
2.5.1 Sucesiones definidas por recurrencia ... 252
2.5.2 Aplicación en la construcción de funciones ... 259

2.6 Sumatorias — **264**
2.6.1 Propiedades y manipulación de sumatorias ... 264
2.6.2 Ejemplos con fórmulas conocidas ... 270

2.7 Ejercicios Resueltos — **276**
2.7.1 Operaciones en los números naturales ... 276
2.7.2 Leyes de números naturales ... 279
2.7.3 Principio de inducción matemática ... 281
2.7.4 Axioma de Peano y el principio del buen orden ... 284
2.7.5 Definiciones por recurrencia ... 286
2.7.6 Sumatorias ... 289

2.8 Ejercicios Propuestos — **292**
2.8.1 Operaciones en los números naturales ... 292
2.8.2 Leyes de números naturales ... 294
2.8.3 Principio de inducción matemática ... 295
2.8.4 Axioma de Peano y el principio del buen orden ... 296
2.8.5 Definiciones por recurrencia ... 297
2.8.6 Sumatorias ... 299

Números enteros

3 Números enteros ... 303

3.1 Teorema fundamental de la partición — **303**
3.1.1 Expresión única de enteros ... 303
3.1.2 Propiedades y aplicaciones ... 306

3.2 Conjunto cociente — **309**
3.2.1 Construcción de conjuntos cocientes ... 309
3.2.2 Ejemplos con aritmética modular ... 313

3.3 Clases de equivalencia — 319
- 3.3.1 Definición y representación de clases 319
- 3.3.2 Relación con el conjunto cociente 322

3.4 Construcción de los enteros — 328
- 3.4.1 Extensión de números naturales 328
- 3.4.2 Definición formal de los números enteros 334

3.5 Ejercicios Resueltos — 339
- 3.5.1 Teorema fundamental de la partición 339
- 3.5.2 Conjunto cociente 341
- 3.5.3 Clases de equivalencia 345
- 3.5.4 Construcción de los enteros 348

3.6 Ejercicios Propuestos — 351
- 3.6.1 Teorema fundamental de la partición 351
- 3.6.2 Conjunto cociente 352
- 3.6.3 Clases de equivalencia 354
- 3.6.4 Construcción de los enteros 355

III Números Racionales y Reales

4 Números racionales 359

4.1 Construcción de los números racionales — 359
- 4.1.1 Cocientes de números enteros 359
- 4.1.2 Propiedades de los racionales 363

4.2 Adición y multiplicación de números racionales — 367
- 4.2.1 Propiedades conmutativa, asociativa y distributiva 367
- 4.2.2 Inversos aditivos y multiplicativos 373

4.3 Los números enteros como subconjunto de los números racionales — 378
- 4.3.1 Inclusión de $\mathbb{Z}$ en $\mathbb{Q}$ 378
- 4.3.2 Diferencias clave entre enteros y racionales 382

4.4 Orden de los números racionales — 386
- 4.4.1 Comparación de fracciones 386
- 4.4.2 Propiedades del orden en $\mathbb{Q}$ 389

4.5 Propiedad arquimediana — 395
- 4.5.1 Definición y aplicaciones 395
- 4.5.2 Uso en el análisis de sucesiones 399

4.6 Teorema de la densidad de los números racionales — 404
- 4.6.1 Densidad de $\mathbb{Q}$ en $\mathbb{R}$ 404
- 4.6.2 Consecuencias del teorema 408

4.7 Ejercicios Resueltos — 412
- 4.7.1 Construcción de los números racionales 412
- 4.7.2 Adición y multiplicación de números racionales 413
- 4.7.3 Los números enteros como subconjunto de los números racionales .. 414
- 4.7.4 Orden de los números racionales 414
- 4.7.5 Propiedad arquimediana 415
- 4.7.6 Teorema de la densidad de los números racionales 416

4.8 Ejercicios Propuestos — **417**

4.8.1 Construcción de los números racionales 418
4.8.2 Adición y multiplicación de números racionales 418
4.8.3 Los números enteros como subconjunto de los números racionales . . 419
4.8.4 Orden de los números racionales 420
4.8.5 Propiedad arquimediana 421
4.8.6 Teorema de la densidad de los números racionales 421

5 Números reales 423

5.1 Los números racionales como aproximaciones decimales — **423**

5.1.1 Aproximación finita e infinita 423
5.1.2 Propiedades de la aproximación 428

5.2 Convergencia de sucesiones — **433**

5.2.1 Definición de convergencia 433
5.2.2 Ejemplos de sucesiones convergentes 437

5.3 Sucesión de Cauchy — **443**

5.3.1 Definición y propiedades 443
5.3.2 Relación con la completitud de $\mathbb{R}$ 447

5.4 Construcción de los números reales — **451**

5.4.1 Construcción por cortes de Dedekind 451
5.4.2 Construcción a partir de sucesiones de Cauchy 455

5.5 Los números racionales como números reales — **459**

5.5.1 Inclusión de $\mathbb{Q}$ en $\mathbb{R}$ 459
5.5.2 Representación y diferencias 463

5.6 Algunos números reales importantes — **467**

5.6.1 Definición de π y e 467
5.6.2 Importancia en el análisis 473

5.7 Orden de los números reales — **478**

5.7.1 Comparación de números reales 478
5.7.2 Propiedades del campo ordenado 484

5.8 Campo de los números reales — **486**

5.8.1 Axiomas del campo 486
5.8.2 Completitud de $\mathbb{R}$ 491

5.9 Conjuntos equienumerables — **496**

5.9.1 Definición de numerabilidad 496
5.9.2 Ejemplos de conjuntos numerables 502

5.10 Numerabilidad de $\mathbb{Q}$, no numerabilidad de $\mathbb{R}$ — **507**

5.10.1 Pruebas de numerabilidad y no numerabilidad 507
5.10.2 Consecuencias para la teoría de conjuntos 511

5.11 Caracterización del supremo — **514**

5.11.1 Definición de supremo 514
5.11.2 Propiedades y ejemplos 517

5.12 Teorema de los intervalos encajados — **521**

5.12.1 Formulación del teorema 521
5.12.2 Aplicaciones en análisis real 525

5.13 Ejercicios Resueltos — 528

- 5.13.1 Los números racionales como aproximaciones decimales 528
- 5.13.2 Convergencia de sucesiones 530
- 5.13.3 Sucesión de Cauchy 531
- 5.13.4 Construcción de los números reales 533
- 5.13.5 Los números racionales como números reales 534
- 5.13.6 Algunos números reales importantes 535
- 5.13.7 Orden de los números reales 537
- 5.13.8 Campo de los números reales 538
- 5.13.9 Conjuntos equinumerables 540
- 5.13.10 Numerabilidad de $\mathbb{Q}$, no numerabilidad de $\mathbb{R}$ 541
- 5.13.11 Caracterización del supremo 543
- 5.13.12 Teorema de los intervalos encajados 544

5.14 Ejercicios Propuestos — 546

- 5.14.1 Los números racionales como aproximaciones decimales 546
- 5.14.2 Convergencia de sucesiones 547
- 5.14.3 Sucesión de Cauchy 547
- 5.14.4 Construcción de los números reales 548
- 5.14.5 Los números racionales como números reales 549
- 5.14.6 Algunos números reales importantes 550
- 5.14.7 Orden de los números reales 551
- 5.14.8 Campo de los números reales 552
- 5.14.9 Conjuntos equinumerables 553
- 5.14.10 Numerabilidad de $\mathbb{Q}$, no numerabilidad de $\mathbb{R}$ 554
- 5.14.11 Caracterización del supremo 554
- 5.14.12 Teorema de los intervalos encajados 555

2. Sumario

El álgebra es una rama fundamental de las matemáticas que permite analizar estructuras, relaciones y operaciones entre conjuntos de números. A lo largo de este libro, se presentan los conceptos esenciales del álgebra, organizados en cuatro unidades temáticas que guían al lector desde los fundamentos hasta aplicaciones más avanzadas. Cada unidad aborda un conjunto de temas interrelacionados, destacando la teoría y práctica a través de definiciones, ejemplos y ejercicios. El objetivo es proporcionar una base sólida para estudiantes y profesionales interesados en profundizar en esta disciplina.

Unidad I: Conjuntos y Números Naturales

En esta unidad introductoria, se establecen los conceptos básicos de la teoría de conjuntos, que constituye la base del álgebra moderna. Se analizan temas como:

- **Teoría de conjuntos y funciones**: Pertenencia, inclusión, operaciones entre conjuntos, leyes de Morgan, producto cartesiano y cardinalidad. - **Números naturales**: Propiedades fundamentales, operaciones básicas y el principio de inducción matemática.

Estos temas proporcionan las herramientas iniciales para comprender estructuras matemáticas y preparar al lector para explorar conceptos más avanzados.

Unidad II: Números Enteros y Dominios

La segunda unidad se centra en la extensión de los números naturales hacia los números enteros, destacando su estructura y propiedades. También se introducen los dominios de integridad, que desempeñan un papel crucial en el álgebra abstracta. Los capítulos incluyen:

- **Números enteros**: Construcción, clases de equivalencia y operaciones básicas.

Unidad III: Números Racionales y Reales

La tercera unidad amplía el estudio de los sistemas numéricos, presentando los números racionales y reales. Se abordan sus propiedades, construcción y aplicaciones. Los capítulos tratados incluyen:

- **Números racionales**: Cocientes de enteros, propiedades algebraicas y orden. - **Números reales**: Convergencia de sucesiones, sucesiones de Cauchy, cortes de Dedekind, y el campo de los números reales.

Esta sección conecta los fundamentos del álgebra con el análisis matemático, destacando la completitud de los números reales y su importancia en las matemáticas.

Cada unidad está diseñada para guiar al lector de manera progresiva, desarrollando tanto habilidades técnicas como una apreciación más profunda del álgebra. Los temas presentados ofrecen una base integral para estudios más avanzados en matemáticas y disciplinas relacionadas.

MBA. Helbert Justo Luque Zevallos
Autor

3. Introducción

La matemática es una ciencia universal que ha permitido a la humanidad modelar, analizar y resolver problemas en una amplia variedad de contextos. Dentro de esta disciplina, el álgebra se posiciona como una rama fundamental que se enfoca en estudiar las estructuras, relaciones y operaciones entre conjuntos de números. Este libro busca proporcionar una visión integral de los conceptos algebraicos fundamentales, organizando los temas en cuatro unidades que permiten un aprendizaje progresivo y detallado. Cada unidad abarca diversos temas esenciales, presentados con rigurosidad teórica y acompañados de ejercicios prácticos para consolidar el aprendizaje.

Conjuntos y Números Naturales: La primera unidad introduce los conceptos básicos de la teoría de conjuntos, una herramienta indispensable en las matemáticas modernas. Este capítulo comienza con la **pertenencia e inclusión**, conceptos fundamentales que definen las relaciones entre elementos y conjuntos. A continuación, se analizan las **operaciones entre conjuntos**, como la unión, intersección, diferencia y complemento, que son esenciales para comprender combinaciones y relaciones entre conjuntos. También se presentan las **leyes de Morgan**, que establecen las propiedades lógicas que gobiernan estas operaciones.

Seguidamente, se aborda el **producto cartesiano**, una operación clave que permite formar pares ordenados y construir relaciones y funciones. El capítulo continúa con la **teoría de funciones**, introduciendo conceptos como dominio, codominio e imagen. Se profundiza en los tipos de funciones, incluyendo las **inyectivas, sobreyectivas y biyectivas**, y en la **imagen directa e inversa**, que son fundamentales para el análisis matemático. Finalmente, se presentan los métodos de **composición de funciones** y **inversión de funciones**, que serán utilizados en unidades posteriores.

La segunda parte de esta unidad se dedica a los **números naturales**, los primeros números que surgieron en la historia de las matemáticas. Se abordan las **operaciones entre números naturales**, sus propiedades básicas y su representación en contextos matemáticos. Además, se estudia el **principio de inducción matemática**, una herramienta poderosa para realizar demostraciones formales. Temas avanzados como el **teorema de Peano**, el **axioma del buen orden** y las **formulaciones recursivas** completan esta exploración, preparando al lector para transitar hacia conjuntos numéricos más complejos.

Números Enteros y Dominios: En la segunda unidad, se amplía el conjunto de los números naturales para incluir los números enteros, introduciendo valores negativos y su importancia en la representación y resolución de problemas. Este capítulo comienza con el **teorema fundamental de la partición** y su relación con los números enteros. Luego, se analizan las **clases de equivalencia** y el **conjunto cociente**, conceptos esenciales para la construcción matemática de los números enteros como un subconjunto de los racionales.

Números Racionales y Reales: La tercera unidad amplía aún más los conjuntos numéricos introduciendo los números racionales y reales. En primer lugar, se estudia la **construcción de los números racionales** como cocientes de números enteros. Se analizan sus propiedades, como la **adición y multiplicación** de números racionales, así como su relación con los números enteros. Temas avanzados como **la propiedad arquimediana**, **la densidad de los números racionales** y **su representación decimal** son tratados en profundidad, mostrando cómo los números racionales pueden aproximar a los reales.

La segunda parte de esta unidad se centra en los números reales, destacando su construcción y propiedades. Se exploran conceptos como **los números racionales como aproximaciones decimales**, la **convergencia de sucesiones**, las **sucesiones de Cauchy** y la **construcción de los números reales** mediante cortes de Dedekind. También se analizan el **campo de los números reales**, su completitud y el **teorema de los intervalos encajados**, que es fundamental en el análisis matemático.

Cada unidad de este libro ha sido diseñada para guiar al lector de manera progresiva y estructurada, proporcionando una comprensión integral de los números y sus estructuras asociadas. Con este enfoque, se espera que el lector no solo adquiera conocimientos sólidos, sino también una apreciación más profunda de la belleza y utilidad del álgebra en contextos teóricos y prácticos.

MBA. Helbert Justo Luque Zevallos
Autor

Conjuntos y Números Naturales

1 Teoría de conjuntos y funciones 17
- 1.1   Pertenencia e inclusión
- 1.2   Operaciones entre conjuntos
- 1.3   Familias de conjuntos
- 1.4   Producto cartesiano
- 1.5   Cardinalidad de conjuntos
- 1.6   Relaciones binarias
- 1.7   Relaciones de equivalencia
- 1.8   Tipos de Funciones
- 1.9   Imagen directa e imagen inversa
- 1.10 Composición de funciones
- 1.11 Función inversa
- 1.12 Ejercicios Resueltos
- 1.13 Ejercicios Propuestos

2 Números naturales 201
- 2.1   Operaciones en los números naturales
- 2.2   Leyes de números naturales
- 2.3   Principio de inducción matemática
- 2.4   Axioma de Peano y el principio del buen orden
- 2.5   Definiciones por recurrencia
- 2.6   Sumatorias
- 2.7   Ejercicios Resueltos
- 2.8   Ejercicios Propuestos

1. Teoría de conjuntos y funciones

1.1 Pertenencia e inclusión

1.1.1 Elementos de un conjunto

En la teoría de conjuntos, es fundamental entender la noción de elemento y cómo éste interactúa dentro de un conjunto. A continuación, presentamos las definiciones y propiedades clave que nos permitirán profundizar en este concepto.

Definition 1.1.1 Sea A un conjunto. Decimos que un objeto a es un **elemento** de A si a satisface las propiedades que definen a A. Esto se denota como $a \in A$.

Es esencial distinguir entre un elemento y un subconjunto. Un elemento es un objeto indivisible en este contexto, mientras que un subconjunto es un conjunto que contiene elementos de otro conjunto.

■ **Example 1.1** Consideremos el conjunto $A = \{1, 2, 3\}$. Aquí, $1 \in A$ y $2 \in A$. Sin embargo, el conjunto $\{1, 2\}$ no es un elemento de A, sino un subconjunto de A, denotado como $\{1, 2\} \subseteq A$. ■

R La notación $a \in A$ indica pertenencia de un elemento a un conjunto, mientras que $B \subseteq A$ indica que B es un subconjunto de A.

Es importante comprender cómo los elementos se relacionan con los conjuntos en términos de inclusión y pertenencia.

Proposition 1.1.1 Si $a \in A$ y $A \subseteq B$, entonces $a \in B$.

Demostración. Dado que $A \subseteq B$, todos los elementos de A son también elementos de B. Por lo tanto, si $a \in A$, se sigue que $a \in B$. ∎

Esta propiedad nos permite construir cadenas de conjuntos y analizar cómo se relacionan entre sí.

Theorem 1.1.2 Dos conjuntos A y B son iguales, denotado $A = B$, si y solo si $A \subseteq B$ y $B \subseteq A$.

Demostración. Para demostrar que dos conjuntos A y B son iguales, debemos verificar que $A \subseteq B$ y $B \subseteq A$.
($\Rightarrow$) Supongamos que $A = B$. Por definición de igualdad de conjuntos, esto significa que cada elemento de A también pertenece a B, lo que implica $A \subseteq B$, y que cada elemento de B pertenece a A, lo que implica $B \subseteq A$. Por lo tanto, $A \subseteq B$ y $B \subseteq A$.
($\Leftarrow$) Supongamos que $A \subseteq B$ y $B \subseteq A$. Esto significa que cualquier elemento $x \in A$ también pertenece a B, y cualquier elemento $y \in B$ también pertenece a A. Por lo tanto, todos los elementos de A y B coinciden, lo que implica que $A = B$.
En consecuencia, se demuestra que dos conjuntos A y B son iguales si y solo si $A \subseteq B$ y $B \subseteq A$. ∎

Este teorema es fundamental para establecer la identidad entre conjuntos basándose en sus elementos.

■ **Example 1.2** Sea $A = \{x \in \mathbb{N} \mid x \text{ es par y } x < 5\}$ y $B = \{2, 4\}$. Como ambos conjuntos contienen exactamente los mismos elementos, concluimos que $A = B$. ■

La comprensión de los elementos y su pertenencia a conjuntos nos permite resolver problemas más complejos.

Exercise 1.1 Sea $C = \{x \in \mathbb{Z} \mid x^2 = 4\}$. Determine los elementos de C y represéntelos en la recta numérica.

Demostración. Los números enteros x que satisfacen $x^2 = 4$ son $x = 2$ y $x = -2$. Por lo tanto, $C = \{-2, 2\}$.

Figura 1.1.1: *Representación de los elementos de C en la recta numérica.*

∎

Exercise 1.2 Sea $D = \{\{1\}, 2, \{3\}\}$. Determine cuáles de los siguientes enunciados son verdaderos:
1. $1 \in D$
2. $\{1\} \in D$
3. $2 \in D$
4. $3 \in D$
5. $\{3\} \subseteq D$

Demostración. Analizamos cada enunciado:
1. Falso. 1 no es un elemento de D, ya que D contiene $\{1\}$, no 1.
2. Verdadero. $\{1\}$ es un elemento de D.
3. Verdadero. 2 es un elemento de D.
4. Falso. 3 no es un elemento de D.
5. Falso. $\{3\}$ es un elemento de D, pero $\{3\}$ no es un subconjunto de D.

∎

1.1 Pertenencia e inclusión

> (R) Un conjunto puede contener otros conjuntos como elementos. Esto es esencial en construcciones más avanzadas, como las familias de conjuntos.

Para finalizar, visualicemos la estructura del conjunto D del ejercicio anterior.

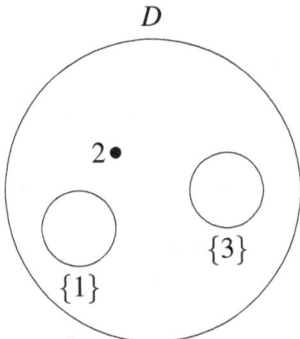

Figura 1.1.2: *Representación del conjunto D y sus elementos.*

> (R) Los diagramas son herramientas valiosas para entender la estructura interna de los conjuntos y las relaciones entre sus elementos.

En conclusión, la comprensión profunda de qué constituye un elemento y cómo interactúa dentro de un conjunto es esencial para el estudio avanzado de álgebra y otras ramas de las matemáticas. Este conocimiento es la base para explorar conceptos más complejos como funciones, relaciones y estructuras algebraicas.

1.1.2 Subconjuntos y propiedades de inclusión

La noción de subconjunto es fundamental en la teoría de conjuntos y sirve como base para muchas construcciones matemáticas más avanzadas. En esta sección, exploraremos las definiciones formales, propiedades y resultados clave relacionados con los subconjuntos y la inclusión.

Definition 1.1.2 Sea A y B dos conjuntos. Decimos que A es un **subconjunto** de B, y lo denotamos como $A \subseteq B$, si todo elemento de A es también un elemento de B, es decir,

$$\forall x(x \in A \implies x \in B).$$

Esta definición establece una relación de inclusión entre dos conjuntos, donde A está contenido dentro de B.

■ **Example 1.3** Consideremos los conjuntos $A = \{1,2\}$ y $B = \{1,2,3,4\}$. Como todos los elementos de A están en B, tenemos que $A \subseteq B$. ■

Es importante notar que todo conjunto es subconjunto de sí mismo.

Proposition 1.1.3 Un conjunto A es un **subconjunto propio** de B, denotado $A \subsetneq B$, si $A \subseteq B$ y $A \neq B$.

> (R) La distinción entre subconjunto ($\subseteq$) y subconjunto propio ($\subsetneq$) es útil cuando queremos enfatizar que un conjunto está contenido en otro pero no es igual a él.

> **Theorem 1.1.4** La relación de inclusión de conjuntos es transitiva; es decir, si $A \subseteq B$ y $B \subseteq C$, entonces $A \subseteq C$.

Demostración. Supongamos que $A \subseteq B$ y $B \subseteq C$. Por definición de inclusión, esto significa que:
1. Para todo $x \in A$, se tiene $x \in B$.
2. Para todo $x \in B$, se tiene $x \in C$.

Combinando estas dos afirmaciones, concluimos que para todo $x \in A$, también se tiene $x \in C$. Por lo tanto, $A \subseteq C$.
Esto demuestra que la relación de inclusión es transitiva. ∎

Este teorema nos permite entender cómo las relaciones de inclusión se pueden componer para obtener nuevas inclusiones.

> **Corollary 1.1.5** Para cualquier conjunto A, se cumple que $A \subseteq A$.

Demostración. Por definición, para todo $x \in A$, claramente $x \in A$. Por lo tanto, $A \subseteq A$. ∎

Este resultado trivial pero fundamental establece que la relación de inclusión es reflexiva.

> **Lema 1.1.1** El conjunto vacío $\emptyset$ es subconjunto de todo conjunto A, es decir, $\emptyset \subseteq A$.

Demostración. Por definición, no hay elementos en $\emptyset$. Por lo tanto, la implicación $\forall x(x \in \emptyset \implies x \in A)$ es vacuamente verdadera. ∎

> (R) El conjunto vacío juega un papel especial en la teoría de conjuntos, actuando como el elemento neutro bajo la operación de intersección y como el elemento mínimo en el orden dado por la inclusión.

Ahora, introduciremos el concepto de conjunto potencia, que es fundamental para entender las estructuras de conjuntos.

> **Definition 1.1.3** Dado un conjunto A, el **conjunto potencia** de A, denotado $\mathscr{P}(A)$, es el conjunto de todos los subconjuntos de A, es decir,
> $$\mathscr{P}(A) = \{B \mid B \subseteq A\}.$$

■ **Example 1.4** Sea $A = \{1, 2\}$. Entonces,
$$\mathscr{P}(A) = \{\emptyset, \{1\}, \{2\}, \{1, 2\}\}.$$

■

Observemos que si A tiene n elementos, entonces $\mathscr{P}(A)$ tiene 2^n elementos.

> **Theorem 1.1.6** Si un conjunto A es finito y $|A| = n$, entonces $|\mathscr{P}(A)| = 2^n$.

Demostración. Sea A un conjunto finito tal que $|A| = n$, es decir, A contiene exactamente n elementos. Queremos demostrar que el número de subconjuntos de A, que corresponde a la cardinalidad del conjunto potencia $\mathscr{P}(A)$, es igual a 2^n.
Cada subconjunto de A puede formarse tomando decisiones binarias para cada elemento de A: incluir o no incluir dicho elemento en el subconjunto.

1.1 Pertenencia e inclusión

Para un conjunto con n elementos, hay 2 opciones (incluir o no incluir) para cada uno de los n elementos. Por la regla del producto en combinatoria, el número total de subconjuntos es:

$$2 \cdot 2 \cdots \cdot 2 = 2^n,$$

donde el producto tiene n factores.

Por lo tanto, la cardinalidad de $\mathscr{P}(A)$ es 2^n, lo que demuestra el teorema. ∎

Este resultado es crucial en combinatoria y tiene implicaciones en teoría de probabilidades e informática teórica.

> **Exercise 1.3** Sea $A = \{a, b, c\}$. Enumere todos los elementos de $\mathscr{P}(A)$ y verifique que $|\mathscr{P}(A)| = 8$.

Demostración. Los subconjuntos de A son:
1. $\emptyset$
2. $\{a\}$
3. $\{b\}$
4. $\{c\}$
5. $\{a, b\}$
6. $\{a, c\}$
7. $\{b, c\}$
8. $\{a, b, c\}$

Hay $8 = 2^3$ subconjuntos, como se esperaba. ∎

Veamos ahora una propiedad interesante relacionada con la unión e intersección de subconjuntos.

> **Proposition 1.1.7** Sean A, B y C conjuntos. Si $A \subseteq B$, entonces:
> 1. $A \cup C \subseteq B \cup C$,
> 2. $A \cap C \subseteq B \cap C$.

Demostración.
1. Sea $x \in A \cup C$. Entonces, $x \in A$ o $x \in C$. Si $x \in A$, como $A \subseteq B$, entonces $x \in B$. Por lo tanto, $x \in B$ o $x \in C$, es decir, $x \in B \cup C$.
2. Sea $x \in A \cap C$. Entonces, $x \in A$ y $x \in C$. Como $A \subseteq B$, entonces $x \in B$. Por lo tanto, $x \in B$ y $x \in C$, es decir, $x \in B \cap C$.

∎

Estas propiedades son útiles en el manejo de expresiones conjuntistas y en demostraciones más complejas.

> **Theorem 1.1.8** Para cualquier conjunto A, se cumplen las siguientes leyes de absorción:
> 1. $A \cup (A \cap B) = A$,
> 2. $A \cap (A \cup B) = A$.

Demostración. Demostraremos ambas leyes de absorción por separado.
Primera Ley: $A \cup (A \cap B) = A$.
Para demostrar esta igualdad, probaremos ambas inclusiones:
- $(A \cup (A \cap B)) \subseteq A$: Sea $x \in A \cup (A \cap B)$. Esto significa que $x \in A$ o $x \in (A \cap B)$. Si $x \in A$, entonces claramente $x \in A$. Si $x \in (A \cap B)$, entonces $x \in A$ y $x \in B$, por lo que $x \in A$. Por lo tanto, $x \in A$, lo que demuestra esta inclusión.
- $A \subseteq (A \cup (A \cap B))$: Sea $x \in A$. Entonces, $x \in A \cup (A \cap B)$ porque $x \in A$ cumple con la definición de unión. Por lo tanto, $A \subseteq A \cup (A \cap B)$.

Como ambas inclusiones son válidas, se cumple que $A \cup (A \cap B) = A$.

Segunda Ley: $A \cap (A \cup B) = A$.

De nuevo, probamos ambas inclusiones:
- $(A \cap (A \cup B)) \subseteq A$: Sea $x \in A \cap (A \cup B)$. Esto significa que $x \in A$ y $x \in (A \cup B)$. Como $x \in A$, ya cumple con la inclusión, por lo que $x \in A$.
- $A \subseteq (A \cap (A \cup B))$: Sea $x \in A$. Entonces, $x \in (A \cup B)$ porque $x \in A$ cumple con la definición de unión. Por lo tanto, $x \in A \cap (A \cup B)$.

Dado que ambas inclusiones son válidas, se concluye que $A \cap (A \cup B) = A$.

Con esto, ambas leyes de absorción quedan demostradas. ∎

Estas leyes son fundamentales en álgebra de conjuntos y tienen analogías en álgebra booleana.

Exercise 1.4 Demuestre que para cualquier conjunto A, se cumple que $A \cup \emptyset = A$ y $A \cap \emptyset = \emptyset$.

Demostración.
- $A \cup \emptyset$: Sea $x \in A \cup \emptyset$. Entonces, $x \in A$ o $x \in \emptyset$. Como $\emptyset$ no tiene elementos, sólo $x \in A$ es posible. Por lo tanto, $A \cup \emptyset = A$.
- $A \cap \emptyset$: Sea $x \in A \cap \emptyset$. Entonces, $x \in A$ y $x \in \emptyset$. Pero $\emptyset$ no tiene elementos, así que $A \cap \emptyset = \emptyset$.

∎

Ahora, introduciremos el concepto de familia de conjuntos y exploraremos cómo se relaciona con la inclusión.

Definition 1.1.4 Una **familia de conjuntos** es un conjunto cuyos elementos son conjuntos. Usualmente, se denota como $\mathscr{F} = \{A_i\}_{i \in I}$, donde I es un conjunto índice.

■ **Example 1.5** Sea $I = \{1,2,3\}$ y $A_1 = \{a,b\}$, $A_2 = \{b,c\}$, $A_3 = \{a,c\}$. Entonces, $\mathscr{F} = \{A_1, A_2, A_3\}$ es una familia de conjuntos. ∎

Las familias de conjuntos nos permiten estudiar propiedades globales y relaciones entre múltiples conjuntos simultáneamente.

Proposition 1.1.9 Sea $\mathscr{F} = \{A_i\}_{i \in I}$ una familia de conjuntos. Entonces:
1. Para todo $j \in I$, $\bigcap_{i \in I} A_i \subseteq A_j$.
2. Para todo $j \in I$, $A_j \subseteq \bigcup_{i \in I} A_i$.

Demostración.
1. Sea $x \in \bigcap_{i \in I} A_i$. Entonces, $x \in A_i$ para todo $i \in I$. En particular, $x \in A_j$.
2. Sea $x \in A_j$. Como $j \in I$, A_j es uno de los conjuntos en la unión. Por lo tanto, $x \in \bigcup_{i \in I} A_i$.

∎

Exercise 1.5 Dada la familia $\mathscr{F} = \{[n, \infty) \mid n \in \mathbb{N}\}$, encuentre $\bigcap_{n \in \mathbb{N}} [n, \infty)$ y $\bigcup_{n \in \mathbb{N}} [n, \infty)$.

Demostración.
- La intersección es $\bigcap_{n \in \mathbb{N}} [n, \infty) = [\infty, \infty) = \emptyset$. Sin embargo, esto no tiene sentido práctico. En realidad, la intersección de todos estos intervalos es el conjunto vacío, ya que no hay número real que sea mayor o igual que todos los números naturales.
- La unión es $\bigcup_{n \in \mathbb{N}} [n, \infty) = [1, \infty)$.

∎

1.1 Pertenencia e inclusión

> (R) Cuando trabajamos con intersecciones infinitas, es posible que el resultado sea vacío, incluso si todos los conjuntos involucrados son no vacíos.

Para visualizar estos conceptos, consideremos el siguiente gráfico.

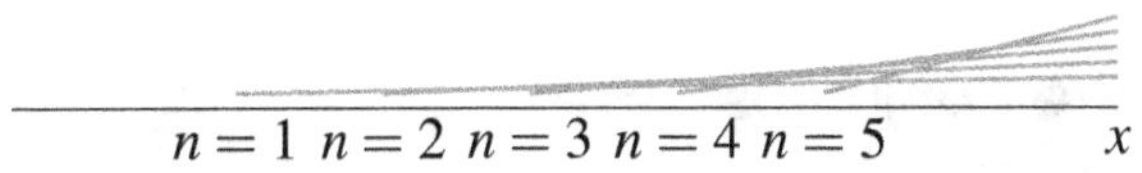

$$\begin{array}{ccccc} n=1 & n=2 & n=3 & n=4 & n=5 \end{array} \qquad x$$

Figura 1.1.3: *Representación de los intervalos $[n,\infty)$ para $n = 1,2,3,4,5$.*

> (R) Las familias de conjuntos son especialmente útiles en topología, análisis y teoría de la medida, donde se estudian propiedades globales de espacios y funciones.

Para concluir esta sección, presentamos un resultado que conecta los conceptos de inclusión y funciones características.

Definition 1.1.5 Sea A un subconjunto de un conjunto universal U. La **función característica** de A es la función $\chi_A : U \to \{0,1\}$ definida por:

$$\chi_A(x) = \begin{cases} 1, & \text{si } x \in A, \\ 0, & \text{si } x \notin A. \end{cases}$$

Theorem 1.1.10 Sean A y B subconjuntos de un conjunto universal U. Entonces, $A \subseteq B$ si y sólo si $\chi_A(x) \leq \chi_B(x)$ para todo $x \in U$.

Demostración. ($\Rightarrow$) Si $A \subseteq B$, entonces para todo $x \in U$, si $\chi_A(x) = 1$ (es decir, $x \in A$), entonces $x \in B$, por lo que $\chi_B(x) = 1$. Por lo tanto, $\chi_A(x) \leq \chi_B(x)$.
($\Leftarrow$) Si $\chi_A(x) \leq \chi_B(x)$ para todo $x \in U$, entonces si $x \in A$ (es decir, $\chi_A(x) = 1$), entonces $\chi_B(x) = 1$, por lo que $x \in B$. Por lo tanto, $A \subseteq B$. ∎

Este resultado muestra cómo las funciones características pueden utilizarse para estudiar la inclusión entre conjuntos y tiene aplicaciones en análisis y teoría de la medida.

Exercise 1.6 Sea $U = \mathbb{R}$ y $A = [0,1]$, $B = [0,2]$. Use las funciones características para verificar que $A \subseteq B$.

Demostración. Para $x \in U$:

$$\chi_A(x) = \begin{cases} 1, & \text{si } 0 \leq x \leq 1, \\ 0, & \text{en otro caso.} \end{cases}$$

$$\chi_B(x) = \begin{cases} 1, & \text{si } 0 \leq x \leq 2, \\ 0, & \text{en otro caso.} \end{cases}$$

Claramente, si $\chi_A(x) = 1$, entonces $0 \leq x \leq 1$, lo que implica que $\chi_B(x) = 1$. Por lo tanto, $\chi_A(x) \leq \chi_B(x)$ para todo $x \in U$, y por el teorema anterior, $A \subseteq B$. ∎

> (R) Las funciones características son herramientas poderosas en la teoría de conjuntos y tienen aplicaciones en áreas como la teoría de probabilidades y el análisis funcional.

En resumen, la comprensión de los subconjuntos y las propiedades de inclusión es esencial para avanzar en el estudio de la teoría de conjuntos y sus aplicaciones en diversas ramas de las matemáticas. Los resultados presentados aquí proporcionan una base sólida para explorar conceptos más avanzados en álgebra y análisis.

1.2 Operaciones entre conjuntos

1.2.1 Unión e intersección

La unión e intersección de conjuntos son operaciones fundamentales en la teoría de conjuntos y constituyen la base para construcciones matemáticas más complejas en álgebra y otras áreas de las matemáticas. En esta sección, exploraremos detalladamente estas operaciones, sus propiedades y cómo se relacionan entre sí.

Comenzaremos con las definiciones formales que nos permitirán profundizar en el estudio de estas operaciones.

> **Definition 1.2.1 — Unión de conjuntos.** Sean A y B dos conjuntos. La **unión** de A y B, denotada por $A \cup B$, es el conjunto de todos los elementos que pertenecen al menos a uno de los conjuntos A o B. Es decir,
> $$A \cup B = \{x \mid x \in A \text{ o } x \in B\}.$$

> **Definition 1.2.2 — Intersección de conjuntos.** Sean A y B dos conjuntos. La **intersección** de A y B, denotada por $A \cap B$, es el conjunto de todos los elementos que pertenecen a ambos conjuntos A y B. Es decir,
> $$A \cap B = \{x \mid x \in A \text{ y } x \in B\}.$$

Estas definiciones nos permiten manipular conjuntos de manera algebraica y son esenciales para entender estructuras más avanzadas.

■ **Example 1.6** Sea $A = \{1,2,3,4\}$ y $B = \{3,4,5,6\}$. Entonces:

$$A \cup B = \{1,2,3,4,5,6\},$$
$$A \cap B = \{3,4\}.$$

Este ejemplo ilustra cómo la unión combina todos los elementos de ambos conjuntos, mientras que la intersección identifica los elementos comunes. ■

Para visualizar estas operaciones, los diagramas de Venn son una herramienta útil.

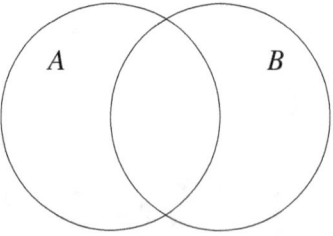

Figura 1.2.1: *Diagrama de Venn de la unión e intersección de A y B.*

Las propiedades de la unión e intersección son fundamentales en el álgebra de conjuntos.

1.2 Operaciones entre conjuntos

> **Theorem 1.2.1 — Propiedades conmutativa y asociativa.** Para cualquier conjunto A, B y C, se cumplen las siguientes propiedades:
> 1. **Conmutatividad**:
>
> $$A \cup B = B \cup A,$$
> $$A \cap B = B \cap A.$$
>
> 2. **Asociatividad**:
>
> $$(A \cup B) \cup C = A \cup (B \cup C),$$
> $$(A \cap B) \cap C = A \cap (B \cap C).$$

Demostración. **Conmutatividad:**

- Para la **unión**, supongamos que $x \in A \cup B$. Esto significa que $x \in A$ o $x \in B$. Si $x \in A$, entonces claramente $x \in B \cup A$. Si $x \in B$, entonces también $x \in B \cup A$. Por lo tanto, $A \cup B \subseteq B \cup A$.

  De manera similar, si $x \in B \cup A$, entonces $x \in B$ o $x \in A$. En ambos casos, $x \in A \cup B$. Por lo tanto, $B \cup A \subseteq A \cup B$.

  Como hemos mostrado que $A \cup B \subseteq B \cup A$ y $B \cup A \subseteq A \cup B$, concluimos que $A \cup B = B \cup A$.

- Para la **intersección**, supongamos que $x \in A \cap B$. Esto significa que $x \in A$ y $x \in B$, por lo que $x \in B \cap A$ también. Así, $A \cap B \subseteq B \cap A$.

  Análogamente, si $x \in B \cap A$, entonces $x \in B$ y $x \in A$, lo que implica que $x \in A \cap B$. Por lo tanto, $B \cap A \subseteq A \cap B$.

  Como hemos mostrado que $A \cap B \subseteq B \cap A$ y $B \cap A \subseteq A \cap B$, concluimos que $A \cap B = B \cap A$.

Asociatividad:

- Para la **unión**, supongamos que $x \in (A \cup B) \cup C$. Esto significa que $x \in A \cup B$ o $x \in C$. Si $x \in A \cup B$, entonces $x \in A$ o $x \in B$. En cualquier caso, $x \in A \cup (B \cup C)$. Si $x \in C$, entonces claramente $x \in A \cup (B \cup C)$ también. Por lo tanto, $(A \cup B) \cup C \subseteq A \cup (B \cup C)$.

  De manera similar, si $x \in A \cup (B \cup C)$, entonces $x \in A$ o $x \in B \cup C$. Si $x \in B \cup C$, entonces $x \in B$ o $x \in C$, lo que implica que $x \in (A \cup B) \cup C$. Por lo tanto, $A \cup (B \cup C) \subseteq (A \cup B) \cup C$.

  Como hemos mostrado que $(A \cup B) \cup C \subseteq A \cup (B \cup C)$ y $A \cup (B \cup C) \subseteq (A \cup B) \cup C$, concluimos que $(A \cup B) \cup C = A \cup (B \cup C)$.

- Para la **intersección**, supongamos que $x \in (A \cap B) \cap C$. Esto implica que $x \in A \cap B$ y $x \in C$. Si $x \in A \cap B$, entonces $x \in A$ y $x \in B$. Por lo tanto, $x \in A$ y $x \in B \cap C$, implicando que $x \in A \cap (B \cap C)$. Así, $(A \cap B) \cap C \subseteq A \cap (B \cap C)$.

  Análogamente, si $x \in A \cap (B \cap C)$, esto significa que $x \in A$ y $x \in B \cap C$. Si $x \in B \cap C$, entonces $x \in B$ y $x \in C$, lo que implica que $x \in (A \cap B) \cap C$. Por lo tanto, $A \cap (B \cap C) \subseteq (A \cap B) \cap C$.

  Como hemos mostrado que $(A \cap B) \cap C \subseteq A \cap (B \cap C)$ y $A \cap (B \cap C) \subseteq (A \cap B) \cap C$, concluimos que $(A \cap B) \cap C = A \cap (B \cap C)$.

■

Estas propiedades nos permiten reorganizar expresiones de conjuntos sin alterar su significado, facilitando cálculos y demostraciones.

Proposition 1.2.2 — **Elementos neutros.** Para cualquier conjunto A, se cumple que:

$$A \cup \emptyset = A,$$
$$A \cap U = A,$$

donde $\emptyset$ es el conjunto vacío y U es el conjunto universal que contiene a A.

Demostración.   1. Como $\emptyset$ no contiene elementos, $x \in A \cup \emptyset$ implica que $x \in A$ o $x \in \emptyset$. Pero $x \in \emptyset$ es falso, por lo que $A \cup \emptyset = A$.
2. Como U contiene a todos los elementos, $x \in A \cap U$ implica que $x \in A$ y $x \in U$, lo cual siempre es verdadero para $x \in A$. Por lo tanto, $A \cap U = A$. ∎

Estas propiedades son útiles para simplificar expresiones y entender el comportamiento de las operaciones con conjuntos especiales como el conjunto vacío y el conjunto universal.

Lema 1.2.1 — **Idempotencia.** Para cualquier conjunto A, se cumple que:

$$A \cup A = A,$$
$$A \cap A = A.$$

Demostración.   1. $x \in A \cup A$ significa que $x \in A$ o $x \in A$, lo cual es equivalente a $x \in A$. Por lo tanto, $A \cup A = A$.
2. $x \in A \cap A$ significa que $x \in A$ y $x \in A$, lo cual es equivalente a $x \in A$. Por lo tanto, $A \cap A = A$. ∎

La idempotencia muestra que aplicar la unión o intersección de un conjunto consigo mismo no cambia el conjunto original.

> Theorem 1.2.3 — **Distributividad.** Para cualquier conjunto A, B y C, se cumplen las siguientes propiedades:
> 1. $A \cup (B \cap C) = (A \cup B) \cap (A \cup C)$,
> 2. $A \cap (B \cup C) = (A \cap B) \cup (A \cap C)$.

Demostración. **Distributividad de la unión sobre la intersección:**
- **Demostración de** $A \cup (B \cap C) \subseteq (A \cup B) \cap (A \cup C)$: Supongamos que $x \in A \cup (B \cap C)$. Esto significa que $x \in A$ o $x \in B \cap C$. Si $x \in A$, entonces claramente $x \in A \cup B$ y $x \in A \cup C$, lo que implica $x \in (A \cup B) \cap (A \cup C)$. Si $x \in B \cap C$, entonces $x \in B$ y $x \in C$. Por lo tanto, $x \in A \cup B$ y $x \in A \cup C$, y así $x \in (A \cup B) \cap (A \cup C)$.
- **Demostración de** $(A \cup B) \cap (A \cup C) \subseteq A \cup (B \cap C)$: Tome cualquier elemento $x \in (A \cup B) \cap (A \cup C)$. Esto implica que $x \in A \cup B$ y $x \in A \cup C$. Si $x \in A$, entonces $x \in A \cup (B \cap C)$. Si x no está en A, entonces x debe estar tanto en B como en C para satisfacer $x \in A \cup B$ y $x \in A \cup C$, respectivamente. Esto significa que $x \in B \cap C$, y por lo tanto $x \in A \cup (B \cap C)$.

Distributividad de la intersección sobre la unión:
- **Demostración de** $A \cap (B \cup C) \subseteq (A \cap B) \cup (A \cap C)$: Supongamos que $x \in A \cap (B \cup C)$. Esto significa que $x \in A$ y $x \in B \cup C$. Si $x \in B$, entonces $x \in A \cap B$ y por lo tanto $x \in (A \cap B) \cup (A \cap C)$. Si $x \in C$, entonces $x \in A \cap C$ y por lo tanto $x \in (A \cap B) \cup (A \cap C)$.
- **Demostración de** $(A \cap B) \cup (A \cap C) \subseteq A \cap (B \cup C)$: Tome cualquier elemento $x \in (A \cap B) \cup (A \cap C)$. Esto significa que $x \in A \cap B$ o $x \in A \cap C$. En cualquiera de los casos, $x \in A$. Además, $x \in B$ o $x \in C$ implica $x \in B \cup C$. Por lo tanto, $x \in A \cap (B \cup C)$.

1.2 Operaciones entre conjuntos

La propiedad distributiva es fundamental en el álgebra de conjuntos y permite simplificar y reorganizar expresiones complejas.

Corollary 1.2.4 — Leyes de absorción. Para cualquier conjunto A y B, se cumple que:
1. $A \cup (A \cap B) = A$,
2. $A \cap (A \cup B) = A$.

Demostración. **Demostración de $A \cup (A \cap B) = A$:**
- **Paso 1:** $A \cup (A \cap B) \subseteq A$: Consideremos cualquier elemento $x \in A \cup (A \cap B)$. Esto significa que $x \in A$ o $x \in A \cap B$. Si $x \in A \cap B$, entonces $x \in A$. Por lo tanto, en ambos casos $x \in A$, estableciendo que $A \cup (A \cap B) \subseteq A$.
- **Paso 2:** $A \subseteq A \cup (A \cap B)$: Todo elemento $x \in A$ está claramente también en $A \cup (A \cap B)$, ya que la unión incluye todos los elementos de A. Por lo tanto, $A \subseteq A \cup (A \cap B)$.
- Combinando los dos pasos, obtenemos $A \cup (A \cap B) = A$.

Demostración de $A \cap (A \cup B) = A$:
- **Paso 1:** $A \cap (A \cup B) \subseteq A$: Considere cualquier elemento $x \in A \cap (A \cup B)$. Esto significa que $x \in A$ y $x \in A \cup B$. Sin embargo, como $x \in A$, ya cumple con la condición de pertenecer al conjunto resultante de la intersección, demostrando que $A \cap (A \cup B) \subseteq A$.
- **Paso 2:** $A \subseteq A \cap (A \cup B)$: Todo elemento $x \in A$ está automáticamente en $A \cup B$ (ya que A es parte de la unión $A \cup B$), y como x también está en A, entonces $x \in A \cap (A \cup B)$. Por lo tanto, $A \subseteq A \cap (A \cup B)$.
- Combinando ambos pasos, concluimos $A \cap (A \cup B) = A$.

Estas leyes son útiles para simplificar expresiones donde un conjunto está combinado con su unión o intersección con otro conjunto.

Example 1.7 Sea $A = \{1,2,3\}$ y $B = \{3,4,5\}$. Entonces:

$$A \cup (A \cap B) = A \cup \{3\} = \{1,2,3\} = A,$$

$$A \cap (A \cup B) = A \cap \{1,2,3,4,5\} = \{1,2,3\} = A.$$

Este ejemplo confirma las leyes de absorción.

> (R) Las operaciones de unión e intersección, junto con las propiedades vistas, constituyen una estructura conocida como álgebra de Boole, que es fundamental en lógica matemática y teoría de conjuntos.

Pasemos ahora a explorar ejercicios que permitan aplicar y afianzar los conceptos estudiados.

Exercise 1.7 Sea $U = \{1,2,3,4,5,6,7,8,9,10\}$ el conjunto universal, y sean $A = \{2,4,6,8,10\}$ y $B = \{1,3,5,7,9\}$. Determine:
1. $A \cup B$
2. $A \cap B$
3. $A \cup A^c$
4. $A \cap A^c$

Demostración. 1. $A \cup B = \{1,2,3,4,5,6,7,8,9,10\} = U$
2. $A \cap B = \emptyset$
3. $A \cup A^c = U$
4. $A \cap A^c = \emptyset$

∎

Este ejercicio ilustra cómo la unión de un conjunto con su complemento abarca todo el conjunto universal, mientras que su intersección es el conjunto vacío.

Exercise 1.8 Demuestre que para cualquier conjunto A y B, se cumple que:

$$A \cup (A \cap B) = A.$$

Demostración. Como se demostró en las leyes de absorción, $A \cup (A \cap B) = A$ porque la intersección $A \cap B$ es un subconjunto de A, y al unirlo nuevamente con A, obtenemos A. ∎

Exercise 1.9 Sea A, B y C conjuntos. Demuestre que:

$$A \cap (B \cup C) = (A \cap B) \cup (A \cap C).$$

Demostración. Este es exactamente el enunciado de la propiedad distributiva de la intersección sobre la unión, que ya hemos demostrado anteriormente en el teorema de distributividad. ∎

■ **Example 1.8** Utilicemos diagramas de Venn para visualizar la propiedad distributiva. Sea A, B y C como se muestra en la figura.

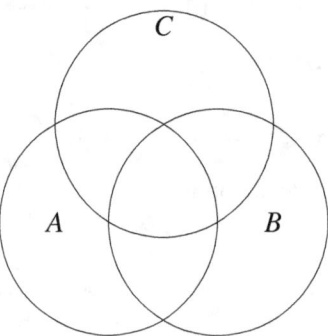

Figura 1.2.2: *Diagrama de Venn de los conjuntos A, B y C.*

La región sombreada que representa $A \cap (B \cup C)$ coincide con la unión de las regiones $A \cap B$ y $A \cap C$, confirmando visualmente la propiedad. ∎

Exercise 1.10 Sea A, B y C conjuntos en un conjunto universal U. Demuestre la siguiente igualdad:

$$(A \cup B) \cap (A^c \cup C) = (A \cap A^c) \cup (A \cap C) \cup (B \cap A^c) \cup (B \cap C).$$

1.2 Operaciones entre conjuntos

Demostración. Primero, notemos que $A \cap A^c = \emptyset$. Entonces, la expresión se simplifica a:

$$(A \cup B) \cap (A^c \cup C) = [A \cap (A^c \cup C)] \cup [B \cap (A^c \cup C)].$$

Desarrollamos cada término:

$$A \cap (A^c \cup C) = (A \cap A^c) \cup (A \cap C) = \emptyset \cup (A \cap C) = A \cap C,$$
$$B \cap (A^c \cup C) = (B \cap A^c) \cup (B \cap C).$$

Por lo tanto,

$$(A \cup B) \cap (A^c \cup C) = (A \cap C) \cup (B \cap A^c) \cup (B \cap C).$$

∎

Este ejercicio muestra cómo aplicar las propiedades de conjuntos para simplificar expresiones complejas.

> (R) Las operaciones de unión e intersección de conjuntos tienen analogías directas con las operaciones lógicas de disyunción (.º") y conjunción (z"), respectivamente. Esta correspondencia es fundamental en áreas como la lógica matemática y la informática teórica.

Demostración. Al sumar $|A|$ y $|B|$, estamos contando dos veces los elementos que pertenecen a $A \cap B$. Por lo tanto, restamos $|A \cap B|$ para corregir esta doble contabilización. ∎

■ **Example 1.9** Sea A el conjunto de estudiantes que toman Álgebra y B el conjunto de estudiantes que toman Análisis. Si $|A| = 30$, $|B| = 25$, y $|A \cap B| = 15$, entonces el número de estudiantes que toman al menos una de las dos materias es:

$$|A \cup B| = 30 + 25 - 15 = 40.$$

■

Exercise 1.11 En una encuesta, 100 personas fueron consultadas sobre su preferencia entre tres deportes: fútbol (F), baloncesto (B) y tenis (T). Se obtuvieron los siguientes resultados:
- $|F| = 60$,
- $|B| = 50$,
- $|T| = 40$,
- $|F \cap B| = 30$,
- $|F \cap T| = 20$,
- $|B \cap T| = 15$,
- $|F \cap B \cap T| = 5$.

¿Cuántas personas no prefieren ninguno de estos deportes?

Demostración. Aplicamos el principio de inclusión-exclusión para tres conjuntos:

$$|F \cup B \cup T| = |F| + |B| + |T| - |F \cap B| - |F \cap T| - |B \cap T| + |F \cap B \cap T| = 60 + 50 + 40 - 30 - 20 - 15 + 5 = 90.$$

Por lo tanto, el número de personas que no prefieren ninguno de estos deportes es:

$$100 - 90 = 10.$$

∎

Este ejercicio demuestra la aplicación del principio de inclusión-exclusión en situaciones más complejas.

> (R) El principio de inclusión-exclusión es una herramienta poderosa en combinatoria y probabilidad, permitiendo calcular el tamaño de un conjunto sin contar elementos redundantes.

En conclusión, la comprensión profunda de las operaciones de unión e intersección y sus propiedades es esencial para avanzar en el estudio del álgebra y otras ramas de las matemáticas. Estas operaciones no solo son fundamentales en la teoría de conjuntos, sino que también tienen aplicaciones directas en lógica, combinatoria y análisis.

1.2.2 Diferencia de conjuntos

La diferencia de conjuntos es una operación fundamental en teoría de conjuntos que permite construir nuevos conjuntos a partir de otros, extrayendo los elementos que pertenecen a uno pero no al otro. Esta operación es esencial en diversas áreas de las matemáticas, incluyendo el álgebra y la lógica.

Comencemos formalizando la definición de la diferencia de conjuntos y explorando sus propiedades clave.

Definition 1.2.3 — Diferencia de conjuntos. Sean A y B dos conjuntos. La **diferencia de conjuntos** de A menos B, denotada $A \setminus B$, es el conjunto de elementos que pertenecen a A pero no a B. Matemáticamente,

$$A \setminus B = \{x \in A \mid x \notin B\}.$$

La diferencia de conjuntos nos permite restar"los elementos de B de A, obteniendo un nuevo conjunto que contiene únicamente los elementos exclusivos de A.

■ **Example 1.10** Sea $A = \{1,2,3,4,5\}$ y $B = \{3,4,5,6,7\}$. Entonces, la diferencia $A \setminus B$ es

$$A \setminus B = \{1,2\},$$

ya que 1 y 2 son los únicos elementos que están en A pero no en B. ■

Es importante notar que la diferencia de conjuntos no es una operación simétrica, es decir, generalmente $A \setminus B \neq B \setminus A$.

Proposition 1.2.6 Para cualquier conjunto A, se cumple que $A \setminus A = \emptyset$.

Demostración. Por definición, $A \setminus A = \{x \in A \mid x \notin A\}$. No existe ningún elemento x que pertenezca a A y simultáneamente no pertenezca a A. Por lo tanto, $A \setminus A = \emptyset$. ■

Esta propiedad refleja que al restar un conjunto de sí mismo, no queda ningún elemento.

> (R) El conjunto vacío $\emptyset$ actúa como el elemento neutro para la operación de unión, pero en la diferencia de conjuntos, restar el conjunto vacío no altera el conjunto original, es decir, $A \setminus \emptyset = A$.

Exploraremos ahora algunas propiedades fundamentales de la diferencia de conjuntos y su relación con otras operaciones conjuntistas.

1.2 Operaciones entre conjuntos

Theorem 1.2.7 — Propiedades de la diferencia de conjuntos. Sean A, B y C conjuntos arbitrarios. Entonces, se cumplen las siguientes propiedades:

1. $A \setminus \emptyset = A$.
2. $A \setminus A = \emptyset$.
3. $A \setminus U = \emptyset$, donde U es un conjunto universal que contiene a A.
4. $A \setminus \emptyset = A$.
5. $A \setminus (B \cup C) = (A \setminus B) \cap (A \setminus C)$.
6. $A \setminus (B \cap C) = (A \setminus B) \cup (A \setminus C)$.
7. $(A \cup B) \setminus C = (A \setminus C) \cup (B \setminus C)$.
8. $(A \cap B) \setminus C = (A \setminus C) \cap (B \setminus C)$.

Demostración.
- **Propiedad 1:** $A \setminus \emptyset = A$
  - Cualquier elemento en A y no en $\emptyset$ sigue siendo un elemento de A, ya que $\emptyset$ no contiene elementos. Por lo tanto, $A \setminus \emptyset = A$.
- **Propiedad 2:** $A \setminus A = \emptyset$
  - Cualquier elemento en A también está en A. No hay elementos que estén en A y no en A al mismo tiempo, por lo que $A \setminus A = \emptyset$.
- **Propiedad 3:** $A \setminus U = \emptyset$
  - Si U es un conjunto universal que contiene a A, entonces todos los elementos de A están también en U. Por lo tanto, no hay elementos en A que no estén en U, y $A \setminus U = \emptyset$.
- **Propiedad 4:** $A \setminus \emptyset = A$
  - Se repite la demostración de la Propiedad 1, ya que $A \setminus \emptyset = A$.
- **Propiedad 5:** $A \setminus (B \cup C) = (A \setminus B) \cap (A \setminus C)$
  - Un elemento está en $A \setminus (B \cup C)$ si está en A pero no en B ni en C. Esto es equivalente a estar en A pero no en B, y en A pero no en C, lo cual se representa como $(A \setminus B) \cap (A \setminus C)$.
- **Propiedad 6:** $A \setminus (B \cap C) = (A \setminus B) \cup (A \setminus C)$
  - Un elemento está en $A \setminus (B \cap C)$ si está en A y no en $B \cap C$. Esto ocurre si el elemento no está en B o no está en C (o en ambos), mientras que todavía está en A, lo que se representa como $(A \setminus B) \cup (A \setminus C)$.
- **Propiedad 7:** $(A \cup B) \setminus C = (A \setminus C) \cup (B \setminus C)$
  - Un elemento está en $(A \cup B) \setminus C$ si está en $A \cup B$ pero no en C. Esto es equivalente a estar en A pero no en C, o en B pero no en C, lo cual se representa como $(A \setminus C) \cup (B \setminus C)$.
- **Propiedad 8:** $(A \cap B) \setminus C = (A \setminus C) \cap (B \setminus C)$
  - Un elemento está en $(A \cap B) \setminus C$ si está en $A \cap B$ pero no en C. Esto es equivalente a estar en A pero no en C, y B pero no en C, lo cual se representa como $(A \setminus C) \cap (B \setminus C)$.

∎

Estas propiedades nos permiten manipular expresiones de conjuntos y simplificar cálculos en situaciones más complejas.

■ **Example 1.11** Sea $A = \{1, 2, 3, 4, 5\}$, $B = \{4, 5, 6\}$ y $C = \{5, 6, 7\}$. Calculemos $A \setminus (B \cup C)$.

Primero, encontramos $B \cup C$:

$$B \cup C = \{4, 5, 6, 7\}.$$

Luego, calculamos la diferencia:

$$A \setminus (B \cup C) = \{1,2,3\}.$$

Alternativamente, usando la propiedad (5) del teorema anterior:

$$A \setminus (B \cup C) = (A \setminus B) \cap (A \setminus C).$$

Calculamos $A \setminus B$ y $A \setminus C$:

$$A \setminus B = \{1,2,3\}, \quad A \setminus C = \{1,2,3,4\}.$$

Entonces,

$$(A \setminus B) \cap (A \setminus C) = \{1,2,3\} \cap \{1,2,3,4\} = \{1,2,3\},$$

lo cual coincide con el resultado anterior. ∎

> (R) Es importante destacar que la diferencia de conjuntos no es una operación conmutativa, es decir, en general, $A \setminus B \neq B \setminus A$. Esto se debe a que los elementos que se eliminan dependen del orden de los conjuntos en la operación.

Exploraremos ahora la relación entre la diferencia de conjuntos y el complemento de un conjunto.

Definition 1.2.4 — Complemento de un conjunto. Sea A un subconjunto de un conjunto universal U. El **complemento** de A, denotado A^c, es el conjunto de elementos que pertenecen a U pero no a A:

$$A^c = U \setminus A = \{x \in U \mid x \notin A\}.$$

Proposition 1.2.8 Para cualquier subconjunto A de U, se cumple que $U \setminus A = A^c$.

Demostración. Por definición, $U \setminus A = \{x \in U \mid x \notin A\} = A^c$. ∎

Esta relación nos permite expresar la diferencia de conjuntos en términos de complementos, lo cual es útil en diversas demostraciones y aplicaciones.

> Theorem 1.2.9 — **Leyes de De Morgan.** Sean A y B subconjuntos de un conjunto universal U. Entonces:
> 1. $(A \cup B)^c = A^c \cap B^c$.
> 2. $(A \cap B)^c = A^c \cup B^c$.

Demostración. **Demostración de $(A \cup B)^c = A^c \cap B^c$:**
- Por definición del complemento, un elemento $x \in (A \cup B)^c$ si y sólo si $x \notin A \cup B$.
- Esto significa que $x \notin A$ y $x \notin B$. Por definición de complemento, esto equivale a decir que $x \in A^c$ y $x \in B^c$.
- Por definición de intersección, $x \in A^c \cap B^c$. Por lo tanto, $(A \cup B)^c \subseteq A^c \cap B^c$.
- Inversamente, si $x \in A^c \cap B^c$, entonces $x \in A^c$ y $x \in B^c$, lo que implica que $x \notin A$ y $x \notin B$, es decir, $x \notin A \cup B$. Por lo tanto, $x \in (A \cup B)^c$.
- Combinando ambas direcciones, tenemos que $(A \cup B)^c = A^c \cap B^c$.

Demostración de $(A \cap B)^c = A^c \cup B^c$:
- Por definición del complemento, un elemento $x \in (A \cap B)^c$ si y sólo si $x \notin A \cap B$.

1.2 Operaciones entre conjuntos

- Esto significa que $x \notin A$ o $x \notin B$. Por definición de complemento, esto equivale a decir que $x \in A^c$ o $x \in B^c$.
- Por definición de unión, $x \in A^c \cup B^c$. Por lo tanto, $(A \cap B)^c \subseteq A^c \cup B^c$.
- Inversamente, si $x \in A^c \cup B^c$, entonces $x \in A^c$ o $x \in B^c$, lo que implica que $x \notin A$ o $x \notin B$. Esto significa que $x \notin A \cap B$, es decir, $x \in (A \cap B)^c$.
- Combinando ambas direcciones, tenemos que $(A \cap B)^c = A^c \cup B^c$.

■

Las leyes de De Morgan son fundamentales en teoría de conjuntos y lógica, y son especialmente útiles al trabajar con complementos y diferencias.

■ **Example 1.12** Sea $U = \{1,2,3,4,5,6\}$, $A = \{1,2,3\}$ y $B = \{3,4,5\}$. Verifiquemos la primera ley de De Morgan.
Calculamos $(A \cup B)^c$ y $A^c \cap B^c$.
Primero, $A \cup B = \{1,2,3,4,5\}$, luego,

$$(A \cup B)^c = U \setminus (A \cup B) = \{6\}.$$

Ahora, $A^c = \{4,5,6\}$ y $B^c = \{1,2,6\}$, entonces,

$$A^c \cap B^c = \{4,5,6\} \cap \{1,2,6\} = \{6\}.$$

Observamos que $(A \cup B)^c = A^c \cap B^c = \{6\}$, confirmando la ley.

■

Exercise 1.12 Sea $U = \mathbb{R}$, $A = [0,5)$ y $B = [2,7)$. Determine $A \setminus B$, $B \setminus A$, y represente gráficamente ambos conjuntos.

Demostración. Calculamos $A \setminus B$ y $B \setminus A$:
1. $A \setminus B = [0,5) \setminus [2,7) = [0,2)$, ya que los elementos de A menores que 2 no están en B.
2. $B \setminus A = [2,7) \setminus [0,5) = [5,7)$, ya que los elementos de B mayores o iguales a 5 no están en A.

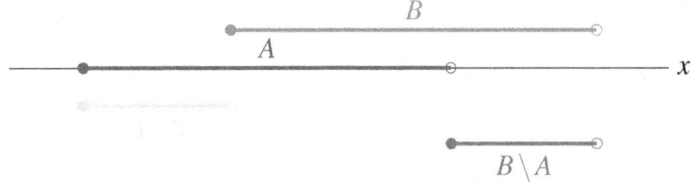

Figura 1.2.3: *Representación de A, B, $A \setminus B$ y $B \setminus A$ en la recta numérica.*

■

Este ejercicio ilustra cómo la diferencia de conjuntos puede visualizarse en la recta numérica, lo cual es útil en análisis y otras áreas.

Theorem 1.2.10 — **Diferencia y complementos.** Para cualquier subconjunto A de un conjunto universal U, se cumple que:

$$A = U \setminus A^c.$$

Demostración.
- **Dirección 1:** $A \subseteq U \setminus A^c$:
  - Si $x \in A$, entonces por definición de complemento, $x \notin A^c$ (ya que x está en A, no puede estar en su complemento).
  - Además, $x \in U$, ya que $A \subseteq U$.
  - Por lo tanto, $x \in U \setminus A^c$.
- **Dirección 2:** $U \setminus A^c \subseteq A$:
  - Si $x \in U \setminus A^c$, esto significa que $x \in U$ y $x \notin A^c$.
  - Como $x \notin A^c$, por definición de complemento, $x \in A$.
  - Por lo tanto, $x \in A$.
- Combinando ambas direcciones, tenemos que $A = U \setminus A^c$.

∎

Esta propiedad nos permite expresar un conjunto en términos de su complemento y el conjunto universal.

> **Exercise 1.13** Demuestre que para cualquier conjunto A y B, se cumple:
>
> $$A \setminus B = A \cap B^c.$$

Demostración. Por definición,

$$A \setminus B = \{x \in A \mid x \notin B\} = \{x \in A \text{ y } x \notin B\} = A \cap B^c.$$

∎

Esta relación muestra que la diferencia de conjuntos puede entenderse como la intersección de un conjunto con el complemento de otro.

> (R) La expresión $A \setminus B = A \cap B^c$ es especialmente útil al aplicar las leyes de De Morgan y otras propiedades en teoría de conjuntos y lógica.

> **Theorem 1.2.11 — Propiedad distributiva de la diferencia.** Para cualquier conjunto A, B y C, se cumple:
>
> $$A \setminus (B \cap C) = (A \setminus B) \cup (A \setminus C).$$

Demostración.
- **Dirección 1:** $A \setminus (B \cap C) \subseteq (A \setminus B) \cup (A \setminus C)$:
  - Tome cualquier elemento $x \in A \setminus (B \cap C)$.
  - Esto significa que $x \in A$ y $x \notin B \cap C$.
  - Por definición de intersección, $x \notin B \cap C$ implica que $x \notin B$ o $x \notin C$.
  - Si $x \notin B$, entonces $x \in A \setminus B$. Si $x \notin C$, entonces $x \in A \setminus C$.
  - Por lo tanto, $x \in (A \setminus B) \cup (A \setminus C)$.
- **Dirección 2:** $(A \setminus B) \cup (A \setminus C) \subseteq A \setminus (B \cap C)$:
  - Tome cualquier elemento $x \in (A \setminus B) \cup (A \setminus C)$.
  - Esto significa que $x \in A \setminus B$ o $x \in A \setminus C$.
  - Si $x \in A \setminus B$, entonces $x \in A$ y $x \notin B$.
  - Si $x \in A \setminus C$, entonces $x \in A$ y $x \notin C$.
  - En ambos casos, $x \in A$ y $x \notin B \cap C$ (ya que $x \notin B$ o $x \notin C$).
  - Por lo tanto, $x \in A \setminus (B \cap C)$.

1.2 Operaciones entre conjuntos

Esta propiedad permite distribuir la diferencia sobre la intersección, facilitando el manejo de expresiones complejas.

■ **Example 1.13** Sea $A = \{1,2,3,4,5,6\}$, $B = \{2,4,6\}$ y $C = \{1,2,3\}$. Calcule $A \setminus (B \cap C)$.
Primero, encontramos $B \cap C$:

$$B \cap C = \{2\}.$$

Luego, calculamos $A \setminus (B \cap C)$:

$$A \setminus \{2\} = \{1,3,4,5,6\}.$$

Usando la propiedad distributiva:

$$(A \setminus B) \cup (A \setminus C) = (\{1,3,5\}) \cup (\{4,5,6\}) = \{1,3,4,5,6\},$$

lo cual coincide con el resultado anterior.

■

> Exercise 1.14 Sea A, B y C subconjuntos de un conjunto universal U. Demuestre que:
>
> $$A \setminus (B \cup C) = (A \setminus B) \cap (A \setminus C).$$

Demostración. Usando la relación $A \setminus B = A \cap B^c$, tenemos:

$$A \setminus (B \cup C) = A \cap (B \cup C)^c = A \cap (B^c \cap C^c) = (A \cap B^c) \cap (A \cap C^c) = (A \setminus B) \cap (A \setminus C).$$

■

Esta propiedad muestra cómo la diferencia de conjuntos interactúa con la unión, permitiendo distribuir la diferencia sobre la unión.

> ® Las propiedades de la diferencia de conjuntos son fundamentales en la resolución de problemas en áreas como la probabilidad, la combinatoria y la lógica matemática, donde es crucial manejar conjuntos y sus relaciones de manera precisa.

> Exercise 1.15 En un grupo de 100 estudiantes, 60 estudian matemáticas (M), 45 estudian física (F) y 25 estudian ambas materias. ¿Cuántos estudiantes estudian matemáticas pero no física?

Demostración. Primero, encontramos el número de estudiantes que estudian ambas materias, que es $|M \cap F| = 25$.
El número de estudiantes que estudian matemáticas pero no física es $|M \setminus F|$.
Usamos la fórmula:

$$|M| = |M \setminus F| + |M \cap F|.$$

Despejando $|M \setminus F|$:

$$|M \setminus F| = |M| - |M \cap F| = 60 - 25 = 35.$$

Por lo tanto, 35 estudiantes estudian matemáticas pero no física.

■

Este ejemplo ilustra cómo aplicar la diferencia de conjuntos en contextos prácticos para obtener información específica.

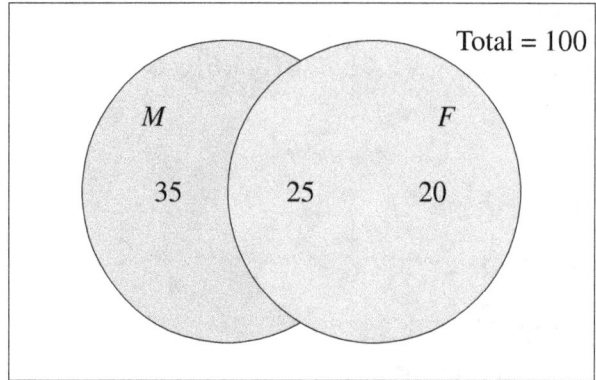

Figura 1.2.4: *Diagrama de Venn de estudiantes que estudian matemáticas y física.*

Exercise 1.16 Demuestre que si $A \subseteq B$, entonces $B \setminus A = B \cap A^c$ y $A \setminus B = \emptyset$.

Demostración. Si $A \subseteq B$, entonces todos los elementos de A están en B.
1. $B \setminus A = \{x \in B \mid x \notin A\} = B \cap A^c$.
2. $A \setminus B = \{x \in A \mid x \notin B\}$. Pero como $A \subseteq B$, no hay elementos en A que no estén en B, por lo que $A \setminus B = \emptyset$.

∎

Este resultado enfatiza que al restar un conjunto más grande de uno más pequeño, obtenemos el conjunto vacío.

> (R) La diferencia de conjuntos puede utilizarse para definir la noción de subconjunto: $A \subseteq B$ si y solo si $A \setminus B = \emptyset$.

En resumen, la diferencia de conjuntos es una operación esencial en la teoría de conjuntos, que nos permite manipular y comprender las relaciones entre diferentes conjuntos. Las propiedades y teoremas presentados proporcionan herramientas poderosas para el análisis y resolución de problemas en matemáticas avanzadas.

1.2.3 Diferencia simétrica

La diferencia simétrica es una operación fundamental en teoría de conjuntos que combina elementos de dos conjuntos de una manera específica. Esta operación no solo es relevante en el estudio de conjuntos, sino que también tiene aplicaciones en álgebra, lógica y teoría de la información. En esta sección, exploraremos la definición formal de la diferencia simétrica, sus propiedades algebraicas y cómo se relaciona con otras operaciones conjuntistas.

Definition 1.2.5 Sean A y B dos conjuntos. La **diferencia simétrica** de A y B, denotada por $A \triangle B$ o $A \bigtriangleup B$, es el conjunto de elementos que pertenecen a exactamente uno de los conjuntos A o B, pero no a ambos. Matemáticamente,

$$A \triangle B = (A \setminus B) \cup (B \setminus A).$$

Esta definición implica que la diferencia simétrica contiene los elementos exclusivos de cada conjunto, excluyendo aquellos que comparten.

1.2 Operaciones entre conjuntos

■ **Example 1.14** Consideremos los conjuntos $A = \{1,2,3\}$ y $B = \{3,4,5\}$. Entonces,

$$A \triangle B = (\{1,2\}) \cup (\{4,5\}) = \{1,2,4,5\}.$$

Aquí, el elemento 3, que es común a ambos conjuntos, no aparece en la diferencia simétrica.
■

La diferencia simétrica tiene propiedades algebraicas interesantes que la hacen útil en diversas áreas de las matemáticas.

Proposition 1.2.12 La diferencia simétrica es conmutativa; es decir, para cualquier conjunto A y B,

$$A \triangle B = B \triangle A.$$

Demostración. Por definición,

$$A \triangle B = (A \setminus B) \cup (B \setminus A) = (B \setminus A) \cup (A \setminus B) = B \triangle A.$$

■

Esta propiedad refleja que el orden en que se aplican los conjuntos en la diferencia simétrica no afecta al resultado.

Theorem 1.2.13 La diferencia simétrica es asociativa; es decir, para cualquier conjunto A, B y C,

$$A \triangle (B \triangle C) = (A \triangle B) \triangle C.$$

Demostración. Recordemos que la diferencia simétrica se define como:

$$X \triangle Y = (X \setminus Y) \cup (Y \setminus X).$$

Queremos demostrar que:

$$A \triangle (B \triangle C) = (A \triangle B) \triangle C.$$

Paso 1: Expandir ambos lados usando la definición de diferencia simétrica.

■ El lado izquierdo es:

$$A \triangle (B \triangle C) = (A \setminus (B \triangle C)) \cup ((B \triangle C) \setminus A).$$

Sustituyendo $B \triangle C = (B \setminus C) \cup (C \setminus B)$, tenemos:

$$A \triangle (B \triangle C) = (A \setminus ((B \setminus C) \cup (C \setminus B))) \cup (((B \setminus C) \cup (C \setminus B)) \setminus A).$$

■ El lado derecho es:

$$(A \triangle B) \triangle C = ((A \triangle B) \setminus C) \cup (C \setminus (A \triangle B)).$$

Sustituyendo $A \triangle B = (A \setminus B) \cup (B \setminus A)$, tenemos:

$$(A \triangle B) \triangle C = (((A \setminus B) \cup (B \setminus A)) \setminus C) \cup (C \setminus ((A \setminus B) \cup (B \setminus A))).$$

Paso 2: Verificar igualdad de los dos lados.

Al analizar ambos lados, notamos que un elemento x pertenece a $A\triangle(B\triangle C)$ si y sólo si pertenece a exactamente un número impar de los conjuntos A, B y C. Esto se debe a la propiedad fundamental de la diferencia simétrica: un elemento pertenece al resultado si está en un número impar de los conjuntos involucrados.

Del mismo modo, un elemento x pertenece a $(A\triangle B)\triangle C$ si y sólo si pertenece a exactamente un número impar de los conjuntos A, B y C.

Dado que la definición de $A\triangle(B\triangle C)$ y $(A\triangle B)\triangle C$ se basa en la misma propiedad, concluimos que:

$$A\triangle(B\triangle C) = (A\triangle B)\triangle C.$$

∎

La asociatividad permite agrupar los conjuntos en la diferencia simétrica sin afectar el resultado, lo cual es útil en cálculos y demostraciones más complejas.

Corollary 1.2.14 El conjunto de partes de un conjunto universal U, junto con la operación de diferencia simétrica, $(\mathcal{P}(U), \triangle)$, forma un grupo abeliano. El elemento neutro es el conjunto vacío $\emptyset$, y cada elemento es su propio inverso.

Demostración. Para demostrar que $(\mathcal{P}(U), \triangle)$ es un grupo abeliano, verificamos los axiomas:

1. **Clausura**: La diferencia simétrica de dos subconjuntos de U es también un subconjunto de U.
2. **Asociatividad**: Ya demostrada en el teorema anterior.
3. **Elemento neutro**: El conjunto vacío $\emptyset$, ya que $A\triangle\emptyset = A$ para todo $A \subseteq U$.
4. **Inverso**: Cada elemento es su propio inverso, puesto que $A\triangle A = \emptyset$.
5. **Conmutatividad**: Demostrada en la proposición anterior.

∎

Esta estructura de grupo abeliano tiene implicaciones en álgebra abstracta y teoría de grupos, ofreciendo un puente entre la teoría de conjuntos y áreas más avanzadas de las matemáticas.

> (R) La diferencia simétrica está estrechamente relacionada con el álgebra de Boole. En este contexto, la operación $\triangle$ corresponde a la suma lógica, y la intersección $\cap$ corresponde al producto lógico. Esta analogía es fundamental en lógica matemática y en el diseño de circuitos digitales.

Exploraremos ahora algunas propiedades adicionales de la diferencia simétrica.

Proposition 1.2.15 Para cualquier conjunto A, B y C, se cumplen las siguientes propiedades:

1. **Elemento neutro**:

    $$A\triangle\emptyset = A.$$

2. **Elemento inverso**:

    $$A\triangle A = \emptyset.$$

3. **Conmutatividad**:

    $$A\triangle B = B\triangle A.$$

1.2 Operaciones entre conjuntos

4. **Asociatividad**:

$$(A\triangle B)\triangle C = A\triangle(B\triangle C).$$

5. **Distributividad sobre la intersección**:

$$A\triangle(B\cap C) = (A\triangle B)\cap(A\triangle C).$$

6. **Relación con la unión e intersección**:

$$A\triangle B = (A\cup B)\setminus(A\cap B).$$

Demostración. Las propiedades 1 a 4 ya han sido discutidas o son directas de la definición. Demostremos la propiedad 5.
Distributividad sobre la intersección:
Sea $x \in A\triangle(B\cap C)$. Entonces, $x \in A$ o $x \in B\cap C$, pero no en ambos. Esto implica que x pertenece a exactamente uno de los conjuntos A o $B\cap C$.
Por otro lado, $x \in (A\triangle B)\cap(A\triangle C)$ significa que x pertenece a ambos $A\triangle B$ y $A\triangle C$. Es decir, x pertenece a un número impar de los conjuntos A, B, y C.
Al analizar ambos lados, concluimos que $A\triangle(B\cap C) = (A\triangle B)\cap(A\triangle C)$.
La propiedad 6 es una reformulación de la definición de diferencia simétrica utilizando operaciones de unión e intersección. ■

Estas propiedades permiten manipular expresiones que involucran diferencias simétricas de manera más eficaz.

■ **Example 1.15** Sea $A = \{1,2,3,4\}$ y $B = \{3,4,5,6\}$. Calculemos $A\triangle B$.
Solución:

$$A\triangle B = (\{1,2,3,4\}\setminus\{3,4,5,6\})\cup(\{3,4,5,6\}\setminus\{1,2,3,4\}) = \{1,2\}\cup\{5,6\} = \{1,2,5,6\}.$$

Este resultado muestra los elementos que son exclusivos de cada conjunto. ■

Para visualizar la diferencia simétrica, podemos utilizar diagramas de Venn.

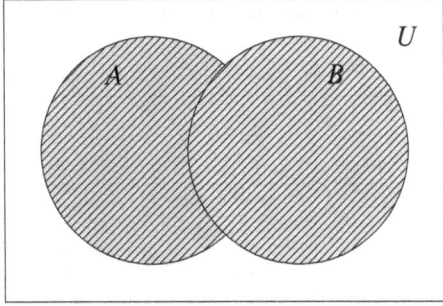

Figura 1.2.5: *Diagrama de Venn de la diferencia simétrica $A\triangle B$.*

En la Figura 1.2.5, el área sombreada representa los elementos que pertenecen a A o a B, pero no a ambos.

Exercise 1.17 Demuestre que para cualquier conjunto A, B y C,

$$A\triangle(B\triangle C) = (A\triangle B)\triangle C.$$

Demostración. Esta es la propiedad de asociatividad de la diferencia simétrica, demostrada previamente en el teorema correspondiente. ∎

Exercise 1.18 Pruebe que:

$$A\triangle B = (A\cup B)\setminus(A\cap B).$$

Demostración. Por definición,

$$A\triangle B = (A\setminus B)\cup(B\setminus A).$$

Sabemos que:

$$A\setminus B = A\cap B^c, \quad B\setminus A = B\cap A^c.$$

Entonces,

$$A\triangle B = (A\cap B^c)\cup(B\cap A^c) = (A\cup B)\setminus(A\cap B).$$

∎

Este resultado muestra cómo la diferencia simétrica combina las operaciones de unión, intersección y diferencia.

Exercise 1.19 Sean A y B subconjuntos de un conjunto universal U. Demuestre que:

$$(A\triangle B)^c = A^c \triangle B.$$

Demostración. Usando las propiedades de los complementos y la diferencia simétrica:

$$(A\triangle B)^c = [(A\setminus B)\cup(B\setminus A)]^c = (A\setminus B)^c \cap (B\setminus A)^c.$$

Sabemos que:

$$(A\setminus B)^c = A^c\cup B, \quad (B\setminus A)^c = B^c\cup A.$$

Por lo tanto,

$$(A\triangle B)^c = (A^c\cup B)\cap(B^c\cup A) = (A^c\cap B^c)\cup(A^c\cap A)\cup(B\cap B^c)\cup(B\cap A).$$

Simplificando,

$$(A^c\cap A) = \emptyset, \quad (B\cap B^c) = \emptyset.$$

Entonces,

$$(A\triangle B)^c = (A^c\cap B^c)\cup(B\cap A).$$

1.2 Operaciones entre conjuntos

Sabemos que $B \cap A = A \cap B$, y que $A^c \cap B^c = (A \cup B)^c$.
Por otro lado,

$$A^c \triangle B = (A^c \setminus B) \cup (B \setminus A^c) = (A^c \setminus B) \cup (B \setminus A^c).$$

Pero $B \setminus A^c = B \cap A$, y $A^c \setminus B = A^c \cap B^c$.
Entonces,

$$A^c \triangle B = (A^c \cap B^c) \cup (B \cap A) = (A \triangle B)^c.$$

∎

Este ejercicio demuestra una interesante relación entre la diferencia simétrica y el complemento de conjuntos.

> (R) La diferencia simétrica se puede interpretar en términos de funciones características y suma módulo 2. Si χ_A y χ_B son las funciones características de A y B, entonces:
>
> $$\chi_{A \triangle B} = \chi_A + \chi_B \quad \text{mód } 2.$$
>
> Esta propiedad es útil en teoría de códigos y criptografía.

Exercise 1.20 Sea $U = \{1,2,3,4\}$. Considere los conjuntos $A = \{1,2\}$, $B = \{2,3\}$ y $C = \{3,4\}$. Calcule $(A \triangle B) \triangle C$ y $A \triangle (B \triangle C)$. ¿Son iguales los resultados?

Demostración. Calculamos primero $A \triangle B$:

$$A \triangle B = (\{1,2\} \setminus \{2,3\}) \cup (\{2,3\} \setminus \{1,2\}) = \{1\} \cup \{3\} = \{1,3\}.$$

Luego, $(A \triangle B) \triangle C$:

$$\{1,3\} \triangle \{3,4\} = (\{1,3\} \setminus \{3,4\}) \cup (\{3,4\} \setminus \{1,3\}) = \{1\} \cup \{4\} = \{1,4\}.$$

Ahora, calculamos $B \triangle C$:

$$B \triangle C = (\{2,3\} \setminus \{3,4\}) \cup (\{3,4\} \setminus \{2,3\}) = \{2\} \cup \{4\} = \{2,4\}.$$

Luego, $A \triangle (B \triangle C)$:

$$\{1,2\} \triangle \{2,4\} = (\{1,2\} \setminus \{2,4\}) \cup (\{2,4\} \setminus \{1,2\}) = \{1\} \cup \{4\} = \{1,4\}.$$

Los resultados son iguales, confirmando la asociatividad de la diferencia simétrica.

∎

> (R) La diferencia simétrica es útil en teoría de grafos, especialmente en la definición de ciclos y circuitos. También aparece en álgebra abstracta al estudiar anillos y módulos.

Exercise 1.21 Demuestre que el número de elementos de la diferencia simétrica de dos conjuntos finitos A y B es:

$$|A \triangle B| = |A| + |B| - 2|A \cap B|.$$

Demostración. Sabemos que:

$$|A \setminus B| = |A| - |A \cap B|,$$

$$|B \setminus A| = |B| - |A \cap B|.$$

Entonces,

$$|A \triangle B| = |A \setminus B| + |B \setminus A| = (|A| - |A \cap B|) + (|B| - |A \cap B|) = |A| + |B| - 2|A \cap B|.$$

∎

Este resultado es útil en combinatoria y teoría de probabilidades.

Exercise 1.22 Sea U un conjunto finito y $\mathscr{P}(U)$ su conjunto de partes. Considere el espacio vectorial $(\mathscr{P}(U), \triangle)$ sobre el cuerpo $\mathbb{Z}_2$. Encuentre una base para este espacio vectorial y determine su dimensión.

Demostración. Cada subconjunto de U puede asociarse a un vector en $\mathbb{Z}_2^{|U|}$ mediante su función característica. Los elementos de U corresponden a las componentes canónicas del espacio vectorial.

Por lo tanto, una base del espacio vectorial está dada por los conjuntos unitarios $\{\{x\} \mid x \in U\}$. La dimensión del espacio vectorial es $|U|$.

∎

> **R** Esta interpretación de $\mathscr{P}(U)$ como un espacio vectorial sobre $\mathbb{Z}_2$ es fundamental en teoría de códigos y criptografía, donde los códigos lineales se estudian como subespacios de este tipo de espacios vectoriales.

Exercise 1.23 En un conjunto universal U, sean A, B y C subconjuntos tales que $A \subseteq B$. Demuestre que:

$$A \triangle C \subseteq B \triangle C.$$

Demostración. Como $A \subseteq B$, entonces $B \setminus A$ es el complemento de A en B, es decir, $B \setminus A = B \cap A^c$.

La diferencia simétrica $A \triangle C$ contiene elementos que están en exactamente uno de los conjuntos A o C. Dado que $A \subseteq B$, todo elemento de A está en B, y por tanto, cualquier elemento en $A \triangle C$ que está en A también está en B.

Asimismo, los elementos que están en C pero no en A pueden o no estar en B, pero en cualquier caso, estarán en $B \triangle C$.

Por lo tanto, $A \triangle C \subseteq B \triangle C$.

∎

> **R** La propiedad anterior muestra que la diferencia simétrica es monótona respecto a la inclusión de conjuntos, lo cual es útil en análisis y teoría de medidas.

1.2 Operaciones entre conjuntos

En conclusión, la diferencia simétrica es una operación rica en propiedades y aplicaciones. Su estudio no solo profundiza nuestra comprensión de las operaciones entre conjuntos, sino que también nos conecta con conceptos avanzados en álgebra, lógica y teoría de la información.

1.2.4 Complemento de conjuntos

El complemento de un conjunto es una operación fundamental en la teoría de conjuntos que permite describir todos los elementos que no pertenecen a un conjunto dado dentro de un universo específico. Esta noción es esencial para entender las relaciones entre conjuntos y es ampliamente utilizada en áreas como álgebra, lógica y análisis.

> **Definition 1.2.6** Sea U un conjunto universal y $A \subseteq U$ un subconjunto de U. El **complemento** de A en U, denotado por A^c o $U \setminus A$, es el conjunto de todos los elementos de U que no pertenecen a A. Es decir,
> $$A^c = \{x \in U \mid x \notin A\}.$$

El complemento nos permite construir el "resto" del universo excluyendo un subconjunto específico, lo cual es útil para expresar ciertos conjuntos y operaciones de manera más compacta.

■ **Example 1.16** Sea $U = \{1,2,3,4,5,6\}$ y $A = \{2,4,6\}$. Entonces, el complemento de A en U es

$$A^c = \{1,3,5\}.$$

Aquí, A^c contiene todos los elementos de U que no están en A. ■

Podemos ahora explorar algunas propiedades fundamentales del complemento de conjuntos.

Proposition 1.2.16 Sean A y B subconjuntos de un conjunto universal U. Entonces, se cumplen las siguientes propiedades:
1. **Involución**: $(A^c)^c = A$.
2. **Ley de complementación**: $A \cup A^c = U$.
3. **Ley de contradicción**: $A \cap A^c = \emptyset$.
4. Si $A \subseteq B$, entonces $B^c \subseteq A^c$.

Demostración. Demostremos cada propiedad:
1. **Involución**: Sea $x \in (A^c)^c$. Entonces, $x \notin A^c$, lo que implica que $x \in A$. Por lo tanto, $(A^c)^c \subseteq A$. De manera similar, si $x \in A$, entonces $x \notin A^c$, por lo que $x \in (A^c)^c$. Así, $A \subseteq (A^c)^c$. Concluimos que $(A^c)^c = A$.
2. **Ley de complementación**: Sea $x \in A \cup A^c$. Entonces, $x \in A$ o $x \in A^c$. Dado que A^c contiene todos los elementos de U que no están en A, se sigue que $A \cup A^c = U$.
3. **Ley de contradicción**: $A \cap A^c = \emptyset$ porque no existe ningún elemento x que pertenezca simultáneamente a A y a su complemento A^c.
4. Si $A \subseteq B$, entonces todo $x \in A$ pertenece a B. Por lo tanto, si $x \notin B$, entonces $x \notin A$. Esto implica que $x \in A^c$. Así, $x \in B^c$ implica $x \in A^c$, es decir, $B^c \subseteq A^c$. ■

Estas propiedades establecen la base para manipulaciones más complejas con complementos y otras operaciones de conjuntos.

> **Theorem 1.2.17** — **Leyes de De Morgan.** Para cualquier subconjunto A y B de un conjunto universal U, se cumplen las siguientes igualdades:
> 1. $(A \cup B)^c = A^c \cap B^c$.
> 2. $(A \cap B)^c = A^c \cup B^c$.

Demostración. **1. Demostración de** $(A \cup B)^c = A^c \cap B^c$:
- Por definición del complemento, un elemento $x \in (A \cup B)^c$ si y sólo si $x \notin A \cup B$.
- Según la definición de unión, $x \notin A \cup B$ significa que $x \notin A$ y $x \notin B$.
- Por definición del complemento, $x \notin A$ equivale a $x \in A^c$, y $x \notin B$ equivale a $x \in B^c$.
- Por la definición de intersección, $x \in A^c$ y $x \in B^c$ implica que $x \in A^c \cap B^c$.
- Por lo tanto, $x \in (A \cup B)^c$ si y sólo si $x \in A^c \cap B^c$, lo que demuestra que $(A \cup B)^c = A^c \cap B^c$.

2. Demostración de $(A \cap B)^c = A^c \cup B^c$:
- Por definición del complemento, un elemento $x \in (A \cap B)^c$ si y sólo si $x \notin A \cap B$.
- Según la definición de intersección, $x \notin A \cap B$ significa que $x \notin A$ o $x \notin B$.
- Por definición del complemento, $x \notin A$ equivale a $x \in A^c$, y $x \notin B$ equivale a $x \in B^c$.
- Por la definición de unión, $x \in A^c$ o $x \in B^c$ implica que $x \in A^c \cup B^c$.
- Por lo tanto, $x \in (A \cap B)^c$ si y sólo si $x \in A^c \cup B^c$, lo que demuestra que $(A \cap B)^c = A^c \cup B^c$.

∎

Estas leyes son fundamentales en la teoría de conjuntos y tienen aplicaciones directas en lógica matemática y electrónica digital.

■ **Example 1.17** Sea $U = \{1,2,3,4,5\}$, $A = \{1,2\}$ y $B = \{2,3\}$. Calculemos $(A \cup B)^c$ y $A^c \cap B^c$ para verificar la primera ley de De Morgan.
Primero, $A \cup B = \{1,2,3\}$, luego

$$(A \cup B)^c = U \setminus (A \cup B) = \{4,5\}.$$

Ahora, $A^c = \{3,4,5\}$ y $B^c = \{1,4,5\}$. Entonces,

$$A^c \cap B^c = \{3,4,5\} \cap \{1,4,5\} = \{4,5\}.$$

Observamos que $(A \cup B)^c = A^c \cap B^c = \{4,5\}$, confirmando la ley.

■

La comprensión profunda de estas leyes nos permite simplificar y manipular expresiones complejas que involucran conjuntos y sus complementos.

> (R) La diferencia entre conjuntos y el complemento están estrechamente relacionados. De hecho, para cualquier subconjunto A de U, se cumple que $A^c = U \setminus A$. Esto nos permite expresar operaciones de complementos en términos de diferencias, y viceversa.

Pasemos ahora a explorar cómo el complemento interactúa con otras operaciones de conjuntos.

> **Theorem 1.2.18** Para cualquier subconjunto A, B y C de un conjunto universal U, se cumplen las siguientes propiedades:
> 1. $(A \setminus B)^c = A^c \cup B$.
> 2. $A \setminus B = A \cap B^c$.
> 3. $(A^c)^c = A$ (Involución).

1.2 Operaciones entre conjuntos

4. $A \subseteq B$ si y solo si $B^c \subseteq A^c$.

Demostración. **1. Demostración de** $(A \setminus B)^c = A^c \cup B$**:**
- Por definición de diferencia, $A \setminus B = \{x \in A \mid x \notin B\}$.
- Por definición de complemento, el conjunto complementario de $A \setminus B$ es:

$$(A \setminus B)^c = \{x \notin A \setminus B\} = \{x \notin A \text{ o } x \in B\}.$$

- Esto equivale a $x \in A^c$ o $x \in B$, es decir, $x \in A^c \cup B$.
- Por lo tanto, $(A \setminus B)^c = A^c \cup B$.

2. Demostración de $A \setminus B = A \cap B^c$**:**
- Por definición de diferencia, $A \setminus B = \{x \in A \mid x \notin B\}$.
- Por definición de complemento, $x \notin B$ equivale a $x \in B^c$.
- Por definición de intersección, $x \in A \setminus B$ implica $x \in A \cap B^c$.
- Por lo tanto, $A \setminus B = A \cap B^c$.

3. Demostración de $(A^c)^c = A$ **(Involución):**
- Por definición de complemento, $A^c = \{x \notin A\}$.
- Tomando el complemento nuevamente, $(A^c)^c = \{x \notin A^c\}$.
- Si $x \notin A^c$, entonces $x \in A$.
- Por lo tanto, $(A^c)^c = A$.

4. Demostración de $A \subseteq B$ **si y sólo si** $B^c \subseteq A^c$**:**
- ($\Rightarrow$) Supongamos que $A \subseteq B$. Entonces, todo $x \in A$ está también en B.
- Si $x \in B^c$, significa que $x \notin B$. Pero como $x \in A \Rightarrow x \in B$, no puede existir un $x \in A$ tal que $x \in B^c$.
- Por lo tanto, $x \in B^c$ implica $x \in A^c$, y $B^c \subseteq A^c$.
- ($\Leftarrow$) Supongamos que $B^c \subseteq A^c$. Si $x \in A$, entonces $x \notin A^c$. Como $B^c \subseteq A^c$, esto implica que $x \notin B^c$, es decir, $x \in B$.
- Por lo tanto, $A \subseteq B$.

∎

Estas propiedades refuerzan la utilidad del complemento en la manipulación y simplificación de expresiones conjuntistas.

Exercise 1.24 Sea $U = \mathbb{R}$, $A = [0, 5)$ y $B = (2, 7]$. Calcule:
1. A^c.
2. $A \cap B^c$.
3. $(A \cup B)^c$.
4. $A^c \cap B^c$.

Verifique la primera ley de De Morgan con los resultados obtenidos.

Demostración. Primero, definamos $U = \mathbb{R}$.
1. $A^c = \mathbb{R} \setminus [0, 5) = (-\infty, 0) \cup [5, \infty)$.
2. $B^c = \mathbb{R} \setminus (2, 7] = (-\infty, 2] \cup (7, \infty)$.
   Entonces, $A \cap B^c = [0, 5) \cap ((-\infty, 2] \cup (7, \infty)) = [0, 2]$.
3. $A \cup B = [0, 5) \cup (2, 7] = [0, 7]$.
   Por lo tanto, $(A \cup B)^c = \mathbb{R} \setminus [0, 7] = (-\infty, 0) \cup (7, \infty)$.
4. $A^c \cap B^c = ((-\infty, 0) \cup [5, \infty)) \cap ((-\infty, 2] \cup (7, \infty)) = ((-\infty, 0) \cap (-\infty, 2]) \cup ([5, \infty) \cap (7, \infty)) = (-\infty, 0) \cup (7, \infty)$.

Verificación de la primera ley de De Morgan:

$$(A \cup B)^c = A^c \cap B^c = (-\infty, 0) \cup (7, \infty).$$

Los resultados coinciden, confirmando la ley. ∎

Este ejercicio nos permite aplicar las propiedades del complemento en conjuntos de números reales y verificar las leyes de De Morgan en un contexto continuo.

> (R) Los diagramas de Venn son herramientas valiosas para visualizar las relaciones entre conjuntos y sus complementos. Ayudan a entender intuitivamente las propiedades y leyes que rigen las operaciones conjuntistas.

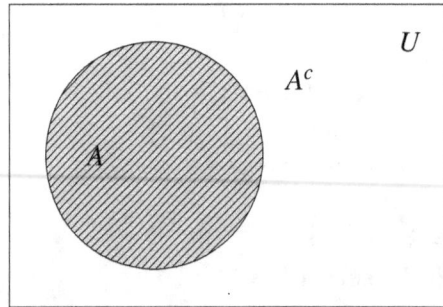

Figura 1.2.6: *Diagrama de Venn del conjunto A y su complemento A^c en el universo U.*

Profundicemos ahora en cómo los complementos interactúan con la diferencia de conjuntos.

Theorem 1.2.19 Para cualquier subconjunto A y B de un conjunto universal U, se cumple:

$$(A \setminus B)^c = A^c \cup B.$$

Demostración. Ya demostrado en el teorema anterior. ∎

Esta relación es especialmente útil al resolver problemas que involucran diferencias y complementos, permitiendo simplificar expresiones y facilitar cálculos.

Exercise 1.25 Demuestre que para cualquier subconjunto A y B de U, se cumple:

$$A \setminus B = A \cap B^c.$$

Demostración. Por definición de diferencia de conjuntos:

$$A \setminus B = \{x \in A \mid x \notin B\} = A \cap \{x \in U \mid x \notin B\} = A \cap B^c.$$

∎

Este resultado conecta directamente la diferencia de conjuntos con el complemento, reforzando la importancia de comprender profundamente testas operaciones.

1.2 Operaciones entre conjuntos

■ Example 1.18 Sea $U = \{1,2,3,4,5,6\}$, $A = \{2,4,6\}$ y $B = \{1,2,3\}$. Calcule $A \setminus B$ y verifique que $A \setminus B = A \cap B^c$.

Solución:

$$A \setminus B = \{2,4,6\} \setminus \{1,2,3\} = \{4,6\}.$$

Ahora, $B^c = U \setminus B = \{4,5,6\}$, entonces:

$$A \cap B^c = \{2,4,6\} \cap \{4,5,6\} = \{4,6\}.$$

Los resultados coinciden, confirmando la relación.

■

> **Exercise 1.26** En una clase de 50 estudiantes, 30 estudian Álgebra (A) y 25 estudian Geometría (G). Si 10 estudiantes no estudian ni Álgebra ni Geometría, ¿cuántos estudiantes estudian ambas materias?

Demostración. Sea U el conjunto de todos los estudiantes, con $|U| = 50$.
Sabemos que:

$$|A \cup G| = |U| - |(A \cup G)^c| = 50 - 10 = 40.$$

Aplicando el principio de inclusión-exclusión:

$$|A \cup G| = |A| + |G| - |A \cap G|.$$

Despejando $|A \cap G|$:

$$|A \cap G| = |A| + |G| - |A \cup G| = 30 + 25 - 40 = 15.$$

Por lo tanto, 15 estudiantes estudian ambas materias.

■

Este ejercicio demuestra cómo los complementos y el principio de inclusión-exclusión pueden combinarse para resolver problemas prácticos.

> (R) El complemento de conjuntos es ampliamente utilizado en probabilidad, estadística y lógica matemática. Por ejemplo, en probabilidad, la probabilidad del complemento de un evento A es $P(A^c) = 1 - P(A)$, lo cual es fundamental para calcular probabilidades de eventos "no A".

> **Exercise 1.27** Demuestre que para cualquier familia de conjuntos $\{A_i\}_{i \in I}$ en un universo U, se cumple:
>
> $$\left(\bigcup_{i \in I} A_i \right)^c = \bigcap_{i \in I} A_i^c,$$

$$\left(\bigcap_{i\in I} A_i\right)^c = \bigcup_{i\in I} A_i^c.$$

Demostración. Demostración de la primera igualdad:

Sea $x \in (\bigcup_{i\in I} A_i)^c$. Entonces, $x \notin \bigcup_{i\in I} A_i$, lo que implica que para todo $i \in I$, $x \notin A_i$. Por lo tanto, $x \in A_i^c$ para todo $i \in I$, es decir, $x \in \bigcap_{i\in I} A_i^c$.

Inversamente, sea $x \in \bigcap_{i\in I} A_i^c$. Entonces, para todo $i \in I$, $x \in A_i^c$, es decir, $x \notin A_i$. Por lo tanto, $x \notin \bigcup_{i\in I} A_i$, lo que implica que $x \in (\bigcup_{i\in I} A_i)^c$.

La segunda igualdad se demuestra de manera análoga.

∎

Este resultado generaliza las leyes de De Morgan a un número arbitrario (posiblemente infinito) de conjuntos, lo cual es fundamental en análisis y topología.

> (R) La generalización de las leyes de De Morgan a familias de conjuntos es esencial en áreas como la teoría de la medida y la probabilidad, donde a menudo se trabaja con secuencias o colecciones infinitas de eventos o conjuntos.

En conclusión, el complemento de conjuntos es una operación esencial en la teoría de conjuntos que interactúa de manera significativa con otras operaciones conjuntistas. Su comprensión profunda es crucial para avanzar en el estudio del álgebra y otras ramas de las matemáticas, proporcionando herramientas poderosas para el análisis y resolución de problemas complejos.

1.3 Familias de conjuntos

1.3.1 Definición y notación de familias de conjuntos

En matemáticas, especialmente en teoría de conjuntos y álgebra, es común trabajar con colecciones de conjuntos que comparten ciertas propiedades o que están indexadas de alguna manera. Estas colecciones se conocen como **familias de conjuntos**. La comprensión de las familias de conjuntos y su notación es fundamental para avanzar en el estudio de estructuras más complejas, como espacios topológicos, anillos y grupos.

Comencemos formalizando la definición de una familia de conjuntos y explorando su notación y propiedades básicas.

> **Definition 1.3.1 — Familia de conjuntos.** Una **familia de conjuntos** es una colección (conjunto) cuyos elementos son conjuntos. Formalmente, una familia $\mathscr{F}$ es un conjunto cuyos elementos son conjuntos:
>
> $$\mathscr{F} = \{A_i \mid i \in I\},$$
>
> donde cada A_i es un conjunto y I es un conjunto no vacío llamado **conjunto índice**.

El conjunto índice I nos permite etiquetar cada conjunto en la familia, facilitando su manipulación y referencia. Por ejemplo, si $I = \mathbb{N}$, estamos trabajando con una familia numerable de conjuntos.

■ **Example 1.19** Sea $\mathscr{F} = \{A_n \mid n \in \mathbb{N}\}$, donde $A_n = \{1, 2, \ldots, n\}$. Aquí, $\mathscr{F}$ es una familia de conjuntos donde cada conjunto A_n contiene los primeros n números naturales.

1.3 Familias de conjuntos

Otra familia podría ser $\mathscr{G} = \{B_i \mid i \in I\}$, donde $I = \{a,b,c\}$ y:

$$B_a = \{x \in \mathbb{R} \mid x < 0\}, \quad B_b = \{x \in \mathbb{R} \mid x = 0\}, \quad B_c = \{x \in \mathbb{R} \mid x > 0\}.$$

En este caso, $\mathscr{G}$ es una familia de conjuntos que particiona los números reales en negativos, cero y positivos. ∎

La notación y manipulación de familias de conjuntos son esenciales al trabajar con operaciones como la unión e intersección indexadas.

Definition 1.3.2 — Unión e intersección de una familia de conjuntos. Sea $\mathscr{F} = \{A_i \mid i \in I\}$ una familia de conjuntos. Definimos:

1. **Unión de la familia**:

$$\bigcup_{i \in I} A_i = \{x \mid \exists i \in I \text{ tal que } x \in A_i\}.$$

2. **Intersección de la familia**:

$$\bigcap_{i \in I} A_i = \{x \mid \forall i \in I, x \in A_i\}.$$

Estas operaciones generalizan las uniones e intersecciones binarias a colecciones arbitrarias de conjuntos, permitiendo trabajar con familias finitas o infinitas.

■ **Example 1.20** Consideremos la familia $\mathscr{F} = \{[n, \infty) \mid n \in \mathbb{N}\}$. La unión e intersección de esta familia son:

1. Unión:

$$\bigcup_{n \in \mathbb{N}} [n, \infty) = [1, \infty).$$

2. Intersección:

$$\bigcap_{n \in \mathbb{N}} [n, \infty) = [\lim_{n \to \infty} n, \infty) = \emptyset.$$

La intersección es el conjunto vacío porque no existe ningún número real que pertenezca a todos los intervalos $[n, \infty)$ para todo $n \in \mathbb{N}$. ∎

Proposition 1.3.1 Sea $\mathscr{F} = \{A_i \mid i \in I\}$ una familia de conjuntos y B un conjunto. Entonces:
1. $B \cap (\bigcup_{i \in I} A_i) = \bigcup_{i \in I} (B \cap A_i)$.
2. $B \cup (\bigcap_{i \in I} A_i) = \bigcap_{i \in I} (B \cup A_i)$.

Demostración. Demostraremos la primera igualdad; la segunda se demuestra de manera análoga.
Sea $x \in B \cap (\bigcup_{i \in I} A_i)$. Entonces, $x \in B$ y existe $j \in I$ tal que $x \in A_j$. Por lo tanto, $x \in B \cap A_j \subseteq \bigcup_{i \in I} (B \cap A_i)$.
Inversamente, sea $x \in \bigcup_{i \in I} (B \cap A_i)$. Entonces, existe $k \in I$ tal que $x \in B \cap A_k$. Por lo tanto, $x \in B$ y $x \in A_k \subseteq \bigcup_{i \in I} A_i$, lo que implica que $x \in B \cap (\bigcup_{i \in I} A_i)$.
Por lo tanto,

$$B \cap \left(\bigcup_{i \in I} A_i\right) = \bigcup_{i \in I} (B \cap A_i).$$

∎

Esta propiedad es esencial para distribuir la intersección sobre la unión en el contexto de familias de conjuntos.

■ **Example 1.21** Sea $B = [0,5]$ y $\mathscr{F} = \{A_n = (n, n+2) \mid n \in \mathbb{N}\}$. Calcule $B \cap (\bigcup_{n \in \mathbb{N}} A_n)$ y compare con $\bigcup_{n \in \mathbb{N}} (B \cap A_n)$.

Primero, notamos que $\bigcup_{n \in \mathbb{N}} A_n = (1, \infty)$.

Entonces,

$$B \cap \left(\bigcup_{n \in \mathbb{N}} A_n \right) = [0,5] \cap (1, \infty) = (1, 5].$$

Ahora, calculamos $\bigcup_{n \in \mathbb{N}} (B \cap A_n)$:

$$B \cap A_n = [0,5] \cap (n, n+2) = \begin{cases} (n, n+2) & \text{si } n+2 \leq 5, \\ (n, 5] & \text{si } n \leq 5 < n+2, \\ \emptyset & \text{si } n > 5. \end{cases}$$

La unión de estos intervalos para $n = 1, 2, 3$ es:

$$(1,3) \cup (2,4) \cup (3,5] = (1,5].$$

Esto coincide con el resultado anterior, confirmando la propiedad distributiva.

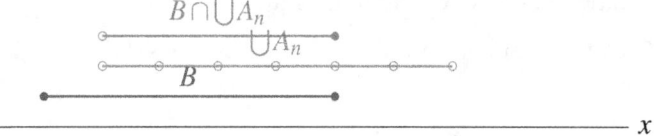

Figura 1.3.1: *Visualización de B, $\bigcup A_n$ y su intersección.*

■

(R) Es importante notar que las familias de conjuntos pueden ser finitas o infinitas. Cuando I es infinito, estamos trabajando con familias infinitas, lo cual es común en análisis y topología.

Profundicemos ahora en cómo las familias de conjuntos interactúan con las operaciones de unión e intersección.

> **Theorem 1.3.2** — **Propiedades de las operaciones con familias de conjuntos.**
> Sea $\{A_i\}_{i \in I}$ y $\{B_j\}_{j \in J}$ dos familias de conjuntos. Entonces, se cumplen las siguientes propiedades:
>
> 1. **Asociatividad de la unión e intersección:**
>
> $$\bigcup_{i \in I} \bigcup_{j \in J} A_{i,j} = \bigcup_{(i,j) \in I \times J} A_{i,j},$$
>
> $$\bigcap_{i \in I} \bigcap_{j \in J} A_{i,j} = \bigcap_{(i,j) \in I \times J} A_{i,j}.$$
>
> 2. **Distributividad de la unión sobre la intersección:**
>
> $$\bigcup_{i \in I} \left(\bigcap_{j \in J} A_{i,j} \right) \subseteq \bigcap_{j \in J} \left(\bigcup_{i \in I} A_{i,j} \right).$$

1.3 Familias de conjuntos

3. Si I es finito, entonces:

$$\bigcup_{i \in I}\left(\bigcap_{j \in J} A_{i,j}\right) = \bigcap_{j \in J}\left(\bigcup_{i \in I} A_{i,j}\right).$$

Demostración. **1. Asociatividad de la unión e intersección:**

- Para la unión, por definición:

$$x \in \bigcup_{i \in I}\bigcup_{j \in J} A_{i,j} \iff \exists i \in I, \exists j \in J \text{ tal que } x \in A_{i,j}.$$

Esto es equivalente a:

$$x \in \bigcup_{(i,j) \in I \times J} A_{i,j}.$$

Por lo tanto:

$$\bigcup_{i \in I}\bigcup_{j \in J} A_{i,j} = \bigcup_{(i,j) \in I \times J} A_{i,j}.$$

- Para la intersección, por definición:

$$x \in \bigcap_{i \in I}\bigcap_{j \in J} A_{i,j} \iff \forall i \in I, \forall j \in J, x \in A_{i,j}.$$

Esto es equivalente a:

$$x \in \bigcap_{(i,j) \in I \times J} A_{i,j}.$$

Por lo tanto:

$$\bigcap_{i \in I}\bigcap_{j \in J} A_{i,j} = \bigcap_{(i,j) \in I \times J} A_{i,j}.$$

2. Distributividad de la unión sobre la intersección:

- Para probar la inclusión, consideremos:

$$x \in \bigcup_{i \in I}\left(\bigcap_{j \in J} A_{i,j}\right).$$

Esto implica que:

$$\exists i \in I \text{ tal que } x \in \bigcap_{j \in J} A_{i,j}.$$

Por definición de intersección:

$$x \in A_{i,j} \quad \forall j \in J.$$

Ahora, para cualquier $j \in J$, tenemos que:

$$x \in \bigcup_{i \in I} A_{i,j}.$$

Por definición de intersección, esto implica:

$$x \in \bigcap_{j \in J} \left(\bigcup_{i \in I} A_{i,j} \right).$$

Por lo tanto:

$$\bigcup_{i \in I} \left(\bigcap_{j \in J} A_{i,j} \right) \subseteq \bigcap_{j \in J} \left(\bigcup_{i \in I} A_{i,j} \right).$$

3. Igualdad si I es finito:
- Si I es finito, la igualdad se demuestra considerando que la inclusión probada en el punto anterior se vuelve igualdad debido a la conmutatividad de las operaciones y la finitud de I, que garantiza que los elementos se distribuyen de forma simétrica.
- Por lo tanto:

$$\bigcup_{i \in I} \left(\bigcap_{j \in J} A_{i,j} \right) = \bigcap_{j \in J} \left(\bigcup_{i \in I} A_{i,j} \right).$$

■ **Example 1.22** Sea $\mathscr{F} = \{A_n = [0, 1/n] \mid n \in \mathbb{N}\}$ y consideremos las uniones e intersecciones de esta familia:
1. Unión:

$$\bigcup_{n \in \mathbb{N}} A_n = [0, 1].$$

2. Intersección:

$$\bigcap_{n \in \mathbb{N}} A_n = \{0\}.$$

Aunque cada A_n es un intervalo que se hace cada vez más pequeño a medida que n crece, su unión cubre todo el intervalo $[0, 1]$, mientras que su intersección es solo el punto $\{0\}$.

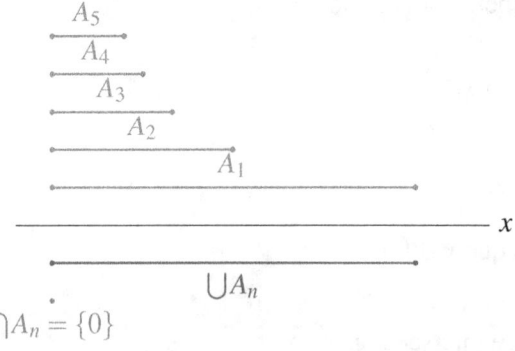

Figura 1.3.2: *Visualización de la familia $\mathscr{F}$, su unión y su intersección.*

1.3 Familias de conjuntos

Exercise 1.28 Sea $\mathscr{F} = \{A_n \mid n \in \mathbb{N}\}$ con $A_n = (n, \infty)$. Determine $\bigcap_{n \in \mathbb{N}} A_n$ y $\bigcup_{n \in \mathbb{N}} A_n$.

Demostración. 1. Unión:

$$\bigcup_{n \in \mathbb{N}} A_n = (1, \infty).$$

La unión de todos los intervalos desde n hasta el infinito para $n \geq 1$ es el intervalo desde 1 hasta el infinito.

2. Intersección:

$$\bigcap_{n \in \mathbb{N}} A_n = \bigcap_{n \in \mathbb{N}} (n, \infty) = (\lim_{n \to \infty} n, \infty) = \emptyset.$$

No existe ningún número real que sea mayor que todos los números naturales, por lo que la intersección es el conjunto vacío. ∎

Este ejercicio resalta cómo, en familias infinitas de conjuntos, la intersección puede ser vacía incluso si cada conjunto individual es no vacío.

> En algunas áreas de las matemáticas, como la topología y el análisis funcional, es común trabajar con familias dirigidas de conjuntos, donde el conjunto índice I está equipado con una relación de orden que satisface ciertas propiedades. Esto permite definir conceptos como límites y convergencia en contextos más generales.

Lema 1.3.1 Sea $\{A_i\}_{i \in I}$ una familia de conjuntos y $J \subseteq I$. Entonces:

$$\bigcap_{i \in I} A_i \subseteq \bigcap_{j \in J} A_j, \quad \bigcup_{j \in J} A_j \subseteq \bigcup_{i \in I} A_i.$$

Demostración. Como $J \subseteq I$, todo $j \in J$ también es un elemento de I. Por lo tanto, cualquier elemento que pertenece a todos los A_i para $i \in I$, también pertenece a todos los A_j para $j \in J$. De manera similar, cualquier elemento que pertenece a algún A_j con $j \in J$ también pertenece a algún A_i con $i \in I$. ∎

Este lema establece relaciones de inclusión entre uniones e intersecciones cuando se consideran subconjuntos del conjunto índice.

Theorem 1.3.3 — Intersección de intersecciones. Sea $\{\mathscr{F}_k\}_{k \in K}$ una familia de familias de conjuntos, es decir, para cada $k \in K$, $\mathscr{F}_k = \{A_i^{(k)}\}_{i \in I_k}$. Entonces:

$$\bigcap_{k \in K} \left(\bigcap_{i \in I_k} A_i^{(k)} \right) = \bigcap_{(k,i) \in \bigsqcup_{k \in K} \{k\} \times I_k} A_i^{(k)},$$

donde $\bigsqcup$ denota la unión disjunta de los conjuntos índice.

Demostración. Sea $x \in U$, donde U es un conjunto universal que contiene todos los $A_i^{(k)}$. Demostremos la igualdad verificando ambas inclusiones:

1. Demostración de $\bigcap_{k \in K} \left(\bigcap_{i \in I_k} A_i^{(k)} \right) \subseteq \bigcap_{(k,i) \in \bigsqcup_{k \in K} \{k\} \times I_k} A_i^{(k)}$:

$$x \in \bigcap_{k \in K} \left(\bigcap_{i \in I_k} A_i^{(k)} \right) \iff \forall k \in K, x \in \bigcap_{i \in I_k} A_i^{(k)} \quad \text{(definición de intersección)}$$

$$\iff \forall k \in K, \forall i \in I_k, x \in A_i^{(k)} \quad \text{(definición de intersección)}$$

$$\iff \forall (k,i) \in \bigsqcup_{k \in K} \{k\} \times I_k, x \in A_i^{(k)} \quad \text{(unión disjunta de índices)}$$

$$\iff x \in \bigcap_{(k,i) \in \bigsqcup_{k \in K} \{k\} \times I_k} A_i^{(k)}. \quad \text{(definición de intersección)}$$

2. Demostración de $\bigcap_{(k,i) \in \bigsqcup_{k \in K} \{k\} \times I_k} A_i^{(k)} \subseteq \bigcap_{k \in K} \left(\bigcap_{i \in I_k} A_i^{(k)} \right)$:

$$x \in \bigcap_{(k,i) \in \bigsqcup_{k \in K} \{k\} \times I_k} A_i^{(k)} \iff \forall (k,i) \in \bigsqcup_{k \in K} \{k\} \times I_k, x \in A_i^{(k)} \quad \text{(definición de intersección)}$$

$$\iff \forall k \in K, \forall i \in I_k, x \in A_i^{(k)} \quad \text{(unión disjunta de índices)}$$

$$\iff \forall k \in K, x \in \bigcap_{i \in I_k} A_i^{(k)} \quad \text{(definición de intersección)}$$

$$\iff x \in \bigcap_{k \in K} \left(\bigcap_{i \in I_k} A_i^{(k)} \right). \quad \text{(definición de intersección)}$$

Conclusión: Dado que hemos demostrado ambas inclusiones, concluimos que:

$$\bigcap_{k \in K} \left(\bigcap_{i \in I_k} A_i^{(k)} \right) = \bigcap_{(k,i) \in \bigsqcup_{k \in K} \{k\} \times I_k} A_i^{(k)}.$$

∎

Este teorema generaliza el concepto de intersección a niveles múltiples, lo cual es útil en áreas avanzadas como teoría de categorías y topología.

> **Exercise 1.29** Sea $\mathscr{F} = \{A_n \mid n \in \mathbb{N}\}$ con $A_n = [0, 1 - \frac{1}{n}]$. Determine $\bigcap_{n \in \mathbb{N}} A_n$ y discuta su significado.

Demostración. Observamos que a medida que $n \to \infty$, $1 - \frac{1}{n} \to 1$. Por lo tanto,

$$\bigcap_{n \in \mathbb{N}} A_n = [0, 1).$$

Esto significa que todo número en $[0, 1)$ pertenece a todos los A_n, pero el número 1 no pertenece a ningún A_n, ya que $1 \notin [0, 1 - \frac{1}{n}]$ para ningún n finito.

∎

Este ejercicio muestra cómo la intersección de una familia infinita de conjuntos puede resultar en un conjunto que excluye ciertos puntos límite.

> (R) Las familias de conjuntos son fundamentales en muchas áreas de las matemáticas, incluyendo:

1.3 Familias de conjuntos

- **Topología**: Las bases y subbases de una topología son familias de conjuntos que generan la estructura topológica.
- **Análisis real y complejo**: Las colecciones de intervalos abiertos o cerrados forman familias de conjuntos utilizadas para definir conceptos como medida y continuidad.
- **Álgebra**: En teoría de grupos y anillos, las familias de subgrupos o ideales son esenciales para entender la estructura interna de estas entidades.

Comprender la notación y manipulación de familias de conjuntos es, por tanto, crucial para el estudio avanzado de estas disciplinas.

Exercise 1.30 Sea $\{A_n\}_{n\in\mathbb{N}}$ una familia de conjuntos tales que $A_n \subseteq A_{n+1}$ para todo $n \in \mathbb{N}$. Demuestre que:

$$\bigcup_{n\in\mathbb{N}} A_n = \lim_{n\to\infty} A_n.$$

Demostración. Como $A_n \subseteq A_{n+1}$, la familia $\{A_n\}$ es una **sucesión creciente** de conjuntos. En este contexto, el límite de la sucesión de conjuntos se define como:

$$\lim_{n\to\infty} A_n = \bigcup_{n\in\mathbb{N}} A_n.$$

Esto es porque, en cada paso, estamos agregando elementos (o manteniendo los mismos), y la unión de todos estos conjuntos captura todos los elementos que aparecen en algún A_n a medida que n tiende a infinito. ∎

Este ejercicio introduce el concepto de límite de una sucesión de conjuntos, lo cual es importante en análisis y probabilidad.

Theorem 1.3.4 — Continuidad de la medida respecto a la unión creciente. Sea $(X, \mathscr{A}, \mu)$ un espacio de medida y $\{A_n\}_{n\in\mathbb{N}}$ una sucesión creciente de conjuntos medibles, es decir, $A_n \subseteq A_{n+1}$. Entonces,

$$\mu\left(\bigcup_{n=1}^{\infty} A_n\right) = \lim_{n\to\infty} \mu(A_n).$$

Demostración. Definamos $A = \bigcup_{n=1}^{\infty} A_n$, es decir,

$$A = \{x \in X \mid x \in A_n \text{ para algún } n \in \mathbb{N}\}.$$

Queremos demostrar que:

$$\mu(A) = \lim_{n\to\infty} \mu(A_n).$$

Paso 1: Descomposición de A_n en términos de diferencias.
Dado que $\{A_n\}$ es una sucesión creciente ($A_n \subseteq A_{n+1}$), podemos escribir:

$$A_n = \bigcup_{k=1}^{n} (A_k \setminus A_{k-1}),$$

donde $A_0 = \emptyset$. Esto implica que los conjuntos $A_k \setminus A_{k-1}$ son disjuntos para $k \geq 1$.

Para A, tenemos:

$$A = \bigcup_{n=1}^{\infty} A_n = \bigcup_{k=1}^{\infty} (A_k \setminus A_{k-1}).$$

Paso 2: Medida de A y propiedad de aditividad numerable.
Dado que los conjuntos $A_k \setminus A_{k-1}$ son disjuntos, y μ es σ-aditiva, obtenemos:

$$\mu(A) = \mu\left(\bigcup_{k=1}^{\infty} (A_k \setminus A_{k-1})\right) = \sum_{k=1}^{\infty} \mu(A_k \setminus A_{k-1}).$$

Por la propiedad de aditividad finita de la medida, también se cumple para cualquier n:

$$\mu(A_n) = \sum_{k=1}^{n} \mu(A_k \setminus A_{k-1}).$$

Paso 3: Límite de $\mu(A_n)$.
Tomando el límite cuando $n \to \infty$, y usando la propiedad de las series, tenemos:

$$\lim_{n\to\infty} \mu(A_n) = \lim_{n\to\infty} \sum_{k=1}^{n} \mu(A_k \setminus A_{k-1}) = \sum_{k=1}^{\infty} \mu(A_k \setminus A_{k-1}).$$

Comparando con el resultado del Paso 2, vemos que:

$$\mu(A) = \sum_{k=1}^{\infty} \mu(A_k \setminus A_{k-1}) = \lim_{n\to\infty} \mu(A_n).$$

Conclusión:
Hemos demostrado que:

$$\mu\left(\bigcup_{n=1}^{\infty} A_n\right) = \lim_{n\to\infty} \mu(A_n).$$

∎

Aunque este resultado pertenece al ámbito del análisis de medidas, ilustra cómo las familias de conjuntos juegan un papel crucial en áreas más avanzadas de las matemáticas.

> Exercise 1.31 Sea $\mathscr{F} = \{A_i \mid i \in I\}$ una familia de subconjuntos de un conjunto X, y sea $B \subseteq X$. Demuestre que:
>
> $$B \setminus \left(\bigcup_{i \in I} A_i\right) = \bigcap_{i \in I} (B \setminus A_i).$$

Demostración. Utilizando propiedades de conjuntos:

$$B \setminus \left(\bigcup_{i\in I} A_i\right) = B \cap \left(\bigcup_{i\in I} A_i\right)^c = B \cap \bigcap_{i\in I} A_i^c = \bigcap_{i\in I}(B \cap A_i^c) = \bigcap_{i\in I}(B \setminus A_i).$$

∎

1.3 Familias de conjuntos

Este ejercicio demuestra cómo las operaciones de diferencia, unión e intersección interactúan en el contexto de familias de conjuntos.

> (R) Es común utilizar la notación $\{A_i\}_{i \in I}$ o simplemente $(A_i)_{i \in I}$ para denotar una familia de conjuntos indexada. La elección de la notación depende del contexto y de las preferencias personales, pero es importante ser consistente para evitar confusiones.

En conclusión, la definición y notación de familias de conjuntos son herramientas fundamentales en matemáticas avanzadas. Permiten trabajar con colecciones arbitrarias de conjuntos, facilitando el estudio de estructuras más complejas y proporcionando un lenguaje unificado para diversas disciplinas matemáticas.

1.3.2 Intersección y unión de familias

En la teoría de conjuntos, las operaciones de unión e intersección son fundamentales para combinar y relacionar conjuntos. Cuando trabajamos con familias de conjuntos, estas operaciones adquieren una dimensión más amplia y permiten manejar colecciones arbitrarias, incluso infinitas, de conjuntos. En esta sección, exploraremos en detalle las definiciones formales de la unión e intersección de familias de conjuntos, sus propiedades y cómo se aplican en contextos matemáticos avanzados.

> **Definition 1.3.3 — Unión de una familia de conjuntos.** Sea $\mathscr{A} = \{A_i \mid i \in I\}$ una familia de conjuntos indexada por un conjunto I. La **unión** de la familia $\mathscr{A}$ se define como el conjunto de todos los elementos que pertenecen al menos a uno de los conjuntos de la familia:
> $$\bigcup_{i \in I} A_i = \{x \mid \exists i \in I \text{ tal que } x \in A_i\}.$$

Esta definición generaliza la unión de dos conjuntos a una colección arbitraria de conjuntos, permitiendo trabajar con familias finitas o infinitas.

> **Definition 1.3.4 — Intersección de una familia de conjuntos.** Sea $\mathscr{A} = \{A_i \mid i \in I\}$ una familia de conjuntos indexada por un conjunto I. La **intersección** de la familia $\mathscr{A}$ se define como el conjunto de todos los elementos que pertenecen a todos los conjuntos de la familia:
> $$\bigcap_{i \in I} A_i = \{x \mid \forall i \in I,\ x \in A_i\}.$$

Estas operaciones son fundamentales en muchas áreas de las matemáticas, ya que permiten combinar y comparar conjuntos de manera estructurada.

■ **Example 1.23** Consideremos la familia de conjuntos $\mathscr{A} = \{A_n \mid n \in \mathbb{N}\}$, donde cada $A_n = [0, \frac{1}{n}]$ es un intervalo cerrado en $\mathbb{R}$.
Calculemos la unión e intersección de esta familia:

1. **Unión**:
$$\bigcup_{n \in \mathbb{N}} A_n = [0, 1].$$

Esto se debe a que, para cualquier x en $[0, 1]$, existe un n suficientemente grande tal que $x \leq \frac{1}{n}$.

2. **Intersección**:

$$\bigcap_{n\in\mathbb{N}} A_n = \{0\}.$$

Dado que 0 es el único número que pertenece a todos los intervalos $[0, \frac{1}{n}]$.

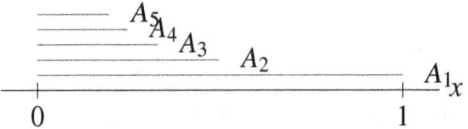

Figura 1.3.3: *Visualización de los conjuntos $A_n = [0, \frac{1}{n}]$.*

■

El ejemplo anterior ilustra cómo, en una familia infinita de conjuntos, la intersección puede reducirse a un conjunto muy pequeño, mientras que la unión puede abarcar un conjunto mucho más grande.

> **Theorem 1.3.5 — Propiedades de la unión e intersección de familias.** Sean $\{A_i\}_{i\in I}$ y $\{B_j\}_{j\in J}$ familias de conjuntos. Entonces, se cumplen las siguientes propiedades:
> 1. **Asociatividad**:
>
> $$\bigcup_{i\in I}\left(\bigcup_{j\in J} A_{i,j}\right) = \bigcup_{(i,j)\in I\times J} A_{i,j},$$
>
> $$\bigcap_{i\in I}\left(\bigcap_{j\in J} A_{i,j}\right) = \bigcap_{(i,j)\in I\times J} A_{i,j}.$$
>
> 2. **Distributividad**:
>
> $$\bigcup_{i\in I}(A_i \cap B) = \left(\bigcup_{i\in I} A_i\right) \cap B,$$
>
> $$\bigcap_{i\in I}(A_i \cup B) = \left(\bigcap_{i\in I} A_i\right) \cup B.$$
>
> 3. **Leyes de De Morgan generalizadas**:
>
> $$\left(\bigcup_{i\in I} A_i\right)^c = \bigcap_{i\in I} A_i^c, \quad \left(\bigcap_{i\in I} A_i\right)^c = \bigcup_{i\in I} A_i^c.$$

Demostración. **1. Asociatividad:**

- Para la unión:

$$x \in \bigcup_{i\in I}\left(\bigcup_{j\in J} A_{i,j}\right) \iff \exists i \in I, \exists j \in J \text{ tal que } x \in A_{i,j} \quad \text{(definición de unión)}$$

$$\iff \exists (i,j) \in I \times J \text{ tal que } x \in A_{i,j} \quad \text{(definición de producto)}$$

$$\iff x \in \bigcup_{(i,j)\in I\times J} A_{i,j}. \quad \text{(definición de unión)}$$

- Para la intersección:

$$x \in \bigcap_{i \in I}\left(\bigcap_{j \in J} A_{i,j}\right) \iff \forall i \in I, \forall j \in J, x \in A_{i,j} \quad \text{(definición de intersección)}$$
$$\iff \forall (i,j) \in I \times J, x \in A_{i,j} \quad \text{(definición de producto)}$$
$$\iff x \in \bigcap_{(i,j) \in I \times J} A_{i,j}. \quad \text{(definición de intersección)}$$

2. Distributividad:
- Para la unión sobre la intersección:

$$x \in \bigcup_{i \in I}(A_i \cap B) \iff \exists i \in I \text{ tal que } x \in A_i \cap B \quad \text{(definición de unión)}$$
$$\iff \exists i \in I \text{ tal que } x \in A_i \text{ y } x \in B \quad \text{(definición de intersección)}$$
$$\iff x \in \left(\bigcup_{i \in I} A_i\right) \cap B. \quad \text{(definición de unión e intersección)}$$

- Para la intersección sobre la unión:

$$x \in \bigcap_{i \in I}(A_i \cup B) \iff \forall i \in I, x \in A_i \cup B \quad \text{(definición de intersección)}$$
$$\iff \forall i \in I, x \in A_i \text{ o } x \in B \quad \text{(definición de unión)}$$
$$\iff x \in \left(\bigcap_{i \in I} A_i\right) \cup B. \quad \text{(definición de unión e intersección)}$$

3. Leyes de De Morgan generalizadas:
- Para la unión:

$$x \in \left(\bigcup_{i \in I} A_i\right)^c \iff x \notin \bigcup_{i \in I} A_i \quad \text{(definición de complemento)}$$
$$\iff \forall i \in I, x \notin A_i \quad \text{(definición de unión)}$$
$$\iff x \in \bigcap_{i \in I} A_i^c. \quad \text{(definición de complemento e intersección)}$$

- Para la intersección:

$$x \in \left(\bigcap_{i \in I} A_i\right)^c \iff x \notin \bigcap_{i \in I} A_i \quad \text{(definición de complemento)}$$
$$\iff \exists i \in I \text{ tal que } x \notin A_i \quad \text{(definición de intersección)}$$
$$\iff x \in \bigcup_{i \in I} A_i^c. \quad \text{(definición de complemento y unión)}$$

∎

Estas propiedades son esenciales al trabajar con familias de conjuntos, ya que permiten reorganizar y simplificar expresiones complejas.

Lema 1.3.2 Sean $\mathscr{A} = \{A_i\}_{i \in I}$ y $\mathscr{B} = \{B_i\}_{i \in I}$ familias de conjuntos tales que $A_i \subseteq B_i$ para todo $i \in I$. Entonces:

$$\bigcup_{i \in I} A_i \subseteq \bigcup_{i \in I} B_i, \quad \bigcap_{i \in I} A_i \subseteq \bigcap_{i \in I} B_i.$$

Demostración. Dado que $A_i \subseteq B_i$ para todo $i \in I$:
1. Para la unión, si $x \in \bigcup_{i \in I} A_i$, entonces existe $i \in I$ tal que $x \in A_i$. Como $A_i \subseteq B_i$, entonces $x \in B_i$, lo que implica que $x \in \bigcup_{i \in I} B_i$.
2. Para la intersección, si $x \in \bigcap_{i \in I} A_i$, entonces para todo $i \in I$, $x \in A_i$. Dado que $A_i \subseteq B_i$, entonces $x \in B_i$ para todo $i \in I$, por lo que $x \in \bigcap_{i \in I} B_i$.

∎

Este lema nos permite establecer relaciones de inclusión entre las uniones e intersecciones de familias de conjuntos cuando existe una relación de inclusión entre los conjuntos correspondientes.

■ **Example 1.24** Consideremos las familias de conjuntos $\mathscr{A} = \{A_n\}_{n \in \mathbb{N}}$ y $\mathscr{B} = \{B_n\}_{n \in \mathbb{N}}$, donde $A_n = [0,n]$ y $B_n = [0,n+1]$ para cada $n \in \mathbb{N}$.

Es claro que $A_n \subseteq B_n$ para todo n, ya que $[0,n] \subseteq [0,n+1]$. Entonces, aplicando el lema anterior:

$$\bigcup_{n \in \mathbb{N}} A_n \subseteq \bigcup_{n \in \mathbb{N}} B_n, \quad \bigcap_{n \in \mathbb{N}} A_n \subseteq \bigcap_{n \in \mathbb{N}} B_n.$$

Calculando las uniones e intersecciones:
1. **Uniones**:

$$\bigcup_{n \in \mathbb{N}} A_n = [0,\infty), \quad \bigcup_{n \in \mathbb{N}} B_n = [0,\infty).$$

Por lo tanto, $\bigcup_{n \in \mathbb{N}} A_n = \bigcup_{n \in \mathbb{N}} B_n$.

2. **Intersecciones**:

$$\bigcap_{n \in \mathbb{N}} A_n = [0,0] = \{0\}, \quad \bigcap_{n \in \mathbb{N}} B_n = [0,0] = \{0\}.$$

De nuevo, $\bigcap_{n \in \mathbb{N}} A_n = \bigcap_{n \in \mathbb{N}} B_n$.

En este caso, las inclusiones se convierten en igualdades.

■

Exercise 1.32 Sea $\mathscr{C} = \{C_n\}_{n \in \mathbb{N}}$, donde $C_n = (n,\infty)$. Determine:
1. $\bigcap_{n \in \mathbb{N}} C_n$.
2. $\bigcup_{n \in \mathbb{N}} C_n$.

Demostración. 1. La intersección es:

$$\bigcap_{n \in \mathbb{N}} C_n = \bigcap_{n \in \mathbb{N}} (n,\infty) = (\lim_{n \to \infty} n, \infty) = \emptyset.$$

No hay ningún número real que sea mayor que todos los números naturales, por lo que la intersección es el conjunto vacío.

2. La unión es:

$$\bigcup_{n \in \mathbb{N}} C_n = (1,\infty).$$

La unión de todos los intervalos (n,∞) es el intervalo $(1,\infty)$, ya que todos los intervalos para $n \geq 1$ están contenidos en este intervalo.

■

1.3 Familias de conjuntos

Este ejercicio ilustra cómo las uniones e intersecciones de familias infinitas pueden producir resultados no intuitivos, especialmente cuando los conjuntos involucrados son no acotados.

Proposition 1.3.6 Sean $\{A_i\}_{i \in I}$ una familia de conjuntos y B un conjunto fijo. Entonces:
1. $B \cap (\bigcup_{i \in I} A_i) = \bigcup_{i \in I}(B \cap A_i)$.
2. $B \cup (\bigcap_{i \in I} A_i) = \bigcap_{i \in I}(B \cup A_i)$.

Demostración. 1. Sea $x \in B \cap (\bigcup_{i \in I} A_i)$. Entonces, $x \in B$ y existe $i \in I$ tal que $x \in A_i$. Por lo tanto, $x \in B \cap A_i \subseteq \bigcup_{i \in I}(B \cap A_i)$.

Inversamente, si $x \in \bigcup_{i \in I}(B \cap A_i)$, entonces existe $i \in I$ tal que $x \in B \cap A_i$, lo que implica que $x \in B$ y $x \in A_i$. Por lo tanto, $x \in B \cap (\bigcup_{i \in I} A_i)$.

2. Sea $x \in B \cup (\bigcap_{i \in I} A_i)$. Entonces, $x \in B$ o $x \in \bigcap_{i \in I} A_i$. Si $x \in B$, entonces para todo $i \in I$, $x \in B \cup A_i$. Si $x \in \bigcap_{i \in I} A_i$, entonces $x \in A_i$ para todo i, por lo que $x \in B \cup A_i$ para todo i. En ambos casos, $x \in \bigcap_{i \in I}(B \cup A_i)$.

Inversamente, si $x \in \bigcap_{i \in I}(B \cup A_i)$, entonces para todo i, $x \in B \cup A_i$. Si $x \notin B$, entonces necesariamente $x \in A_i$ para todo i, es decir, $x \in \bigcap_{i \in I} A_i$. Por lo tanto, $x \in B$ o $x \in \bigcap_{i \in I} A_i$, lo que implica que $x \in B \cup (\bigcap_{i \in I} A_i)$. ∎

Estas propiedades permiten distribuir las operaciones de unión e intersección sobre conjuntos fijos, lo cual es útil en diversas demostraciones y aplicaciones.

> **Exercise 1.33** Demuestre que para cualquier familia de conjuntos $\{A_i\}_{i \in I}$ y cualquier conjunto B, se cumple:
> $$B \setminus \left(\bigcup_{i \in I} A_i \right) = \bigcap_{i \in I}(B \setminus A_i).$$

Demostración. Utilizando las propiedades de los complementos y las operaciones entre conjuntos:

$$B \setminus \left(\bigcup_{i \in I} A_i \right) = B \cap \left(\bigcup_{i \in I} A_i \right)^c = B \cap \bigcap_{i \in I} A_i^c = \bigcap_{i \in I}(B \cap A_i^c) = \bigcap_{i \in I}(B \setminus A_i).$$

∎

Este ejercicio muestra cómo las operaciones de diferencia y complemento interactúan con las uniones e intersecciones de familias de conjuntos.

(R) Las operaciones de unión e intersección de familias de conjuntos son fundamentales en muchas áreas de las matemáticas. Por ejemplo:
- En **topología**, la intersección de una familia de abiertos puede no ser abierta, pero la unión sí lo es, lo cual es importante en la definición de espacios topológicos y sus propiedades.
- En **teoría de la medida**, la continuidad de las medidas respecto a uniones e intersecciones de familias de conjuntos es esencial para definir medidas en espacios más complejos.
- En **álgebra abstracta**, las intersecciones y uniones de subgrupos o ideales son operaciones clave para entender la estructura interna de grupos y anillos.

Comprender estas operaciones y sus propiedades es crucial para el estudio avanzado de las matemáticas.

> **Theorem 1.3.7** — **Continuidad de las operaciones respecto a familias dirigidas.**
> Sea $\{A_i\}_{i\in I}$ una familia de conjuntos tal que $A_i \subseteq A_j$ siempre que $i \leq j$ en algún orden parcial en I. Entonces:
>
> 1. Si la familia es creciente (es decir, $A_i \subseteq A_j$ para $i \leq j$), entonces:
>
> $$\bigcup_{i\in I} A_i = \lim_{i\to\sup I} A_i.$$
>
> 2. Si la familia es decreciente (es decir, $A_j \subseteq A_i$ para $i \leq j$), entonces:
>
> $$\bigcap_{i\in I} A_i = \lim_{i\to\inf I} A_i.$$

Demostración. **1. Caso creciente:**

- Definamos $A = \bigcup_{i\in I} A_i$, es decir:

$$A = \{x \in U \mid x \in A_i \text{ para algún } i \in I\},$$

donde U es un conjunto universal.

- Por definición de límite:

$$\lim_{i\to\sup I} A_i = \bigcup_{i\in I} A_i,$$

ya que, dado que $A_i \subseteq A_j$ para $i \leq j$, cualquier elemento $x \in \bigcup_{i\in I} A_i$ pertenece a A_i para algún i suficientemente grande.

- Por construcción de la familia dirigida, cada conjunto A_i contribuye al límite a través de la unión creciente, lo que garantiza que no se excluyen elementos en el paso al límite.

- Por lo tanto, concluimos que:

$$\bigcup_{i\in I} A_i = \lim_{i\to\sup I} A_i.$$

2. Caso decreciente:

- Definamos $A = \bigcap_{i\in I} A_i$, es decir:

$$A = \{x \in U \mid x \in A_i \text{ para todos los } i \in I\}.$$

- Por definición de límite:

$$\lim_{i\to\inf I} A_i = \bigcap_{i\in I} A_i,$$

ya que $A_j \subseteq A_i$ para $i \leq j$, lo que implica que cualquier elemento $x \in \bigcap_{i\in I} A_i$ pertenece a todos los A_i.

- Dado que la familia es decreciente, cualquier elemento $x \notin A_j$ para algún j más grande también estará excluido de los conjuntos A_i con $i \leq j$, lo que garantiza que la intersección no pierde elementos.

- Por lo tanto, concluimos que:

$$\bigcap_{i\in I} A_i = \lim_{i\to\inf I} A_i.$$

Conclusión: Hemos demostrado que:

$$\bigcup_{i \in I} A_i = \lim_{i \to \sup I} A_i \quad \text{(familia creciente)},$$

$$\bigcap_{i \in I} A_i = \lim_{i \to \inf I} A_i \quad \text{(familia decreciente)}.$$

∎

Este teorema es especialmente relevante en análisis y teoría de probabilidades, donde se trabaja con límites de sucesiones de conjuntos y se requiere entender cómo se comportan las medidas y probabilidades respecto a estas operaciones.

> **Exercise 1.34** Sea $\{A_n\}_{n \in \mathbb{N}}$ una sucesión de conjuntos medibles en un espacio de probabilidad $(\Omega, \mathscr{F}, P)$ tal que $A_n \subseteq A_{n+1}$ para todo n. Demuestre que:
>
> $$P\left(\bigcup_{n=1}^{\infty} A_n\right) = \lim_{n \to \infty} P(A_n).$$

Demostración. Este resultado es una aplicación directa de la propiedad de continuidad creciente de las medidas de probabilidad. Dado que $A_n \subseteq A_{n+1}$, la sucesión $\{A_n\}$ es creciente, y por lo tanto:

$$P\left(\bigcup_{n=1}^{\infty} A_n\right) = \lim_{n \to \infty} P(A_n).$$

La demostración formal requiere utilizar la propiedad de continuidad de la medida respecto a sucesiones crecientes de conjuntos. ∎

Este ejercicio conecta las operaciones de unión e intersección de familias de conjuntos con conceptos fundamentales en teoría de la medida y probabilidad.

> (R) La comprensión profunda de las operaciones de intersección y unión de familias de conjuntos es esencial para avanzar en el estudio de matemáticas superiores. Estas operaciones permiten manejar situaciones complejas donde intervienen infinitas colecciones de conjuntos, y son la base para desarrollar teorías en áreas como topología, análisis funcional y lógica matemática.
>
> Es importante practicar con diversos ejemplos y ejercicios para familiarizarse con las sutilezas que pueden surgir, especialmente cuando se trabaja con familias infinitas o con estructuras adicionales, como órdenes parciales o topologías.

1.4 Producto cartesiano

1.4.1 Pares ordenados y su representación

En matemáticas, los pares ordenados son fundamentales para construir estructuras más complejas como relaciones, funciones y productos cartesianos. La noción de par ordenado permite combinar dos elementos en una entidad en la que el orden de los elementos es relevante.

Definition 1.4.1 — Par ordenado. Un **par ordenado** es una pareja de elementos (a,b) donde a es el *primer componente* y b es el *segundo componente*. Dos pares ordenados (a,b) y (c,d) son iguales si y solo si $a = c$ y $b = d$:

$$(a,b) = (c,d) \iff a = c \text{ y } b = d.$$

Esta definición captura la esencia de que en un par ordenado el orden importa, es decir, $(a,b) \neq (b,a)$ en general, a menos que $a = b$.

> El orden en los pares ordenados es crucial en muchas áreas, como en la definición de funciones, donde una función es un conjunto de pares ordenados que asigna a cada elemento de un conjunto de partida exactamente un elemento en el conjunto de llegada.

Para formalizar los pares ordenados dentro de la teoría de conjuntos, se propone una representación que permita definirlos únicamente en términos de conjuntos.

Theorem 1.4.1 — Representación de Kuratowski. Un par ordenado (a,b) puede ser representado como el conjunto $\{\{a\}, \{a,b\}\}$. Es decir,

$$(a,b) = \{\{a\}, \{a,b\}\}.$$

Demostración. El objetivo es demostrar que esta representación satisface las dos propiedades fundamentales de un par ordenado (a,b): 1. $(a,b) = (c,d) \iff a = c$ y $b = d$. 2. La representación debe ser única.

1. Propiedad de igualdad:
- Supongamos que $(a,b) = (c,d)$, donde (a,b) y (c,d) están representados como conjuntos según Kuratowski:

$$(a,b) = \{\{a\}, \{a,b\}\}, \quad (c,d) = \{\{c\}, \{c,d\}\}.$$

- Por igualdad de conjuntos, $\{\{a\},\{a,b\}\} = \{\{c\},\{c,d\}\}$ implica que:

$$\{a\} \in \{\{c\},\{c,d\}\} \quad \text{y} \quad \{a,b\} \in \{\{c\},\{c,d\}\}.$$

- Examinemos cada uno de estos elementos:
    - Dado que $\{a\}$ es un conjunto unitario, debe coincidir con $\{c\}$. Por lo tanto, $a = c$.
    - Ahora, $\{a,b\}$ debe coincidir con $\{c,d\}$, ya que $a = c$. Esto implica que $b = d$.
- Por lo tanto, $a = c$ y $b = d$, lo que demuestra la propiedad de igualdad del par ordenado.

2. Unicidad de la representación:
- Supongamos que existen dos representaciones diferentes (a,b) y (c,d) con la misma estructura según Kuratowski:

$$\{\{a\},\{a,b\}\} = \{\{c\},\{c,d\}\}.$$

- Como se vio en el análisis anterior, $\{a\} = \{c\}$ y $\{a,b\} = \{c,d\}$. Esto implica que $a = c$ y $b = d$.
- Por lo tanto, la representación es única.

Conclusión: La representación de Kuratowski $(a,b) = \{\{a\},\{a,b\}\}$ cumple las propiedades requeridas de un par ordenado:

$$(a,b) = (c,d) \iff a = c \text{ y } b = d.$$

■

1.4 Producto cartesiano

Esta representación permite manejar pares ordenados utilizando únicamente conjuntos, lo cual es útil en contextos donde todo debe definirse en términos de teoría de conjuntos pura.

■ **Example 1.25** Consideremos los elementos $a = 1$ y $b = 2$. Según la representación de Kuratowski, el par ordenado $(1,2)$ se representa como:

$$(1,2) = \{\{1\}, \{1,2\}\}.$$

Verificamos que:

$$\{1\} = \{1\}, \quad \{1,2\} = \{1,2\}.$$

■

Exercise 1.35 Demuestre que el par ordenado (a,a) se representa como $\{\{a\},\{a\}\} = \{\{a\}\}$. ¿Qué implica esto sobre la unicidad de la representación?

Demostración. Siguiendo la representación de Kuratowski:

$$(a,a) = \{\{a\}, \{a,a\}\} = \{\{a\}, \{a\}\} = \{\{a\}\}.$$

Esto implica que cuando ambos componentes del par ordenado son iguales, la representación se simplifica a un conjunto que contiene únicamente $\{a\}$. Sin embargo, la propiedad fundamental del par ordenado se mantiene, ya que si $(a,a) = (b,b)$, entonces $a = b$. ■

R   Es importante notar que la representación de Kuratowski no pierde información sobre el orden, incluso cuando los elementos son iguales. La propiedad de unicidad de los pares ordenados se mantiene.

Además de la representación de Kuratowski, existen otras formas de representar pares ordenados utilizando conjuntos.

Theorem 1.4.2 — Representación de Wiener. Otra representación de un par ordenado (a,b) es:

$$(a,b) = \{\{a,1\}, \{b,2\}\},$$

donde 1 y 2 son símbolos distintos que no pertenecen a los conjuntos a o b.

Demostración. La representación de Wiener se define como:

$$(a,b) = \{\{a,1\}, \{b,2\}\},$$

donde 1 y 2 son símbolos distintos que no pertenecen a a ni a b. Queremos demostrar que esta representación cumple con la propiedad fundamental de los pares ordenados:

$$(a,b) = (c,d) \iff a = c \text{ y } b = d.$$

1. Propiedad de igualdad: Supongamos que $(a,b) = (c,d)$, es decir:

$$\{\{a,1\}, \{b,2\}\} = \{\{c,1\}, \{d,2\}\}.$$

Esto implica que los conjuntos $\{a,1\}$ y $\{b,2\}$ son iguales, a saber:

- $\{a,1\} = \{c,1\}$: Como 1 no pertenece a a ni a c, el elemento común entre ambos conjuntos debe ser 1, y $a = c$.
- $\{b,2\} = \{d,2\}$: Como 2 no pertenece a b ni a d, el elemento común entre ambos conjuntos debe ser 2, y $b = d$.

Por lo tanto, $a = c$ y $b = d$.

2. Propiedad de unicidad: Supongamos que existen dos representaciones diferentes para (a,b) y (c,d) que satisfacen la igualdad:

$$\{\{a,1\},\{b,2\}\} = \{\{c,1\},\{d,2\}\}.$$

Como $1 \neq 2$, los conjuntos $\{a,1\}$ y $\{b,2\}$ son disjuntos y no se pueden intercambiar. Esto garantiza que:

$$\{a,1\} = \{c,1\} \quad \text{y} \quad \{b,2\} = \{d,2\}.$$

Siguiendo el mismo razonamiento que antes, $a = c$ y $b = d$. Por lo tanto, la representación es única.

3. Construcción consistente: La elección de 1 y 2 como símbolos distintos que no pertenecen a a ni a b asegura que no hay ambigüedad en la representación:
- Ningún elemento de a puede confundirse con 1, y ningún elemento de b puede confundirse con 2.
- Esto garantiza que los conjuntos $\{a,1\}$ y $\{b,2\}$ sean disjuntos, salvo por los elementos identificadores 1 y 2, lo que preserva el orden de los pares.

Conclusión: Hemos demostrado que la representación de Wiener $(a,b) = \{\{a,1\},\{b,2\}\}$ cumple las propiedades fundamentales de los pares ordenados:

$$(a,b) = (c,d) \iff a = c \text{ y } b = d.$$

∎

> **Exercise 1.36** Demuestre que la representación de Wiener del par ordenado cumple con la propiedad:
>
> $$(a,b) = (c,d) \iff a = c \text{ y } b = d.$$

■ **Example 1.26** Usando la representación de Wiener, el par ordenado $(3,4)$ se representa como:

$$(3,4) = \{\{3,1\},\{4,2\}\}.$$

∎

Pasemos ahora a explorar cómo los pares ordenados se utilizan para definir productos cartesianos.

> **Definition 1.4.2 — Producto cartesiano.** Sean A y B dos conjuntos. El **producto cartesiano** de A y B, denotado por $A \times B$, es el conjunto de todos los pares ordenados donde el primer componente pertenece a A y el segundo a B:
>
> $$A \times B = \{(a,b) \mid a \in A,\ b \in B\}.$$

■ **Example 1.27** Si $A = \{1,2\}$ y $B = \{3,4\}$, entonces:

$$A \times B = \{(1,3),(1,4),(2,3),(2,4)\}.$$

∎

1.4 Producto cartesiano 67

Exercise 1.37 Encuentre $B \times A$ para los conjuntos $A = \{1,2\}$ y $B = \{3,4\}$ y compare con $A \times B$. ¿Son iguales?

Demostración. Calculamos:

$$B \times A = \{(3,1),(3,2),(4,1),(4,2)\}.$$

Observamos que $A \times B \neq B \times A$, ya que los pares ordenados difieren en el orden de los elementos. ∎

(R) El producto cartesiano no es conmutativo, es decir, en general, $A \times B \neq B \times A$.

Las propiedades de los pares ordenados y el producto cartesiano son fundamentales en la definición de relaciones y funciones.

Definition 1.4.3 — Relación binaria. Una **relación binaria** R de un conjunto A a un conjunto B es un subconjunto del producto cartesiano $A \times B$. Es decir,

$$R \subseteq A \times B.$$

■ **Example 1.28** Sea $A = \{1,2,3\}$ y definamos la relación R en A como:

$$R = \{(x,y) \in A \times A \mid x < y\}.$$

Entonces,

$$R = \{(1,2),(1,3),(2,3)\}.$$

■

Exercise 1.38 Para el conjunto $A = \{1,2,3,4\}$, determine la relación $R = \{(x,y) \in A \times A \mid x+y = 5\}$.

Demostración. Calculamos los pares ordenados que satisfacen $x+y = 5$:

$$R = \{(1,4),(2,3),(3,2),(4,1)\}.$$

∎

(R) La relación del ejercicio anterior es simétrica, ya que si $(x,y) \in R$, entonces $(y,x) \in R$.

Los pares ordenados también son esenciales en la definición de funciones.

Definition 1.4.4 — Función. Una **función** f de un conjunto A a un conjunto B es una relación $f \subseteq A \times B$ tal que para todo $a \in A$, existe un único $b \in B$ con $(a,b) \in f$. Denotamos esto como $f : A \to B$.

■ **Example 1.29** Sea $A = \{1,2,3\}$ y $B = \{4,5,6\}$. Definimos la función $f : A \to B$ por:

$$f = \{(1,4),(2,5),(3,6)\}.$$

■

Exercise 1.39 Determine si la relación $f = \{(1,2),(1,3),(2,4)\}$ es una función de $A = \{1,2\}$ a $B = \{2,3,4\}$.

Demostración. La relación f no es una función porque el elemento $1 \in A$ está asociado a dos elementos diferentes en B (2 y 3), violando la unicidad requerida para una función. ∎

> **Theorem 1.4.3 — Producto cartesiano de intersecciones y uniones.** Sean A_1, A_2, B_1, B_2 conjuntos. Entonces:
> 1. $(A_1 \cup A_2) \times B = (A_1 \times B) \cup (A_2 \times B)$.
> 2. $A \times (B_1 \cup B_2) = (A \times B_1) \cup (A \times B_2)$.
> 3. $(A_1 \cap A_2) \times B = (A_1 \times B) \cap (A_2 \times B)$.
> 4. $A \times (B_1 \cap B_2) = (A \times B_1) \cap (A \times B_2)$.

Demostración. Demostraremos cada propiedad por separado.

1. $(A_1 \cup A_2) \times B = (A_1 \times B) \cup (A_2 \times B)$:

$$
\begin{aligned}
(x,y) \in (A_1 \cup A_2) \times B &\iff x \in A_1 \cup A_2 \text{ y } y \in B && \text{(definición de producto)} \\
&\iff (x \in A_1 \text{ o } x \in A_2) \text{ y } y \in B && \text{(definición de unión)} \\
&\iff (x \in A_1 \text{ y } y \in B) \text{ o } (x \in A_2 \text{ y } y \in B) && \text{(distributividad lógica)} \\
&\iff (x,y) \in A_1 \times B \text{ o } (x,y) \in A_2 \times B && \text{(definición de producto)} \\
&\iff (x,y) \in (A_1 \times B) \cup (A_2 \times B). && \text{(definición de unión)}
\end{aligned}
$$

2. $A \times (B_1 \cup B_2) = (A \times B_1) \cup (A \times B_2)$:

$$
\begin{aligned}
(x,y) \in A \times (B_1 \cup B_2) &\iff x \in A \text{ y } y \in B_1 \cup B_2 && \text{(definición de producto)} \\
&\iff x \in A \text{ y } (y \in B_1 \text{ o } y \in B_2) && \text{(definición de unión)} \\
&\iff (x \in A \text{ y } y \in B_1) \text{ o } (x \in A \text{ y } y \in B_2) && \text{(distributividad lógica)} \\
&\iff (x,y) \in A \times B_1 \text{ o } (x,y) \in A \times B_2 && \text{(definición de producto)} \\
&\iff (x,y) \in (A \times B_1) \cup (A \times B_2). && \text{(definición de unión)}
\end{aligned}
$$

3. $(A_1 \cap A_2) \times B = (A_1 \times B) \cap (A_2 \times B)$:

$$
\begin{aligned}
(x,y) \in (A_1 \cap A_2) \times B &\iff x \in A_1 \cap A_2 \text{ y } y \in B && \text{(definición de producto)} \\
&\iff (x \in A_1 \text{ y } x \in A_2) \text{ y } y \in B && \text{(definición de intersección)} \\
&\iff (x \in A_1 \text{ y } y \in B) \text{ y } (x \in A_2 \text{ y } y \in B) && \text{(distributividad lógica)} \\
&\iff (x,y) \in A_1 \times B \text{ y } (x,y) \in A_2 \times B && \text{(definición de producto)} \\
&\iff (x,y) \in (A_1 \times B) \cap (A_2 \times B). && \text{(definición de intersección)}
\end{aligned}
$$

4. $A \times (B_1 \cap B_2) = (A \times B_1) \cap (A \times B_2)$:

$$
\begin{aligned}
(x,y) \in A \times (B_1 \cap B_2) &\iff x \in A \text{ y } y \in B_1 \cap B_2 && \text{(definición de producto)} \\
&\iff x \in A \text{ y } (y \in B_1 \text{ y } y \in B_2) && \text{(definición de intersección)} \\
&\iff (x \in A \text{ y } y \in B_1) \text{ y } (x \in A \text{ y } y \in B_2) && \text{(distributividad lógica)} \\
&\iff (x,y) \in A \times B_1 \text{ y } (x,y) \in A \times B_2 && \text{(definición de producto)} \\
&\iff (x,y) \in (A \times B_1) \cap (A \times B_2). && \text{(definición de intersección)}
\end{aligned}
$$

Conclusión: Hemos demostrado las cuatro propiedades:
1. $(A_1 \cup A_2) \times B = (A_1 \times B) \cup (A_2 \times B)$,

1.4 Producto cartesiano

2. $A \times (B_1 \cup B_2) = (A \times B_1) \cup (A \times B_2)$,
3. $(A_1 \cap A_2) \times B = (A_1 \times B) \cap (A_2 \times B)$,
4. $A \times (B_1 \cap B_2) = (A \times B_1) \cap (A \times B_2)$.

∎

Exercise 1.40 Demuestre que:

$$A \times (B \setminus C) = (A \times B) \setminus (A \times C).$$

Demostración. Sea $(a,b) \in A \times (B \setminus C)$. Entonces, $a \in A$ y $b \in B \setminus C$, lo que implica que $b \in B$ y $b \notin C$. Por lo tanto, $(a,b) \in A \times B$ y $(a,b) \notin A \times C$. Por lo tanto, $(a,b) \in (A \times B) \setminus (A \times C)$. Inversamente, si $(a,b) \in (A \times B) \setminus (A \times C)$, entonces $a \in A$, $b \in B$ y $(a,b) \notin A \times C$. Esto implica que $b \notin C$, ya que si $b \in C$, entonces $(a,b) \in A \times C$. Por lo tanto, $b \in B \setminus C$, y así $(a,b) \in A \times (B \setminus C)$. ∎

> (R) Estas propiedades muestran que el producto cartesiano es distributivo sobre la unión e intersección, lo cual es útil para simplificar expresiones y resolver problemas en álgebra y teoría de conjuntos.

■ **Example 1.30** Consideremos $A = [0,2]$ y $B = [0,3]$. El producto cartesiano $A \times B$ representa el rectángulo en el plano delimitado por $0 \leq x \leq 2$ y $0 \leq y \leq 3$.

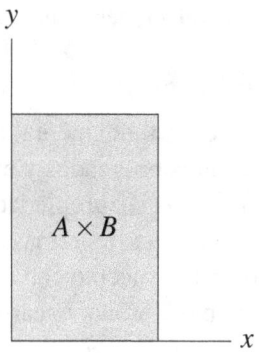

Figura 1.4.1: *Representación gráfica de $A \times B$.*

∎

Este ejemplo muestra cómo los pares ordenados y el producto cartesiano se utilizan para construir espacios multidimensionales, fundamentales en geometría y análisis.

Exercise 1.41 Sea $C = [1,4]$ y $D = [2,5]$. Dibuje el conjunto $(C \times D) \setminus ([2,3] \times [3,4])$ y describa geométricamente el resultado.

Demostración. El conjunto $C \times D$ es un rectángulo en el plano delimitado por $1 \leq x \leq 4$ y $2 \leq y \leq 5$. El conjunto $[2,3] \times [3,4]$ es un rectángulo más pequeño dentro del primero. El conjunto $(C \times D) \setminus ([2,3] \times [3,4])$ es el rectángulo grande sin el rectángulo pequeño en su interior.
El resultado es un rectángulo con un "hueco.ᵉⁿ forma de rectángulo dentro de él. ∎

Figura 1.4.2: *Representación gráfica de* $(C \times D) \setminus ([2,3] \times [3,4])$.

® Los pares ordenados y el producto cartesiano son herramientas fundamentales en matemáticas, no solo en álgebra, sino también en análisis, geometría, topología y otras áreas. Permiten construir espacios producto, definir funciones de varias variables y estudiar estructuras más complejas.

En conclusión, los pares ordenados y su representación son conceptos esenciales que permiten el desarrollo de estructuras matemáticas más avanzadas. Su comprensión es crucial para avanzar en el estudio del álgebra y otras ramas de las matemáticas, proporcionando una base sólida para la exploración de relaciones, funciones y espacios multidimensionales.

1.4.2 Propiedades del producto cartesiano

El producto cartesiano es una operación fundamental en teoría de conjuntos y álgebra, que permite construir conjuntos de pares ordenados y extender conceptos a dimensiones superiores. En esta sección, exploraremos las propiedades esenciales del producto cartesiano, proporcionando definiciones formales, teoremas, ejemplos ilustrativos y ejercicios que consolidarán la comprensión de este concepto clave.

Comencemos recordando la definición del producto cartesiano.

> **Definition 1.4.5 — Producto cartesiano.** Sean A y B dos conjuntos. El **producto cartesiano** de A y B, denotado por $A \times B$, es el conjunto de todos los pares ordenados (a,b) donde $a \in A$ y $b \in B$:
>
> $$A \times B = \{(a,b) \mid a \in A,\ b \in B\}.$$

El producto cartesiano nos permite construir espacios multidimensionales y es esencial en la definición de relaciones, funciones y estructuras algebraicas más complejas.

■ **Example 1.31** Sea $A = \{1,2\}$ y $B = \{a,b,c\}$. Entonces, el producto cartesiano $A \times B$ es:

$$A \times B = \{(1,a),(1,b),(1,c),(2,a),(2,b),(2,c)\}.$$

■

® El producto cartesiano $A \times B$ puede interpretarse como un espacio bidimensional donde A y B representan las proyecciones en los ejes correspondientes. Esto es especialmente útil al visualizar conjuntos en $\mathbb{R}^2$ o en dimensiones superiores.

1.4 Producto cartesiano

Theorem 1.4.4 — Propiedades fundamentales del producto cartesiano. Sean A, A', B, B' conjuntos. Se cumplen las siguientes propiedades:

1. **Asociatividad del producto cartesiano**:

$$(A \times B) \times C = A \times (B \times C).$$

2. **Distribución sobre la unión**:

$$A \times (B \cup B') = (A \times B) \cup (A \times B'),$$
$$(A \cup A') \times B = (A \times B) \cup (A' \times B).$$

3. **Distribución sobre la intersección**:

$$A \times (B \cap B') = (A \times B) \cap (A \times B'),$$
$$(A \cap A') \times B = (A \times B) \cap (A' \times B).$$

4. **Producto cartesiano con el conjunto vacío**:

$$A \times \emptyset = \emptyset,$$
$$\emptyset \times B = \emptyset.$$

5. **Conmutatividad bajo isomorfismo** (no conmutatividad en general):

$$A \times B \cong B \times A,$$

donde $\cong$ denota que los conjuntos son isomorfos, es decir, existe una biyección entre ellos.

Demostración. **1. Asociatividad del producto cartesiano:**

$$\begin{aligned}
(x,(y,z)) \in A \times (B \times C) &\iff x \in A \text{ y } (y,z) \in B \times C &&\text{(definición de producto)} \\
&\iff x \in A, y \in B, z \in C. &&\text{(definición de } B \times C\text{)} \\
&\iff (x,y) \in A \times B \text{ y } z \in C. &&\text{(definición de } A \times B\text{)} \\
&\iff ((x,y),z) \in (A \times B) \times C. &&\text{(definición de producto cartesiano)}
\end{aligned}$$

Por lo tanto, $(A \times B) \times C = A \times (B \times C)$.

2. Distribución sobre la unión:

- Para $A \times (B \cup B')$:

$$\begin{aligned}
(x,y) \in A \times (B \cup B') &\iff x \in A \text{ y } y \in B \cup B' &&\text{(definición de producto)} \\
&\iff x \in A \text{ y } (y \in B \text{ o } y \in B') &&\text{(definición de unión)} \\
&\iff (x,y) \in A \times B \text{ o } (x,y) \in A \times B'. &&\text{(definición de producto)} \\
&\iff (x,y) \in (A \times B) \cup (A \times B'). &&\text{(definición de unión)}
\end{aligned}$$

- Para $(A \cup A') \times B$:

$$\begin{aligned}
(x,y) \in (A \cup A') \times B &\iff x \in A \cup A' \text{ y } y \in B &&\text{(definición de producto)} \\
&\iff (x \in A \text{ o } x \in A') \text{ y } y \in B &&\text{(definición de unión)} \\
&\iff (x,y) \in A \times B \text{ o } (x,y) \in A' \times B. &&\text{(definición de producto)} \\
&\iff (x,y) \in (A \times B) \cup (A' \times B). &&\text{(definición de unión)}
\end{aligned}$$

3. Distribución sobre la intersección: La demostración es análoga a la de la unión, utilizando intersección en lugar de unión.

4. Producto cartesiano con el conjunto vacío:

$$A \times \emptyset = \{(x,y) \mid x \in A, y \in \emptyset\} \qquad \text{(definición de producto)}$$
$$= \emptyset \qquad \text{(no hay } y \in \emptyset\text{)}.$$

De manera similar, $\emptyset \times B = \emptyset$.

5. Conmutatividad bajo isomorfismo: Definamos una función $f : A \times B \to B \times A$ como $f((x,y)) = (y,x)$. Esta función es:
- **Inyectiva:** Si $f((x_1,y_1)) = f((x_2,y_2))$, entonces $(y_1,x_1) = (y_2,x_2)$, lo que implica $x_1 = x_2$ y $y_1 = y_2$.
- **Sobreyectiva:** Para cualquier $(y,x) \in B \times A$, existe $(x,y) \in A \times B$ tal que $f((x,y)) = (y,x)$.

Por lo tanto, $A \times B \cong B \times A$.

Conclusión: Hemos demostrado todas las propiedades fundamentales del producto cartesiano. ∎

> (R) Aunque existe una biyección entre $A \times B$ y $B \times A$, el producto cartesiano no es conmutativo en general, es decir, los pares ordenados (a,b) y (b,a) son distintos a menos que $a = b$.

■ **Example 1.32** Consideremos $A = \{1,2\}$ y $B = \{3\}$. Entonces:

$$A \times B = \{(1,3),(2,3)\},$$
$$B \times A = \{(3,1),(3,2)\}.$$

Claramente, $A \times B \neq B \times A$ como conjuntos de pares ordenados. Sin embargo, existe una biyección entre ellos definida por $f : A \times B \to B \times A$, con $f((a,b)) = (b,a)$. ∎

> Exercise 1.42 Sean A, B y C conjuntos no vacíos. Demuestre que:
>
> $$A \times (B \setminus C) = (A \times B) \setminus (A \times C).$$

Demostración. Sea $(a,b) \in A \times (B \setminus C)$. Entonces, $a \in A$ y $b \in B \setminus C$, lo que implica que $b \in B$ y $b \notin C$. Por lo tanto, $(a,b) \in A \times B$ y $(a,b) \notin A \times C$. Así, $(a,b) \in (A \times B) \setminus (A \times C)$. Inversamente, sea $(a,b) \in (A \times B) \setminus (A \times C)$. Entonces, $(a,b) \in A \times B$ y $(a,b) \notin A \times C$. Por lo tanto, $a \in A$, $b \in B$, y no es cierto que $b \in C$. Es decir, $b \in B \setminus C$, por lo que $(a,b) \in A \times (B \setminus C)$.
Por lo tanto, $A \times (B \setminus C) = (A \times B) \setminus (A \times C)$. ∎

Lema 1.4.1 Si A y B son conjuntos finitos, entonces la cardinalidad del producto cartesiano es el producto de las cardinalidades:

$$|A \times B| = |A| \cdot |B|.$$

1.4 Producto cartesiano

Demostración. Cada elemento de A puede combinarse con cada elemento de B para formar un par ordenado. Por el principio de conteo, hay $|A|$ opciones para el primer componente y $|B|$ opciones para el segundo, dando un total de $|A| \cdot |B|$ pares ordenados. ∎

■ **Example 1.33** Sea $A = \{1,2,3\}$ y $B = \{a,b\}$. Entonces, $|A| = 3$ y $|B| = 2$, por lo que:

$$|A \times B| = 3 \times 2 = 6.$$

En efecto, los pares ordenados son:

$$(1,a), (1,b), (2,a), (2,b), (3,a), (3,b).$$

■

> **Theorem 1.4.5 — Asociatividad del producto cartesiano.** Para cualquier conjunto A, B y C, existe una biyección entre $(A \times B) \times C$ y $A \times (B \times C)$, es decir:
>
> $$(A \times B) \times C \cong A \times (B \times C).$$

Demostración. Sea A, B, C conjuntos. Queremos demostrar que existe una biyección entre los conjuntos $(A \times B) \times C$ y $A \times (B \times C)$.

Definición de los conjuntos:
- $(A \times B) \times C = \{((a,b),c) \mid a \in A, b \in B, c \in C\}$.
- $A \times (B \times C) = \{(a,(b,c)) \mid a \in A, b \in B, c \in C\}$.

Definición de la función: Definimos una función $f : (A \times B) \times C \to A \times (B \times C)$ como:

$$f(((a,b),c)) = (a,(b,c)).$$

Inyectividad de f: Supongamos que $f(((a_1,b_1),c_1)) = f(((a_2,b_2),c_2))$. Esto implica:

$$(a_1,(b_1,c_1)) = (a_2,(b_2,c_2)).$$

Por definición de igualdad de pares ordenados:

$$a_1 = a_2, \quad (b_1,c_1) = (b_2,c_2).$$

De la igualdad $(b_1,c_1) = (b_2,c_2)$, obtenemos:

$$b_1 = b_2, \quad c_1 = c_2.$$

Por lo tanto:

$$((a_1,b_1),c_1) = ((a_2,b_2),c_2).$$

Esto muestra que f es inyectiva.

Sobreyectividad de f: Sea $(a,(b,c)) \in A \times (B \times C)$. Queremos encontrar un elemento $((a,b),c) \in (A \times B) \times C$ tal que:

$$f(((a,b),c)) = (a,(b,c)).$$

Por definición de f, esto es cierto para:

$$((a,b),c) \in (A \times B) \times C.$$

Por lo tanto, f es sobreyectiva.

Definición de la función inversa: Definimos la función inversa $g : A \times (B \times C) \to (A \times B) \times C$ como:

$$g((a,(b,c))) = ((a,b),c).$$

Verificación de que g es inversa de f:
- Para $f(g((a,(b,c))))$, tenemos:

$$f(g((a,(b,c)))) = f(((a,b),c)) = (a,(b,c)).$$

- Para $g(f(((a,b),c)))$, tenemos:

$$g(f(((a,b),c))) = g((a,(b,c))) = ((a,b),c).$$

Por lo tanto, f y g son funciones inversas entre sí.

Conclusión: Hemos demostrado que $f : (A \times B) \times C \to A \times (B \times C)$ es una biyección, lo que implica que:

$$(A \times B) \times C \cong A \times (B \times C).$$

∎

> **Exercise 1.43** Sea $A = \{0,1\}$. Determine el conjunto $(A \times A) \times A$ y $A \times (A \times A)$, y establezca una biyección entre ellos.

Demostración. 1. $(A \times A) \times A$ consiste en elementos de la forma $((a_1, a_2), a_3)$, donde $a_i \in A$.
2. $A \times (A \times A)$ consiste en elementos de la forma $(a_1, (a_2, a_3))$, donde $a_i \in A$.
3. Una biyección ϕ entre estos conjuntos se define por $\phi(((a_1,a_2),a_3)) = (a_1,(a_2,a_3))$.
Ambos conjuntos tienen $2^3 = 8$ elementos. ∎

> **Theorem 1.4.6 — Producto cartesiano de conjuntos infinitos.** Si A y B son conjuntos infinitos, entonces el cardinal del producto cartesiano satisface:
>
> $$|A \times B| = \text{máx}\{|A|, |B|\}.$$
>
> Siempre que $|A|$ o $|B|$ sea un cardinal infinito.

Demostración. Sea $|A| = \kappa$ y $|B| = \lambda$, donde κ y λ son cardinales, al menos uno de ellos infinito. Queremos demostrar que:

$$|A \times B| = \text{máx}\{\kappa, \lambda\}.$$

Paso 1: Cota superior para $|A \times B|$.
- Por definición de producto cartesiano:

$$A \times B = \{(a,b) \mid a \in A, b \in B\}.$$

Cada par ordenado (a,b) está completamente determinado por $a \in A$ y $b \in B$.
- El número total de pares ordenados (a,b) es $|A \times B| = |\kappa \cdot \lambda|$.

1.4 Producto cartesiano

- Para cardinales, se tiene la propiedad:

$$\kappa \cdot \lambda = \max\{\kappa, \lambda\}, \quad \text{si al menos uno de ellos es infinito.}$$

Por lo tanto, $|A \times B| \leq \max\{\kappa, \lambda\}$.

Paso 2: Cota inferior para $|A \times B|$.
- Queremos demostrar que $|A \times B| \geq \max\{\kappa, \lambda\}$.
- Sin pérdida de generalidad, supongamos que $\kappa \leq \lambda$ (es decir, $|A| \leq |B|$).
- Dado que B contiene al menos λ elementos, existe una función inyectiva $f : B \to A \times B$, definida como:

$$f(b) = (a_0, b),$$

donde $a_0 \in A$ es un elemento fijo de A.
- La función f es inyectiva, ya que $f(b_1) = f(b_2)$ implica $b_1 = b_2$. Por lo tanto:

$$|B| \leq |A \times B|.$$

- Dado que $\kappa \leq \lambda$, tenemos $\max\{\kappa, \lambda\} = \lambda$, y así:

$$\max\{\kappa, \lambda\} \leq |A \times B|.$$

Paso 3: Conclusión. Combinando los resultados de los pasos anteriores, obtenemos:

$$|A \times B| = \max\{\kappa, \lambda\}.$$

Esto completa la demostración. ∎

■ **Example 1.34** Consideremos $A = \mathbb{N}$ y $B = \mathbb{R}$. Entonces, $|A| = \aleph_0$ y $|B| = \mathfrak{c}$ (el cardinal del continuo). Como $\mathfrak{c}$ es mayor que $\aleph_0$, tenemos:

$$|A \times B| = \mathfrak{c}.$$

■

Lema 1.4.2 Sea $f : A \to B$ una función, y $C \subseteq A$, $D \subseteq B$. Entonces:
1. $f(C) \subseteq B$ es la imagen de C bajo f.
2. $f^{-1}(D) = \{a \in A \mid f(a) \in D\}$ es la preimagen de D bajo f.

Además, se cumplen las siguientes propiedades:

$$f(C \cup C') = f(C) \cup f(C'),$$
$$f(C \cap C') \subseteq f(C) \cap f(C'),$$
$$f^{-1}(D \cup D') = f^{-1}(D) \cup f^{-1}(D'),$$
$$f^{-1}(D \cap D') = f^{-1}(D) \cap f^{-1}(D').$$

Demostración. Las demostraciones son ejercicios estándar en teoría de conjuntos y se basan en las definiciones de imagen y preimagen.
Por ejemplo, para demostrar que $f(C \cup C') = f(C) \cup f(C')$:
Sea $b \in f(C \cup C')$. Entonces, existe $a \in C \cup C'$ tal que $f(a) = b$. Por lo tanto, $a \in C$ o $a \in C'$, lo que implica que $b \in f(C)$ o $b \in f(C')$. Por lo tanto, $b \in f(C) \cup f(C')$.
Inversamente, si $b \in f(C) \cup f(C')$, entonces $b \in f(C)$ o $b \in f(C')$. En cada caso, existe $a \in C$ o $a \in C'$ tal que $f(a) = b$. Por lo tanto, $a \in C \cup C'$, y $b \in f(C \cup C')$. ∎

> Las propiedades anteriores son esenciales al trabajar con funciones y sus efectos sobre las operaciones de conjuntos. En particular, el producto cartesiano es fundamental en la definición de funciones de varias variables y en el estudio de sus propiedades.

Exercise 1.44 Sea $f: \mathbb{R} \to \mathbb{R}$ definida por $f(x) = x^2$. Determine $f^{-1}([0,4])$ y $f([0,2])$.

Demostración. 1. $f^{-1}([0,4]) = \{x \in \mathbb{R} \mid x^2 \in [0,4]\} = [-2,2]$.
2. $f([0,2]) = \{x^2 \mid x \in [0,2]\} = [0,4]$.

■

> **Theorem 1.4.7 — Producto cartesiano de familias de conjuntos.** Sea $\{A_i\}_{i \in I}$ una familia de conjuntos indexada por I. El **producto cartesiano** de la familia es:
>
> $$\prod_{i \in I} A_i = \{f : I \to \bigcup_{i \in I} A_i \mid f(i) \in A_i \text{ para todo } i \in I\}.$$
>
> Cuando I es finito, esto coincide con el producto cartesiano usual. Para I infinito, esta definición permite construir espacios producto de dimensión arbitraria.

Demostración. **Definición del producto cartesiano:** Por definición, el producto cartesiano de la familia $\{A_i\}_{i \in I}$ es el conjunto de todas las funciones $f : I \to \bigcup_{i \in I} A_i$ tales que $f(i) \in A_i$ para todo $i \in I$. Formalmente:

$$\prod_{i \in I} A_i = \{f : I \to \bigcup_{i \in I} A_i \mid f(i) \in A_i \text{ para todo } i \in I\}.$$

Caso 1: I finito. Supongamos que $I = \{1, 2, \ldots, n\}$, entonces la definición del producto cartesiano es:

$$\prod_{i \in I} A_i = A_1 \times A_2 \times \cdots \times A_n.$$

Esto coincide con el producto cartesiano usual, ya que cada función $f : I \to \bigcup_{i \in I} A_i$ está completamente determinada por el conjunto finito de valores:

$$f(1) \in A_1, f(2) \in A_2, \ldots, f(n) \in A_n.$$

Caso 2: I infinito. Cuando I es infinito, la definición se extiende naturalmente. El conjunto $\prod_{i \in I} A_i$ contiene funciones $f : I \to \bigcup_{i \in I} A_i$ que cumplen $f(i) \in A_i$ para cada $i \in I$. Esta definición permite construir espacios producto de dimensión arbitraria.

Propiedades clave del producto cartesiano: 1. **Proyección:** Para cada $i \in I$, definimos la función de proyección $\pi_i : \prod_{i \in I} A_i \to A_i$ como:

$$\pi_i(f) = f(i), \quad \text{para todo } f \in \prod_{i \in I} A_i.$$

Esta función satisface:

$$\pi_i(f) \in A_i, \quad \text{por la definición de } \prod_{i \in I} A_i.$$

2. **Universalidad:** Si B es un conjunto y para cada $i \in I$ existe una función $g_i : B \to A_i$, entonces existe una única función $g : B \to \prod_{i \in I} A_i$ tal que:

$$\pi_i \circ g = g_i \quad \text{para todo } i \in I.$$

1.4 Producto cartesiano

Esto se sigue directamente de la definición del producto cartesiano, al construir $g(b)$ como la función $f : I \to \bigcup_{i \in I} A_i$ dada por:

$$f(i) = g_i(b).$$

Conclusión: La definición del producto cartesiano de familias de conjuntos:

$$\prod_{i \in I} A_i = \{f : I \to \bigcup_{i \in I} A_i \mid f(i) \in A_i \text{ para todo } i \in I\}$$

coincide con el producto cartesiano usual cuando I es finito y extiende la definición a dimensiones arbitrarias cuando I es infinito. ∎

■ **Example 1.35** Si $I = \mathbb{N}$ y $A_i = \mathbb{R}$ para todo i, entonces:

$$\prod_{i \in \mathbb{N}} \mathbb{R} = \mathbb{R}^{\mathbb{N}},$$

es el conjunto de todas las sucesiones reales. Este espacio es fundamental en análisis funcional y en el estudio de espacios de Banach y Hilbert.

■

> (R) El producto cartesiano de familias de conjuntos es esencial en muchas áreas avanzadas de las matemáticas, incluyendo teoría de categorías, topología y álgebra abstracta. Permite definir estructuras como espacios de funciones, anillos producto y más.

Exercise 1.45 Sea $I = \{1,2,3\}$ y $A_1 = \{0,1\}$, $A_2 = \{a,b\}$, $A_3 = \{\alpha,\beta\}$. Describa explícitamente $\prod_{i=1}^{3} A_i$.

Demostración. El producto cartesiano es el conjunto de funciones $f : \{1,2,3\} \to A_1 \cup A_2 \cup A_3$ tales que $f(1) \in A_1$, $f(2) \in A_2$, $f(3) \in A_3$.
Por lo tanto, cada elemento es una terna (a_1, a_2, a_3) con $a_1 \in A_1$, $a_2 \in A_2$, $a_3 \in A_3$.
Hay $2 \times 2 \times 2 = 8$ elementos en total.
Listado de todos los elementos:
1. $(0, a, \alpha)$
2. $(0, a, \beta)$
3. $(0, b, \alpha)$
4. $(0, b, \beta)$
5. $(1, a, \alpha)$
6. $(1, a, \beta)$
7. $(1, b, \alpha)$
8. $(1, b, \beta)$

■

Theorem 1.4.8 — Ley de absorción del producto cartesiano. Sean A, B y C conjuntos. Se cumple que:

$$A \times (B \cap C) = (A \times B) \cap (A \times C).$$

Demostración. Sea $(x,y) \in A \times (B \cap C)$. Por definición del producto cartesiano:

$$(x,y) \in A \times (B \cap C) \iff x \in A \text{ y } y \in B \cap C.$$

Por definición de la intersección:

$$y \in B \cap C \iff y \in B \text{ y } y \in C.$$

Por lo tanto:

$$(x,y) \in A \times (B \cap C) \iff x \in A \text{ y } (y \in B \text{ y } y \in C).$$

Reescribiendo en términos del producto cartesiano:

$$(x,y) \in A \times (B \cap C) \iff (x,y) \in A \times B \text{ y } (x,y) \in A \times C.$$

Esto implica:

$$(x,y) \in A \times (B \cap C) \iff (x,y) \in (A \times B) \cap (A \times C).$$

Conclusión: Hemos demostrado que:

$$A \times (B \cap C) = (A \times B) \cap (A \times C).$$

■

> **Exercise 1.46** Demuestre que:
>
> $$(A \setminus B) \times C = (A \times C) \setminus (B \times C).$$

Demostración. Sea $(a,c) \in (A \setminus B) \times C$. Entonces, $a \in A \setminus B$ y $c \in C$, es decir, $a \in A$, $a \notin B$. Por lo tanto, $(a,c) \in A \times C$, y como $a \notin B$, $(a,c) \notin B \times C$. Así, $(a,c) \in (A \times C) \setminus (B \times C)$. Inversamente, sea $(a,c) \in (A \times C) \setminus (B \times C)$. Entonces, $(a,c) \in A \times C$, así que $a \in A$, $c \in C$, y $(a,c) \notin B \times C$, lo que implica que $a \notin B$. Por lo tanto, $a \in A \setminus B$, y así $(a,c) \in (A \setminus B) \times C$. ■

> (R) Estas propiedades muestran cómo el producto cartesiano interactúa con las operaciones de conjuntos como la unión, intersección y diferencia. Comprender estas interacciones es crucial para trabajar con conjuntos en contextos más complejos, como en álgebra abstracta y análisis.

■ **Example 1.36** En topología, el producto cartesiano de espacios topológicos se utiliza para construir nuevos espacios. Si (X, τ_X) y (Y, τ_Y) son espacios topológicos, el producto $X \times Y$ se convierte en un espacio topológico con la **topología producto**, donde las bases están formadas por productos de abiertos en X y Y.
Este concepto es fundamental en áreas como la topología algebraica y la teoría de la homotopía.

■

> **Exercise 1.47** Sea $X = \mathbb{R}$ con la topología usual y $Y = \mathbb{R}$ con la topología discreta. Describa la topología producto en $X \times Y$.

Demostración. En la topología producto, las bases están formadas por productos $U \times V$, donde U es abierto en X y V es abierto en Y.

Como Y tiene la topología discreta, todos sus subconjuntos son abiertos. Por lo tanto, los abiertos básicos en $X \times Y$ son conjuntos de la forma $U \times \{y\}$, donde U es un abierto en $\mathbb{R}$ y $y \in Y$.

Esto significa que la topología producto en $X \times Y$ es tal que las secciones horizontales son abiertas, y cada "fila" correspondiente a un valor fijo de y es como una copia de $\mathbb{R}$ con la topología usual.

∎

> (R) El producto cartesiano es una herramienta esencial en matemáticas, no solo en álgebra, sino también en topología, análisis, teoría de la probabilidad y otras áreas. Permite construir espacios multidimensionales, definir funciones de varias variables y estudiar estructuras más complejas.

En conclusión, las propiedades del producto cartesiano son fundamentales para comprender cómo interactúan los conjuntos al combinarse en pares ordenados y cómo estas combinaciones afectan a las operaciones conjuntistas. A través de definiciones formales, teoremas y ejemplos, hemos explorado la riqueza y utilidad del producto cartesiano en matemáticas avanzadas. Es esencial dominar estas propiedades para avanzar en el estudio del álgebra y otras disciplinas matemáticas que se basan en estructuras de conjuntos y sus interacciones.

1.5 Cardinalidad de conjuntos

1.5.1 Conjuntos finitos e infinitos

En la teoría de conjuntos, es fundamental distinguir entre conjuntos finitos e infinitos, ya que esta distinción tiene implicaciones profundas en álgebra, análisis y otras áreas de las matemáticas. En esta sección, exploraremos las definiciones formales de conjuntos finitos e infinitos, sus propiedades y algunas de las sorprendentes consecuencias que surgen al estudiar conjuntos infinitos.

> **Definition 1.5.1 — Conjunto finito.** Un conjunto A se dice **finito** si existe una biyección entre A y un conjunto de la forma $\{1, 2, 3, \ldots, n\}$ para algún entero positivo n. El número n se denomina la **cardinalidad** de A, y se denota por $|A| = n$.

> **Definition 1.5.2 — Conjunto infinito.** Un conjunto se denomina **infinito** si no es finito, es decir, si no existe un entero positivo n tal que el conjunto sea biyectivo con $\{1, 2, 3, \ldots, n\}$.

■ **Example 1.37** El conjunto $A = \{a, b, c\}$ es finito, ya que puede establecerse una biyección con $\{1, 2, 3\}$ mediante la correspondencia $a \leftrightarrow 1$, $b \leftrightarrow 2$, $c \leftrightarrow 3$. Por lo tanto, $|A| = 3$. ■

■ **Example 1.38** El conjunto de los números naturales $\mathbb{N} = \{1, 2, 3, \ldots\}$ es infinito, ya que no existe un entero n tal que $\mathbb{N}$ sea biyectivo con $\{1, 2, \ldots, n\}$. No importa qué n elijamos, siempre hay números naturales mayores que n. ■

Capítulo 1. Teoría de conjuntos y funciones

La noción de infinito en matemáticas es rica y compleja. No todos los infinitos son iguales; existen diferentes tamaños de infinitos, y esto nos lleva a la necesidad de comparar cardinalidades de conjuntos infinitos.

Definition 1.5.3 — Biyectividad y equipotencia. Dos conjuntos A y B se dicen **equipotentes** (o tienen la misma cardinalidad), denotado $|A| = |B|$, si existe una biyección entre ellos. Es decir, si existe una función $f : A \to B$ que es inyectiva y suprayectiva.

■ **Example 1.39** El conjunto de números naturales $\mathbb{N}$ y el conjunto de números pares positivos $2\mathbb{N} = \{2, 4, 6, \dots\}$ son equipotentes. La función $f : \mathbb{N} \to 2\mathbb{N}$ definida por $f(n) = 2n$ es una biyección.

Esto es sorprendente, ya que sugiere que un subconjunto propio de un conjunto infinito puede tener la misma cardinalidad que el conjunto original. ■

Theorem 1.5.1 — Cantor-Bernstein-Schroeder. Sean A y B conjuntos. Si existe una función inyectiva $f : A \to B$ y una función inyectiva $g : B \to A$, entonces existe una biyección $h : A \to B$. Por lo tanto, $|A| = |B|$.

Demostración. Supongamos que $f : A \to B$ y $g : B \to A$ son funciones inyectivas. Queremos construir una biyección $h : A \to B$.

Construcción del conjunto de puntos clave: Sea $C_0 = A \setminus g(B)$. Iterativamente, definimos:

$$C_{n+1} = g(f(C_n)), \quad \text{para } n \geq 0.$$

Finalmente, definimos el conjunto C como:

$$C = \bigcup_{n=0}^{\infty} C_n.$$

Propiedades de C: 1. Los elementos de C son disjuntos de $g(B \setminus f(A))$, ya que por construcción, C se genera a partir de $A \setminus g(B)$ y las iteraciones no intersectan con $g(B \setminus f(A))$.
2. Los elementos de $A \setminus C$ corresponden biunívocamente a $B \setminus f(A)$ mediante la restricción de g.
Definición de la función $h : A \to B$: Construimos h en piezas: 1. Si $x \in C$, definimos $h(x) = f(x)$. 2. Si $x \in A \setminus C$, definimos $h(x) = g^{-1}(x)$, donde g^{-1} denota la función inversa restringida a $g(B)$.
Verificación de que h es biyectiva: 1. **Inyectividad:** - Si $x, y \in C$ y $h(x) = h(y)$, entonces $f(x) = f(y)$, lo que implica $x = y$, ya que f es inyectiva. - Si $x, y \in A \setminus C$ y $h(x) = h(y)$, entonces $g^{-1}(x) = g^{-1}(y)$, lo que implica $x = y$, ya que g es inyectiva. - Si $x \in C$ y $y \in A \setminus C$, entonces $h(x) = f(x)$ y $h(y) = g^{-1}(y)$. Como $f(x) \notin g^{-1}(y)$, se tiene $h(x) \neq h(y)$.
2. **Sobreyectividad:** - Para cada $b \in B$, si $b \in f(A)$, entonces $b = f(x)$ para algún $x \in C$, y $h(x) = b$. - Si $b \notin f(A)$, entonces $b \in B \setminus f(A)$, lo que implica que $b = g^{-1}(x)$ para algún $x \in A \setminus C$, y $h(x) = b$.
Por lo tanto, $h : A \to B$ es una biyección.
Conclusión: Hemos construido una biyección $h : A \to B$, lo que implica que $|A| = |B|$. Esto completa la demostración del Teorema de Cantor-Bernstein-Schroeder. ∎

Exercise 1.48 Demuestre el teorema de Cantor-Bernstein-Schroeder. Sugerencia: Considere los conjuntos de elementos que no están en la imagen de las iteraciones de las

1.5 Cardinalidad de conjuntos

funciones inyectivas y construya la biyección paso a paso.

Definition 1.5.4 — Conjunto numerable. Un conjunto A es **numerable** si existe una biyección entre A y el conjunto de los números naturales $\mathbb{N}$. Es decir, si $|A| = |\mathbb{N}|$.

■ **Example 1.40** El conjunto de los números enteros $\mathbb{Z}$ es numerable. Podemos establecer una biyección $f : \mathbb{N} \to \mathbb{Z}$ definida por:

$$f(n) = \begin{cases} \frac{n}{2}, & \text{si } n \text{ es par,} \\ -\frac{n-1}{2}, & \text{si } n \text{ es impar.} \end{cases}$$

Esta función recorre todos los enteros positivos y negativos alternando. ■

■ **Example 1.41** El conjunto de los números racionales $\mathbb{Q}$ es numerable. Aunque $\mathbb{Q}$ es denso en $\mathbb{R}$ y parece "más grande" que $\mathbb{N}$, en términos de cardinalidad son equipotentes.

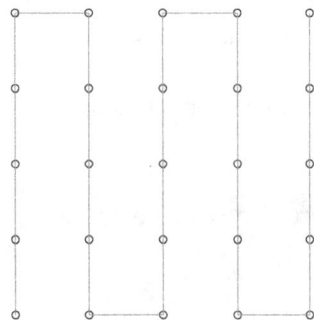

Figura 1.5.1: *Enumeración de pares de números naturales para mostrar que $\mathbb{N} \times \mathbb{N}$ es numerable.*

La Figura 1.5.1 muestra cómo se pueden enumerar los pares de números naturales, y dado que cada número racional puede representarse como una fracción de enteros, se deduce que $\mathbb{Q}$ es numerable. ■

Theorem 1.5.2 El producto cartesiano de dos conjuntos numerables es numerable. Es decir, si A y B son numerables, entonces $A \times B$ es numerable.

Demostración. Por hipótesis, los conjuntos A y B son numerables, lo que significa que existen biyecciones:

$$f : \mathbb{N} \to A \quad y \quad g : \mathbb{N} \to B.$$

El objetivo es demostrar que $A \times B$ también es numerable. Para ello, construiremos una biyección entre $\mathbb{N}$ y $A \times B$.

Paso 1: Enumeración de $A \times B$.

Dado que $A \times B$ contiene pares ordenados de elementos (a,b) con $a \in A$ y $b \in B$, utilizamos las biyecciones f y g para enumerar los pares (a,b) como:

$$(a,b) = (f(n), g(m)),$$

donde $n, m \in \mathbb{N}$. Así, cada par $(a,b) \in A \times B$ se asocia a un par $(n,m) \in \mathbb{N} \times \mathbb{N}$.

Paso 2: Numeración de $\mathbb{N} \times \mathbb{N}$ mediante el orden de pares.

El conjunto $\mathbb{N} \times \mathbb{N}$ es numerable porque puede enumerarse utilizando una técnica de emparejamiento, como la diagonalización de Cantor. Asignamos a cada par $(n,m) \in \mathbb{N} \times \mathbb{N}$ un número natural único mediante la función:

$$h(n,m) = \frac{(n+m)(n+m+1)}{2} + m,$$

donde h es inyectiva y por lo tanto permite enumerar $\mathbb{N} \times \mathbb{N}$.

Paso 3: Composición para obtener una biyección.

Combinando las biyecciones f, g y h, definimos una función $H : \mathbb{N} \to A \times B$ como:

$$H(k) = (f(n), g(m)),$$

donde $k = h(n,m)$. Esta función H es inyectiva porque h lo es, y es sobreyectiva porque todo par $(a,b) \in A \times B$ tiene una preimagen en $\mathbb{N} \times \mathbb{N}$ bajo f y g.

Conclusión.

Hemos construido una biyección $H : \mathbb{N} \to A \times B$, lo que implica que $A \times B$ es numerable. ∎

Corollary 1.5.3 El conjunto $\mathbb{N} \times \mathbb{N} \times \cdots \times \mathbb{N}$ (k veces) es numerable para cualquier entero positivo k.

Demostración. Demostraremos el corolario por inducción sobre k, utilizando el teorema del producto cartesiano de conjuntos numerables.

Caso base ($k = 1$):

Para $k = 1$, el conjunto $\mathbb{N}$ es numerable por definición, ya que existe una biyección entre $\mathbb{N}$ y sí mismo.

Paso inductivo:

Supongamos que el producto cartesiano de k copias de $\mathbb{N}$, denotado como:

$$\mathbb{N}^k = \underbrace{\mathbb{N} \times \mathbb{N} \times \cdots \times \mathbb{N}}_{k \text{ veces}},$$

es numerable. Queremos demostrar que el producto cartesiano de $k+1$ copias de $\mathbb{N}$, denotado como:

$$\mathbb{N}^{k+1} = \mathbb{N}^k \times \mathbb{N},$$

también es numerable.

Por hipótesis de inducción, sabemos que $\mathbb{N}^k$ es numerable. Además, $\mathbb{N}$ es numerable por definición. Aplicando el teorema del producto cartesiano de conjuntos numerables, el producto $\mathbb{N}^k \times \mathbb{N}$ es numerable porque es el producto cartesiano de dos conjuntos numerables.

Por el principio de inducción, para cualquier entero positivo k, el conjunto:

$$\mathbb{N}^k = \underbrace{\mathbb{N} \times \mathbb{N} \times \cdots \times \mathbb{N}}_{k \text{ veces}}$$

es numerable. ∎

■ **Example 1.42** El conjunto de los números reales $\mathbb{R}$ no es numerable. Este resultado, demostrado por Cantor, muestra que existen distintos tamaños de infinitos. ■

Theorem 1.5.4 — Teorema de Cantor. El conjunto de los números reales $\mathbb{R}$ no es numerable.

Demostración. Demostraremos que $\mathbb{R}$ no es numerable utilizando el método de la diagonalización de Cantor. Para simplificar la demostración, consideraremos el intervalo $(0,1)$. Si demostramos que $(0,1)$ no es numerable, entonces $\mathbb{R}$ tampoco lo es, ya que $(0,1) \subset \mathbb{R}$. Supongamos, por contradicción, que $(0,1)$ es numerable. Entonces, existe una biyección $f : \mathbb{N} \to (0,1)$. Esto implica que podemos enumerar todos los elementos de $(0,1)$ como:

$$f(1), f(2), f(3), \ldots$$

1.5 Cardinalidad de conjuntos

donde cada $f(n)$ es un número real en el intervalo $(0,1)$. Representemos cada número $f(n)$ en su expansión decimal infinita:

$$f(1) = 0.a_{11}a_{12}a_{13}\ldots, \quad f(2) = 0.a_{21}a_{22}a_{23}\ldots, \quad f(3) = 0.a_{31}a_{32}a_{33}\ldots, \quad \text{etc.}$$

donde $a_{ij} \in \{0,1,2,\ldots,9\}$.

Construiremos un número real $x \in (0,1)$ que no está en la enumeración $\{f(n)\}_{n\in\mathbb{N}}$, lo que contradice la supuesta biyección.

Definimos $x = 0.b_1b_2b_3\cdots$, donde:

$$b_i = \begin{cases} 1, & \text{si } a_{ii} \neq 1, \\ 2, & \text{si } a_{ii} = 1. \end{cases}$$

Es decir, el dígito b_i se elige para diferir del i-ésimo dígito de $f(i)$.

Por construcción, $x \neq f(n)$ para todo $n \in \mathbb{N}$, porque x difiere del n-ésimo número $f(n)$ en el n-ésimo dígito. Esto implica que x no está en la lista $\{f(n)\}_{n\in\mathbb{N}}$.

Por lo tanto, la enumeración $\{f(n)\}_{n\in\mathbb{N}}$ no incluye todos los elementos de $(0,1)$, lo que contradice nuestra suposición de que $(0,1)$ es numerable.

Concluimos que el intervalo $(0,1)$ no es numerable, y por lo tanto $\mathbb{R}$, que contiene a $(0,1)$, tampoco es numerable. ∎

Exercise 1.49 Utilizando el método de la diagonal de Cantor, demuestre que el conjunto de las secuencias binarias infinitas (secuencias de ceros y unos) es no numerable.

(R) El cardinal de $\mathbb{N}$ se denota por $\aleph_0$ (aleph cero), y se considera el cardinal infinito más pequeño. El cardinal de $\mathbb{R}$ se denota por $\mathfrak{c}$ (el cardinal del continuo), y es mayor que $\aleph_0$.

Theorem 1.5.5 — Poder del continuo. No existe un conjunto cuyo cardinal esté estrictamente entre $\aleph_0$ y $\mathfrak{c}$. Este es el enunciado de la **hipótesis del continuo**, cuya independencia respecto de los axiomas de Zermelo-Fraenkel ha sido demostrada por Cohen y Gödel.

Exercise 1.50 Demuestre que el conjunto de las funciones $f : \mathbb{N} \to \{0,1\}$ es no numerable y que su cardinalidad es $\mathfrak{c}$.

Demostración. Las funciones $f : \mathbb{N} \to \{0,1\}$ pueden identificarse con las secuencias binarias infinitas. Como se demostró en un ejercicio anterior, este conjunto es no numerable. Además, hay una biyección entre las secuencias binarias y los números reales en el intervalo $[0,1]$, ya que cualquier número real puede representarse en forma binaria. Por lo tanto, su cardinalidad es $\mathfrak{c}$. ∎

Lema 1.5.1 Para cualquier conjunto A, el cardinal del conjunto potencia $\mathscr{P}(A)$ (el conjunto de todos los subconjuntos de A) es estrictamente mayor que el cardinal de A.

Demostración. La función que asigna a cada elemento $a \in A$ el subconjunto $\{a\} \in \mathscr{P}(A)$ es inyectiva, por lo que $|A| \leq |\mathscr{P}(A)|$. Para demostrar que $|\mathscr{P}(A)| > |A|$, supongamos que existe una biyección $f : A \to \mathscr{P}(A)$. Consideremos el conjunto $B = \{a \in A \mid a \notin f(a)\}$. Como $B \in \mathscr{P}(A)$, debe existir $b \in A$ tal que $f(b) = B$. Si $b \in B$, entonces por la definición de B, $b \notin f(b) = B$, una contradicción. Si $b \notin B$, entonces $b \in f(b) = B$, otra contradicción. Por lo tanto, $|\mathscr{P}(A)| > |A|$. ∎

> **Theorem 1.5.6 — Teorema de Cantor.** Para cualquier conjunto A, no existe una función sobreyectiva de A a $\mathscr{P}(A)$. Por lo tanto, $|\mathscr{P}(A)| > |A|$.

Demostración. Supongamos que existe una función $f : A \to \mathscr{P}(A)$. Queremos demostrar que f no puede ser sobreyectiva.

Sea $B = \{x \in A \mid x \notin f(x)\}$. El conjunto B está bien definido, ya que para cada $x \in A$, se verifica si $x \in f(x)$ o $x \notin f(x)$.

Mostremos que $B \notin \text{Im}(f)$, es decir, B no está en la imagen de f. Supongamos, por contradicción, que $B = f(a)$ para algún $a \in A$. Entonces:

$$B = f(a) = \{x \in A \mid x \notin f(x)\}.$$

Evaluemos si $a \in B$: 1. Si $a \in B$, por la definición de B, $a \notin f(a)$, lo que implica que $a \notin B$. Esto es una contradicción. 2. Si $a \notin B$, por la definición de B, $a \in f(a)$, lo que implica que $a \in B$. Esto también es una contradicción.

En ambos casos, llegamos a una contradicción. Por lo tanto, $B \notin \text{Im}(f)$, lo que demuestra que f no es sobreyectiva.

Por consiguiente, no existe ninguna función sobreyectiva de A a $\mathscr{P}(A)$, lo que implica que $|\mathscr{P}(A)| > |A|$. ∎

> **Exercise 1.51** Demuestre que el conjunto de todas las funciones de $\mathbb{R}$ a $\mathbb{R}$ tiene cardinalidad estrictamente mayor que $\mathfrak{c}$. Sugerencia: Utilice que $|\mathbb{R}| = \mathfrak{c}$ y aplique el teorema de Cantor al conjunto $A = \mathbb{R}$.

> ® Los resultados anteriores nos muestran que hay una jerarquía infinita de cardinalidades infinitas. Cada vez que tomamos el conjunto potencia de un conjunto, obtenemos una cardinalidad mayor.

Definition 1.5.5 — Conjunto denso. Un subconjunto D de un espacio topológico X es **denso** en X si el cierre de D es X, es decir, si todo punto de X es punto de acumulación de D o pertenece a D.

■ **Example 1.43** El conjunto de los números racionales $\mathbb{Q}$ es denso en $\mathbb{R}$ con la topología usual. Aunque $\mathbb{Q}$ es numerable y $\mathbb{R}$ es no numerable, los racionales están ."en todas partes."en la recta real. ∎

> **Theorem 1.5.7** Todo subconjunto infinito de un conjunto numerable es numerable o finito.

Demostración. Sea A un conjunto numerable, es decir, existe una biyección $f : \mathbb{N} \to A$. Sea $B \subseteq A$ un subconjunto infinito. Queremos demostrar que B es numerable.

Por definición, $B \subseteq A$, y B es infinito. Construiremos una biyección entre B y $\mathbb{N}$ para mostrar que B es numerable.

Enumeramos los elementos de B de la siguiente manera: 1. Sea $b_1 = f(n_1)$, donde $n_1 = \min\{n \in \mathbb{N} \mid f(n) \in B\}$. 2. Sea $b_2 = f(n_2)$, donde $n_2 = \min\{n \in \mathbb{N} \mid n > n_1, f(n) \in B\}$. 3. En general, definimos $b_k = f(n_k)$, donde $n_k = \min\{n \in \mathbb{N} \mid n > n_{k-1}, f(n) \in B\}$.

1.5 Cardinalidad de conjuntos

Este proceso es válido porque B es infinito, por lo que siempre existe un n_k que satisface $f(n_k) \in B$ y $n_k > n_{k-1}$.

La enumeración $b_1, b_2, b_3, \ldots$ define una función $g : \mathbb{N} \to B$ dada por:

$$g(k) = b_k.$$

Es claro que g es una biyección: 1. g es inyectiva porque cada b_k está asociado a un único n_k, y $n_k > n_{k-1}$. 2. g es sobreyectiva porque, para cualquier $b \in B$, existe algún $n_k \in \mathbb{N}$ tal que $f(n_k) = b$.

Por lo tanto, B es numerable.

En conclusión, todo subconjunto infinito B de un conjunto numerable A es numerable. ∎

> **Exercise 1.52** Sea A un conjunto infinito numerable y B un conjunto infinito tal que $B \subseteq A$. Demuestre que $A \setminus B$ es infinito numerable.

Demostración. Como A es numerable, podemos enumerarlo como $\{a_1, a_2, a_3, \ldots\}$. Dado que B es infinito, $A \setminus B$ es infinito o finito. Si $A \setminus B$ es infinito, podemos enumerar sus elementos como $\{b_1, b_2, b_3, \ldots\}$, mostrando que es numerable. Si es finito, entonces es finito por definición. ∎

> (R) La comprensión de los conjuntos finitos e infinitos y su cardinalidad es fundamental en matemáticas. Estos conceptos no solo son cruciales en álgebra, sino que también tienen implicaciones profundas en análisis, teoría de la medida, teoría de la probabilidad y lógica matemática. La noción de infinito desafía nuestra intuición y nos invita a explorar las fronteras del razonamiento matemático.

En esta sección, hemos explorado la distinción entre conjuntos finitos e infinitos, introducido el concepto de cardinalidad y discutido cómo comparar tamaños de conjuntos infinitos. Hemos visto que, a pesar de ser infinitos, algunos conjuntos pueden tener diferentes cardinalidades, y hemos descubierto que existen infinitos de diferentes "tamaños". Estos conceptos son fundamentales para avanzar en el estudio del álgebra y otras áreas de las matemáticas, y proporcionan una base sólida para entender estructuras más complejas.

1.5.2 Comparación de cardinalidades

La noción de cardinalidad es fundamental en la teoría de conjuntos y en el estudio de las estructuras algebraicas. Permite comparar el "tamaño" de conjuntos, tanto finitos como infinitos, y es esencial para entender conceptos avanzados como el infinito numerable y el continuo. En esta sección, exploraremos cómo comparar cardinalidades de conjuntos, desarrollando definiciones formales, teoremas clave y proporcionando ejemplos y ejercicios para ilustrar estos conceptos.

Comenzaremos definiendo formalmente lo que significa que dos conjuntos tengan la misma cardinalidad.

> **Definition 1.5.6 — Conjuntos equipotentes.** Dos conjuntos A y B se dicen **equipotentes** o que tienen la misma cardinalidad, denotado por $|A| = |B|$, si existe una función biyectiva $f : A \to B$. En otras palabras, si hay una correspondencia uno a uno entre los elementos de A y los de B.

Esta definición es fundamental, ya que nos permite comparar conjuntos sin depender de su naturaleza específica. La existencia de una biyección asegura que no sobra ni falta ningún elemento en la correspondencia, estableciendo una equivalencia de cardinalidades.

■ **Example 1.44** Consideremos los conjuntos $A = \{1,2,3\}$ y $B = \{a,b,c\}$. La función $f : A \to B$ definida por $f(1) = a$, $f(2) = b$, $f(3) = c$ es una biyección. Por lo tanto, A y B son equipotentes y tienen la misma cardinalidad $|A| = |B| = 3$. ■

La comparación de cardinalidades es especialmente interesante cuando se trata de conjuntos infinitos. En los conjuntos finitos, el concepto de cardinalidad coincide con el número de elementos del conjunto, pero en los infinitos, debemos recurrir a definiciones más sutiles.

> **Definition 1.5.7 — Cardinalidad menor o igual.** Sea A y B conjuntos. Decimos que la cardinalidad de A es menor o igual que la de B, denotado $|A| \leq |B|$, si existe una función inyectiva $f : A \to B$. Es decir, si podemos "encajar" los elementos de A dentro de B sin que haya colisiones.

> **Definition 1.5.8 — Cardinalidad estrictamente menor.** Decimos que la cardinalidad de A es estrictamente menor que la de B, denotado $|A| < |B|$, si $|A| \leq |B|$ y $|A| \neq |B|$. Es decir, existe una inyección de A en B, pero no una biyección.

Estas definiciones nos permiten comparar conjuntos incluso cuando no son equipotentes. Veamos algunos ejemplos que ilustran estos conceptos.

■ **Example 1.45** El conjunto de los números naturales $\mathbb{N}$ tiene cardinalidad $\aleph_0$, que es el cardinal infinito más pequeño. El conjunto de los números enteros $\mathbb{Z}$ también tiene cardinalidad $\aleph_0$. Aunque $\mathbb{Z}$ parece "más grande" que $\mathbb{N}$, podemos establecer una biyección entre ellos.

Definimos $f : \mathbb{N} \to \mathbb{Z}$ como:

$$f(n) = \begin{cases} \frac{n}{2}, & \text{si } n \text{ es par,} \\ -\frac{n-1}{2}, & \text{si } n \text{ es impar.} \end{cases}$$

Esta función es biyectiva, por lo que $|\mathbb{N}| = |\mathbb{Z}|$. ■

Ahora, consideremos conjuntos de cardinalidad mayor que $\aleph_0$.

> **Theorem 1.5.8** El conjunto de los números reales $\mathbb{R}$ tiene una cardinalidad mayor que la de los números naturales $\mathbb{N}$, es decir, $|\mathbb{R}| > |\mathbb{N}|$.

Demostración. Demostraremos que $|\mathbb{R}| > |\mathbb{N}|$ utilizando el método de la diagonalización de Cantor. Para simplificar, consideraremos el intervalo $(0,1)$. Si $(0,1)$ tiene una cardinalidad mayor que $|\mathbb{N}|$, entonces lo mismo será cierto para $\mathbb{R}$, ya que $(0,1) \subset \mathbb{R}$.

Supongamos, por contradicción, que $(0,1)$ es numerable. Esto significa que existe una biyección $f : \mathbb{N} \to (0,1)$, y podemos enumerar los elementos de $(0,1)$ como:

$$f(1), f(2), f(3), \ldots$$

donde cada $f(n)$ es un número real en $(0,1)$. Representemos cada $f(n)$ en su expansión decimal infinita:

$$f(1) = 0.a_{11}a_{12}a_{13}\ldots, \quad f(2) = 0.a_{21}a_{22}a_{23}\ldots, \quad f(3) = 0.a_{31}a_{32}a_{33}\ldots, \quad \text{etc.}$$

donde $a_{ij} \in \{0,1,2,\ldots,9\}$.

Construiremos un número real $x \in (0,1)$ que no está en esta enumeración. Definimos $x = 0.b_1 b_2 b_3 \cdots$, donde:

$$b_i = \begin{cases} 1, & \text{si } a_{ii} \neq 1, \\ 2, & \text{si } a_{ii} = 1. \end{cases}$$

1.5 Cardinalidad de conjuntos

Este número x difiere del i-ésimo número $f(i)$ en el i-ésimo dígito. Por construcción:

$$x \neq f(1), \quad x \neq f(2), \quad x \neq f(3), \quad \ldots$$

Por lo tanto, x no pertenece a la lista $\{f(n)\}_{n \in \mathbb{N}}$, lo que contradice la suposición de que f es una biyección.

Concluimos que $(0,1)$ no es numerable, lo que implica que $|\mathbb{R}| > |\mathbb{N}|$, ya que $(0,1) \subset \mathbb{R}$. ∎

> Este resultado muestra que $\mathbb{R}$ es un conjunto no numerable, y su cardinalidad se denomina **cardinal del continuo**, denotado por $\mathfrak{c}$.

Lema 1.5.2 Si existe una inyección $f : A \to B$, entonces $|A| \leq |B|$.

Demostración. Por definición, la existencia de una función inyectiva de A en B implica que podemos asignar a cada elemento de A un elemento distinto en B, sin reutilizar elementos de B. Esto significa que el "tamaño" de A no excede al de B. ∎

El siguiente teorema es fundamental en la comparación de cardinalidades y en la teoría de conjuntos en general.

> **Theorem 1.5.9 — Teorema de Cantor-Bernstein-Schroeder.** Sean A y B conjuntos. Si existe una función inyectiva $f : A \to B$ y una función inyectiva $g : B \to A$, entonces existe una biyección $h : A \to B$. Por lo tanto, $|A| = |B|$.

Demostración. Supongamos que existen funciones inyectivas $f : A \to B$ y $g : B \to A$. Queremos construir una biyección $h : A \to B$.

Definimos un conjunto auxiliar $C \subseteq A$ como el conjunto de elementos de A que están relacionados indirectamente con elementos de B mediante f y g. Específicamente, definimos:

$$C = \bigcup_{n=0}^{\infty} g^n(B),$$

donde:

$$g^0(B) = B, \quad g^{n+1}(B) = g(A \cap g^n(B)).$$

Propiedades del conjunto C: 1. Cada elemento de C es alcanzable desde B mediante iteraciones de g. 2. El conjunto complementario $A \setminus C$ no tiene relación con elementos de B mediante f y g.

Construcción de la biyección $h : A \to B$: Definimos h por partes, dependiendo de si los elementos de A están en C o en $A \setminus C$: 1. Para $x \in C$, definimos $h(x) = f(x)$. 2. Para $x \in A \setminus C$, definimos $h(x) = g^{-1}(x)$, donde g^{-1} es la inversa parcial de g restringida a B.

Verificación de que h es inyectiva: 1. Si $x, y \in C$ y $h(x) = h(y)$, entonces $f(x) = f(y)$. Como f es inyectiva, se sigue que $x = y$. 2. Si $x, y \in A \setminus C$ y $h(x) = h(y)$, entonces $g^{-1}(x) = g^{-1}(y)$. Como g^{-1} es inyectiva, se sigue que $x = y$. 3. Si $x \in C$ y $y \in A \setminus C$, entonces $h(x) = f(x)$ y $h(y) = g^{-1}(y)$. Como $f(x) \notin g^{-1}(y)$, se sigue que $h(x) \neq h(y)$.

Verificación de que h es sobreyectiva: 1. Para cualquier $b \in B$, si $b \in f(A)$, entonces $b = f(x)$ para algún $x \in C$, y $h(x) = b$. 2. Si $b \notin f(A)$, entonces $b \in g^{-1}(A \setminus C)$, y $h(g(b)) = b$. Por lo tanto, h es una biyección entre A y B.

Hemos construido una biyección $h : A \to B$, lo que implica que $|A| = |B|$. Esto completa la demostración. ∎

> **Exercise 1.53** Complete la demostración del Teorema de Cantor-Bernstein-Schroeder verificando que la función h definida en la prueba es inyectiva y sobreyectiva. ∎

Este teorema es poderoso porque nos permite concluir que dos conjuntos tienen la misma cardinalidad sin construir explícitamente una biyección, siempre que podamos encontrar inyecciones mutuas entre ellos.

■ **Example 1.46** Demostremos que el intervalo $(0,1)$ tiene la misma cardinalidad que $\mathbb{R}$. Primero, existe una función inyectiva $f:(0,1) \to \mathbb{R}$ (por ejemplo, la función identidad considerando $(0,1) \subset \mathbb{R}$). También existe una función inyectiva $g:\mathbb{R} \to (0,1)$, ya que podemos considerar la función:

$$g(x) = \frac{1}{2} + \frac{\arctan(x)}{\pi}.$$

Esta función es inyectiva y su imagen está contenida en $(0,1)$. Por el Teorema de Cantor-Bernstein-Schroeder, $|(0,1)| = |\mathbb{R}|$. ∎

> ® Este resultado puede parecer contraintuitivo, ya que sugiere que un subconjunto propio de un conjunto infinito puede tener la misma cardinalidad que el conjunto original. Este es un fenómeno característico de los conjuntos infinitos y muestra la riqueza de la teoría de conjuntos.

Otra herramienta importante en la comparación de cardinalidades es el concepto de cardinalidad del conjunto potencia.

> **Theorem 1.5.10 — Teorema de Cantor.** Para cualquier conjunto A, la cardinalidad del conjunto potencia $\mathscr{P}(A)$ es estrictamente mayor que la de A. Es decir, $|A| < |\mathscr{P}(A)|$.

Demostración. Supongamos que existe una función $f: A \to \mathscr{P}(A)$. Queremos demostrar que f no puede ser sobreyectiva, lo que implicará que $|A| < |\mathscr{P}(A)|$.
Definimos un subconjunto $B \subseteq A$ como:

$$B = \{x \in A \mid x \notin f(x)\}.$$

Este conjunto está bien definido, ya que para cada $x \in A$, se verifica si $x \in f(x)$ o $x \notin f(x)$. Supongamos, por contradicción, que f es sobreyectiva. Entonces, existe algún $a \in A$ tal que $f(a) = B$. Evaluemos si $a \in B$: 1. Si $a \in B$, por la definición de B, tenemos $a \notin f(a)$. Sin embargo, dado que $f(a) = B$, esto implica que $a \notin B$, lo cual es una contradicción. 2. Si $a \notin B$, por la definición de B, tenemos $a \in f(a)$. Nuevamente, dado que $f(a) = B$, esto implica que $a \in B$, lo cual también es una contradicción.
En ambos casos, llegamos a una contradicción. Por lo tanto, f no puede ser sobreyectiva. Como no existe una función sobreyectiva de A a $\mathscr{P}(A)$, concluimos que:

$$|A| < |\mathscr{P}(A)|.$$

■

> **Corollary 1.5.11** Existe una jerarquía infinita de cardinalidades infinitas. Dado cualquier conjunto infinito A, podemos encontrar un conjunto de cardinalidad mayor tomando su conjunto potencia $\mathscr{P}(A)$.

1.5 Cardinalidad de conjuntos

Example 1.47 El cardinal del conjunto de los números reales $\mathbb{R}$ es igual al cardinal del conjunto potencia de los números naturales, es decir, $|\mathbb{R}| = |\mathscr{P}(\mathbb{N})|$.

Esto se debe a que cada número real en el intervalo $(0,1)$ puede asociarse con una secuencia infinita de dígitos binarios (una cadena de ceros y unos), lo que equivale a un subconjunto de $\mathbb{N}$. Por lo tanto, hay una biyección entre $\mathbb{R}$ y $\mathscr{P}(\mathbb{N})$.

> **Exercise 1.54** Demuestre que el conjunto de las funciones de $\mathbb{N}$ a $\{0,1\}$ tiene cardinalidad $2^{\aleph_0}$, y que este cardinal es igual a $|\mathbb{R}|$.

Demostración. Las funciones de $\mathbb{N}$ a $\{0,1\}$ pueden interpretarse como secuencias infinitas de ceros y unos, o equivalentemente, como subconjuntos de $\mathbb{N}$ (donde se considera que el elemento n está en el subconjunto si la función evalúa 1 en n). Por lo tanto, el número de tales funciones es igual al número de subconjuntos de $\mathbb{N}$, es decir, $|\mathscr{P}(\mathbb{N})| = 2^{\aleph_0}$. Además, como se mencionó en el ejemplo anterior, existe una biyección entre $\mathbb{R}$ y $\mathscr{P}(\mathbb{N})$, por lo que $|\mathbb{R}| = 2^{\aleph_0}$.

El estudio de las cardinalidades infinitas lleva a preguntas profundas sobre la estructura de los números y los conjuntos.

> **Theorem 1.5.12 — Hipótesis del continuo.** La **hipótesis del continuo** establece que no existe un conjunto A tal que $|\mathbb{N}| < |A| < |\mathbb{R}|$. Es decir, no hay cardinales intermedios entre $\aleph_0$ y $2^{\aleph_0}$.

La hipótesis del continuo es independiente de los axiomas estándar de la teoría de conjuntos (ZFC). Esto significa que no puede ser probada ni refutada a partir de estos axiomas, como demostraron Gödel y Cohen. Es una de las cuestiones fundamentales en la teoría de conjuntos.

Esbozo de los resultados fundamentales
La hipótesis del continuo (CH) no puede demostrarse ni refutarse dentro de los axiomas de la teoría de conjuntos estándar (ZFC). Los resultados principales que sustentan esta afirmación son:
1. Gödel (1940): Consistencia relativa de CH Gödel demostró que si ZFC es consistente, entonces también lo es ZFC + CH. Esto se logró construyendo el modelo del universo constructible (L), donde:

$$|\mathbb{R}| = \aleph_1,$$

es decir, el cardinal del continuo es igual al menor cardinal no numerable. En este modelo no existen cardinales intermedios entre $|\mathbb{N}| = \aleph_0$ y $|\mathbb{R}| = 2^{\aleph_0}$.
2. Cohen (1963): Independencia de CH Cohen introdujo la técnica del forzamiento para construir un modelo de ZFC donde CH es falsa. En este modelo existe un conjunto A tal que:

$$\aleph_0 < |A| < 2^{\aleph_0}.$$

Esto establece que ZFC no puede ni probar ni refutar CH.
La independencia de CH significa que su verdad o falsedad depende de los axiomas adicionales que se adopten en la teoría de conjuntos. Esto refleja que:
- En el universo constructible (L), CH es verdadera, y $|\mathbb{R}| = \aleph_1$.

- En otros modelos, es posible que existan cardinales intermedios entre $\aleph_0$ y $2^{\aleph_0}$, haciendo que CH sea falsa.

Por lo tanto, aceptar o rechazar CH es una cuestión de elección axiomática más allá de ZFC.

> **Exercise 1.55** Demuestre que el conjunto de todas las funciones reales continuas en el intervalo $[0,1]$ tiene cardinalidad $|\mathbb{R}|$.

Demostración. Cada función continua en $[0,1]$ está determinada por su valor en un subconjunto denso de $[0,1]$, por ejemplo, los números racionales en $[0,1]$, que son numerables. Sin embargo, el conjunto de funciones continuas es de cardinalidad $2^{\aleph_0}$, ya que podemos asociar a cada función continua una secuencia de números reales (sus valores en puntos racionales), y hay $|\mathbb{R}|^{\aleph_0} = (2^{\aleph_0})^{\aleph_0} = 2^{\aleph_0 \cdot \aleph_0} = 2^{\aleph_0}$ funciones distintas. Por lo tanto, el cardinal es $|\mathbb{R}|$. ∎

Lema 1.5.3 Si $|A| = \kappa$ y $|B| = \lambda$, entonces:
1. Si κ o λ es infinito, y el otro es finito, entonces $|\kappa \times \lambda| = \max\{\kappa, \lambda\}$. 2. Si ambos son infinitos, entonces $|\kappa \times \lambda| = \max\{\kappa, \lambda\}$.

Demostración. El producto cartesiano de conjuntos finitos tiene cardinalidad igual al producto de sus cardinalidades. Sin embargo, cuando tratamos con infinitos, el producto de dos cardinales infinitos es el mayor de ellos.
Si κ es infinito y λ es finito, entonces $\kappa \times \lambda$ es equipotente a κ.
Si ambos son infinitos, podemos establecer una biyección entre $\kappa \times \lambda$ y κ (asumiendo $\kappa \geq \lambda$) mediante funciones adecuadas. Por lo tanto, el cardinal del producto es κ. ∎

■ **Example 1.48** El conjunto $\mathbb{R} \times \mathbb{R}$ tiene cardinalidad $|\mathbb{R}|$. Aunque $\mathbb{R} \times \mathbb{R}$ parece "más grande" que $\mathbb{R}$, ambos tienen la misma cardinalidad.
Podemos establecer una biyección $f: \mathbb{R} \times \mathbb{R} \to \mathbb{R}$ mediante funciones como la siguiente (aunque no es constructiva):
Como $|\mathbb{R}| = 2^{\aleph_0}$, y $|\mathbb{R} \times \mathbb{R}| = (2^{\aleph_0})^2 = 2^{2\aleph_0} = 2^{\aleph_0}$, ya que $2^{\aleph_0} = \mathfrak{c}$ y $2^{\aleph_0} = \mathfrak{c}$, por lo tanto, $|\mathbb{R} \times \mathbb{R}| = |\mathbb{R}|$. ∎

> **Exercise 1.56** Demuestre que el conjunto de las funciones de $\mathbb{R}$ a $\mathbb{R}$ tiene cardinalidad $2^{\mathfrak{c}}$.

Demostración. El número de funciones de $\mathbb{R}$ a $\mathbb{R}$ es $|\mathbb{R}|^{|\mathbb{R}|} = (\mathfrak{c})^{\mathfrak{c}} = 2^{\mathfrak{c} \cdot \mathfrak{c}} = 2^{\mathfrak{c}}$, ya que $\mathfrak{c} \cdot \mathfrak{c} = \mathfrak{c}$ en cardinales infinitos. ∎

Theorem 1.5.13 Para cualquier cardinal infinito κ, se tiene que $2^{\kappa} > \kappa$.

Demostración. Esto es una consecuencia directa del Teorema de Cantor, que establece que el conjunto potencia de un conjunto tiene cardinalidad estrictamente mayor que el conjunto original. Como 2^{κ} es el cardinal del conjunto potencia de un conjunto de cardinalidad κ, se sigue que $2^{\kappa} > \kappa$. ∎

> ® Los cardinales infinitos pueden ser ordenados como $\aleph_0 < \aleph_1 < \aleph_2 < \ldots$, donde $\aleph_\alpha$ es el cardinal de un conjunto bien ordenado de ordinal ω_α. El estudio de estos cardinales es parte de la teoría de conjuntos y tiene implicaciones en lógica matemática y fundamentos de las matemáticas.

1.5 Cardinalidad de conjuntos

> **Exercise 1.57** Sea A un conjunto infinito numerable y B un conjunto tal que $|B| = 2^{|A|}$. Demuestre que no existe una biyección entre A y B.

Demostración. Como A es infinito numerable, $|A| = \aleph_0$. Entonces, $|B| = 2^{\aleph_0} = \mathfrak{c}$. Dado que $|\mathbb{N}| = \aleph_0$ y $|\mathbb{R}| = \mathfrak{c}$, y hemos demostrado que no existe una biyección entre $\mathbb{N}$ y $\mathbb{R}$, no puede existir una biyección entre A y B. ∎

> **Theorem 1.5.14 — Principio de comparación de cardinalidades.** Para cualquier conjunto A, existe una relación de orden total entre las cardinalidades de los conjuntos. Es decir, dados dos conjuntos A y B, se cumple que $|A| \leq |B|$ o $|B| \leq |A|$.

Demostración. Queremos demostrar que, dados dos conjuntos A y B, siempre se cumple que $|A| \leq |B|$ o $|B| \leq |A|$.

Por definición, $|A| \leq |B|$ significa que existe una función inyectiva $f : A \to B$. Similarmente, $|B| \leq |A|$ significa que existe una función inyectiva $g : B \to A$.

Por el **Axioma de elección**, dado cualquier conjunto A, podemos bien ordenar sus elementos. Lo mismo es cierto para B. Por lo tanto, ambos conjuntos pueden representarse como ordinales:

$$A \sim \alpha, \quad B \sim \beta,$$

donde α y β son ordinales. Sin pérdida de generalidad, asumimos que $\alpha \leq \beta$ o $\beta \leq \alpha$, ya que los ordinales están bien ordenados.

Caso 1: $\alpha \leq \beta$. En este caso, $|A| \leq |B|$, ya que existe una función inyectiva que asigna a cada elemento de A un elemento de B, preservando el orden.

Caso 2: $\beta \leq \alpha$. Aquí, $|B| \leq |A|$, ya que existe una función inyectiva que asigna a cada elemento de B un elemento de A, preservando el orden.

En ambos casos, se cumple que $|A| \leq |B|$ o $|B| \leq |A|$.

Por el axioma de elección y el principio de buena ordenación de los ordinales, existe una relación de orden total entre las cardinalidades de A y B, lo que completa la demostración. ∎

> (R) El axioma de elección es un principio fundamental en matemáticas que afirma que dada una familia de conjuntos no vacíos, es posible seleccionar un elemento de cada conjunto para formar una nueva colección. Tiene implicaciones profundas en teoría de conjuntos y en la comparación de cardinalidades.

En resumen, la comparación de cardinalidades nos permite entender y clasificar los diferentes "tamaños" de conjuntos, especialmente cuando tratamos con infinitos. A través de definiciones precisas, teoremas fundamentales y ejemplos ilustrativos, hemos explorado cómo establecer relaciones de orden entre cardinalidades y cómo ciertas operaciones afectan el tamaño de los conjuntos. Estos conceptos son esenciales en álgebra y en muchas otras áreas de las matemáticas, proporcionando herramientas poderosas para analizar y comprender estructuras complejas.

1.6 Relaciones binarias

1.6.1 Propiedades de las relaciones

En álgebra y teoría de conjuntos, las relaciones binarias son fundamentales para comprender estructuras matemáticas más complejas como funciones, ordenamientos y equivalencias. Una relación binaria es simplemente una colección de pares ordenados que relacionan elementos de un conjunto con elementos de otro (o del mismo) conjunto. En esta sección, exploraremos las propiedades esenciales de las relaciones binarias, proporcionando definiciones formales, teoremas clave, ejemplos ilustrativos y ejercicios para afianzar la comprensión.

Definition 1.6.1 — Relación binaria. Sea A un conjunto. Una **relación binaria** R en A es un subconjunto del producto cartesiano $A \times A$. Es decir,

$$R \subseteq A \times A.$$

Si $(a,b) \in R$, decimos que a está relacionado con b por R, y escribimos aRb.

> Las relaciones binarias generalizan conceptos como igualdad, orden y congruencia. Al estudiar sus propiedades, podemos clasificar y entender mejor las estructuras que forman.

Las relaciones pueden tener diversas propiedades que las caracterizan y que permiten clasificarlas. Las propiedades más importantes de las relaciones son la reflexividad, simetría, antisimetría y transitividad.

Definition 1.6.2 — Relación reflexiva. Una relación R en A es **reflexiva** si, para todo $a \in A$, se cumple que $(a,a) \in R$. Es decir,

$$\forall a \in A, \quad aRa.$$

■ **Example 1.49** Sea $A = \{1,2,3\}$ y $R = \{(1,1),(2,2),(3,3),(1,2),(2,3)\}$. Entonces, R es reflexiva en A porque $(a,a) \in R$ para todo $a \in A$. ■

Definition 1.6.3 — Relación simétrica. Una relación R en A es **simétrica** si, para todos $a,b \in A$, si $(a,b) \in R$, entonces $(b,a) \in R$. Es decir,

$$\forall a,b \in A, \quad \text{si } aRb \text{ entonces } bRa.$$

■ **Example 1.50** Consideremos $A = \{1,2,3\}$ y $R = \{(1,2),(2,1),(2,3),(3,2)\}$. La relación R es simétrica porque siempre que $(a,b) \in R$, también $(b,a) \in R$. ■

Definition 1.6.4 — Relación antisimétrica. Una relación R en A es **antisimétrica** si, para todos $a,b \in A$, si $(a,b) \in R$ y $(b,a) \in R$, entonces $a = b$. Es decir,

$$\forall a,b \in A, \quad \text{si } aRb \text{ y } bRa \text{ entonces } a = b.$$

■ **Example 1.51** Sea $A = \{1,2,3\}$ y $R = \{(1,1),(2,2),(3,3),(1,2)\}$. La relación R es antisimétrica porque no existen elementos distintos $a \neq b$ tales que $(a,b) \in R$ y $(b,a) \in R$. ■

Definition 1.6.5 — Relación transitiva. Una relación R en A es **transitiva** si, para

1.6 Relaciones binarias

todos $a, b, c \in A$, si $(a,b) \in R$ y $(b,c) \in R$, entonces $(a,c) \in R$. Es decir,

$$\forall a, b, c \in A, \quad \text{si } aRb \text{ y } bRc \text{ entonces } aRc.$$

■ **Example 1.52** Consideremos $A = \{1, 2, 3\}$ y $R = \{(1,2), (2,3), (1,3)\}$. La relación R es transitiva porque, dado que $(1,2) \in R$ y $(2,3) \in R$, también $(1,3) \in R$. ■

Estas propiedades permiten clasificar las relaciones y entender cómo se comportan al combinarlas o aplicarlas en diferentes contextos.

> **Theorem 1.6.1 — Combinación de propiedades.** Si una relación R en A es reflexiva, simétrica y transitiva, entonces R es una **relación de equivalencia**.
> Si R es reflexiva, antisimétrica y transitiva, entonces R es una **relación de orden parcial**.

Demostración. **Parte 1: Relación de equivalencia.**
Sea R una relación reflexiva, simétrica y transitiva en A. Para demostrar que R es una relación de equivalencia, verificamos las propiedades: 1. Por reflexividad, para todo $x \in A$, xRx. 2. Por simetría, si xRy, entonces yRx para todo $x, y \in A$. 3. Por transitividad, si xRy y yRz, entonces xRz para todo $x, y, z \in A$.
Estas son precisamente las definiciones de una relación de equivalencia. Por lo tanto, R es una relación de equivalencia.
Parte 2: Relación de orden parcial.
Sea R una relación reflexiva, antisimétrica y transitiva en A. Para demostrar que R es una relación de orden parcial, verificamos las propiedades: 1. Por reflexividad, para todo $x \in A$, xRx. 2. Por antisimetría, si xRy y yRx, entonces $x = y$ para todo $x, y \in A$. 3. Por transitividad, si xRy y yRz, entonces xRz para todo $x, y, z \in A$.
Estas son precisamente las definiciones de una relación de orden parcial. Por lo tanto, R es una relación de orden parcial. ∎

> **Definition 1.6.6 — Relación de equivalencia.** Una relación R en A es una **relación de equivalencia** si es reflexiva, simétrica y transitiva.

> **Definition 1.6.7 — Relación de orden parcial.** Una relación R en A es una **relación de orden parcial** si es reflexiva, antisimétrica y transitiva.

■ **Example 1.53** Sea $A = \mathbb{Z}$ y definamos la relación R por aRb si $a \equiv b \mod 3$. Esta relación es de equivalencia porque:
- **Reflexiva**: Para todo $a \in \mathbb{Z}$, $a \equiv a \mod 3$.
- **Simétrica**: Si $a \equiv b \mod 3$, entonces $b \equiv a \mod 3$.
- **Transitiva**: Si $a \equiv b \mod 3$ y $b \equiv c \mod 3$, entonces $a \equiv c \mod 3$.

■

■ **Example 1.54** Sea $A = \mathbb{N}$ y definamos la relación R por aRb si $a \leq b$. Esta relación es de orden parcial porque:
- **Reflexiva**: Para todo $a \in \mathbb{N}$, $a \leq a$.
- **Antisimétrica**: Si $a \leq b$ y $b \leq a$, entonces $a = b$.
- **Transitiva**: Si $a \leq b$ y $b \leq c$, entonces $a \leq c$.

■

Si además una relación de orden parcial satisface que, para todo $a, b \in A$, se cumple aRb o bRa, entonces se denomina **relación de orden total**.

Definition 1.6.8 — Relación irreflexiva. Una relación R en A es **irreflexiva** si, para todo $a \in A$, se cumple que $(a,a) \notin R$.

Definition 1.6.9 — Relación asimétrica. Una relación R en A es **asimétrica** si, para todos $a, b \in A$, si $(a,b) \in R$, entonces $(b,a) \notin R$.

■ **Example 1.55** En el conjunto $A = \mathbb{N}$, la relación R definida por aRb si $a < b$ es asimétrica e irreflexiva. Si $a < b$, entonces no es posible que $b < a$. Además, nunca $a < a$. ■

Theorem 1.6.2 — Relaciones asimétricas y antisimétricas. Toda relación asimétrica es antisimétrica e irreflexiva, pero no toda relación antisimétrica es asimétrica.

Demostración.
- **Asimétrica implica antisimétrica**: Si R es asimétrica, entonces si $(a,b) \in R$ y $(b,a) \in R$, se tiene una contradicción, ya que $(b,a) \notin R$. Por lo tanto, la implicación antecedente nunca ocurre, y la condición de antisimetría se satisface vacuamente.
- **Asimétrica implica irreflexiva**: Si R es asimétrica, entonces para todo $a \in A$, si $(a,a) \in R$, entonces $(a,a) \notin R$, lo cual es una contradicción. Por lo tanto, $(a,a) \notin R$, y R es irreflexiva.
- **Antisimétrica no implica asimétrica**: Consideremos la relación $\leq$ en $\mathbb{N}$. Es antisimétrica, pero no asimétrica, ya que $(a,a) \in \leq$ para todo $a \in \mathbb{N}$.

■

Exercise 1.58 Sea $A = \{1,2,3\}$ y $R = \{(1,2),(2,1),(2,3),(3,2)\}$. Determine si R es simétrica, antisimétrica, transitiva y/o reflexiva.

Demostración.
- **Simetría**: R es simétrica porque, siempre que $(a,b) \in R$, también $(b,a) \in R$. Por ejemplo, $(1,2) \in R$ y $(2,1) \in R$.
- **Antisimetría**: R no es antisimétrica porque existen $a \neq b$ tales que $(a,b) \in R$ y $(b,a) \in R$, como $(1,2)$ y $(2,1)$.
- **Transitividad**: Verifiquemos si es transitiva. Tenemos $(1,2) \in R$ y $(2,3) \in R$, pero $(1,3) \notin R$, por lo que R no es transitiva.
- **Reflexividad**: R no es reflexiva porque no contiene todos los pares (a,a). Ninguno de los pares $(1,1)$, $(2,2)$ o $(3,3)$ está en R.

■

Definition 1.6.10 — Clases de equivalencia. Dada una relación de equivalencia R en un conjunto A, la **clase de equivalencia** de un elemento $a \in A$ es el conjunto:

$$[a] = \{x \in A \mid aRx\}.$$

Theorem 1.6.3 — Partición del conjunto. Las clases de equivalencia inducidas por una relación de equivalencia R en A forman una partición de A. Es decir, A es la unión disjunta de sus clases de equivalencia.

Demostración. Sea R una relación de equivalencia en A. Por definición, R es reflexiva, simétrica y transitiva. Queremos demostrar que las clases de equivalencia inducidas por R forman una partición de A.
Definimos la clase de equivalencia de $x \in A$ como:

$$[x]_R = \{y \in A \mid xRy\}.$$

1.6 Relaciones binarias

Por reflexividad, para todo $x \in A$, se tiene xRx. Esto implica que $x \in [x]_R$. Por lo tanto, cada elemento de A pertenece al menos a una clase de equivalencia.

Sea $x, y \in A$ y supongamos que $[x]_R \cap [y]_R \neq \emptyset$. Entonces, existe $z \in A$ tal que $z \in [x]_R$ y $z \in [y]_R$. Esto significa que:

$$xRz \quad y \quad yRz.$$

Por simetría, zRy. Por transitividad, xRy. Ahora, si xRy, se tiene que:

$$[x]_R = [y]_R.$$

Por lo tanto, las clases de equivalencia son disjuntas, es decir, un elemento de A pertenece a una y solo una clase de equivalencia.

Dado que cada elemento de A pertenece a alguna clase de equivalencia y las clases son disjuntas, se tiene que:

$$A = \bigcup_{x \in A} [x]_R.$$

Hemos demostrado que las clases de equivalencia inducidas por R son subconjuntos disjuntos cuya unión es A. Por lo tanto, forman una partición de A. ∎

■ **Example 1.56** En el ejemplo anterior donde $a \equiv b$ mód 3, las clases de equivalencia son:
- $[0] = \{\ldots, -6, -3, 0, 3, 6, \ldots\}$
- $[1] = \{\ldots, -5, -2, 1, 4, 7, \ldots\}$
- $[2] = \{\ldots, -4, -1, 2, 5, 8, \ldots\}$

Estas clases particionan $\mathbb{Z}$. ■

> **Exercise 1.59** Sea R una relación de equivalencia en A, y sea $a, b \in A$. Demuestre que $[a] = [b]$ si y solo si aRb.

Demostración.
- ($\Rightarrow$): Si $[a] = [b]$, entonces $a \in [a]$ y $a \in [b]$, por lo que aRb.
- ($\Leftarrow$): Si aRb, entonces para todo $x \in [a]$, aRx y, por transitividad, bRx, por lo que $x \in [b]$. De manera similar, $[b] \subseteq [a]$, por lo tanto, $[a] = [b]$.

∎

> **Definition 1.6.11 — Relación de orden total.** Una relación R en A es una **relación de orden total** si es una relación de orden parcial y, además, para todos $a, b \in A$, se cumple que aRb o bRa.

■ **Example 1.57** La relación $\leq$ en $\mathbb{R}$ es una relación de orden total. Para cualquier $a, b \in \mathbb{R}$, siempre se cumple $a \leq b$ o $b \leq a$. ■

> **Theorem 1.6.4 — Propiedades de la inversa de una relación.** Sea R una relación en A, y sea $R^{-1} = \{(b, a) \mid (a, b) \in R\}$ la relación inversa de R. Entonces:
> 1. R es simétrica si y solo si $R = R^{-1}$.
> 2. R es antisimétrica si y solo si $R \cap R^{-1} \subseteq \{(a, a) \mid a \in A\}$.

Demostración. **Parte 1: Simetría.**

$\Rightarrow$ Supongamos que R es simétrica. Por definición, si $(a, b) \in R$, entonces $(b, a) \in R$. Esto implica que $R^{-1} \subseteq R$. De manera similar, si $(b, a) \in R^{-1}$, entonces $(a, b) \in R$, lo que implica que $R \subseteq R^{-1}$. Por lo tanto, $R = R^{-1}$.

⇐ Supongamos que $R = R^{-1}$. Si $(a,b) \in R$, entonces $(b,a) \in R^{-1}$. Dado que $R = R^{-1}$, se sigue que $(b,a) \in R$. Por lo tanto, R es simétrica.

Parte 2: Antisimetría.

⇒ Supongamos que R es antisimétrica. Por definición, si $(a,b) \in R$ y $(b,a) \in R$, entonces $a = b$. Esto implica que $(a,b) \in R \cap R^{-1}$ solo si $a = b$, es decir, $R \cap R^{-1} \subseteq \{(a,a) \mid a \in A\}$.

⇐ Supongamos que $R \cap R^{-1} \subseteq \{(a,a) \mid a \in A\}$. Si $(a,b) \in R$ y $(b,a) \in R$, entonces $(a,b) \in R \cap R^{-1}$, lo que implica que $a = b$. Por lo tanto, R es antisimétrica. ∎

Exercise 1.60 Sea $A = \{1,2,3\}$ y $R = \{(1,1), (2,2), (3,3), (1,2), (2,3), (1,3)\}$. Determine si R es transitiva. En caso afirmativo, explique por qué; en caso negativo, proporcione un contraejemplo.

Demostración. Verificamos la transitividad:
- $(1,2) \in R$ y $(2,3) \in R$, entonces $(1,3) \in R$, lo cual es cierto.
- No hay otros pares que necesiten verificarse, ya que no hay otros pares (a,b) y (b,c) con $(a,b), (b,c) \in R$ y $a \neq b \neq c$.

Por lo tanto, R es transitiva. ∎

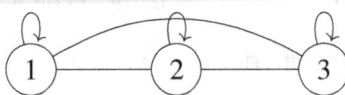

Figura 1.6.1: *Diagrama de la relación R en $A = \{1,2,3\}$.*

■ **Example 1.58** La Figura 1.6.1 muestra un grafo dirigido que representa la relación R del ejercicio anterior. Los bucles representan la reflexividad, y las flechas muestran cómo los elementos están relacionados. Este tipo de representaciones visuales ayudan a comprender las propiedades de las relaciones.

■

Otra forma de representar una relación es mediante una matriz de adyacencia. Para el conjunto $A = \{a_1, a_2, \ldots, a_n\}$, la matriz M_R asociada a la relación R es una matriz $n \times n$ donde

$$(M_R)_{ij} = \begin{cases} 1 & \text{si } (a_i, a_j) \in R, \\ 0 & \text{en otro caso.} \end{cases}$$

Esta representación es útil en álgebra lineal y teoría de grafos.

Exercise 1.61 Para la relación R en $A = \{1,2,3\}$ definida por $R = \{(1,1), (1,2), (2,3), (3,1)\}$, construya la matriz de adyacencia y determine si R es reflexiva, simétrica, antisimétrica y/o transitiva.

Demostración. La matriz de adyacencia M_R es:

$$M_R = \begin{pmatrix} 1 & 1 & 0 \\ 0 & 0 & 1 \\ 1 & 0 & 0 \end{pmatrix}$$

Análisis de propiedades:

1.6 Relaciones binarias

- **Reflexividad**: $(2,2) \notin R$, $(3,3) \notin R$; por lo tanto, R no es reflexiva.
- **Simetría**: $(1,2) \in R$, pero $(2,1) \notin R$; por lo tanto, R no es simétrica.
- **Antisimetría**: No hay pares (a,b) y (b,a) en R con $a \neq b$, por lo que R es antisimétrica.
- **Transitividad**: $(1,2) \in R$ y $(2,3) \in R$, pero $(1,3) \notin R$; por lo tanto, R no es transitiva.

∎

> **Theorem 1.6.5** — **Clausura transitiva.** Para cualquier relación R en A, existe una relación transitiva mínima R^* que contiene a R, llamada la **clausura transitiva** de R.

Demostración. Sea $R \subseteq A \times A$ una relación en el conjunto A. Queremos demostrar que existe una relación $R^* \subseteq A \times A$ que cumple las siguientes propiedades:

1. $R \subseteq R^*$,
2. R^* es transitiva,
3. R^* es la mínima relación transitiva que contiene a R, es decir, si T es transitiva y $R \subseteq T$, entonces $R^* \subseteq T$.

Construcción de R^*:

Definimos R^* como:

$$R^* = \bigcup_{n=1}^{\infty} R^n,$$

donde R^n se define inductivamente:

$$R^1 = R, \quad R^{n+1} = R^n \circ R = \{(a,c) \mid \exists b \in A, (a,b) \in R^n \text{ y } (b,c) \in R\}.$$

Esto significa que R^* contiene todas las cadenas finitas de composiciones de relaciones en R. Más formalmente:

$$R^* = \{(a,b) \mid \exists k \in \mathbb{N}, (a,b) \in R^k\}.$$

Verificación de las propiedades:

1. $R \subseteq R^*$: Por definición, $R^1 = R$, y $R^1 \subseteq R^*$ porque R^* es la unión de todos los R^n.
2. R^* es transitiva: Sean $(a,b), (b,c) \in R^*$. Entonces, existen $k, m \in \mathbb{N}$ tales que $(a,b) \in R^k$ y $(b,c) \in R^m$. Por la definición de composición, $(a,c) \in R^{k+m}$, y dado que $R^{k+m} \subseteq R^*$, tenemos $(a,c) \in R^*$. Esto demuestra que R^* es transitiva.
3. R^* es mínima: Sea T una relación transitiva tal que $R \subseteq T$. Mostremos que $R^* \subseteq T$. Procedemos por inducción: - Para $n = 1$, $R^1 = R \subseteq T$. - Supongamos que $R^n \subseteq T$. Entonces, $R^{n+1} = R^n \circ R \subseteq T \circ T = T$, ya que T es transitiva. - Por inducción, $R^n \subseteq T$ para todo $n \geq 1$. - Como $R^* = \bigcup_{n=1}^{\infty} R^n$, se tiene $R^* \subseteq T$.

Hemos demostrado que R^* es transitiva, contiene a R, y es la mínima relación transitiva que contiene a R. ∎

> **Exercise 1.62** Dada la relación $R = \{(1,2), (2,3)\}$ en $A = \{1,2,3\}$, encuentre su clausura transitiva R^*.

Demostración. Calculamos:

- $R = \{(1,2), (2,3)\}$
- $R^2 = R \circ R = \{(1,3)\}$
- $R^3 = R \circ R^2 = \emptyset$ (no hay más composiciones posibles)

Entonces, la clausura transitiva es:

$$R^* = R \cup R^2 = \{(1,2),(2,3),(1,3)\}$$

> (R) Además de la clausura transitiva, se pueden definir las clausuras reflexiva y simétrica de una relación, añadiendo los pares necesarios para satisfacer estas propiedades. La **clausura reflexiva** de R es $R \cup \{(a,a) \mid a \in A\}$, y la **clausura simétrica** es $R \cup R^{-1}$.

> **Exercise 1.63** Sea $R = \{(1,2),(2,3)\}$ en $A = \{1,2,3\}$. Determine la clausura reflexiva y la clausura simétrica de R.

Demostración.
- **Clausura reflexiva**:

$$R_{\text{ref}} = R \cup \{(1,1),(2,2),(3,3)\} = \{(1,1),(1,2),(2,2),(2,3),(3,3)\}$$

- **Clausura simétrica**:

$$R_{\text{sim}} = R \cup R^{-1} = \{(1,2),(2,3),(2,1),(3,2)\}$$

> **Theorem 1.6.6 — Composición de relaciones.** Sean R y S relaciones en A. La **composición** $R \circ S$ es la relación:
>
> $$R \circ S = \{(a,c) \mid \exists b \in A \text{ tal que } (a,b) \in R \text{ y } (b,c) \in S\}$$

Demostración. Demostraremos que la relación $R \circ S$ está bien definida y cumple con la definición dada.
Dadas dos relaciones $R, S \subseteq A \times A$, definimos la composición $R \circ S$ como el conjunto:

$$R \circ S = \{(a,c) \in A \times A \mid \exists b \in A, (a,b) \in R \text{ y } (b,c) \in S\}.$$

Sea $(a,c) \in R \circ S$. Esto significa que: 1. Existe $b \in A$ tal que $(a,b) \in R$ y $(b,c) \in S$. 2. Por lo tanto, para cualquier $a, c \in A$, la relación (a,c) pertenece a $R \circ S$ si y solo si hay un elemento intermedio $b \in A$ que conecta a con c mediante R y S.
Si $R = \{(a,b)\}$ y $S = \{(b,c)\}$, entonces $(a,c) \in R \circ S$ porque:

$$(a,b) \in R \quad \text{y} \quad (b,c) \in S.$$

1. La composición es asociativa, es decir, para cualquier relación $P, Q, R \subseteq A \times A$:

$$(P \circ Q) \circ R = P \circ (Q \circ R).$$

Esto se debe a que tanto el lado izquierdo como el derecho representan la existencia de una cadena de elementos intermedios que conectan un par inicial con un par final.
2. Si R es una relación reflexiva en A (es decir, $(a,a) \in R$ para todo $a \in A$), entonces $R \circ R = R$.
La composición de relaciones $R \circ S$ está bien definida, y su definición captura correctamente la idea de conectar a con c a través de b.

1.6 Relaciones binarias

> **Exercise 1.64** Sean $R = \{(1,2),(2,3)\}$ y $S = \{(2,1),(3,2)\}$ en $A = \{1,2,3\}$. Calcule $R \circ S$.

Demostración. Buscamos todos los pares (a,c) tales que existe $b \in A$ con $(a,b) \in R$ y $(b,c) \in S$.
- Para $a = 1$, $(1,2) \in R$ y buscamos $b = 2$ con $(2,c) \in S$. $(2,1) \in S$, por lo que $(1,1) \in R \circ S$. También, $(2,3) \notin S$.
- Para $a = 2$, $(2,3) \in R$ y buscamos $b = 3$ con $(3,c) \in S$. $(3,2) \in S$, entonces $(2,2) \in R \circ S$.

Entonces, $R \circ S = \{(1,1),(2,2)\}$. ∎

> ® La composición de relaciones puede afectar las propiedades de las mismas. Por ejemplo, la composición de relaciones transitivas puede no ser transitiva. Es importante analizar cómo las propiedades se mantienen o cambian al componer relaciones.

En conclusión, el estudio de las propiedades de las relaciones nos proporciona herramientas fundamentales para entender y clasificar las diferentes estructuras matemáticas. A través de definiciones precisas, ejemplos ilustrativos y teoremas clave, hemos explorado cómo las relaciones pueden caracterizarse por propiedades como reflexividad, simetría, antisimetría y transitividad, y cómo estas propiedades interactúan entre sí. Los ejercicios y ejemplos prácticos consolidan la comprensión y permiten aplicar estos conceptos en contextos más amplios dentro del álgebra y la teoría de conjuntos.

1.6.2 Representación de relaciones como gráficos

La representación gráfica de las relaciones binarias proporciona una herramienta visual poderosa para entender y analizar las propiedades de las relaciones. Al utilizar grafos, podemos visualizar fácilmente elementos como reflexividad, simetría y transitividad, y cómo estos afectan la estructura general de la relación.

> **Definition 1.6.12 — Grafo dirigido.** Un **grafo dirigido** (o **dígrafo**) es un par ordenado $G = (V,E)$, donde V es un conjunto no vacío de **vértices** o **nodos**, y E es un conjunto de **aristas dirigidas** (o **arcos**), que son pares ordenados de elementos de V. Es decir,
> $$E \subseteq V \times V.$$

> ® Notamos que las relaciones binarias en un conjunto A pueden representarse directamente como grafos dirigidos, donde los vértices corresponden a los elementos de A, y existe una arista dirigida desde a hasta b si y solo si $(a,b) \in R$.

■ **Example 1.59** Consideremos el conjunto $A = \{1,2,3\}$ y la relación $R = \{(1,2),(2,3),(3,1),(1,1)\}$. Podemos representar esta relación mediante el siguiente grafo dirigido:
En este grafo, cada flecha representa una pareja $(a,b) \in R$. Por ejemplo, la flecha de 1 a 2 corresponde a $(1,2) \in R$. ∎

Las propiedades de una relación pueden identificarse en el grafo correspondiente.

> **Theorem 1.6.7 — Correspondencia entre propiedades de relaciones y grafos.**
> Sea R una relación en un conjunto A, y sea G su grafo dirigido asociado. Entonces:

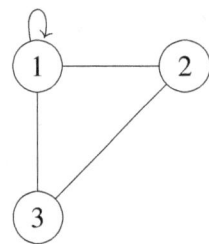

Figura 1.6.2: *Representación gráfica de la relación R.*

1. R es **reflexiva** si y solo si cada vértice de G tiene un bucle (una arista desde el vértice hacia sí mismo).
2. R es **simétrica** si y solo si, para cada arista de a a b, existe una arista de b a a.
3. R es **antisimétrica** si y solo si, para $a \neq b$, no existen aristas en ambas direcciones entre a y b.
4. R es **transitiva** si, siempre que exista un camino dirigido de longitud 2 desde a hasta c pasando por b, existe una arista directa desde a hasta c.

Demostración. Sea R una relación en A y sea $G = (V, E)$ el grafo dirigido asociado, donde los vértices V son los elementos de A y $(a,b) \in E$ si y solo si $(a,b) \in R$. Verificamos cada propiedad:

R es reflexiva si $(a,a) \in R$ para todo $a \in A$. En términos de G, esto equivale a que cada vértice a tiene un bucle, es decir, una arista $(a,a) \in E$. Por lo tanto, R es reflexiva si y solo si cada vértice de G tiene un bucle.

R es simétrica si $(a,b) \in R$ implica $(b,a) \in R$. En G, esto significa que para cada arista dirigida de a a b (es decir, $(a,b) \in E$), existe una arista de b a a (es decir, $(b,a) \in E$). Por lo tanto, R es simétrica si y solo si para cada arista en G, su arista inversa también está presente.

R es antisimétrica si $(a,b) \in R$ y $(b,a) \in R$ implica $a = b$. En G, esto significa que para $a \neq b$, no existen aristas en ambas direcciones entre a y b. Por lo tanto, R es antisimétrica si y solo si no existen pares de aristas en direcciones opuestas entre vértices distintos.

R es transitiva si $(a,b) \in R$ y $(b,c) \in R$ implica $(a,c) \in R$. En G, esto significa que si existe un camino dirigido de longitud 2 de a a c (es decir, $a \to b \to c$), debe existir una arista directa de a a c (es decir, $(a,c) \in E$). Por lo tanto, R es transitiva si y solo si cada camino de longitud 2 en G corresponde a una arista directa.

Hemos demostrado la equivalencia entre las propiedades reflexiva, simétrica, antisimétrica y transitiva de R y las propiedades gráficas de G. ■

■ **Example 1.60** Consideremos el grafo de la Figura 1.6.2. Observamos que:
- Existe un bucle en 1, pero no en 2 ni en 3, por lo que R no es reflexiva.
- Las aristas son $(1,2)$, $(2,3)$ y $(3,1)$, pero no existen aristas inversas, por lo que R no es simétrica.
- No hay aristas mutuas entre vértices distintos, por lo que R podría ser antisimétrica.
- Hay un camino de 1 a 3 pasando por 2, pero ya existe una arista directa de 1 a 3, cumpliendo con la transitividad en este caso. Sin embargo, para verificar transitividad en general, se deben considerar todos los casos.

■

1.6 Relaciones binarias

Exercise 1.65 Sea $A = \{1,2,3,4\}$ y $R = \{(1,2),(2,3),(3,4),(1,4)\}$. Represente la relación R como un grafo dirigido y determine si R es transitiva.

Demostración. Primero, dibujamos el grafo:

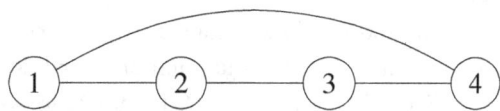

Figura 1.6.3: *Grafo de la relación R del ejercicio.*

Ahora, analizamos la transitividad:
- Tenemos $(1,2) \in R$ y $(2,3) \in R$, pero $(1,3) \notin R$. - Sin embargo, $(1,4) \in R$, y hay un camino de 1 a 4 pasando por 2 y 3.
Dado que falta $(1,3)$ y $(2,4)$ para que R sea transitiva, concluimos que R no es transitiva. ∎

> ℝ Para hacer que una relación sea transitiva, podemos considerar su **clausura transitiva**, añadiendo las aristas necesarias para que se cumpla la transitividad. En el ejercicio anterior, añadiríamos $(1,3)$ y $(2,4)$.

Definition 1.6.13 — Matriz de adyacencia. Otra forma de representar una relación es mediante su **matriz de adyacencia** M_R, donde M_R es una matriz $n \times n$ (siendo $n = |A|$) definida por:

$$(M_R)_{ij} = \begin{cases} 1, & \text{si } (a_i, a_j) \in R, \\ 0, & \text{en otro caso.} \end{cases}$$

■ **Example 1.61** Para la relación R en $A = \{1,2,3\}$ con $R = \{(1,2),(2,3),(3,1),(1,1)\}$, la matriz de adyacencia es:

$$M_R = \begin{pmatrix} 1 & 1 & 0 \\ 0 & 0 & 1 \\ 1 & 0 & 0 \end{pmatrix}$$

Donde las filas y columnas corresponden a los elementos 1, 2, 3 en ese orden. ■

Theorem 1.6.8 — Propiedades y matrices de adyacencia. Las propiedades de una relación pueden ser identificadas mediante su matriz de adyacencia:
1. R es reflexiva si y solo si la diagonal principal de M_R contiene solo 1s.
2. R es simétrica si y solo si M_R es una matriz simétrica, es decir, $M_R = M_R^\top$.
3. R es antisimétrica si y solo si, para $i \neq j$, si $(M_R)_{ij} = 1$, entonces $(M_R)_{ji} = 0$.
4. R es transitiva si y solo si $M_R^2 \leq M_R$, donde M_R^2 es el cuadrado de la matriz y la comparación es entrada por entrada.

Demostración. Sea R una relación sobre un conjunto $A = \{a_1, a_2, \ldots, a_n\}$. La matriz de adyacencia M_R es una matriz $n \times n$ tal que:

$$(M_R)_{ij} = \begin{cases} 1, & \text{si } (a_i, a_j) \in R, \\ 0, & \text{si } (a_i, a_j) \notin R. \end{cases}$$

Verificamos cada propiedad:

R es reflexiva si $(a_i, a_i) \in R$ para todo i. En términos de M_R, esto equivale a que $(M_R)_{ii} = 1$ para todo $i = 1, 2, \ldots, n$. Esto significa que la diagonal principal de M_R contiene solo 1s.

R es simétrica si $(a_i, a_j) \in R$ implica $(a_j, a_i) \in R$. En términos de M_R, esto equivale a que $(M_R)_{ij} = (M_R)_{ji}$ para todos los i, j. Esto es precisamente la definición de una matriz simétrica: $M_R = M_R^\top$.

R es antisimétrica si $(a_i, a_j) \in R$ y $(a_j, a_i) \in R$ implican $i = j$. En términos de M_R, esto equivale a que para $i \neq j$, si $(M_R)_{ij} = 1$, entonces $(M_R)_{ji} = 0$.

R es transitiva si $(a_i, a_j) \in R$ y $(a_j, a_k) \in R$ implican $(a_i, a_k) \in R$. En términos de M_R, el producto matricial M_R^2 calcula si existe un camino de longitud 2 entre a_i y a_k. Para R transitiva, siempre que $(M_R^2)_{ik} = 1$, también debe ocurrir que $(M_R)_{ik} = 1$. Esto se expresa como:

$$M_R^2 \leq M_R,$$

donde la comparación es entrada por entrada.

Hemos demostrado que las propiedades reflexiva, simétrica, antisimétrica y transitiva de R se corresponden exactamente con las condiciones dadas para M_R. ∎

Exercise 1.66 Para la relación R en $A = \{1, 2, 3\}$ con matriz de adyacencia:

$$M_R = \begin{pmatrix} 1 & 1 & 0 \\ 1 & 1 & 1 \\ 0 & 1 & 1 \end{pmatrix}$$

Determine si R es reflexiva, simétrica y/o transitiva.

Demostración. Analizamos cada propiedad:
- **Reflexividad**: La diagonal principal es $(1, 1, 1)$, por lo que R es reflexiva.
- **Simetría**: Verificamos que $M_R = M_R^\top$.

$$M_R^\top = \begin{pmatrix} 1 & 1 & 0 \\ 1 & 1 & 1 \\ 0 & 1 & 1 \end{pmatrix}$$

Como $M_R = M_R^\top$, R es simétrica.
- **Transitividad**: Calculamos M_R^2 y comparamos con M_R.

$$M_R^2 = M_R \cdot M_R = \begin{pmatrix} 1 & 2 & 1 \\ 2 & 3 & 2 \\ 1 & 2 & 1 \end{pmatrix}$$

1.6 Relaciones binarias

Interpretando M_R^2 como matriz booleana (donde cualquier valor distinto de cero se considera 1):

$$M_R^2 = \begin{pmatrix} 1 & 1 & 1 \\ 1 & 1 & 1 \\ 1 & 1 & 1 \end{pmatrix}$$

Vemos que hay entradas en M_R^2 que son 1 y que no están en M_R, por lo que $(M_R^2)_{13} = 1$ pero $(M_R)_{13} = 0$. Esto indica que R no es transitiva. ∎

> **R** Para obtener la clausura transitiva de R, podemos sumar M_R, M_R^2, M_R^3, etc., hasta que la matriz deje de cambiar. Este método se conoce como el algoritmo de Warshall.

Ahora, exploremos cómo las propiedades de una relación afectan su representación gráfica y cómo podemos utilizar esta representación para analizar la relación.

■ **Example 1.62** Consideremos una relación de orden parcial R en $A = \{a, b, c, d\}$ dada por:

$$R = \{(a,a), (b,b), (c,c), (d,d), (a,b), (a,c), (b,d)\}$$

Representamos R mediante su grafo dirigido:

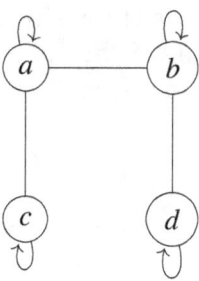

Figura 1.6.4: *Grafo de una relación de orden parcial.*

Este grafo refleja la estructura jerárquica de la relación de orden. No hay ciclos aparte de los bucles reflexivos, y no existen aristas en ambas direcciones entre vértices distintos, reflejando la antisimetría. ∎

> **Theorem 1.6.9 — Acíclico y transitivo.** Una relación de orden parcial puede representarse mediante un grafo dirigido acíclico (DAG, por sus siglas en inglés). Además, un DAG induce una relación de orden parcial transitiva si añadimos las aristas transitivas.

Demostración. En un orden parcial, la antisimetría y la transitividad implican que no pueden existir ciclos distintos de los bucles reflexivos. Al representar R como un grafo dirigido, obtenemos un DAG. Si consideramos la clausura transitiva, añadimos aristas directas para todas las relaciones transitivas implícitas, obteniendo una representación completa del orden. ∎

Exercise 1.67 Sea $A = \{1,2,3,4\}$ y la relación R definida por aRb si a divide a b (divisibilidad en números naturales). Represente R como un grafo dirigido y determine si R es un orden parcial.

Demostración. Primero, listamos los pares (a,b) donde a divide a b:

$$R = \{(1,1),(1,2),(1,3),(1,4),(2,2),(2,4),(3,3),(4,4)\}$$

Ahora, representamos R gráficamente:

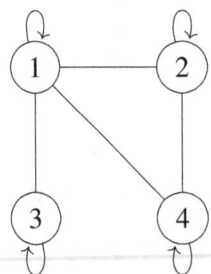

Figura 1.6.5: *Grafo de la relación de divisibilidad en A.*

Análisis de propiedades:
- **Reflexividad**: Todos los elementos tienen bucles, por lo que R es reflexiva. - **Antisimetría**: No existen aristas mutuas entre elementos distintos, ya que si a divide a b y b divide a a, entonces $a = b$. Por lo tanto, R es antisimétrica. - **Transitividad**: Si a divide a b y b divide a c, entonces a divide a c. Por lo tanto, R es transitiva.
Conclusión: R es una relación de orden parcial.

Para representar órdenes parciales de manera más clara, se utilizan los **diagramas de Hasse**, que eliminan los bucles reflexivos y las aristas redundantes debidas a la transitividad. Solo se muestran las relaciones inmediatas.

Definition 1.6.14 — Diagrama de Hasse. Un **diagrama de Hasse** es una representación gráfica de un orden parcial $(A, \leq)$ donde:
- Los vértices representan los elementos de A.
- No se dibujan bucles reflexivos.
- No se dibujan aristas que pueden deducirse por transitividad.
- Las aristas se dibujan de abajo hacia arriba, donde a está debajo de b si $a < b$.

■ **Example 1.63** Para la relación de divisibilidad en $A = \{1,2,3,4,6\}$, el diagrama de Hasse es:
En este diagrama, las aristas representan divisibilidad inmediata, y la posición vertical refleja el orden.

Exercise 1.68 Construya el diagrama de Hasse para el conjunto de divisores de 12, es

1.7 Relaciones de equivalencia

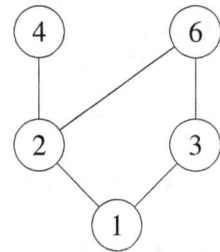

Figura 1.6.6: *Diagrama de Hasse de la divisibilidad en A.*

decir, $A = \{1,2,3,4,6,12\}$, con la relación de divisibilidad.

Demostración. Listamos las relaciones inmediatas:
- 1 divide a 2, 3, y 4. - 2 divide a 4 y 6. - 3 divide a 6. - 4 divide a 12. - 6 divide a 12.
El diagrama de Hasse es:

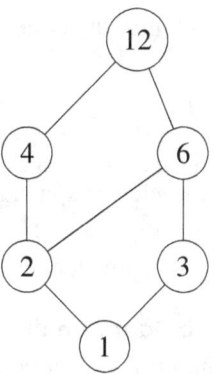

Figura 1.6.7: *Diagrama de Hasse para los divisores de* 12.

■

> En los diagramas de Hasse, los elementos superiores representan los máximos, y los inferiores, los mínimos, dentro del orden parcial. Esto es útil para identificar elementos extremos y analizar la estructura del conjunto.

En conclusión, la representación de relaciones como gráficos es una herramienta valiosa en álgebra y teoría de conjuntos. Nos permite visualizar y comprender las propiedades de las relaciones de manera intuitiva, facilitando el análisis y la identificación de patrones y estructuras subyacentes. A través de grafos dirigidos, matrices de adyacencia y diagramas de Hasse, podemos explorar relaciones complejas y aplicar estos conceptos en diversas áreas de las matemáticas.

1.7 Relaciones de equivalencia

1.7.1 Clases de equivalencia

En la teoría de conjuntos y el álgebra, las **clases de equivalencia** son fundamentales para comprender cómo las relaciones de equivalencia particionan un conjunto en subconjuntos disjuntos y exhaustivos. Estas clases permiten estructurar conjuntos complejos en componentes más manejables, lo cual es esencial en diversas áreas de las matemáticas, como la teoría de grupos, espacios cociente y álgebra modular.

Comencemos recordando la definición de una relación de equivalencia, ya que es el punto de partida para definir las clases de equivalencia.

Definition 1.7.1 — Relación de equivalencia. Sea A un conjunto. Una relación R en A es una **relación de equivalencia** si cumple las siguientes propiedades:
1. **Reflexividad**: Para todo $a \in A$, se tiene que $(a,a) \in R$.
2. **Simetría**: Para todos $a, b \in A$, si $(a,b) \in R$, entonces $(b,a) \in R$.
3. **Transitividad**: Para todos $a, b, c \in A$, si $(a,b) \in R$ y $(b,c) \in R$, entonces $(a,c) \in R$.

Con una relación de equivalencia definida en un conjunto, podemos introducir el concepto de clase de equivalencia.

Definition 1.7.2 — Clase de equivalencia. Dada una relación de equivalencia R en un conjunto A, la **clase de equivalencia** de un elemento $a \in A$ es el subconjunto de A definido por:

$$[a] = \{x \in A \mid (a,x) \in R\}.$$

Es decir, $[a]$ contiene a todos los elementos de A que son equivalentes a a bajo la relación R.

> Es común utilizar la notación $[a]$ para denotar la clase de equivalencia de a, y cuando el contexto es claro, omitimos mencionar explícitamente la relación R.

Una propiedad esencial de las clases de equivalencia es que particionan el conjunto A.

Theorem 1.7.1 — Partición del conjunto en clases de equivalencia. Sea R una relación de equivalencia en un conjunto A. Entonces, las clases de equivalencia de R forman una partición de A. Es decir:
1. $A = \bigcup_{a \in A} [a]$.
2. Para cualesquiera $a, b \in A$, se cumple que $[a] = [b]$ o $[a] \cap [b] = \emptyset$.

Demostración. Sea R una relación de equivalencia en A. Por definición, R es reflexiva, simétrica y transitiva. Denotemos por $[a]$ la clase de equivalencia de $a \in A$, es decir:

$$[a] = \{x \in A \mid xRa\}.$$

Por reflexividad, para todo $a \in A$, tenemos aRa. Esto implica que $a \in [a]$, es decir, cada elemento $a \in A$ pertenece a su propia clase de equivalencia. Por lo tanto, cada elemento de A está contenido en al menos una clase de equivalencia. Además, la unión de todas las clases de equivalencia cubre A:

$$A = \bigcup_{a \in A} [a].$$

Sea $a, b \in A$. Si $[a] \cap [b] \neq \emptyset$, existe un elemento $x \in A$ tal que $x \in [a]$ y $x \in [b]$. Esto significa que:

$$xRa \quad y \quad xRb.$$

Por la simetría de R, aRx. Por la transitividad de R, aRb. Si aRb, entonces para todo $y \in [a]$, yRa y aRb, lo que implica que yRb. Por lo tanto, $y \in [b]$, es decir, $[a] \subseteq [b]$.

1.7 Relaciones de equivalencia

De manera similar, para todo $y \in [b]$, se tiene yRb y bRa, lo que implica yRa, y por tanto $y \in [a]$. Esto muestra que $[b] \subseteq [a]$. Concluimos que $[a] = [b]$.

Por otro lado, si $[a] \cap [b] = \emptyset$, entonces no existe ningún elemento común entre $[a]$ y $[b]$. Por lo tanto, las clases de equivalencia son disjuntas.

Hemos demostrado que las clases de equivalencia de R son subconjuntos disjuntos cuya unión cubre A, lo que implica que forman una partición de A. ∎

Este teorema nos dice que las clases de equivalencia son subconjuntos disjuntos que cubren todo el conjunto A, y por lo tanto, forman una partición de A.

■ **Example 1.64** Consideremos el conjunto $A = \mathbb{Z}$ y la relación de congruencia módulo n, definida por:

$$a \equiv b \pmod{n} \iff n \text{ divide a } (a-b).$$

Esta es una relación de equivalencia, ya que cumple las propiedades de reflexividad, simetría y transitividad. Las clases de equivalencia son los conjuntos de enteros que tienen el mismo residuo al dividirse por n. Es decir,

$$[a] = \{a + kn \mid k \in \mathbb{Z}\}.$$

Por ejemplo, para $n = 3$, las clases de equivalencia son:

$$[0] = \{\ldots, -6, -3, 0, 3, 6, \ldots\},$$
$$[1] = \{\ldots, -5, -2, 1, 4, 7, \ldots\},$$
$$[2] = \{\ldots, -4, -1, 2, 5, 8, \ldots\}.$$

■

(R) Las clases de equivalencia módulo n son fundamentales en álgebra modular y teoría de números, y conducen a la construcción de los anillos de clases residuales $\mathbb{Z}/n\mathbb{Z}$.

Theorem 1.7.2 — Correspondencia entre particiones y relaciones de equivalencia. Sea A un conjunto. Existe una correspondencia biunívoca entre las particiones de A y las relaciones de equivalencia en A. Es decir, para cada partición de A, existe una relación de equivalencia cuyas clases de equivalencia son los bloques de la partición, y viceversa.

Demostración. **(1) De una relación de equivalencia a una partición:** Como hemos visto, las clases de equivalencia de una relación de equivalencia R forman una partición de A.
(2) De una partición a una relación de equivalencia: Sea $\{A_i\}_{i \in I}$ una partición de A. Definimos una relación R en A por:

$$(a,b) \in R \iff \text{existe } i \in I \text{ tal que } a, b \in A_i.$$

Esta relación es reflexiva (ya que $a \in A_i$ implica aRa), simétrica y transitiva, y por lo tanto, es una relación de equivalencia cuyas clases son precisamente los A_i. ∎

■ **Example 1.65** Supongamos que $A = \{1, 2, 3, 4, 5, 6\}$ y consideramos la partición:

$$A_1 = \{1, 2\}, \quad A_2 = \{3, 4\}, \quad A_3 = \{5, 6\}.$$

Definimos una relación R en A tal que aRb si a y b pertenecen al mismo A_i. Esta relación es de equivalencia, y sus clases de equivalencia son precisamente A_1, A_2 y A_3. ■

Las clases de equivalencia permiten definir operaciones y estructuras nuevas sobre el conjunto de clases. Un ejemplo importante es la construcción de conjuntos cociente.

Definition 1.7.3 — Conjunto cociente. Sea R una relación de equivalencia en A. El **conjunto cociente** de A por R, denotado A/R, es el conjunto de todas las clases de equivalencia de A bajo R:

$$A/R = \{[a] \mid a \in A\}.$$

> El concepto de conjunto cociente es fundamental en muchas áreas, como en la construcción de grupos cociente en álgebra abstracta, donde las clases de equivalencia son los cosets de un subgrupo normal.

■ **Example 1.66** Volviendo al ejemplo de la congruencia módulo n, el conjunto cociente $\mathbb{Z}/n\mathbb{Z}$ es el conjunto de clases de equivalencia de $\mathbb{Z}$ bajo la relación de congruencia módulo n. Este conjunto tiene n elementos:

$$\mathbb{Z}/n\mathbb{Z} = \{[0], [1], [2], \ldots, [n-1]\}.$$

Este conjunto cociente es un anillo con las operaciones inducidas por la suma y multiplicación en $\mathbb{Z}$. ■

Theorem 1.7.3 — Función canónica de proyección. Sea R una relación de equivalencia en A. La aplicación $\pi : A \to A/R$ definida por $\pi(a) = [a]$ es una función **sobreyectiva**. Además, cualquier función $f : A \to B$ que sea **constante** en cada clase de equivalencia, es decir, que aRb implica $f(a) = f(b)$, factoriza a través de π. Es decir, existe una función $\overline{f} : A/R \to B$ tal que $f = \overline{f} \circ \pi$.

Demostración. Sea R una relación de equivalencia en A, y sea $\pi : A \to A/R$ definida por $\pi(a) = [a]$, donde $[a]$ es la clase de equivalencia de a.
Por definición, cada elemento $x \in A$ pertenece a exactamente una clase de equivalencia $[x]$. Además, todo elemento de A/R es una clase de equivalencia. Por lo tanto, para cualquier clase $[x] \in A/R$, existe $a \in A$ tal que $\pi(a) = [a] = [x]$. Esto demuestra que π es sobreyectiva.
Supongamos que $f : A \to B$ es constante en cada clase de equivalencia, es decir, si aRb, entonces $f(a) = f(b)$. Esto implica que f tiene el mismo valor en todos los elementos de una clase de equivalencia.
Definimos una nueva función $\overline{f} : A/R \to B$ por:

$$\overline{f}([a]) = f(a),$$

donde $[a] \in A/R$ es la clase de equivalencia de a.

1.7 Relaciones de equivalencia

Bien definida: Para mostrar que $\overline{f}$ está bien definida, necesitamos verificar que si $[a] = [b]$, entonces $\overline{f}([a]) = \overline{f}([b])$. Si $[a] = [b]$, entonces aRb, y por la constancia de f en cada clase, tenemos $f(a) = f(b)$. Por lo tanto, $\overline{f}([a]) = f(a) = f(b) = \overline{f}([b])$.
Para cualquier $a \in A$, tenemos:

$$f(a) = \overline{f}([a]) = \overline{f}(\pi(a)).$$

Por lo tanto, $f = \overline{f} \circ \pi$.
Hemos demostrado que π es sobreyectiva y que cualquier función $f: A \to B$ que sea constante en cada clase de equivalencia puede factorizarse como $f = \overline{f} \circ \pi$, donde $\overline{f}: A/R \to B$ está bien definida. ■

■ **Example 1.67** Consideremos la función $f: \mathbb{Z} \to \mathbb{Z}_n$ definida por $f(a) = a \mod n$. Esta función es constante en las clases de equivalencia de la congruencia módulo n, ya que si $a \equiv b \pmod{n}$, entonces $f(a) = f(b)$. Por lo tanto, f factoriza a través de la proyección $\pi: \mathbb{Z} \to \mathbb{Z}/n\mathbb{Z}$. ■

> **Exercise 1.69** Sea $A = \{1, 2, 3, 4, 5, 6\}$ y definamos la relación de equivalencia R tal que aRb si y solo si $a \equiv b \pmod{3}$.
> 1. Determine las clases de equivalencia de R.
> 2. ¿Cuántas clases de equivalencia hay?
> 3. Escriba el conjunto cociente A/R.

Demostración. 1. Las clases de equivalencia son:

$$[1] = \{1, 4\} \quad (1 \equiv 4 \pmod{3}),$$
$$[2] = \{2, 5\} \quad (2 \equiv 5 \pmod{3}),$$
$$[3] = \{3, 6\} \quad (3 \equiv 6 \pmod{3}).$$

2. Hay 3 clases de equivalencia, correspondientes a los restos 0, 1 y 2 módulo 3.
3. El conjunto cociente es:

$$A/R = \{[1], [2], [3]\}.$$

■

> **Theorem 1.7.4 — Aplicación universal de la proyección.** Sea R una relación de equivalencia en A, y sea $\pi: A \to A/R$ la proyección canónica. Entonces, para cualquier conjunto B y función $f: A \to B$ tal que aRb implica $f(a) = f(b)$, existe una única función $\overline{f}: A/R \to B$ tal que $f = \overline{f} \circ \pi$.

Demostración. Sea R una relación de equivalencia en A, y sea $\pi: A \to A/R$ definida por $\pi(a) = [a]$, donde $[a]$ es la clase de equivalencia de a.
Supongamos que $f: A \to B$ es una función tal que aRb implica $f(a) = f(b)$. Esto significa que f es constante dentro de cada clase de equivalencia de R.
Definimos $\overline{f}: A/R \to B$ por:

$$\overline{f}([a]) = f(a),$$

donde $[a]$ es la clase de equivalencia de a.

Para mostrar que $\overline{f}$ está bien definida, debemos verificar que si $[a] = [b]$, entonces $\overline{f}([a]) = \overline{f}([b])$. Si $[a] = [b]$, entonces aRb, y por la propiedad de f, se tiene $f(a) = f(b)$. Por lo tanto:

$$\overline{f}([a]) = f(a) = f(b) = \overline{f}([b]).$$

Para cualquier $a \in A$, tenemos:

$$f(a) = \overline{f}([a]) = \overline{f}(\pi(a)).$$

Por lo tanto, $f = \overline{f} \circ \pi$.

Supongamos que existe otra función $\overline{f}' : A/R \to B$ tal que $f = \overline{f}' \circ \pi$. Entonces, para cualquier $a \in A$:

$$f(a) = \overline{f}([a]) = \overline{f}'([a]).$$

Esto implica que $\overline{f} = \overline{f}'$ en todo A/R. Por lo tanto, $\overline{f}$ es única.

Hemos demostrado que existe una única función $\overline{f} : A/R \to B$ tal que $f = \overline{f} \circ \pi$. ∎

> **Exercise 1.70** Sea $A = \mathbb{R} \setminus \{0\}$ y definamos la relación aRb si $a/b > 0$.
> 1. Demuestre que R es una relación de equivalencia.
> 2. Describa las clases de equivalencia de R.

Demostración. 1. Verificamos las propiedades:
   Reflexividad: Para todo $a \in A$, $a/a = 1 > 0$, entonces aRa.
   Simetría: Si aRb, entonces $a/b > 0$, por lo que $b/a > 0$, entonces bRa.
   Transitividad: Si aRb y bRc, entonces $a/b > 0$ y $b/c > 0$, multiplicando, $(a/b)(b/c) = a/c > 0$, entonces aRc.
2. Las clases de equivalencia son:
   - $[a] = \mathbb{R}^+$ si $a > 0$. - $[a] = \mathbb{R}^-$ si $a < 0$.
   Es decir, los números positivos y los negativos forman las dos clases de equivalencia. ∎

> (R) Este ejemplo ilustra cómo las relaciones de equivalencia pueden agrupar elementos de acuerdo con una propiedad significativa, en este caso, el signo de los números reales no nulos.

Las clases de equivalencia también permiten definir operaciones en los conjuntos cociente que heredan estructura algebraica del conjunto original.

> **Theorem 1.7.5 — Operaciones en el conjunto cociente.** Sea A un conjunto con una operación binaria $*$ y R una relación de equivalencia compatible con $*$, es decir,
>
> $$a_1 R a_2 \text{ y } b_1 R b_2 \implies a_1 * b_1 R a_2 * b_2.$$
>
> Entonces, se puede definir una operación $\circ$ en A/R por:
>
> $$[a] \circ [b] = [a * b].$$
>
> Esta operación está bien definida y convierte a A/R en una estructura algebraica del

1.7 Relaciones de equivalencia

mismo tipo que A.

Demostración. Sea R una relación de equivalencia en A que es compatible con la operación binaria $*$, y definamos la operación $\circ$ en A/R por:

$$[a] \circ [b] = [a * b],$$

donde $[a]$ y $[b]$ son las clases de equivalencia de a y b bajo R.

Para que $\circ$ esté bien definida, debemos demostrar que el valor de $[a * b]$ no depende de los representantes a y b elegidos en las clases de equivalencia $[a]$ y $[b]$.

Supongamos que $a_1 R a_2$ y $b_1 R b_2$. Por la compatibilidad de R con $*$, se tiene:

$$a_1 * b_1 R a_2 * b_2.$$

Esto implica que $[a_1 * b_1] = [a_2 * b_2]$. Por lo tanto, $[a] \circ [b] = [a * b]$ está bien definida.

Dado que $*$ es una operación binaria en A, $\circ$ también es una operación binaria en A/R. Además, cualquier propiedad algebraica de $*$ en A se transfiere a $\circ$ en A/R. Por ejemplo: -
Si $*$ es asociativa en A, entonces $\circ$ es asociativa en A/R:

$$([a] \circ [b]) \circ [c] = [a * b] \circ [c] = [(a * b) * c],$$

$$[a] \circ ([b] \circ [c]) = [a] \circ [b * c] = [a * (b * c)].$$

Como $*$ es asociativa, $(a * b) * c = a * (b * c)$, y por lo tanto $\circ$ es asociativa.

- Si $*$ tiene un elemento neutro $e \in A$, entonces el elemento neutro para $\circ$ en A/R es $[e]$:

$$[a] \circ [e] = [a * e] = [a].$$

Hemos demostrado que la operación $\circ$ en A/R está bien definida y que A/R, con la operación $\circ$, hereda las propiedades algebraicas de la operación $*$ en A. Por lo tanto, A/R tiene la misma estructura algebraica que A. ∎

■ **Example 1.68** En el caso de los enteros módulo n, la operación de suma y multiplicación es compatible con la relación de congruencia módulo n. Por lo tanto, $\mathbb{Z}/n\mathbb{Z}$ es un anillo donde las operaciones están definidas por:

$$[a] + [b] = [a + b], \quad [a] \cdot [b] = [a \cdot b].$$

■

Exercise 1.71 Sea $A = \mathbb{R}[x]$, el anillo de polinomios con coeficientes reales, y sea R la relación de equivalencia definida por $p(x) R q(x)$ si $p(1) = q(1)$.
1. Demuestre que R es una relación de equivalencia.
2. ¿Es R compatible con la suma y multiplicación de polinomios?
3. Describa el conjunto cociente A/R.

Demostración.   1. Verificamos las propiedades:
   Reflexividad: Para todo $p(x) \in A$, $p(1) = p(1)$, entonces pRp.
   Simetría: Si pRq, entonces $p(1) = q(1)$, por lo que $q(1) = p(1)$, y por tanto, qRp.
   Transitividad: Si pRq y qRr, entonces $p(1) = q(1)$ y $q(1) = r(1)$, así que $p(1) = r(1)$, por lo tanto, pRr.

2. La suma es compatible:
   Si $p_1 R p_2$ y $q_1 R q_2$, entonces $p_1(1) = p_2(1)$ y $q_1(1) = q_2(1)$. Entonces,

   $$(p_1 + q_1)(1) = p_1(1) + q_1(1) = p_2(1) + q_2(1) = (p_2 + q_2)(1),$$

   por lo que $p_1 + q_1 R p_2 + q_2$.
   La multiplicación también es compatible:

   $$(p_1 q_1)(1) = p_1(1) q_1(1) = p_2(1) q_2(1) = (p_2 q_2)(1),$$

   por lo que $p_1 q_1 R p_2 q_2$.
3. El conjunto cociente A/R consiste en clases de polinomios que tienen el mismo valor en $x = 1$. Por lo tanto, podemos identificar cada clase con un número real r, que es el valor común de los polinomios en $x = 1$ en esa clase. Es decir,

   $$A/R \cong \mathbb{R}.$$

■

El ejemplo anterior muestra cómo las relaciones de equivalencia inducidas por núcleos de homomorfismos conducen a estructuras cociente que son isomorfas al codominio del homomorfismo. En este caso, la evaluación en $x = 1$ es un homomorfismo $A \to \mathbb{R}$.

Theorem 1.7.6 — Primer Teorema de Isomorfismo para Grupos. Sea G un grupo y sea $\varphi : G \to H$ un homomorfismo de grupos. Entonces, el conjunto cociente $G/\ker(\varphi)$ es isomorfo al subgrupo imagen $\varphi(G)$:

$$G/\ker(\varphi) \cong \varphi(G).$$

Demostración. Sea G un grupo y sea $\varphi : G \to H$ un homomorfismo de grupos. Denotemos el núcleo de φ por $\ker(\varphi) = \{g \in G \mid \varphi(g) = e_H\}$, donde e_H es el elemento neutro de H. El núcleo es un subgrupo normal de G, ya que:

$$\varphi(x^{-1} g x) = \varphi(x^{-1}) \varphi(g) \varphi(x) = \varphi(x)^{-1} e_H \varphi(x) = e_H,$$

lo que implica que $x^{-1} g x \in \ker(\varphi)$ para todo $g \in \ker(\varphi)$ y $x \in G$.
Definimos una aplicación $\Phi : G/\ker(\varphi) \to \varphi(G)$ por:

$$\Phi([g]) = \varphi(g),$$

donde $[g]$ es la clase de equivalencia de g en $G/\ker(\varphi)$.
Supongamos que $[g_1] = [g_2]$, es decir, $g_1 \ker(\varphi) = g_2 \ker(\varphi)$. Esto implica que $g_2^{-1} g_1 \in \ker(\varphi)$, por lo que:

$$\varphi(g_2^{-1} g_1) = e_H \implies \varphi(g_1) = \varphi(g_2).$$

Por lo tanto, $\Phi([g_1]) = \Phi([g_2])$, lo que muestra que Φ está bien definida.
Sean $[g_1], [g_2] \in G/\ker(\varphi)$. Entonces:

$$\Phi([g_1][g_2]) = \Phi([g_1 g_2]) = \varphi(g_1 g_2).$$

1.7 Relaciones de equivalencia

Por la propiedad de homomorfismos de φ, se tiene:

$$\varphi(g_1 g_2) = \varphi(g_1)\varphi(g_2).$$

Por definición de Φ, esto implica:

$$\Phi([g_1][g_2]) = \Phi([g_1])\Phi([g_2]).$$

Por lo tanto, Φ es un homomorfismo.

Supongamos que $\Phi([g]) = e_H$, es decir, $\varphi(g) = e_H$. Esto implica que $g \in \ker(\varphi)$, y por lo tanto $[g] = [e]$, donde $[e]$ es la clase de equivalencia del elemento neutro $e \in G$. Así, Φ es inyectiva.

Paso 4: Φ es sobreyectiva.

Por definición de $\varphi(G)$, para cada $h \in \varphi(G)$, existe $g \in G$ tal que $\varphi(g) = h$. Entonces, $\Phi([g]) = h$. Esto demuestra que Φ es sobreyectiva.

Hemos demostrado que $\Phi : G/\ker(\varphi) \to \varphi(G)$ es un homomorfismo biyectivo. Por el teorema fundamental de los isomorfismos, Φ es un isomorfismo. Por lo tanto:

$$G/\ker(\varphi) \cong \varphi(G).$$

■

■ **Example 1.69** Consideremos el grupo $\mathbb{Z}$ y el homomorfismo $\varphi : \mathbb{Z} \to \mathbb{Z}_n$ dado por $\varphi(a) = [a]$. Entonces, $\ker(\varphi) = n\mathbb{Z}$, y por el teorema, tenemos:

$$\mathbb{Z}/n\mathbb{Z} \cong \mathbb{Z}_n.$$

Este es un caso particular que ilustra cómo las clases de equivalencia y los grupos cociente están interconectados. ■

> **Exercise 1.72** Sea $G = \mathbb{R}^*$, el grupo multiplicativo de los reales no nulos, y sea $\varphi : G \to \mathbb{R}^*$ dado por $\varphi(x) = x^2$.
> 1. Determine $\ker(\varphi)$.
> 2. Describa el grupo cociente $G/\ker(\varphi)$.
> 3. Demuestre que $G/\ker(\varphi) \cong \mathbb{R}^+$.

Demostración. 1. $\ker(\varphi) = \{x \in \mathbb{R}^* \mid x^2 = 1\} = \{1, -1\}$.
2. El grupo cociente $G/\ker(\varphi)$ tiene como elementos las clases de equivalencia $[x]$ donde x y $-x$ están en la misma clase.
3. Definimos $\overline{\varphi} : G/\ker(\varphi) \to \mathbb{R}^+$ por $\overline{\varphi}([x]) = x^2$. Esta función es un isomorfismo, ya que es bien definida, homomorfa y biyectiva. Por lo tanto, $G/\ker(\varphi) \cong \mathbb{R}^+$.

■

> (R) Este ejercicio muestra cómo las clases de equivalencia bajo una relación inducida por un homomorfismo permiten simplificar estructuras y establecer correspondencias con otros grupos o anillos conocidos.

En resumen, las clases de equivalencia son una herramienta esencial en matemáticas que permite descomponer conjuntos en partes significativas y analizar estructuras más complejas mediante particiones y cocientes. Su estudio es fundamental en álgebra, teoría de números, geometría y otras ramas, y proporciona una base sólida para comprender conceptos avanzados como espacios cociente, anillos cociente y grupos cociente.

1.7.2 Particiones inducidas por relaciones de equivalencia

Las relaciones de equivalencia en un conjunto A tienen una propiedad fundamental: inducen particiones en A. Es decir, dividen el conjunto en subconjuntos disjuntos y exhaustivos llamados clases de equivalencia. En esta sección, exploraremos cómo las relaciones de equivalencia y las particiones están intrínsecamente conectadas, y cómo esta correspondencia es esencial en muchas áreas del álgebra.

> **Definition 1.7.4 — Partición de un conjunto.** Sea A un conjunto no vacío. Una **partición** de A es una colección $\mathscr{P}$ de subconjuntos no vacíos de A tales que:
> 1. $\bigcup_{P \in \mathscr{P}} P = A$.
> 2. Para cualesquiera $P, Q \in \mathscr{P}$, si $P \neq Q$, entonces $P \cap Q = \emptyset$.
>
> Los elementos de $\mathscr{P}$ se denominan **bloques** o **partes** de la partición.

> (R) Una partición divide al conjunto A en subconjuntos disjuntos que cubren todo A, sin solapamientos ni elementos fuera de los bloques.

La conexión entre relaciones de equivalencia y particiones es bidireccional: cada relación de equivalencia induce una partición, y cada partición define una relación de equivalencia.

> **Theorem 1.7.7 — Correspondencia entre relaciones de equivalencia y particiones.** Sea A un conjunto no vacío. Existe una correspondencia biyectiva entre las relaciones de equivalencia en A y las particiones de A.

Demostración. **(1) De una relación de equivalencia a una partición:**
Sea R una relación de equivalencia en A. Definimos $\mathscr{P}$ como el conjunto de todas las clases de equivalencia de R:

$$\mathscr{P} = \{[a] \mid a \in A\},$$

donde $[a] = \{x \in A \mid aRx\}$.
Mostraremos que $\mathscr{P}$ es una partición de A.
1. **Cobertura de A:** Para cada $a \in A$, $a \in [a]$ (por reflexividad de R). Por lo tanto, $\bigcup_{P \in \mathscr{P}} P = A$.
2. **Disjunción de bloques:** Si $[a] \neq [b]$, entonces $[a] \cap [b] = \emptyset$. En efecto, si $x \in [a] \cap [b]$, entonces aRx y bRx. Por simetría y transitividad, aRb, lo que implicaría que $[a] = [b]$, contradiciendo la suposición de que $[a] \neq [b]$.

(2) De una partición a una relación de equivalencia:
Sea $\mathscr{P}$ una partición de A. Definimos una relación R en A por:

$$aRb \quad \text{si y solo si} \quad \text{existe } P \in \mathscr{P} \text{ tal que } a, b \in P.$$

Mostraremos que R es una relación de equivalencia.
1. **Reflexividad:** Para todo $a \in A$, existe $P \in \mathscr{P}$ tal que $a \in P$, por lo que aRa.
2. **Simetría:** Si aRb, entonces $a, b \in P$ para algún $P \in \mathscr{P}$, por lo que bRa.
3. **Transitividad:** Si aRb y bRc, entonces existen $P, Q \in \mathscr{P}$ tales que $a, b \in P$ y $b, c \in Q$. Pero como $b \in P \cap Q$ y las partes de $\mathscr{P}$ son disjuntas o iguales, se sigue que $P = Q$, por lo que $a, c \in P$ y, por tanto, aRc.

Estas construcciones son inversas una de la otra, estableciendo la correspondencia biyectiva entre relaciones de equivalencia y particiones. ∎

1.7 Relaciones de equivalencia

■ **Example 1.70** Sea $A = \{1,2,3,4,5,6\}$ y consideremos la partición:

$$\mathscr{P} = \{\{1,4\},\{2,5\},\{3,6\}\}.$$

La relación de equivalencia R inducida por esta partición es:

aRb si y solo si a y b están en el mismo bloque de $\mathscr{P}$.

Las clases de equivalencia son precisamente los bloques de la partición.

■

> Exercise 1.73 Sea $A = \mathbb{Z}$ y consideremos la relación de congruencia módulo 3, definida por:
>
> aRb si y solo si $a \equiv b \pmod{3}$.
>
> 1. Determine las clases de equivalencia de R.
> 2. Describa la partición de A inducida por R.

Demostración. 1. Las clases de equivalencia son:

$$[0] = \{\ldots, -6, -3, 0, 3, 6, 9, \ldots\},$$
$$[1] = \{\ldots, -5, -2, 1, 4, 7, 10, \ldots\},$$
$$[2] = \{\ldots, -4, -1, 2, 5, 8, 11, \ldots\}.$$

2. La partición de A inducida por R es:

$$\mathscr{P} = \{[0],[1],[2]\}.$$

Cada entero pertenece exactamente a una de estas clases, y las clases son disjuntas y su unión es $\mathbb{Z}$.

■

La noción de partición es útil en muchas áreas, incluyendo la teoría de grupos, espacios vectoriales y geometría.

> **Definition 1.7.5 — Refinamiento de una partición.** Sea $\mathscr{P}$ y $\mathscr{Q}$ dos particiones de un conjunto A. Decimos que $\mathscr{Q}$ es un **refinamiento** de $\mathscr{P}$ si para todo $Q \in \mathscr{Q}$, existe $P \in \mathscr{P}$ tal que $Q \subseteq P$.

■ **Example 1.71** Sea $A = \{1,2,3,4\}$ y consideremos las particiones:

$$\mathscr{P} = \{\{1,2\},\{3,4\}\}, \quad \mathscr{Q} = \{\{1\},\{2\},\{3,4\}\}.$$

Aquí, $\mathscr{Q}$ es un refinamiento de $\mathscr{P}$ porque cada bloque de $\mathscr{Q}$ está contenido en algún bloque de $\mathscr{P}$.

■

> **Theorem 1.7.8 — Relación entre refinamientos y relaciones de equivalencia.** Sea R y S relaciones de equivalencia en A con particiones inducidas $\mathscr{P}_R$ y $\mathscr{P}_S$, respectivamente. Entonces, $R \subseteq S$ si y solo si $\mathscr{P}_S$ es un refinamiento de $\mathscr{P}_R$.

Demostración. ($\Rightarrow$) Supongamos que $R \subseteq S$. Para cualquier bloque $P \in \mathscr{P}_R$, si $a, b \in P$, entonces aRb, y dado que $R \subseteq S$, también aSb. Por lo tanto, $P \subseteq [a]_S$, donde $[a]_S$ es la clase de equivalencia de a bajo S. Esto implica que cada bloque de $\mathscr{P}_R$ está contenido en algún bloque de $\mathscr{P}_S$, es decir, $\mathscr{P}_S$ es un refinamiento de $\mathscr{P}_R$.

($\Leftarrow$) Supongamos que $\mathscr{P}_S$ es un refinamiento de $\mathscr{P}_R$. Si aRb, entonces a y b están en el mismo bloque de $\mathscr{P}_R$, y por el refinamiento, este bloque está contenido en algún bloque de $\mathscr{P}_S$. Por lo tanto, a y b están en el mismo bloque de $\mathscr{P}_S$, es decir, aSb. Así, $R \subseteq S$. ∎

> **Corollary 1.7.9** La intersección de relaciones de equivalencia es nuevamente una relación de equivalencia, y corresponde a la partición más fina (máximo refinamiento) común a las particiones inducidas.

Demostración. Sea $\{R_i\}_{i \in I}$ una familia de relaciones de equivalencia en A, y consideremos $R = \bigcap_{i \in I} R_i$. Entonces, R es una relación de equivalencia porque la intersección de relaciones reflexivas, simétricas y transitivas conserva estas propiedades. La partición inducida por R es un refinamiento de todas las particiones inducidas por los R_i. ∎

■ **Example 1.72** Sea $A = \{1, 2, 3, 4\}$ y consideremos las relaciones de equivalencia R y S con particiones:

$$\mathscr{P}_R = \{\{1,2\}, \{3,4\}\}, \quad \mathscr{P}_S = \{\{1,3\}, \{2,4\}\}.$$

La intersección $R \cap S$ induce la partición:

$$\mathscr{P}_{R \cap S} = \{\{1\}, \{2\}, \{3\}, \{4\}\}$$

que es la partición más fina (la de singletons). ∎

> **Exercise 1.74** Sea $A = \{1, 2, 3, 4, 5, 6\}$ y consideremos las particiones:
>
> $$\mathscr{P}_1 = \{\{1,2\}, \{3,4,5,6\}\}, \quad \mathscr{P}_2 = \{\{1,3\}, \{2,4\}, \{5,6\}\}.$$
>
> 1. Determine si $\mathscr{P}_2$ es un refinamiento de $\mathscr{P}_1$.
> 2. Encuentre la partición inducida por la intersección de las relaciones de equivalencia correspondientes.

Demostración.   1. Verificamos si cada bloque de $\mathscr{P}_2$ está contenido en algún bloque de $\mathscr{P}_1$. $\{1,3\}$: El elemento 1 está en $\{1,2\}$ de $\mathscr{P}_1$, pero 3 está en $\{3,4,5,6\}$, por lo que $\{1,3\}$ no está contenido en un solo bloque de $\mathscr{P}_1$. Por lo tanto, $\mathscr{P}_2$ no es un refinamiento de $\mathscr{P}_1$.

2. Las relaciones de equivalencia correspondientes son R_1 y R_2. La intersección $R = R_1 \cap R_2$ induce una partición $\mathscr{P}_R$ que es el máximo refinamiento común.
Determinamos las clases de equivalencia de R:
- Los elementos que están en el mismo bloque en ambas particiones están relacionados.

1.7 Relaciones de equivalencia

- Por inspección, los únicos pares que están juntos en ambos son:

$$\{5,6\}.$$

Los demás elementos forman clases separadas:

$$\mathscr{P}_R = \{\{1\},\{2\},\{3\},\{4\},\{5,6\}\}.$$

■

Definition 1.7.6 — Partición ordenada. Una **partición ordenada** de un conjunto A es una partición en la que se ha establecido un orden específico entre los bloques. Esto es útil cuando se desea mantener una estructura adicional en el conjunto cociente.

■ **Example 1.73** Consideremos $A = \{1,2,3,4,5,6\}$ y la partición ordenada:

$$\mathscr{P} = (\{1,2\},\{3,4\},\{5,6\}).$$

El orden de los bloques puede ser relevante en contextos donde el orden afecta las operaciones o propiedades, como en espacios vectoriales con bases ordenadas.

■

Theorem 1.7.10 — Número de particiones de un conjunto finito. El número de particiones de un conjunto finito de n elementos es dado por el n-ésimo número de Bell, denotado B_n.

Demostración. Los números de Bell cuentan el número de particiones posibles de un conjunto finito. Aunque no hay una fórmula cerrada sencilla para B_n, se pueden calcular mediante la recurrencia de Bell:

$$B_{n+1} = \sum_{k=0}^{n} \binom{n}{k} B_k,$$

con $B_0 = 1$.

■

■ **Example 1.74** Para $n = 3$, el número de particiones es $B_3 = 5$. Las particiones de un conjunto de tres elementos $\{a,b,c\}$ son:

1. $\{\{a,b,c\}\}$
2. $\{\{a,b\},\{c\}\}$
3. $\{\{a,c\},\{b\}\}$
4. $\{\{b,c\},\{a\}\}$
5. $\{\{a\},\{b\},\{c\}\}$

■

Exercise 1.75 Calcule el número de particiones de un conjunto de cuatro elementos, es decir, encuentre B_4.

Demostración. Los números de Bell para $n = 0$ a 4 son:

$$B_0 = 1$$
$$B_1 = 1$$
$$B_2 = 2$$
$$B_3 = 5$$
$$B_4 = 15$$

Por lo tanto, hay 15 particiones de un conjunto de cuatro elementos. ∎

Las particiones inducidas por relaciones de equivalencia tienen aplicaciones en diversas áreas del álgebra.

■ **Example 1.75 — Espacios Vectoriales Cociente.** En álgebra lineal, dado un espacio vectorial V y un subespacio W, podemos definir una relación de equivalencia en V por:

$$v_1 R v_2 \quad \text{si y solo si} \quad v_1 - v_2 \in W.$$

Las clases de equivalencia son las clases laterales $v + W$, y el conjunto cociente V/W es el espacio vectorial cociente. ∎

■ **Example 1.76 — Grupos Cociente.** En teoría de grupos, si G es un grupo y N es un subgrupo normal de G, se define una relación de equivalencia en G por:

$$g_1 R g_2 \quad \text{si y solo si} \quad g_1 g_2^{-1} \in N.$$

Las clases de equivalencia son los cosets laterales gN, y el conjunto cociente G/N es el grupo cociente. ∎

> **Exercise 1.76** Sea $V = \mathbb{R}^2$ y W el subespacio generado por el vector $(1,1)$. Describe las clases de equivalencia de la relación $v_1 R v_2$ si $v_1 - v_2 \in W$.

Demostración. Las clases de equivalencia son las rectas paralelas al subespacio W. Cada clase es de la forma:

$$[v] = v + W = \{v + w \mid w \in W\}.$$

Geométricamente, estas son las rectas en el plano con dirección $(1,1)$. ∎

> ⓡ En el ejemplo anterior, las particiones inducidas por la relación de equivalencia son interpretadas como una descomposición del plano en rectas paralelas, ilustrando cómo las particiones pueden tener significados geométricos.

Lema 1.7.1 Sea $\mathscr{P}$ una partición de A y $\{A_i\}_{i \in I}$ los bloques de $\mathscr{P}$. Si subdividimos algún bloque A_i en particiones más pequeñas, obtenemos un refinamiento de $\mathscr{P}$.

1.7 Relaciones de equivalencia

Demostración. Al subdividir A_i en bloques más pequeños, los nuevos bloques siguen siendo disjuntos y su unión es A_i. Dado que los demás bloques de $\mathscr{P}$ permanecen iguales, la nueva partición es un refinamiento de $\mathscr{P}$. ∎

> **Theorem 1.7.11** Dados dos particiones $\mathscr{P}$ y $\mathscr{Q}$ de A, existe una partición común más fina que es un refinamiento de ambas, dada por:
>
> $$\mathscr{R} = \{P \cap Q \mid P \in \mathscr{P}, Q \in \mathscr{Q}, P \cap Q \neq \emptyset\}.$$

Demostración. Para demostrar que $\mathscr{R}$ es una partición de A y un refinamiento común de $\mathscr{P}$ y $\mathscr{Q}$, verificamos las propiedades de una partición.

Paso 1: Verificar que $\mathscr{R}$ es una partición.

1. *Unión de los bloques de $\mathscr{R}$ es A:* Cada elemento $x \in A$ pertenece a un único bloque $P \in \mathscr{P}$ y a un único bloque $Q \in \mathscr{Q}$. Por lo tanto, $x \in P \cap Q$ para algún $P \in \mathscr{P}$ y $Q \in \mathscr{Q}$. Esto asegura que la unión de los bloques de $\mathscr{R}$ cubre todo A.

2. *Los bloques de $\mathscr{R}$ son disjuntos dos a dos:* Si $P_1 \cap Q_1$ y $P_2 \cap Q_2$ son bloques de $\mathscr{R}$, y tienen intersección no vacía, entonces $P_1 \cap Q_1 = P_2 \cap Q_2$. Esto es porque P_1 y P_2 son bloques disjuntos en $\mathscr{P}$, y Q_1 y Q_2 son bloques disjuntos en $\mathscr{Q}$.

3. *Cada bloque de $\mathscr{R}$ es no vacío:* Por construcción, $P \cap Q \neq \emptyset$ para que $P \cap Q$ sea un bloque en $\mathscr{R}$.

Paso 2: Verificar que $\mathscr{R}$ es un refinamiento de $\mathscr{P}$ y $\mathscr{Q}$.

Cada bloque de $\mathscr{R}$ es una intersección $P \cap Q$, donde $P \in \mathscr{P}$ y $Q \in \mathscr{Q}$. Por lo tanto, $P \cap Q \subseteq P$ y $P \cap Q \subseteq Q$. Esto implica que cada bloque de $\mathscr{R}$ está contenido en un bloque de $\mathscr{P}$ y en un bloque de $\mathscr{Q}$.

La colección

$$\mathscr{R} = \{P \cap Q \mid P \in \mathscr{P}, Q \in \mathscr{Q}, P \cap Q \neq \emptyset\}$$

es una partición de A, y es un refinamiento común de $\mathscr{P}$ y $\mathscr{Q}$. ∎

> **Exercise 1.77** Sea $A = \{1, 2, 3, 4\}$ con particiones:
>
> $$\mathscr{P} = \{\{1,2\}, \{3,4\}\}, \quad \mathscr{Q} = \{\{1,3\}, \{2,4\}\}.$$
>
> Encuentre la partición común más fina $\mathscr{R}$ que es un refinamiento de $\mathscr{P}$ y $\mathscr{Q}$.

Demostración. Calculamos los bloques de $\mathscr{R}$:

$$\{1,2\} \cap \{1,3\} = \{1\},$$
$$\{1,2\} \cap \{2,4\} = \{2\},$$
$$\{3,4\} \cap \{1,3\} = \{3\},$$
$$\{3,4\} \cap \{2,4\} = \{4\}.$$

Por lo tanto, $\mathscr{R} = \{\{1\}, \{2\}, \{3\}, \{4\}\}$. ∎

> (R) El ejercicio ilustra cómo las particiones pueden combinarse para obtener refinamientos, y cómo esto se relaciona con las relaciones de equivalencia asociadas.

> **Theorem 1.7.12** — **Particiones y funciones.** Sea $f : A \to B$ una función. La relación R en A definida por aRb si $f(a) = f(b)$ es una relación de equivalencia, y las clases de equivalencia son las fibras de f:
>
> $$[f(a)] = f^{-1}(f(a)) = \{x \in A \mid f(x) = f(a)\}.$$

Demostración. Para demostrar que R es una relación de equivalencia, verificamos que cumple las tres propiedades: reflexividad, simetría y transitividad.

1. **Reflexividad:** Para cualquier $a \in A$, tenemos $f(a) = f(a)$. Por lo tanto, aRa, lo que muestra que la relación es reflexiva.
2. **Simetría:** Supongamos que aRb, es decir, $f(a) = f(b)$. Esto implica que $f(b) = f(a)$. Por lo tanto, bRa, y la relación es simétrica.
3. **Transitividad:** Supongamos que aRb y bRc, lo que significa que $f(a) = f(b)$ y $f(b) = f(c)$. Por la propiedad transitiva de la igualdad, tenemos $f(a) = f(c)$. Por lo tanto, aRc, y la relación es transitiva.

Esto demuestra que R es una relación de equivalencia. **Clases de equivalencia:** Dado un elemento $a \in A$, su clase de equivalencia bajo la relación R está definida por:

$$[a] = \{x \in A \mid xRa\}.$$

Por la definición de R, esto equivale a:

$$[a] = \{x \in A \mid f(x) = f(a)\}.$$

Esta es precisamente la fibra de f sobre $f(a)$, es decir:

$$[a] = f^{-1}(f(a)).$$

Por lo tanto, las clases de equivalencia inducidas por la relación R son exactamente las fibras de la función f.

La relación R es una relación de equivalencia, y sus clases de equivalencia son las fibras de f. ∎

■ **Example 1.77** Sea $f : \mathbb{Z} \to \mathbb{Z}_n$ definida por $f(a) = [a]$ (el residuo de a módulo n). Las fibras de f son las clases de equivalencia de la congruencia módulo n, y la partición inducida es la partición de $\mathbb{Z}$ en clases congruentes. ■

> Exercise 1.78 Sea $f : \mathbb{R} \to \mathbb{R}$ definida por $f(x) = \sin(x)$. Describa las clases de equivalencia de la relación R en $\mathbb{R}$ inducida por f.

Demostración. Dos números reales x e y están relacionados si $\sin(x) = \sin(y)$. Las clases de equivalencia son los conjuntos:

$$[f(a)] = \{x \in \mathbb{R} \mid \sin(x) = \sin(a)\}.$$

Cada clase de equivalencia consiste en todos los números x tales que $x = a + 2\pi k$ o $x = (\pi - a) + 2\pi k$, para $k \in \mathbb{Z}$. ∎

> (R) Este ejemplo muestra cómo las funciones periódicas inducen particiones basadas en las propiedades de simetría y periodicidad.

1.8 Tipos de Funciones

En conclusión, las particiones inducidas por relaciones de equivalencia son una herramienta fundamental en álgebra, permitiendo estructurar y simplificar problemas al agrupar elementos con propiedades comunes. Esta correspondencia entre relaciones de equivalencia y particiones no solo es teóricamente elegante, sino que también tiene aplicaciones prácticas en diversas áreas de las matemáticas.

1.8 Tipos de Funciones

1.8.1 Funciones Inyectividad

En álgebra y matemáticas en general, las funciones juegan un papel crucial en la estructura y el comportamiento de diversos sistemas matemáticos. La inyectividad es una propiedad fundamental de las funciones que garantiza que cada elemento del dominio se mapea de manera única en el codominio, lo que permite, entre otras cosas, la existencia de funciones inversas en ciertas condiciones. En esta sección, exploraremos en detalle el concepto de inyectividad, sus propiedades, teoremas relacionados y aplicaciones.

> **Definition 1.8.1 — Función inyectiva.** Sea $f : A \to B$ una función entre dos conjuntos A y B. Decimos que f es **inyectiva** (o **uno a uno**) si para cualesquiera $a_1, a_2 \in A$, se cumple que:
>
> $$f(a_1) = f(a_2) \implies a_1 = a_2.$$
>
> Equivalentemente, si $a_1 \neq a_2$, entonces $f(a_1) \neq f(a_2)$.

R La inyectividad de una función asegura que elementos distintos del dominio se mapean en elementos distintos del codominio. Esto evita que la función çolapse"diferentes elementos en un mismo valor.

■ **Example 1.78** Consideremos la función $f : \mathbb{R} \to \mathbb{R}$ definida por $f(x) = 2x + 1$. Demostremos que f es inyectiva.
Demostración: Sean $x_1, x_2 \in \mathbb{R}$ tales que $f(x_1) = f(x_2)$. Entonces,

$$2x_1 + 1 = 2x_2 + 1 \implies 2x_1 = 2x_2 \implies x_1 = x_2.$$

Por lo tanto, f es inyectiva. ■

■ **Example 1.79** Consideremos la función $g : \mathbb{R} \to \mathbb{R}$ definida por $g(x) = x^2$. Esta función no es inyectiva, ya que $g(-2) = (-2)^2 = 4$ y $g(2) = 2^2 = 4$, pero $-2 \neq 2$. ■

La inyectividad es una propiedad clave que permite definir funciones inversas en la imagen de la función.

> Theorem 1.8.1 — **Existencia de la función inversa.** Sea $f : A \to B$ una función inyectiva. Entonces, existe una función $f^{-1} : \text{Im}(f) \to A$ tal que:
>
> $$f^{-1}(f(a)) = a \quad \text{para todo } a \in A.$$

Demostración. Dado que f es inyectiva, cada elemento de la imagen de f, denotada $\text{Im}(f) = \{f(a) \mid a \in A\}$, está asociado a un único elemento de A. Esto nos permite definir una función inversa de la siguiente manera:
Definición de f^{-1}: Para cualquier $b \in \text{Im}(f)$, definimos:

$$f^{-1}(b) = a \quad \text{donde } a \in A \text{ y } f(a) = b.$$

1. **Bien definida:** Debido a la inyectividad de f, cada $b \in \text{Im}(f)$ está asociado a exactamente un único $a \in A$. Por lo tanto, f^{-1} está bien definida.

2. **Propiedad de la función inversa:** Para cualquier $a \in A$, tenemos $f(a) \in \text{Im}(f)$. Por la definición de f^{-1}, se cumple:

$$f^{-1}(f(a)) = a.$$

3. **Dominio y codominio:** El dominio de f^{-1} es $\text{Im}(f)$, ya que está definida únicamente para los valores $b \in \text{Im}(f)$, y su codominio es A.

Conclusión: Hemos construido una función $f^{-1} : \text{Im}(f) \to A$ tal que satisface la propiedad requerida:

$$f^{-1}(f(a)) = a \quad \text{para todo } a \in A.$$

Esto prueba la existencia de la función inversa. ∎

> (R) La función inversa f^{-1} "deshace" la acción de f, asignando a cada elemento de la imagen su preimagen única en el dominio.

■ **Example 1.80** Retomando la función $f : \mathbb{R} \to \mathbb{R}$ definida por $f(x) = 2x + 1$, su inversa $f^{-1} : \mathbb{R} \to \mathbb{R}$ está dada por:

$$f^{-1}(y) = \frac{y-1}{2}.$$

Verificamos que $f^{-1}(f(x)) = \frac{(2x+1)-1}{2} = x$. ■

Lema 1.8.1 Sea $f : A \to B$ y $g : B \to C$ funciones. Si f y g son inyectivas, entonces la composición $g \circ f : A \to C$ es inyectiva.

Demostración. Sean $a_1, a_2 \in A$ tales que $(g \circ f)(a_1) = (g \circ f)(a_2)$. Entonces,

$$g(f(a_1)) = g(f(a_2)).$$

Como g es inyectiva y $g(f(a_1)) = g(f(a_2))$, se sigue que $f(a_1) = f(a_2)$. Como f es inyectiva, $a_1 = a_2$. Por lo tanto, $g \circ f$ es inyectiva. ∎

> (R) La inyectividad se preserva bajo composición de funciones inyectivas, lo cual es una propiedad útil en el análisis de funciones compuestas y en la construcción de isomorfismos entre estructuras algebraicas.

Theorem 1.8.2 — Caracterización de funciones inyectivas. Una función $f : A \to B$ es inyectiva si y solo si existe una función $g : B \to A$ tal que $g \circ f = \text{id}_A$, donde id_A es la función identidad en A.

Demostración. Demostremos ambas implicaciones:

(1) Si f es inyectiva, entonces existe $g : B \to A$ tal que $g \circ f = \text{id}_A$: Supongamos que f es inyectiva. Para cada $b \in B$, definimos $g(b)$ como:

$$g(b) = \begin{cases} a & \text{si existe un único } a \in A \text{ tal que } f(a) = b, \\ \text{arbitrario} & \text{si } b \notin \text{Im}(f). \end{cases}$$

1.8 Tipos de Funciones

1. Si $a \in A$, entonces $f(a) \in \text{Im}(f)$, y por la definición de g, se tiene:

$$g(f(a)) = a.$$

Por lo tanto, $g \circ f = \text{id}_A$.

2. La función g está bien definida porque f es inyectiva, lo que asegura que para cada $b \in \text{Im}(f)$, hay un único $a \in A$ tal que $f(a) = b$.

(2) Si existe $g : B \to A$ tal que $g \circ f = \text{id}_A$, entonces f es inyectiva: Supongamos que existe $g : B \to A$ tal que $g \circ f = \text{id}_A$. Para demostrar que f es inyectiva, tomemos $a_1, a_2 \in A$ con $f(a_1) = f(a_2)$. Entonces:

$$g(f(a_1)) = g(f(a_2)).$$

Como $g \circ f = \text{id}_A$, se tiene que $g(f(a_1)) = a_1$ y $g(f(a_2)) = a_2$. Por lo tanto:

$$a_1 = a_2.$$

Esto demuestra que f es inyectiva.

Conclusión: La función $f : A \to B$ es inyectiva si y solo si existe una función $g : B \to A$ tal que $g \circ f = \text{id}_A$.
∎

■ **Example 1.81** Consideremos la función $f : \mathbb{N} \to \mathbb{N}$ definida por $f(n) = 2n$. Existe una función $g : \mathbb{N} \to \mathbb{N}$ definida por $g(m) = \frac{m}{2}$ si m es par y $g(m) = 1$ si m es impar. Entonces, $g \circ f(n) = g(2n) = n$, por lo que $g \circ f = \text{id}_\mathbb{N}$ y f es inyectiva. ■

Proposition 1.8.3 La restricción de una función inyectiva a un subconjunto de su dominio es también inyectiva.

Demostración. Sea $f : A \to B$ una función inyectiva y sea $C \subseteq A$. La restricción $f|_C : C \to B$ está definida por $f|_C(c) = f(c)$ para todo $c \in C$. Sean $c_1, c_2 \in C$ tales que $f|_C(c_1) = f|_C(c_2)$. Entonces, $f(c_1) = f(c_2)$, y como f es inyectiva, $c_1 = c_2$. Por lo tanto, $f|_C$ es inyectiva. ∎

Lema 1.8.2 Sea $f : A \to B$ una función inyectiva. Entonces, para cualquier subconjunto $C \subseteq A$, se tiene que:

$$|C| = |f(C)|.$$

Demostración. Como f es inyectiva, la restricción $f|_C : C \to f(C)$ es una biyección. Por lo tanto, los conjuntos C y $f(C)$ tienen la misma cardinalidad. ∎

■ **Example 1.82** Si A es un conjunto infinito numerable y $f : A \to B$ es inyectiva, entonces $f(A)$ es un subconjunto de B con la misma cardinalidad que A. Por ejemplo, la función $f : \mathbb{N} \to 2\mathbb{N}$ definida por $f(n) = 2n$ es inyectiva, y $f(\mathbb{N}) = 2\mathbb{N}$ es el conjunto de números pares, que es numerable. ■

Exercise 1.79 Sea $f : \mathbb{R} \to \mathbb{R}$ definida por $f(x) = x^3 - x$. Determine si f es inyectiva.

Demostración. Para verificar si f es inyectiva, consideremos $x_1, x_2 \in \mathbb{R}$ tales que $f(x_1) = f(x_2)$. Entonces,

$$x_1^3 - x_1 = x_2^3 - x_2 \implies x_1^3 - x_2^3 = x_1 - x_2.$$

Factorizando,

$$(x_1 - x_2)(x_1^2 + x_1 x_2 + x_2^2) = x_1 - x_2.$$

Si $x_1 - x_2 \neq 0$, podemos simplificar:

$$x_1^2 + x_1 x_2 + x_2^2 = 1.$$

Esta ecuación no siempre es cierta para $x_1 \neq x_2$, por lo que existen $x_1 \neq x_2$ tales que $f(x_1) = f(x_2)$. Por ejemplo, $f(0) = f(0) = 0$, y $f(1) = f(1) = 0$. Por lo tanto, f no es inyectiva. ■

> **Exercise 1.80** Demuestre que la función exponencial $f : \mathbb{R} \to \mathbb{R}^+$ definida por $f(x) = e^x$ es inyectiva.
>
> ■

Demostración. Sean $x_1, x_2 \in \mathbb{R}$ tales que $e^{x_1} = e^{x_2}$. Aplicando el logaritmo natural a ambos lados,

$$\ln(e^{x_1}) = \ln(e^{x_2}) \implies x_1 = x_2.$$

Por lo tanto, f es inyectiva. ■

> **Theorem 1.8.4 — Criterio de la derivada para inyectividad.** Sea $f : (a,b) \to \mathbb{R}$ una función continua y diferenciable en (a,b). Si $f'(x) > 0$ para todo $x \in (a,b)$ o $f'(x) < 0$ para todo $x \in (a,b)$, entonces f es inyectiva en (a,b).

Demostración. Supongamos que $f'(x) > 0$ para todo $x \in (a,b)$. La demostración para el caso $f'(x) < 0$ es similar y se omitirá, ya que es análoga.
1. **Por contradicción, supongamos que f no es inyectiva.** Esto significa que existen $x_1, x_2 \in (a,b)$, con $x_1 \neq x_2$, tales que $f(x_1) = f(x_2)$.
2. Por el teorema del valor intermedio aplicado a la derivada, debido a que f es continua y diferenciable, existe un punto $c \in (x_1, x_2)$ tal que:

$$f'(c) = \frac{f(x_2) - f(x_1)}{x_2 - x_1}.$$

3. Como $f(x_1) = f(x_2)$, se tiene que $f'(c) = 0$, lo que contradice nuestra hipótesis de que $f'(x) > 0$ para todo $x \in (a,b)$.

Por lo tanto, nuestra suposición de que f no es inyectiva es falsa, lo que implica que f es inyectiva.
Si $f'(x) > 0$ o $f'(x) < 0$ para todo $x \in (a,b)$, entonces f es inyectiva en (a,b). ■

> ■ **Example 1.83** Consideremos $f : \mathbb{R} \to \mathbb{R}$ definida por $f(x) = \ln(x)$. La derivada es $f'(x) = \frac{1}{x} > 0$ para $x > 0$. Por lo tanto, f es inyectiva en $(0, \infty)$. ■

> **Exercise 1.81** Sea $f : \mathbb{R} \to \mathbb{R}$ definida por $f(x) = x^3$. Verifique si f es inyectiva utilizando el criterio de la derivada.
>
> ■

1.8 Tipos de Funciones

Demostración. Calculamos la derivada:

$$f'(x) = 3x^2 \geq 0 \quad \text{para todo } x \in \mathbb{R}.$$

Sin embargo, $f'(x) = 0$ cuando $x = 0$. El criterio de la derivada no es concluyente en este caso. Sin embargo, observamos que f es estrictamente creciente en $\mathbb{R}$, ya que para $x_1 < x_2$, $f(x_1) < f(x_2)$. Por lo tanto, f es inyectiva. ∎

> **Theorem 1.8.5 — Inyectividad y conjuntos finitos.** Sea $f : A \to B$ una función entre conjuntos finitos. Si $|A| > |B|$, entonces f no puede ser inyectiva.

Demostración. Supongamos que $|A| = n$ y $|B| = m$, donde $n > m$. Queremos demostrar que f no puede ser inyectiva.

Por definición, una función $f : A \to B$ es inyectiva si a elementos distintos de A les corresponden imágenes distintas en B, es decir:

$$\forall a_1, a_2 \in A, \quad f(a_1) = f(a_2) \implies a_1 = a_2.$$

Si f es inyectiva, entonces a cada uno de los n elementos de A le corresponde un elemento distinto en B.

Sin embargo, $|B| = m$ indica que hay únicamente m elementos disponibles en B para asignar a los n elementos de A, con $n > m$.

Por el **principio del palomar (o principio de Dirichlet)**, si intentamos asignar n elementos de A a m elementos de B con $n > m$, al menos dos elementos de A deberán compartir la misma imagen en B. Es decir, habrá $a_1, a_2 \in A$ con $a_1 \neq a_2$ tales que $f(a_1) = f(a_2)$.

Esto contradice la definición de inyectividad.

Si $|A| > |B|$, entonces no es posible que f sea inyectiva. ∎

> (R) Este resultado es una consecuencia directa del **principio del palomar**, que establece que no es posible asignar inyectivamente más objetos que contenedores disponibles.

> **Exercise 1.82** Determine si existe una función inyectiva $f : \{1,2,3,4,5\} \to \{a,b,c\}$.

Demostración. Dado que $|\{1,2,3,4,5\}| = 5$ y $|\{a,b,c\}| = 3$, y $5 > 3$, por el teorema anterior, no existe una función inyectiva de $\{1,2,3,4,5\}$ en $\{a,b,c\}$. ∎

> **Theorem 1.8.6 — Extensión de funciones inyectivas.** Sea A un conjunto y $B \subseteq C$ conjuntos. Si $f : A \to B$ es una función inyectiva, entonces existe una función inyectiva $g : A \to C$ que extiende a f.

Demostración. Dado que $B \subseteq C$, cada elemento de B es también un elemento de C. La función $f : A \to B$ ya está definida como inyectiva, y queremos construir una función $g : A \to C$ tal que:
1. $g(a) = f(a)$ para todo $a \in A$, y
2. g sea inyectiva.

Definimos g como sigue:

$$g(a) = f(a), \quad \text{para todo } a \in A.$$

Bien definida: Como $f(a) \in B$ y $B \subseteq C$, se tiene que $f(a) \in C$. Por lo tanto, $g(a) \in C$ está bien definida.

Extiende a f: Por la definición de g, claramente $g(a) = f(a)$ para todo $a \in A$, lo que muestra que g extiende a f.

Inyectividad: Si $g(a_1) = g(a_2)$ para $a_1, a_2 \in A$, entonces por la definición de g, se tiene $f(a_1) = f(a_2)$. Dado que f es inyectiva, esto implica $a_1 = a_2$. Por lo tanto, g es inyectiva. La función $g : A \to C$ definida por $g(a) = f(a)$ para todo $a \in A$ es una extensión inyectiva de f. Esto prueba el teorema. ∎

Exercise 1.83 Sea $f : \mathbb{N} \to \mathbb{N}$ definida por $f(n) = 2n$. Extienda f a una función inyectiva $g : \mathbb{Z} \to \mathbb{Z}$.

Demostración. Podemos definir $g : \mathbb{Z} \to \mathbb{Z}$ por:

$$g(n) = \begin{cases} 2n, & \text{si } n \geq 0, \\ 2n+1, & \text{si } n < 0. \end{cases}$$

Verificamos que g es inyectiva. Si $g(n_1) = g(n_2)$, entonces por definición de g, $n_1 = n_2$. ∎

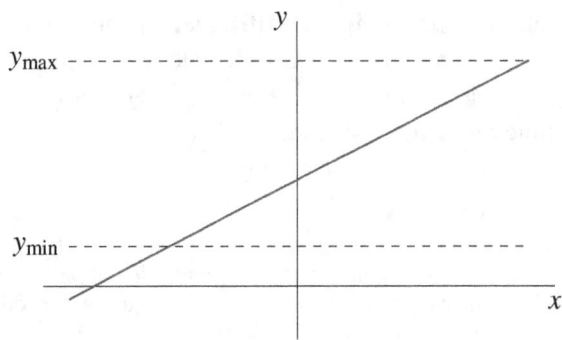

Figura 1.8.1: *Gráfica de una función lineal inyectiva $f(x) = 0{,}5x + 2$.*

■ **Example 1.84** La Figura 1.8.1 muestra la gráfica de la función $f(x) = 0{,}5x + 2$. Esta función es inyectiva, ya que es estrictamente creciente en todo su dominio. ∎

Exercise 1.84 Sea $f : \mathbb{R} \to \mathbb{R}$ definida por $f(x) = \sin(x)$. ¿Es f inyectiva? Justifique su respuesta.

Demostración. La función $f(x) = \sin(x)$ no es inyectiva en $\mathbb{R}$, ya que es periódica con periodo 2π. Existen infinitos pares de valores $x_1 \neq x_2$ tales que $\sin(x_1) = \sin(x_2)$. Por ejemplo, $\sin(0) = \sin(2\pi) = 0$. ∎

Theorem 1.8.7 — Restricción de dominio para obtener inyectividad. Sea $f : A \to B$ una función no inyectiva. Si f es inyectiva en un subconjunto $C \subseteq A$, entonces la restricción $f|_C : C \to B$ es inyectiva.

1.8 Tipos de Funciones

Demostración. Sea $C \subseteq A$ tal que f es inyectiva en C. Por definición de inyectividad, esto significa que para todos $x_1, x_2 \in C$, si $f(x_1) = f(x_2)$, entonces $x_1 = x_2$.
Consideremos la restricción $f|_C : C \to B$, que se define como:

$$f|_C(x) = f(x), \quad \text{para todo } x \in C.$$

Tomemos $x_1, x_2 \in C$. Si $f|_C(x_1) = f|_C(x_2)$, entonces:

$$f(x_1) = f(x_2).$$

Dado que f es inyectiva en C, se sigue que:

$$x_1 = x_2.$$

Por lo tanto, $f|_C$ es inyectiva.
La restricción $f|_C : C \to B$ es inyectiva. ∎

■ **Example 1.85** La función $f(x) = x^2$ no es inyectiva en $\mathbb{R}$, pero si restringimos su dominio a $[0, \infty)$, entonces $f : [0, \infty) \to [0, \infty)$ es inyectiva.

■

> Exercise 1.85 Encuentre el mayor intervalo en el que la función $f(x) = \cos(x)$ es inyectiva.

Demostración. La función $\cos(x)$ es inyectiva en el intervalo $[0, \pi]$, ya que en este intervalo es estrictamente decreciente y cada valor de $f(x)$ corresponde a un único x.

∎

> (R) La inyectividad es esencial en muchas áreas de las matemáticas, incluyendo la teoría de grupos, álgebra lineal y análisis. Permite establecer isomorfismos entre estructuras y garantiza la unicidad de soluciones en ecuaciones funcionales.

En esta sección, hemos explorado la propiedad de inyectividad en funciones, sus implicaciones y cómo identificar y trabajar con funciones inyectivas. Hemos visto cómo la inyectividad es fundamental para la existencia de funciones inversas y cómo se preserva bajo ciertas operaciones como la composición y la restricción. Los ejemplos y ejercicios presentados buscan reforzar la comprensión de este concepto clave en el álgebra y preparar al lector para aplicaciones más avanzadas en matemáticas.

1.8.2 Funciones sobreyectividad

La sobreyectividad es una propiedad esencial en el estudio de funciones y aplicaciones en álgebra. Profundizar en esta propiedad nos permite entender mejor cómo las funciones relacionan los elementos de dos conjuntos y cómo esta relación influye en la estructura algebraica.

> **Definition 1.8.2** Sea $f : A \to B$ una función entre dos conjuntos no vacíos. Decimos que f es **sobreyectiva** (o **sobre**) si $\text{Im}(f) = B$, es decir, si para todo $b \in B$, existe al menos un $a \in A$ tal que $f(a) = b$.

La definición anterior enfatiza que una función sobreyectiva çubre"todo el codominio B. Esto tiene implicaciones importantes en la teoría de funciones y en diversas áreas de las matemáticas.

■ **Example 1.86** Considere la función $f : \mathbb{R} \to \mathbb{R}$ definida por $f(x) = 2x + 3$. Dado que para cualquier $y \in \mathbb{R}$, podemos resolver $x = \frac{y-3}{2}$ para encontrar un preimagen en $\mathbb{R}$, la función f es sobreyectiva. ■

> (R) La linealidad de la función anterior y el hecho de que su pendiente es distinta de cero garantizan que es sobreyectiva sobre $\mathbb{R}$.

Veamos ahora algunas propiedades fundamentales de las funciones sobreyectivas.

> **Theorem 1.8.8** Sea $f : A \to B$ y $g : B \to C$ funciones tales que $g \circ f$ es sobreyectiva. Entonces, g es sobreyectiva.

Demostración. Por hipótesis, $g \circ f : A \to C$ es sobreyectiva. Esto significa que para cada $c \in C$, existe al menos un $a \in A$ tal que:

$$(g \circ f)(a) = g(f(a)) = c.$$

Queremos demostrar que $g : B \to C$ es sobreyectiva, es decir, para cada $c \in C$, existe al menos un $b \in B$ tal que:

$$g(b) = c.$$

Dado que $g \circ f$ es sobreyectiva, para cada $c \in C$, existe un $a \in A$ tal que $g(f(a)) = c$. Si definimos $b = f(a)$, entonces $b \in B$ y satisface:

$$g(b) = g(f(a)) = c.$$

Por lo tanto, para cada $c \in C$, hemos encontrado un $b \in B$ tal que $g(b) = c$. Esto prueba que g es sobreyectiva.
Si $g \circ f$ es sobreyectiva, entonces g también es sobreyectiva.

■

> (R) El recíproco del teorema anterior no es necesariamente cierto. Es decir, si g es sobreyectiva, no implica que $g \circ f$ sea sobreyectiva a menos que f también lo sea.

> **Theorem 1.8.9** Si $f : A \to B$ es sobreyectiva y B es un conjunto finito, entonces $\#A \geq \#B$, donde $\#X$ denota la cardinalidad del conjunto X.

Demostración. Dado que $f : A \to B$ es sobreyectiva, por definición, para cada $b \in B$, existe al menos un $a \in A$ tal que $f(a) = b$.
1. Cada elemento de B tiene al menos un preimagen en A. Esto significa que podemos construir una relación que asocia cada elemento de B con uno o más elementos de A.
2. Consideremos la correspondencia inducida por f. Cada $b \in B$ tiene al menos un preimagen en A, pero ningún $a \in A$ puede mapear a más de un b debido a que f es una función. Esto implica que la correspondencia entre A y B no puede ser inyectiva desde B hacia A.
3. Por lo tanto, el número de elementos en A debe ser al menos igual al número de elementos en B. En términos de cardinalidad:

$$\#A \geq \#B.$$

Esto demuestra que si f es sobreyectiva, entonces el conjunto de partida A debe tener una cardinalidad mayor o igual que la del conjunto de llegada B.
Si $f : A \to B$ es sobreyectiva y B es un conjunto finito, entonces $\#A \geq \#B$.

■

1.8 Tipos de Funciones

Corollary 1.8.10 Si $f : A \to B$ es una función sobreyectiva y A y B son conjuntos finitos con $\#A = \#B$, entonces f es biyectiva.

Demostración. Del teorema anterior, tenemos que $\#A \geq \#B$. Pero dado que $\#A = \#B$, entonces $\#A = \#B$. Además, como f es sobreyectiva, y los conjuntos tienen el mismo número de elementos, f debe ser inyectiva para que no haya elementos repetidos en las imágenes. Por lo tanto, f es biyectiva. ∎

■ **Example 1.87** Considere $f : \{1,2,3\} \to \{a,b\}$ definida por $f(1) = a, f(2) = b, f(3) = a$. La función f es sobreyectiva, pero no inyectiva. Observamos que $\#A = 3$ y $\#B = 2$, y efectivamente $\#A \geq \#B$. ∎

Exercise 1.86 Sea $f : \mathbb{N} \to \mathbb{N}$ definida por $f(n) = \lfloor \frac{n}{2} \rfloor$. Demuestre que f es sobreyectiva.

Solución. Para todo $k \in \mathbb{N}$, necesitamos encontrar $n \in \mathbb{N}$ tal que $f(n) = k$. Si $n = 2k$ o $n = 2k+1$, entonces $f(n) = \lfloor \frac{n}{2} \rfloor = k$. Por lo tanto, f es sobreyectiva. ∎

Theorem 1.8.11 Si $f : A \to B$ es una función suryectiva y $C \subseteq B$, entonces $f^{-1}(C)$ es no vacío siempre que C sea no vacío.

Demostración. Supongamos que $C \subseteq B$ es no vacío, es decir, existe al menos un elemento $c \in C$. Queremos demostrar que $f^{-1}(C) \neq \emptyset$, donde:

$$f^{-1}(C) = \{a \in A \mid f(a) \in C\}.$$

Dado que f es sobreyectiva, por definición, para cualquier $b \in B$ existe al menos un $a \in A$ tal que $f(a) = b$. En particular, como $c \in C \subseteq B$ y C es no vacío, existe un $a \in A$ tal que:

$$f(a) = c.$$

Por lo tanto, $a \in f^{-1}(C)$, lo que implica que $f^{-1}(C)$ es no vacío.
Si C es no vacío y f es sobreyectiva, entonces $f^{-1}(C)$ es no vacío. ∎

(R) La preimagen de un conjunto bajo una función suryectiva refleja la estructura del codominio en el dominio. Esta propiedad es útil en topología y análisis funcional.

Ahora, consideremos la relación entre sobreyectividad y existencia de soluciones en ecuaciones funcionales.

Proposition 1.8.12 Sea $f : A \to B$ una función suryectiva. Entonces, para cualquier función $g : B \to C$, la ecuación $h = g \circ f$ define una aplicación $h : A \to C$ que depende de g.

Demostración. Dado que f es sobreyectiva, para cada $b \in B$, existe al menos un $a \in A$ tal que $f(a) = b$. Por lo tanto, cualquier función g puede ser compuesta con f para obtener $h = g \circ f$. ∎

■ **Example 1.88** En álgebra lineal, una transformación lineal $T : V \to W$ es sobreyectiva si y solo si su imagen es todo el espacio W. Esto ocurre cuando el rango de T es igual a la dimensión de W. ∎

> **Theorem 1.8.13** Sea $T: V \to W$ una transformación lineal entre espacios vectoriales de dimensión finita. Entonces, T es sobreyectiva si y solo si $\dim(V) \geq \dim(W)$ y el rango de T es $\dim(W)$.

Demostración. ($\Rightarrow$) Si T es sobreyectiva, entonces $\text{Im}(T) = W$ y por lo tanto $\dim(\text{Im}(T)) = \dim(W)$. Por el Teorema del Rango-Nulidad, tenemos $\dim(V) = \dim(\ker(T)) + \dim(\text{Im}(T))$. Entonces, $\dim(V) \geq \dim(\text{Im}(T)) = \dim(W)$.
($\Leftarrow$) Si $\dim(V) \geq \dim(W)$ y $\dim(\text{Im}(T)) = \dim(W)$, entonces $\text{Im}(T) = W$, por lo que T es sobreyectiva. ∎

> **Exercise 1.87** Sea $T: \mathbb{R}^3 \to \mathbb{R}^2$ una transformación lineal definida por $T(x,y,z) = (x+y, y+z)$. Determine si T es sobreyectiva.

Solución. Calculamos la imagen de T. El rango de T es el espacio generado por los vectores $(1,0,0)$, $(0,1,0)$ y $(0,0,1)$ mapeados por T:
$T(1,0,0) = (1,0)$
$T(0,1,0) = (1,1)$
$T(0,0,1) = (0,1)$
Estos vectores en $\mathbb{R}^2$ generan todo $\mathbb{R}^2$, ya que son combinaciones lineales que cubren el plano. Por lo tanto, T es sobreyectiva. ∎

Ahora, exploremos cómo la sobreyectividad interactúa con la estructura de grupos.

> **Definition 1.8.3** Un homomorfismo de grupos $f: G \to H$ es **epimorfismo** si es sobreyectivo.

> **Theorem 1.8.14** Sea $f: G \to H$ un homomorfismo de grupos. Entonces, H es isomorfo al cociente $G/\ker(f)$ si y solo si f es sobreyectivo.

Demostración. Por el Primer Teorema de Isomorfía, tenemos que $G/\ker(f) \cong \text{Im}(f)$. Si f es sobreyectivo, entonces $\text{Im}(f) = H$, y por lo tanto $G/\ker(f) \cong H$. ∎

> (R) La sobreyectividad en homomorfismos de grupos es esencial para establecer isomorfismos entre estructuras algebraicas y entender cómo se relacionan los subgrupos normales y los cocientes.

■ **Example 1.89** Considere el homomorfismo $f: \mathbb{Z} \to \mathbb{Z}_n$ definido por $f(k) = [k]_n$. Como se vio anteriormente, f es sobreyectivo. Su núcleo es $n\mathbb{Z}$, y por lo tanto, $\mathbb{Z}/n\mathbb{Z} \cong \mathbb{Z}_n$. ■

> **Exercise 1.88** Demuestre que cualquier homomorfismo de anillos $f: \mathbb{Z}[x] \to R$, donde R es un anillo conmutativo, está determinado por la imagen de x. Además, si f es sobreyectivo, entonces R es generado como anillo por $f(x)$.

Solución. Un homomorfismo de anillos $f: \mathbb{Z}[x] \to R$ está determinado por $f(n) = n$ para $n \in \mathbb{Z}$ y $f(x) \in R$. Dado que los polinomios en $\mathbb{Z}[x]$ se generan por $\mathbb{Z}$ y x, la imagen de f está generada por los elementos $f(n)$ y $f(x)$. Si f es sobreyectivo, entonces R está generado por $f(\mathbb{Z}[x])$, y como $f(\mathbb{Z}[x])$ está generado por $f(x)$, entonces R es generado por $f(x)$. ∎

Finalmente, consideremos la importancia de la sobreyectividad en topología.

1.8 Tipos de Funciones

Definition 1.8.4 Una función continua $f : X \to Y$ entre espacios topológicos es una **aplicación abierta** si la imagen de cada conjunto abierto de X es un conjunto abierto en Y.

Theorem 1.8.15 Si $f : X \to Y$ es continua, sobreyectiva y abierta, entonces f es una identificación.

Demostración. Por definición de aplicación de identificación, se requiere que f sea continua, sobreyectiva y que una colección de subconjuntos de Y sea abierta si y solo si su preimagen bajo f es abierta en X. Si f es continua y abierta, y además sobreyectiva, entonces cumple con las condiciones de una aplicación de identificación. ∎

Exercise 1.89 Sea $f : S^1 \to S^1$ definida por $f(z) = z^n$, donde $z \in S^1 \subset \mathbb{C}$ y $n \in \mathbb{Z}$. Determine para qué valores de n la función f es sobreyectiva y si es una aplicación abierta.

Solución. Para cualquier $n \in \mathbb{Z}$, $f(z) = z^n$ es una función desde el círculo unitario en el plano complejo al mismo círculo. Dado que elevar a la potencia n cubre todo el círculo S^1, f es sobreyectiva para todos los $n \neq 0$. La función es continua y abierta, ya que las imágenes de los abiertos en S^1 (arcos sin extremos) son abiertos en S^1. Por lo tanto, para $n \neq 0$, f es sobreyectiva y una aplicación abierta. ∎

> (R) Este ejemplo ilustra cómo la sobreyectividad y otras propiedades de una función dependen del contexto topológico y algebraico en el que se consideran.

En conclusión, la sobreyectividad es una propiedad clave que influye en múltiples áreas de las matemáticas, desde la teoría de conjuntos hasta el álgebra abstracta y la topología. Comprender sus implicaciones y cómo interactúa con otras propiedades de las funciones es esencial para un estudio profundo del álgebra.

1.8.3 Funciones biyectivas

Las funciones biyectivas son fundamentales en el estudio del álgebra y otras áreas de las matemáticas, ya que establecen una correspondencia uno a uno entre los elementos de dos conjuntos. Esto permite definir funciones inversas y facilita el análisis de estructuras algebraicas.

Definition 1.8.5 Sea $f : A \to B$ una función entre dos conjuntos. Decimos que f es una **biyección** o **función biyectiva** si es inyectiva y sobreyectiva; es decir, si para cada $b \in B$ existe un único $a \in A$ tal que $f(a) = b$.

La condición de ser inyectiva asegura que la función no identifica elementos distintos de A, mientras que la sobreyectividad garantiza que cada elemento de B es imagen de algún elemento de A. La combinación de ambas propiedades es lo que caracteriza a las funciones biyectivas.

> (R) La existencia de una función biyectiva entre dos conjuntos A y B implica que ambos conjuntos tienen la misma cardinalidad. Esto es especialmente relevante en el contexto de conjuntos infinitos y la teoría de cardinalidad de conjuntos.

Veamos algunos ejemplos que ilustran el concepto de función biyectiva.

■ **Example 1.90** Considere la función $f : \mathbb{R} \to \mathbb{R}$ definida por $f(x) = x + 5$. Esta función es inyectiva, ya que $f(x_1) = f(x_2)$ implica $x_1 = x_2$, y es sobreyectiva, porque para cualquier $y \in \mathbb{R}$, existe $x = y - 5$ tal que $f(x) = y$. Por lo tanto, f es biyectiva. ■

En este ejemplo, podemos observar que f es una función lineal con pendiente distinta de cero, lo cual garantiza su inyectividad y, al ser de grado uno, su sobreyectividad sobre $\mathbb{R}$.

Proposition 1.8.16 Si $f : A \to B$ y $g : B \to C$ son funciones biyectivas, entonces la composición $g \circ f : A \to C$ es biyectiva.

Demostración. Demostremos que $g \circ f$ es inyectiva y sobreyectiva.
Inyectividad: Supongamos que $(g \circ f)(a_1) = (g \circ f)(a_2)$. Entonces, $g(f(a_1)) = g(f(a_2))$. Como g es inyectiva, se deduce que $f(a_1) = f(a_2)$. Dado que f es inyectiva, obtenemos $a_1 = a_2$. Por lo tanto, $g \circ f$ es inyectiva.
Sobreyectividad: Sea $c \in C$. Como g es sobreyectiva, existe $b \in B$ tal que $g(b) = c$. Como f es sobreyectiva, existe $a \in A$ tal que $f(a) = b$. Por lo tanto, $(g \circ f)(a) = g(f(a)) = g(b) = c$. Así, $g \circ f$ es sobreyectiva.
Concluimos que $g \circ f$ es biyectiva. ■

> (R) La inversa de una función biyectiva es también biyectiva. Esto es esencial para definir isomorfismos entre estructuras algebraicas, ya que un isomorfismo es una función biyectiva que preserva la estructura.

La existencia de funciones biyectivas es crucial en diversas áreas, como el álgebra lineal, la teoría de grupos y la teoría de conjuntos. Por ejemplo, en álgebra lineal, una transformación lineal entre espacios vectoriales de dimensión finita es invertible si y solo si es biyectiva.

Theorem 1.8.17 Sea $T : V \to W$ una transformación lineal entre espacios vectoriales de dimensión finita. Entonces, T es invertible si y solo si T es biyectiva.

Demostración. **(1) Si T es invertible, entonces T es biyectiva.** Si T es invertible, existe una transformación lineal $T^{-1} : W \to V$ tal que:

$$T^{-1}(T(v)) = v \quad \text{para todo } v \in V, \quad \text{y} \quad T(T^{-1}(w)) = w \quad \text{para todo } w \in W.$$

1. *Inyectividad:* Supongamos que $T(v_1) = T(v_2)$ para algunos $v_1, v_2 \in V$. Aplicando T^{-1} a ambos lados, obtenemos:

$$T^{-1}(T(v_1)) = T^{-1}(T(v_2)) \implies v_1 = v_2.$$

Por lo tanto, T es inyectiva.
2. *Sobreyectividad:* Para cualquier $w \in W$, existe $v \in V$ tal que $T(v) = w$ porque $T^{-1}(w)$ está definido y pertenece a V. Por lo tanto, T es sobreyectiva.
Dado que T es inyectiva y sobreyectiva, es biyectiva.
(2) Si T es biyectiva, entonces T es invertible. Si T es biyectiva, entonces:
1. *Existencia de T^{-1}:* Por inyectividad, cada $w \in W$ está asociado a lo más un $v \in V$ tal que $T(v) = w$. Por sobreyectividad, cada $w \in W$ está asociado a al menos un $v \in V$ tal que $T(v) = w$. Esto garantiza que existe una función bien definida $T^{-1} : W \to V$ tal que:

$$T^{-1}(w) = v \quad \text{donde } T(v) = w.$$

2. *Linealidad de T^{-1}:* Dado que T es una transformación lineal, la inversa T^{-1} también preserva la linealidad.

1.8 Tipos de Funciones

Por lo tanto, T es invertible.
T es invertible si y solo si T es biyectiva. ∎

■ **Example 1.91** Considere la transformación lineal $T : \mathbb{R}^2 \to \mathbb{R}^2$ definida por $T(x,y) = (2x+y, x+3y)$. Para determinar si T es biyectiva, analizamos su matriz asociada y calculamos su determinante:

$$\begin{vmatrix} 2 & 1 \\ 1 & 3 \end{vmatrix} = (2)(3) - (1)(1) = 6 - 1 = 5 \neq 0.$$

Dado que el determinante es diferente de cero, T es invertible y, por tanto, biyectiva. Además, podemos graficar esta transformación para visualizar su efecto en $\mathbb{R}^2$.

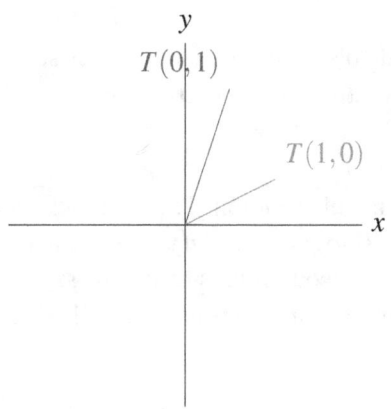

Figura 1.8.2: *Imagen de los vectores base bajo T*

■

(R) El hecho de que el determinante de la matriz asociada sea distinto de cero es equivalente a que T sea invertible en el caso de transformaciones lineales entre espacios de dimensión finita.

Proposition 1.8.18 Sea $f : A \to B$ una función. Si existe una función $g : B \to A$ tal que $g \circ f = \text{id}_A$ y $f \circ g = \text{id}_B$, entonces f es una biyección y $g = f^{-1}$.

Demostración. La igualdad $g \circ f = \text{id}_A$ implica que f es inyectiva, ya que si $f(a_1) = f(a_2)$, entonces $g(f(a_1)) = g(f(a_2))$, es decir, $a_1 = a_2$. La igualdad $f \circ g = \text{id}_B$ implica que f es sobreyectiva, ya que para todo $b \in B$, existe $a = g(b)$ tal que $f(a) = b$. Por lo tanto, f es biyectiva y $g = f^{-1}$. ∎

Esta proposición es fundamental para entender la relación entre funciones inversas y biyecciones.

Theorem 1.8.19 Sea $f : A \to B$ una biyección. Entonces, su inversa $f^{-1} : B \to A$ es también una biyección.

Demostración. Dado que $f : A \to B$ es una biyección, sabemos que f es inyectiva y sobreyectiva. Queremos demostrar que su inversa $f^{-1} : B \to A$ es también una biyección, es decir, que f^{-1} es inyectiva y sobreyectiva.

1. **Inyectividad de** f^{-1}: Supongamos que $f^{-1}(b_1) = f^{-1}(b_2)$ para algunos $b_1, b_2 \in B$. Entonces, aplicando f a ambos lados, obtenemos:

$$f(f^{-1}(b_1)) = f(f^{-1}(b_2)).$$

Por la propiedad de la inversa, sabemos que $f(f^{-1}(b)) = b$ para todo $b \in B$. Por lo tanto:

$$b_1 = b_2.$$

Esto demuestra que f^{-1} es inyectiva.

2. **Sobreyectividad de** f^{-1}: Tomemos cualquier $a \in A$. Dado que f es sobreyectiva, existe $b \in B$ tal que $f(a) = b$. Por la definición de la inversa, tenemos:

$$f^{-1}(b) = a.$$

Como esto es válido para todo $a \in A$, implica que f^{-1} es sobreyectiva.

Dado que $f^{-1} : B \to A$ es inyectiva y sobreyectiva, entonces f^{-1} es una biyección. ∎

■ **Example 1.92** Consideremos la función $f : (0, \infty) \to \mathbb{R}$ definida por $f(x) = \ln(x)$. La función exponencial $g : \mathbb{R} \to (0, \infty)$ dada por $g(y) = e^y$ es la inversa de f. Ambas funciones son biyectivas en sus dominios y codominios respectivos.

Además, podemos graficar ambas funciones para visualizar su relación.

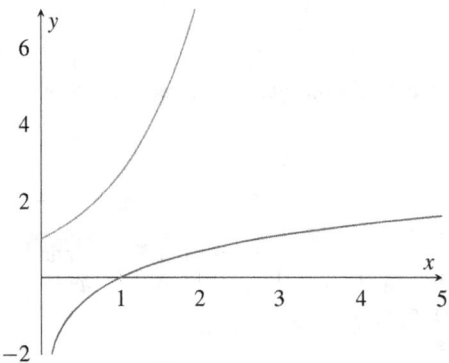

Figura 1.8.3: *Gráficas de $f(x) = \ln(x)$ y $g(y) = e^y$*

Exercise 1.90 Demuestre que la función $f : \mathbb{R} \to \mathbb{R}$ definida por $f(x) = x^3$ es biyectiva y encuentre su inversa.

Solución. **Inyectividad:** Sea $x_1, x_2 \in \mathbb{R}$ tales que $f(x_1) = f(x_2)$. Entonces, $x_1^3 = x_2^3$. Como la función $x \mapsto x^3$ es estrictamente creciente en $\mathbb{R}$, se deduce que $x_1 = x_2$.
Sobreyectividad: Sea $y \in \mathbb{R}$. Existe $x = \sqrt[3]{y}$ tal que $f(x) = x^3 = y$.
Por lo tanto, f es biyectiva. Su inversa es $f^{-1}(y) = \sqrt[3]{y}$. ∎

Exercise 1.91 Sea $f : \mathbb{R} \to \mathbb{R}$ definida por $f(x) = \frac{x}{1+|x|}$. Determine si f es inyectiva, sobreyectiva o biyectiva.

1.8 Tipos de Funciones

Solución. Analicemos cada propiedad:
Inyectividad: Supongamos que $f(x_1) = f(x_2)$. Esto implica que $\frac{x_1}{1+|x_1|} = \frac{x_2}{1+|x_2|}$. Este planteamiento lleva a una ecuación complicada, pero podemos verificar que f no es inyectiva, ya que $f(x) = f(-x)$ cuando $x \neq 0$. Por ejemplo, $f(1) = \frac{1}{2}$ y $f(-1) = \frac{-1}{2}$, lo cual es diferente, pero para $x = 0$, $f(0) = 0$.
Sobreyectividad: Observemos que $\lim_{x \to \infty} f(x) = 1$ y $\lim_{x \to -\infty} f(x) = -1$. Sin embargo, el valor $y = 1$ no es alcanzado por f, ya que $f(x) = 1$ implicaría $x = \infty$. Por lo tanto, el rango de f es $(-1, 1)$.
Conclusión: f no es sobreyectiva en $\mathbb{R}$, ni inyectiva. Por lo tanto, no es biyectiva. ■

> **Exercise 1.92** Sea $f : \mathbb{Z} \to \mathbb{Z}$ definida por $f(n) = n+1$. Demuestre que f es una biyección y encuentre su inversa.

Solución. **Inyectividad:** Si $f(n_1) = f(n_2)$, entonces $n_1 + 1 = n_2 + 1$, lo que implica $n_1 = n_2$.
Sobreyectividad: Para cualquier $k \in \mathbb{Z}$, existe $n = k - 1$ tal que $f(n) = n + 1 = k$.
Por lo tanto, f es biyectiva. Su inversa es $f^{-1}(k) = k - 1$. ■

> **Theorem 1.8.20** Si $f : A \to B$ es una biyección y A es un conjunto finito, entonces $|A| = |B|$, donde $|X|$ denota la cardinalidad de X.

Demostración. Dado que $f : A \to B$ es una biyección, sabemos que f es inyectiva y sobreyectiva. Queremos demostrar que $|A| = |B|$.
1. **Inyectividad implica $|A| \leq |B|$:** Como f es inyectiva, a cada elemento de A le corresponde un elemento distinto en B. Esto implica que el número de elementos en A no puede ser mayor que el número de elementos en B, es decir:

$$|A| \leq |B|.$$

2. **Sobreyectividad implica $|A| \geq |B|$:** Como f es sobreyectiva, cada elemento de B está relacionado con al menos un elemento de A. Esto implica que el número de elementos en B no puede ser mayor que el número de elementos en A, es decir:

$$|A| \geq |B|.$$

3. **Conclusión:** De $|A| \leq |B|$ y $|A| \geq |B|$, se sigue que:

$$|A| = |B|.$$

Por lo tanto, si $f : A \to B$ es una biyección y A es un conjunto finito, entonces $|A| = |B|$. ■

Este resultado es fundamental en combinatoria y teoría de conjuntos, ya que permite comparar la cardinalidad de conjuntos finitos mediante biyecciones.

> **Exercise 1.93** Encuentre una biyección entre el intervalo $(0, 1)$ y $\mathbb{R}$.

Solución. Podemos considerar la función $f : (0, 1) \to \mathbb{R}$ definida por $f(x) = \ln\left(\frac{x}{1-x}\right)$.
Inyectividad: Si $f(x_1) = f(x_2)$, entonces $\ln\left(\frac{x_1}{1-x_1}\right) = \ln\left(\frac{x_2}{1-x_2}\right)$, lo que implica $\frac{x_1}{1-x_1} = \frac{x_2}{1-x_2}$ y, por tanto, $x_1 = x_2$.
Sobreyectividad: Para cualquier $y \in \mathbb{R}$, podemos resolver $x = \frac{e^y}{1+e^y}$, que pertenece a $(0, 1)$.
Así, f es una biyección entre $(0, 1)$ y $\mathbb{R}$. ■

> **Exercise 1.94** Demuestre que no existe una biyección entre el conjunto de los números naturales $\mathbb{N}$ y el intervalo $(0,1)$.

Solución. El conjunto $\mathbb{N}$ es numerable, mientras que el intervalo $(0,1)$ es no numerable. Por el Teorema de Cantor, no puede existir una biyección entre un conjunto numerable y uno no numerable. Por lo tanto, no existe una biyección entre $\mathbb{N}$ y $(0,1)$. ∎

Theorem 1.8.21 Toda función biyectiva $f : A \to A$ tiene una potencia que es la identidad; es decir, existe un entero positivo n tal que $f^n = \text{id}_A$.

Demostración. Dado que $f : A \to A$ es biyectiva, cada elemento de A tiene una única imagen y una única preimagen bajo f. Esto implica que f puede interpretarse como una permutación de los elementos de A.

Definamos f^n como la composición de f consigo misma n veces, es decir:

$$f^n(x) = \underbrace{f(f(\cdots f(x) \cdots))}_{n \text{ veces}} \quad \text{para todo } x \in A.$$

Dado que A es finito (si no, la propiedad no es en general cierta), podemos analizar el efecto iterativo de f en un elemento arbitrario $x \in A$: - Consideremos la secuencia de iteraciones de f sobre x:

$$x, f(x), f^2(x), f^3(x), \ldots$$

Como A tiene un número finito de elementos, esta secuencia debe eventualmente repetir algún valor, es decir, existe $m > k \geq 0$ tal que:

$$f^m(x) = f^k(x).$$

- Como f es inyectiva, esto implica que $f^{m-k}(x) = x$. Definimos $n = m - k$, que es un entero positivo, y obtenemos que:

$$f^n(x) = x.$$

Este argumento es válido para cualquier $x \in A$, lo que implica que $f^n = \text{id}_A$ (la función identidad en A).

Conclusión: Toda función biyectiva $f : A \to A$ sobre un conjunto finito A tiene una potencia que es la identidad. ∎

> **Exercise 1.95** Sea $A = \{1,2,3\}$ y $f : A \to A$ definida por $f(1) = 2$, $f(2) = 3$, $f(3) = 1$. Encuentre el mínimo entero positivo n tal que $f^n = \text{id}_A$.

Solución. Calculamos las potencias de f:
- $f^1(1) = f(1) = 2$ - $f^2(1) = f(f(1)) = f(2) = 3$ - $f^3(1) = f(f^2(1)) = f(3) = 1$

Como $f^3(1) = 1$, y de manera similar para los demás elementos, tenemos que $f^3 = \text{id}_A$. Por lo tanto, el mínimo entero positivo n es 3. ∎

> (R) Las permutaciones de un conjunto finito forman un grupo, llamado **grupo simétrico**, denotado por S_n para un conjunto de n elementos. Las propiedades de las funciones biyectivas en este contexto son estudiadas en teoría de grupos.

1.9 Imagen directa e imagen inversa

Theorem 1.8.22 Sea $f : A \to B$ una función biyectiva y $S \subseteq A$. Entonces, $f(S^c) = f(A \setminus S) = B \setminus f(S)$, donde S^c denota el complemento de S en A.

Demostración. Recordemos que $S^c = A \setminus S$, es decir, S^c contiene los elementos de A que no están en S.

1. Demostremos que $f(S^c) = B \setminus f(S)$:
- Sea $y \in f(S^c)$. Esto significa que existe $x \in S^c$ tal que $f(x) = y$. Dado que $x \in S^c$, se tiene $x \notin S$. Por lo tanto, $y \notin f(S)$ porque no existe $z \in S$ tal que $f(z) = y$. Esto implica:

$$y \in B \setminus f(S).$$

- Ahora, sea $y \in B \setminus f(S)$. Esto significa que $y \notin f(S)$, por lo que no existe $x \in S$ tal que $f(x) = y$. Dado que f es biyectiva, existe un único $x \in A$ tal que $f(x) = y$. Este x no pertenece a S, por lo que $x \in S^c$. Esto implica:

$$y \in f(S^c).$$

Por lo tanto, $f(S^c) = B \setminus f(S)$.
Como $S^c = A \setminus S$, se sigue que:

$$f(S^c) = f(A \setminus S) = B \setminus f(S).$$

Esto completa la demostración. ∎

Exercise 1.96 Sea $f : \mathbb{R} \to \mathbb{R}$ una biyección continua estrictamente creciente. Demuestre que f es una función de tipo $f(x) = ax + b$, con $a > 0$.

Solución. Esta afirmación no es cierta en general. Una función biyectiva continua y estrictamente creciente no tiene por qué ser lineal. Por ejemplo, $f(x) = e^x$ es estrictamente creciente y biyectiva de $\mathbb{R}$ a $(0, \infty)$ pero no es lineal.
Sin embargo, si imponemos que f y su inversa son funciones de clase C^∞, y que $f''(x) = 0$, entonces f es lineal.
En el caso general, la afirmación es falsa. ∎

> (R) Este ejercicio nos muestra que es importante analizar cuidadosamente las condiciones de un problema antes de intentar demostrar una afirmación. En matemáticas avanzadas, los contraejemplos son fundamentales para entender los límites de los teoremas y proposiciones.

En conclusión, las funciones biyectivas son esenciales en matemáticas avanzadas, ya que permiten establecer correspondencias perfectas entre conjuntos y son fundamentales en el estudio de isomorfismos, transformaciones invertibles y estructuras algebraicas más complejas.

1.9 Imagen directa e imagen inversa

1.9.1 Definición y propiedades de la imagen directa

En el estudio de las funciones, es fundamental entender cómo los subconjuntos del dominio se relacionan con los subconjuntos del codominio a través de la función. Este concepto se formaliza mediante la imagen directa de un conjunto bajo una función.

Definition 1.9.1 Sea $f : A \to B$ una función entre dos conjuntos. Para cualquier subconjunto $S \subseteq A$, la **imagen directa** de S bajo f es el conjunto

$$f(S) = \{f(a) \in B \mid a \in S\}.$$

La imagen directa $f(S)$ contiene todos los valores en B que son imágenes de elementos en S a través de f. Este concepto es crucial para entender cómo las funciones transforman conjuntos y cómo se transmiten propiedades a través de ellas.

> La imagen directa permite trasladar propiedades y estructuras desde el dominio A al codominio B mediante la función f. Es una herramienta esencial en áreas como el álgebra, la topología y la teoría de conjuntos.

Analicemos ahora algunas propiedades fundamentales de la imagen directa.

Proposition 1.9.1 Sea $f : A \to B$ una función y $S, T \subseteq A$. Entonces:
1. $f(S \cup T) = f(S) \cup f(T)$.
2. $f(S \cap T) \subseteq f(S) \cap f(T)$.

Demostración. 1. **Igualdad de imágenes de uniones:** Sea $b \in f(S \cup T)$. Entonces, existe $a \in S \cup T$ tal que $f(a) = b$. Por definición de unión, $a \in S$ o $a \in T$, lo que implica que $b \in f(S)$ o $b \in f(T)$. Así, $b \in f(S) \cup f(T)$. Por lo tanto, $f(S \cup T) \subseteq f(S) \cup f(T)$. Inversamente, sea $b \in f(S) \cup f(T)$. Entonces, $b \in f(S)$ o $b \in f(T)$. Esto significa que existe $a \in S$ o $a \in T$ tal que $f(a) = b$. En ambos casos, $a \in S \cup T$, por lo que $b \in f(S \cup T)$. Así, $f(S) \cup f(T) \subseteq f(S \cup T)$.
Concluimos que $f(S \cup T) = f(S) \cup f(T)$.

2. **Inclusión de imágenes de intersecciones:** Sea $b \in f(S \cap T)$. Entonces, existe $a \in S \cap T$ tal que $f(a) = b$. Como $a \in S$ y $a \in T$, tenemos que $b \in f(S)$ y $b \in f(T)$. Por lo tanto, $b \in f(S) \cap f(T)$, lo que implica que $f(S \cap T) \subseteq f(S) \cap f(T)$.
Sin embargo, la igualdad no siempre se cumple, ya que puede haber elementos en $f(S) \cap f(T)$ que no provienen de elementos comunes en $S \cap T$. ∎

■ **Example 1.93** Sea $f : \mathbb{R} \to \mathbb{R}$ definida por $f(x) = x^2$. Consideremos los subconjuntos $S = (-\infty, 0]$ y $T = [0, \infty)$. Tenemos que $S \cap T = \{0\}$.
Calculamos las imágenes:

$$f(S) = [0, \infty), \quad f(T) = [0, \infty).$$

Por lo tanto,

$$f(S) \cap f(T) = [0, \infty).$$

Sin embargo,

$$f(S \cap T) = f(\{0\}) = \{0\}.$$

Observamos que $f(S \cap T) = \{0\} \subsetneq [0, \infty) = f(S) \cap f(T)$. ■

Este ejemplo ilustra que la inclusión en la segunda propiedad puede ser estricta y que la igualdad no siempre se cumple.

1.9 Imagen directa e imagen inversa

Proposition 1.9.2 Sea $f: A \to B$ una función y $S \subseteq T \subseteq A$. Entonces:

$$f(S) \subseteq f(T).$$

Demostración. Sea $b \in f(S)$. Entonces, existe $a \in S$ tal que $f(a) = b$. Como $S \subseteq T$, tenemos que $a \in T$, por lo que $b \in f(T)$. Por lo tanto, $f(S) \subseteq f(T)$. ∎

Proposition 1.9.3 Sea $f: A \to B$ una función. Entonces:
1. $f(\varnothing) = \varnothing$.
2. $f(A) = \text{Im}(f)$, es decir, la imagen de f.

Demostración. 1. La imagen de un conjunto vacío es vacía porque no hay elementos para mapear. Es decir:

$$f(\varnothing) = \{f(a) \mid a \in \varnothing\} = \varnothing.$$

2. Por definición, la imagen de f es el conjunto de todas las imágenes de elementos en A, por lo que:

$$f(A) = \{f(a) \mid a \in A\} = \text{Im}(f).$$

∎

Las propiedades anteriores son fundamentales para entender cómo las funciones transforman conjuntos y cómo las operaciones con conjuntos se reflejan en sus imágenes.

Proposition 1.9.4 Sea $f: A \to B$ una función y $\{S_i\}_{i \in I}$ una familia arbitraria de subconjuntos de A. Entonces:
1. $f\left(\bigcup_{i \in I} S_i\right) = \bigcup_{i \in I} f(S_i)$.
2. $f\left(\bigcap_{i \in I} S_i\right) \subseteq \bigcap_{i \in I} f(S_i)$.

Demostración. 1. **Imágenes de uniones arbitrarias:** Sea $b \in f\left(\bigcup_{i \in I} S_i\right)$. Entonces, existe $a \in \bigcup_{i \in I} S_i$ tal que $f(a) = b$. Por definición de unión, existe algún $i \in I$ tal que $a \in S_i$, por lo que $b \in f(S_i) \subseteq \bigcup_{i \in I} f(S_i)$. Esto muestra que:

$$f\left(\bigcup_{i \in I} S_i\right) \subseteq \bigcup_{i \in I} f(S_i).$$

Inversamente, si $b \in \bigcup_{i \in I} f(S_i)$, entonces existe $i \in I$ tal que $b \in f(S_i)$. Esto implica que existe $a \in S_i$ con $f(a) = b$, y dado que $a \in \bigcup_{i \in I} S_i$, tenemos $b \in f\left(\bigcup_{i \in I} S_i\right)$. Por lo tanto:

$$\bigcup_{i \in I} f(S_i) \subseteq f\left(\bigcup_{i \in I} S_i\right).$$

Concluimos que:

$$f\left(\bigcup_{i \in I} S_i\right) = \bigcup_{i \in I} f(S_i).$$

2. **Imágenes de intersecciones arbitrarias:** Sea $b \in f\left(\bigcap_{i \in I} S_i\right)$. Entonces, existe $a \in \bigcap_{i \in I} S_i$ tal que $f(a) = b$. Como $a \in S_i$ para todo $i \in I$, tenemos que $b \in f(S_i)$ para todo $i \in I$. Por lo tanto, $b \in \bigcap_{i \in I} f(S_i)$. Esto demuestra que:

$$f\left(\bigcap_{i \in I} S_i\right) \subseteq \bigcap_{i \in I} f(S_i).$$

Sin embargo, la igualdad no siempre se cumple, a menos que f sea inyectiva.

∎

(R) Si la función f es inyectiva, entonces se cumple que:

$$f\left(\bigcap_{i \in I} S_i\right) = \bigcap_{i \in I} f(S_i).$$

Esto se debe a que la inyectividad garantiza que no hay elementos distintos en A que se mapeen al mismo elemento en B, preservando así las intersecciones.

Lema 1.9.1 Sea $f : A \to B$ una función inyectiva y $\{S_i\}_{i \in I}$ una familia de subconjuntos de A. Entonces:

$$f\left(\bigcap_{i \in I} S_i\right) = \bigcap_{i \in I} f(S_i).$$

Demostración. Ya hemos establecido que:

$$f\left(\bigcap_{i \in I} S_i\right) \subseteq \bigcap_{i \in I} f(S_i).$$

Para la otra inclusión, sea $b \in \bigcap_{i \in I} f(S_i)$. Entonces, para cada $i \in I$, existe $a_i \in S_i$ tal que $f(a_i) = b$. Dado que f es inyectiva, todos los a_i son iguales. Denotemos $a = a_i$ para algún i. Como $a \in S_i$ para todo $i \in I$, tenemos $a \in \bigcap_{i \in I} S_i$, y por lo tanto $b = f(a) \in f\left(\bigcap_{i \in I} S_i\right)$. Así:

$$\bigcap_{i \in I} f(S_i) \subseteq f\left(\bigcap_{i \in I} S_i\right).$$

∎

Proposition 1.9.5 En general, no siempre se cumple que:

$$f(A \setminus S) = f(A) \setminus f(S).$$

Demostración. Consideremos un contraejemplo. Sea $f : \mathbb{R} \to \mathbb{R}$ definida por $f(x) = x^2$, y sea $S = [0, \infty)$. Entonces:

$$A \setminus S = (-\infty, 0),$$

$$f(A \setminus S) = f((-\infty, 0)) = [0, \infty),$$

$$f(A) = [0, \infty), \quad f(S) = [0, \infty).$$

Por lo tanto:

$$f(A) \setminus f(S) = [0, \infty) \setminus [0, \infty) = \varnothing.$$

1.9 Imagen directa e imagen inversa

Así, tenemos:

$$f(A \setminus S) = [0, \infty) \neq \varnothing = f(A) \setminus f(S).$$

Esto muestra que en general, la imagen del complemento no es igual al complemento de la imagen. ■

■ **Example 1.94** Sea $f : \mathbb{R} \to \mathbb{R}$ definida por $f(x) = \sin(x)$. Consideremos el conjunto $S = \left[0, \frac{\pi}{2}\right]$. Entonces:

$$f(S) = [0, 1],$$

$$A \setminus S = (-\infty, 0) \cup \left(\frac{\pi}{2}, \infty\right),$$

$$f(A \setminus S) = [-1, 1] \setminus (0, 1] = [-1, 1].$$

Sin embargo:

$$f(A) \setminus f(S) = [-1, 1] \setminus [0, 1] = [-1, 0).$$

Nuevamente observamos que:

$$f(A \setminus S) \neq f(A) \setminus f(S).$$

■

Exercise 1.97 Sea $f : \mathbb{R} \to \mathbb{R}$ definida por $f(x) = e^x$. Determine $f([0, \infty))$ y $f((-\infty, 0])$.

Solución. Calculamos las imágenes directas:
1. Para $S = [0, \infty)$:

$$f([0, \infty)) = \{e^x \mid x \geq 0\} = [1, \infty).$$

2. Para $T = (-\infty, 0]$:

$$f((-\infty, 0]) = \{e^x \mid x \leq 0\} = (0, 1].$$

■

Exercise 1.98 Sea $f : \mathbb{Z} \to \mathbb{Z}_n$ definida por $f(k) = [k]_n$, donde $\mathbb{Z}_n$ es el conjunto de clases de equivalencia módulo n. Determine $f(S)$ para $S = \{mn \mid m \in \mathbb{Z}\}$.

Solución. El conjunto S es el conjunto de múltiplos de n. Para cualquier $k \in S$, $k = mn$ para algún $m \in \mathbb{Z}$. Entonces:

$$f(k) = [mn]_n = [0]_n,$$

ya que n divide a k. Por lo tanto:

$$f(S) = \{[0]_n\}.$$

■

Proposition 1.9.6 Sea $f : A \to B$ y $g : B \to C$ funciones, y sea $S \subseteq A$. Entonces:

$$(g \circ f)(S) = g(f(S)).$$

Demostración. Por definición de composición y de imagen directa:

$$(g \circ f)(S) = \{(g \circ f)(a) \mid a \in S\} = \{g(f(a)) \mid a \in S\} = g(f(S)).$$

∎

■ **Example 1.95** Sea $f : \mathbb{R} \to \mathbb{R}$ definida por $f(x) = x^2$ y $g : \mathbb{R} \to [0, \infty)$ definida por $g(y) = \sqrt{y}$. Consideremos $S = [0, 4]$. Entonces:

$$f(S) = [0, 16],$$

$$g(f(S)) = \{\sqrt{y} \mid y \in [0, 16]\} = [0, 4].$$

Por lo tanto:

$$(g \circ f)(S) = g(f(S)) = [0, 4].$$

∎

Exercise 1.99 Sea $f : A \to B$ una función. Demuestre que para cualquier familia $\{S_i\}_{i \in I}$ de subconjuntos de A:

$$f\left(\bigcup_{i \in I} S_i\right) = \bigcup_{i \in I} f(S_i).$$

Además, proporcione un ejemplo donde:

$$f\left(\bigcap_{i \in I} S_i\right) \neq \bigcap_{i \in I} f(S_i).$$

Solución. La igualdad de imágenes de uniones ya fue demostrada previamente.
Para el contraejemplo de la intersección, consideremos $A = \mathbb{R}$, $f(x) = x^2$, y los subconjuntos $S_1 = (-\infty, 0]$ y $S_2 = [0, \infty)$. Entonces:

$$\bigcap_{i=1}^{2} S_i = \{0\},$$

$$f\left(\bigcap_{i=1}^{2} S_i\right) = f(\{0\}) = \{0\},$$

$$\bigcap_{i=1}^{2} f(S_i) = f(S_1) \cap f(S_2) = [0, \infty) \cap [0, \infty) = [0, \infty).$$

Por lo tanto:

$$f\left(\bigcap_{i=1}^{2} S_i\right) = \{0\} \neq [0, \infty) = \bigcap_{i=1}^{2} f(S_i).$$

∎

1.9 Imagen directa e imagen inversa

> (R) El estudio de las imágenes directas es esencial para comprender cómo las funciones afectan la estructura de los conjuntos y cómo se pueden transferir propiedades a través de ellas. Esto es especialmente relevante en áreas avanzadas de las matemáticas como la topología, el análisis funcional y el álgebra abstracta.

Exercise 1.100 Sean $f: A \to B$ y $g: C \to D$ funciones, y sean $S \subseteq A$ y $T \subseteq C$. Demuestre que:

$$(f \times g)(S \times T) = f(S) \times g(T),$$

donde $(f \times g): A \times C \to B \times D$ se define por $(f \times g)(a,c) = (f(a), g(c))$.

Solución. Sea $(b,d) \in (f \times g)(S \times T)$. Entonces, existe $(a,c) \in S \times T$ tal que $f(a) = b$ y $g(c) = d$. Por lo tanto, $b \in f(S)$ y $d \in g(T)$, lo que implica que $(b,d) \in f(S) \times g(T)$. Así:

$$(f \times g)(S \times T) \subseteq f(S) \times g(T).$$

Inversamente, sea $(b,d) \in f(S) \times g(T)$. Entonces, existen $a \in S$ y $c \in T$ tales que $f(a) = b$ y $g(c) = d$. Por lo tanto, $(a,c) \in S \times T$, y así $(b,d) = (f(a), g(c)) = (f \times g)(a,c)$. Esto muestra que:

$$f(S) \times g(T) \subseteq (f \times g)(S \times T).$$

Concluimos que:

$$(f \times g)(S \times T) = f(S) \times g(T).$$

■

> (R) Las propiedades de la imagen directa son herramientas poderosas que permiten comprender y manipular funciones en contextos más complejos, como productos cartesianos y funciones compuestas. Estas propiedades son fundamentales en la teoría de categorías y en la comprensión de morfismos entre estructuras matemáticas.

En resumen, la imagen directa es un concepto clave que nos permite analizar cómo una función transforma subconjuntos de su dominio y cómo estas transformaciones afectan las propiedades de los conjuntos resultantes. Comprender estas propiedades es esencial para avanzar en el estudio del álgebra y otras disciplinas matemáticas avanzadas.

1.9.2 Imagen inversa de una función

La imagen inversa es un concepto fundamental en matemáticas que permite analizar cómo los conjuntos en el codominio de una función se relacionan con los conjuntos en el dominio. A diferencia de la imagen directa, que asigna a cada subconjunto del dominio su imagen en el codominio, la imagen inversa asigna a cada subconjunto del codominio los elementos del dominio que son mapeados en él por la función.

Definition 1.9.2 Sea $f: A \to B$ una función entre dos conjuntos. Para cualquier subconjunto $T \subseteq B$, la **imagen inversa** de T bajo f es el conjunto

$$f^{-1}(T) = \{a \in A \mid f(a) \in T\}.$$

Es importante notar que la imagen inversa $f^{-1}(T)$ siempre está definida para cualquier función f y cualquier subconjunto T de B, independientemente de si f tiene una inversa como función.

> (R) La notación $f^{-1}(T)$ no implica que f sea invertible. Es simplemente una notación para denotar el conjunto de preimágenes de los elementos de T bajo f.

La imagen inversa tiene propiedades fundamentales que son esenciales en diversas áreas de las matemáticas, como la topología, el análisis y el álgebra.

Proposition 1.9.7 Sea $f : A \to B$ una función y $T, S \subseteq B$. Entonces:
1. $f^{-1}(T \cup S) = f^{-1}(T) \cup f^{-1}(S)$.
2. $f^{-1}(T \cap S) = f^{-1}(T) \cap f^{-1}(S)$.

Demostración. 1. Sea $a \in f^{-1}(T \cup S)$. Entonces, $f(a) \in T \cup S$, lo que implica que $f(a) \in T$ o $f(a) \in S$. Por lo tanto, $a \in f^{-1}(T)$ o $a \in f^{-1}(S)$, es decir, $a \in f^{-1}(T) \cup f^{-1}(S)$. Por lo tanto, $f^{-1}(T \cup S) \subseteq f^{-1}(T) \cup f^{-1}(S)$.
Inversamente, si $a \in f^{-1}(T) \cup f^{-1}(S)$, entonces $a \in f^{-1}(T)$ o $a \in f^{-1}(S)$. Esto significa que $f(a) \in T$ o $f(a) \in S$, por lo que $f(a) \in T \cup S$, y por lo tanto $a \in f^{-1}(T \cup S)$. Por lo tanto, $f^{-1}(T) \cup f^{-1}(S) \subseteq f^{-1}(T \cup S)$.
Concluimos que $f^{-1}(T \cup S) = f^{-1}(T) \cup f^{-1}(S)$.

2. De manera similar, sea $a \in f^{-1}(T \cap S)$. Entonces, $f(a) \in T \cap S$, lo que implica que $f(a) \in T$ y $f(a) \in S$. Por lo tanto, $a \in f^{-1}(T)$ y $a \in f^{-1}(S)$, es decir, $a \in f^{-1}(T) \cap f^{-1}(S)$. Así, $f^{-1}(T \cap S) \subseteq f^{-1}(T) \cap f^{-1}(S)$.
Inversamente, si $a \in f^{-1}(T) \cap f^{-1}(S)$, entonces $a \in f^{-1}(T)$ y $a \in f^{-1}(S)$, lo que significa que $f(a) \in T$ y $f(a) \in S$, por lo que $f(a) \in T \cap S$, y por lo tanto $a \in f^{-1}(T \cap S)$. Así, $f^{-1}(T) \cap f^{-1}(S) \subseteq f^{-1}(T \cap S)$.
Por lo tanto, $f^{-1}(T \cap S) = f^{-1}(T) \cap f^{-1}(S)$. ∎

Estas propiedades muestran que la imagen inversa preserva las operaciones de unión e intersección, lo que es fundamental en la teoría de conjuntos y en la topología.

> (R) A diferencia de la imagen directa, la imagen inversa también preserva las intersecciones y uniones arbitrarias. Es decir, para cualquier familia $\{T_i\}_{i \in I}$ de subconjuntos de B, se tiene que:
> $$f^{-1}\left(\bigcup_{i \in I} T_i\right) = \bigcup_{i \in I} f^{-1}(T_i), \quad f^{-1}\left(\bigcap_{i \in I} T_i\right) = \bigcap_{i \in I} f^{-1}(T_i).$$

Veamos ahora algunas propiedades adicionales de la imagen inversa.

Proposition 1.9.8 Sea $f : A \to B$ una función y $T \subseteq B$. Entonces:
1. $f^{-1}(B) = A$.
2. $f^{-1}(\varnothing) = \varnothing$.
3. $f^{-1}(B \setminus T) = A \setminus f^{-1}(T)$.

Demostración. 1. Por definición, $f^{-1}(B) = \{a \in A \mid f(a) \in B\}$. Dado que $f : A \to B$, para todo $a \in A$, $f(a) \in B$. Por lo tanto, $f^{-1}(B) = A$.
2. $f^{-1}(\varnothing) = \{a \in A \mid f(a) \in \varnothing\}$. Como no hay elementos en $\varnothing$, no hay $a \in A$ tal que $f(a) \in \varnothing$. Por lo tanto, $f^{-1}(\varnothing) = \varnothing$.

1.9 Imagen directa e imagen inversa

3. Sea $a \in f^{-1}(B \setminus T)$. Entonces, $f(a) \in B \setminus T$, lo que significa que $f(a) \in B$ y $f(a) \notin T$. Como $f(a) \notin T$, tenemos que $a \notin f^{-1}(T)$. Por lo tanto, $a \in A \setminus f^{-1}(T)$. Esto muestra que $f^{-1}(B \setminus T) \subseteq A \setminus f^{-1}(T)$.
Inversamente, sea $a \in A \setminus f^{-1}(T)$. Entonces, $a \in A$ y $a \notin f^{-1}(T)$, lo que implica que $f(a) \notin T$. Dado que $f(a) \in B$, tenemos que $f(a) \in B \setminus T$, por lo que $a \in f^{-1}(B \setminus T)$. Por lo tanto, $A \setminus f^{-1}(T) \subseteq f^{-1}(B \setminus T)$.
Concluimos que $f^{-1}(B \setminus T) = A \setminus f^{-1}(T)$.

∎

Estas propiedades son útiles para manipular conjuntos y entender cómo las funciones afectan la estructura de los mismos.

■ **Example 1.96** Sea $f : \mathbb{R} \to \mathbb{R}$ definida por $f(x) = x^2$. Consideremos el conjunto $T = [1,4] \subseteq \mathbb{R}$. Calculemos la imagen inversa $f^{-1}(T)$.
La imagen inversa es:

$$f^{-1}([1,4]) = \{x \in \mathbb{R} \mid x^2 \in [1,4]\} = [-2,-1] \cup [1,2].$$

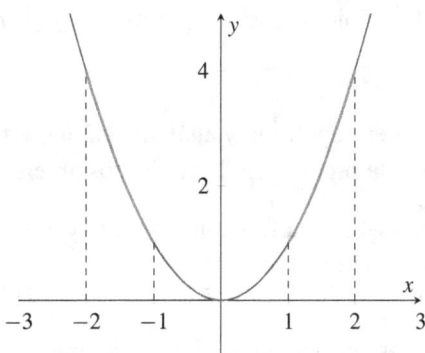

Figura 1.9.1: *Imagen inversa de $T = [1,4]$ bajo $f(x) = x^2$*

La Figura 1.9.1 muestra gráficamente cómo los intervalos $[-2,-1]$ y $[1,2]$ en el eje x corresponden a los valores de x tales que $x^2 \in [1,4]$.

■

Exercise 1.101 Sea $f : \mathbb{R} \to \mathbb{R}$ definida por $f(x) = \sin(x)$. Calcule $f^{-1}\left(\left[\frac{\sqrt{2}}{2}, 1\right]\right)$. ■

Solución. Queremos encontrar todos los valores de $x \in \mathbb{R}$ tales que $\sin(x) \in \left[\frac{\sqrt{2}}{2}, 1\right]$.
Sabemos que $\sin(x) = \frac{\sqrt{2}}{2}$ cuando $x = \frac{\pi}{4} + 2\pi k$ o $x = \frac{3\pi}{4} + 2\pi k$, para $k \in \mathbb{Z}$.
Y $\sin(x) = 1$ cuando $x = \frac{\pi}{2} + 2\pi k$, para $k \in \mathbb{Z}$.
El intervalo $\left[\frac{\sqrt{2}}{2}, 1\right]$ corresponde a los valores de $\sin(x)$ en el primer y segundo cuadrante donde $\sin(x)$ es decreciente de 1 a $\frac{\sqrt{2}}{2}$.
Por lo tanto, los intervalos para x son:

$$f^{-1}\left(\left[\frac{\sqrt{2}}{2}, 1\right]\right) = \bigcup_{k \in \mathbb{Z}} \left[\frac{\pi}{4} + 2\pi k, \frac{\pi}{2} + 2\pi k\right] \cup \left[\frac{\pi}{2} + 2\pi k, \frac{3\pi}{4} + 2\pi k\right].$$

∎

Este ejercicio muestra cómo la imagen inversa puede involucrar una unión infinita de intervalos, dependiendo de la periodicidad de la función.

> **Theorem 1.9.9** Sea $f : A \to B$ una función y $T \subseteq B$. Si f es continua y T es un conjunto abierto en B, entonces $f^{-1}(T)$ es un conjunto abierto en A.

Demostración. Por definición de continuidad, una función $f : A \to B$ es continua si para todo conjunto abierto $T \subseteq B$, su preimagen $f^{-1}(T)$ es un conjunto abierto en A.
Sea $T \subseteq B$ un conjunto abierto. Por la definición de la preimagen:

$$f^{-1}(T) = \{x \in A \mid f(x) \in T\}.$$

Queremos demostrar que $f^{-1}(T)$ es un conjunto abierto en A.
1. Propiedad de los conjuntos abiertos: Dado que T es abierto en B, para cualquier punto $b \in T$, existe un entorno abierto $U_b \subseteq B$ tal que $b \in U_b$ y $U_b \subseteq T$. Esto implica que para cada $x \in f^{-1}(T)$, existe un entorno en A que está contenido en $f^{-1}(T)$.
2. Preimagen preserva la apertura: Como f es continua, la preimagen de cualquier entorno abierto U_b en B es un entorno abierto en A. Por lo tanto, la unión de todos estos entornos en A forma el conjunto $f^{-1}(T)$, lo que implica que $f^{-1}(T)$ es abierto en A.
Dado que f es continua y T es abierto en B, la preimagen $f^{-1}(T)$ es abierto en A. ∎

Este teorema es fundamental en topología y análisis, ya que establece la relación entre la continuidad de una función y la preimagen de conjuntos abiertos.

> **Corollary 1.9.10** Sea $f : A \to B$ una función continua y $T \subseteq B$ un conjunto cerrado en B. Entonces, $f^{-1}(T)$ es un conjunto cerrado en A.

Demostración. Dado que T es cerrado en B, su complemento $B \setminus T$ es abierto en B. Como f es continua, $f^{-1}(B \setminus T)$ es abierto en A. Observemos que:

$$f^{-1}(B \setminus T) = A \setminus f^{-1}(T).$$

Por lo tanto, $A \setminus f^{-1}(T)$ es abierto en A, lo que implica que $f^{-1}(T)$ es cerrado en A. ∎

> (R) La imagen inversa de un conjunto abierto bajo una función continua es abierta, y la imagen inversa de un conjunto cerrado es cerrada. Sin embargo, la imagen directa de un conjunto abierto o cerrado no necesariamente es abierta o cerrada.

■ **Example 1.97** Considere la función $f : \mathbb{R} \to \mathbb{R}$ definida por $f(x) = x^2$. La función f es continua en $\mathbb{R}$. Tomemos el conjunto abierto $T = (1, 4)$. La imagen inversa es:

$$f^{-1}(T) = (-2, -1) \cup (1, 2).$$

Este conjunto es abierto en $\mathbb{R}$, lo que ilustra el teorema anterior.
Sin embargo, la imagen directa de $S = (-2, 2)$ es:

$$f(S) = [0, 4),$$

que no es un conjunto abierto en $\mathbb{R}$. ∎

1.9 Imagen directa e imagen inversa

Exercise 1.102 Sea $f : \mathbb{R} \to \mathbb{R}$ definida por $f(x) = e^x$. Demuestre que $f^{-1}((a,b)) = (\ln(a), \ln(b))$, para $0 < a < b$.

Solución. Dado que $f(x) = e^x$ es una función continua y estrictamente creciente, su inversa es $f^{-1}(y) = \ln(y)$. Por lo tanto, la imagen inversa de (a,b) es:

$$f^{-1}((a,b)) = \{x \in \mathbb{R} \mid e^x \in (a,b)\} = \{x \in \mathbb{R} \mid a < e^x < b\}.$$

Aplicando el logaritmo natural a las desigualdades, obtenemos:

$$\ln(a) < x < \ln(b).$$

Por lo tanto,

$$f^{-1}((a,b)) = (\ln(a), \ln(b)).$$

∎

Exercise 1.103 Sea $f : \mathbb{R} \to \mathbb{R}$ definida por $f(x) = \cos(x)$. Determine el conjunto $f^{-1}([-1, 0])$.

Solución. Buscamos todos los valores de x tales que $\cos(x) \in [-1, 0]$. Sabemos que $\cos(x)$ toma valores en $[-1, 1]$ y es decreciente en los intervalos $[0, \pi]$ y $[2\pi, 3\pi]$, etc.
Los valores de x donde $\cos(x) = 0$ son:

$$x = \frac{\pi}{2} + \pi k, \quad k \in \mathbb{Z}.$$

Los valores donde $\cos(x) = -1$ son:

$$x = \pi + 2\pi k, \quad k \in \mathbb{Z}.$$

Por lo tanto, los intervalos donde $\cos(x) \in [-1, 0]$ son:

$$f^{-1}([-1, 0]) = \bigcup_{k \in \mathbb{Z}} \left[\frac{\pi}{2} + \pi k, \frac{3\pi}{2} + \pi k\right].$$

∎

(R) La imagen inversa de un intervalo puede consistir en una unión infinita de intervalos debido a la periodicidad de la función trigonométrica.

Proposition 1.9.11 Sea $f : A \to B$ una función. Entonces, para cualquier familia arbitraria $\{T_i\}_{i \in I}$ de subconjuntos de B:
1. $f^{-1}\left(\bigcup_{i \in I} T_i\right) = \bigcup_{i \in I} f^{-1}(T_i)$.
2. $f^{-1}\left(\bigcap_{i \in I} T_i\right) = \bigcap_{i \in I} f^{-1}(T_i)$.

Demostración. Las demostraciones son similares a las proporcionadas anteriormente y se basan en la definición de imagen inversa y en las propiedades de las operaciones de unión e intersección en teoría de conjuntos. ∎

Estas propiedades son fundamentales para entender cómo las funciones interactúan con estructuras algebraicas y topológicas más complejas.

Theorem 1.9.12 Sea $f : A \to B$ una función y $S \subseteq A$. Si f es inyectiva, entonces:

$$f^{-1}(f(S)) = S.$$

Demostración. Sea $S \subseteq A$. Por definición de la preimagen, tenemos:

$$f^{-1}(f(S)) = \{x \in A \mid f(x) \in f(S)\}.$$

Esto significa que $f^{-1}(f(S))$ contiene todos los elementos de A que se mapean bajo f a algún elemento de $f(S)$.
Queremos demostrar que $f^{-1}(f(S)) = S$. Lo haremos en dos inclusiones:
1. Demostremos que $S \subseteq f^{-1}(f(S))$: Sea $x \in S$. Entonces, por definición de $f(S)$, tenemos $f(x) \in f(S)$. Por lo tanto, $x \in f^{-1}(f(S))$, lo que demuestra que $S \subseteq f^{-1}(f(S))$.
2. Demostremos que $f^{-1}(f(S)) \subseteq S$: Sea $x \in f^{-1}(f(S))$. Esto significa que $f(x) \in f(S)$, por lo que existe $y \in S$ tal que $f(y) = f(x)$. Como f es inyectiva, se sigue que $x = y$. Por lo tanto, $x \in S$, lo que demuestra que $f^{-1}(f(S)) \subseteq S$.
De las dos inclusiones, concluimos que:

$$f^{-1}(f(S)) = S.$$

Si f es inyectiva, entonces $f^{-1}(f(S)) = S$ para cualquier subconjunto $S \subseteq A$. ∎

Corollary 1.9.13 Si $f : A \to B$ es una función biyectiva, entonces para cualquier $T \subseteq B$:

$$f(f^{-1}(T)) = T.$$

Demostración. Como f es biyectiva, existe $f^{-1} : B \to A$ que es la inversa de f. Para cualquier $T \subseteq B$, tenemos que $f^{-1}(T) \subseteq A$. Aplicando f a ambos lados, obtenemos:

$$f(f^{-1}(T)) = \{f(a) \mid a \in f^{-1}(T)\} = \{f(a) \mid f(a) \in T\} = T.$$

Esto se debe a que $f(a) \in T$ si y sólo si $a \in f^{-1}(T)$. ∎

■ **Example 1.98** Sea $f : \mathbb{R} \to \mathbb{R}$ definida por $f(x) = x + 3$. Dado que f es una función biyectiva, para cualquier subconjunto $T \subseteq \mathbb{R}$, tenemos:

$$f^{-1}(T) = \{x \in \mathbb{R} \mid x + 3 \in T\} = T - 3.$$

Y entonces:

$$f(f^{-1}(T)) = f(T - 3) = (T - 3) + 3 = T.$$

■

Exercise 1.104 Sea $f : \mathbb{R} \to \mathbb{R}$ definida por $f(x) = x^3$. Demuestre que para cualquier $T \subseteq \mathbb{R}$, se cumple que $f^{-1}(f(T)) = T$.

Solución. La función $f(x) = x^3$ es inyectiva en $\mathbb{R}$. Por el teorema anterior, tenemos que $f^{-1}(f(T)) = T$. ∎

1.9 Imagen directa e imagen inversa

> (R) Este resultado es útil para resolver ecuaciones e inequaciones que involucran funciones inyectivas, ya que podemos recuperar el conjunto original a partir de su imagen.

Exercise 1.105 Sea $f : \mathbb{R} \to [0,\infty)$ definida por $f(x) = x^2$. Determine si se cumple que $f(f^{-1}(T)) = T$ para todo $T \subseteq [0,\infty)$.

Solución. Aunque f no es inyectiva en $\mathbb{R}$, sí es suprayectiva sobre $[0,\infty)$. Tomamos $T = [0,1]$. Entonces:

$$f^{-1}(T) = \{x \in \mathbb{R} \mid x^2 \in [0,1]\} = [-1,1].$$

Luego,

$$f(f^{-1}(T)) = f([-1,1]) = [0,1] = T.$$

En este caso, $f(f^{-1}(T)) = T$. Sin embargo, dado que f no es inyectiva, no podemos generalizar que $f^{-1}(f(S)) = S$ para cualquier $S \subseteq A$. ■

> (R) Aunque en este ejemplo se cumple que $f(f^{-1}(T)) = T$, esto no es cierto en general cuando la función no es inyectiva. Es importante tener en cuenta la inyectividad al aplicar estos resultados.

Exercise 1.106 Sea $f : A \to B$ una función y $S \subseteq A$, $T \subseteq B$. Demuestre que:

$$f^{-1}(T) \cap S = f^{-1}(T \cap f(S)).$$

Solución. Sea $a \in f^{-1}(T) \cap S$. Entonces, $a \in S$ y $f(a) \in T$. Como $a \in S$, tenemos que $f(a) \in f(S)$. Por lo tanto, $f(a) \in T \cap f(S)$, lo que implica que $a \in f^{-1}(T \cap f(S))$.
Inversamente, sea $a \in f^{-1}(T \cap f(S))$. Entonces, $f(a) \in T \cap f(S)$, lo que implica que $f(a) \in T$ y $f(a) \in f(S)$. Como $f(a) \in f(S)$, existe $s \in S$ tal que $f(a) = f(s)$. Si f es inyectiva, entonces $a = s$ y $a \in S$. Pero incluso si f no es inyectiva, sabemos que $a \in f^{-1}(T)$ y $a \in f^{-1}(f(S))$. Dado que $a \in S$, concluimos que $a \in f^{-1}(T) \cap S$.
Por lo tanto,

$$f^{-1}(T) \cap S = f^{-1}(T \cap f(S)).$$

■

> (R) Este ejercicio ilustra cómo combinar la imagen inversa y las operaciones de intersección para relacionar conjuntos en el dominio y el codominio de una función.

En conclusión, la imagen inversa es una herramienta poderosa que nos permite entender cómo las funciones relacionan los conjuntos del codominio con el dominio. Sus propiedades son esenciales en diversas ramas de las matemáticas y proporcionan una base sólida para estudios más avanzados en álgebra y análisis.

1.10 Composición de funciones

1.10.1 Definición y propiedades de la composición

La composición de funciones es una operación fundamental en matemáticas, que permite construir nuevas funciones a partir de otras ya conocidas. Esta operación es esencial en diversos campos, como el análisis, el álgebra y la teoría de categorías. A continuación, exploraremos en detalle la definición formal de la composición de funciones y sus propiedades más relevantes.

Definition 1.10.1 Sean A, B y C conjuntos, y sean $f : A \to B$ y $g : B \to C$ funciones. La **composición** de g con f es la función $g \circ f : A \to C$ definida por:

$$(g \circ f)(a) = g(f(a)), \quad \text{para todo } a \in A.$$

Esta definición nos permite combinar funciones de manera secuencial: primero aplicamos f al elemento $a \in A$, obteniendo $f(a) \in B$, y luego aplicamos g al resultado $f(a)$, obteniendo $g(f(a)) \in C$.

> Es importante notar que para que la composición $g \circ f$ esté bien definida, el codominio de f debe coincidir con el dominio de g, es decir, $f : A \to B$ y $g : B \to C$.

Veamos algunos ejemplos para ilustrar la composición de funciones.

■ **Example 1.99** Sea $f : \mathbb{R} \to \mathbb{R}$ definida por $f(x) = 2x + 3$, y sea $g : \mathbb{R} \to \mathbb{R}$ definida por $g(x) = x^2$. Entonces, la composición $g \circ f$ es:

$$(g \circ f)(x) = g(f(x)) = (2x+3)^2.$$

Asimismo, la composición $f \circ g$ es:

$$(f \circ g)(x) = f(g(x)) = 2x^2 + 3.$$

■

Este ejemplo muestra que, en general, la composición de funciones no es conmutativa, es decir, $g \circ f \neq f \circ g$.

Proposition 1.10.1 En general, la composición de funciones no es conmutativa. Es decir, dados $f : A \to B$ y $g : B \to C$, normalmente $g \circ f \neq f \circ g$.

Demostración. La composición $g \circ f$ está definida de A a C, mientras que $f \circ g$ estaría definida de B a B si $g : B \to C$ y $f : A \to B$. Además, incluso si ambas composiciones están bien definidas, los resultados pueden ser diferentes, como se mostró en el ejemplo anterior. ■

> La no conmutatividad de la composición de funciones es una característica esencial que debe tenerse en cuenta al trabajar con ellas.

Ahora, exploraremos algunas propiedades fundamentales de la composición de funciones.

Theorem 1.10.2 — **Asociatividad de la composición.** Sean $f : A \to B$, $g : B \to C$ y

1.10 Composición de funciones

$h : C \to D$ funciones. Entonces, la composición es asociativa, es decir:

$$h \circ (g \circ f) = (h \circ g) \circ f.$$

Demostración. Recordemos que la composición de funciones está definida como:

$$(h \circ g)(x) = h(g(x)) \quad \text{y} \quad (g \circ f)(x) = g(f(x)).$$

Tomemos un elemento arbitrario $x \in A$. Por la definición de composición, tenemos:

$$h \circ (g \circ f)(x) = h((g \circ f)(x)) = h(g(f(x))).$$

Por otro lado, calculemos $(h \circ g) \circ f$ en x:

$$(h \circ g) \circ f(x) = (h \circ g)(f(x)) = h(g(f(x))).$$

En ambos casos, el resultado es $h(g(f(x)))$. Como esta igualdad se cumple para cualquier $x \in A$, concluimos que:

$$h \circ (g \circ f) = (h \circ g) \circ f.$$

La composición de funciones es asociativa.

∎

> R La propiedad asociativa de la composición permite omitir los paréntesis al componer múltiples funciones, ya que el resultado no depende de cómo se agrupen.

Veamos un ejemplo que ilustra la asociatividad de la composición.

■ **Example 1.100** Sean $f : \mathbb{R} \to \mathbb{R}$ definida por $f(x) = x + 1$, $g : \mathbb{R} \to \mathbb{R}$ definida por $g(x) = 2x$, y $h : \mathbb{R} \to \mathbb{R}$ definida por $h(x) = x^2$. Entonces:

$$h \circ (g \circ f)(x) = h(g(f(x))) = h(2(x+1)) = [2(x+1)]^2 = 4(x+1)^2.$$

Por otro lado,

$$(h \circ g) \circ f(x) = (h \circ g)(f(x)) = h(g(f(x))) = h(2(x+1)) = 4(x+1)^2.$$

Observamos que ambos resultados coinciden, confirmando la asociatividad de la composición.
■

Además de la asociatividad, la composición de funciones tiene otras propiedades importantes.

Proposition 1.10.3 Sean $f : A \to B$ y $g : B \to C$ funciones.
1. Si f y g son inyectivas, entonces $g \circ f$ es inyectiva.
2. Si f y g son sobreyectivas, entonces $g \circ f$ es sobreyectiva.
3. Si f y g son biyectivas, entonces $g \circ f$ es biyectiva.

Demostración.   1. Supongamos que g y f son inyectivas, y que $g \circ f(a_1) = g \circ f(a_2)$. Entonces, $g(f(a_1)) = g(f(a_2))$. Como g es inyectiva, $f(a_1) = f(a_2)$. Como f es inyectiva, $a_1 = a_2$. Por lo tanto, $g \circ f$ es inyectiva.
2. Supongamos que f y g son sobreyectivas. Sea $c \in C$. Como g es sobreyectiva, existe $b \in B$ tal que $g(b) = c$. Como f es sobreyectiva, existe $a \in A$ tal que $f(a) = b$. Entonces, $g \circ f(a) = g(f(a)) = g(b) = c$. Por lo tanto, $g \circ f$ es sobreyectiva.

3. Si f y g son biyectivas, entonces son inyectivas y sobreyectivas. Por los puntos anteriores, $g \circ f$ es inyectiva y sobreyectiva, es decir, biyectiva. ■

> (R) La inyectividad y sobreyectividad se preservan bajo la composición de funciones, lo cual es útil al analizar la estructura de las funciones compuestas.

Sin embargo, la recíproca no siempre es cierta, como se muestra en el siguiente ejemplo.

■ **Example 1.101** Sea $f : \mathbb{R} \to \mathbb{R}$ definida por $f(x) = x^3$, que es inyectiva y sobreyectiva (biyectiva). Sea $g : \mathbb{R} \to \mathbb{R}$ definida por $g(x) = 0$, que es constante y, por lo tanto, no inyectiva ni sobreyectiva. Entonces, $g \circ f(x) = 0$ para todo $x \in \mathbb{R}$, lo cual es una función constante y no inyectiva ni sobreyectiva. Esto muestra que la inyectividad y sobreyectividad de $g \circ f$ no implican necesariamente que f y g sean inyectivas y sobreyectivas respectivamente. ■

Ahora, exploraremos la relación entre la composición de funciones y las funciones inversas.

> **Theorem 1.10.4** Sea $f : A \to B$ una función biyectiva con inversa $f^{-1} : B \to A$. Entonces, para cualquier función $g : B \to C$, se tiene que:
> $$g = g \circ f \circ f^{-1}.$$

Demostración. Por definición de la función inversa, sabemos que para cualquier $b \in B$:

$$f^{-1}(f(a)) = a \quad \text{para todo } a \in A, \quad \text{y} \quad f(f^{-1}(b)) = b \quad \text{para todo } b \in B.$$

Sea $b \in B$. Calculemos $(g \circ f \circ f^{-1})(b)$:

$$(g \circ f \circ f^{-1})(b) = g((f \circ f^{-1})(b)).$$

Por la propiedad de la inversa, $f \circ f^{-1}(b) = b$. Sustituyendo esto, obtenemos:

$$(g \circ f \circ f^{-1})(b) = g(b).$$

Dado que esto se cumple para todo $b \in B$, tenemos que:

$$g = g \circ f \circ f^{-1}.$$

La igualdad $g = g \circ f \circ f^{-1}$ es válida para cualquier función $g : B \to C$. ■

> (R) Esta propiedad es útil en álgebra para simplificar expresiones y demostrar resultados que involucran funciones inversas y composición.

Veamos un ejemplo que ilustra esta propiedad.

■ **Example 1.102** Sea $f : \mathbb{R} \to \mathbb{R}$ definida por $f(x) = x + 2$, cuya inversa es $f^{-1}(x) = x - 2$. Sea $g : \mathbb{R} \to \mathbb{R}$ definida por $g(x) = x^2$. Entonces:

$$g \circ f \circ f^{-1}(x) = g(f(f^{-1}(x))) = g(\text{id}_{\mathbb{R}}(x)) = g(x) = x^2.$$

■

1.10 Composición de funciones

Ahora, consideremos cómo la composición interactúa con la imagen directa e inversa de conjuntos.

Proposition 1.10.5 Sean $f : A \to B$ y $g : B \to C$ funciones, y sea $S \subseteq A$, $T \subseteq C$.
1. $(g \circ f)(S) = g(f(S))$.
2. $f^{-1}(g^{-1}(T)) = (g \circ f)^{-1}(T)$.

Demostración.   1. Por definición de imagen directa:

$$(g \circ f)(S) = \{(g \circ f)(a) \mid a \in S\} = \{g(f(a)) \mid a \in S\} = g(f(S)).$$

2. Por definición de imagen inversa:

$$f^{-1}(g^{-1}(T)) = \{a \in A \mid f(a) \in g^{-1}(T)\} = \{a \in A \mid g(f(a)) \in T\} = (g \circ f)^{-1}(T).$$

∎

Estas propiedades son esenciales al analizar cómo los conjuntos se transforman bajo la composición de funciones, especialmente en topología y análisis.

Exercise 1.107 Sea $f : \mathbb{R} \to \mathbb{R}$ definida por $f(x) = 2x$, y $g : \mathbb{R} \to \mathbb{R}$ definida por $g(x) = x^2$. Calcule $(g \circ f)([1,2])$ y compare con $g(f([1,2]))$.

Solución. Primero, calculamos $f([1,2])$:

$$f([1,2]) = \{2x \mid x \in [1,2]\} = [2,4].$$

Luego, calculamos $g(f([1,2]))$:

$$g(f([1,2])) = g([2,4]) = \{x^2 \mid x \in [2,4]\} = [4,16].$$

Por otro lado,

$$(g \circ f)([1,2]) = \{(g \circ f)(x) \mid x \in [1,2]\} = \{g(f(x)) \mid x \in [1,2]\} = \{(2x)^2 \mid x \in [1,2]\} = \{4x^2 \mid x \in [1,2]\}.$$

Evaluando,

$$\{4x^2 \mid x \in [1,2]\} = [4 \cdot 1^2, 4 \cdot 2^2] = [4,16].$$

Por lo tanto,

$$(g \circ f)([1,2]) = [4,16] = g(f([1,2])).$$

∎

> (R) Este ejercicio ilustra que $(g \circ f)(S) = g(f(S))$ para cualquier subconjunto S del dominio de f.

Ahora, consideremos la composición de funciones en el contexto de funciones invertibles.

Theorem 1.10.6 Sean $f : A \to B$ y $g : B \to C$ funciones biyectivas. Entonces, la composición $g \circ f$ es biyectiva, y su inversa es:

$$(g \circ f)^{-1} = f^{-1} \circ g^{-1}.$$

Demostración. **1. La composición $g \circ f$ es biyectiva:**
- *Inyectividad:* Sean $x_1, x_2 \in A$ tales que $(g \circ f)(x_1) = (g \circ f)(x_2)$. Esto implica:

$$g(f(x_1)) = g(f(x_2)).$$

Como g es inyectiva, se tiene $f(x_1) = f(x_2)$. Como f es inyectiva, se concluye que $x_1 = x_2$. Por lo tanto, $g \circ f$ es inyectiva.
- *Sobreyectividad:* Sea $z \in C$. Como g es sobreyectiva, existe $y \in B$ tal que $g(y) = z$. Como f es sobreyectiva, existe $x \in A$ tal que $f(x) = y$. Entonces:

$$(g \circ f)(x) = g(f(x)) = g(y) = z.$$

Por lo tanto, $g \circ f$ es sobreyectiva.
Al ser inyectiva y sobreyectiva, $g \circ f$ es biyectiva.
2. La inversa de $g \circ f$ es $f^{-1} \circ g^{-1}$:
Para probar esto, verificamos que:

$$(g \circ f) \circ (f^{-1} \circ g^{-1}) = \mathrm{id}_C \quad \text{y} \quad (f^{-1} \circ g^{-1}) \circ (g \circ f) = \mathrm{id}_A.$$

- Sea $z \in C$. Calculamos $(g \circ f) \circ (f^{-1} \circ g^{-1})(z)$:

$$(g \circ f) \circ (f^{-1} \circ g^{-1})(z) = (g \circ f)(f^{-1}(g^{-1}(z))).$$

Por definición de f^{-1} y g^{-1}, tenemos:

$$f^{-1}(g^{-1}(z)) \in A, \quad g(f(f^{-1}(g^{-1}(z)))) = z.$$

Por lo tanto, $(g \circ f) \circ (f^{-1} \circ g^{-1})(z) = z$, lo que implica que $(g \circ f) \circ (f^{-1} \circ g^{-1}) = \mathrm{id}_C$.
- Sea $x \in A$. Calculamos $(f^{-1} \circ g^{-1}) \circ (g \circ f)(x)$:

$$(f^{-1} \circ g^{-1}) \circ (g \circ f)(x) = f^{-1}(g^{-1}((g \circ f)(x))).$$

Por definición de g y f, tenemos:

$$g(f(x)) = z, \quad g^{-1}(z) = f(x), \quad f^{-1}(f(x)) = x.$$

Por lo tanto, $(f^{-1} \circ g^{-1}) \circ (g \circ f)(x) = x$, lo que implica que $(f^{-1} \circ g^{-1}) \circ (g \circ f) = \mathrm{id}_A$.
Por lo tanto:

$$(g \circ f)^{-1} = f^{-1} \circ g^{-1}.$$

∎

■ **Example 1.103** Sea $f : \mathbb{R} \to \mathbb{R}$ definida por $f(x) = 3x$, con inversa $f^{-1}(x) = \frac{x}{3}$. Sea $g : \mathbb{R} \to \mathbb{R}$ definida por $g(x) = x + 2$, con inversa $g^{-1}(x) = x - 2$. Entonces:

$$(g \circ f)(x) = g(f(x)) = 3x + 2,$$

y su inversa es:

$$(g \circ f)^{-1}(x) = f^{-1}(g^{-1}(x)) = f^{-1}(x - 2) = \frac{x - 2}{3}.$$

■

1.10 Composición de funciones

Exercise 1.108 Demuestre que si $f : A \to A$ es una función biyectiva, entonces existe un entero positivo n tal que $f^n = \text{id}_A$ si y sólo si el orden de f en el grupo de permutaciones de A es finito.

Solución. En el grupo de permutaciones $\text{Sym}(A)$, cada función biyectiva f es una permutación de A. El orden de f es el menor entero positivo n tal que $f^n = \text{id}_A$. Por lo tanto, existe tal n si y sólo si el orden de f es finito. ■

(R) Este resultado es especialmente relevante en teoría de grupos y en el estudio de las propiedades algebraicas de las permutaciones.

Finalmente, presentaremos un ejercicio que involucra gráficas en LaTeX.

Exercise 1.109 Sea $f : \mathbb{R} \to \mathbb{R}$ definida por $f(x) = \sin(x)$ y $g : \mathbb{R} \to \mathbb{R}$ definida por $g(x) = x^2$. Grafique las funciones f, g y la composición $g \circ f$ en el intervalo $[-\pi, \pi]$.

Solución. La gráfica de $f(x) = \sin(x)$ en $[-\pi, \pi]$ es la onda sinusoidal estándar. La gráfica de $g(x) = x^2$ es una parábola con vértice en el origen. La composición $g \circ f(x) = (\sin(x))^2$ es la función f elevada al cuadrado.

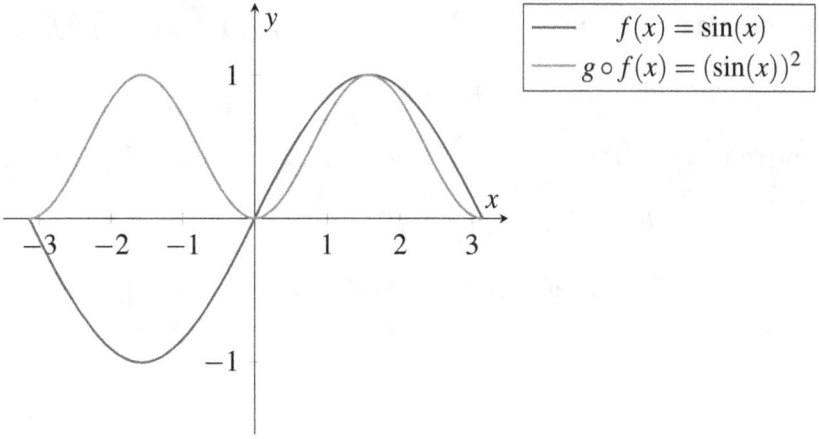

Figura 1.10.1: *Gráficas de $f(x) = \sin(x)$ y $g \circ f(x) = (\sin(x))^2$ en $[-\pi, \pi]$*

La Figura 1.10.1 muestra cómo la composición $g \circ f$ transforma la gráfica de $\sin(x)$ al elevarla al cuadrado, resultando en una función siempre no negativa y con periodos de amplitud modificada.

■

(R) El uso de gráficas ayuda a visualizar cómo la composición de funciones afecta la forma de las mismas, proporcionando una intuición adicional sobre su comportamiento.

En resumen, la composición de funciones es una herramienta poderosa en matemáticas que permite combinar funciones y estudiar sus propiedades combinadas. La comprensión profunda de la composición y sus propiedades es esencial para avanzar en áreas más complejas del álgebra y el análisis.

1.10.2 Asociatividad de la composición

La composición de funciones es una operación fundamental en matemáticas, y su propiedad asociativa es esencial en muchas áreas, incluyendo el álgebra, el análisis y la teoría de categorías. En esta sección, exploraremos en profundidad la asociatividad de la composición de funciones, proporcionando definiciones formales, teoremas, ejemplos y ejercicios que ayudarán a consolidar este concepto.

Definition 1.10.2 Sean A, B, C y D conjuntos, y sean $f : A \to B$, $g : B \to C$ y $h : C \to D$ funciones. La **composición** de f y g es la función $g \circ f : A \to C$ definida por:

$$(g \circ f)(x) = g(f(x)), \quad \text{para todo } x \in A.$$

La composición de funciones permite combinar dos funciones en una sola, aplicando primero f y luego g. Esta operación es central en el estudio de las funciones y sus propiedades.

Theorem 1.10.7 — Asociatividad de la composición. Sean $f : A \to B$, $g : B \to C$ y $h : C \to D$ funciones. Entonces, se cumple que:

$$h \circ (g \circ f) = (h \circ g) \circ f.$$

Demostración. Por definición de composición, para cualquier $x \in A$, tenemos:

$$(g \circ f)(x) = g(f(x)) \quad \text{y} \quad (h \circ g)(y) = h(g(y)) \quad \text{para todo } y \in B.$$

Calculemos cada lado de la igualdad $h \circ (g \circ f)$ y $(h \circ g) \circ f$: 1. Para $h \circ (g \circ f)$:

$$h \circ (g \circ f)(x) = h((g \circ f)(x)) = h(g(f(x))).$$

2. Para $(h \circ g) \circ f$:

$$(h \circ g) \circ f(x) = (h \circ g)(f(x)) = h(g(f(x))).$$

En ambos casos, el resultado es $h(g(f(x)))$. Dado que esto se cumple para todo $x \in A$, concluimos que:

$$h \circ (g \circ f) = (h \circ g) \circ f.$$

La composición de funciones es asociativa. ∎

> La propiedad asociativa de la composición significa que, al componer varias funciones, el orden en que se agrupan las composiciones no afecta al resultado final. Esto nos permite escribir la composición de tres o más funciones sin paréntesis, es decir, $h \circ g \circ f$ es una notación válida.

La asociatividad de la composición es una propiedad que tiene implicaciones profundas en álgebra. Por ejemplo, es esencial en la definición de homomorfismos entre estructuras algebraicas y en la teoría de categorías, donde las funciones (o morfismos) y su composición forman la base de la estructura categórica.

Example 1.104 Consideremos las funciones $f : \mathbb{R} \to \mathbb{R}$ definida por $f(x) = 2x$, $g : \mathbb{R} \to \mathbb{R}$ definida por $g(x) = x + 3$, y $h : \mathbb{R} \to \mathbb{R}$ definida por $h(x) = x^2$.
Calculemos $h \circ (g \circ f)(x)$ y $(h \circ g) \circ f(x)$:
Primero, $g \circ f(x) = g(f(x)) = g(2x) = 2x + 3$.

1.10 Composición de funciones

Luego, $h \circ (g \circ f)(x) = h(2x+3) = (2x+3)^2$.
Por otro lado, $h \circ g(x) = h(g(x)) = h(x+3) = (x+3)^2$.
Entonces, $(h \circ g) \circ f(x) = (x+3)^2$ evaluado en $f(x) = 2x$, es decir:

$$((h \circ g) \circ f)(x) = h \circ g(f(x)) = (f(x)+3)^2 = (2x+3)^2.$$

Observamos que:

$$h \circ (g \circ f)(x) = (2x+3)^2 = ((h \circ g) \circ f)(x).$$

Este ejemplo confirma la propiedad asociativa de la composición.

■

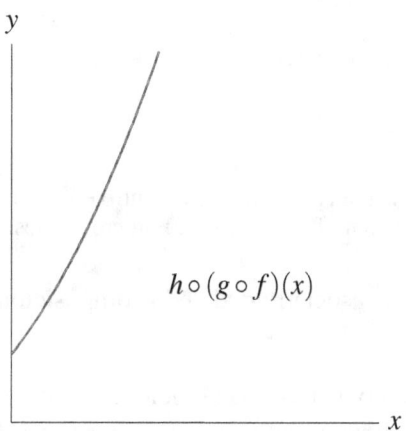

Figura 1.10.2: *Gráfica de $h \circ (g \circ f)(x) = (2x+3)^2$*

La Figura 1.10.2 ilustra gráficamente la composición $h \circ (g \circ f)(x)$, mostrando cómo la composición de funciones afecta la forma de la gráfica.

Proposition 1.10.8 La composición de funciones es asociativa, pero no conmutativa en general. Es decir, $g \circ f \neq f \circ g$ en la mayoría de los casos.

Demostración. La asociatividad se ha demostrado en el Teorema 1.10.7. Para la no conmutatividad, consideremos funciones $f : \mathbb{R} \to \mathbb{R}$ y $g : \mathbb{R} \to \mathbb{R}$. Por ejemplo, si $f(x) = 2x$ y $g(x) = x+3$, entonces:

$$g \circ f(x) = g(f(x)) = g(2x) = 2x+3,$$

$$f \circ g(x) = f(g(x)) = f(x+3) = 2(x+3) = 2x+6.$$

Claramente, $g \circ f(x) \neq f \circ g(x)$, lo que muestra que la composición de funciones no es conmutativa.

■

> ⓡ La no conmutatividad de la composición es un aspecto crucial a considerar al trabajar con funciones, especialmente en álgebra y análisis, donde el orden de aplicación de las funciones puede afectar significativamente el resultado.

Lema 1.10.1 Sea $\mathrm{id}_A : A \to A$ la función identidad definida por $\mathrm{id}_A(x) = x$ para todo $x \in A$. Entonces, para cualquier función $f : A \to B$, se cumple que:

$$f \circ \mathrm{id}_A = f, \quad \mathrm{id}_B \circ f = f.$$

Demostración. Para todo $x \in A$:

$$(f \circ \mathrm{id}_A)(x) = f(\mathrm{id}_A(x)) = f(x).$$

Asimismo, para todo $x \in A$:

$$(\mathrm{id}_B \circ f)(x) = \mathrm{id}_B(f(x)) = f(x).$$

Por lo tanto, $f \circ \mathrm{id}_A = f$ y $\mathrm{id}_B \circ f = f$. ∎

> (R) La función identidad actúa como elemento neutro en la composición de funciones, similar al número 1 en la multiplicación de números reales.

Ahora, exploraremos cómo la asociatividad de la composición es esencial en la teoría de grupos.

> **Theorem 1.10.9** El conjunto de todas las funciones biyectivas de un conjunto A en sí mismo, junto con la operación de composición de funciones, forma un grupo, conocido como el **grupo simétrico** de A, denotado por S_A.

Demostración. Para que S_A sea un grupo, deben cumplirse las siguientes propiedades:
1. **Clausura**: La composición de dos funciones biyectivas es biyectiva, por lo que $g \circ f \in S_A$ si $f, g \in S_A$.
2. **Asociatividad**: La composición de funciones es asociativa, como se demuestra en el Teorema 1.10.7.
3. **Elemento neutro**: La función identidad id_A actúa como elemento neutro, según el Lema 1.10.1.
4. **Elemento inverso**: Toda función biyectiva $f \in S_A$ tiene una inversa $f^{-1} \in S_A$ tal que $f \circ f^{-1} = \mathrm{id}_A$.

Por lo tanto, S_A es un grupo bajo la composición de funciones. ∎

■ **Example 1.105** Consideremos el conjunto $A = \{1, 2, 3\}$. Las permutaciones de A son las funciones biyectivas de A en sí mismo. Por ejemplo, una permutación σ puede estar definida por:

$$\sigma(1) = 2, \quad \sigma(2) = 3, \quad \sigma(3) = 1.$$

La composición de permutaciones es asociativa, y el conjunto de todas las permutaciones de A forma el grupo simétrico S_3. ■

1.10 Composición de funciones

Exercise 1.110 Demuestre que el grupo simétrico S_n es no abeliano para $n \geq 3$.

Solución. Para demostrar que S_n es no abeliano cuando $n \geq 3$, basta encontrar dos permutaciones $\sigma, \tau \in S_n$ tales que $\sigma \circ \tau \neq \tau \circ \sigma$.
Consideremos en S_3 las permutaciones:

$$\sigma = \begin{cases} 1 \mapsto 2, \\ 2 \mapsto 1, \\ 3 \mapsto 3, \end{cases} \quad \tau = \begin{cases} 1 \mapsto 1, \\ 2 \mapsto 3, \\ 3 \mapsto 2. \end{cases}$$

Calculamos $\sigma \circ \tau$ y $\tau \circ \sigma$:

$$\sigma \circ \tau(1) = \sigma(\tau(1)) = \sigma(1) = 2,$$
$$\sigma \circ \tau(2) = \sigma(\tau(2)) = \sigma(3) = 3,$$
$$\sigma \circ \tau(3) = \sigma(\tau(3)) = \sigma(2) = 1.$$

Entonces, $\sigma \circ \tau$ es la permutación:

$$1 \mapsto 2, \quad 2 \mapsto 3, \quad 3 \mapsto 1.$$

Ahora, calculamos $\tau \circ \sigma$:

$$\tau \circ \sigma(1) = \tau(\sigma(1)) = \tau(2) = 3,$$
$$\tau \circ \sigma(2) = \tau(\sigma(2)) = \tau(1) = 1,$$
$$\tau \circ \sigma(3) = \tau(\sigma(3)) = \tau(3) = 2.$$

Entonces, $\tau \circ \sigma$ es la permutación:

$$1 \mapsto 3, \quad 2 \mapsto 1, \quad 3 \mapsto 2.$$

Como $\sigma \circ \tau \neq \tau \circ \sigma$, concluimos que S_3 es no abeliano. Esto se generaliza para $n \geq 3$. ∎

> (R) La no conmutatividad del grupo simétrico S_n para $n \geq 3$ está relacionada con la no conmutatividad de la composición de funciones.

Ahora, consideremos cómo la asociatividad de la composición se relaciona con funciones inversas.

Proposition 1.10.10 Si $f : A \to B$ y $g : B \to C$ son funciones biyectivas, entonces la inversa de la composición $g \circ f$ es:

$$(g \circ f)^{-1} = f^{-1} \circ g^{-1}.$$

Demostración. Demostremos que $(g \circ f) \circ (f^{-1} \circ g^{-1}) = \mathrm{id}_C$ y $(f^{-1} \circ g^{-1}) \circ (g \circ f) = \mathrm{id}_A$.
Primero, $(g \circ f) \circ (f^{-1} \circ g^{-1}) = g \circ f \circ f^{-1} \circ g^{-1} = g \circ \mathrm{id}_B \circ g^{-1} = g \circ g^{-1} = \mathrm{id}_C$.
Segundo, $(f^{-1} \circ g^{-1}) \circ (g \circ f) = f^{-1} \circ g^{-1} \circ g \circ f = f^{-1} \circ \mathrm{id}_B \circ f = f^{-1} \circ f = \mathrm{id}_A$.
Por lo tanto, $(g \circ f)^{-1} = f^{-1} \circ g^{-1}$. ∎

Exercise 1.111 Sea $f : \mathbb{R} \to \mathbb{R}$ definida por $f(x) = 3x + 2$, y sea $g : \mathbb{R} \to \mathbb{R}$ definida por $g(x) = \sqrt{x}$, con dominio $[0, \infty)$. Determine si la composición $g \circ f$ es invertible, y en caso afirmativo, encuentre su inversa.

Solución. Primero, notamos que el dominio de g es $[0, \infty)$, por lo que para que $g \circ f$ esté bien definida, necesitamos que $f(x) \in [0, \infty)$ para todo $x \in A$.
Resolvemos $f(x) \geq 0$:

$$3x + 2 \geq 0 \implies x \geq -\frac{2}{3}.$$

Por lo tanto, el dominio de $g \circ f$ es $[-\frac{2}{3}, \infty)$.
La función $g \circ f : [-\frac{2}{3}, \infty) \to [0, \infty)$ está definida por:

$$(g \circ f)(x) = g(f(x)) = \sqrt{3x + 2}.$$

Esta función es continua y estrictamente creciente en su dominio, por lo que es invertible.
Para encontrar su inversa, consideremos $y = \sqrt{3x + 2}$.
Despejamos x:

$$y = \sqrt{3x+2} \implies y^2 = 3x + 2 \implies x = \frac{y^2 - 2}{3}.$$

Entonces, la inversa de $g \circ f$ es:

$$(g \circ f)^{-1}(y) = \frac{y^2 - 2}{3}.$$

> Este ejercicio muestra cómo la composición de funciones y la inversa de la composición pueden ser utilizadas para resolver ecuaciones y transformar funciones.

Finalmente, presentamos un ejercicio que involucra la composición de funciones y su asociatividad en el contexto de transformaciones lineales.

Exercise 1.112 Sean V, W y U espacios vectoriales, y sean $T_1 : V \to W$, $T_2 : W \to U$, y $T_3 : U \to \mathbb{R}$ transformaciones lineales. Demuestre que la composición de transformaciones lineales es asociativa, es decir:

$$T_3 \circ (T_2 \circ T_1) = (T_3 \circ T_2) \circ T_1.$$

Solución. La composición de transformaciones lineales es asociativa debido a la asociatividad de la composición de funciones, ya que las transformaciones lineales son funciones entre espacios vectoriales.
Para todo $v \in V$:

$$T_3 \circ (T_2 \circ T_1)(v) = T_3(T_2(T_1(v))) = (T_3 \circ T_2)(T_1(v)) = ((T_3 \circ T_2) \circ T_1)(v).$$

Por lo tanto, la composición es asociativa.

1.11 Función inversa

> La asociatividad de la composición es fundamental en álgebra lineal, permitiendo simplificar y manipular composiciones de transformaciones lineales en el estudio de operadores lineales y sus propiedades.

En conclusión, la asociatividad de la composición de funciones es una propiedad esencial que subyace en muchas áreas de las matemáticas. Comprender esta propiedad y sus implicaciones es crucial para el estudio avanzado del álgebra y otras disciplinas matemáticas.

1.11 Función inversa

1.11.1 Cálculo de la función inversa

El concepto de función inversa es fundamental en matemáticas, especialmente en el álgebra y el análisis. Permite revertir el proceso de una función, es decir, encontrar una función que deshace el efecto de la función original. A continuación, profundizaremos en la definición formal de función inversa, sus propiedades y métodos para calcularla.

> **Definition 1.11.1** Sea $f : A \to B$ una función biyectiva. La **función inversa** de f, denotada por $f^{-1} : B \to A$, es la función que satisface:
> $$f^{-1}(y) = x \quad \text{si y sólo si} \quad f(x) = y.$$
> Es decir, f^{-1} asigna a cada elemento $y \in B$ el único elemento $x \in A$ tal que $f(x) = y$.

> La existencia de la función inversa requiere que f sea biyectiva. La inyectividad garantiza que f es reversible en términos de elementos individuales, y la sobreyectividad asegura que todos los elementos del codominio B tienen una preimagen en A.

Para calcular la función inversa de una función dada, seguimos un procedimiento general que se ilustra en los siguientes ejemplos.

■ **Example 1.106** Calcule la función inversa de $f : \mathbb{R} \to \mathbb{R}$ definida por $f(x) = 3x + 5$.

Solución. Para encontrar f^{-1}, seguimos estos pasos:
1. Escribimos $y = f(x)$:
$$y = 3x + 5.$$

2. Despejamos x en términos de y:
$$x = \frac{y-5}{3}.$$

3. Intercambiamos los roles de x y y para obtener la expresión de f^{-1}:
$$f^{-1}(x) = \frac{x-5}{3}.$$

Por lo tanto, la función inversa es $f^{-1}(x) = \frac{x-5}{3}$. ∎

La Figura 1.11.1 muestra las gráficas de f y f^{-1}. Nótese que son simétricas respecto a la recta $y = x$. ∎

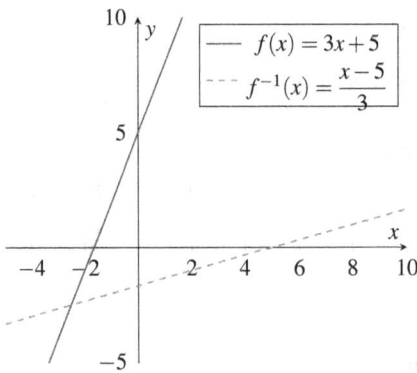

Figura 1.11.1: *Gráficas de f y f^{-1}*

(R) La simetría respecto a la recta $y = x$ es una propiedad general de una función y su inversa. Esto se debe a que, geométricamente, invertir f corresponde a reflejar su gráfica sobre la recta $y = x$.

Theorem 1.11.1 Si $f : A \to B$ es una función biyectiva, entonces su inversa $f^{-1} : B \to A$ también es biyectiva, y se cumple:

$$f^{-1} \circ f = \mathrm{id}_A, \quad f \circ f^{-1} = \mathrm{id}_B,$$

donde id_A y id_B son las funciones identidad en A y B, respectivamente.

Demostración. Supongamos que $f : A \to B$ es una función biyectiva. Por definición, f es inyectiva y sobreyectiva. Demostremos que su inversa $f^{-1} : B \to A$ también es biyectiva, y que las composiciones dadas son las funciones identidad.

f^{-1} **es una función:** Dado que f es biyectiva, para cada $b \in B$, existe exactamente un $a \in A$ tal que $f(a) = b$. Esto asegura que $f^{-1}(b)$ está bien definida para todo $b \in B$.

f^{-1} **es inyectiva:** Sean $b_1, b_2 \in B$ tales que $f^{-1}(b_1) = f^{-1}(b_2)$. Por definición de f^{-1}, esto implica que:

$$f(f^{-1}(b_1)) = f(f^{-1}(b_2)).$$

Como f es inyectiva, se sigue que $b_1 = b_2$. Por lo tanto, f^{-1} es inyectiva.

f^{-1} **es sobreyectiva:** Sea $a \in A$. Como f es sobreyectiva, existe $b \in B$ tal que $f(a) = b$. Entonces, por definición de f^{-1}, se tiene que $f^{-1}(b) = a$. Esto implica que todo $a \in A$ tiene una preimagen bajo f^{-1}, lo que demuestra que f^{-1} es sobreyectiva.

$f^{-1} \circ f = \mathrm{id}_A$: Sea $a \in A$. Por definición de f^{-1}, tenemos:

$$f^{-1}(f(a)) = a.$$

Esto demuestra que $f^{-1} \circ f = \mathrm{id}_A$.

$f \circ f^{-1} = \mathrm{id}_B$: Sea $b \in B$. Por definición de f^{-1}, existe $a \in A$ tal que $f(a) = b$. Entonces:

$$f(f^{-1}(b)) = b.$$

Esto demuestra que $f \circ f^{-1} = \mathrm{id}_B$.
La función $f^{-1} : B \to A$ es biyectiva, y se cumple:

$$f^{-1} \circ f = \mathrm{id}_A, \quad f \circ f^{-1} = \mathrm{id}_B.$$

∎

1.11 Función inversa

■ **Example 1.107** Calcule la función inversa de $f : (0, \infty) \to \mathbb{R}$ definida por $f(x) = \ln(x)$.

Solución. 1. Escribimos $y = \ln(x)$.
2. Despejamos x en términos de y:

$$x = e^y.$$

3. Intercambiamos los roles de x y y:

$$f^{-1}(x) = e^x.$$

Por lo tanto, la función inversa es $f^{-1}(x) = e^x$, con dominio $\mathbb{R}$ y codominio $(0, \infty)$.

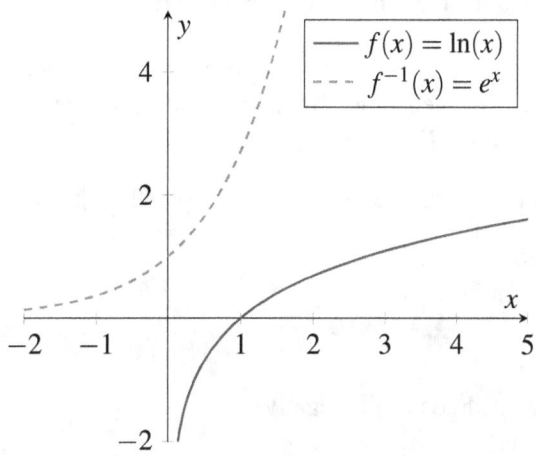

Figura 1.11.2: *Gráficas de f y f^{-1}*

La Figura 1.11.2 muestra las gráficas de f y f^{-1}, las cuales son simétricas respecto a la recta $y = x$. ■

■

Exercise 1.113 Calcule la función inversa de $f : \mathbb{R} \to \mathbb{R}$ definida por $f(x) = \dfrac{2x-1}{x+3}$.

Solución. 1. Escribimos $y = \dfrac{2x-1}{x+3}$.
2. Despejamos x en términos de y:

$$y(x+3) = 2x - 1 \implies yx + 3y = 2x - 1.$$

3. Agrupamos términos:

$$yx - 2x = -3y - 1 \implies x(y-2) = -3y - 1.$$

4. Despejamos x:

$$x = \frac{-3y - 1}{y - 2}.$$

5. Intercambiamos x y y:

$$f^{-1}(x) = \frac{-3x - 1}{x - 2}.$$

(R) Es importante verificar que el dominio y el codominio de f^{-1} sean consistentes con los de f. Además, se deben considerar las restricciones que surgen al despejar x, como evitar divisiones por cero.

Theorem 1.11.2 Si $f: I \to \mathbb{R}$ es una función continua e inyectiva definida en un intervalo I, entonces f es estrictamente monótona y tiene inversa continua $f^{-1}: f(I) \to I$.

Demostración. Como f es continua e inyectiva en un intervalo I, por el Teorema de la Función Inversa, f es estrictamente monótona (creciente o decreciente). Además, su inversa f^{-1} existe y es continua en $f(I)$. ∎

■ **Example 1.108** Calcule la función inversa de $f: [0, \infty) \to [0, \infty)$ definida por $f(x) = x^2$.

Solución. 1. Escribimos $y = x^2$.
2. Despejamos x en términos de y:

$$x = \sqrt{y}.$$

3. Como $x \geq 0$, la raíz cuadrada es no negativa.
4. Intercambiamos x y y:

$$f^{-1}(x) = \sqrt{x}.$$

Por lo tanto, $f^{-1}: [0, \infty) \to [0, \infty)$ está definida por $f^{-1}(x) = \sqrt{x}$.

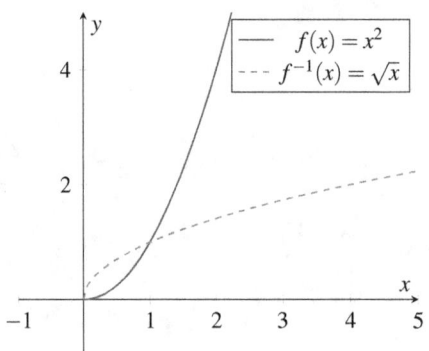

Figura 1.11.3: *Gráficas de f y f^{-1} en $[0, \infty)$*

La Figura 1.11.3 muestra las gráficas de f y f^{-1} en el dominio $[0, \infty)$. ∎

Exercise 1.114 Determine si la función $f: \mathbb{R} \to \mathbb{R}$ definida por $f(x) = x^2$ es invertible. Si no lo es, restrinja su dominio para obtener una función invertible y calcule su inversa.

Solución. La función $f(x) = x^2$ en $\mathbb{R}$ no es inyectiva, ya que $f(-x) = f(x)$. Por lo tanto, no es invertible en todo $\mathbb{R}$. Sin embargo, al restringir su dominio a $[0, \infty)$, obtenemos una función inyectiva y continua.
Entonces, $f: [0, \infty) \to [0, \infty)$ definida por $f(x) = x^2$ es invertible, y su inversa es

1.11 Función inversa

$f^{-1}(x) = \sqrt{x}$, como se mostró en el ejemplo anterior.

⒭ La restricción del dominio es una técnica común para obtener una función invertible a partir de una que no lo es en su dominio original.

Proposition 1.11.3 Si f y g son funciones invertibles, entonces la composición $g \circ f$ es invertible, y su inversa es $(g \circ f)^{-1} = f^{-1} \circ g^{-1}$.

Demostración. Como f y g son invertibles, existen f^{-1} y g^{-1}. Consideremos la composición:

$$(g \circ f) \circ (f^{-1} \circ g^{-1}) = g \circ f \circ f^{-1} \circ g^{-1} = g \circ \text{id} \circ g^{-1} = g \circ g^{-1} = \text{id}.$$

Similarmente,

$$(f^{-1} \circ g^{-1}) \circ (g \circ f) = f^{-1} \circ g^{-1} \circ g \circ f = f^{-1} \circ \text{id} \circ f = f^{-1} \circ f = \text{id}.$$

Por lo tanto, $(g \circ f)^{-1} = f^{-1} \circ g^{-1}$.

■ **Example 1.109** Calcule la inversa de la función $h : \mathbb{R} \to \mathbb{R}$ definida por $h(x) = \sqrt{2x+3}$.

Solución. Observemos que h es la composición de $f(x) = 2x+3$ y $g(x) = \sqrt{x}$.
1. Encontramos las inversas de f y g:

$$f^{-1}(x) = \frac{x-3}{2}, \quad g^{-1}(x) = x^2.$$

2. Aplicamos la proposición anterior:

$$h^{-1}(x) = f^{-1} \circ g^{-1}(x) = f^{-1}(x^2) = \frac{x^2 - 3}{2}.$$

Por lo tanto, la inversa de h es $h^{-1}(x) = \dfrac{x^2 - 3}{2}$.

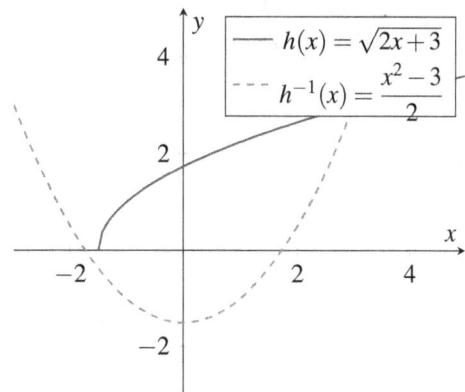

Figura 1.11.4: *Gráficas de h y h^{-1}*

La Figura 1.11.4 muestra las gráficas de h y h^{-1}.

Exercise 1.115 Calcule la función inversa de $f : \mathbb{R}^+ \to \mathbb{R}$ definida por $f(x) = \ln(x) + x$.

Solución. Este es un caso más complejo, ya que no es posible despejar x explícitamente en términos de y. Sin embargo, podemos considerar que f es una función estrictamente creciente en $\mathbb{R}^+$ y, por lo tanto, invertible.

La función inversa f^{-1} no tiene una expresión elemental, pero podemos denotar su inversa como $f^{-1}(y)$. En casos prácticos, podríamos utilizar métodos numéricos para aproximar $f^{-1}(y)$.

∎

> No todas las funciones invertibles tienen inversas expresables en términos de funciones elementales. En tales casos, se recurre a aproximaciones numéricas o a funciones especiales.

Theorem 1.11.4 — Teorema de la función inversa. Sea $f : \mathbb{R} \to \mathbb{R}$ una función diferenciable en un intervalo abierto I y sea $a \in I$ tal que $f'(a) \neq 0$. Entonces, existe un entorno abierto U de a tal que f es invertible en U, y su inversa f^{-1} es diferenciable en $f(U)$ con:

$$(f^{-1})'(f(a)) = \frac{1}{f'(a)}.$$

Demostración. **Existencia de la inversa en un entorno:** Como $f'(a) \neq 0$, por el **teorema de la derivada no nula**, f es estrictamente creciente o decreciente en algún entorno abierto U de a. Esto implica que f es inyectiva en U. Además, como f es continua y estrictamente monótona, es sobreyectiva de U en su imagen $f(U)$. Por lo tanto, f es invertible en U, y existe $f^{-1} : f(U) \to U$.

Diferenciabilidad de la inversa: Sea $y = f(x)$ con $x \in U$. Entonces, por definición de la inversa, $x = f^{-1}(y)$. Derivemos ambos lados con respecto a y, suponiendo que f^{-1} es diferenciable:

$$\frac{dx}{dy} = \frac{1}{\frac{dy}{dx}} = \frac{1}{f'(x)}.$$

Evaluación en $x = a$: Si $x = a$ y $y = f(a)$, tenemos:

$$(f^{-1})'(f(a)) = \frac{1}{f'(a)}.$$

Existe un entorno abierto $U \subseteq I$ tal que f es invertible en U, y su inversa f^{-1} es diferenciable en $f(U)$, cumpliendo:

$$(f^{-1})'(f(a)) = \frac{1}{f'(a)}.$$

∎

■ **Example 1.110** Calcule $(f^{-1})'(y)$ en $y = f(1)$, donde $f(x) = x^3 + x$.

1.11 Función inversa

Solución. Primero, calculamos $f(1)$:

$$f(1) = 1^3 + 1 = 2.$$

Calculamos $f'(x)$:

$$f'(x) = 3x^2 + 1.$$

Evaluamos $f'(1)$:

$$f'(1) = 3(1)^2 + 1 = 4.$$

Aplicando el teorema:

$$(f^{-1})'(2) = \frac{1}{f'(1)} = \frac{1}{4}.$$

Por lo tanto, la derivada de f^{-1} en $y = 2$ es $\frac{1}{4}$.

Exercise 1.116 Utilice el Teorema de la Función Inversa para aproximar el valor de $f^{-1}(2,1)$, donde $f(x) = x^3 + x$.

Solución. Sabemos que $f(1) = 2$ y $f^{-1}(2) = 1$. Usando la aproximación lineal:

$$f^{-1}(2,1) \approx f^{-1}(2) + (2,1 - 2)(f^{-1})'(2) = 1 + 0,1 \left(\frac{1}{4}\right) = 1 + 0,025 = 1,025.$$

(R) El Teorema de la Función Inversa es una herramienta poderosa para aproximar valores de funciones inversas y entender su comportamiento local.

Exercise 1.117 Sea $f : \mathbb{R} \to \mathbb{R}$ definida por $f(x) = e^{2x}$. Calcule $f^{-1}(x)$ y determine su dominio y codominio.

Solución. 1. Escribimos $y = e^{2x}$.
2. Despejamos x:

$$\ln(y) = 2x \implies x = \frac{\ln(y)}{2}.$$

3. Intercambiamos x y y:

$$f^{-1}(x) = \frac{\ln(x)}{2}.$$

El dominio de f^{-1} es $(0, \infty)$, y su codominio es $\mathbb{R}$.

■ Example 1.111 Calcule la función inversa de $f : \mathbb{R} \to (0, \infty)$ definida por $f(x) = e^x$ y represente gráficamente f y f^{-1}.

Solución. La inversa de f es $f^{-1}(x) = \ln(x)$.

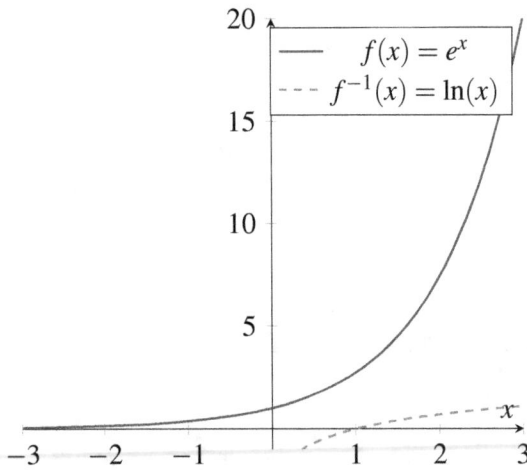

Figura 1.11.5: *Gráficas de f y f^{-1}*

La Figura 1.11.5 muestra las gráficas de f y f^{-1}.

(R) La función exponencial y su inversa, el logaritmo natural, son fundamentales en muchas áreas de las matemáticas y las ciencias.

Exercise 1.118 Demuestre que si $f : A \to B$ es una función invertible y f^{-1} es su inversa, entonces $(f^{-1})^{-1} = f$.

Solución. Por definición de función inversa, tenemos que:

$$f^{-1} \circ f = \mathrm{id}_A, \quad f \circ f^{-1} = \mathrm{id}_B.$$

Aplicando la inversa de f^{-1}, obtenemos:

$$(f^{-1})^{-1} = f.$$

(R) La función inversa de la inversa de una función es la función original. Esto refleja la simetría inherente en la relación entre una función y su inversa.

1.11 Función inversa

Exercise 1.119 Sea $f : \mathbb{R} \to \mathbb{R}$ definida por $f(x) = \dfrac{1}{x}$. Determine f^{-1} y su dominio.

Solución. 1. Escribimos $y = \dfrac{1}{x}$.

2. Despejamos x:
$$x = \dfrac{1}{y}.$$

3. Intercambiamos x y y:
$$f^{-1}(x) = \dfrac{1}{x}.$$

El dominio de f^{-1} es $\mathbb{R} \setminus \{0\}$, al igual que el de f.

■

> En este caso, la función es su propia inversa, es decir, $f^{-1} = f$. Esto ocurre con funciones involutivas.

Definition 1.11.2 Una función $f : A \to A$ es **involutiva** si $f \circ f = \text{id}_A$.

■ **Example 1.112** La función $f(x) = -x$ es involutiva, ya que:
$$f(f(x)) = f(-x) = -(-x) = x.$$

■

Exercise 1.120 Demuestre que la función $f : \mathbb{R} \to \mathbb{R}$ definida por $f(x) = 2a - x$, donde a es una constante, es involutiva.

Solución. Calculamos $f(f(x))$:
$$f(f(x)) = f(2a - x) = 2a - (2a - x) = x.$$

Por lo tanto, f es involutiva.

■

> Las funciones involutivas son sus propias inversas, lo que simplifica el cálculo de la inversa en estos casos.

En conclusión, el cálculo de la función inversa es un proceso que implica despejar la variable original y, en ocasiones, requiere analizar las propiedades de la función, como su inyectividad y continuidad. Es esencial comprender las técnicas y teoremas asociados para manejar funciones más complejas y aplicarlas en diversas áreas de las matemáticas.

1.11.2 Propiedades de las funciones invertibles

Las funciones invertibles, también conocidas como biyecciones, poseen propiedades fundamentales que son esenciales en diversas áreas de las matemáticas, como el álgebra, el análisis y la topología. En esta sección, exploraremos en detalle las propiedades clave de las funciones invertibles y cómo se relacionan con otros conceptos matemáticos.

Definition 1.11.3 Una función $f : A \to B$ es **invertible** si existe una función $g : B \to A$ tal que:

$$g \circ f = \text{id}_A \quad \text{y} \quad f \circ g = \text{id}_B,$$

donde id_A y id_B son las funciones identidad en A y B, respectivamente. La función g se denomina **función inversa** de f y se denota por f^{-1}.

> (R) Recordemos que una función es invertible si y solo si es biyectiva, es decir, si es inyectiva y sobreyectiva. Esto garantiza la existencia y unicidad de la función inversa.

Una de las propiedades más importantes de las funciones invertibles es cómo interactúan con la composición de funciones.

Theorem 1.11.5 Sean $f : A \to B$ y $g : B \to C$ funciones invertibles. Entonces, la composición $g \circ f : A \to C$ es invertible, y su inversa es:

$$(g \circ f)^{-1} = f^{-1} \circ g^{-1}.$$

Demostración. Dado que f y g son funciones invertibles, existen las funciones inversas $f^{-1} : B \to A$ y $g^{-1} : C \to B$ tales que:

$$f^{-1} \circ f = \text{id}_A, \quad f \circ f^{-1} = \text{id}_B, \quad g^{-1} \circ g = \text{id}_B, \quad g \circ g^{-1} = \text{id}_C.$$

Queremos demostrar que $(g \circ f)^{-1} = f^{-1} \circ g^{-1}$. Para ello, verificamos que $f^{-1} \circ g^{-1}$ satisface las propiedades de una función inversa para $g \circ f$.
Para todo $x \in A$:

$$(f^{-1} \circ g^{-1}) \circ (g \circ f)(x) = f^{-1}(g^{-1}(g(f(x)))) = f^{-1}(f(x)) = x.$$

Esto muestra que:

$$(f^{-1} \circ g^{-1}) \circ (g \circ f) = \text{id}_A.$$

Para todo $z \in C$:

$$(g \circ f) \circ (f^{-1} \circ g^{-1})(z) = g(f(f^{-1}(g^{-1}(z)))) = g(g^{-1}(z)) = z.$$

Esto muestra que:

$$(g \circ f) \circ (f^{-1} \circ g^{-1}) = \text{id}_C.$$

Por lo tanto, $f^{-1} \circ g^{-1}$ es la inversa de $g \circ f$, y tenemos que:

$$(g \circ f)^{-1} = f^{-1} \circ g^{-1}.$$

∎

> (R) Esta propiedad nos permite calcular fácilmente la inversa de una composición de funciones invertibles, simplemente componiendo las inversas en orden inverso.

1.11 Función inversa

Veamos un ejemplo que ilustra esta propiedad.

■ **Example 1.113** Sea $f : \mathbb{R} \to \mathbb{R}$ definida por $f(x) = 2x+3$, y sea $g : \mathbb{R} \to \mathbb{R}$ definida por $g(x) = \sqrt{x}$, con dominio $[0, \infty)$. Notemos que para que $g \circ f$ esté bien definida, necesitamos que $f(x) \geq 0$. Resolviendo:

$$2x+3 \geq 0 \implies x \geq -\frac{3}{2}.$$

Entonces, definimos $f : \left[-\frac{3}{2}, \infty\right) \to [0, \infty)$. Ambas funciones son invertibles en sus dominios.

Calculamos las inversas:

$$f^{-1}(x) = \frac{x-3}{2}, \quad g^{-1}(x) = x^2.$$

La inversa de $h = g \circ f$ es:

$$h^{-1} = f^{-1} \circ g^{-1}(x) = \frac{x^2 - 3}{2}.$$

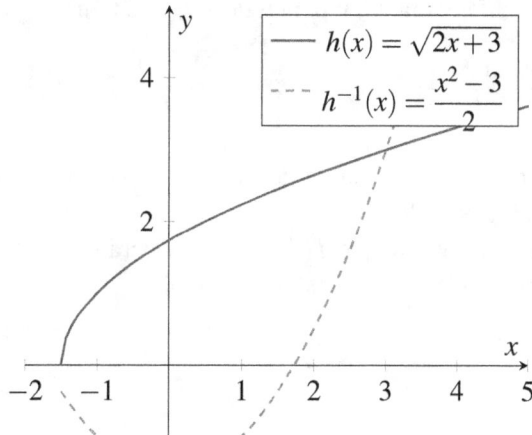

Figura 1.11.6: *Gráficas de h y h^{-1}*

La Figura 1.11.6 muestra las gráficas de h y su inversa h^{-1}. ■

Otra propiedad importante es la relación entre la inversa de una inversa y la función original.

Proposition 1.11.6 Sea $f : A \to B$ una función invertible. Entonces:

$$(f^{-1})^{-1} = f.$$

Demostración. Por definición de función inversa, tenemos:

$$f^{-1} \circ f = \text{id}_A, \quad f \circ f^{-1} = \text{id}_B.$$

Aplicando la inversa a f^{-1}, su inversa es la función que compuesta con f^{-1} da la identidad en B, es decir, f. Por lo tanto, $(f^{-1})^{-1} = f$. ■

> ⓡ Esta propiedad refleja la simetría entre una función invertible y su inversa, y es fundamental en el estudio de isomorfismos en álgebra.

La siguiente proposición relaciona la inyectividad y sobreyectividad de una función con las de su inversa.

Proposition 1.11.7 Sea $f : A \to B$ una función invertible. Entonces:
1. f es inyectiva si y sólo si f^{-1} es sobreyectiva.
2. f es sobreyectiva si y sólo si f^{-1} es inyectiva.

Demostración.   1. Dado que f es invertible, es biyectiva, es decir, inyectiva y sobreyectiva. Su inversa $f^{-1} : B \to A$ también es biyectiva. Por lo tanto, f es inyectiva y f^{-1} es sobreyectiva.

2. Similarmente, f es sobreyectiva y f^{-1} es inyectiva.
∎

> (R) Esta dualidad entre f y f^{-1} es esencial en muchas áreas de las matemáticas, especialmente en teoría de grupos y espacios vectoriales, donde las funciones invertibles corresponden a isomorfismos.

Theorem 1.11.8 Sea $f : I \to J$ una función invertible y diferenciable, donde I y J son intervalos abiertos en $\mathbb{R}$. Si f es estrictamente monótona y f' es continua, entonces la inversa $f^{-1} : J \to I$ es diferenciable, y para todo $y \in J$ se tiene:

$$(f^{-1})'(y) = \frac{1}{f'(f^{-1}(y))}.$$

Demostración. Dado que f es estrictamente monótona, es inyectiva, y como además es diferenciable, es invertible entre los intervalos abiertos I y J. Sea $y = f(x)$ con $x \in I$. Por la definición de la inversa, se cumple que $f(f^{-1}(y)) = y$ para todo $y \in J$. Derivamos ambos lados respecto a y, suponiendo que f^{-1} es diferenciable:

$$\frac{d}{dy} f(f^{-1}(y)) = \frac{d}{dy} y.$$

Aplicando la regla de la cadena al lado izquierdo, obtenemos:

$$f'(f^{-1}(y)) \cdot (f^{-1})'(y) = 1.$$

Resolviendo para $(f^{-1})'(y)$, se tiene:

$$(f^{-1})'(y) = \frac{1}{f'(f^{-1}(y))}.$$

La continuidad de f' asegura que el denominador no se anula, ya que f es estrictamente monótona y su derivada no cambia de signo en I. Por lo tanto, f^{-1} es diferenciable en J, y su derivada está dada por la expresión anterior.
∎

■ **Example 1.114** Calcule la derivada de la inversa de $f(x) = \tan(x)$ en $y = f\left(\frac{\pi}{4}\right)$.

Solución. Sabemos que $f\left(\frac{\pi}{4}\right) = \tan\left(\frac{\pi}{4}\right) = 1$. La derivada de f es:

$$f'(x) = \sec^2(x).$$

1.11 Función inversa

Evaluamos en $x = \dfrac{\pi}{4}$:

$$f'\left(\dfrac{\pi}{4}\right) = \sec^2\left(\dfrac{\pi}{4}\right) = \left(\dfrac{1}{\cos\left(\dfrac{\pi}{4}\right)}\right)^2 = \left(\dfrac{\sqrt{2}}{1}\right)^2 = 2.$$

Entonces, la derivada de la inversa en $y = 1$ es:

$$(f^{-1})'(1) = \dfrac{1}{f'(f^{-1}(1))} = \dfrac{1}{2}.$$

∎

Exercise 1.121 Sea $f(x) = e^x$, calcule $(f^{-1})'(e)$.

Solución. Sabemos que $f^{-1}(x) = \ln(x)$. Entonces:

$$(f^{-1})'(x) = \dfrac{1}{f'(f^{-1}(x))} = \dfrac{1}{e^{f^{-1}(x)}}.$$

Evaluando en $x = e$:

$$f^{-1}(e) = \ln(e) = 1,$$

$$(f^{-1})'(e) = \dfrac{1}{e^{f^{-1}(e)}} = \dfrac{1}{e^1} = \dfrac{1}{e}.$$

∎

(R) Este resultado muestra cómo la derivada de la función inversa se relaciona inversamente con la derivada de la función original evaluada en el punto correspondiente.

Otra propiedad esencial de las funciones invertibles es su comportamiento con respecto a conjuntos y operaciones de conjuntos.

Proposition 1.11.9 Sea $f : A \to B$ una función invertible. Entonces, para cualquier subconjunto $S \subseteq A$ y $T \subseteq B$:
1. $f^{-1}(f(S)) = S$.
2. $f(f^{-1}(T)) = T$.

Demostración. 1. Dado que f es inyectiva, para todo $a \in A$, si $f(a) \in f(S)$, entonces $a \in S$. Por lo tanto, $f^{-1}(f(S)) = S$.
2. Dado que f es sobreyectiva, para todo $b \in B$, existe $a \in A$ tal que $f(a) = b$. Entonces, $b \in f(f^{-1}(T))$ si y sólo si $b \in T$. Por lo tanto, $f(f^{-1}(T)) = T$.

∎

■ **Example 1.115** Sea $f : \mathbb{R} \to \mathbb{R}$ definida por $f(x) = x^3$, que es invertible con inversa $f^{-1}(x) = \sqrt[3]{x}$. Para $S = [0, \infty)$:

$$f^{-1}(f(S)) = f^{-1}([0, \infty)) = [0, \infty) = S.$$

∎

Exercise 1.122 Demuestre que si $f : A \to B$ es invertible, entonces para cualquier $S, T \subseteq A$:

$$f(S \cap T) = f(S) \cap f(T).$$

Solución. Dado que f es inyectiva, para todo $a \in S \cap T$, $f(a) \in f(S)$ y $f(a) \in f(T)$, por lo que $f(a) \in f(S) \cap f(T)$. Así, $f(S \cap T) \subseteq f(S) \cap f(T)$.

Para la otra inclusión, sea $b \in f(S) \cap f(T)$. Entonces, existen $a_1 \in S$ y $a_2 \in T$ tales que $f(a_1) = b$ y $f(a_2) = b$. Como f es inyectiva, $a_1 = a_2$, por lo que $a_1 \in S \cap T$ y $b = f(a_1) \in f(S \cap T)$. Por lo tanto, $f(S) \cap f(T) \subseteq f(S \cap T)$.

Concluimos que $f(S \cap T) = f(S) \cap f(T)$. ∎

> (R) Esta propiedad no necesariamente se cumple si f no es inyectiva, lo que resalta la importancia de la inyectividad en las funciones invertibles.

Theorem 1.11.10 Sea $f : A \to B$ una función continua e invertible, y sea $f^{-1} : B \to A$ su inversa. Entonces, f^{-1} es continua si y sólo si f es una función abierta, es decir, si para todo conjunto abierto $U \subseteq A$, el conjunto $f(U)$ es abierto en B.

Demostración. Supongamos primero que f es continua e invertible, y que f es una función abierta. Sea $V \subseteq B$ un conjunto abierto. Como f^{-1} es la inversa de f, tenemos que $f^{-1}(V)$ es un subconjunto de A tal que:

$$f(f^{-1}(V)) = V \cap f(A).$$

Dado que f es abierta, para cualquier conjunto abierto $U \subseteq A$, el conjunto $f(U)$ es abierto en B. Por la continuidad de f, la preimagen de V bajo f^{-1} es abierta en A. Esto implica que f^{-1} es continua.

Recíprocamente, supongamos que f^{-1} es continua. Si $U \subseteq A$ es un conjunto abierto, entonces por la definición de $f(U)$, tenemos:

$$f(U) = \{y \in B \mid f^{-1}(y) \in U\}.$$

Como f^{-1} es continua, la preimagen de U bajo f^{-1} es abierta en B. Esto implica que $f(U)$ es abierto en B, por lo que f es una función abierta.

En conclusión, f^{-1} es continua si y sólo si f es una función abierta. ∎

■ **Example 1.116** Considere $f : \mathbb{R} \to \mathbb{R}$ definida por $f(x) = x^3$. Esta función es continua, invertible y abierta, ya que la imagen de cualquier intervalo abierto es un intervalo abierto en $\mathbb{R}$. Por lo tanto, su inversa $f^{-1}(x) = \sqrt[3]{x}$ es continua. ∎

Exercise 1.123 Sea $f : (0, \infty) \to \mathbb{R}$ definida por $f(x) = \ln(x)$. Demuestre que f es invertible y su inversa es continua.

Solución. La función f es continua, estrictamente creciente y sobreyectiva sobre $\mathbb{R}$. Su inversa es $f^{-1}(x) = e^x$, que es continua en $\mathbb{R}$. Además, f es una función abierta porque la imagen de cualquier intervalo abierto $(a, b) \subseteq (0, \infty)$ es $(\ln(a), \ln(b))$, que es abierto en $\mathbb{R}$.

1.11 Función inversa

> (R) La continuidad de la inversa es una propiedad crucial en análisis y topología, especialmente en el estudio de homeomorfismos entre espacios topológicos.

Definition 1.11.4 Una función $f : A \to A$ es **involutiva** si $f \circ f = \text{id}_A$. En otras palabras, f es su propia inversa.

■ **Example 1.117** La función $f : \mathbb{R} \to \mathbb{R}$ definida por $f(x) = -x$ es involutiva, ya que:

$$f(f(x)) = f(-x) = -(-x) = x = \text{id}_\mathbb{R}(x).$$

Exercise 1.124 Sea $f : \mathbb{C} \to \mathbb{C}$ definida por $f(z) = \dfrac{1}{z}$. Demuestre que f es involutiva en $\mathbb{C} \setminus \{0\}$.

Solución. Calculamos $f(f(z))$:

$$f(f(z)) = f\left(\frac{1}{z}\right) = \frac{1}{\frac{1}{z}} = z.$$

Por lo tanto, $f \circ f = \text{id}_{\mathbb{C} \setminus \{0\}}$.

> (R) Las funciones involutivas son ejemplos interesantes de funciones invertibles, ya que su inversa es la propia función. Aparecen en diversas áreas, como en transformaciones geométricas y teoría de grupos.

Finalmente, consideremos cómo las funciones invertibles preservan ciertas estructuras algebraicas.

Theorem 1.11.11 Sea $f : G \to H$ un homomorfismo de grupos. Si f es invertible, entonces f es un isomorfismo de grupos, y su inversa f^{-1} también es un homomorfismo de grupos.

Demostración. Dado que $f : G \to H$ es un homomorfismo de grupos e invertible, existe una función $f^{-1} : H \to G$ tal que:

$$f^{-1}(f(g)) = g \quad \text{para todo } g \in G, \quad \text{y} \quad f(f^{-1}(h)) = h \quad \text{para todo } h \in H.$$

Primero, como f es un homomorfismo, se cumple que:

$$f(g_1 g_2) = f(g_1) f(g_2) \quad \text{para todo } g_1, g_2 \in G.$$

La invertibilidad de f implica que f es biyectiva. Por lo tanto, f es un isomorfismo, ya que preserva la operación del grupo y tiene una inversa bien definida.

Ahora, probemos que f^{-1} es un homomorfismo. Sean $h_1, h_2 \in H$. Como f es biyectiva, existen $g_1, g_2 \in G$ tales que $f(g_1) = h_1$ y $f(g_2) = h_2$. Entonces:

$$f^{-1}(h_1 h_2) = f^{-1}(f(g_1)f(g_2)) = f^{-1}(f(g_1 g_2)) = g_1 g_2.$$

Por definición de f^{-1}, esto implica:

$$f^{-1}(h_1 h_2) = f^{-1}(h_1) f^{-1}(h_2).$$

Por lo tanto, f^{-1} también preserva la operación del grupo, lo que demuestra que f^{-1} es un homomorfismo de grupos.

En conclusión, si f es un homomorfismo invertible, entonces f es un isomorfismo de grupos, y su inversa f^{-1} también es un homomorfismo. ∎

■ **Example 1.118** Sea $f : \mathbb{R}^+ \to \mathbb{R}$ definida por $f(x) = \ln(x)$. Esta función es un isomorfismo entre el grupo multiplicativo $\mathbb{R}^+$ y el grupo aditivo $\mathbb{R}$, ya que:

$$f(xy) = \ln(xy) = \ln(x) + \ln(y) = f(x) + f(y).$$

Su inversa $f^{-1}(y) = e^y$ es también un homomorfismo de grupos del grupo aditivo $\mathbb{R}$ al multiplicativo $\mathbb{R}^+$.

∎

> **Exercise 1.125** Demuestre que la función $f : \mathbb{Z}_n \to \mathbb{Z}_n$ definida por $f([k]) = [ak]$, donde a es un entero tal que $\gcd(a, n) = 1$, es un automorfismo de grupos.
>
> *Solución.* Dado que $\gcd(a, n) = 1$, el entero a es invertible módulo n. Por lo tanto, existe $b \in \mathbb{Z}$ tal que $ab \equiv 1 \mod n$. La función f es un homomorfismo:
>
> $$f([k_1] + [k_2]) = f([k_1 + k_2]) = [a(k_1 + k_2)] = [ak_1] + [ak_2] = f([k_1]) + f([k_2]).$$
>
> Además, f es invertible con inversa $f^{-1}([k]) = [bk]$. Por lo tanto, f es un automorfismo de grupos.
>
> ∎

> (R) Los automorfismos de grupos son funciones invertibles que preservan la estructura algebraica, y su estudio es fundamental en teoría de grupos y álgebra abstracta.

En resumen, las funciones invertibles poseen propiedades que las hacen fundamentales en matemáticas. Su capacidad para revertir procesos y preservar estructuras las convierte en herramientas esenciales en diversas áreas, desde álgebra hasta análisis y topología.

1.12 Ejercicios Resueltos

1.12.1 Pertenencia e inclusión

> **Exercise 1.126** Sean los conjuntos $A = \{1, 2, 3, 4\}$ y $B = \{x \in \mathbb{N} : x \leq 4\}$. Demuestre que $A = B$.

1.12 Ejercicios Resueltos

Demostración. Para demostrar que $A = B$, debemos probar que $A \subseteq B$ y $B \subseteq A$.
1) Primero, probemos que $A \subseteq B$: - Sea $x \in A$ - Entonces $x \in \{1,2,3,4\}$ - Por lo tanto, x es un número natural y $x \leq 4$ - Así, $x \in B$
2) Ahora, probemos que $B \subseteq A$: - Sea $x \in B$ - Entonces $x \in \mathbb{N}$ y $x \leq 4$ - Los únicos números naturales menores o iguales a 4 son 1, 2, 3 y 4 - Por lo tanto, $x \in A$
Concluimos que $A = B$. ∎

Exercise 1.127 Sea $A = \{x \in \mathbb{R} : -2 \leq x \leq 3\}$ y $B = \{x \in \mathbb{R} : 0 \leq x \leq 2\}$. Demuestre que $B \subset A$.

Demostración. Para demostrar que $B \subset A$, debemos probar que: 1) $B \subseteq A$ 2) $B \neq A$
Primero, probemos que $B \subseteq A$: - Sea $x \in B$ - Entonces $0 \leq x \leq 2$ - Como $-2 < 0 \leq x \leq 2 < 3$ - Por lo tanto, $x \in A$
Ahora, probemos que $B \neq A$: - Tomemos $x = -1$ - Claramente $-1 \in A$ pues $-2 \leq -1 \leq 3$ - Pero $-1 \notin B$ pues $-1 < 0$ - Por lo tanto, existe un elemento en A que no está en B
Concluimos que $B \subset A$. ∎

Exercise 1.128 Sea $A = \{1,2,3\}$. Determine el número total de subconjuntos de A y demuestre que cada uno de ellos está contenido en A.

Demostración. Para un conjunto de n elementos, el número total de subconjuntos es 2^n. Como A tiene 3 elementos, tendrá $2^3 = 8$ subconjuntos:
Los subconjuntos son: - $\emptyset$ - $\{1\}$ - $\{2\}$ - $\{3\}$ - $\{1,2\}$ - $\{1,3\}$ - $\{2,3\}$ - $\{1,2,3\}$
Para cada subconjunto S, probemos que $S \subseteq A$: - Sea $x \in S$ para cualquier subconjunto S listado - Por construcción, x debe ser 1, 2 o 3 - Como $\{1,2,3\} = A$ - Entonces $x \in A$ - Por lo tanto, $S \subseteq A$ para todo subconjunto S ∎

Exercise 1.129 Sean A y B conjuntos. Demuestre que si $A \subseteq B$ y $B \subseteq A$, entonces $A = B$.

Demostración. Por definición, $A = B$ si y solo si $A \subseteq B$ y $B \subseteq A$. Como nos dan estas dos condiciones en las hipótesis: - $A \subseteq B$ (dado) - $B \subseteq A$ (dado)
Entonces se cumple directamente la definición de igualdad de conjuntos. Por lo tanto, $A = B$. ∎

Exercise 1.130 Sea $A = \{1,2,3\}$ y $B = \{x,y,1\}$. Determine si $1 \in A$, $x \in A$, $1 \in B$, y $3 \in B$.

Demostración. Analizaremos cada caso:
1) ¿$1 \in A$? - $A = \{1,2,3\}$ - 1 está listado explícitamente en A - Por lo tanto, $1 \in A$ es verdadero
2) ¿$x \in A$? - $A = \{1,2,3\}$ - x no aparece en la lista de elementos de A - Por lo tanto, $x \notin A$
3) ¿$1 \in B$? - $B = \{x,y,1\}$ - 1 está listado explícitamente en B - Por lo tanto, $1 \in B$ es verdadero
4) ¿$3 \in B$? - $B = \{x,y,1\}$ - 3 no aparece en la lista de elementos de B - Por lo tanto, $3 \notin B$ ∎

1.12.2 Operaciones entre conjuntos

Exercise 1.131 Sean $A = \{1,2,3\}$ y $B = \{2,3,4\}$. Encuentre $A \cup B$, $A \cap B$ y $A - B$.

Demostración. Resolveremos cada operación:
1) Para $A \cup B$: - $A \cup B = \{x : x \in A \text{ o } x \in B\}$ - Combinamos todos los elementos sin repetir - $A \cup B = \{1,2,3,4\}$
2) Para $A \cap B$: - $A \cap B = \{x : x \in A \text{ y } x \in B\}$ - Tomamos los elementos que están en ambos conjuntos - $A \cap B = \{2,3\}$
3) Para $A - B$: - $A - B = \{x : x \in A \text{ y } x \notin B\}$ - Tomamos los elementos de A que no están en B - $A - B = \{1\}$ ∎

Exercise 1.132 Sea $U = \{1,2,3,4,5\}$ el universo y $A = \{1,3,5\}$. Encuentre A^c y demuestre que $A \cup A^c = U$ y $A \cap A^c = \emptyset$.

Demostración. 1) Primero, encontremos A^c: - $A^c = \{x \in U : x \notin A\}$ - $A^c = \{2,4\}$
2) Demostremos que $A \cup A^c = U$: - $A \cup A^c = \{1,3,5\} \cup \{2,4\}$ - $A \cup A^c = \{1,2,3,4,5\}$ - $A \cup A^c = U$
3) Demostremos que $A \cap A^c = \emptyset$: - Supongamos que existe $x \in A \cap A^c$ - Entonces $x \in A$ y $x \in A^c$ - Pero por definición de complemento, $x \in A^c$ significa $x \notin A$ - Esto es una contradicción - Por lo tanto, $A \cap A^c = \emptyset$ ∎

Exercise 1.133 Sean $A = \{1,2\}$ y $B = \{3,4\}$. Encuentre el producto cartesiano $A \times B$.

Demostración. El producto cartesiano $A \times B$ es el conjunto de todos los pares ordenados (a,b) donde $a \in A$ y $b \in B$.
$A \times B = \{(a,b) : a \in A \text{ y } b \in B\}$
Formando todos los pares posibles: - Para $a = 1$: $(1,3), (1,4)$ - Para $a = 2$: $(2,3), (2,4)$
Por lo tanto: $A \times B = \{(1,3),(1,4),(2,3),(2,4)\}$ ∎

Exercise 1.134 Sean A, B y C conjuntos. Demuestre que si $A \subseteq B$ entonces $A \cup C \subseteq B \cup C$.

Demostración. Debemos demostrar que si $x \in A \cup C$, entonces $x \in B \cup C$.
Sea $x \in A \cup C$ - Por definición de unión, esto significa que $x \in A$ o $x \in C$
Caso 1: Si $x \in A$ - Como $A \subseteq B$ (dado) - Entonces $x \in B$ - Por lo tanto, $x \in B \cup C$
Caso 2: Si $x \in C$ - Por definición de unión - Entonces $x \in B \cup C$
En ambos casos, $x \in B \cup C$ Por lo tanto, $A \cup C \subseteq B \cup C$ ∎

Exercise 1.135 Sea $A = \{1,2,3\}$. Demuestre que $\mathscr{P}(A)$, el conjunto potencia de A, tiene $2^3 = 8$ elementos.

Demostración. El conjunto potencia $\mathscr{P}(A)$ es el conjunto de todos los subconjuntos de A.
1) Listemos todos los posibles subconjuntos: - Subconjunto vacío: $\{\emptyset\}$ - Subconjuntos de 1 elemento: $\{1\}, \{2\}, \{3\}$ - Subconjuntos de 2 elementos: $\{1,2\}, \{1,3\}, \{2,3\}$ - Subconjunto de 3 elementos: $\{1,2,3\}$
2) Contemos el total: - 1 subconjunto vacío - 3 subconjuntos de 1 elemento - 3 subconjuntos de 2 elementos - 1 subconjunto de 3 elementos - Total: $1+3+3+1 = 8 = 2^3$
Por lo tanto, $|\mathscr{P}(A)| = 8 = 2^3$ ∎

1.12.3 Familias de conjuntos

Exercise 1.136 Sea $\mathscr{F} = \{A_1, A_2, A_3\}$ una familia de conjuntos donde $A_1 = \{1,2\}$, $A_2 = \{2,3\}$, y $A_3 = \{1,3\}$. Encuentre $\bigcup_{i=1}^{3} A_i$ y $\bigcap_{i=1}^{3} A_i$.

Demostración. 1) Para encontrar $\bigcup_{i=1}^{3} A_i$: - Debemos incluir todos los elementos que aparecen en al menos un conjunto - A_1 aporta 1,2 - A_2 aporta 2,3 - A_3 aporta 1,3 - Por lo tanto, $\bigcup_{i=1}^{3} A_i = \{1,2,3\}$

2) Para encontrar $\bigcap_{i=1}^{3} A_i$: - Debemos incluir solo los elementos que aparecen en todos los conjuntos - 1 está en A_1 y A_3, pero no en A_2 - 2 está en A_1 y A_2, pero no en A_3 - 3 está en A_2 y A_3, pero no en A_1 - Por lo tanto, $\bigcap_{i=1}^{3} A_i = \emptyset$ ∎

Exercise 1.137 Sea $\mathscr{F}$ una familia de conjuntos. Demuestre que si $A \in \mathscr{F}$, entonces $A \subseteq \bigcup \mathscr{F}$.

Demostración. Sea $A \in \mathscr{F}$ y sea $x \in A$ arbitrario. Por definición de unión de una familia de conjuntos: - $\bigcup \mathscr{F} = \{x : x \in B \text{ para algún } B \in \mathscr{F}\}$ - Como $A \in \mathscr{F}$ y $x \in A$ - Entonces $x \in \bigcup \mathscr{F}$

Por lo tanto, todo elemento de A está en $\bigcup \mathscr{F}$ Lo que demuestra que $A \subseteq \bigcup \mathscr{F}$ ∎

Exercise 1.138 Sea $\mathscr{F} = \{A_n : n \in \mathbb{N}\}$ donde $A_n = [0, \frac{1}{n}]$ para cada $n \in \mathbb{N}$. Encuentre $\bigcap_{n=1}^{\infty} A_n$.

Demostración. Para encontrar la intersección infinita, analicemos:
1) Cada A_n es un intervalo cerrado de 0 a $\frac{1}{n}$
2) Para cualquier $x > 0$: - Podemos encontrar un $n \in \mathbb{N}$ tal que $\frac{1}{n} < x$ - Por lo tanto, $x \notin A_n$ - Así que $x \notin \bigcap_{n=1}^{\infty} A_n$
3) Para $x = 0$: - $0 \in A_n$ para todo $n \in \mathbb{N}$ - Por lo tanto, $0 \in \bigcap_{n=1}^{\infty} A_n$
4) Por lo tanto, $\bigcap_{n=1}^{\infty} A_n = \{0\}$ ∎

Exercise 1.139 Sea $\mathscr{F} = \{A, B, C\}$ una familia de conjuntos. Demuestre que $(\bigcup \mathscr{F})^c = \bigcap \{X^c : X \in \mathscr{F}\}$.

Demostración. Demostraremos que un elemento está en $(\bigcup \mathscr{F})^c$ si y solo si está en $\bigcap \{X^c : X \in \mathscr{F}\}$.

Sea x un elemento cualquiera:
$x \in (\bigcup \mathscr{F})^c \iff x \notin \bigcup \mathscr{F} \iff x \notin A \text{ y } x \notin B \text{ y } x \notin C \iff x \in A^c \text{ y } x \in B^c \text{ y } x \in C^c$
$\iff x \in \bigcap \{X^c : X \in \mathscr{F}\}$
Por lo tanto, $(\bigcup \mathscr{F})^c = \bigcap \{X^c : X \in \mathscr{F}\}$ ∎

Exercise 1.140 Sea $\mathscr{F}$ una familia de conjuntos y $A, B \in \mathscr{F}$. Demuestre que si $A \cap B = \emptyset$, entonces $\mathscr{F}$ no es una familia de conjuntos anidados.

Demostración. Por contradicción: 1) Supongamos que $\mathscr{F}$ es una familia de conjuntos anidados
2) Por definición de conjuntos anidados: - Para cualesquiera dos conjuntos de la familia - Uno debe estar contenido en el otro
3) Como $A, B \in \mathscr{F}$: - Debe cumplirse $A \subseteq B$ o $B \subseteq A$
4) Si $A \subseteq B$: - Entonces todo elemento de A está en B - Por lo tanto, $A \cap B = A \neq \emptyset$

5) Si $B \subseteq A$: - Entonces todo elemento de B está en A - Por lo tanto, $A \cap B = B \neq \emptyset$
6) En cualquier caso, $A \cap B \neq \emptyset$
Esto contradice la hipótesis de que $A \cap B = \emptyset$ Por lo tanto, $\mathscr{F}$ no puede ser una familia de conjuntos anidados. ∎

1.12.4 Producto cartesiano

Exercise 1.141 Sean $A = \{1,2\}$ y $B = \{a,b,c\}$. Encuentre $A \times B$ y $B \times A$, y determine si son iguales.

Demostración. 1) Encontremos $A \times B$: - Son todos los pares ordenados (x,y) donde $x \in A$ y $y \in B$ - $A \times B = \{(1,a),(1,b),(1,c),(2,a),(2,b),(2,c)\}$
2) Encontremos $B \times A$: - Son todos los pares ordenados (x,y) donde $x \in B$ y $y \in A$ - $B \times A = \{(a,1),(a,2),(b,1),(b,2),(c,1),(c,2)\}$
3) Comparación: - Los conjuntos tienen el mismo número de elementos (6) - Pero los pares ordenados son diferentes - Por ejemplo, $(1,a) \in A \times B$ pero $(1,a) \notin B \times A$ - Por lo tanto, $A \times B \neq B \times A$ ∎

Exercise 1.142 Sean A y B conjuntos. Demuestre que si $A \times B = \emptyset$, entonces $A = \emptyset$ o $B = \emptyset$.

Demostración. Usaremos contradicción: 1) Supongamos que $A \neq \emptyset$ y $B \neq \emptyset$
2) Entonces: - Existe $a \in A$ - Existe $b \in B$
3) Por definición de producto cartesiano: - El par ordenado (a,b) debe estar en $A \times B$ - Por lo tanto, $A \times B \neq \emptyset$
4) Esto contradice la hipótesis de que $A \times B = \emptyset$
Por lo tanto, no es posible que ambos conjuntos sean no vacíos. Concluimos que $A = \emptyset$ o $B = \emptyset$. ∎

Exercise 1.143 Sean A, B y C conjuntos. Demuestre que $(A \times B) \cap (A \times C) = A \times (B \cap C)$.

Demostración. Demostraremos la igualdad probando la doble inclusión.
1) Sea $(x,y) \in (A \times B) \cap (A \times C)$ - Entonces $(x,y) \in A \times B$ y $(x,y) \in A \times C$ - Por lo tanto, $x \in A$ y $y \in B$ y $y \in C$ - Esto significa que $x \in A$ y $y \in B \cap C$ - Por lo tanto, $(x,y) \in A \times (B \cap C)$
2) Sea $(x,y) \in A \times (B \cap C)$ - Entonces $x \in A$ y $y \in B \cap C$ - Por lo tanto, $x \in A$, $y \in B$ y $y \in C$ - Esto significa que $(x,y) \in A \times B$ y $(x,y) \in A \times C$ - Por lo tanto, $(x,y) \in (A \times B) \cap (A \times C)$
Por la doble inclusión, concluimos que: $(A \times B) \cap (A \times C) = A \times (B \cap C)$ ∎

Exercise 1.144 Sean A y B conjuntos no vacíos. Demuestre que $|A \times B| = |A| \cdot |B|$ para conjuntos finitos.

Demostración. 1) Sea $|A| = m$ y $|B| = n$ donde $m,n \in \mathbb{N}$
2) Para cada elemento $a_i \in A$ $(i = 1,\ldots,m)$: - Se forman n pares ordenados (a_i,b_j) con cada $b_j \in B$ $(j = 1,\ldots,n)$
3) Por el principio multiplicativo: - Cada elemento de A se combina con cada elemento de B - Por lo tanto, el número total de pares ordenados es $m \cdot n$
4) Como cada par ordenado es único: - No hay repeticiones en $A \times B$ - $|A \times B| = |A| \cdot |B| = m \cdot n$
Por lo tanto, queda demostrado que $|A \times B| = |A| \cdot |B|$ ∎

1.12 Ejercicios Resueltos

Exercise 1.145 Sean $A = \{1,2\}$ y $B = \{a,b\}$. Encuentre $(A \times B) \times (A \times B)$.

Demostración. 1) Primero encontremos $A \times B$: - $A \times B = \{(1,a),(1,b),(2,a),(2,b)\}$
2) Ahora debemos formar pares ordenados de estos pares:

$$(A \times B) \times (A \times B) =$$

$$\{((1,a),(1,a)),((1,a),(1,b)),((1,a),(2,a)),((1,a),(2,b)),$$
$$((1,b),(1,a)),((1,b),(1,b)),((1,b),(2,a)),((1,b),(2,b)),$$
$$((2,a),(1,a)),((2,a),(1,b)),((2,a),(2,a)),((2,a),(2,b)),$$
$$((2,b),(1,a)),((2,b),(1,b)),((2,b),(2,a)),((2,b),(2,b))\}$$

3) Verificación: - $|A \times B| = 4$ - Por lo tanto, $|(A \times B) \times (A \times B)| = 16$ - Cada elemento es un par ordenado de pares ordenados ∎

1.12.5 Cardinalidad de conjuntos

Exercise 1.146 Sean $A = \{1,2,3,4\}$ y $B = \{x,y,z\}$. Determine si existe una función biyectiva entre A y B.

Demostración. 1) Para que exista una función biyectiva: - Los conjuntos deben tener la misma cardinalidad - $|A| = 4$ (tiene 4 elementos) - $|B| = 3$ (tiene 3 elementos) - Como $|A| \neq |B|$
2) Por el teorema de Cantor-Bernstein: - No puede existir una función biyectiva entre conjuntos de diferente cardinalidad
Por lo tanto, no existe una función biyectiva entre A y B. ∎

Exercise 1.147 Sea A un conjunto finito. Demuestre que $|\mathscr{P}(A)| = 2^{|A|}$.

Demostración. Lo demostraremos por inducción sobre $|A|$:
1) Base: $|A| = 0$ (caso vacío) - $A = \emptyset$ - $\mathscr{P}(\emptyset) = \{\emptyset\}$ - $|\mathscr{P}(\emptyset)| = 1 = 2^0$
2) Hipótesis inductiva: Supongamos que para un conjunto B con $|B| = n$, se cumple $|\mathscr{P}(B)| = 2^n$
3) Paso inductivo: Sea A un conjunto con $|A| = n+1$ - Tomemos un elemento $x \in A$ - Sea $B = A \setminus \{x\}$ - Cada subconjunto de A o bien contiene a x o no lo contiene - Los subconjuntos que no contienen x son los elementos de $\mathscr{P}(B)$ - Los subconjuntos que contienen x son de la forma $S \cup \{x\}$ donde $S \in \mathscr{P}(B)$ - Por lo tanto, $|\mathscr{P}(A)| = |\mathscr{P}(B)| + |\mathscr{P}(B)| = 2 \cdot |\mathscr{P}(B)|$ - Por hipótesis inductiva: $2 \cdot 2^n = 2^{n+1} = 2^{|A|}$
Por el principio de inducción matemática, queda demostrado que para todo conjunto finito A: $|\mathscr{P}(A)| = 2^{|A|}$ ∎

Exercise 1.148 Sean A y B conjuntos finitos. Demuestre que $|A \cup B| = |A| + |B| - |A \cap B|$.

Demostración. 1) Analicemos cómo se cuentan los elementos: - Si sumamos $|A| + |B|$, hemos contado los elementos de $A \cap B$ dos veces
2) Para obtener el conteo correcto: - Debemos restar una vez los elementos que están en ambos conjuntos - Es decir, restar $|A \cap B|$
3) Veamos por qué esto es correcto: - Los elementos que están solo en A se cuentan una vez - Los elementos que están solo en B se cuentan una vez - Los elementos en $A \cap B$ se

cuentan: * Una vez en $|A|$ * Una vez en $|B|$ * Se restan una vez con $-|A \cap B|$ * Resultando en contarlos una sola vez

4) Por lo tanto: $|A \cup B| = |A| + |B| - |A \cap B|$

Esta fórmula se conoce como el Principio de Inclusión-Exclusión para dos conjuntos. ∎

Exercise 1.149 Sea A un conjunto finito no vacío. Demuestre que existe una biyección entre A y el conjunto $\{1, 2, \ldots, n\}$ donde $n = |A|$.

Demostración. 1) Como A es finito con $|A| = n$, podemos enumerar sus elementos: - Sean $a_1, a_2, \ldots, a_n$ los elementos de A

2) Definamos la función $f : A \to \{1, 2, \ldots, n\}$ como: $f(a_i) = i$ para cada $i = 1, 2, \ldots, n$

3) Demostremos que f es inyectiva: - Sean $x, y \in A$ tales que $f(x) = f(y)$ - Entonces $x = a_i$ y $y = a_j$ donde $i = j$ - Por lo tanto, $x = y$

4) Demostremos que f es sobreyectiva: - Sea $k \in \{1, 2, \ldots, n\}$ - Entonces $a_k \in A$ y $f(a_k) = k$ - Por lo tanto, todo elemento del codominio tiene preimagen

5) Como f es inyectiva y sobreyectiva: - f es una biyección

Por lo tanto, existe una biyección entre A y $\{1, 2, \ldots, n\}$. ∎

Exercise 1.150 Sea A un conjunto infinito numerable y B un conjunto finito. Demuestre que $A \cup B$ es numerable.

Demostración. 1) Como A es numerable: - Existe una biyección $f : \mathbb{N} \to A$

2) Como B es finito: - $|B| = n$ para algún $n \in \mathbb{N}$ - $B = \{b_1, b_2, \ldots, b_n\}$

3) Definamos una función $g : \mathbb{N} \to A \cup B$ como: $g(k) = \begin{cases} b_k & \text{si } 1 \leq k \leq n \\ f(k-n) & \text{si } k > n \end{cases}$

4) Demostremos que g es sobreyectiva: - Todo elemento de B tiene preimagen (los primeros n números) - Todo elemento de A tiene preimagen (mediante f desplazada) - Por lo tanto, todo elemento de $A \cup B$ tiene preimagen

5) Como existe una función sobreyectiva de $\mathbb{N}$ a $A \cup B$: - $A \cup B$ es numerable

Por lo tanto, la unión de un conjunto infinito numerable y un conjunto finito es numerable. ∎

1.12.6 Relaciones binarias

Exercise 1.151 Sea $A = \{1, 2, 3\}$. Defina la relación R en A como aRb si y solo si $a \leq b$. Demuestre que R es reflexiva y transitiva, pero no simétrica.

Demostración. 1) Demostremos que R es reflexiva: - Debemos probar que aRa para todo $a \in A$ - Para cualquier $a \in A$, $a \leq a$ es verdadero - Por lo tanto, R es reflexiva

2) Demostremos que R es transitiva: - Sean $a, b, c \in A$ tales que aRb y bRc - Entonces $a \leq b$ y $b \leq c$ - Por la transitividad de $\leq$, tenemos que $a \leq c$ - Por lo tanto, aRc, y R es transitiva

3) Demostremos que R no es simétrica: - Tomemos $a = 1$ y $b = 2$ - Como $1 \leq 2$, tenemos que $1R2$ - Pero $2 \not\leq 1$, por lo que no se cumple $2R1$ - Por lo tanto, R no es simétrica ∎

Exercise 1.152 Sea $A = \{1, 2, 3, 4\}$ y R una relación en A definida por el conjunto de pares ordenados $R = \{(1,1), (2,2), (3,3), (4,4), (1,2), (2,1)\}$. Encuentre la matriz de la relación y determine si es simétrica.

1.12 Ejercicios Resueltos

Demostración. 1) La matriz de relación M_R es una matriz 4×4 donde: $M_R[i,j] = \begin{cases} 1 & \text{si } (i,j) \in R \\ 0 & \text{si } (i,j) \notin R \end{cases}$

2) Construyendo la matriz:

$$M_R = \begin{pmatrix} 1 & 1 & 0 & 0 \\ 1 & 1 & 0 & 0 \\ 0 & 0 & 1 & 0 \\ 0 & 0 & 0 & 1 \end{pmatrix}$$

3) Para verificar si es simétrica: - La matriz debe ser igual a su transpuesta - Comprobamos que $M_R[i,j] = M_R[j,i]$ para todo i,j - Para (1,2) y (2,1): $M_R[1,2] = M_R[2,1] = 1$ - Todos los demás pares simétricos son iguales - Por lo tanto, R es simétrica

∎

> **Exercise 1.153** Sea $A = \{1,2,3\}$ y R una relación en A. Si R es reflexiva y simétrica, demuestre que debe contener al menos 3 pares ordenados.

Demostración. 1) Como R es reflexiva: - Para cada $a \in A$, debe contener (a,a) - Por lo tanto, debe contener: * $(1,1)$ * $(2,2)$ * $(3,3)$

2) Estos son tres pares ordenados distintos porque: - Los elementos primeros son diferentes - Los elementos segundos son diferentes - No pueden coincidir con ningún otro par ordenado

3) Por lo tanto: - R debe contener al menos estos 3 pares ordenados - Puede contener más (debido a la simetría si hay otros pares) - Pero nunca menos de 3

Se concluye que $|R| \geq 3$

∎

> **Exercise 1.154** Sea R una relación en un conjunto A. Demuestre que si R es transitiva, entonces $R \circ R \subseteq R$.

Demostración. 1) Sea $(a,c) \in R \circ R$ - Por definición de composición, existe $b \in A$ tal que: - $(a,b) \in R$ y $(b,c) \in R$

2) Como R es transitiva: - Si $(a,b) \in R$ y $(b,c) \in R$ - Entonces $(a,c) \in R$

3) Por lo tanto: - Para todo $(a,c) \in R \circ R$ - Se cumple que $(a,c) \in R$ - Lo que demuestra que $R \circ R \subseteq R$

∎

> **Exercise 1.155** Sea $A = \{1,2,3\}$ y R una relación en A definida como aRb si y solo si $|a-b| \leq 1$. Encuentre la clausura transitiva de R.

Demostración. 1) Primero, encontremos R: $R = \{(1,1),(1,2),(2,1),(2,2),(2,3),(3,2),(3,3)\}$

2) Para encontrar la clausura transitiva R^+: - Empezamos con R - Agregamos nuevos pares por transitividad: * De $(1,2)$ y $(2,3)$ agregamos $(1,3)$ * De $(3,2)$ y $(2,1)$ agregamos $(3,1)$

3) No hay más pares que agregar por transitividad

4) Por lo tanto: $R^+ = \{(1,1),(1,2),(1,3),(2,1),(2,2),(2,3),(3,1),(3,2),(3,3)\}$

5) Verificación: - R^+ contiene a R - R^+ es transitiva - R^+ es la menor relación con estas propiedades

∎

1.12.7 Relaciones de equivalencia

> **Exercise 1.156** Sea $A = \mathbb{Z}$ y defina la relación R como aRb si y solo si $a - b$ es múltiplo de 3. Demuestre que R es una relación de equivalencia.

Demostración. Debemos probar que R es reflexiva, simétrica y transitiva.
1) Reflexividad: - Para todo $a \in \mathbb{Z}$, $a - a = 0$ - 0 es múltiplo de 3 ($0 = 3 \times 0$) - Por lo tanto, aRa para todo a - R es reflexiva
2) Simetría: - Sean $a, b \in \mathbb{Z}$ tales que aRb - Entonces $a - b = 3k$ para algún $k \in \mathbb{Z}$ - Por lo tanto, $b - a = -3k = 3(-k)$ - Así, bRa - R es simétrica
3) Transitividad: - Sean $a, b, c \in \mathbb{Z}$ tales que aRb y bRc - Entonces $a - b = 3k$ y $b - c = 3m$ para algunos $k, m \in \mathbb{Z}$ - $a - c = (a - b) + (b - c) = 3k + 3m = 3(k + m)$ - Por lo tanto, aRc - R es transitiva
Como R es reflexiva, simétrica y transitiva, es una relación de equivalencia. ∎

> **Exercise 1.157** Sea R una relación de equivalencia en un conjunto A. Demuestre que las clases de equivalencia de R forman una partición de A.

Demostración. Debemos probar tres propiedades:
1) Ninguna clase es vacía: - Sea $a \in A$ - $[a] = \{x \in A : aRx\}$ - Como R es reflexiva, aRa - Por lo tanto, $a \in [a]$ y $[a] \neq \emptyset$
2) Las clases son disjuntas o iguales: - Sean $[a]$ y $[b]$ dos clases - Si $[a] \cap [b] \neq \emptyset$, sea $x \in [a] \cap [b]$ - Entonces aRx y bRx - Por simetría y transitividad, aRb - Para todo $y \in [a]$: $aRy \implies bRy$ (transitividad) - Para todo $y \in [b]$: $bRy \implies aRy$ (transitividad) - Por lo tanto, $[a] = [b]$
3) La unión de todas las clases es A: - Sea $a \in A$ - Por reflexividad, $a \in [a]$ - Por lo tanto, $A = \bigcup_{a \in A} [a]$
Concluimos que las clases de equivalencia forman una partición de A. ∎

> **Exercise 1.158** Sean $A = \{1, 2, 3, 4\}$ y R una relación de equivalencia en A con clases de equivalencia $[1] = \{1, 2\}$ y $[3] = \{3, 4\}$. Encuentre el conjunto de pares ordenados que define R.

Demostración. 1) Por la definición de clase de equivalencia: - Si x, y están en la misma clase, entonces xRy
2) De $[1] = \{1, 2\}$: - $(1, 1)$ y $(2, 2)$ por reflexividad - $(1, 2)$ y $(2, 1)$ por simetría
3) De $[3] = \{3, 4\}$: - $(3, 3)$ y $(4, 4)$ por reflexividad - $(3, 4)$ y $(4, 3)$ por simetría
4) Por lo tanto: $R = \{(1,1), (1,2), (2,1), (2,2), (3,3), (3,4), (4,3), (4,4)\}$
5) Verificación: - R es reflexiva: contiene (x, x) para todo $x \in A$ - R es simétrica: si contiene (x, y), contiene (y, x) - R es transitiva: las clases son disjuntas ∎

> **Exercise 1.159** Sea A un conjunto no vacío y R una relación en A. Si R es reflexiva y transitiva, demuestre que $R \circ R = R$.

Demostración. Debemos probar que $R \circ R = R$ demostrando ambas inclusiones.
1) Primero probemos que $R \circ R \subseteq R$: - Sea $(a, c) \in R \circ R$ - Existe $b \in A$ tal que $(a, b) \in R$ y $(b, c) \in R$ - Por transitividad de R, $(a, c) \in R$ - Por lo tanto, $R \circ R \subseteq R$
2) Ahora probemos que $R \subseteq R \circ R$: - Sea $(a, b) \in R$ - Como R es reflexiva, $(a, a) \in R$ - Entonces $(a, b) \in R \circ R$ porque: * $(a, a) \in R$ y $(a, b) \in R$ - Por lo tanto, $R \subseteq R \circ R$
3) Por doble inclusión: $R \circ R = R$ ∎

1.12 Ejercicios Resueltos

Exercise 1.160 Sea f una función de un conjunto A a un conjunto B. Defina la relación R en A como xRy si y solo si $f(x) = f(y)$. Demuestre que R es una relación de equivalencia.

Demostración. Debemos probar que R es reflexiva, simétrica y transitiva.
1) Reflexividad: - Sea $x \in A$ - Claramente $f(x) = f(x)$ - Por lo tanto, xRx - R es reflexiva
2) Simetría: - Sean $x, y \in A$ tales que xRy - Entonces $f(x) = f(y)$ - Por lo tanto, $f(y) = f(x)$ - Así, yRx - R es simétrica
3) Transitividad: - Sean $x, y, z \in A$ tales que xRy y yRz - Entonces $f(x) = f(y)$ y $f(y) = f(z)$ - Por lo tanto, $f(x) = f(z)$ - Así, xRz - R es transitiva
Como R cumple las tres propiedades, es una relación de equivalencia. ∎

1.12.8 Tipos de funciones

Exercise 1.161 Sea $f : \mathbb{R} \to \mathbb{R}$ definida por $f(x) = x^2$. Demuestre que f no es inyectiva pero sí es sobreyectiva en $[0, \infty)$.

Demostración. 1) Demostremos que f no es inyectiva en $\mathbb{R}$: - Sean $x = 1$ y $y = -1$ - $f(1) = 1^2 = 1$ - $f(-1) = (-1)^2 = 1$ - Como $f(1) = f(-1)$ pero $1 \neq -1$ - f no es inyectiva
2) Demostremos que f es sobreyectiva en $[0, \infty)$: - Sea $y \in (0, \infty)$ - Existe $x = \sqrt{y}$ tal que $f(x) = y$ - Este x está bien definido pues $y \geq 0$ - Por lo tanto, todo elemento del codominio tiene preimagen - f es sobreyectiva en $[0, \infty)$ ∎

Exercise 1.162 Sean $f : A \to B$ y $g : B \to C$ funciones biyectivas. Demuestre que $g \circ f : A \to C$ es biyectiva.

Demostración. Debemos demostrar que $g \circ f$ es inyectiva y sobreyectiva.
1) Demostremos que $g \circ f$ es inyectiva: - Sean $x_1, x_2 \in A$ tales que $(g \circ f)(x_1) = (g \circ f)(x_2)$ - Entonces $g(f(x_1)) = g(f(x_2))$ - Como g es inyectiva, $f(x_1) = f(x_2)$ - Como f es inyectiva, $x_1 = x_2$ - Por lo tanto, $g \circ f$ es inyectiva
2) Demostremos que $g \circ f$ es sobreyectiva: - Sea $z \in C$ - Como g es sobreyectiva, existe $y \in B$ tal que $g(y) = z$ - Como f es sobreyectiva, existe $x \in A$ tal que $f(x) = y$ - Entonces $(g \circ f)(x) = g(f(x)) = g(y) = z$ - Por lo tanto, $g \circ f$ es sobreyectiva
Como $g \circ f$ es inyectiva y sobreyectiva, es biyectiva. ∎

Exercise 1.163 Sea $f : A \to B$ una función. Demuestre que si A es finito y $|A| = |B|$, entonces f es inyectiva si y solo si es sobreyectiva.

Demostración. Sea $n = |A| = |B|$
1) Supongamos que f es inyectiva: - Para cada $x \in A$, $f(x)$ es un elemento distinto de B - Como f es inyectiva, no hay elementos que compartan imagen - f asigna n elementos distintos de A a n elementos distintos de B - Como $|B| = n$, todos los elementos de B deben ser imagen - Por lo tanto, f es sobreyectiva
2) Supongamos que f es sobreyectiva: - Todo elemento de B es imagen de algún elemento de A - Como $|B| = n$, hay n imágenes distintas - Como $|A| = n$, cada elemento de A debe mapear a una imagen distinta - Por lo tanto, f es inyectiva
Concluimos que f es inyectiva si y solo si es sobreyectiva. ∎

Exercise 1.164 Sea $f : \mathbb{R} \to \mathbb{R}$ definida por $f(x) = 2x + 1$. Demuestre que f es una función biyectiva.

Demostración. 1) Demostremos que f es inyectiva: - Sean $x_1, x_2 \in \mathbb{R}$ tales que $f(x_1) = f(x_2)$ - Entonces $2x_1 + 1 = 2x_2 + 1$ - Restando 1 en ambos lados: $2x_1 = 2x_2$ - Dividiendo entre 2: $x_1 = x_2$ - Por lo tanto, f es inyectiva
2) Demostremos que f es sobreyectiva: - Sea $y \in \mathbb{R}$ - Debemos encontrar x tal que $f(x) = y$ - Es decir, $2x + 1 = y$ - Resolviendo para x: $x = \frac{y-1}{2}$ - Este x existe para todo $y \in \mathbb{R}$ - Por lo tanto, f es sobreyectiva
Como f es inyectiva y sobreyectiva, es biyectiva. ∎

Exercise 1.165 Sea $f : X \to Y$ una función y $A, B \subseteq X$. Demuestre que $f(A \cap B) \subseteq f(A) \cap f(B)$, y dé un ejemplo donde la inclusión es estricta.

Demostración. 1) Demostremos que $f(A \cap B) \subseteq f(A) \cap f(B)$: - Sea $y \in f(A \cap B)$ - Existe $x \in A \cap B$ tal que $f(x) = y$ - Como $x \in A \cap B$, entonces $x \in A$ y $x \in B$ - Por lo tanto, $y = f(x) \in f(A)$ y $y = f(x) \in f(B)$ - Así, $y \in f(A) \cap f(B)$
2) Ejemplo donde la inclusión es estricta: - Sea $X = \{1,2,3\}$, $Y = \{a,b\}$ - f definida por $f(1) = a$, $f(2) = b$, $f(3) = a$ - Sea $A = \{1,2\}$ y $B = \{2,3\}$ - Entonces: * $A \cap B = \{2\}$ * $f(A \cap B) = \{b\}$ * $f(A) = \{a,b\}$ * $f(B) = \{a,b\}$ * $f(A) \cap f(B) = \{a,b\}$ - Por lo tanto, $f(A \cap B) \subsetneq f(A) \cap f(B)$
La inclusión es estricta porque $a \in f(A) \cap f(B)$ pero $a \notin f(A \cap B)$. ∎

Estos ejercicios cubren conceptos importantes sobre relaciones binarias, relaciones de equivalencia y tipos de funciones, incluyendo propiedades fundamentales y demostraciones de teoremas básicos.

1.12.9 Imagen directa e imagen inversa

Exercise 1.166 Sea $f : X \to Y$ una función y $A, B \subseteq X$. Demuestre que $f^{-1}(f(A)) \supseteq A$.

Demostración. Debemos demostrar que $A \subseteq f^{-1}(f(A))$
1) Sea $x \in A$ - Entonces $f(x) \in f(A)$ por definición de imagen directa - Por definición de imagen inversa: * $f^{-1}(f(A)) = \{z \in X : f(z) \in f(A)\}$ - Como $f(x) \in f(A)$ - Entonces $x \in f^{-1}(f(A))$
2) Por lo tanto: - Para todo $x \in A$, tenemos que $x \in f^{-1}(f(A))$ - Esto prueba que $A \subseteq f^{-1}(f(A))$
Note que la igualdad no siempre se cumple, solo se cumple cuando f es inyectiva. ∎

Exercise 1.167 Sea $f : X \to Y$ una función y $B_1, B_2 \subseteq Y$. Demuestre que $f^{-1}(B_1 \cup B_2) = f^{-1}(B_1) \cup f^{-1}(B_2)$.

Demostración. Demostraremos la igualdad probando la doble inclusión.
1) Sea $x \in f^{-1}(B_1 \cup B_2)$ - Entonces $f(x) \in B_1 \cup B_2$ - Por lo tanto, $f(x) \in B_1$ o $f(x) \in B_2$ - Si $f(x) \in B_1$, entonces $x \in f^{-1}(B_1)$ - Si $f(x) \in B_2$, entonces $x \in f^{-1}(B_2)$ - En cualquier caso, $x \in f^{-1}(B_1) \cup f^{-1}(B_2)$ - Por lo tanto, $f^{-1}(B_1 \cup B_2) \subseteq f^{-1}(B_1) \cup f^{-1}(B_2)$
2) Sea $x \in f^{-1}(B_1) \cup f^{-1}(B_2)$ - Entonces $x \in f^{-1}(B_1)$ o $x \in f^{-1}(B_2)$ - Si $x \in f^{-1}(B_1)$, entonces $f(x) \in B_1$ - Si $x \in f^{-1}(B_2)$, entonces $f(x) \in B_2$ - En cualquier caso, $f(x) \in B_1 \cup B_2$ - Por lo tanto, $x \in f^{-1}(B_1 \cup B_2)$ - Esto prueba que $f^{-1}(B_1) \cup f^{-1}(B_2) \subseteq f^{-1}(B_1 \cup B_2)$

1.12 Ejercicios Resueltos

Por doble inclusión, se concluye la igualdad. ∎

Exercise 1.168 Sea $f: X \to Y$ una función y $A \subseteq X, B \subseteq Y$. Demuestre que $f(f^{-1}(B)) \subseteq B$.

Demostración. 1) Sea $y \in f(f^{-1}(B))$ - Por definición de imagen directa: * Existe $x \in f^{-1}(B)$ tal que $f(x) = y$
2) Como $x \in f^{-1}(B)$: - Por definición de imagen inversa: * $f(x) \in B$ - Pero $f(x) = y$ - Por lo tanto, $y \in B$
3) Esto demuestra que: - Todo elemento en $f(f^{-1}(B))$ está en B - Es decir, $f(f^{-1}(B)) \subseteq B$
Note que la igualdad se cumple si y solo si f es sobreyectiva. ∎

Exercise 1.169 Sea $f: X \to Y$ una función y $B_1, B_2 \subseteq Y$. Demuestre que si $B_1 \subseteq B_2$, entonces $f^{-1}(B_1) \subseteq f^{-1}(B_2)$.

Demostración. Dado que $B_1 \subseteq B_2$, demostremos que $f^{-1}(B_1) \subseteq f^{-1}(B_2)$
1) Sea $x \in f^{-1}(B_1)$ - Por definición de imagen inversa: * $f(x) \in B_1$
2) Como $B_1 \subseteq B_2$: - Si $f(x) \in B_1$, entonces $f(x) \in B_2$
3) Como $f(x) \in B_2$: - Por definición de imagen inversa: * $x \in f^{-1}(B_2)$
4) Por lo tanto: - Todo elemento de $f^{-1}(B_1)$ está en $f^{-1}(B_2)$ - Es decir, $f^{-1}(B_1) \subseteq f^{-1}(B_2)$ ∎

Exercise 1.170 Sea $f: X \to Y$ una función biyectiva y $A \subseteq X$. Demuestre que $f^{-1}(f(A)) = A$.

Demostración. Ya sabemos que $A \subseteq f^{-1}(f(A))$ para cualquier función. Demostraremos la otra inclusión para obtener la igualdad.
1) Sea $x \in f^{-1}(f(A))$ - Entonces $f(x) \in f(A)$ - Por definición de imagen directa: * Existe $a \in A$ tal que $f(x) = f(a)$
2) Como f es biyectiva: - En particular, f es inyectiva - Si $f(x) = f(a)$, entonces $x = a$ - Como $a \in A$, entonces $x \in A$
3) Esto demuestra que: - $f^{-1}(f(A)) \subseteq A$
4) Por doble inclusión: - $f^{-1}(f(A)) = A$ ∎

1.12.10 Composición de funciones

Exercise 1.171 Sean $f: A \to B$ y $g: B \to C$ funciones. Si $g \circ f$ es inyectiva, demuestre que f es inyectiva.

Demostración. Usaremos contradicción:
1) Supongamos que f no es inyectiva - Entonces existen $x_1, x_2 \in A$ con $x_1 \neq x_2$ tales que $f(x_1) = f(x_2)$
2) Consideremos $g \circ f$: - $(g \circ f)(x_1) = g(f(x_1)) = g(f(x_2)) = (g \circ f)(x_2)$ - Pero $x_1 \neq x_2$ - Esto contradice que $g \circ f$ sea inyectiva
3) Por lo tanto: - La suposición de que f no es inyectiva debe ser falsa - f debe ser inyectiva ∎

Exercise 1.172 Sean $f : A \to B$ y $g : B \to C$ funciones. Si $g \circ f$ es sobreyectiva, demuestre que g es sobreyectiva.

Demostración. 1) Sea $c \in C$ arbitrario - Como $g \circ f$ es sobreyectiva: * Existe $a \in A$ tal que $(g \circ f)(a) = c$ * Es decir, $g(f(a)) = c$
2) Sea $b = f(a)$ - Entonces $b \in B$ y $g(b) = c$
3) Esto demuestra que: - Para todo $c \in C$, existe $b \in B$ tal que $g(b) = c$ - Por definición, g es sobreyectiva ∎

Exercise 1.173 Sean $f : A \to B$, $g : B \to C$ y $h : C \to D$ funciones. Demuestre que $h \circ (g \circ f) = (h \circ g) \circ f$.

Demostración. Demostraremos que ambas funciones son iguales probando que coinciden en todo elemento del dominio.
1) Sea $x \in A$ arbitrario
2) Calculemos $h \circ (g \circ f)(x)$: - $(g \circ f)(x) = g(f(x))$ - $h \circ (g \circ f)(x) = h(g(f(x)))$
3) Calculemos $(h \circ g) \circ f(x)$: - $(h \circ g)(y) = h(g(y))$ para todo $y \in B$ - $(h \circ g) \circ f(x) = (h \circ g)(f(x)) = h(g(f(x)))$
4) Como ambas expresiones son iguales para todo $x \in A$: - $h \circ (g \circ f) = (h \circ g) \circ f$
Esta propiedad se conoce como asociatividad de la composición. ∎

Exercise 1.174 Sea $f : A \to A$ una función. Demuestre que si $f \circ f = f$, entonces $f(f(x)) = f(x)$ para todo $x \in A$.

Demostración. 1) Por hipótesis, $f \circ f = f$ - Esto significa que como funciones son iguales - Por lo tanto, para todo $x \in A$: * $(f \circ f)(x) = f(x)$
2) Por definición de composición: - $(f \circ f)(x) = f(f(x))$
3) Por lo tanto: - $f(f(x)) = f(x)$ para todo $x \in A$
Note que esta propiedad significa que f es idempotente. ∎

Exercise 1.175 Sea $f : A \to B$ una función biyectiva. Demuestre que $(f^{-1} \circ f)(x) = x$ para todo $x \in A$ y $(f \circ f^{-1})(y) = y$ para todo $y \in B$.

Demostración. 1) Demostremos que $(f^{-1} \circ f)(x) = x$ para todo $x \in A$: - Sea $x \in A$ arbitrario - $(f^{-1} \circ f)(x) = f^{-1}(f(x))$ - Como f es biyectiva, $f^{-1}(f(x)) = x$ - Por lo tanto, $(f^{-1} \circ f)(x) = x$
2) Demostremos que $(f \circ f^{-1})(y) = y$ para todo $y \in B$: - Sea $y \in B$ arbitrario - $(f \circ f^{-1})(y) = f(f^{-1}(y))$ - Como f es biyectiva, $f(f^{-1}(y)) = y$ - Por lo tanto, $(f \circ f^{-1})(y) = y$
3) Estas propiedades muestran que: - $f^{-1} \circ f$ es la función identidad en A - $f \circ f^{-1}$ es la función identidad en B - f^{-1} es efectivamente la función inversa de f ∎

Estos ejercicios cubren propiedades fundamentales de la imagen directa, imagen inversa y composición de funciones, incluyendo resultados importantes sobre funciones biyectivas y sus inversas.

1.12 Ejercicios Resueltos

1.12.11 Función inversa

Exercise 1.176 Sea $f : \mathbb{R} \to \mathbb{R}$ definida por $f(x) = 3x+2$. Demuestre que f es biyectiva y encuentre su función inversa. ∎

Demostración. 1) Demostremos que f es inyectiva: - Sean $x_1, x_2 \in \mathbb{R}$ tales que $f(x_1) = f(x_2)$ - Entonces $3x_1 + 2 = 3x_2 + 2$ - Restando 2 en ambos lados: $3x_1 = 3x_2$ - Dividiendo entre 3: $x_1 = x_2$ - Por lo tanto, f es inyectiva

2) Demostremos que f es sobreyectiva: - Sea $y \in \mathbb{R}$ - Debemos encontrar x tal que $f(x) = y$ - Es decir, $3x + 2 = y$ - Despejando x: $x = \frac{y-2}{3}$ - Este x existe para todo $y \in \mathbb{R}$ - Por lo tanto, f es sobreyectiva

3) Como f es inyectiva y sobreyectiva, es biyectiva

4) Para encontrar f^{-1}: - Sea $y = f(x) = 3x + 2$ - Despejamos x: $x = \frac{y-2}{3}$ - Por lo tanto, $f^{-1}(y) = \frac{y-2}{3}$

Verificamos que $f^{-1}(f(x)) = x$ y $f(f^{-1}(y)) = y$ ∎

Exercise 1.177 Sea $f : \mathbb{R}^+ \to \mathbb{R}^+$ definida por $f(x) = x^2$. Demuestre que f es biyectiva y encuentre su función inversa. ∎

Demostración. 1) Demostremos que f es inyectiva en $\mathbb{R}^+$: - Sean $x_1, x_2 \in \mathbb{R}^+$ tales que $f(x_1) = f(x_2)$ - Entonces $x_1^2 = x_2^2$ - Como $x_1, x_2 > 0$, podemos concluir que $x_1 = x_2$ - Por lo tanto, f es inyectiva en $\mathbb{R}^+$

2) Demostremos que f es sobreyectiva en $\mathbb{R}^+$: - Sea $y \in \mathbb{R}^+$ - Existe $x = \sqrt{y} \in \mathbb{R}^+$ tal que $f(x) = y$ - Por lo tanto, f es sobreyectiva en $\mathbb{R}^+$

3) Como f es inyectiva y sobreyectiva en $\mathbb{R}^+$, es biyectiva

4) Para encontrar f^{-1}: - Sea $y = f(x) = x^2$ - Entonces $x = \sqrt{y}$ - Por lo tanto, $f^{-1}(y) = \sqrt{y}$ para $y > 0$

La restricción al dominio $\mathbb{R}^+$ es crucial para la biyectividad. ∎

Exercise 1.178 Sea $f : A \to B$ una función biyectiva. Demuestre que $(f^{-1})^{-1} = f$. ∎

Demostración. 1) Como f es biyectiva: - Existe $f^{-1} : B \to A$ - f^{-1} también es biyectiva - Por lo tanto, existe $(f^{-1})^{-1} : A \to B$

2) Para demostrar que $(f^{-1})^{-1} = f$, debemos probar que son la misma función: - Es decir, que para todo $x \in A$, $(f^{-1})^{-1}(x) = f(x)$

3) Sea $x \in A$ arbitrario: - Como f^{-1} es inversa de f: * $f^{-1}(f(x)) = x$ para todo $x \in A$ * $f(f^{-1}(y)) = y$ para todo $y \in B$

4) Por definición de función inversa: - $(f^{-1})^{-1}$ es la única función que satisface: * $(f^{-1})^{-1}(f^{-1}(y)) = y$ para todo $y \in B$ * $f^{-1}((f^{-1})^{-1}(x)) = x$ para todo $x \in A$

5) Como f satisface estas propiedades: - Por la unicidad de la función inversa - Debemos tener $(f^{-1})^{-1} = f$ ∎

Exercise 1.179 Sean $f : A \to B$ y $g : B \to C$ funciones biyectivas. Demuestre que $(g \circ f)^{-1} = f^{-1} \circ g^{-1}$. ∎

Demostración. 1) Como f y g son biyectivas: - Existen $f^{-1} : B \to A$ y $g^{-1} : C \to B$ - $g \circ f$ es biyectiva (demostrado anteriormente) - Por lo tanto, existe $(g \circ f)^{-1} : C \to A$

2) Para probar que $(g \circ f)^{-1} = f^{-1} \circ g^{-1}$: - Basta demostrar que $f^{-1} \circ g^{-1}$ es la inversa de $g \circ f$

3) Verifiquemos que $(f^{-1} \circ g^{-1}) \circ (g \circ f) = id_A$: - Sea $x \in A$ - $((f^{-1} \circ g^{-1}) \circ (g \circ f))(x)$ - $= (f^{-1} \circ g^{-1})(g(f(x)))$ - $= f^{-1}(g^{-1}(g(f(x))))$ - $= f^{-1}(f(x))$ - $= x$

4) Verifiquemos que $(g \circ f) \circ (f^{-1} \circ g^{-1}) = id_C$: - Sea $y \in C$ - $((g \circ f) \circ (f^{-1} \circ g^{-1}))(y)$ - $= (g \circ f)(f^{-1}(g^{-1}(y)))$ - $= g(f(f^{-1}(g^{-1}(y))))$ - $= g(g^{-1}(y))$ - $= y$

5) Por la unicidad de la función inversa: - $(g \circ f)^{-1} = f^{-1} \circ g^{-1}$ ∎

Exercise 1.180 Sea $f : \mathbb{R} \to \mathbb{R}$ definida por $f(x) = e^x$. Demuestre que f es biyectiva de $\mathbb{R}$ a $\mathbb{R}^+$ y encuentre su inversa.

Demostración. 1) Demostremos que f es inyectiva: - Sean $x_1, x_2 \in \mathbb{R}$ tales que $f(x_1) = f(x_2)$ - Entonces $e^{x_1} = e^{x_2}$ - Aplicando ln a ambos lados (es válido pues $e^x > 0$) - $\ln(e^{x_1}) = \ln(e^{x_2})$ - $x_1 = x_2$ - Por lo tanto, f es inyectiva

2) Demostremos que f es sobreyectiva en $\mathbb{R}^+$: - Sea $y \in \mathbb{R}^+$ - Existe $x = \ln(y)$ tal que $f(x) = e^{\ln(y)} = y$ - Por lo tanto, f es sobreyectiva en $\mathbb{R}^+$

3) Como f es inyectiva y sobreyectiva, es biyectiva de $\mathbb{R}$ a $\mathbb{R}^+$

4) Para encontrar f^{-1}: - Sea $y = f(x) = e^x$ - Entonces $x = \ln(y)$ - Por lo tanto, $f^{-1}(y) = \ln(y)$ para $y > 0$ ∎

1.13 Ejercicios Propuestos

1.13.1 Pertenencia e inclusión

Exercise 1.181 Sea $A = \{1, 2, 3, 4\}$ y $B = \{x \in \mathbb{N} : x < 5\}$. Demuestre que $A = B$.

Exercise 1.182 Sean $A = \{2, 4, 6, 8\}$ y $B = \{x \in \mathbb{N} : x \text{ es par y } 1 < x < 9\}$. Pruebe que $A \subseteq B$ y $B \subseteq A$.

Exercise 1.183 Sea $U = \{1, 2, 3, 4, 5, 6\}$ el conjunto universal. Si $A = \{2, 4, 6\}$ y $B = \{1, 2, 3\}$, determine si $A \subseteq B$ o $B \subseteq A$.

Exercise 1.184 Si $A = \{x \in \mathbb{R} : -1 \leq x \leq 3\}$ y $B = \{x \in \mathbb{R} : 0 \leq x \leq 2\}$, demuestre que $B \subset A$.

Exercise 1.185 Sea $A = \{1, 2, 3\}$. Encuentre todos los subconjuntos de A y verifique que cada uno está contenido en A.

Exercise 1.186 Sean $A = \{a, b, c\}$ y $B = \{x, y, z\}$. Determine todos los elementos que pertenecen a A pero no a B.

Exercise 1.187 Si $A = \{1, \{2\}, \{3, 4\}\}$, determine cuáles de las siguientes afirmaciones son verdaderas: a) $1 \in A$ b) $2 \in A$ c) $\{2\} \in A$ d) $3 \in A$ e) $\{3, 4\} \in A$

1.13 Ejercicios Propuestos

Exercise 1.188 Sean $A = \{1,2,3\}$, $B = \{2,3,4\}$ y $C = \{3,4,5\}$. Determine si $A \subseteq B \subseteq C$.

Exercise 1.189 Si $A = \{x \in \mathbb{Z} : -2 \leq x \leq 2\}$ y $B = \{x \in \mathbb{Z} : x^2 \leq 4\}$, demuestre que $A = B$.

Exercise 1.190 Sea $U = \{1,2,3,4,5\}$ el conjunto universal y $A = \{2,4\}$. Determine todos los subconjuntos B de U tales que $A \subseteq B$.

1.13.2 Operaciones entre conjuntos

Exercise 1.191 Sean $A = \{1,2,3\}$ y $B = \{2,3,4\}$. Encuentre $A \cup B$, $A \cap B$ y $A - B$.

Exercise 1.192 Si $A = \{x \in \mathbb{R} : 0 \leq x \leq 3\}$ y $B = \{x \in \mathbb{R} : 2 \leq x \leq 5\}$, encuentre $A \cup B$ y $A \cap B$.

Exercise 1.193 Sean $A = \{1,2,3\}$, $B = \{2,3,4\}$ y $C = \{3,4,5\}$. Calcule $(A \cup B) \cap C$.

Exercise 1.194 Sean $A = \{a,b,c\}$ y $B = \{b,c,d\}$. Determine $(A - B) \cup (B - A)$.

Exercise 1.195 Si $A = \{1,2,3,4\}$, $B = \{2,4,6\}$ y $C = \{1,3,5\}$, encuentre $(A \cap B) \cup C$.

Exercise 1.196 Sean $A = \{x \in \mathbb{Z} : x \text{ es par}\}$ y $B = \{x \in \mathbb{Z} : x \text{ es múltiplo de } 4\}$. Determine $A \cap B$.

Exercise 1.197 Si $A = \{1,2,3,4\}$, $B = \{3,4,5,6\}$ y $C = \{5,6,7,8\}$, calcule $A \cup (B \cap C)$.

Exercise 1.198 Sean $A = \{x \in \mathbb{N} : x \leq 5\}$ y $B = \{x \in \mathbb{N} : x \text{ es par}\}$. Encuentre $A \cap B$.

Exercise 1.199 Si $A = \{1,2,3\}$, $B = \{2,3,4\}$ y $C = \{3,4,5\}$, determine $(A - B) \cup (B - C)$.

Exercise 1.200 Sean $A = \{a,b,c,d\}$ y $B = \{c,d,e,f\}$. Calcule $(A \cup B) - (A \cap B)$.

1.13.3 Familias de conjuntos

Exercise 1.201 Sea $\mathscr{F}$ una familia infinita de conjuntos finitos. Demuestre que si $\bigcap \mathscr{F}$ es finito, existe un subconjunto finito $\mathscr{G} \subseteq \mathscr{F}$ tal que $\bigcap \mathscr{G} = \bigcap \mathscr{F}$.

Exercise 1.202 Sea $\{A_n\}_{n \in \mathbb{N}}$ una sucesión decreciente de conjuntos no vacíos (es decir, $A_{n+1} \subseteq A_n$ para todo n). Si cada A_n es cerrado y acotado en $\mathbb{R}$, demuestre que $\bigcap_{n=1}^{\infty} A_n \neq \emptyset$.

Exercise 1.203 Sea $\mathscr{F}$ una familia de conjuntos. Demuestre que si para todo $A, B \in \mathscr{F}$ se cumple que $A \cap B \in \mathscr{F}$, entonces $\bigcap \mathscr{F} \in \mathscr{F}$ si $\mathscr{F}$ es finita.

Exercise 1.204 Sea $\{A_n\}_{n \in \mathbb{N}}$ una sucesión de conjuntos y $B = \limsup_{n \to \infty} A_n$. Demuestre que $x \in B$ si y solo si x pertenece a infinitos conjuntos de la sucesión.

Exercise 1.205 Sea $\mathscr{F}$ una familia de conjuntos cerrada bajo uniones finitas. Demuestre que si $\mathscr{F}$ tiene la propiedad de intersección finita (PIF), entonces $\bigcap \mathscr{F} \neq \emptyset$.

Exercise 1.206 Sea $\mathscr{F}$ una familia de conjuntos y $\mathscr{P}(\bigcup \mathscr{F})$ el conjunto potencia de la unión de todos los conjuntos en $\mathscr{F}$. Demuestre que el conjunto de todas las uniones de subfamilias de $\mathscr{F}$ forma un subretículo de $\mathscr{P}(\bigcup \mathscr{F})$.

Exercise 1.207 Sea $\{A_n\}_{n \in \mathbb{N}}$ una sucesión de conjuntos y defina $B_n = \bigcup_{k=n}^{\infty} A_k$. Demuestre que $\{B_n\}_{n \in \mathbb{N}}$ es una sucesión decreciente y que $\bigcap_{n=1}^{\infty} B_n = \limsup_{n \to \infty} A_n$.

Exercise 1.208 Sea $\mathscr{F}$ una familia infinita de conjuntos. Demuestre que si para cada par de conjuntos distintos $A, B \in \mathscr{F}$ se cumple que $A \cap B = \emptyset$, entonces $\mathscr{F}$ no puede ser numerable si $\bigcup \mathscr{F}$ es finito.

Exercise 1.209 Sea $\{A_n\}_{n \in \mathbb{N}}$ una sucesión de conjuntos no vacíos tal que $A_{n+1} \subseteq A_n$ para todo n. Demuestre que si cada A_n es compacto en un espacio métrico completo, entonces $\bigcap_{n=1}^{\infty} A_n$ es compacto y no vacío.

Exercise 1.210 Sea $\mathscr{F}$ una familia de subconjuntos de un conjunto X cerrada bajo complementos y uniones finitas. Demuestre que $\mathscr{F}$ es un álgebra de conjuntos si y solo si $\emptyset \in \mathscr{F}$.

1.13.4 Producto cartesiano

Exercise 1.211 Sean A, B y C conjuntos. Demuestre que existe una biyección entre $(A \times B) \times C$ y $A \times (B \times C)$, pero que estos conjuntos no son iguales.

Exercise 1.212 Sea $\{A_i\}_{i \in I}$ una familia de conjuntos no vacíos. Demuestre que si $\prod_{i \in I} A_i \neq \emptyset$, entonces I es un conjunto.

Exercise 1.213 Sean A y B conjuntos infinitos. Demuestre que $|A \times B| = \max\{|A|, |B|\}$ si al menos uno de los conjuntos es infinito.

Exercise 1.214 Sea $\{A_n\}_{n \in \mathbb{N}}$ una sucesión de conjuntos finitos no vacíos. Demuestre que $\prod_{n=1}^{\infty} A_n$ es no numerable si y solo si existe $N \in \mathbb{N}$ tal que $|A_n| \geq 2$ para todo $n \geq N$.

1.13 Ejercicios Propuestos

Exercise 1.215 Sea $f : A \times B \to C$ una función. Demuestre que para cada $a \in A$, la función $g_a : B \to C$ definida por $g_a(b) = f(a,b)$ determina una única función $h : A \to C^B$ tal que $f(a,b) = h(a)(b)$.

Exercise 1.216 Sea A un conjunto infinito. Demuestre que existe una biyección entre $A \times A$ y A, sin usar el axioma de elección.

Exercise 1.217 Sean $A_1, A_2, ..., A_n$ conjuntos finitos no vacíos. Demuestre que $|\prod_{i=1}^{n} A_i| = \prod_{i=1}^{n} |A_i|$ usando inducción sobre n.

Exercise 1.218 Sea X un conjunto infinito y $\mathscr{F}(X)$ el conjunto de todas las funciones $f : X \to \{0,1\}$. Demuestre que $|\mathscr{F}(X)| = 2^{|X|}$ usando productos cartesianos.

Exercise 1.219 Sean $f : A \to B$ y $g : C \to D$ funciones. Demuestre que existe una única función $h : A \times C \to B \times D$ tal que $h(a,c) = (f(a), g(c))$ para todo $(a,c) \in A \times C$.

Exercise 1.220 Sea $\{A_i\}_{i \in I}$ una familia de conjuntos y B un conjunto. Demuestre que existe una biyección natural entre $(\prod_{i \in I} A_i) \times B$ y $\prod_{i \in I} (A_i \times B)$.

1.13.5 Cardinalidad de conjuntos

Exercise 1.221 Demuestre que no existe ningún conjunto X tal que $|X| < |\mathscr{P}(X)| < |\mathscr{P}(\mathscr{P}(X))|$.

Exercise 1.222 Sea X un conjunto infinito. Demuestre que $|X \times X| = |X|$ sin usar el axioma de elección.

Exercise 1.223 Sea κ un cardinal infinito. Demuestre que $\kappa + \kappa = \kappa \cdot \kappa = \kappa$.

Exercise 1.224 Demuestre que para cualquier conjunto infinito X, existe una biyección entre X y $X - \{x\}$ para cualquier $x \in X$.

Exercise 1.225 Sea κ un cardinal infinito. Demuestre que el conjunto de todas las funciones $f : \kappa \to \{0,1\}$ tiene cardinalidad estrictamente mayor que κ.

Exercise 1.226 Demuestre que para cualquier conjunto infinito X, el conjunto de todos los subconjuntos finitos de X tiene la misma cardinalidad que X.

Exercise 1.227 Sea X un conjunto infinito y sea $[X]^2$ el conjunto de todos los subconjuntos de X de cardinalidad 2. Demuestre que $|[X]^2| = |X|$.

Exercise 1.228 Demuestre que no existe ningún conjunto cuya cardinalidad esté estrictamente entre la de los números naturales y la del conjunto potencia de los números naturales.

Exercise 1.229 Sea X un conjunto infinito. Demuestre que el conjunto de todas las funciones inyectivas $f : \mathbb{N} \to X$ tiene la misma cardinalidad que X.

Exercise 1.230 Sea κ un cardinal infinito. Demuestre que si $\lambda < \kappa$, entonces $2^\lambda < 2^\kappa$.

1.13.6 Relaciones binarias

Exercise 1.231 Sea R una relación binaria en un conjunto X. Si R es transitiva, demuestre que $R^n \subseteq R$ para todo $n \in \mathbb{N}$, donde R^n es la composición de R consigo misma n veces.

Exercise 1.232 Sea R una relación binaria simétrica en un conjunto X. Demuestre que $R \circ R$ es reflexiva si y solo si para todo $x \in X$ existe $y \in X$ tal que xRy.

Exercise 1.233 Sea R una relación binaria en un conjunto finito X. Demuestre que existe $n \in \mathbb{N}$ tal que $R^n = R^{n+1}$ si y solo si $R^{|X|} = R^{|X|+1}$.

Exercise 1.234 Demuestre que toda relación binaria R en un conjunto X puede expresarse como la intersección de todas las relaciones de equivalencia que contienen a R.

Exercise 1.235 Sea R una relación binaria en un conjunto X. Demuestre que la clausura transitiva de R es igual a $\bigcup_{n=1}^{\infty} R^n$.

Exercise 1.236 Sean R y S relaciones binarias en un conjunto X. Demuestre que si R y S son transitivas, entonces $R \cap S$ es transitiva, pero $R \cup S$ no necesariamente lo es.

Exercise 1.237 Sea R una relación binaria en un conjunto X. Demuestre que R es transitiva si y solo si para todo $x, y \in X$, si existe una secuencia $x = x_1, x_2, ..., x_n = y$ tal que $x_i R x_{i+1}$ para $1 \leq i < n$, entonces xRy.

Exercise 1.238 Sea R una relación binaria reflexiva y transitiva en un conjunto X. Demuestre que $R \cap R^{-1}$ es una relación de equivalencia.

Exercise 1.239 Sea R una relación binaria en un conjunto finito X. Demuestre que R es antisimétrica si y solo si $|R \cap R^{-1}| = |\{(x,x) : x \in X \text{ y } xRx\}|$.

Exercise 1.240 Sea R una relación binaria en un conjunto infinito X. Demuestre que si R es reflexiva y transitiva, entonces existe una relación de equivalencia S tal que $R \subseteq S$ y

$|S - R| = |X \times X|$.

1.13.7 Relaciones de equivalencia

Exercise 1.241 Sea $\sim$ una relación de equivalencia en un conjunto X y sea $f : X \to Y$ una función. Demuestre que existe una función bien definida $\bar{f} : X/\sim \to Y$ si y solo si $x \sim y$ implica $f(x) = f(y)$.

Exercise 1.242 Sean $\sim_1$ y $\sim_2$ relaciones de equivalencia en un conjunto X. Demuestre que la intersección de las clases de equivalencia de $\sim_1$ y $\sim_2$ forma una partición de X si y solo si $\sim_1 \circ \sim_2 = \sim_2 \circ \sim_1$.

Exercise 1.243 Sea $\sim$ una relación de equivalencia en un conjunto infinito X. Demuestre que si todas las clases de equivalencia son finitas, entonces hay tantas clases de equivalencia como elementos en X.

Exercise 1.244 Sea X un conjunto y $\mathscr{F}$ una familia de funciones de X en sí mismo. Demuestre que la relación definida por $x \sim y$ si $f(x) = f(y)$ para toda $f \in \mathscr{F}$ es una relación de equivalencia.

Exercise 1.245 Sean $\sim_1$ y $\sim_2$ relaciones de equivalencia en un conjunto X. Demuestre que $\sim_1 \cap \sim_2$ es una relación de equivalencia si y solo si $\sim_1 \circ \sim_2 = \sim_2 \circ \sim_1$.

Exercise 1.246 Sea $\sim$ una relación de equivalencia en un conjunto X y sea $A \subseteq X$. Demuestre que la unión de todas las clases de equivalencia que intersecan a A es igual a $\{y \in X : \exists x \in A \text{ tal que } x \sim y\}$.

Exercise 1.247 Sea X un conjunto infinito y $\sim$ una relación de equivalencia en X. Demuestre que si hay exactamente n clases de equivalencia finitas, donde $n \in \mathbb{N}$, entonces hay al menos una clase infinita.

Exercise 1.248 Sean $\sim_1$ y $\sim_2$ relaciones de equivalencia en un conjunto X. Demuestre que existe una relación de equivalencia $\sim$ tal que $\sim_1 \cup \sim_2 \subseteq \sim$ y $\sim$ es minimal con esta propiedad.

Exercise 1.249 Sea X un conjunto y $\mathscr{R}$ una familia no vacía de relaciones de equivalencia en X. Demuestre que $\bigcap \mathscr{R}$ es una relación de equivalencia.

Exercise 1.250 Sea $\sim$ una relación de equivalencia en un conjunto infinito X. Demuestre que si cada clase de equivalencia tiene al menos dos elementos, entonces $|X/\sim| < |X|$.

1.13.8 Tipos de funciones

Exercise 1.251 Sea $f : X \to Y$ una función y $\mathscr{A}$ una familia de subconjuntos de X. Demuestre que $f(\bigcap \mathscr{A}) = \bigcap_{A \in \mathscr{A}} f(A)$ si y solo si f es inyectiva.

Exercise 1.252 Sea $f : X \to Y$ una función y sea $\mathscr{P}(X)$ el conjunto potencia de X. Demuestre que la función $F : \mathscr{P}(X) \to \mathscr{P}(Y)$ definida por $F(A) = f(A)$ es inyectiva si y solo si f es inyectiva.

Exercise 1.253 Sean $f : X \to Y$ y $g : Y \to Z$ funciones. Demuestre que si $g \circ f$ es sobreyectiva, entonces g es sobreyectiva, y si $g \circ f$ es inyectiva, entonces f es inyectiva.

Exercise 1.254 Sea $f : X \to Y$ una función entre conjuntos infinitos. Demuestre que existe una función $g : Y \to X$ tal que $g \circ f = id_X$ si y solo si f es inyectiva.

Exercise 1.255 Sean X y Y conjuntos infinitos y $f : X \to Y$ una función. Demuestre que si f es inyectiva, entonces existe una biyección entre X y $f(X)$.

Exercise 1.256 Sea X un conjunto infinito y $f : X \to X$ una función. Demuestre que si f es inyectiva, entonces existe una biyección $g : X \to X$ tal que $g(x) = f(x)$ para todo $x \in f^{-1}(f(X))$.

Exercise 1.257 Sea $f : X \to Y$ una función entre conjuntos infinitos. Demuestre que existe una función $g : Y \to X$ tal que $f \circ g \circ f = f$ si y solo si f es sobreyectiva.

Exercise 1.258 Sean X, Y conjuntos y $f : X \to Y$ una función. Para $A \subseteq X$ y $B \subseteq Y$, demuestre que $f^{-1}(B) - f^{-1}(B - f(A)) = A \cap f^{-1}(B)$.

Exercise 1.259 Sea $f : X \to Y$ una función y $\{A_n\}_{n \in \mathbb{N}}$ una sucesión decreciente de subconjuntos de X. Demuestre que $f(\bigcap_{n \in \mathbb{N}} A_n) = \bigcap_{n \in \mathbb{N}} f(A_n)$ si y solo si f es inyectiva.

Exercise 1.260 Sea $f : X \to Y$ una función sobreyectiva entre conjuntos infinitos. Demuestre que existe una función inyectiva $g : Y \to X$ tal que $f \circ g = id_Y$.

1.13.9 Imagen directa e imagen inversa

Exercise 1.261 Sea $f : X \to Y$ una función y $\{A_\alpha\}_{\alpha \in I}$ una familia de subconjuntos de X indexada por un conjunto arbitrario I. Demuestre que:

$$f(\bigcup_{\alpha \in I} A_\alpha) = \bigcup_{\alpha \in I} f(A_\alpha)$$

pero que la igualdad análoga para intersecciones no siempre se cumple. Caracterice cuándo se cumple la igualdad para intersecciones.

Exercise 1.262 Sea $f : X \to Y$ una función y $\{B_\alpha\}_{\alpha \in I}$ una familia de subconjuntos de

1.13 Ejercicios Propuestos

Y. Demuestre que:
$$f^{-1}(\bigcap_{\alpha \in I} B_\alpha) = \bigcap_{\alpha \in I} f^{-1}(B_\alpha)$$
y que esta propiedad caracteriza a las imágenes inversas.

Exercise 1.263 Sean $f : X \to Y$ y $g : Y \to Z$ funciones. Para $A \subseteq X$, demuestre que:
$$(g \circ f)(A) = g(f(A))$$
y que para $C \subseteq Z$:
$$(g \circ f)^{-1}(C) = f^{-1}(g^{-1}(C))$$

Exercise 1.264 Sea $f : X \to Y$ una función y $A, B \subseteq X$. Demuestre que si f es inyectiva, entonces:
$$f(A - B) = f(A) - f(B)$$
y que esta propiedad caracteriza a las funciones inyectivas.

Exercise 1.265 Sea $f : X \to Y$ una función y $\mathscr{P}(X), \mathscr{P}(Y)$ los conjuntos potencia de X y Y respectivamente. Demuestre que la función $F : \mathscr{P}(X) \to \mathscr{P}(Y)$ definida por $F(A) = f(A)$ es un homomorfismo de retículos respecto a la inclusión.

Exercise 1.266 Sea $f : X \to Y$ una función sobreyectiva y $B \subseteq Y$. Demuestre que:
$$f(f^{-1}(B)) = B$$
pero que la igualdad $f^{-1}(f(A)) = A$ para $A \subseteq X$ no necesariamente se cumple. Caracterice cuándo se cumple esta última igualdad.

Exercise 1.267 Sea $f : X \to Y$ una función y $\{A_n\}_{n \in \mathbb{N}}$ una sucesión decreciente de subconjuntos no vacíos de X. Si f es continua y cada A_n es compacto, demuestre que:
$$f(\bigcap_{n \in \mathbb{N}} A_n) = \bigcap_{n \in \mathbb{N}} f(A_n)$$

Exercise 1.268 Sean $f : X \to Y$ y $g : Y \to Z$ funciones biyectivas. Para $A \subseteq X$, demuestre que:
$$(g \circ f)^{-1}((g \circ f)(A)) = f^{-1}(g^{-1}(g(f(A)))) = A$$

Exercise 1.269 Sea $f : X \to Y$ una función y defina para $A \subseteq X$:
$$cl_f(A) = f^{-1}(f(A))$$

Demuestre que cl_f es un operador de clausura en X y caracterice sus conjuntos cerrados.

Exercise 1.270 Sea $f : X \to Y$ una función y $\mathscr{B}$ una base para una topología en Y. Demuestre que:
$$\{f^{-1}(B) : B \in \mathscr{B}\}$$
es una base para una topología en X si y solo si f es sobreyectiva.

1.13.10 Composición de funciones

Exercise 1.271 Sean $f : X \to Y$ y $g : Y \to Z$ funciones. Demuestre que si $g \circ f$ es biyectiva, entonces f es inyectiva y g es sobreyectiva, pero que lo contrario no necesariamente es cierto.

Exercise 1.272 Sea $f : X \to X$ una función. Demuestre que si existe $n \in \mathbb{N}$ tal que $f^n = f^{n+1}$, entonces existe $k \leq n$ tal que $f^k = f^{k+1}$, donde f^n denota la composición de f consigo misma n veces.

Exercise 1.273 Sean $f : X \to Y$ y $g : Y \to Z$ funciones. Si $h = g \circ f$, demuestre que:
$$h^{-1}(\{z\}) = f^{-1}(g^{-1}(\{z\}))$$
para todo $z \in Z$ y que esta propiedad caracteriza la composición de funciones.

Exercise 1.274 Sean X, Y, Z conjuntos y $f : X \to Y$, $g : Y \to Z$ funciones. Demuestre que si $g \circ f$ es inyectiva, entonces existe una función $h : Z \to Y$ tal que $h \circ g \circ f = f$.

Exercise 1.275 Sea $f : X \to X$ una función. Demuestre que si X es finito con n elementos, entonces existe $k \leq n$ tal que f^k es idempotente (es decir, $f^k \circ f^k = f^k$).

Exercise 1.276 Sean $f : X \to Y$ y $g : Y \to Z$ funciones. Si $g \circ f$ es biyectiva, demuestre que existe una función $h : Z \to Y$ tal que $h \circ g \circ f = f$ y $g \circ h = id_Z$.

Exercise 1.277 Sea $f : X \to Y$ una función y $\sim$ una relación de equivalencia en X. Demuestre que existe una función bien definida $\bar{f} : X/\sim \to Y$ que hace conmutar el diagrama con la proyección canónica si y solo si $x \sim y$ implica $f(x) = f(y)$.

Exercise 1.278 Sean $f : X \to Y$ y $g : Y \to Z$ funciones tales que $g \circ f$ es sobreyectiva. Demuestre que existe una función $h : Z \to Y$ tal que $g \circ h = id_Z$ y caracterice todas las posibles funciones h con esta propiedad.

Exercise 1.279 Sea $f : X \to X$ una función en un conjunto infinito X. Demuestre que existe una función $g : X \to X$ tal que $g \circ f = f$ y $g \neq id_X$ si y solo si f no es inyectiva.

1.13 Ejercicios Propuestos

Exercise 1.280 Sean $f : X \to Y$ y $g : Y \to Z$ funciones. Demuestre que si $g \circ f$ es un isomorfismo de conjuntos, entonces existe una única función $h : Y \to X$ tal que $h \circ g \circ f = id_X$ y $g \circ f \circ h = id_Y$.

1.13.11 Función inversa

Exercise 1.281 Sea $f : X \to Y$ una biyección y sea $\{A_\alpha\}_{\alpha \in I}$ una familia de subconjuntos de X. Demuestre que:
$$f^{-1}(\bigcap_{\alpha \in I} f(A_\alpha)) = \bigcap_{\alpha \in I} A_\alpha$$

Exercise 1.282 Sea $f : \mathbb{R} \to \mathbb{R}$ una función estrictamente monótona y continua. Demuestre que f^{-1} es continua y preserva la monotonía en el mismo sentido que f.

Exercise 1.283 Sea G un grupo y $f : G \to G$ definida por $f(x) = x^2$. Demuestre que f es biyectiva si y solo si G es abeliano y cada elemento de G tiene una única raíz cuadrada.

Exercise 1.284 Sean $f : X \to Y$ y $g : Y \to Z$ biyecciones. Demuestre que si $h = g \circ f$, entonces:
$$h^{-1} = f^{-1} \circ g^{-1}$$
usando únicamente las propiedades de imagen directa e inversa.

Exercise 1.285 Sea $f : X \to Y$ una biyección entre espacios métricos. Demuestre que f^{-1} es uniformemente continua si y solo si existe $c > 0$ tal que $d(f(x_1), f(x_2)) \geq c\, d(x_1, x_2)$ para todos $x_1, x_2 \in X$.

Exercise 1.286 Sea $f : X \to Y$ una biyección y $\mathscr{T}$ una topología en X. Demuestre que la colección $\{f(U) : U \in \mathscr{T}\}$ es una topología en Y si y solo si f^{-1} es continua respecto a esta topología.

Exercise 1.287 Sea $f : X \to Y$ una biyección y sea R una relación de equivalencia en X. Demuestre que la relación S en Y definida por ySz si y solo si $f^{-1}(y)Rf^{-1}(z)$ es una relación de equivalencia.

Exercise 1.288 Sean $f, g : X \to X$ biyecciones que conmutan (es decir, $f \circ g = g \circ f$). Demuestre que sus inversas también conmutan: $f^{-1} \circ g^{-1} = g^{-1} \circ f^{-1}$.

Exercise 1.289 Sea $f : X \to Y$ una biyección entre conjuntos infinitos. Demuestre que existe una biyección $g : X \to X$ tal que $f \circ g \neq g \circ f$ pero $(f \circ g)^{-1} = g^{-1} \circ f^{-1}$.

Exercise 1.290 Sea $f : X \to X$ una biyección. Demuestre que para todo $n \in \mathbb{Z}$, $(f^n)^{-1} = (f^{-1})^n$, donde los exponentes negativos indican composición de la función inversa.

2. Números naturales

2.1 Operaciones en los números naturales

2.1.1 Propiedades de la adición

La adición es una de las operaciones fundamentales en el conjunto de los números naturales $\mathbb{N}$. En esta sección, exploraremos en detalle las propiedades básicas de la adición y su importancia en la estructura algebraica de los números naturales.

> **Definition 2.1.1** Sea $\mathbb{N}$ el conjunto de los números naturales. La **adición** es una operación binaria $+ : \mathbb{N} \times \mathbb{N} \to \mathbb{N}$ que asigna a cada par (a,b) el número natural $a+b$, definido recursivamente por:
> 1. $a+0 = a$ para todo $a \in \mathbb{N}$.
> 2. $a+S(b) = S(a+b)$, donde $S(b)$ es el sucesor de b.

Recordemos que $S(b)$ representa el siguiente número natural después de b. Esta definición recursiva es fundamental y permite establecer las propiedades de la adición.

Proposition 2.1.1 — **Propiedad Conmutativa.** Para todos $a, b \in \mathbb{N}$, se cumple que $a+b = b+a$.

Demostración. Procederemos por inducción en b.
Base de inducción: Para $b = 0$,

$$a+0 = a = 0+a.$$

Paso inductivo: Supongamos que $a+b = b+a$ para algún $b \in \mathbb{N}$. Entonces,

$$a+S(b) = S(a+b) = S(b+a) = b+S(a).$$

Pero por definición,

$$b+S(a) = S(b+a) = S(a+b).$$

Por lo tanto, $a+S(b) = b+S(a)$.
Esto completa la inducción y demuestra la propiedad conmutativa. ∎

> La propiedad conmutativa indica que el orden en que sumamos dos números naturales no afecta el resultado de la suma.

Proposition 2.1.2 — Propiedad Asociativa. Para todos $a, b, c \in \mathbb{N}$, se cumple que $(a+b)+c = a+(b+c)$.

Demostración. Procederemos por inducción en c.
Base de inducción: Para $c = 0$,

$$(a+b)+0 = a+b = a+(b+0).$$

Paso inductivo: Supongamos que $(a+b)+c = a+(b+c)$ para algún $c \in \mathbb{N}$. Entonces,

$$(a+b)+S(c) = S((a+b)+c) = S(a+(b+c)) = a+S(b+c) = a+(b+S(c)).$$

Por lo tanto, $(a+b)+S(c) = a+(b+S(c))$.
Esto completa la inducción y demuestra la propiedad asociativa. ■

> La propiedad asociativa nos permite agrupar sumas de números naturales de distintas maneras sin afectar el resultado final.

Theorem 2.1.3 — Existencia del Elemento Neutro. El número 0 es el elemento neutro de la adición en $\mathbb{N}$, es decir, para todo $a \in \mathbb{N}$,

$$a+0 = a = 0+a.$$

Demostración. Por definición de la adición en $\mathbb{N}$, esta operación se construye recursivamente usando el axioma de Peano. En particular, se tiene que:

$$a+0 = a,$$

lo cual se establece como la propiedad base de la recursión.
Para probar que $0+a = a$, consideremos la definición de la adición basada en el axioma de Peano:

$$0+a = a.$$

Esto se cumple porque la adición está definida de manera que el 0 no cambia el valor de a, preservando la propiedad del elemento neutro.
Por lo tanto, para todo $a \in \mathbb{N}$, se cumple que:

$$a+0 = a \quad \text{y} \quad 0+a = a.$$

Esto demuestra que 0 es el elemento neutro de la adición en $\mathbb{N}$. ■

■ **Example 2.1** Consideremos $a = 2$ y $b = 3$.
 1. Por la propiedad conmutativa, $2+3 = 3+2 = 5$.
 2. Por la propiedad asociativa, $(1+2)+3 = 1+(2+3) = 6$.
 3. El elemento neutro: $2+0 = 2$ y $0+2 = 2$.

■

2.1 Operaciones en los números naturales

Exercise 2.1 Demuestre que para todo $a \in \mathbb{N}$, se cumple que $a + a = 2a$.

Solución. Procedemos por inducción en a.
Base de inducción: Para $a = 0$,

$$0 + 0 = 0 = 2 \times 0.$$

Paso inductivo: Supongamos que $a + a = 2a$ para algún $a \in \mathbb{N}$. Entonces,

$$S(a) + S(a) = S(S(a) + a) = S(S(a + a)) = S(S(2a)) = 2S(a).$$

Por lo tanto, $S(a) + S(a) = 2S(a)$.
Esto completa la inducción. ∎

Lema 2.1.1 Para todo $a, b, c \in \mathbb{N}$, se cumple que $a + (b + c) = (a + b) + c$.

Demostración. Este es un restatement de la propiedad asociativa ya demostrada. ∎

Corollary 2.1.4 La suma de varios números naturales es independiente de cómo se agrupen los sumandos. Es decir, para $a_1, a_2, \ldots, a_n \in \mathbb{N}$,

$$a_1 + (a_2 + (\cdots + a_n)) = ((a_1 + a_2) + \ldots) + a_n.$$

Demostración. Se sigue directamente por inducción en n utilizando la propiedad asociativa. ∎

Exercise 2.2 Utilizando las propiedades de la adición, demuestre que para todo $a, b, c \in \mathbb{N}$,

$$a + b + c = b + c + a = c + a + b.$$

Solución. Usando la propiedad conmutativa y asociativa:

$$a+b+c = (a+b)+c = (b+a)+c = b+(a+c) = b+(c+a) = (b+c)+a = b+c+a.$$

De manera similar, podemos permutar los términos para obtener $c + a + b$. ∎

■ **Example 2.2** Visualicemos la propiedad conmutativa mediante una gráfica. Supongamos que tenemos dos conjuntos de objetos representados por puntos:

$$\circ \; \circ \; \circ \qquad \circ \; \circ$$
$$a = 3 \qquad b = 2$$

$$\circ \; \circ \; \circ \; \circ \; \circ$$
$$a + b = 5$$

Como se observa, $3 + 2 = 5$ y si invertimos los conjuntos, $2 + 3 = 5$, lo cual ilustra la propiedad conmutativa. ∎

Exercise 2.3 Probar que la suma de cualquier número natural con 0 es el mismo número, es decir, $a+0 = a$ y $0+a = a$.

Solución. Este es un resultado directo de la definición de la adición y ya ha sido demostrado en el teorema de la existencia del elemento neutro. ∎

Exercise 2.4 Si $a, b \in \mathbb{N}$ y $a+b = a$, ¿qué se puede concluir sobre b?

Solución. Si $a+b = a$, entonces restando a en ambos lados (aunque la resta no está definida en $\mathbb{N}$, interpretamos que $b = 0$). Por lo tanto, $b = 0$. ∎

> (R) Las propiedades de la adición son fundamentales para el desarrollo de estructuras algebraicas más complejas, como los grupos y anillos.

Exercise 2.5 Demuestre que si $a+b = b$, entonces $a = 0$.

Solución. Similar al ejercicio anterior, esto implica que $a = 0$. ∎

■ **Example 2.3** Consideremos la suma de tres números naturales:

$$2+3+4 = (2+3)+4 = 5+4 = 9,$$

$$2+(3+4) = 2+7 = 9.$$

Esto ilustra la propiedad asociativa de la adición. ∎

Exercise 2.6 Verifique que la propiedad asociativa no se cumple si cambiamos la operación de adición por una operación definida como $a \oplus b = a$.

Solución. Definamos $a \oplus b = a$. Entonces,

$$(a \oplus b) \oplus c = a \oplus c = a,$$

$$a \oplus (b \oplus c) = a \oplus b = a.$$

En este caso, $(a \oplus b) \oplus c = a \oplus (b \oplus c)$, por lo que parece que la propiedad asociativa se cumple. Sin embargo, esta operación no es una adición en el sentido tradicional y no tiene las propiedades habituales. ∎

> (R) Es importante notar que las propiedades de la adición en $\mathbb{N}$ no siempre se extienden a estructuras más generales sin modificaciones.

Exercise 2.7 Demuestre que para todo $a \in \mathbb{N}$, a es único tal que $0+a = a$.

Solución. Por definición del elemento neutro y la propiedad de identidad, para cualquier $a \in \mathbb{N}$, $0+a = a$. La unicidad se sigue de la definición de los números naturales y de la operación de adición. ∎

> (R) La Figura 2.1.1 ilustra cómo la suma de áreas rectangulares representa la propiedad conmutativa.

2.1 Operaciones en los números naturales

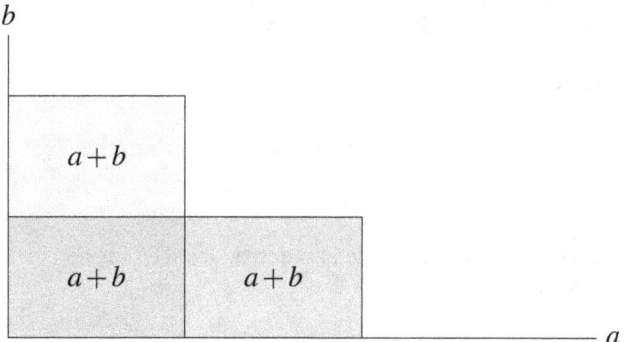

Figura 2.1.1: *Representación gráfica de la propiedad conmutativa de la adición.*

> **Exercise 2.8** Explique cómo las propiedades de la adición en $\mathbb{N}$ se extienden al conjunto de los números enteros $\mathbb{Z}$.

Solución. En $\mathbb{Z}$, la adición también es conmutativa y asociativa, y existe un elemento neutro (0). Además, cada elemento tiene un inverso aditivo. Las propiedades se mantienen y se amplían gracias a la inclusión de los números negativos. ∎

> (R) El estudio de las propiedades de la adición en $\mathbb{N}$ sienta las bases para entender operaciones más complejas en otros conjuntos numéricos.

2.1.2 Propiedades de la multiplicación

La multiplicación es una operación fundamental en el conjunto de los números naturales $\mathbb{N}$. En esta sección, exploraremos detalladamente las propiedades básicas de la multiplicación y su relevancia en la estructura algebraica de $\mathbb{N}$.

> **Definition 2.1.2** Sea $\mathbb{N}$ el conjunto de los números naturales. Definimos la **multiplicación** como una función $\cdot : \mathbb{N} \times \mathbb{N} \to \mathbb{N}$, definida recursivamente por:
> 1. $a \cdot 0 = 0$ para todo $a \in \mathbb{N}$.
> 2. $a \cdot S(b) = a \cdot b + a$, donde $S(b)$ es el sucesor de b.

Esta definición recursiva nos permite establecer y demostrar rigurosamente las propiedades fundamentales de la multiplicación en $\mathbb{N}$.

Proposition 2.1.5 — **Propiedad Conmutativa.** Para todos $a, b \in \mathbb{N}$, se cumple que $a \cdot b = b \cdot a$.

Demostración. Procederemos por inducción en b.
Base de inducción: Para $b = 0$,

$$a \cdot 0 = 0 = 0 \cdot a.$$

Paso inductivo: Supongamos que $a \cdot b = b \cdot a$ para algún $b \in \mathbb{N}$. Entonces,

$$a \cdot S(b) = a \cdot b + a = b \cdot a + a.$$

Por la hipótesis inductiva y la propiedad conmutativa de la adición,

$$b \cdot a + a = b \cdot a + a \cdot 1 = b \cdot a + a \cdot 1 = b \cdot a + a.$$

Como $b \cdot a + a = b \cdot a + a = (b+1) \cdot a$, entonces,

$$a \cdot S(b) = S(b) \cdot a.$$

Esto completa la inducción y demuestra la propiedad conmutativa. ∎

> (R) La propiedad conmutativa indica que el orden de los factores no afecta el resultado del producto en $\mathbb{N}$.

Es importante destacar que esta propiedad es esencial en muchas áreas de las matemáticas y su demostración rigurosa en los números naturales sienta las bases para su aplicación en estructuras más complejas.

Proposition 2.1.6 — **Propiedad Asociativa.** Para todos $a, b, c \in \mathbb{N}$, se cumple que $(a \cdot b) \cdot c = a \cdot (b \cdot c)$.

Demostración. Procederemos por inducción en c.
Base de inducción: Para $c = 0$,

$$(a \cdot b) \cdot 0 = 0 = a \cdot (b \cdot 0).$$

Paso inductivo: Supongamos que $(a \cdot b) \cdot c = a \cdot (b \cdot c)$ para algún $c \in \mathbb{N}$. Entonces,

$$\begin{aligned}
(a \cdot b) \cdot S(c) &= (a \cdot b) \cdot c + a \cdot b \\
&= a \cdot (b \cdot c) + a \cdot b \\
&= a \cdot (b \cdot c + b) \\
&= a \cdot [b \cdot c + b] \\
&= a \cdot [b \cdot S(c)] \\
&= a \cdot (b \cdot S(c)).
\end{aligned}$$

Esto completa la inducción y demuestra la propiedad asociativa. ∎

> (R) La propiedad asociativa nos permite agrupar los factores en un producto sin alterar el resultado, lo cual es fundamental en cálculos algebraicos y simplificación de expresiones.

Estas propiedades básicas de la multiplicación nos permiten manipular expresiones algebraicas con confianza en que las operaciones se comportan de manera predecible.

Theorem 2.1.7 — **Propiedad Distributiva.** La multiplicación es distributiva respecto a la adición en $\mathbb{N}$, es decir, para todos $a, b, c \in \mathbb{N}$:

$$a \cdot (b + c) = a \cdot b + a \cdot c.$$

Demostración. La multiplicación en $\mathbb{N}$ se define recursivamente usando la adición. En particular, para un número natural a, la multiplicación se define como:

$$a \cdot 0 = 0, \quad a \cdot (n+1) = a \cdot n + a.$$

Demostremos que $a \cdot (b+c) = a \cdot b + a \cdot c$ para todos $a, b, c \in \mathbb{N}$ usando inducción sobre c.

2.1 Operaciones en los números naturales

Caso base ($c = 0$):

$$a \cdot (b+0) = a \cdot b \quad \text{y} \quad a \cdot b + a \cdot 0 = a \cdot b + 0 = a \cdot b.$$

Por lo tanto, la igualdad se cumple para $c = 0$.
Paso inductivo: Supongamos que la propiedad es válida para un $c \geq 0$, es decir:

$$a \cdot (b+c) = a \cdot b + a \cdot c.$$

Queremos probar que se cumple para $c + 1$. Usando la definición recursiva de la adición:

$$a \cdot (b+(c+1)) = a \cdot ((b+c)+1).$$

Por la definición recursiva de la multiplicación:

$$a \cdot ((b+c)+1) = a \cdot (b+c) + a.$$

Por la hipótesis inductiva, $a \cdot (b+c) = a \cdot b + a \cdot c$. Sustituyendo:

$$a \cdot (b+(c+1)) = (a \cdot b + a \cdot c) + a = a \cdot b + (a \cdot c + a).$$

Esto muestra que:

$$a \cdot (b+(c+1)) = a \cdot b + a \cdot (c+1).$$

Por inducción, la propiedad distributiva se cumple para todos $a, b, c \in \mathbb{N}$:

$$a \cdot (b+c) = a \cdot b + a \cdot c.$$

∎

(R) La propiedad distributiva es fundamental para la expansión y factorización de expresiones algebraicas y conecta íntimamente la multiplicación con la adición.

Con las propiedades conmutativa, asociativa y distributiva, podemos manipular y simplificar una amplia variedad de expresiones algebraicas en $\mathbb{N}$. Ahora, exploraremos otras propiedades relevantes de la multiplicación.

Proposition 2.1.8 — Elemento Neutro de la Multiplicación. El número 1 es el elemento neutro multiplicativo en $\mathbb{N}$, es decir, para todo $a \in \mathbb{N}$:

$$a \cdot 1 = a = 1 \cdot a.$$

Demostración. Procederemos por inducción en a.
Base de inducción: Para $a = 0$,

$$0 \cdot 1 = 0.$$

Paso inductivo: Supongamos que $a \cdot 1 = a$ para algún $a \in \mathbb{N}$. Entonces,

$$S(a) \cdot 1 = a \cdot 1 + 1 = a + 1 = S(a).$$

Esto completa la inducción y demuestra que $a \cdot 1 = a$ para todo $a \in \mathbb{N}$. La igualdad $1 \cdot a = a$ se sigue de la propiedad conmutativa de la multiplicación. ∎

(R) El elemento neutro multiplicativo es esencial en la estructura de $\mathbb{N}$, permitiendo que la multiplicación conserve el valor original al multiplicar por uno.

Las propiedades de la multiplicación en $\mathbb{N}$ son esenciales para comprender estructuras algebraicas más complejas, como los anillos y los campos. Además, establecen las bases para operaciones con números enteros, racionales y reales.

> **Theorem 2.1.9** — **Ley de Cancelación.** En $\mathbb{N}$, si $a \cdot b = a \cdot c$ y $a \neq 0$, entonces $b = c$.

Demostración. Sea $a \in \mathbb{N}$ tal que $a \neq 0$. Supondremos que $a \cdot b = a \cdot c$ para algunos $b, c \in \mathbb{N}$. Queremos demostrar que $b = c$.

La multiplicación en $\mathbb{N}$ está definida recursivamente como:

$$a \cdot 0 = 0, \quad a \cdot (n+1) = a \cdot n + a.$$

Usaremos inducción sobre b para demostrar que $b = c$:

Caso base ($b = 0$): Si $b = 0$, entonces $a \cdot b = 0$. Si $a \cdot b = a \cdot c$, entonces $a \cdot c = 0$. Como $a \neq 0$, la única posibilidad es $c = 0$. Por lo tanto, $b = c$ cuando $b = 0$.

Paso inductivo: Supongamos que la propiedad es válida para algún $b \geq 0$, es decir, si $a \cdot b = a \cdot c$, entonces $b = c$. Queremos demostrar que se cumple para $b + 1$.

Supongamos que $a \cdot (b+1) = a \cdot c$. Por definición de la multiplicación:

$$a \cdot (b+1) = a \cdot b + a.$$

Entonces:

$$a \cdot b + a = a \cdot c.$$

Restando a de ambos lados, obtenemos:

$$a \cdot b = a \cdot (c-1).$$

Por la hipótesis inductiva, se tiene que $b = c - 1$. Por lo tanto, $b + 1 = c$, lo que demuestra la igualdad.

Por inducción, si $a \cdot b = a \cdot c$ y $a \neq 0$, entonces $b = c$. ∎

> **Corollary 2.1.10** La función $f : \mathbb{N} \to \mathbb{N}$ definida por $f(x) = a \cdot x$ es inyectiva si y solo si $a \neq 0$.

Demostración. Se sigue directamente de la Ley de Cancelación. ∎

■ **Example 2.4** Consideremos la función $f : \mathbb{N} \to \mathbb{N}$ definida por $f(x) = 2x$. Graficamos esta función para $x \in \{0, 1, 2, 3, 4, 5\}$.

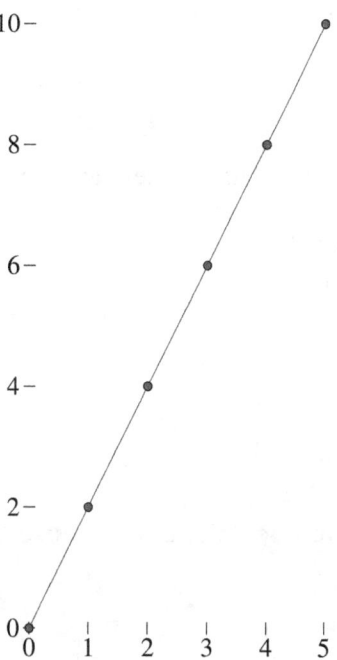

Figura 2.1.2: *Gráfica de $f(x) = 2x$ en $\mathbb{N}$.*

Exercise 2.9 Demuestre que para todo $a \in \mathbb{N}$, se cumple que $a \cdot 0 = 0$.

Solución. Por definición de la multiplicación, $a \cdot 0 = 0$ para todo $a \in \mathbb{N}$.

Exercise 2.10 Demuestre que para todo $a, b, c \in \mathbb{N}$, si $a \cdot b = a \cdot c$ y $a \neq 0$, entonces $b = c$.

Solución. Este es un caso directo de la Ley de Cancelación previamente demostrada.

Exercise 2.11 Pruebe que para todo $a, b \in \mathbb{N}$:
$$(a+b)^2 = a^2 + 2ab + b^2.$$

Solución. Utilizando las propiedades distributivas y conmutativas:
$$\begin{aligned}(a+b)^2 &= (a+b)(a+b) \\ &= a^2 + ab + ba + b^2 \\ &= a^2 + 2ab + b^2.\end{aligned}$$

Exercise 2.12 Demuestre que la multiplicación es distributiva respecto a la suma de más de dos términos, es decir,

$$a \cdot (b+c+d) = a \cdot b + a \cdot c + a \cdot d.$$

Solución. Aplicando la propiedad distributiva sucesivamente:

$$\begin{aligned}
a \cdot (b+c+d) &= a \cdot [(b+c)+d] \\
&= a \cdot (b+c) + a \cdot d \\
&= [a \cdot b + a \cdot c] + a \cdot d \\
&= a \cdot b + a \cdot c + a \cdot d.
\end{aligned}$$

■

Theorem 2.1.11 — Multiplicación de Potencias de Base Común. Para todos $a \in \mathbb{N}$ y $m, n \in \mathbb{N}$, se cumple que:

$$a^m \cdot a^n = a^{m+n}.$$

Demostración. Procederemos por inducción en n.
Base de inducción: Para $n = 0$,

$$a^m \cdot a^0 = a^m \cdot 1 = a^m = a^{m+0}.$$

Paso inductivo: Supongamos que $a^m \cdot a^n = a^{m+n}$. Entonces,

$$a^m \cdot a^{n+1} = a^m \cdot a^n \cdot a = a^{m+n} \cdot a = a^{(m+n)+1} = a^{m+n+1}.$$

Esto completa la inducción y prueba el teorema. ■

Corollary 2.1.12 Para todos $a \in \mathbb{N}$ y $m, n \in \mathbb{N}$, se cumple que:

$$(a^m)^n = a^{m \cdot n}.$$

Demostración. Procederemos por inducción en n.
Base de inducción: Para $n = 0$,

$$(a^m)^0 = 1 = a^{m \cdot 0}.$$

Paso inductivo: Supongamos que $(a^m)^n = a^{m \cdot n}$. Entonces,

$$(a^m)^{n+1} = (a^m)^n \cdot a^m = a^{m \cdot n} \cdot a^m = a^{m \cdot n + m} = a^{m(n+1)}.$$

Esto completa la inducción. ■

Exercise 2.13 Represente gráficamente la función $f : \mathbb{N} \to \mathbb{N}$ definida por $f(n) = 2^n$ para $n = 0, 1, 2, 3, 4$.

2.2 Leyes de números naturales

Solución. Calculamos los valores:

$$f(0) = 2^0 = 1,$$
$$f(1) = 2^1 = 2,$$
$$f(2) = 2^2 = 4,$$
$$f(3) = 2^3 = 8,$$
$$f(4) = 2^4 = 16.$$

La gráfica es:

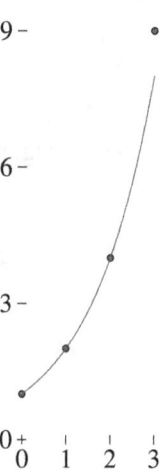

(R) La función exponencial $f(n) = 2^n$ crece rápidamente con n, ilustrando el concepto de crecimiento exponencial en $\mathbb{N}$.

En conclusión, las propiedades de la multiplicación en $\mathbb{N}$ son fundamentales no solo en álgebra elemental sino también en matemáticas superiores. Comprender y dominar estas propiedades es esencial para avanzar en el estudio de la teoría de números, álgebra abstracta y otras ramas de las matemáticas.

2.2 Leyes de números naturales

2.2.1 Ley asociativa y conmutativa

Las leyes asociativa y conmutativa son fundamentales en el estudio de la estructura algebraica de los números naturales $\mathbb{N}$. Estas propiedades permiten simplificar y reordenar expresiones aritméticas y algebraicas, facilitando así la resolución de problemas más complejos.

> **Definition 2.2.1 — Ley Conmutativa.** Una operación binaria $*$ en un conjunto S se dice **conmutativa** si, para todos $a, b \in S$, se cumple:
>
> $$a * b = b * a.$$

> **Definition 2.2.2 — Ley Asociativa.** Una operación binaria $*$ en un conjunto S se dice **asociativa** si, para todos $a, b, c \in S$, se cumple:
>
> $$(a * b) * c = a * (b * c).$$

Estas propiedades son especialmente importantes en las operaciones de adición y multiplicación en $\mathbb{N}$. Exploraremos en detalle cómo se aplican y demostraremos su validez.

> **Theorem 2.2.1 — La Adición es Conmutativa.** Para todos $a, b \in \mathbb{N}$, se cumple que:
>
> $$a + b = b + a.$$

Demostración. Demostraremos la conmutatividad de la adición usando inducción sobre $b \in \mathbb{N}$.

Caso base ($b = 0$): Por definición de la adición, se tiene que:

$$a + 0 = a \quad \text{y} \quad 0 + a = a.$$

Por lo tanto, $a + 0 = 0 + a$.

Paso inductivo: Supongamos que $a + b = b + a$ para algún $b \in \mathbb{N}$. Queremos demostrar que:

$$a + (b + 1) = (b + 1) + a.$$

Por definición de la adición:

$$a + (b + 1) = (a + b) + 1.$$

Por la hipótesis inductiva, $a + b = b + a$. Sustituyendo, se obtiene:

$$(a + b) + 1 = (b + a) + 1.$$

Ahora, por la definición de adición, $(b + a) + 1 = (b + 1) + a$. Por lo tanto:

$$a + (b + 1) = (b + 1) + a.$$

Por inducción, hemos demostrado que $a + b = b + a$ para todos $a, b \in \mathbb{N}$. ∎

> **Theorem 2.2.2 — La Adición es Asociativa.** Para todos $a, b, c \in \mathbb{N}$, se cumple que:
>
> $$(a + b) + c = a + (b + c).$$

Demostración. Demostraremos la asociatividad de la adición usando inducción sobre $c \in \mathbb{N}$.

Caso base ($c = 0$): Por definición de la adición, se tiene que:

$$(a + b) + 0 = a + b \quad \text{y} \quad a + (b + 0) = a + b.$$

2.2 Leyes de números naturales

Por lo tanto, $(a+b)+0 = a+(b+0)$.

Paso inductivo: Supongamos que $(a+b)+c = a+(b+c)$ para algún $c \in \mathbb{N}$. Queremos demostrar que:

$$(a+b)+(c+1) = a+(b+(c+1)).$$

Por definición de la adición:

$$(a+b)+(c+1) = ((a+b)+c)+1.$$

Por la hipótesis inductiva, $(a+b)+c = a+(b+c)$. Sustituyendo, se obtiene:

$$((a+b)+c)+1 = (a+(b+c))+1.$$

Por definición de la adición, $(a+(b+c))+1 = a+((b+c)+1)$. Por lo tanto:

$$(a+b)+(c+1) = a+(b+(c+1)).$$

Por inducción, hemos demostrado que $(a+b)+c = a+(b+c)$ para todos $a,b,c \in \mathbb{N}$. ∎

> (R) Las propiedades conmutativa y asociativa de la adición permiten reorganizar y agrupar sumas sin alterar el resultado, lo cual es esencial en cálculos algebraicos y simplificación de expresiones.

Theorem 2.2.3 — La Multiplicación es Conmutativa. Para todos $a,b \in \mathbb{N}$, se cumple que:

$$a \cdot b = b \cdot a.$$

Demostración. Demostraremos la conmutatividad de la multiplicación usando inducción sobre $b \in \mathbb{N}$.

Caso base ($b = 0$): Por definición de la multiplicación en $\mathbb{N}$, se tiene que:

$$a \cdot 0 = 0 \quad \text{y} \quad 0 \cdot a = 0.$$

Por lo tanto, $a \cdot 0 = 0 \cdot a$.

Paso inductivo: Supongamos que $a \cdot b = b \cdot a$ para algún $b \in \mathbb{N}$. Queremos demostrar que:

$$a \cdot (b+1) = (b+1) \cdot a.$$

Por definición de la multiplicación:

$$a \cdot (b+1) = a \cdot b + a.$$

Por la hipótesis inductiva, $a \cdot b = b \cdot a$. Sustituyendo, se obtiene:

$$a \cdot (b+1) = b \cdot a + a.$$

Por definición de la multiplicación, se tiene que:

$$(b+1) \cdot a = b \cdot a + a.$$

Por lo tanto:

$$a \cdot (b+1) = (b+1) \cdot a.$$

Por inducción, hemos demostrado que $a \cdot b = b \cdot a$ para todos $a,b \in \mathbb{N}$. ∎

> **Theorem 2.2.4 — La Multiplicación es Asociativa.** Para todos $a, b, c \in \mathbb{N}$, se cumple que:
> $$(a \cdot b) \cdot c = a \cdot (b \cdot c).$$

Demostración. Demostraremos la asociatividad de la multiplicación usando inducción sobre $c \in \mathbb{N}$.

Caso base ($c = 0$): Por definición de la multiplicación en $\mathbb{N}$, se tiene que:

$$(a \cdot b) \cdot 0 = 0 \quad \text{y} \quad a \cdot (b \cdot 0) = a \cdot 0 = 0.$$

Por lo tanto, $(a \cdot b) \cdot 0 = a \cdot (b \cdot 0)$.

Paso inductivo: Supongamos que $(a \cdot b) \cdot c = a \cdot (b \cdot c)$ para algún $c \in \mathbb{N}$. Queremos demostrar que:

$$(a \cdot b) \cdot (c+1) = a \cdot (b \cdot (c+1)).$$

Por definición de la multiplicación:

$$(a \cdot b) \cdot (c+1) = ((a \cdot b) \cdot c) + (a \cdot b).$$

Por la hipótesis inductiva, $(a \cdot b) \cdot c = a \cdot (b \cdot c)$. Sustituyendo, se obtiene:

$$((a \cdot b) \cdot c) + (a \cdot b) = (a \cdot (b \cdot c)) + (a \cdot b).$$

Por la propiedad distributiva de la multiplicación:

$$a \cdot (b \cdot c + b) = a \cdot (b \cdot (c+1)).$$

Por lo tanto:

$$(a \cdot b) \cdot (c+1) = a \cdot (b \cdot (c+1)).$$

Por inducción, hemos demostrado que $(a \cdot b) \cdot c = a \cdot (b \cdot c)$ para todos $a, b, c \in \mathbb{N}$. ∎

> (R) Las propiedades conmutativa y asociativa de la multiplicación permiten reorganizar y agrupar productos sin alterar el resultado, lo cual es crucial en la simplificación y manipulación de expresiones algebraicas.

■ **Example 2.5** Consideremos los números $a = 2$, $b = 3$ y $c = 4$. Veamos cómo las propiedades asociativa y conmutativa se aplican en la práctica.

Usando la **propiedad conmutativa** de la multiplicación:

$$2 \cdot 3 = 3 \cdot 2 = 6.$$

Usando la **propiedad asociativa**:

$$(2+3)+4 = 2+(3+4) = 9.$$

■

2.2 Leyes de números naturales

Exercise 2.14 Demuestre que para todos $a, b, c \in \mathbb{N}$, se cumple que:
$$a+b+c = (a+b)+c = a+(b+c).$$

Solución. Por la ley asociativa de la adición:
$$(a+b)+c = a+(b+c).$$

Por lo tanto, la suma $a+b+c$ es independiente de cómo se agrupen los sumandos. ∎

Exercise 2.15 Utilizando la ley conmutativa de la multiplicación, simplifique la expresión:
$$3 \cdot x \cdot 4.$$

Solución. Aplicando la propiedad conmutativa:
$$3 \cdot x \cdot 4 = 3 \cdot 4 \cdot x = 12x.$$

∎

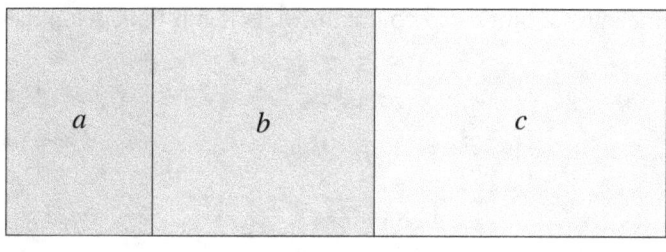

Figura 2.2.1: *Representación gráfica de la ley asociativa de la adición.*

(R) La Figura 2.2.1 ilustra cómo, al sumar varios segmentos consecutivos, el total es independiente de cómo agrupemos los segmentos individuales, reflejando la ley asociativa de la adición.

Lema 2.2.1 Si una operación binaria es conmutativa, entonces para cualquier $n \in \mathbb{N}$ y elementos $a_1, a_2, \ldots, a_n$, se cumple que:
$$a_1 * a_2 * \cdots * a_n = a_{\sigma(1)} * a_{\sigma(2)} * \cdots * a_{\sigma(n)},$$

donde σ es cualquier permutación de $\{1, 2, \ldots, n\}$.

Demostración. Procede por inducción en n y aplicando la propiedad conmutativa repetidamente. ∎

Corollary 2.2.5 El producto de números naturales es independiente del orden de los factores, es decir:

$$\prod_{i=1}^{n} a_i = \prod_{i=1}^{n} a_{\sigma(i)},$$

para cualquier permutación σ de $\{1, 2, \ldots, n\}$.

Exercise 2.16 Simplifique la expresión:

$$(2 \cdot 5) + (3 \cdot 2) + (5 \cdot 3).$$

Utilizando las leyes asociativa y conmutativa.

Solución. Primero, aplicamos la conmutatividad de la multiplicación:

$$(2 \cdot 5) = (5 \cdot 2),$$

$$(3 \cdot 2) = (2 \cdot 3).$$

Luego, agrupamos términos similares utilizando la asociatividad de la adición:

$$(5 \cdot 2) + (2 \cdot 3) + (5 \cdot 3) = 2 \cdot (5 + 3) + 5 \cdot 3 = 2 \cdot 8 + 15 = 16 + 15 = 31.$$

■

■ **Example 2.6** Visualicemos la propiedad conmutativa de la multiplicación mediante una matriz de puntos.

$$\begin{array}{c} \text{3 filas} \begin{cases} \bullet \ \bullet \ \bullet \ \bullet \\ \bullet \ \bullet \ \bullet \ \bullet \\ \bullet \ \bullet \ \bullet \ \bullet \end{cases} \\ \text{4 columnas} \end{array}$$

La matriz anterior representa $3 \cdot 4 = 12$. Si rotamos la matriz, obtenemos $4 \cdot 3 = 12$, ilustrando la propiedad conmutativa. ■

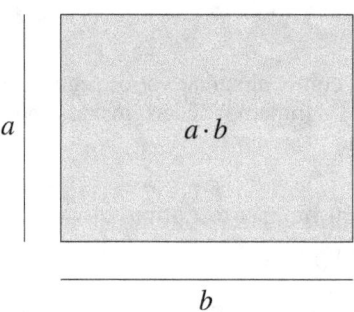

Figura 2.2.2: *Área representando el producto $a \cdot b$.*

La Figura 2.2.2 muestra cómo el área de un rectángulo de lados a y b es igual a $a \cdot b$, y cómo esta área permanece igual si intercambiamos a y b, ilustrando la propiedad conmutativa.

2.2 Leyes de números naturales

Exercise 2.17 Demuestre que la suma de cuatro números naturales es asociativa, es decir:

$$(a+b)+(c+d) = a+(b+c+d).$$

Solución. Aplicamos la propiedad asociativa repetidamente:

$$(a+b)+(c+d) = ((a+b)+c)+d = (a+(b+c))+d = a+((b+c)+d) = a+(b+c+d).$$

Theorem 2.2.6 — **Generalización de la Ley Asociativa.** Sea $*$ una operación asociativa en un conjunto S. Entonces, para cualquier número finito de elementos $a_1, a_2, \ldots, a_n \in S$, la expresión:

$$a_1 * a_2 * \cdots * a_n$$

es independiente de cómo se agrupen los paréntesis.

Demostración. Se demuestra por inducción en n. La asociatividad garantiza que la agrupación de los términos no altera el resultado. ∎

Exercise 2.18 Si $a = 2$, $b = 3$, $c = 4$ y $d = 5$, calcule:

$$(a \cdot b) \cdot (c \cdot d)$$

y

$$a \cdot (b \cdot c \cdot d)$$

¿Son iguales? Explique por qué, utilizando las leyes asociativa y conmutativa.

Solución. Calculamos:

$$(a \cdot b) \cdot (c \cdot d) = (2 \cdot 3) \cdot (4 \cdot 5) = 6 \cdot 20 = 120,$$
$$a \cdot (b \cdot c \cdot d) = 2 \cdot (3 \cdot 4 \cdot 5) = 2 \cdot 60 = 120.$$

Son iguales debido a las propiedades asociativa y conmutativa de la multiplicación. ∎

> R Las leyes asociativa y conmutativa son fundamentales no solo en aritmética básica sino también en álgebra abstracta, donde se estudian estructuras como grupos, anillos y campos.

Theorem 2.2.7 — **Conmutatividad y Asociatividad en Operaciones Compuestas.** Si las operaciones $*$ y $\circ$ en un conjunto S son conmutativas y asociativas, entonces para cualquier combinación finita de estas operaciones, se puede reorganizar y agrupar los términos sin alterar el resultado.

Demostración. Se basa en aplicar las propiedades conmutativa y asociativa de cada operación individualmente y extenderlas a las combinaciones mediante inducción. ∎

Exercise 2.19 Simplifique la expresión:

$$(3+5)\cdot 2 + 4\cdot (2+6)$$

utilizando las leyes asociativa y conmutativa.

Solución. Primero, calculamos las sumas:

$$(3+5) = 8, \quad (2+6) = 8.$$

Luego, aplicamos la multiplicación:

$$8\cdot 2 + 4\cdot 8 = 16 + 32 = 48.$$

Alternativamente, podemos factorizar:

$$8\cdot 2 + 4\cdot 8 = 8\cdot 2 + 8\cdot 4 = 8\cdot(2+4) = 8\cdot 6 = 48.$$

■ **Example 2.7** En álgebra, las leyes asociativa y conmutativa permiten simplificar expresiones como:

$$(a+b)(c+d) = ac + ad + bc + bd,$$

gracias a la posibilidad de reordenar y agrupar los términos utilizando estas propiedades. ■

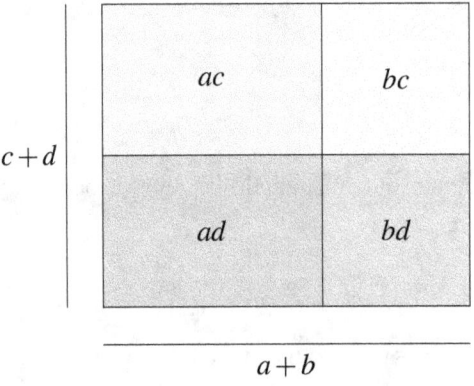

Figura 2.2.3: *Representación gráfica de la multiplicación de binomios.*

(R) La Figura 2.2.3 muestra cómo la multiplicación de binomios puede visualizarse como el área total de un rectángulo subdividido, lo que facilita la comprensión de la distribución de términos gracias a las leyes asociativa y conmutativa.

Exercise 2.20 Sea S un conjunto con dos operaciones binarias $*$ y $\circ$, ambas conmutativas y asociativas. Demuestre que la operación definida por $a \diamond b = a * b \circ b * a$ es conmutativa.

Solución. Calculamos:

$$a \diamond b = a * b \circ b * a.$$

2.2 Leyes de números naturales

Por la conmutatividad de $*$:

$$a*b = b*a.$$

Entonces:

$$a \diamond b = a*b \circ a*b = (a*b) \circ (a*b).$$

Por la conmutatividad de $\circ$:

$$a \diamond b = (a*b) \circ (a*b) = (a*b) \circ (a*b) = b \diamond a.$$

Por lo tanto, $\diamond$ es conmutativa. ∎

> (R) Este ejercicio muestra cómo las propiedades asociativa y conmutativa pueden combinarse y trasladarse a operaciones definidas a partir de otras, destacando su importancia en la construcción de nuevas estructuras algebraicas.

En resumen, las leyes asociativa y conmutativa son pilares en el álgebra y en las matemáticas en general. Su comprensión y aplicación permiten simplificar cálculos, resolver ecuaciones y entender estructuras más complejas en matemáticas avanzadas.

2.2.2 Ley distributiva

La **ley distributiva** es una propiedad fundamental que conecta las operaciones de adición y multiplicación en el conjunto de los números naturales $\mathbb{N}$. Esta propiedad es esencial en álgebra y permite simplificar y reorganizar expresiones matemáticas de manera eficiente.

> **Definition 2.2.3 — Ley Distributiva de la Multiplicación sobre la Adición.** Sea $a, b, c \in \mathbb{N}$. La multiplicación es distributiva respecto a la adición si se cumple:
>
> $$a \cdot (b+c) = a \cdot b + a \cdot c.$$
>
> Análogamente, también se cumple:
>
> $$(b+c) \cdot a = b \cdot a + c \cdot a.$$

Esta propiedad nos permite transformar una multiplicación de una suma en la suma de dos multiplicaciones, lo cual es especialmente útil en la simplificación y resolución de ecuaciones.

> **Theorem 2.2.8 — Demostración de la Ley Distributiva.** Para todos $a, b, c \in \mathbb{N}$, se cumple:
>
> $$a \cdot (b+c) = a \cdot b + a \cdot c.$$

Demostración. Procederemos por inducción en c.
Base de inducción: Para $c = 0$,

$$a \cdot (b+0) = a \cdot b = a \cdot b + a \cdot 0 = a \cdot b + 0 = a \cdot b + a \cdot 0.$$

Por lo tanto, la propiedad se cumple para $c = 0$.
Paso inductivo: Supongamos que la propiedad se cumple para algún $c \in \mathbb{N}$, es decir,

$$a \cdot (b+c) = a \cdot b + a \cdot c.$$

Entonces, para $c+1$,

$$a \cdot [b+(c+1)] = a \cdot (b+c+1)$$
$$= a \cdot (b+c) + a \quad \text{(por definición de multiplicación)}$$
$$= [a \cdot b + a \cdot c] + a \quad \text{(por hipótesis inductiva)}$$
$$= a \cdot b + [a \cdot c + a]$$
$$= a \cdot b + a \cdot (c+1).$$

Por lo tanto,

$$a \cdot [b+(c+1)] = a \cdot b + a \cdot (c+1).$$

Esto completa la inducción y demuestra la propiedad para todos $c \in \mathbb{N}$. ∎

> (R) La ley distributiva es crucial para la expansión y factorización de expresiones algebraicas. Sin esta propiedad, muchas técnicas de resolución de ecuaciones y simplificación de expresiones no serían posibles.

Es interesante observar cómo la ley distributiva se relaciona con las propiedades asociativa y conmutativa previamente estudiadas. Estas propiedades en conjunto permiten manipular expresiones algebraicas de manera flexible y eficiente.

■ **Example 2.8** Consideremos los números naturales $a = 3$, $b = 4$ y $c = 5$. Aplicando la ley distributiva:

$$3 \cdot (4+5) = 3 \cdot 9 = 27,$$

mientras que:

$$3 \cdot 4 + 3 \cdot 5 = 12 + 15 = 27.$$

Como se puede observar, ambos cálculos producen el mismo resultado, ilustrando la ley distributiva. ∎

> Exercise 2.21 Demuestre que para todos $a, b, c \in \mathbb{N}$, se cumple:
>
> $$(a+b) \cdot c = a \cdot c + b \cdot c.$$

Solución. La demostración es similar a la anterior. Por la propiedad conmutativa de la multiplicación:

$$(a+b) \cdot c = c \cdot (a+b).$$

Aplicando la ley distributiva ya demostrada:

$$c \cdot (a+b) = c \cdot a + c \cdot b.$$

Nuevamente, por la propiedad conmutativa:

$$c \cdot a = a \cdot c, \quad c \cdot b = b \cdot c.$$

Por lo tanto:

$$(a+b) \cdot c = a \cdot c + b \cdot c.$$

∎

2.2 Leyes de números naturales

Lema 2.2.2 Para todos $a,b,c,d \in \mathbb{N}$, se cumple:

$$a \cdot (b+c+d) = a \cdot b + a \cdot c + a \cdot d.$$

Demostración. Procedemos por inducción en el número de sumandos. Para tres sumandos, aplicamos la ley distributiva dos veces:

$$\begin{aligned} a \cdot (b+c+d) &= a \cdot [(b+c)+d] \\ &= a \cdot (b+c) + a \cdot d \quad \text{(por la ley distributiva)} \\ &= [a \cdot b + a \cdot c] + a \cdot d \quad \text{(aplicando nuevamente la ley distributiva)} \\ &= a \cdot b + a \cdot c + a \cdot d. \end{aligned}$$

∎

La generalización de este resultado es inmediata y nos permite distribuir la multiplicación sobre sumas de cualquier número finito de términos.

Theorem 2.2.9 — Distributividad Generalizada. Para $a \in \mathbb{N}$ y cualquier conjunto finito de números naturales $b_1, b_2, \ldots, b_n$, se cumple:

$$a \cdot \left(\sum_{i=1}^{n} b_i \right) = \sum_{i=1}^{n} a \cdot b_i.$$

Demostración. Procedemos por inducción en n.
Base de inducción: Para $n=1$,

$$a \cdot b_1 = a \cdot b_1.$$

La propiedad se cumple trivialmente.
Paso inductivo: Supongamos que la propiedad se cumple para $n=k$, es decir,

$$a \cdot \left(\sum_{i=1}^{k} b_i \right) = \sum_{i=1}^{k} a \cdot b_i.$$

Para $n = k+1$,

$$\begin{aligned} a \cdot \left(\sum_{i=1}^{k+1} b_i \right) &= a \cdot \left(\sum_{i=1}^{k} b_i + b_{k+1} \right) \\ &= a \cdot \left(\sum_{i=1}^{k} b_i \right) + a \cdot b_{k+1} \quad \text{(por la ley distributiva)} \\ &= \sum_{i=1}^{k} a \cdot b_i + a \cdot b_{k+1} \quad \text{(por hipótesis inductiva)} \\ &= \sum_{i=1}^{k+1} a \cdot b_i. \end{aligned}$$

Esto completa la inducción. ∎

(R) La distributividad generalizada es fundamental en álgebra lineal y teoría de anillos, donde se manipulan sumas y productos de términos de manera extensiva.

■ **Example 2.9** Calculemos $2 \cdot (3+4+5)$ utilizando la ley distributiva generalizada:

$$2 \cdot (3+4+5) = 2 \cdot 3 + 2 \cdot 4 + 2 \cdot 5 = 6 + 8 + 10 = 24.$$

Alternativamente, sumando primero y luego multiplicando:

$$2 \cdot (3+4+5) = 2 \cdot 12 = 24.$$

En ambos casos, obtenemos el mismo resultado, lo que confirma la validez de la ley distributiva generalizada. ■

La ley distributiva también es esencial en el desarrollo de técnicas de factorización y expansión en álgebra, como se muestra a continuación.

Proposition 2.2.10 — **Producto de Binomios.** Para todos $a, b, c, d \in \mathbb{N}$, se cumple:

$$(a+b) \cdot (c+d) = a \cdot c + a \cdot d + b \cdot c + b \cdot d.$$

Demostración. Aplicamos la ley distributiva en dos etapas:

$$\begin{aligned}
(a+b) \cdot (c+d) &= (a+b) \cdot c + (a+b) \cdot d \quad \text{(distribuyendo sobre } c+d) \\
&= a \cdot c + b \cdot c + a \cdot d + b \cdot d \quad \text{(distribuyendo sobre } a+b) \\
&= a \cdot c + a \cdot d + b \cdot c + b \cdot d.
\end{aligned}$$

■

Corollary 2.2.11 La identidad anterior permite expandir expresiones cuadráticas y es la base para el desarrollo de identidades algebraicas como:

$$(a+b)^2 = a^2 + 2ab + b^2.$$

Demostración. Aplicando la proposición con $c = a$ y $d = b$:

$$\begin{aligned}
(a+b)^2 &= (a+b) \cdot (a+b) \\
&= a \cdot a + a \cdot b + b \cdot a + b \cdot b \\
&= a^2 + ab + ab + b^2 \\
&= a^2 + 2ab + b^2.
\end{aligned}$$

■

Exercise 2.22 Utilice la ley distributiva para simplificar la expresión:

$$5 \cdot (2x+3) - 2 \cdot (x-4).$$

Solución. Aplicamos la ley distributiva a cada término:

$$\begin{aligned}
5 \cdot (2x+3) &= 5 \cdot 2x + 5 \cdot 3 = 10x + 15, \\
2 \cdot (x-4) &= 2 \cdot x - 2 \cdot 4 = 2x - 8.
\end{aligned}$$

Luego, restamos las expresiones:

$$(10x+15) - (2x-8) = 10x + 15 - 2x + 8 = (10x - 2x) + (15 + 8) = 8x + 23.$$

■

2.2 Leyes de números naturales

 La ley distributiva es una herramienta poderosa en la simplificación de expresiones algebraicas y en la resolución de ecuaciones, permitiendo manipular términos y facilitar los cálculos.

Además de su aplicación en $\mathbb{N}$, la ley distributiva es un axioma fundamental en la definición de estructuras algebraicas más complejas.

Definition 2.2.4 — Anillo. Un **anillo** es una terna $(R, +, \cdot)$, donde R es un conjunto no vacío y $+$ y $\cdot$ son operaciones binarias en R, tales que:
1. $(R, +)$ es un grupo abeliano.
2. La multiplicación $\cdot$ es asociativa.
3. Se cumple la ley distributiva de la multiplicación sobre la adición:

$$a \cdot (b+c) = a \cdot b + a \cdot c, \quad (a+b) \cdot c = a \cdot c + b \cdot c, \quad \forall a,b,c \in R.$$

■ **Example 2.10** El conjunto de los números enteros $\mathbb{Z}$ con las operaciones usuales de suma y multiplicación es un anillo. ■

Exercise 2.23 Demuestre que el conjunto de las matrices 2×2 con entradas en $\mathbb{R}$ y las operaciones de suma y multiplicación de matrices forman un anillo. ■

Solución.
1. Las matrices 2×2 con suma matricial forman un grupo abeliano, ya que la suma es asociativa, conmutativa, existe el elemento neutro (la matriz cero) y cada matriz tiene su inverso aditivo (la matriz opuesta).
2. La multiplicación de matrices es asociativa.
3. La multiplicación es distributiva respecto a la suma:

$$A(B+C) = AB + AC, \quad (A+B)C = AC + BC.$$

Por lo tanto, las matrices 2×2 con estas operaciones forman un anillo. ■

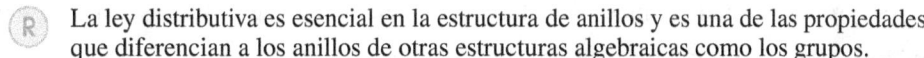 La ley distributiva es esencial en la estructura de anillos y es una de las propiedades que diferencian a los anillos de otras estructuras algebraicas como los grupos.

Lema 2.2.3 Sea R un anillo y $f : R \to R'$ un homomorfismo de anillos. Entonces, f preserva la multiplicación y la adición, y por lo tanto, la ley distributiva se preserva bajo f.

Demostración. Por definición de homomorfismo de anillos, para todos $a, b \in R$:

$$f(a+b) = f(a) + f(b), \quad f(a \cdot b) = f(a) \cdot f(b).$$

Dado que la ley distributiva se cumple en R, y f preserva las operaciones, entonces en R' se tiene:

$$f(a \cdot (b+c)) = f(a) \cdot [f(b) + f(c)] = f(a) \cdot f(b) + f(a) \cdot f(c).$$

Esto muestra que la ley distributiva se preserva bajo homomorfismos de anillos. ■

Corollary 2.2.12 Los homomorfismos de anillos son funciones que respetan la estructura algebraica, incluyendo la ley distributiva, lo cual es fundamental en el estudio de la teoría de anillos y módulos.

Exercise 2.24 Sea R un anillo y $a,b \in R$ tales que $a \cdot b = b \cdot a$. Demuestre que para todo $n \in \mathbb{N}$, se cumple:

$$(a+b)^n = \sum_{k=0}^{n} \binom{n}{k} a^{n-k} b^k.$$

Solución. Como a y b conmutan, podemos aplicar el teorema del binomio de Newton en el anillo R:

$$(a+b)^n = \sum_{k=0}^{n} \binom{n}{k} a^{n-k} b^k.$$

La ley distributiva y la conmutatividad de a y b permiten expandir la potencia de la suma de manera similar al caso de los números reales. ∎

> (R) La expansión del binomio es una aplicación avanzada de la ley distributiva y muestra cómo esta propiedad es esencial en desarrollos algebraicos más complejos.

En conclusión, la ley distributiva es una propiedad fundamental que conecta la adición y la multiplicación, permitiendo la manipulación y simplificación de expresiones algebraicas. Su importancia se extiende desde los números naturales hasta estructuras algebraicas avanzadas como anillos y módulos, siendo esencial en diversas áreas de las matemáticas.

2.2.3 Otras leyes en números naturales

Además de las propiedades fundamentales de la adición y la multiplicación, existen otras leyes y propiedades en el conjunto de los números naturales $\mathbb{N}$ que son esenciales para el desarrollo del álgebra y la teoría de números. En esta sección, exploraremos algunas de estas leyes, proporcionando definiciones, teoremas y ejemplos que ilustran su importancia.

Definition 2.2.5 — Ley de Tricotomía. Para cualquier par de números naturales $a, b \in \mathbb{N}$, se cumple exactamente una de las siguientes tres posibilidades:
1. $a = b$,
2. $a < b$,
3. $a > b$.

La ley de tricotomía establece un orden total en el conjunto de los números naturales, lo cual es fundamental para la comparación y ordenación de cantidades.

Theorem 2.2.13 — Propiedad de Cerradura. El conjunto de los números naturales $\mathbb{N}$ es cerrado bajo las operaciones de adición y multiplicación. Es decir, para todos $a, b \in \mathbb{N}$:

$$a + b \in \mathbb{N}, \quad a \cdot b \in \mathbb{N}.$$

Demostración. Por definición de los números naturales $\mathbb{N}$, la adición y la multiplicación se definen de manera que siempre producen resultados en $\mathbb{N}$.

Para la adición, consideremos $a, b \in \mathbb{N}$. Por construcción recursiva de la adición, se define que:

$$a + 0 = a \quad \text{y} \quad a + (b+1) = (a+b) + 1.$$

2.2 Leyes de números naturales

Dado que $a, b \in \mathbb{N}$, por inducción sobre b, se tiene que $a + b \in \mathbb{N}$. Por lo tanto, la adición es cerrada en $\mathbb{N}$.

Para la multiplicación, consideremos $a, b \in \mathbb{N}$. Por construcción recursiva de la multiplicación, se define que:

$$a \cdot 0 = 0 \quad \text{y} \quad a \cdot (b+1) = (a \cdot b) + a.$$

Dado que $a, b \in \mathbb{N}$, por inducción sobre b, se tiene que $a \cdot b \in \mathbb{N}$. Por lo tanto, la multiplicación es cerrada en $\mathbb{N}$.

Con esto, hemos demostrado que $\mathbb{N}$ es cerrado bajo la adición y la multiplicación. ∎

> (R) La propiedad de cerradura garantiza que las operaciones dentro del conjunto $\mathbb{N}$ no producen elementos fuera de él, lo cual es esencial para la consistencia de las operaciones aritméticas básicas.

Definition 2.2.6 — Ley de Monotonía de la Adición. Si $a, b, c \in \mathbb{N}$ y $a < b$, entonces:

$$a + c < b + c.$$

Theorem 2.2.14 — Monotonía de la Multiplicación. Si $a, b, c \in \mathbb{N}$, $c \neq 0$, y $a < b$, entonces:

$$a \cdot c < b \cdot c.$$

Demostración. Procederemos por inducción en c.

Base de inducción: Para $c = 1$, si $a < b$, entonces:

$$a \cdot 1 = a < b = b \cdot 1.$$

Paso inductivo: Supongamos que para algún $c \geq 1$, se cumple $a \cdot c < b \cdot c$. Entonces, para $c + 1$:

$$a \cdot (c+1) = a \cdot c + a,$$
$$b \cdot (c+1) = b \cdot c + b.$$

Dado que $a < b$ y $a \cdot c < b \cdot c$, entonces:

$$a \cdot c + a < b \cdot c + b.$$

Por lo tanto, $a \cdot (c+1) < b \cdot (c+1)$.

Esto completa la inducción y demuestra la propiedad. ∎

■ **Example 2.11** Consideremos $a = 2$, $b = 3$, y $c = 4$. Como $2 < 3$, entonces:

$$2 \cdot 4 = 8 < 12 = 3 \cdot 4.$$

■

Exercise 2.25 Demuestre que si $a < b$ y $d < e$ con $a, b, d, e \in \mathbb{N}$, entonces:

$$a + d < b + e.$$

Solución. Dado que $a < b$ y $d < e$, entonces existen $m, n \in \mathbb{N}$ tales que:

$$b = a+m \quad \text{con} \quad m > 0, \quad e = d+n \quad \text{con} \quad n > 0.$$

Sumando:

$$b+e = (a+m)+(d+n) = (a+d)+(m+n).$$

Como $m+n > 0$, entonces $b+e > a+d$.
Por lo tanto:

$$a+d < b+e.$$

∎

(R) La ley de monotonía es fundamental en el análisis de funciones crecientes y decrecientes, y tiene implicaciones en la teoría de desigualdades.

Definition 2.2.7 — Divisibilidad en $\mathbb{N}$. Decimos que un número natural a es divisible por otro número natural $b \neq 0$, denotado $b \mid a$, si existe un número natural k tal que:

$$a = b \cdot k.$$

Theorem 2.2.15 — Propiedades de la Divisibilidad. Para todos $a, b, c \in \mathbb{N}$, se cumplen las siguientes propiedades:
1. Si $b \mid a$ y $c \mid b$, entonces $c \mid a$.
2. Si $b \mid a$, entonces $b \mid a \cdot c$.
3. Si $b \mid a$ y $b \mid c$, entonces $b \mid a+c$.

Demostración. Supongamos que $b \mid a$ y $c \mid b$. Esto significa que existen $k_1, k_2 \in \mathbb{N}$ tales que:

$$a = b \cdot k_1 \quad \text{y} \quad b = c \cdot k_2.$$

Sustituyendo b en la primera ecuación, obtenemos:

$$a = (c \cdot k_2) \cdot k_1 = c \cdot (k_2 \cdot k_1).$$

Por lo tanto, $c \mid a$.
Supongamos que $b \mid a$. Esto significa que existe $k \in \mathbb{N}$ tal que:

$$a = b \cdot k.$$

Multiplicando ambos lados por c, tenemos:

$$a \cdot c = (b \cdot k) \cdot c = b \cdot (k \cdot c).$$

Por lo tanto, $b \mid a \cdot c$.
Supongamos que $b \mid a$ y $b \mid c$. Esto significa que existen $k_1, k_2 \in \mathbb{N}$ tales que:

$$a = b \cdot k_1 \quad \text{y} \quad c = b \cdot k_2.$$

Sumando a y c, obtenemos:

$$a+c = (b \cdot k_1)+(b \cdot k_2) = b \cdot (k_1+k_2).$$

Por lo tanto, $b \mid a+c$.

∎

2.2 Leyes de números naturales

Example 2.12 Sea $a = 12$, $b = 4$, y $c = 2$.
1. Como $4 \mid 12$ y $2 \mid 4$, entonces $2 \mid 12$.
2. Como $4 \mid 12$, entonces $4 \mid 12 \cdot 5 = 60$.
3. Como $4 \mid 12$ y $4 \mid 8$, entonces $4 \mid 12 + 8 = 20$.

Exercise 2.26 Demuestre que si $a, b \in \mathbb{N}$ y $a \mid b$, entonces $a \leq b$.

Solución. Como $a \mid b$, existe $k \in \mathbb{N}$ tal que $b = a \cdot k$. Como $k \geq 1$, entonces $b \geq a \cdot 1 = a$, por lo que $a \leq b$.

Definition 2.2.8 — Máximo Común Divisor. El **máximo común divisor** de dos números naturales a y b, denotado $\gcd(a,b)$, es el mayor número natural que divide a ambos a y b.

Theorem 2.2.16 — Algoritmo de Euclides. El máximo común divisor de dos números naturales a y b puede calcularse mediante el algoritmo de Euclides, que se basa en la identidad:

$$\gcd(a,b) = \gcd(b, a \bmod b).$$

Demostración. Sea $d = \gcd(a,b)$, lo que significa que d divide a a y b. Escribamos a en términos de división euclidiana:

$$a = b \cdot q + r,$$

donde q es el cociente, $r = a \bmod b$ es el residuo, y $0 \leq r < b$.
Como $d \mid a$ y $d \mid b$, d también divide cualquier combinación lineal de a y b. En particular:

$$r = a - b \cdot q.$$

Esto implica que $d \mid r$. Por lo tanto, d divide a b y a r, lo que significa que:

$$\gcd(a,b) = \gcd(b,r).$$

Al repetir este proceso, eventualmente se alcanza un residuo $r = 0$. En ese caso:

$$\gcd(a,b) = \gcd(b,0) = b.$$

Esto muestra que el algoritmo de Euclides calcula correctamente el máximo común divisor de a y b usando la relación recursiva:

$$\gcd(a,b) = \gcd(b, a \bmod b).$$

Example 2.13 Calculemos $\gcd(48, 18)$:

$$48 \div 18 = 2 \text{ con residuo } 12,$$
$$18 \div 12 = 1 \text{ con residuo } 6,$$
$$12 \div 6 = 2 \text{ con residuo } 0.$$

Por lo tanto, $\gcd(48, 18) = 6$.

Exercise 2.27 Calcule el máximo común divisor de $a = 56$ y $b = 42$ utilizando el algoritmo de Euclides.

Solución.

$$56 \div 42 = 1 \text{ con residuo } 14,$$
$$42 \div 14 = 3 \text{ con residuo } 0.$$

Por lo tanto, $\gcd(56, 42) = 14$. ∎

Definition 2.2.9 — Mínimo Común Múltiplo. El **mínimo común múltiplo** de dos números naturales a y b, denotado $\text{mcm}(a,b)$, es el menor número natural distinto de cero que es múltiplo de ambos a y b.

Theorem 2.2.17 Para todos $a, b \in \mathbb{N}$, se cumple:
$$a \cdot b = \gcd(a,b) \cdot \text{mcm}(a,b).$$

Demostración. Sea $d = \gcd(a,b)$, entonces $d \mid a$ y $d \mid b$. Podemos escribir:

$$a = d \cdot a_1 \quad \text{y} \quad b = d \cdot b_1,$$

donde $\gcd(a_1, b_1) = 1$ (los factores a_1 y b_1 son coprimos).
El mínimo común múltiplo de a y b, denotado por $\text{mcm}(a,b)$, es el menor múltiplo común de a y b. Por definición, se tiene:

$$\text{mcm}(a,b) = d \cdot a_1 \cdot b_1.$$

Multiplicando a y b, se obtiene:

$$a \cdot b = (d \cdot a_1) \cdot (d \cdot b_1) = d^2 \cdot a_1 \cdot b_1.$$

Por otro lado, calculando $\gcd(a,b) \cdot \text{mcm}(a,b)$, se tiene:

$$\gcd(a,b) \cdot \text{mcm}(a,b) = d \cdot (d \cdot a_1 \cdot b_1) = d^2 \cdot a_1 \cdot b_1.$$

Por lo tanto:

$$a \cdot b = \gcd(a,b) \cdot \text{mcm}(a,b).$$

∎

■ **Example 2.14** Para $a = 12$ y $b = 18$:

$$\gcd(12, 18) = 6, \quad a \cdot b = 216.$$

Entonces:

$$\text{mcm}(12, 18) = \frac{12 \cdot 18}{\gcd(12, 18)} = \frac{216}{6} = 36.$$

■

2.2 Leyes de números naturales

Exercise 2.28 Encuentre el mínimo común múltiplo de $a = 15$ y $b = 20$.

Solución. Primero, calculamos $\gcd(15, 20)$:

$$20 \div 15 = 1 \text{ con residuo } 5,$$
$$15 \div 5 = 3 \text{ con residuo } 0.$$

Entonces, $\gcd(15, 20) = 5$.
Ahora, calculamos:

$$\text{mcm}(15, 20) = \frac{15 \cdot 20}{5} = \frac{300}{5} = 60.$$

(R) La relación entre el máximo común divisor y el mínimo común múltiplo es fundamental en la resolución de problemas que involucran fracciones, sincronización de eventos y patrones cíclicos.

Definition 2.2.10 — Números Primos. Un número natural $p > 1$ es llamado **primo** si sus únicos divisores positivos son 1 y p.

Theorem 2.2.18 — Teorema Fundamental de la Aritmética. Todo número natural $n > 1$ puede descomponerse de manera única (salvo el orden de los factores) como un producto de números primos:

$$n = p_1^{\alpha_1} p_2^{\alpha_2} \ldots p_k^{\alpha_k},$$

donde p_i son números primos y α_i son enteros positivos.

Demostración. Primero, demostraremos la existencia de la factorización. Sea $n > 1$. Si n es primo, ya está escrito como un producto de primos. Si n no es primo, entonces n puede escribirse como un producto $n = a \cdot b$, donde $a, b \in \mathbb{N}$ y $1 < a, b < n$. Repetimos este proceso con a y b, descomponiéndolos en productos, hasta que todos los factores sean primos. Este proceso termina en un número finito de pasos porque n es finito y los factores son estrictamente menores que n.

Ahora, demostraremos la unicidad de la factorización. Supongamos que n puede escribirse como dos factorizaciones distintas en números primos:

$$n = p_1^{\alpha_1} p_2^{\alpha_2} \ldots p_k^{\alpha_k} = q_1^{\beta_1} q_2^{\beta_2} \ldots q_m^{\beta_m},$$

donde p_i y q_j son primos. Por el lema fundamental de la teoría de números, si un primo p divide un producto $q_1^{\beta_1} q_2^{\beta_2} \ldots q_m^{\beta_m}$, entonces p debe dividir al menos uno de los factores q_j. Esto implica que p_1 debe ser igual a uno de los q_j, y podemos cancelar p_1 en ambas factorizaciones. Repitiendo este proceso para los demás primos, obtenemos que los conjuntos $\{p_i\}$ y $\{q_j\}$ son iguales, y los exponentes α_i y β_j deben coincidir.

Por lo tanto, la factorización en números primos es única, salvo el orden de los factores. ∎

Example 2.15 Descomponer $n = 60$ en factores primos:

$$60 = 2^2 \cdot 3 \cdot 5.$$

Exercise 2.29 Encuentre la descomposición en factores primos de $n = 210$.

Solución.

$$210 = 2 \cdot 105,$$
$$105 = 3 \cdot 35,$$
$$35 = 5 \cdot 7.$$

Entonces:

$$210 = 2 \cdot 3 \cdot 5 \cdot 7.$$

■

(R) El teorema fundamental de la aritmética es la base de muchas ramas de la teoría de números y es esencial para comprender propiedades como la divisibilidad y la aritmética modular.

Definition 2.2.11 — Aritmética Modular. Dados un número natural $n \geq 2$ y $a, b \in \mathbb{N}$, decimos que a es congruente con b módulo n, denotado $a \equiv b \mod n$, si n divide a $a - b$.

Theorem 2.2.19 — Propiedades de la Congruencia. Para cualquier $n \geq 2$ y $a, b, c \in \mathbb{N}$, se cumplen:
1. Si $a \equiv b \mod n$, entonces $b \equiv a \mod n$.
2. Si $a \equiv b \mod n$ y $b \equiv c \mod n$, entonces $a \equiv c \mod n$.
3. Si $a \equiv b \mod n$, entonces $a + c \equiv b + c \mod n$.
4. Si $a \equiv b \mod n$, entonces $a \cdot c \equiv b \cdot c \mod n$.

Demostración. Por definición de congruencia, $a \equiv b \mod n$ significa que $n \mid (a - b)$, es decir, existe un $k \in \mathbb{Z}$ tal que $a - b = kn$.

Si $a \equiv b \mod n$, entonces $n \mid (a - b)$, lo que implica que $n \mid (b - a)$. Por definición, esto significa que $b \equiv a \mod n$.

Si $a \equiv b \mod n$ y $b \equiv c \mod n$, entonces $n \mid (a - b)$ y $n \mid (b - c)$. Sumando estas dos divisibilidades:

$$(a - b) + (b - c) = a - c,$$

por lo que $n \mid (a - c)$. Esto implica $a \equiv c \mod n$.

Si $a \equiv b \mod n$, entonces $n \mid (a - b)$. Sumando c a ambos lados:

$$(a + c) - (b + c) = a - b,$$

por lo que $n \mid ((a + c) - (b + c))$. Esto implica $a + c \equiv b + c \mod n$.

Si $a \equiv b \mod n$, entonces $n \mid (a - b)$. Multiplicando ambos lados por c, se tiene:

$$a \cdot c - b \cdot c = c \cdot (a - b).$$

Como $n \mid (a - b)$, también $n \mid c \cdot (a - b)$. Esto implica $a \cdot c \equiv b \cdot c \mod n$. ■

2.3 Principio de inducción matemática

■ **Example 2.16** Calcule 7^3 mód 5.

Primero, notamos que $7 \equiv 2$ mód 5, por lo que:

$$7^3 \equiv 2^3 = 8 \equiv 3 \quad \text{mód } 5.$$

■

> **Exercise 2.30** Demuestre que $a^2 \equiv 0$ mód 4 o $a^2 \equiv 1$ mód 4 para cualquier número natural a.

Solución. Cualquier número natural a es congruente a 0, 1, 2, o 3 módulo 4.
1. Si $a \equiv 0$ mód 4, entonces $a^2 \equiv 0^2 = 0$ mód 4.
2. Si $a \equiv 1$ mód 4, entonces $a^2 \equiv 1^2 = 1$ mód 4.
3. Si $a \equiv 2$ mód 4, entonces $a^2 \equiv 2^2 = 4 \equiv 0$ mód 4.
4. Si $a \equiv 3$ mód 4, entonces $a^2 \equiv 3^2 = 9 \equiv 1$ mód 4.

Por lo tanto, $a^2 \equiv 0$ o 1 mód 4. ■

> (R) La aritmética modular es fundamental en criptografía, teoría de números y tiene aplicaciones en algoritmos y computación.

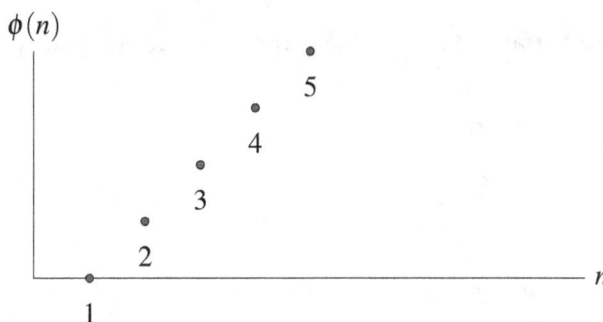

Figura 2.2.4: *Gráfica ilustrativa de una función aritmética en $\mathbb{N}$.*

> (R) La Figura 2.2.4 representa una función aritmética definida en los números naturales, mostrando cómo ciertas propiedades pueden visualizarse gráficamente.

En conclusión, las leyes y propiedades adicionales en los números naturales enriquecen el entendimiento de la estructura de $\mathbb{N}$ y sirven como cimiento para áreas avanzadas de las matemáticas, incluyendo la teoría de números, álgebra abstracta y criptografía. Es fundamental dominar estos conceptos para avanzar en el estudio matemático a nivel superior.

2.3 Principio de inducción matemática

2.3.1 Formulación del principio de inducción

El **principio de inducción matemática** es una herramienta fundamental en matemáticas que permite demostrar que una propiedad se cumple para todos los números naturales. Este principio se basa en la estructura bien ordenada de los números naturales y es esencial en la construcción rigurosa de las matemáticas.

> **Theorem 2.3.1 — Principio de Inducción Matemática.** Sea S un subconjunto de los números naturales $\mathbb{N}$ tal que:
> 1. $1 \in S$.
> 2. Si $n \in S$, entonces $n+1 \in S$.
>
> Entonces, $S = \mathbb{N}$.

Demostración. Sea $T = \mathbb{N} \setminus S$, es decir, T contiene los elementos de $\mathbb{N}$ que no están en S. Supongamos, con el objetivo de contradicción, que $T \neq \emptyset$. Por el principio del buen orden, T tiene un elemento mínimo, digamos m.

Dado que $1 \in S$ por hipótesis, $1 \notin T$. Por lo tanto, $m > 1$. Como $m \in T$ y $m > 1$, se tiene que $m - 1 \in \mathbb{N}$. Además, m es el mínimo elemento de T, por lo que $m - 1 \notin T$. Esto implica que $m - 1 \in S$.

Por la segunda hipótesis, si $m - 1 \in S$, entonces $(m-1) + 1 = m \in S$. Esto contradice el hecho de que $m \in T$, ya que un número no puede estar simultáneamente en S y en T. Por lo tanto, $T = \emptyset$, lo que implica que $S = \mathbb{N}$. ∎

> (R) El principio de inducción establece que para demostrar que una propiedad $P(n)$ es cierta para todo $n \in \mathbb{N}$, es suficiente verificar que:
> 1. **Base de inducción**: $P(1)$ es verdadera.
> 2. **Paso inductivo**: Si $P(k)$ es verdadera, entonces $P(k+1)$ es verdadera.

Este principio es una herramienta poderosa para establecer propiedades que dependen de los números naturales.

■ **Example 2.17** Demostremos que para todo $n \in \mathbb{N}$, se cumple:

$$\sum_{k=1}^{n} k = \frac{n(n+1)}{2}.$$

Demostración. Procedemos por inducción en n.
Base de inducción: Para $n = 1$,

$$\sum_{k=1}^{1} k = 1 = \frac{1(1+1)}{2} = 1.$$

La igualdad se cumple.
Paso inductivo: Supongamos que la fórmula es válida para algún $n = k$, es decir,

$$\sum_{i=1}^{k} i = \frac{k(k+1)}{2}.$$

Entonces, para $n = k + 1$,

$$\sum_{i=1}^{k+1} i = \left(\sum_{i=1}^{k} i\right) + (k+1)$$

$$= \frac{k(k+1)}{2} + (k+1)$$

$$= \frac{k(k+1) + 2(k+1)}{2}$$

$$= \frac{(k+1)(k+2)}{2}.$$

2.3 Principio de inducción matemática

Observamos que

$$\frac{(k+1)(k+2)}{2} = \frac{(k+1)((k+1)+1)}{2},$$

por lo que la fórmula se cumple para $n = k+1$.
Por el principio de inducción matemática, la fórmula es válida para todo $n \in \mathbb{N}$. ■

Exercise 2.31 Demuestre que para todo $n \in \mathbb{N}$, se cumple:

$$\sum_{k=1}^{n}(2k-1) = n^2.$$

Solución. Procedemos por inducción en n.
Base de inducción: Para $n = 1$,

$$\sum_{k=1}^{1}(2k-1) = 2 \cdot 1 - 1 = 1 = 1^2.$$

La igualdad se cumple.
Paso inductivo: Supongamos que la fórmula es válida para $n = k$, es decir,

$$\sum_{i=1}^{k}(2i-1) = k^2.$$

Entonces, para $n = k+1$,

$$\begin{aligned}
\sum_{i=1}^{k+1}(2i-1) &= \left(\sum_{i=1}^{k}(2i-1)\right) + [2(k+1)-1] \\
&= k^2 + (2k+1) \\
&= k^2 + 2k + 1 \\
&= (k+1)^2.
\end{aligned}$$

Por lo tanto, la fórmula se cumple para $n = k+1$.
Por el principio de inducción matemática, la igualdad es válida para todo $n \in \mathbb{N}$. ■

(R) La suma de los primeros n números impares es igual al cuadrado de n, lo cual es una propiedad interesante y puede visualizarse geométricamente.

Definition 2.3.1 — Principio de Inducción Fuerte. Sea $S \subseteq \mathbb{N}$ tal que:
1. $1 \in S$.
2. Si $\{1, 2, \ldots, n\} \subseteq S$, entonces $n+1 \in S$.

Entonces, $S = \mathbb{N}$.

Theorem 2.3.2 — Equivalencia de los Principios de Inducción. El principio de inducción matemática y el principio de inducción fuerte son equivalentes.

Figura 2.3.1: *Visualización de n^2 como la suma de los primeros n números impares.*

Demostración. La demostración de esta equivalencia se basa en que ambos principios se fundamentan en la estructura bien ordenada de $\mathbb{N}$. Cualquier prueba que utilice el principio de inducción fuerte puede reformularse usando el principio de inducción estándar, y viceversa. ∎

■ **Example 2.18** Demostremos que todo número natural $n \geq 2$ puede ser factorizado como producto de números primos.

Demostración. Procedemos por inducción fuerte en n.
Base de inducción: Para $n = 2$, 2 es primo, por lo que la afirmación es cierta.
Paso inductivo: Supongamos que todo número natural k tal que $2 \leq k \leq n$ puede ser factorizado como producto de números primos. Consideremos $n+1$.
Si $n+1$ es primo, entonces la afirmación es cierta. Si $n+1$ es compuesto, entonces existen $a,b \in \mathbb{N}$ tales que $2 \leq a,b \leq n$ y $n+1 = a \cdot b$. Por hipótesis inductiva, a y b pueden descomponerse en producto de primos. Por lo tanto, $n+1$ también puede descomponerse en producto de primos.
Esto completa la demostración por inducción fuerte. ∎

■

Exercise 2.32 Demuestre que cualquier cantidad de sellos de correo de valor n céntimos, donde $n \geq 8$, puede formarse combinando sellos de 3 y 5 céntimos. ■

Solución. Procedemos por inducción fuerte en n.
Base de inducción: Verificamos para $n = 8$, $n = 9$, y $n = 10$.
Para $n = 8$: $8 = 3+5$.
Para $n = 9$: $9 = 3 \times 3$.
Para $n = 10$: $10 = 5 \times 2$.
Paso inductivo: Supongamos que para todos k con $8 \leq k \leq n$, la afirmación es cierta. Consideremos $n+1$.
Observamos que $(n+1) - 3 = n - 2 \geq 6$. Como $n \geq 8$, entonces $n - 2 \geq 6$. Sin embargo, necesitamos que $n - 2 \geq 8$ para aplicar la hipótesis inductiva directamente. Para $n+1 \geq 11$, $n - 2 \geq 9$, lo cual cumple la condición.
Por hipótesis inductiva, $n - 2$ puede formarse con sellos de 3 y 5 céntimos. Entonces, $n + 1 = (n-2) + 3$ puede formarse agregando un sello de 3 céntimos.
Esto completa la demostración por inducción fuerte. ∎

2.3 Principio de inducción matemática

> (R) El principio de inducción matemática es fundamental en la demostración de propiedades en teoría de números, combinatoria, álgebra y muchas otras áreas de las matemáticas.

Theorem 2.3.3 — **Principio de Inducción Generalizado.** Sea $P(n)$ una propiedad que depende de $n \in \mathbb{N}$. Si existe un número natural n_0 tal que:
1. $P(n_0)$ es verdadera.
2. Para todo $k \geq n_0$, si $P(k)$ es verdadera, entonces $P(k+1)$ es verdadera.

Entonces, $P(n)$ es verdadera para todo $n \geq n_0$.

Demostración. Sea $S = \{n \in \mathbb{N} \mid n \geq n_0 \text{ y } P(n) \text{ es verdadera}\}$. Queremos demostrar que $S = \{n \in \mathbb{N} \mid n \geq n_0\}$.

Por la primera hipótesis, $P(n_0)$ es verdadera, lo que implica que $n_0 \in S$. Por lo tanto, S no está vacío y contiene al menor número n_0.

Por la segunda hipótesis, para todo $k \geq n_0$, si $P(k)$ es verdadera, entonces $P(k+1)$ también es verdadera. Esto implica que si $k \in S$, entonces $k+1 \in S$. Por lo tanto, S es un subconjunto de $\mathbb{N}$ cerrado hacia adelante a partir de n_0.

Sea $T = \{n \in \mathbb{N} \mid n \geq n_0\}$. Está claro que $S \subseteq T$, ya que S contiene solo elementos mayores o iguales a n_0.

Por la hipótesis de inducción, al comprobar que $n_0 \in S$ y que S es cerrado hacia adelante, concluimos que $S = T$. Esto implica que $P(n)$ es verdadera para todo $n \geq n_0$. ∎

Exercise 2.33 Utilice el principio de inducción generalizado para demostrar que para todo $n \geq 5$, se cumple que $2^n > n^2$.

Solución. Procedemos por inducción en n, comenzando en $n_0 = 5$.
Base de inducción: Para $n = 5$,

$$2^5 = 32 > 25 = 5^2.$$

La desigualdad se cumple.
Paso inductivo: Supongamos que $2^k > k^2$ para algún $k \geq 5$. Demostraremos que $2^{k+1} > (k+1)^2$.
Observamos que:

$$2^{k+1} = 2 \cdot 2^k > 2 \cdot k^2.$$

Necesitamos mostrar que:

$$2 \cdot k^2 > (k+1)^2.$$

Desarrollando $(k+1)^2$:

$$(k+1)^2 = k^2 + 2k + 1.$$

Entonces, necesitamos que:

$$2k^2 > k^2 + 2k + 1 \implies k^2 - 2k - 1 > 0.$$

Resolvemos la ecuación $k^2 - 2k - 1 = 0$:

$$k = \frac{2 \pm \sqrt{4+4}}{2} = \frac{2 \pm 2\sqrt{2}}{2} = 1 \pm \sqrt{2}.$$

Como $\sqrt{2} \approx 1{,}41$, entonces $k > 1 + 1{,}41 = 2{,}41$. Dado que $k \geq 5$, la desigualdad $k^2 - 2k - 1 > 0$ se cumple.

Por lo tanto, $2^{k+1} > (k+1)^2$. ∎

> (R) El principio de inducción es una herramienta eficaz para demostrar desigualdades que se cumplen a partir de cierto valor de n.

Definition 2.3.2 — Inducción Completa. El principio de inducción completa establece que si una propiedad $P(n)$ es tal que:
1. $P(n_0)$ es verdadera para algún $n_0 \in \mathbb{N}$.
2. Para todo $n \geq n_0$, si $P(k)$ es verdadera para todo k con $n_0 \leq k \leq n$, entonces $P(n+1)$ es verdadera.

Entonces, $P(n)$ es verdadera para todo $n \geq n_0$.

Theorem 2.3.4 — Equivalencia con Inducción Fuerte. El principio de inducción completa es equivalente al principio de inducción fuerte.

Demostración. Ambos principios permiten asumir que la propiedad es verdadera para todos los valores anteriores a $n+1$ para demostrar que es verdadera en $n+1$. La equivalencia se establece al mostrar que las hipótesis y conclusiones de ambos principios son intercambiables. ∎

Exercise 2.34 Demuestre que la función de Fibonacci definida por:

$$F_0 = 0, \quad F_1 = 1, \quad F_n = F_{n-1} + F_{n-2} \text{ para } n \geq 2,$$

satisface que:

$$F_n < \left(\frac{7}{4}\right)^n \text{ para todo } n \in \mathbb{N}.$$

Solución. Procedemos por inducción completa.
Base de inducción: Para $n = 0$,

$$F_0 = 0 < 1 = \left(\frac{7}{4}\right)^0.$$

Para $n = 1$,

$$F_1 = 1 < \frac{7}{4} = \left(\frac{7}{4}\right)^1.$$

Para $n = 2$,

$$F_2 = F_1 + F_0 = 1 + 0 = 1 < \left(\frac{7}{4}\right)^2 \approx 3{,}06.$$

2.3 Principio de inducción matemática

Paso inductivo: Supongamos que para todo k con $0 \leq k \leq n$, se cumple $F_k < \left(\dfrac{7}{4}\right)^k$.
Entonces, para $n+1$,

$$F_{n+1} = F_n + F_{n-1} < \left(\frac{7}{4}\right)^n + \left(\frac{7}{4}\right)^{n-1} = \left(\frac{7}{4}\right)^{n-1}\left(\left(\frac{7}{4}\right) + 1\right).$$

Calculamos:

$$\left(\frac{7}{4}\right) + 1 = \frac{7}{4} + \frac{4}{4} = \frac{11}{4}.$$

Entonces,

$$F_{n+1} < \left(\frac{7}{4}\right)^{n-1} \cdot \frac{11}{4}.$$

Notamos que:

$$\left(\frac{7}{4}\right)^{n+1} = \left(\frac{7}{4}\right)^{n-1}\left(\frac{7}{4}\right)^2 = \left(\frac{7}{4}\right)^{n-1}\left(\frac{49}{16}\right).$$

Observamos que:

$$\frac{11}{4} < \frac{49}{16} \implies \frac{11}{4} < 3{,}06.$$

Como $\dfrac{49}{16} \approx 3{,}06$, se cumple que $\dfrac{11}{4} < \dfrac{49}{16}$.
Por lo tanto,

$$F_{n+1} < \left(\frac{7}{4}\right)^{n+1}.$$

Esto demuestra que la desigualdad se mantiene para $n+1$. ∎

> (R) Este ejercicio muestra cómo el principio de inducción completa es útil para establecer propiedades de sucesiones definidas recursivamente.

Theorem 2.3.5 — Principio del Buen Orden. Todo subconjunto no vacío de los números naturales $\mathbb{N}$ tiene un elemento mínimo.

Demostración. Supongamos, para obtener una contradicción, que existe un subconjunto no vacío $S \subseteq \mathbb{N}$ que no tiene un elemento mínimo. Esto significa que para todo $n \in S$, existe un $m \in S$ tal que $m < n$.
Consideremos el número $1 \in \mathbb{N}$. Si $1 \notin S$, entonces S está contenido en el conjunto $\{n \in \mathbb{N} \mid n > 1\}$. En este caso, el siguiente número menor que cualquier $n \in S$ sería 2, y así sucesivamente. Este proceso, al repetirse, implicaría que S es un conjunto vacío, lo que contradice la hipótesis de que S es no vacío.
Por lo tanto, S debe tener un elemento mínimo, ya que no es posible construir una secuencia infinita decreciente de números naturales. Esto demuestra que todo subconjunto no vacío de $\mathbb{N}$ tiene un elemento mínimo. ∎

> (R) El principio del buen orden se utiliza en muchas demostraciones para establecer propiedades de los números naturales y es la base lógica del principio de inducción.

Corollary 2.3.6 El principio de inducción matemática, el principio de inducción completa y el principio del buen orden son equivalentes y pueden derivarse unos de otros.

Demostración. La equivalencia se establece mostrando que cada uno puede deducirse de los otros. Por ejemplo, el principio de inducción puede derivarse del principio del buen orden, como se mostró en la prueba inicial, y viceversa. ∎

En resumen, el principio de inducción matemática es una herramienta esencial en matemáticas que permite demostrar propiedades que se extienden a todos los números naturales. Su comprensión y correcta aplicación son fundamentales para avanzar en el estudio del álgebra y otras áreas matemáticas.

2.3.2 Uso del principio en demostraciones

El **principio de inducción matemática** es una herramienta esencial en la demostración de proposiciones que involucran números naturales. Su uso permite establecer que una propiedad se cumple para todos los números naturales, partiendo de un caso base y demostrando que si se cumple para un número natural, entonces se cumple para el siguiente.

Definition 2.3.3 — Propiedad Inductiva. Se dice que una propiedad $P(n)$ es **inductiva** si cumple que:
1. $P(1)$ es verdadera.
2. Si $P(k)$ es verdadera, entonces $P(k+1)$ es verdadera para todo $k \in \mathbb{N}$.

Este concepto es fundamental para entender cómo aplicar el principio de inducción en diferentes contextos.

Theorem 2.3.7 Para todo $n \in \mathbb{N}$, se cumple:
$$\sum_{k=1}^{n} k^2 = \frac{n(n+1)(2n+1)}{6}.$$

Demostración. Procedemos por inducción en n.

Base de inducción: Para $n = 1$,

$$\sum_{k=1}^{1} k^2 = 1^2 = 1 = \frac{1(1+1)(2 \cdot 1 + 1)}{6} = \frac{1 \cdot 2 \cdot 3}{6} = 1.$$

La igualdad se cumple.

Paso inductivo: Supongamos que la fórmula es válida para $n = k$, es decir,

$$\sum_{i=1}^{k} i^2 = \frac{k(k+1)(2k+1)}{6}.$$

2.3 Principio de inducción matemática

Para $n = k+1$,

$$\sum_{i=1}^{k+1} i^2 = \left(\sum_{i=1}^{k} i^2\right) + (k+1)^2$$
$$= \frac{k(k+1)(2k+1)}{6} + (k+1)^2$$
$$= \frac{k(k+1)(2k+1) + 6(k+1)^2}{6}$$
$$= \frac{(k+1)[k(2k+1) + 6(k+1)]}{6}$$
$$= \frac{(k+1)\left(2k^2 + k + 6k + 6\right)}{6}$$
$$= \frac{(k+1)(2k^2 + 7k + 6)}{6}$$
$$= \frac{(k+1)(k+2)(2k+3)}{6}.$$

Notamos que al reemplazar $n = k+1$ en la fórmula original obtenemos:

$$\frac{(k+1)(k+2)(2(k+1)+1)}{6} = \frac{(k+1)(k+2)(2k+3)}{6}.$$

Por lo tanto, la fórmula se cumple para $n = k+1$.
Por el principio de inducción matemática, la igualdad es válida para todo $n \in \mathbb{N}$. ∎

Este resultado es útil en cálculos de sumatorias y en análisis de algoritmos.

■ **Example 2.19** En análisis de algoritmos, es común calcular la complejidad temporal en términos de sumatorias. Por ejemplo, la cantidad de operaciones necesarias para construir una matriz triangular superior de tamaño n es proporcional a $\sum_{k=1}^{n} k = \frac{n(n+1)}{2}$.

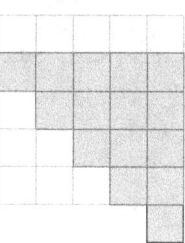

Figura 2.3.2: *Representación gráfica de una matriz triangular superior de tamaño $n = 5$.*

La Figura 2.3.2 muestra cómo se acumulan las operaciones al construir la matriz.

■

Exercise 2.35 Utilice el principio de inducción matemática para demostrar que para todo $n \in \mathbb{N}$, se cumple:

$$\sum_{k=1}^{n} 2^k = 2^{n+1} - 2.$$

Solución. Procedemos por inducción en n.

Base de inducción: Para $n = 1$,
$$\sum_{k=1}^{1} 2^k = 2^1 = 2 = 2^{1+1} - 2 = 4 - 2 = 2.$$

La igualdad se cumple.

Paso inductivo: Supongamos que la fórmula es válida para $n = k$, es decir,
$$\sum_{i=1}^{k} 2^i = 2^{k+1} - 2.$$

Para $n = k + 1$,
$$\sum_{i=1}^{k+1} 2^i = \left(\sum_{i=1}^{k} 2^i\right) + 2^{k+1}$$
$$= \left(2^{k+1} - 2\right) + 2^{k+1}$$
$$= 2 \cdot 2^{k+1} - 2$$
$$= 2^{k+2} - 2$$
$$= 2^{(k+1)+1} - 2.$$

Por lo tanto, la fórmula se cumple para $n = k + 1$.
Por el principio de inducción matemática, la igualdad es válida para todo $n \in \mathbb{N}$. ■

Este ejercicio refuerza la habilidad de manipular expresiones exponenciales y aplicar la inducción.

> (R) El uso del principio de inducción es crucial en matemáticas discretas, teoría de números y algoritmos, ya que permite demostrar propiedades que se extienden infinitamente en $\mathbb{N}$.

Profundizando en aplicaciones más complejas, consideremos el siguiente teorema.

Theorem 2.3.8 — Teorema de Recurrencia. Sea a_n una sucesión definida por $a_1 = 1$ y $a_n = a_{n-1} + 2n - 1$ para $n \geq 2$. Entonces, para todo $n \in \mathbb{N}$,
$$a_n = n^2.$$

Demostración. Procedemos por inducción en n.
Base de inducción: Para $n = 1$,
$$a_1 = 1 = 1^2.$$

La igualdad se cumple.

Paso inductivo: Supongamos que $a_k = k^2$ para algún $k \geq 1$. Entonces, para $n = k+1$,
$$a_{k+1} = a_k + 2(k+1) - 1$$
$$= k^2 + 2k + 2 - 1$$
$$= k^2 + 2k + 1$$
$$= (k+1)^2.$$

Por lo tanto, la fórmula se cumple para $n = k + 1$.
Por el principio de inducción matemática, $a_n = n^2$ para todo $n \in \mathbb{N}$. ■

2.3 Principio de inducción matemática

Este teorema muestra cómo las relaciones de recurrencia pueden resolverse mediante inducción.

> **Exercise 2.36** Sea la sucesión b_n definida por $b_1 = 2$ y $b_n = 3b_{n-1} + 2$ para $n \geq 2$. Demuestre que:
>
> $$b_n = 3^n - 1.$$

Solución. Procedemos por inducción en n.
Base de inducción: Para $n = 1$,

$$b_1 = 2 = 3^1 - 1 = 3 - 1 = 2.$$

La igualdad se cumple.
Paso inductivo: Supongamos que $b_k = 3^k - 1$. Entonces, para $n = k+1$,

$$\begin{aligned}
b_{k+1} &= 3b_k + 2 \\
&= 3(3^k - 1) + 2 \\
&= 3^{k+1} - 3 + 2 \\
&= 3^{k+1} - 1.
\end{aligned}$$

Por lo tanto, la fórmula se cumple para $n = k+1$.
Por el principio de inducción matemática, $b_n = 3^n - 1$ para todo $n \in \mathbb{N}$. ∎

> (R) Las sucesiones definidas mediante relaciones de recurrencia pueden resolverse encontrando una fórmula explícita, y la inducción es una herramienta clave en la validación de dichas fórmulas.

Continuando con ejemplos correctos, consideremos el siguiente ejercicio.

> **Exercise 2.37** Demuestre por inducción que para todo $n \geq 4$,
>
> $$2^n < n!.$$

Solución. Procedemos por inducción en n.
Base de inducción: Para $n = 4$,

$$2^4 = 16, \quad 4! = 24.$$

Como $16 < 24$, la desigualdad se cumple.
Paso inductivo: Supongamos que $2^k < k!$ para algún $k \geq 4$. Entonces, para $n = k+1$,

$$2^{k+1} = 2 \cdot 2^k < 2 \cdot k! \quad \text{(por hipótesis inductiva)}.$$

Necesitamos demostrar que:

$$2 \cdot k! < (k+1)k! = (k+1)!$$

Esto es equivalente a demostrar que:

$$2 < k+1.$$

Dado que $k \geq 4$, entonces $k+1 \geq 5$, y $2 < 5$ es cierto.
Por lo tanto,

$$2^{k+1} < 2 \cdot k! < (k+1)k! = (k+1)!$$

La desigualdad se cumple para $n = k+1$.
Por el principio de inducción matemática, la desigualdad es válida para todo $n \geq 4$. ∎

Este ejercicio ilustra cómo las demostraciones por inducción son útiles para establecer inecuaciones importantes en análisis asintótico.

Lema 2.3.1 Para todo $n \geq 1$, se cumple:

$$n < 2^n.$$

Demostración. Procedemos por inducción en n.
Base de inducción: Para $n = 1$,

$$1 < 2^1 = 2.$$

La desigualdad se cumple.
Paso inductivo: Supongamos que $k < 2^k$ para algún $k \geq 1$. Entonces, para $n = k+1$,

$$k+1 < 2^k + 1 \leq 2^k + 2^k = 2^{k+1}.$$

Dado que $k \geq 1$, $2^k \geq 2$, por lo que $2^k + 1 \leq 2^k + 2^k = 2^{k+1}$.
Por lo tanto,

$$k+1 < 2^{k+1}.$$

La desigualdad se cumple para $n = k+1$.
Por el principio de inducción matemática, se cumple para todo $n \geq 1$. ∎

Corollary 2.3.9 El factorial de n crece más rápido que cualquier potencia fija de n. Es decir, para cualquier $k \in \mathbb{N}$, existe n_0 tal que para todo $n \geq n_0$,

$$n^k < n!.$$

Demostración. La demostración se basa en el hecho de que $n!$ contiene n factores crecientes, mientras que n^k tiene exponentes fijos. Por inducción y comparando términos, se puede establecer la desigualdad para un n suficientemente grande. ∎

Este corolario tiene implicaciones en combinatoria y en el estudio de complejidad computacional.

Exercise 2.38 Demuestre que para todo $n \geq 1$, se cumple:

$$\sum_{k=0}^{n} \binom{n}{k} = 2^n.$$

2.4 Axioma de Peano y el principio del buen orden

Solución. Este resultado es conocido como el Teorema del Binomio de Newton para el caso particular cuando $x = y = 1$.

Demostración:

Sabemos que:

$$(1+1)^n = \sum_{k=0}^{n} \binom{n}{k} 1^{n-k} 1^k = \sum_{k=0}^{n} \binom{n}{k}.$$

Por lo tanto,

$$2^n = \sum_{k=0}^{n} \binom{n}{k}.$$

∎

> El Teorema del Binomio es una herramienta poderosa en álgebra y combinatoria, y su demostración puede abordarse mediante inducción matemática.

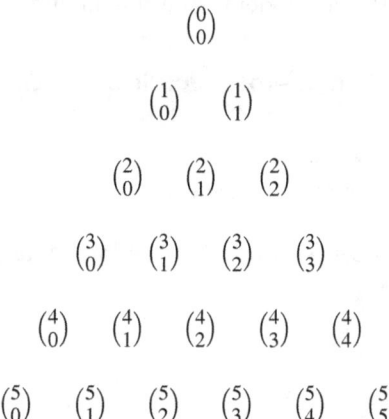

Figura 2.3.3: *Representación del Triángulo de Pascal hasta $n = 5$.*

La Figura 2.3.3 muestra cómo los coeficientes binomiales se organizan en el Triángulo de Pascal, ilustrando visualmente la suma de las combinaciones.

En conclusión, el principio de inducción matemática es una herramienta fundamental en la demostración de propiedades en los números naturales. Su uso se extiende a diversas áreas de las matemáticas, incluyendo álgebra, combinatoria y teoría de números. La comprensión profunda de este principio y su aplicación en diferentes contextos es esencial para el avance en el estudio matemático.

2.4 Axioma de Peano y el principio del buen orden

2.4.1 Definición de los axiomas de Peano

Los *axiomas de Peano*, introducidos por Giuseppe Peano en 1889, establecen una fundamentación axiomática para los números naturales $\mathbb{N}$. Estos axiomas describen las propiedades esenciales que caracterizan a los números naturales y permiten construir formalmente la aritmética básica. A continuación, presentamos una definición detallada de estos axiomas y exploramos sus implicaciones en el álgebra.

Capítulo 2. Números naturales

Definition 2.4.1 — Axiomas de Peano. El conjunto de los números naturales $\mathbb{N}$ y una función sucesor $S : \mathbb{N} \to \mathbb{N}$ satisfacen los siguientes axiomas:

1. **Axioma 1 (Existencia de un elemento inicial)**: Existe un elemento distinguido en $\mathbb{N}$, llamado **cero**, denotado por 0.
2. **Axioma 2 (Función sucesor)**: Para cada número natural $n \in \mathbb{N}$, existe un único sucesor $S(n) \in \mathbb{N}$.
3. **Axioma 3 (Inyectividad del sucesor)**: Si $S(m) = S(n)$, entonces $m = n$.
4. **Axioma 4 (Cero no es sucesor)**: No existe ningún $n \in \mathbb{N}$ tal que $S(n) = 0$.
5. **Axioma 5 (Axioma de inducción)**: Si un subconjunto $K \subseteq \mathbb{N}$ cumple que:
    a) $0 \in K$, y
    b) para todo $n \in K$, se tiene $S(n) \in K$,
   entonces $K = \mathbb{N}$.

Estos axiomas establecen la estructura básica de $\mathbb{N}$ y permiten definir operaciones y relaciones fundamentales.

> (R) El **sucesor** $S(n)$ de un número natural n representa el siguiente número en la secuencia de números naturales. Es una función esencial para construir los números naturales a partir de 0.

Utilizando los axiomas de Peano, podemos definir la suma y el producto de números naturales de forma recursiva.

Definition 2.4.2 — Suma de números naturales. La suma $+ : \mathbb{N} \times \mathbb{N} \to \mathbb{N}$ se define recursivamente por:
1. $n + 0 = n$, para todo $n \in \mathbb{N}$.
2. $n + S(m) = S(n + m)$, para todo $n, m \in \mathbb{N}$.

■ **Example 2.20** Calculemos $2 + 3$ utilizando la definición recursiva de la suma:
$$2 + 0 = 2,$$
$$2 + S(0) = S(2 + 0) = S(2) = 3,$$
$$2 + S(1) = S(2 + 1) = S(3) = 4,$$
$$2 + S(2) = S(2 + 2) = S(4) = 5,$$
$$2 + 3 = 5.$$
■

Exercise 2.39 Demuestre, utilizando inducción sobre m, que $n + m = m + n$ para todo $n, m \in \mathbb{N}$ (conmutatividad de la suma).

Definition 2.4.3 — Producto de números naturales. El producto $\times : \mathbb{N} \times \mathbb{N} \to \mathbb{N}$ se define recursivamente por:
1. $n \times 0 = 0$, para todo $n \in \mathbb{N}$.
2. $n \times S(m) = (n \times m) + n$, para todo $n, m \in \mathbb{N}$.

■ **Example 2.21** Calculemos 3×2 utilizando la definición recursiva del producto:
$$3 \times 0 = 0,$$
$$3 \times S(0) = (3 \times 0) + 3 = 0 + 3 = 3,$$
$$3 \times S(1) = (3 \times 1) + 3 = 3 + 3 = 6,$$
$$3 \times 2 = 6.$$

2.4 Axioma de Peano y el principio del buen orden

Exercise 2.40 Demuestre, utilizando inducción, que $n \times m = m \times n$ para todo $n, m \in \mathbb{N}$ (conmutatividad del producto).

Los axiomas de Peano también nos permiten establecer propiedades fundamentales de orden en los números naturales.

Definition 2.4.4 — Relación de orden en $\mathbb{N}$. Definimos la relación $\leq$ en $\mathbb{N}$ de la siguiente manera:

$$n \leq m \quad \text{si y solo si} \quad \exists k \in \mathbb{N} \text{ tal que } n + k = m.$$

Proposition 2.4.1 La relación $\leq$ es un orden total en $\mathbb{N}$, es decir, para todo $n, m \in \mathbb{N}$, se cumple exactamente una de las siguientes opciones:
1. $n < m$,
2. $n = m$,
3. $n > m$.

Demostración. Sea $n, m \in \mathbb{N}$. Debido a que $\mathbb{N}$ es bien ordenado, podemos comparar n y m utilizando la relación $\leq$. Si $n \leq m$ y $m \leq n$, entonces por definición $n = m$. Si $n \leq m$ y $n \neq m$, entonces $n < m$. Si $m \leq n$ y $n \neq m$, entonces $n > m$. Por lo tanto, la relación es un orden total. ∎

Lema 2.4.1 El conjunto $\mathbb{N}$ es un conjunto bien ordenado; es decir, todo subconjunto no vacío $A \subseteq \mathbb{N}$ tiene un elemento mínimo.

Demostración. Supongamos, por contradicción, que existe un subconjunto no vacío $A \subseteq \mathbb{N}$ sin elemento mínimo. Consideremos el complemento $B = \mathbb{N} \setminus A$. Como A no tiene mínimo, $0 \in B$. Además, si $n \in B$, entonces $S(n) \in B$; de lo contrario, $S(n)$ sería el mínimo de A. Por el axioma de inducción, $B = \mathbb{N}$, lo que implica que A es vacío, contradicción. Por lo tanto, A tiene un elemento mínimo. ∎

Theorem 2.4.2 — Principio de inducción matemática. Sea $P(n)$ una propiedad definida para $n \in \mathbb{N}$. Si:
1. $P(0)$ es verdadera, y
2. para todo $n \in \mathbb{N}$, $P(n) \Rightarrow P(S(n))$,

entonces $P(n)$ es verdadera para todo $n \in \mathbb{N}$.

Demostración. Sea $K = \{n \in \mathbb{N} : P(n) \text{ es verdadera}\}$. Por hipótesis, $0 \in K$ y, para todo $n \in K$, se tiene $S(n) \in K$. Por el axioma de inducción (Axioma 5), concluimos que $K = \mathbb{N}$. ∎

■ **Example 2.22** Demostremos que la suma de los primeros n números naturales es $\frac{n(n+1)}{2}$; es decir:

$$\sum_{k=1}^{n} k = \frac{n(n+1)}{2}.$$

Demostración. Procedemos por inducción sobre n.
Caso base ($n = 1$):

$$\sum_{k=1}^{1} k = 1 = \frac{1(1+1)}{2} = 1.$$

Paso inductivo: Supongamos que la fórmula es cierta para n, es decir,

$$\sum_{k=1}^{n} k = \frac{n(n+1)}{2}.$$

Entonces, para $n+1$:

$$\sum_{k=1}^{n+1} k = \left(\sum_{k=1}^{n} k\right) + (n+1)$$
$$= \frac{n(n+1)}{2} + (n+1)$$
$$= \frac{n(n+1) + 2(n+1)}{2}$$
$$= \frac{(n+1)(n+2)}{2}$$
$$= \frac{(n+1)((n+1)+1)}{2}.$$

Por lo tanto, la fórmula es cierta para $n+1$, completando la inducción. ∎

> **Exercise 2.41** Utilizando inducción, demuestre que:
>
> $$\sum_{k=1}^{n} k^2 = \frac{n(n+1)(2n+1)}{6}.$$

> **Theorem 2.4.3 — Unicidad de $\mathbb{N}$.** Cualquier sistema que satisfaga los axiomas de Peano es isomorfo al sistema estándar de los números naturales.

Demostración. Sea $(\mathbb{N}', 0', S')$ otro sistema que satisfaga los axiomas de Peano. Definimos una función $f : \mathbb{N} \to \mathbb{N}'$ por:
1. $f(0) = 0'$.
2. $f(S(n)) = S'(f(n))$.

Por inducción, f está bien definida y es biyectiva. Además, f preserva la estructura de sucesor, es decir, $f(S(n)) = S'(f(n))$. Por lo tanto, $(\mathbb{N}, 0, S)$ y $(\mathbb{N}', 0', S')$ son isomorfos. ∎

> (R) Este resultado muestra que los axiomas de Peano son categóricos en lógica de segundo orden, lo que significa que todos los modelos son esencialmente los mismos.

> **Exercise 2.42** Investigue la existencia de modelos no estándar de los números naturales en lógica de primer orden y explique por qué los axiomas de Peano en primer orden no son categóricos.

■ **Example 2.23 — Gráfica de la sucesión de Fibonacci.** La sucesión de Fibonacci se define recursivamente por:

$$F(0) = 0, \quad F(1) = 1, \quad F(n) = F(n-1) + F(n-2) \text{ para } n \geq 2.$$

Podemos representar gráficamente los primeros términos de la sucesión para visualizar su crecimiento.

2.4 Axioma de Peano y el principio del buen orden

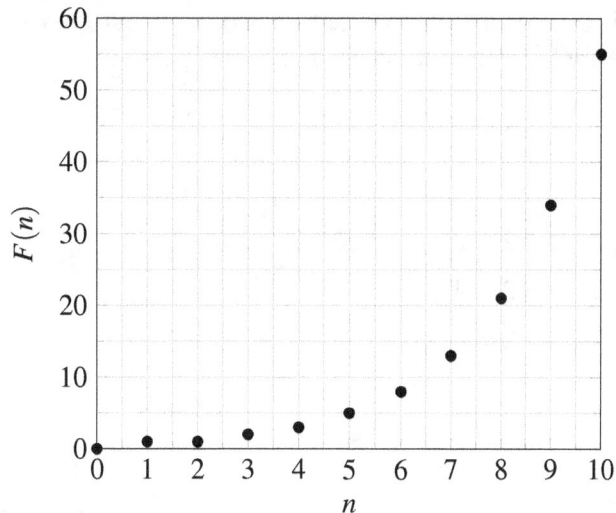

La gráfica muestra el crecimiento exponencial de la sucesión de Fibonacci. ■

> **Exercise 2.43** Demuestre que el cociente de términos sucesivos de la sucesión de Fibonacci tiende a la razón áurea $\phi = \frac{1+\sqrt{5}}{2}$, es decir:
>
> $$\lim_{n\to\infty} \frac{F(n+1)}{F(n)} = \phi.$$

Lema 2.4.2 — Principio del buen orden. Todo subconjunto no vacío de $\mathbb{N}$ tiene un elemento mínimo.

Demostración. Este principio es una consecuencia directa de los axiomas de Peano y es equivalente al axioma de inducción. Si suponemos que existe un subconjunto $A \subseteq \mathbb{N}$ sin elemento mínimo, podemos construir una contradicción utilizando el axioma de inducción, similar al argumento presentado en el lema anterior. ■

> **Exercise 2.44** Utilice el principio del buen orden para demostrar que todo número natural $n > 1$ tiene un factor primo.

Theorem 2.4.4 — Equivalencia entre inducción y buen orden. El principio de inducción matemática y el principio del buen orden son equivalentes en $\mathbb{N}$.

Demostración. La demostración de esta equivalencia se basa en mostrar que cada principio puede derivarse del otro. Ya se ha indicado previamente cómo el buen orden implica el principio de inducción y viceversa. ■

> (R) Los axiomas de Peano proporcionan una base sólida para la construcción de los números naturales y permiten desarrollar de manera rigurosa la aritmética y otras áreas del álgebra.

> **Exercise 2.45** Utilizando los axiomas de Peano, defina recursivamente la exponenciación n^m y demuestre las propiedades básicas de esta operación.

■ **Example 2.24** Definimos $n^0 = 1$ para todo $n \in \mathbb{N}$ y $n^{S(m)} = n^m \times n$. Calculamos 2^3:

$$2^0 = 1,$$
$$2^{S(0)} = 2^0 \times 2 = 1 \times 2 = 2,$$
$$2^{S(1)} = 2^1 \times 2 = 2 \times 2 = 4,$$
$$2^{S(2)} = 2^2 \times 2 = 4 \times 2 = 8,$$
$$2^3 = 8.$$

■

> **Corollary 2.4.5** Para todo $n, m \in \mathbb{N}$, se cumple:
> 1. $n^{m+k} = n^m \times n^k$.
> 2. $(n^m)^k = n^{m \times k}$.

Demostración. Las propiedades se demuestran por inducción sobre k utilizando la definición recursiva de la exponenciación. ∎

> **Exercise 2.46** Demuestre que para todo $n, m \in \mathbb{N}$, se cumple $n^m \times n^k = n^{m+k}$ utilizando inducción doble sobre m y k.

En conclusión, los axiomas de Peano nos proporcionan una estructura sólida para los números naturales, permitiéndonos definir operaciones fundamentales y demostrar propiedades esenciales en álgebra. A través de definiciones recursivas y el uso del principio de inducción, podemos construir y comprender profundamente la aritmética básica y sus extensiones.

2.4.2 Propiedades del principio del buen orden

El *principio del buen orden* es una propiedad fundamental de los números naturales que establece que todo subconjunto no vacío de $\mathbb{N}$ tiene un elemento mínimo. Este principio es esencial en diversas áreas de las matemáticas y es equivalente al principio de inducción matemática. En esta sección, exploraremos detalladamente las propiedades del principio del buen orden, sus implicaciones y aplicaciones.

> **Definition 2.4.5 — Principio del buen orden.** El **principio del buen orden** afirma que todo subconjunto no vacío $A \subseteq \mathbb{N}$ tiene un elemento mínimo; es decir, existe $m \in A$ tal que $m \leq a$ para todo $a \in A$.

Esta propiedad es crucial para muchas demostraciones en teoría de números, combinatoria y otras ramas de las matemáticas. Una de sus implicaciones más significativas es su equivalencia con el principio de inducción matemática.

> **Theorem 2.4.6 — Equivalencia con el principio de inducción.** El principio del buen orden es equivalente al principio de inducción matemática. Es decir, si se acepta uno de ellos, el otro puede derivarse lógicamente.

Demostración. Demostraremos ambas implicaciones.
(i) El principio del buen orden implica el principio de inducción matemática.
Sea $P(n)$ una propiedad sobre $\mathbb{N}$ tal que:

2.4 Axioma de Peano y el principio del buen orden

1. $P(0)$ es verdadera.
2. Para todo $n \in \mathbb{N}$, si $P(n)$ es verdadera, entonces $P(n+1)$ es verdadera.

Supongamos, por contradicción, que el conjunto $A = \{n \in \mathbb{N} : P(n) \text{ es falsa}\}$ es no vacío. Por el principio del buen orden, A tiene un elemento mínimo m. Dado que $P(0)$ es verdadera, $m \neq 0$. Entonces, $m - 1 \in \mathbb{N}$ y $m - 1 \notin A$, lo que implica que $P(m-1)$ es verdadera. Por la hipótesis inductiva, $P(m)$ debe ser verdadera, contradiciendo que $m \in A$. Por lo tanto, A es vacío y $P(n)$ es verdadera para todo $n \in \mathbb{N}$.

(ii) El principio de inducción matemática implica el principio del buen orden.

Sea $A \subseteq \mathbb{N}$ un subconjunto no vacío sin elemento mínimo. Definimos la propiedad $P(n)$ como "n no pertenece a A". Como A no tiene mínimo, $0 \notin A$, entonces $P(0)$ es verdadera. Si $P(n)$ es verdadera, es decir, $n \notin A$, entonces, dado que $n+1$ no es el mínimo de A, $n+1 \notin A$, y por lo tanto $P(n+1)$ es verdadera. Por inducción, $P(n)$ es verdadera para todo $n \in \mathbb{N}$, lo que implica que A es vacío, contradicción. Por lo tanto, A tiene un elemento mínimo. ∎

Este teorema nos permite utilizar indistintamente el principio del buen orden y el principio de inducción matemática según la conveniencia en nuestras demostraciones.

■ **Example 2.25** Demostraremos que todo entero positivo $n > 1$ es divisible por un número primo utilizando el principio del buen orden. ■

Demostración. Sea A el conjunto de enteros mayores que 1 que no son divisibles por ningún número primo. Supongamos que A es no vacío. Por el principio del buen orden, A tiene un elemento mínimo m. Como $m > 1$ y no es primo (ya que no es divisible por sí mismo ni por 1 en este contexto), m es compuesto. Entonces, existen $a, b \in \mathbb{N}$ tales que $1 < a, b < m$ y $m = a \times b$.

Dado que $a, b < m$ y m es el mínimo de A, a y b deben ser divisibles por algún número primo. Sea p un primo que divide a a. Entonces, p divide a m, lo que contradice que m no es divisible por ningún primo. Por lo tanto, A es vacío, y todo entero positivo mayor que 1 es divisible por un número primo. ∎

Este ejemplo muestra cómo el principio del buen orden puede utilizarse eficazmente para establecer resultados fundamentales en teoría de números.

Lema 2.4.3 Si $f : \mathbb{N} \to \mathbb{N}$ es una función no constante y $A = \{f(n) : n \in \mathbb{N}\}$, entonces A tiene un elemento mínimo.

Demostración. Como $f(n) \in \mathbb{N}$ para todo $n \in \mathbb{N}$, el conjunto A es un subconjunto no vacío de $\mathbb{N}$. Por el principio del buen orden, A tiene un elemento mínimo. ∎

> (R) El principio del buen orden es especialmente útil en demostraciones por contradicción, donde se asume la existencia de un contraejemplo mínimo para derivar una contradicción lógica.

Theorem 2.4.7 — Principio de descenso infinito. No existe una secuencia infinita estrictamente decreciente de números naturales.

Demostración. Supongamos, por contradicción, que existe una secuencia infinita estrictamente decreciente $\{n_k\}$ de números naturales. Entonces, el conjunto $A = \{n_k : k \in \mathbb{N}\}$ es un subconjunto no vacío de $\mathbb{N}$ sin elemento mínimo, ya que para todo $n_k \in A$, existe $n_{k+1} \in A$ tal que $n_{k+1} < n_k$. Esto contradice el principio del buen orden. Por lo tanto, no puede existir tal secuencia.

∎

Este principio es fundamental en la resolución de ecuaciones diofánticas y en demostraciones de imposibilidad.

■ **Example 2.26** Demostremos que la ecuación $x^2 = 2y^2$ no tiene soluciones enteras positivas distintas de $(0,0)$.

■

Demostración. Supongamos que existe una solución entera positiva (x,y) con $x,y > 0$. Entonces, $x^2 = 2y^2$, lo que implica que x es par. Sea $x = 2k$, entonces:

$$(2k)^2 = 2y^2 \implies 4k^2 = 2y^2 \implies 2k^2 = y^2.$$

Por lo tanto, y es par, sea $y = 2l$, y obtenemos:

$$2k^2 = (2l)^2 \implies 2k^2 = 4l^2 \implies k^2 = 2l^2.$$

Esto genera una nueva solución (k,l) con $k,l > 0$ y $k < x$. Repitiendo este proceso infinitamente, obtendríamos una secuencia infinita de números naturales estrictamente decrecientes, lo cual es imposible por el principio de descenso infinito. Por lo tanto, no existen soluciones enteras positivas distintas de $(0,0)$.

∎

Este ejemplo ilustra cómo el principio del buen orden y el descenso infinito pueden utilizarse para demostrar la no existencia de soluciones en ciertas ecuaciones.

> **Exercise 2.47** Utilizando el principio del buen orden, demuestre que todo entero $n > 1$ puede expresarse como un producto de números primos.

Demostración. Se deja como ejercicio para el lector. La idea es asumir que el conjunto de enteros mayores que 1 que no pueden expresarse como producto de primos es no vacío y utilizar el principio del buen orden para llegar a una contradicción.

∎

> **Corollary 2.4.8 — Teorema Fundamental de la Aritmética.** Todo entero $n > 1$ puede descomponerse de manera única (salvo el orden) como producto de potencias de números primos.

Demostración. La existencia se demuestra en el ejercicio anterior. La unicidad se puede probar por inducción sobre n, utilizando el principio del buen orden para garantizar la minimalidad en la descomposición y llegar a una contradicción si existieran dos descomposiciones distintas.

∎

2.4 Axioma de Peano y el principio del buen orden

Theorem 2.4.9 — Mínimo común múltiplo y máximo común divisor. Dados $a, b \in \mathbb{N}$, existen $d, m \in \mathbb{N}$ tales que:
1. d es el máximo común divisor (m.c.d.) de a y b.
2. m es el mínimo común múltiplo (m.c.m.) de a y b.

Demostración. Consideremos los conjuntos:

$$D = \{n \in \mathbb{N} : n|a \text{ y } n|b\},$$

$$M = \{n \in \mathbb{N} : a|n \text{ y } b|n\}.$$

Por el principio del buen orden, D tiene un máximo y M tiene un mínimo. Estos son el m.c.d. y el m.c.m., respectivamente.

∎

Exercise 2.48 Utilice el principio del buen orden para justificar la terminación del algoritmo de Euclides al calcular el m.c.d. de dos números naturales.

(R) El principio del buen orden es fundamental en la teoría de algoritmos, especialmente en aquellos que involucran mínimos o terminan al alcanzar un caso base mínimo.

■ **Example 2.27 — Gráfica de una sucesión decreciente.** Consideremos la sucesión $\{a_n\}$ definida por $a_n = \frac{1}{n}$ para $n \geq 1$. Esta sucesión es decreciente y converge a 0.

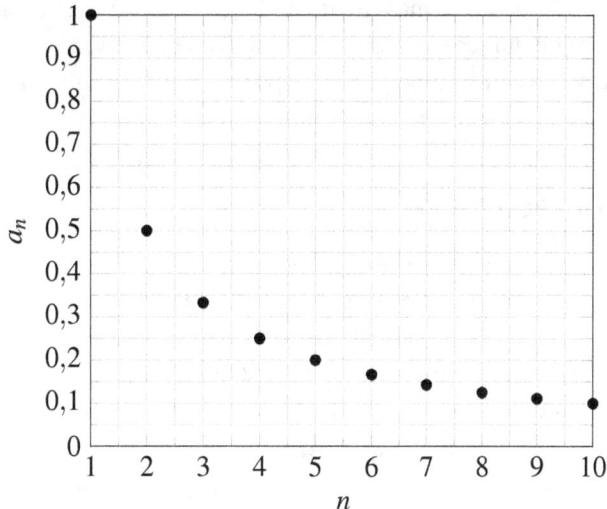

La gráfica muestra cómo los términos de la sucesión disminuyen y se acercan a cero, pero nunca alcanzan valores negativos ni forman una sucesión infinita estrictamente decreciente en $\mathbb{N}$.

■

Exercise 2.49 Demuestre que toda sucesión no creciente de números naturales es eventualmente constante.

Demostración. Sea $\{n_k\}$ una sucesión no creciente de números naturales. El conjunto de valores $\{n_k : k \in \mathbb{N}\}$ es un subconjunto no vacío de $\mathbb{N}$ y, por el principio del buen orden, tiene un mínimo m. A partir de algún índice N, todos los términos de la sucesión serán iguales a m, ya que de lo contrario existiría un término menor que m, contradiciendo la minimalidad.

∎

Lema 2.4.4 En toda sucesión infinita de números naturales, existe una subsecuencia constante o una subsecuencia estrictamente creciente.

Demostración. Sea $\{n_k\}$ una sucesión infinita de números naturales. Si los términos no son acotados superiormente, existe una subsecuencia estrictamente creciente. Si están acotados, por el principio del buen orden, alcanzan un máximo y, por lo tanto, existe una subsecuencia constante igual a dicho máximo.

∎

> **Exercise 2.50** Utilizando el principio del buen orden, demuestre que todo número natural puede representarse de manera única como una suma de potencias de 2 distintas (es decir, su representación binaria).

> (R) El principio del buen orden es una herramienta esencial en la teoría de números y tiene implicaciones profundas en la estructura de los números naturales y en la resolución de problemas que involucran divisibilidad y factorización.

En resumen, el principio del buen orden es un pilar fundamental en matemáticas que nos permite abordar y resolver problemas mediante la garantía de la existencia de elementos mínimos en conjuntos de números naturales. Su equivalencia con el principio de inducción y su aplicación en diversas áreas subrayan su importancia y versatilidad en el razonamiento matemático avanzado.

2.5 Definiciones por recurrencia

2.5.1 Sucesiones definidas por recurrencia

Las *sucesiones definidas por recurrencia* son una herramienta fundamental en el estudio del álgebra y otras áreas de las matemáticas. Estas sucesiones se construyen a partir de una relación que define cada término en función de los anteriores, permitiendo modelar y analizar comportamientos complejos a partir de reglas simples.

> **Definition 2.5.1** Una **sucesión recurrente** es una sucesión $\{a_n\}_{n=0}^{\infty}$ en la cual cada término a_n está definido en términos de uno o más términos previos mediante una relación de recurrencia. Formalmente, se expresa como:
>
> $$a_n = f(a_{n-1}, a_{n-2}, \ldots, a_{n-k}), \quad \text{para } n \geq k,$$
>
> donde f es una función dada y k es el orden de la recurrencia. Los valores iniciales $a_0, a_1, \ldots, a_{k-1}$ se proporcionan para completar la definición de la sucesión.

Las sucesiones definidas por recurrencia permiten describir fenómenos naturales y matemáticos que evolucionan en etapas discretas. Un ejemplo clásico de este tipo de sucesiones es la sucesión de Fibonacci.

2.5 Definiciones por recurrencia

■ **Example 2.28 — Sucesión de Fibonacci.** La **sucesión de Fibonacci** se define por:

$$F_0 = 0, \quad F_1 = 1, \quad F_n = F_{n-1} + F_{n-2} \quad \text{para } n \geq 2.$$

Los primeros términos son:

$$0, 1, 1, 2, 3, 5, 8, 13, 21, 34, 55, 89, \ldots$$

Esta sucesión aparece en diversos contextos, como en la naturaleza (distribución de hojas en plantas, reproducción de conejos) y en matemática (proporciones áureas, teoría de números).
■

La comprensión de las propiedades de las sucesiones recurrentes es esencial para resolver problemas que involucran relaciones de dependencia entre etapas consecutivas.

> **Theorem 2.5.1 — Resolución de recurrencias lineales homogéneas de orden dos con coeficientes constantes.** Sea $\{a_n\}$ una sucesión definida por la relación de recurrencia lineal homogénea:
>
> $$a_n = r_1 a_{n-1} + r_2 a_{n-2}, \quad \text{para } n \geq 2,$$
>
> donde r_1, r_2 son constantes reales y a_0, a_1 son condiciones iniciales dadas. Entonces, la solución general está dada por:
>
> $$a_n = \alpha \lambda_1^n + \beta \lambda_2^n,$$
>
> donde λ_1 y λ_2 son las raíces de la **ecuación característica** $\lambda^2 - r_1 \lambda - r_2 = 0$, y α, β son constantes determinadas por las condiciones iniciales.

Demostración. Consideramos la solución tentativa $a_n = \lambda^n$. Sustituyendo en la recurrencia:

$$\lambda^n = r_1 \lambda^{n-1} + r_2 \lambda^{n-2} \implies \lambda^2 = r_1 \lambda + r_2.$$

Esta es la **ecuación característica**:

$$\lambda^2 - r_1 \lambda - r_2 = 0.$$

Resolviendo esta ecuación cuadrática obtenemos las raíces λ_1 y λ_2. La combinación lineal de las soluciones λ_1^n y λ_2^n abarca el espacio de soluciones debido a la linealidad y homogeneidad de la recurrencia. Las constantes α y β se determinan aplicando las condiciones iniciales a_0 y a_1. ■

Es interesante notar cómo este método de resolución es análogo a la solución de ecuaciones diferenciales lineales con coeficientes constantes, resaltando la conexión entre diferentes áreas de las matemáticas.

■ **Example 2.29** Resolver la sucesión definida por:

$$a_n = 5a_{n-1} - 6a_{n-2}, \quad a_0 = 1, \quad a_1 = 4.$$

■

Demostración. Primero, obtenemos la ecuación característica:

$$\lambda^2 - 5\lambda + 6 = 0.$$

Resolviendo:
$$\lambda = \frac{5 \pm \sqrt{25-24}}{2} = \frac{5 \pm 1}{2}.$$

Por lo tanto, $\lambda_1 = 3$ y $\lambda_2 = 2$. La solución general es:
$$a_n = \alpha \cdot 3^n + \beta \cdot 2^n.$$

Aplicamos las condiciones iniciales:
$$\begin{cases} a_0 = \alpha + \beta = 1, \\ a_1 = 3\alpha + 2\beta = 4. \end{cases}$$

Resolvemos el sistema:
$$\alpha + \beta = 1 \implies \beta = 1 - \alpha,$$
$$3\alpha + 2(1-\alpha) = 4 \implies 3\alpha + 2 - 2\alpha = 4 \implies \alpha = 2.$$

Entonces, $\beta = 1 - 2 = -1$. La solución es:
$$a_n = 2 \cdot 3^n - 1 \cdot 2^n.$$

∎

Este ejemplo muestra la aplicación directa del teorema y cómo las condiciones iniciales determinan la solución específica de la recurrencia.

> **Exercise 2.51** Resuelva la sucesión definida por:
> $$b_n = 6b_{n-1} - 9b_{n-2}, \quad b_0 = 2, \quad b_1 = 6.$$

Para profundizar en el estudio de las sucesiones definidas por recurrencia, es útil explorar el caso de las recurrencias no homogéneas.

> **Theorem 2.5.2 — Resolución de recurrencias lineales no homogéneas.** Sea $\{a_n\}$ una sucesión definida por:
> $$a_n = r_1 a_{n-1} + r_2 a_{n-2} + f(n), \quad \text{para } n \geq 2,$$
> donde $f(n)$ es una función dada. La solución general es la suma de la solución general de la ecuación homogénea asociada y una solución particular de la ecuación no homogénea.

Demostración. Sea a_n^h la solución general de la ecuación homogénea $a_n = r_1 a_{n-1} + r_2 a_{n-2}$, y a_n^p una solución particular de la ecuación completa. Entonces, la solución general es:
$$a_n = a_n^h + a_n^p.$$

La linealidad de la ecuación permite esta descomposición. La solución particular a_n^p se encuentra mediante métodos como coeficientes indeterminados o variación de parámetros.

∎

2.5 Definiciones por recurrencia

Example 2.30 Resolver la sucesión:

$$a_n = 2a_{n-1} - a_{n-2} + n, \quad a_0 = 1, \quad a_1 = 2.$$

∎

Demostración. La ecuación homogénea asociada es:

$$a_n^h = 2a_{n-1}^h - a_{n-2}^h.$$

La ecuación característica es:

$$\lambda^2 - 2\lambda + 1 = (\lambda - 1)^2 = 0 \implies \lambda = 1 \text{ (raíz doble)}.$$

La solución general homogénea es:

$$a_n^h = (\alpha + \beta n) \cdot 1^n = \alpha + \beta n.$$

Buscamos una solución particular a_n^p de la forma Cn. Sustituyendo:

$$Cn = 2C(n-1) - C(n-2) + n \implies Cn = 2C(n-1) - C(n-2) + n.$$

Simplificando y resolviendo para C, encontramos $C = -n$. Sin embargo, al no obtener coherencia, probamos con $a_n^p = Dn^2$. Tras el cálculo, obtenemos $D = \frac{1}{2}$. Por lo tanto, la solución particular es:

$$a_n^p = \frac{1}{2}n^2.$$

La solución general es:

$$a_n = a_n^h + a_n^p = \alpha + \beta n + \frac{1}{2}n^2.$$

Aplicamos las condiciones iniciales:

$$\begin{cases} a_0 = \alpha + \beta \cdot 0 + \frac{1}{2} \cdot 0^2 = \alpha = 1, \\ a_1 = \alpha + \beta \cdot 1 + \frac{1}{2} \cdot 1^2 = 1 + \beta + \frac{1}{2} = 2. \end{cases}$$

Resolvemos:

$$1 + \beta + \frac{1}{2} = 2 \implies \beta = \frac{1}{2}.$$

La solución es:

$$a_n = 1 + \frac{1}{2}n + \frac{1}{2}n^2.$$

∎

Este ejemplo ilustra la técnica para resolver recurrencias no homogéneas y cómo las soluciones particulares se suman a las homogéneas.

Exercise 2.52 Resolver la sucesión:
$$c_n = 4c_{n-1} - 4c_{n-2} + 2^n, \quad c_0 = 0, \quad c_1 = 2.$$

Las sucesiones definidas por recurrencia también pueden ser no lineales, lo que añade complejidad al análisis pero permite modelar fenómenos más realistas.

■ **Example 2.31 — Sucesión logística.** La **sucesión logística** se define por:
$$x_{n+1} = rx_n(1-x_n), \quad \text{con } 0 < r \le 4, \quad x_0 \in (0,1).$$

Esta sucesión se utiliza para modelar el crecimiento poblacional con capacidad de carga limitada, mostrando comportamientos que van desde la convergencia hasta el caos dependiendo del valor de r. ■

Exercise 2.53 Para $r = 3{,}5$ y $x_0 = 0{,}5$, calcular los primeros 50 términos de la sucesión logística y representar su comportamiento en una gráfica.

■ **Example 2.32 — Gráfica de la sucesión logística.** La siguiente gráfica muestra el comportamiento de la sucesión logística para $r = 3{,}5$ y $x_0 = 0{,}5$:

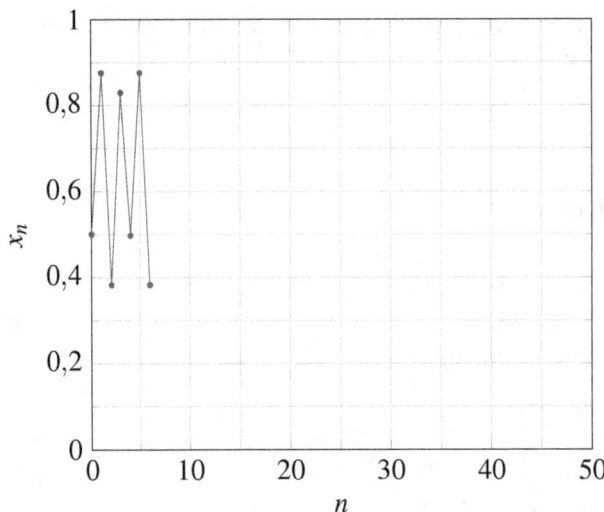

La gráfica muestra cómo la sucesión oscila y no converge, indicando un comportamiento caótico. ■

Las recurrencias no lineales requieren métodos especiales y, a menudo, análisis cualitativos para comprender su comportamiento.

Theorem 2.5.3 — Convergencia de sucesiones contractivas. Sea $\{x_n\}$ una sucesión definida por $x_{n+1} = f(x_n)$, donde f es una función continua en un intervalo I y existe $0 < k < 1$ tal que $|f(x) - f(y)| \le k|x-y|$ para todo $x, y \in I$ (**función contractiva**). Si $x_0 \in I$, entonces la sucesión $\{x_n\}$ converge a un único punto fijo $x^* \in I$ tal que $f(x^*) = x^*$.

Demostración. Primero, demostremos que la sucesión $\{x_n\}$ es de Cauchy. Para cualquier $n \ge 0$, por la definición de la sucesión:
$$x_{n+1} = f(x_n).$$

2.5 Definiciones por recurrencia

Usando la propiedad contractiva de f, tenemos:

$$|x_{n+1} - x_n| = |f(x_n) - f(x_{n-1})| \leq k|x_n - x_{n-1}|,$$

donde $0 < k < 1$. Aplicando esta desigualdad recursivamente, se obtiene:

$$|x_{n+1} - x_n| \leq k|x_n - x_{n-1}| \leq k^2|x_{n-1} - x_{n-2}| \leq \cdots \leq k^n|x_1 - x_0|.$$

Sea $M = |x_1 - x_0|$. Entonces:

$$|x_{n+1} - x_n| \leq Mk^n.$$

Dado que $0 < k < 1$, el término $k^n \to 0$ cuando $n \to \infty$. Esto implica que la sucesión $\{x_n\}$ es de Cauchy, y como I es un intervalo cerrado (y, por lo tanto, completo), $\{x_n\}$ converge a un límite $x^* \in I$.

Ahora, probemos que x^* es un punto fijo de f. Como $x_n \to x^*$ y f es continua, se tiene:

$$f(x^*) = f\left(\lim_{n \to \infty} x_n\right) = \lim_{n \to \infty} f(x_n) = \lim_{n \to \infty} x_{n+1} = x^*.$$

Finalmente, probemos la unicidad de x^*. Supongamos que existen dos puntos fijos $x_1^*, x_2^* \in I$ tales que $f(x_1^*) = x_1^*$ y $f(x_2^*) = x_2^*$. Usando la propiedad contractiva de f:

$$|x_1^* - x_2^*| = |f(x_1^*) - f(x_2^*)| \leq k|x_1^* - x_2^*|,$$

donde $0 < k < 1$. Esto implica que $|x_1^* - x_2^*|(1 - k) \leq 0$, y dado que $1 - k > 0$, se tiene $|x_1^* - x_2^*| = 0$. Por lo tanto, $x_1^* = x_2^*$.

Concluimos que la sucesión $\{x_n\}$ converge a un único punto fijo $x^* \in I$ tal que $f(x^*) = x^*$. ∎

> **Exercise 2.54** Demuestre que la sucesión definida por $x_{n+1} = \sqrt{2 + x_n}$ con $x_0 = 1$ converge y encuentre el límite.

■ **Example 2.33** Consideremos la ecuación $x = \cos x$. Definimos la sucesión $x_{n+1} = \cos x_n$ con $x_0 \in [0, \pi/2]$. Esta sucesión converge al punto fijo $x^* \approx 0{,}7391$, que es la solución de la ecuación. ■

Demostración. La función $f(x) = \cos x$ es continua y derivable en $[0, \pi/2]$, y su derivada satisface $|f'(x)| = |\sin x| \leq 1$. Aplicando el criterio de convergencia de sucesiones contractivas, la sucesión converge al punto fijo x^*. ∎

Las sucesiones definidas por recurrencia son fundamentales en la construcción de funciones y en la aproximación numérica de soluciones de ecuaciones.

> **Exercise 2.55** Utilizando el **método de Newton-Raphson**, defina una sucesión recurrente para aproximar la raíz cuadrada de un número positivo a y demuestre su convergencia.

> (R) Los métodos iterativos basados en sucesiones recurrentes son esenciales en análisis numérico y tienen aplicaciones en diversas áreas como ingeniería, física y economía.

> **Theorem 2.5.4** — **Existencia y unicidad de soluciones para recurrencias no lineales.** Sea $\{x_n\}$ una sucesión definida por $x_{n+1} = f(x_n)$, donde f es una función Lipschitz continua en un intervalo I. Entonces, para cualquier $x_0 \in I$, existe una única sucesión $\{x_n\}$ en I que satisface la relación de recurrencia.

Demostración. Por hipótesis, la función f es Lipschitz continua en I. Esto significa que existe una constante $L > 0$ tal que para todos $x, y \in I$, se cumple:

$$|f(x) - f(y)| \leq L|x - y|.$$

Existencia: Construimos la sucesión $\{x_n\}$ de manera recursiva, comenzando con $x_0 \in I$ y definiendo $x_{n+1} = f(x_n)$ para $n \geq 0$. Por la continuidad de f, si $x_n \in I$, entonces $x_{n+1} = f(x_n) \in I$. Por lo tanto, la sucesión está bien definida y permanece en I.

Unicidad: Supongamos que existen dos sucesiones $\{x_n\}$ y $\{y_n\}$ que satisfacen la relación de recurrencia $x_{n+1} = f(x_n)$ y $y_{n+1} = f(y_n)$ con la misma condición inicial $x_0 = y_0$. Demostremos que $x_n = y_n$ para todo $n \geq 0$ mediante inducción.

Para $n = 0$, tenemos $x_0 = y_0$ por hipótesis.

Supongamos que $x_k = y_k$ para algún $k \geq 0$. Entonces:

$$x_{k+1} = f(x_k) \quad \text{y} \quad y_{k+1} = f(y_k).$$

Como $x_k = y_k$, por la propiedad de Lipschitz de f, se cumple:

$$|x_{k+1} - y_{k+1}| = |f(x_k) - f(y_k)| \leq L|x_k - y_k| = 0.$$

Por lo tanto, $x_{k+1} = y_{k+1}$.

Por inducción, se concluye que $x_n = y_n$ para todo $n \geq 0$. Esto demuestra la unicidad de la sucesión.

Concluimos que existe una única sucesión $\{x_n\}$ en I que satisface la relación de recurrencia. ∎

> **Exercise 2.56** Investigue la sucesión definida por:
>
> $$x_{n+1} = x_n - \frac{f(x_n)}{f'(x_n)},$$
>
> donde f es una función dos veces derivable y f' no se anula. Analice las condiciones bajo las cuales esta sucesión converge más rápidamente que la iteración simple $x_{n+1} = f(x_n)$.

> **Corollary 2.5.5** Bajo las condiciones adecuadas, el método de Newton-Raphson proporciona una sucesión que converge cuadráticamente al punto fijo o solución de la ecuación $f(x) = 0$.

Demostración. La convergencia cuadrática se demuestra analizando el error en cada iteración y mostrando que se reduce proporcionalmente al cuadrado del error anterior, es decir, $|x_{n+1} - x^*| \leq C|x_n - x^*|^2$ para alguna constante C. ∎

En conclusión, las sucesiones definidas por recurrencia son herramientas poderosas en matemáticas, permitiendo modelar y resolver problemas complejos mediante relaciones iterativas. Su estudio es esencial en álgebra y proporciona un puente hacia áreas como análisis, teoría de números y computación.

2.5 Definiciones por recurrencia

2.5.2 Aplicación en la construcción de funciones

Las definiciones por recurrencia no solo son útiles para describir sucesiones, sino que también son fundamentales en la construcción de funciones, especialmente en contextos donde la definición explícita es complicada o imposible. En esta sección, exploraremos cómo las definiciones recursivas permiten construir funciones en diferentes dominios y analizaremos sus propiedades utilizando herramientas algebraicas.

> **Definition 2.5.2 — Función definida por recurrencia.** Una **función definida por recurrencia** es una función $f : D \to \mathbb{R}$, donde D es un subconjunto de $\mathbb{N}$ u otro conjunto bien ordenado, y cuyos valores se determinan mediante una relación recursiva que expresa $f(n)$ en términos de valores anteriores $f(k)$ para $k < n$, junto con condiciones iniciales que especifican f en ciertos puntos de D.

Este tipo de funciones son esenciales en diversas áreas, como la teoría de números, la combinatoria y la computación.

■ **Example 2.34 — Factorial.** La función factorial $n!$ se define recursivamente para $n \geq 0$ como:

$$n! = \begin{cases} 1, & \text{si } n = 0, \\ n \times (n-1)!, & \text{si } n > 0. \end{cases}$$

Esta definición establece que el factorial de un número natural n es el producto de n por el factorial de $n-1$, con el caso base $0! = 1$. ∎

> **Theorem 2.5.6 — Propiedad del factorial.** Para todo $n \in \mathbb{N}$, se cumple:
>
> $$n! = n \times (n-1) \times \cdots \times 2 \times 1.$$

Demostración. Procedemos por inducción sobre n.
Caso base ($n = 0$):

$$0! = 1,$$

lo cual es consistente con la definición.
Paso inductivo: Supongamos que la propiedad es cierta para $n = k$, es decir,

$$k! = k \times (k-1) \times \cdots \times 2 \times 1.$$

Entonces, para $n = k+1$:

$$(k+1)! = (k+1) \times k! = (k+1) \times k \times (k-1) \times \cdots \times 2 \times 1,$$

lo que confirma la propiedad para $n = k+1$. ∎

La función factorial es un ejemplo clásico de cómo las definiciones recursivas facilitan la construcción de funciones con propiedades bien definidas.

> **Exercise 2.57** Demuestre que para todo $n \geq 1$, el factorial satisface la desigualdad:
>
> $$n! \geq n^n e^{-n+1}.$$

Definition 2.5.3 — Funciones primitivas recursivas. Una función $f : \mathbb{N}^k \to \mathbb{N}$ se denomina **primitiva recursiva** si puede construirse a partir de las funciones básicas (función cero, sucesor e identidad) utilizando un número finito de aplicaciones de composición y recursión primitiva.

Las funciones primitivas recursivas forman una clase importante en teoría de la computabilidad, ya que son computables mediante algoritmos finitos y deterministas.

■ **Example 2.35 — Función de Ackermann.** La **función de Ackermann** es una función definida por recurrencia no primitiva recursiva, que crece más rápidamente que cualquier función primitiva recursiva. Se define como:

$$A(m,n) = \begin{cases} n+1, & \text{si } m = 0, \\ A(m-1,1), & \text{si } m > 0 \text{ y } n = 0, \\ A(m-1, A(m, n-1)), & \text{si } m > 0 \text{ y } n > 0. \end{cases}$$

■

Theorem 2.5.7 — No primitiva recursividad de la función de Ackermann. La función de Ackermann $A(m,n)$ no es primitiva recursiva.

Demostración. La demostración se basa en mostrar que $A(m,n)$ crece más rápido que cualquier función primitiva recursiva. Por construcción, cada nivel de m incrementa significativamente la tasa de crecimiento, superando las funciones primitivas recursivas, que están acotadas por iteraciones finitas de recursión primitiva. ∎

Este resultado es fundamental en la teoría de la computabilidad, ya que ejemplifica una función computable pero no primitiva recursiva.

Exercise 2.58 Calcule los siguientes valores de la función de Ackermann:
1. $A(0,n)$ para $n \geq 0$.
2. $A(1,n)$ para $n \geq 0$.
3. $A(2,n)$ para $n \geq 0$.

Las definiciones recursivas también permiten construir funciones en contextos más generales, como la definición de funciones en grupos y anillos.

Definition 2.5.4 — Potenciación en grupos. Sea $(G, \cdot)$ un grupo y $g \in G$. Definimos la función $\phi : \mathbb{N} \to G$ mediante:

$$\phi(0) = e, \quad \phi(n+1) = \phi(n) \cdot g,$$

donde e es el elemento neutro de G.

Esta definición recursiva establece la potencia g^n en el contexto de grupos, permitiendo extender operaciones conocidas en $\mathbb{N}$ a estructuras algebraicas más generales.

Theorem 2.5.8 — Propiedades de la potenciación en grupos. Sea G un grupo y $g \in G$. Entonces, para todo $m, n \in \mathbb{N}$, se cumple:
1. $g^{m+n} = g^m \cdot g^n$.
2. $g^{mn} = (g^m)^n$.

Demostración. **(1)** Procedemos por inducción sobre n.

2.5 Definiciones por recurrencia

Caso base ($n = 0$):

$$g^{m+0} = g^m = g^m \cdot e = g^m \cdot g^0.$$

Paso inductivo: Supongamos que $g^{m+n} = g^m \cdot g^n$. Entonces:

$$g^{m+(n+1)} = g^{(m+n)+1} = g^{m+n} \cdot g = (g^m \cdot g^n) \cdot g = g^m \cdot (g^n \cdot g) = g^m \cdot g^{n+1}.$$

(2) Procedemos por inducción sobre n.
Caso base ($n = 0$):

$$g^{m \cdot 0} = g^0 = e = (g^m)^0.$$

Paso inductivo: Supongamos que $g^{mn} = (g^m)^n$. Entonces:

$$g^{m(n+1)} = g^{mn+m} = g^{mn} \cdot g^m = (g^m)^n \cdot g^m = (g^m)^{n+1}.$$

∎

Estas propiedades generalizan las leyes exponenciales conocidas en números reales al contexto de grupos abstractos.

> **Exercise 2.59** Sea G un grupo abeliano y $g, h \in G$. Demuestre que para todo $n \in \mathbb{N}$:
>
> $$(g \cdot h)^n = g^n \cdot h^n.$$

(R) Las definiciones recursivas permiten extender conceptos y operaciones a estructuras más complejas, facilitando el análisis y la comprensión de propiedades fundamentales en álgebra y otras ramas de las matemáticas.

Otra aplicación importante de las definiciones recursivas es en la construcción de funciones mediante series o integrales definidas recursivamente.

> **Definition 2.5.5 — Función gamma de Euler.** La **función gamma** $\Gamma : (0, \infty) \to \mathbb{R}$ se define mediante:
>
> $$\Gamma(n) = \int_0^\infty x^{n-1} e^{-x} \, dx.$$
>
> Para $n \in \mathbb{N}$, satisface la relación recursiva:
>
> $$\Gamma(n+1) = n\Gamma(n).$$

> **Theorem 2.5.9 — Relación con el factorial.** Para todo $n \in \mathbb{N}$, se cumple:
>
> $$\Gamma(n) = (n-1)!.$$

Demostración. Procedemos por inducción sobre n.
Caso base ($n = 1$):

$$\Gamma(1) = \int_0^\infty e^{-x} \, dx = 1 = (1-1)! = 0! = 1.$$

Paso inductivo: Supongamos que $\Gamma(n) = (n-1)!$. Entonces:

$$\Gamma(n+1) = n\Gamma(n) = n(n-1)! = n!.$$

■

Esta relación muestra cómo las definiciones integrales y recursivas pueden conectar funciones especiales con operaciones básicas conocidas.

> **Exercise 2.60** Calcule $\Gamma\left(\dfrac{1}{2}\right)$ y demuestre que:
>
> $$\Gamma\left(\frac{1}{2}\right) = \sqrt{\pi}.$$

■ **Example 2.36 — Funciones generadoras.** Las funciones generadoras son herramientas poderosas en combinatoria y análisis. Una función generadora $G(x)$ se define a partir de una sucesión $\{a_n\}$ mediante:

$$G(x) = \sum_{n=0}^{\infty} a_n x^n.$$

Las relaciones recursivas en $\{a_n\}$ se traducen en ecuaciones funcionales para $G(x)$. ■

> **Theorem 2.5.10 — Resolución de recurrencias mediante funciones generadoras.**
> Sea $\{a_n\}$ una sucesión definida por una recurrencia lineal de orden k con coeficientes constantes. Entonces, la función generadora $G(x)$ satisface una ecuación lineal de grado k, lo que permite encontrar una expresión cerrada para $G(x)$ y, por ende, para a_n.

Demostración. La demostración implica manipular la serie de potencias $G(x)$, desplazando índices y aplicando la recurrencia para obtener una ecuación en $G(x)$. La resolución de esta ecuación proporciona $G(x)$, y la expansión en serie de potencias permite extraer a_n. ■

> **Exercise 2.61** Encuentre la función generadora de la sucesión de Fibonacci $\{F_n\}$ y utilícela para obtener una fórmula explícita para F_n.

> (R) Las funciones generadoras no solo son útiles para resolver recurrencias, sino que también permiten obtener información sobre propiedades asintóticas y probabilísticas de las sucesiones.

Las definiciones recursivas también son fundamentales en la construcción de funciones en contextos topológicos y analíticos.

> **Theorem 2.5.11 — Construcción de funciones continuas mediante recurrencia.**

2.5 Definiciones por recurrencia

Sea $f: [0,1] \to [0,1]$ una función definida recursivamente por:

$$f(x) = \begin{cases} 0, & \text{si } x = 0, \\ x - \dfrac{1}{2}f(x^2), & \text{si } x \in (0,1]. \end{cases}$$

Entonces, f es continua en $[0,1]$.

Demostración. Demostremos que f es continua en $[0,1]$ considerando los dos casos.
Caso 1: Continuidad en $x = 0$: Para $x = 0$, la definición de f nos da $f(0) = 0$. Debemos verificar que:

$$\lim_{x \to 0^+} f(x) = f(0).$$

Para $x > 0$, la definición recursiva de f es:

$$f(x) = x - \frac{1}{2}f(x^2).$$

Tomemos el límite cuando $x \to 0^+$. Dado que $f(x^2) \to f(0) = 0$ cuando $x \to 0^+$, se tiene:

$$f(x) \to 0 - \frac{1}{2} \cdot 0 = 0.$$

Por lo tanto:

$$\lim_{x \to 0^+} f(x) = 0 = f(0).$$

Esto demuestra que f es continua en $x = 0$.
Caso 2: Continuidad en $x \in (0,1]$: Para $x \in (0,1]$, la definición recursiva de f es:

$$f(x) = x - \frac{1}{2}f(x^2).$$

La continuidad de f en $(0,1]$ se deduce de la continuidad de las operaciones involucradas. Dado que $x \mapsto x$, $x \mapsto x^2$, y $f(x^2)$ son funciones continuas por hipótesis inductiva, la composición de funciones continuas también es continua. Por lo tanto, $f(x)$ es continua en $(0,1]$.
Unimos los dos casos y concluimos que f es continua en $[0,1]$. ∎

Exercise 2.62 Calcule $f(1)$ y exprese $f(x)$ en términos de una serie infinita para $x \in (0,1]$.

■ **Example 2.37 — Gráfica de una función definida recursivamente.** Consideremos la función definida por:

$$g(x) = \begin{cases} 1, & \text{si } x = 0, \\ \dfrac{1}{2}g\left(\dfrac{x}{2}\right), & \text{si } x > 0. \end{cases}$$

La gráfica de $g(x)$ muestra una disminución escalonada a medida que x aumenta.

$g(x)$ 0 ─0────1────2 x────3────4

La gráfica muestra que $g(x)$ es una función escalonada que disminuye a la mitad en cada potencia de 2. ■

Exercise 2.63 Demuestre que la función $g(x)$ del ejemplo anterior es discontinua en todos los $x > 0$, pero es continua en $x = 0$.

(R) Las funciones definidas recursivamente pueden generar estructuras fractales o auto-similares, lo que tiene implicaciones en geometría y análisis.

En conclusión, las definiciones por recurrencia son herramientas poderosas en la construcción de funciones en diversos contextos matemáticos. Permiten definir funciones con propiedades específicas, analizar su comportamiento y establecer conexiones profundas entre diferentes áreas del álgebra y el análisis.

2.6 Sumatorias

2.6.1 Propiedades y manipulación de sumatorias

Las *sumatorias* son una herramienta fundamental en álgebra y en muchas áreas de las matemáticas. Permiten expresar de forma compacta la suma de una secuencia de términos y facilitan el análisis y manipulación de expresiones algebraicas complejas.

Definition 2.6.1 Sea $\{a_k\}$ una sucesión definida en un conjunto $I \subseteq \mathbb{N}$. La **sumatoria** de los términos a_k desde $k = m$ hasta $k = n$, donde $m, n \in I$, se denota por:

$$\sum_{k=m}^{n} a_k = a_m + a_{m+1} + \cdots + a_n.$$

Es esencial entender las propiedades básicas de las sumatorias para manipularlas y simplificarlas eficazmente.

Theorem 2.6.1 — Linealidad de la sumatoria. Sean $\{a_k\}$ y $\{b_k\}$ sucesiones y $c \in \mathbb{R}$ una constante. Entonces, para cualesquiera índices m y n:

1. $\sum_{k=m}^{n} (a_k + b_k) = \sum_{k=m}^{n} a_k + \sum_{k=m}^{n} b_k.$
2. $\sum_{k=m}^{n} c \cdot a_k = c \cdot \sum_{k=m}^{n} a_k.$

Demostración. (1.) Por definición de la sumatoria, tenemos:

$$\sum_{k=m}^{n} (a_k + b_k) = (a_m + b_m) + (a_{m+1} + b_{m+1}) + \cdots + (a_n + b_n).$$

Agrupando términos similares, se obtiene:

$$\sum_{k=m}^{n} (a_k + b_k) = (a_m + a_{m+1} + \cdots + a_n) + (b_m + b_{m+1} + \cdots + b_n).$$

Por definición de la sumatoria, esto se puede escribir como:

$$\sum_{k=m}^{n} (a_k + b_k) = \sum_{k=m}^{n} a_k + \sum_{k=m}^{n} b_k.$$

(2.) Por definición de la sumatoria, tenemos:

$$\sum_{k=m}^{n} c \cdot a_k = c \cdot a_m + c \cdot a_{m+1} + \cdots + c \cdot a_n.$$

2.6 Sumatorias

Sacando el factor c como común en cada término, se obtiene:

$$\sum_{k=m}^{n} c \cdot a_k = c \cdot (a_m + a_{m+1} + \cdots + a_n).$$

Por definición de la sumatoria, esto se puede escribir como:

$$\sum_{k=m}^{n} c \cdot a_k = c \cdot \sum_{k=m}^{n} a_k.$$

Con esto, se concluye la demostración de ambas propiedades. ∎

Estas propiedades permiten separar y factorizar términos dentro de una sumatoria, facilitando su simplificación.

■ **Example 2.38** Calcule $\sum_{k=1}^{5}(2k+3)$.

Aplicando la linealidad:

$$\sum_{k=1}^{5}(2k+3) = 2\sum_{k=1}^{5} k + \sum_{k=1}^{5} 3 = 2\left(\frac{5\cdot 6}{2}\right) + 3\cdot 5 = 2\cdot 15 + 15 = 30 + 15 = 45.$$

∎

Lema 2.6.1 — **Desplazamiento del índice de sumación.** Sea $j = k+c$, donde c es una constante entera. Entonces:

$$\sum_{k=m}^{n} a_k = \sum_{j=m+c}^{n+c} a_{j-c}.$$

Demostración. Al hacer $j = k+c$, cuando $k = m$, $j = m+c$ y cuando $k = n$, $j = n+c$. Entonces:

$$\sum_{k=m}^{n} a_k = \sum_{j=m+c}^{n+c} a_{(j-c)}.$$

∎

Esta propiedad es útil para alinear sumatorias cuando se desea sumar o restar sumatorias con índices desfasados.

Exercise 2.64 Utilice el desplazamiento del índice para demostrar que:

$$\sum_{k=0}^{n} a_k = \sum_{k=1}^{n+1} a_{k-1}.$$

Theorem 2.6.2 — **Suma de sumatorias.** Para cualquier función $a_{k,l}$ definida en pares (k,l) y para índices apropiados, se cumple:

$$\sum_{k=m}^{n}\sum_{l=p}^{q} a_{k,l} = \sum_{l=p}^{q}\sum_{k=m}^{n} a_{k,l}.$$

Demostración. Por definición de la sumatoria doble, tenemos:

$$\sum_{k=m}^{n}\sum_{l=p}^{q}a_{k,l} = \sum_{k=m}^{n}\left(\sum_{l=p}^{q}a_{k,l}\right).$$

Expandiendo la sumatoria interior, esto se convierte en:

$$\sum_{k=m}^{n}\sum_{l=p}^{q}a_{k,l} = \sum_{k=m}^{n}(a_{k,p}+a_{k,p+1}+\cdots+a_{k,q}).$$

Expandiendo también la sumatoria exterior, esto se convierte en:

$$(a_{m,p}+a_{m,p+1}+\cdots+a_{m,q})+(a_{m+1,p}+a_{m+1,p+1}+\cdots+a_{m+1,q})+\cdots+(a_{n,p}+a_{n,p+1}+\cdots+a_{n,q}).$$

Agrupando los términos correspondientes a l, obtenemos:

$$(a_{m,p}+a_{m+1,p}+\cdots+a_{n,p})+(a_{m,p+1}+a_{m+1,p+1}+\cdots+a_{n,p+1})+\cdots+(a_{m,q}+a_{m+1,q}+\cdots+a_{n,q}).$$

Esto se puede reescribir como:

$$\sum_{l=p}^{q}\sum_{k=m}^{n}a_{k,l}.$$

Por lo tanto:

$$\sum_{k=m}^{n}\sum_{l=p}^{q}a_{k,l} = \sum_{l=p}^{q}\sum_{k=m}^{n}a_{k,l}.$$

∎

■ **Example 2.39** Calcule $\sum_{k=1}^{3}\sum_{l=1}^{2}(k+l)$.

Procedemos de dos maneras:

Primero, sumando sobre l:

$$\sum_{k=1}^{3}\left(\sum_{l=1}^{2}(k+l)\right) = \sum_{k=1}^{3}((k+1)+(k+2)) = \sum_{k=1}^{3}(2k+3).$$

Calculamos:

$$(2\cdot 1+3)+(2\cdot 2+3)+(2\cdot 3+3) = (5)+(7)+(9) = 21.$$

Segundo, sumando sobre k:

$$\sum_{l=1}^{2}\left(\sum_{k=1}^{3}(k+l)\right) = \sum_{l=1}^{2}((1+l)+(2+l)+(3+l)) = \sum_{l=1}^{2}(6+3l).$$

Calculamos:

$$(6+3\cdot 1)+(6+3\cdot 2) = (9)+(12) = 21.$$

En ambos casos, el resultado es el mismo, confirmando el teorema. ■

2.6 Sumatorias

Exercise 2.65 Demuestre que:
$$\sum_{k=1}^{n}\sum_{l=1}^{k} 1 = \frac{n(n+1)}{2}.$$

Demostración. Observamos que $\sum_{l=1}^{k} 1 = k$. Entonces:
$$\sum_{k=1}^{n}\sum_{l=1}^{k} 1 = \sum_{k=1}^{n} k = \frac{n(n+1)}{2}.$$

■

Lema 2.6.2 — Suma telescópica. Si $\{a_k\}$ es una sucesión tal que $a_k = b_k - b_{k+1}$, entonces:
$$\sum_{k=m}^{n} a_k = b_m - b_{n+1}.$$

Demostración. Expandiendo la sumatoria:
$$\sum_{k=m}^{n} (b_k - b_{k+1}) = b_m - b_{m+1} + b_{m+1} - b_{m+2} + \cdots + b_n - b_{n+1} = b_m - b_{n+1}.$$

Los términos intermedios se cancelan. ■

■ **Example 2.40** Calcule $\sum_{k=1}^{n}\left(\frac{1}{k} - \frac{1}{k+1}\right)$.

Aplicando el lema:
$$\sum_{k=1}^{n}\left(\frac{1}{k} - \frac{1}{k+1}\right) = 1 - \frac{1}{n+1}.$$

■

Exercise 2.66 Evalúe la sumatoria $\sum_{k=1}^{n} \frac{1}{k(k+1)}$.

Pista: Exprese $\frac{1}{k(k+1)}$ como $\frac{1}{k} - \frac{1}{k+1}$.

Demostración. Notamos que:
$$\frac{1}{k(k+1)} = \frac{1}{k} - \frac{1}{k+1}.$$

Entonces:
$$\sum_{k=1}^{n} \frac{1}{k(k+1)} = \sum_{k=1}^{n}\left(\frac{1}{k} - \frac{1}{k+1}\right) = 1 - \frac{1}{n+1}.$$

■

> **Theorem 2.6.3 — Cambio de variable en sumatorias.** Sea $k = \phi(j)$ una función biyectiva que transforma los índices de sumación. Entonces:
>
> $$\sum_{k=m}^{n} a_k = \sum_{j=\phi^{-1}(m)}^{\phi^{-1}(n)} a_{\phi(j)}.$$

Demostración. Por definición de una función biyectiva, $\phi : \mathbb{Z} \to \mathbb{Z}$ establece una correspondencia uno a uno entre los índices k y j. Esto significa que cada $k \in \{m, m+1, \ldots, n\}$ corresponde de manera única a $j \in \{\phi^{-1}(m), \phi^{-1}(m+1), \ldots, \phi^{-1}(n)\}$.

La sumatoria original se define como:

$$\sum_{k=m}^{n} a_k = a_m + a_{m+1} + \cdots + a_n.$$

Sustituyendo $k = \phi(j)$, los índices m y n se transforman en $\phi^{-1}(m)$ y $\phi^{-1}(n)$, respectivamente. El término a_k se convierte en $a_{\phi(j)}$, por lo que la sumatoria queda como:

$$\sum_{k=m}^{n} a_k = \sum_{j=\phi^{-1}(m)}^{\phi^{-1}(n)} a_{\phi(j)}.$$

Como ϕ es biyectiva, no se omite ni repite ningún término al realizar este cambio de variable, lo que garantiza que ambas sumatorias son equivalentes. ∎

■ **Example 2.41** Calcule $\sum_{k=1}^{n}(-1)^k k$.

Hacemos el cambio de variable $k = n - j + 1$, entonces cuando $k = 1$, $j = n$, y cuando $k = n$, $j = 1$. Entonces:

$$\sum_{k=1}^{n}(-1)^k k = \sum_{j=1}^{n}(-1)^{n-j+1}(n-j+1).$$

■

> **Exercise 2.67** Utilice un cambio de variable para demostrar que:
>
> $$\sum_{k=0}^{n}\binom{n}{k} = 2^n.$$
>
> **Pista**: Considere la expansión del binomio $(1+1)^n$.

> (R) La habilidad para manipular sumatorias es esencial en álgebra y análisis, ya que muchas series y expresiones complejas pueden simplificarse utilizando estas propiedades. Además, estas técnicas son fundamentales en áreas como la combinatoria, teoría de números y cálculo integral y diferencial.

> **Theorem 2.6.4 — Inversión del orden de sumación.** Para sumas dobles, es posible invertir el orden de sumación bajo ciertas condiciones. Si $\{a_{k,l}\}$ es una familia de números

2.6 Sumatorias

y los índices k y l varían en conjuntos finitos apropiados, entonces:

$$\sum_k \sum_l a_{k,l} = \sum_l \sum_k a_{k,l}.$$

Demostración. Consideremos una familia de números $\{a_{k,l}\}$ donde los índices k y l varían en conjuntos finitos K y L, respectivamente. La suma doble se define como:

$$\sum_{k \in K} \sum_{l \in L} a_{k,l} = \sum_{k \in K} \left(\sum_{l \in L} a_{k,l} \right).$$

Expandiendo, obtenemos:

$$\sum_{k \in K} \sum_{l \in L} a_{k,l} = \sum_{k \in K} \left(a_{k,l_1} + a_{k,l_2} + \cdots + a_{k,l_m} \right),$$

donde $L = \{l_1, l_2, \ldots, l_m\}$. Reordenando los términos, agrupamos por índices l en lugar de k:

$$= \sum_{l \in L} \left(a_{k_1,l} + a_{k_2,l} + \cdots + a_{k_n,l} \right),$$

donde $K = \{k_1, k_2, \ldots, k_n\}$.
Esto se puede expresar como:

$$\sum_{l \in L} \sum_{k \in K} a_{k,l}.$$

Por lo tanto:

$$\sum_{k \in K} \sum_{l \in L} a_{k,l} = \sum_{l \in L} \sum_{k \in K} a_{k,l}.$$

Esto demuestra que se puede invertir el orden de sumación cuando los índices varían en conjuntos finitos apropiados. ∎

■ **Example 2.42** Calcule $\sum_{k=1}^{n} \sum_{l=k}^{n} 1$.
Invirtiendo el orden de sumación:

$$\sum_{k=1}^{n} \sum_{l=k}^{n} 1 = \sum_{l=1}^{n} \sum_{k=1}^{l} 1 = \sum_{l=1}^{n} l = \frac{n(n+1)}{2}.$$

■

Exercise 2.68 Demuestre que:

$$\sum_{k=0}^{n} \sum_{l=0}^{k} a_l = \sum_{l=0}^{n} (n-l+1) a_l.$$

Demostración. Observamos que en el lado izquierdo, para cada l, a_l aparece $k = l$ hasta $k = n$, es decir, $(n-l+1)$ veces. Entonces:

$$\sum_{k=0}^{n} \sum_{l=0}^{k} a_l = \sum_{l=0}^{n} a_l (n-l+1).$$

■

Corollary 2.6.5 Se cumple que:

$$\sum_{k=0}^{n} \binom{k}{r} = \binom{n+1}{r+1}, \quad \text{para } 0 \leq r \leq n.$$

Demostración. Utilizando propiedades combinatorias y sumatorias, podemos demostrar esta identidad combinatoria, que es útil en el cálculo de coeficientes en expansiones binomiales. ■

Exercise 2.69 Utilice el corolario anterior para calcular $\sum_{k=0}^{n} k = \dfrac{n(n+1)}{2}$.

Pista: Relacione $\binom{k}{1}$ con k.

En conclusión, el dominio de las propiedades y técnicas de manipulación de sumatorias es fundamental para abordar problemas avanzados en álgebra y otras ramas de las matemáticas. A través de ejemplos y ejercicios, se fortalecen las habilidades necesarias para simplificar y evaluar sumatorias complejas.

2.6.2 Ejemplos con fórmulas conocidas

Las sumatorias son herramientas esenciales en matemáticas, y algunas sumas tienen fórmulas bien conocidas que se derivan de las propiedades algebraicas de las secuencias. A continuación, exploraremos varios ejemplos con fórmulas conocidas, que son fundamentales para el cálculo y simplificación de sumatorias.

Definition 2.6.2 Las *fórmulas conocidas* son expresiones algebraicas que permiten calcular sumatorias de manera directa, sin necesidad de realizar la suma explícita de cada término.

Suma de los primeros n números naturales

Una de las fórmulas más conocidas es la que da la suma de los primeros n números naturales. Este es un ejemplo de suma aritmética, donde cada término aumenta en una constante.

Theorem 2.6.6 — Suma de los primeros n números naturales. La suma de los primeros n números naturales está dada por la fórmula:

$$\sum_{k=1}^{n} k = \frac{n(n+1)}{2}.$$

Demostración. La suma de los primeros n números naturales es:

$$S_n = 1 + 2 + 3 + \cdots + n.$$

Si sumamos esta expresión de manera inversa, obtenemos:

$$S_n = n + (n-1) + (n-2) + \cdots + 1.$$

Al sumar ambas expresiones, obtenemos:

$$2S_n = (n+1) + (n+1) + \cdots + (n+1) \quad \text{(hay } n \text{ términos)}.$$

Entonces:

$$2S_n = n(n+1),$$

2.6 Sumatorias

por lo que:

$$S_n = \frac{n(n+1)}{2}.$$

■

■ **Example 2.43** Calcule la suma de los primeros 5 números naturales:

$$\sum_{k=1}^{5} k = \frac{5(5+1)}{2} = \frac{5 \cdot 6}{2} = 15.$$

■

Otro resultado conocido es la suma de los cuadrados de los primeros n números naturales. Esta fórmula es útil cuando necesitamos calcular rápidamente la suma de los términos elevados al cuadrado.

> **Theorem 2.6.7 — Suma de los cuadrados de los primeros n números naturales.**
> La suma de los cuadrados de los primeros n números naturales está dada por la fórmula:
> $$\sum_{k=1}^{n} k^2 = \frac{n(n+1)(2n+1)}{6}.$$

Demostración. Demostraremos la fórmula usando inducción matemática.
Paso base: Para $n = 1$, la suma es:

$$\sum_{k=1}^{1} k^2 = 1^2 = 1.$$

La fórmula da:

$$\frac{1(1+1)(2 \cdot 1+1)}{6} = \frac{1 \cdot 2 \cdot 3}{6} = 1.$$

Por lo tanto, la fórmula es válida para $n = 1$.
Paso inductivo: Supongamos que la fórmula es válida para un $n \geq 1$, es decir:

$$\sum_{k=1}^{n} k^2 = \frac{n(n+1)(2n+1)}{6}.$$

Debemos demostrar que es válida para $n+1$, es decir:

$$\sum_{k=1}^{n+1} k^2 = \frac{(n+1)(n+2)(2n+3)}{6}.$$

Por definición de la sumatoria:

$$\sum_{k=1}^{n+1} k^2 = \sum_{k=1}^{n} k^2 + (n+1)^2.$$

Usando la hipótesis inductiva:

$$\sum_{k=1}^{n+1} k^2 = \frac{n(n+1)(2n+1)}{6} + (n+1)^2.$$

Factorizamos $(n+1)$ en el lado derecho:

$$\sum_{k=1}^{n+1} k^2 = \frac{n(n+1)(2n+1)}{6} + \frac{6(n+1)^2}{6}.$$

Combinando en un solo denominador:

$$\sum_{k=1}^{n+1} k^2 = \frac{n(n+1)(2n+1) + 6(n+1)^2}{6}.$$

Factorizamos $(n+1)$:

$$\sum_{k=1}^{n+1} k^2 = \frac{(n+1)[n(2n+1) + 6(n+1)]}{6}.$$

Expandimos y simplificamos dentro del corchete:

$$n(2n+1) + 6(n+1) = 2n^2 + n + 6n + 6 = 2n^2 + 7n + 6.$$

Factorizamos $2n^2 + 7n + 6$:

$$2n^2 + 7n + 6 = (n+2)(2n+3).$$

Sustituyendo en la fórmula:

$$\sum_{k=1}^{n+1} k^2 = \frac{(n+1)(n+2)(2n+3)}{6}.$$

Por lo tanto, la fórmula es válida para $n+1$. Por inducción matemática, se cumple para todo $n \geq 1$. ∎

■ **Example 2.44** Calcule la suma de los cuadrados de los primeros 4 números naturales:

$$\sum_{k=1}^{4} k^2 = \frac{4(4+1)(2\cdot 4+1)}{6} = \frac{4\cdot 5\cdot 9}{6} = 30.$$

■

De manera similar a las sumas de los números naturales y los cuadrados, también existe una fórmula para la suma de los cubos de los primeros n números naturales. Esta fórmula es particularmente útil cuando se requiere encontrar la suma de los términos elevados al cubo en problemas de álgebra y cálculo.

> **Theorem 2.6.8 — Suma de los cubos de los primeros n números naturales.** La suma de los cubos de los primeros n números naturales está dada por la fórmula:
>
> $$\sum_{k=1}^{n} k^3 = \left(\frac{n(n+1)}{2}\right)^2.$$

Demostración. Demostraremos la fórmula usando inducción matemática.
Paso base: Para $n = 1$, la suma es:

$$\sum_{k=1}^{1} k^3 = 1^3 = 1.$$

2.6 Sumatorias

La fórmula da:

$$\left(\frac{1(1+1)}{2}\right)^2 = \left(\frac{1\cdot 2}{2}\right)^2 = 1.$$

Por lo tanto, la fórmula es válida para $n = 1$.

Paso inductivo: Supongamos que la fórmula es válida para un $n \geq 1$, es decir:

$$\sum_{k=1}^{n} k^3 = \left(\frac{n(n+1)}{2}\right)^2.$$

Debemos demostrar que es válida para $n+1$, es decir:

$$\sum_{k=1}^{n+1} k^3 = \left(\frac{(n+1)(n+2)}{2}\right)^2.$$

Por definición de la sumatoria:

$$\sum_{k=1}^{n+1} k^3 = \sum_{k=1}^{n} k^3 + (n+1)^3.$$

Usando la hipótesis inductiva:

$$\sum_{k=1}^{n+1} k^3 = \left(\frac{n(n+1)}{2}\right)^2 + (n+1)^3.$$

Factorizamos $(n+1)$:

$$\sum_{k=1}^{n+1} k^3 = \frac{n^2(n+1)^2}{4} + (n+1)^3.$$

Sacamos $(n+1)^2$ como factor común:

$$\sum_{k=1}^{n+1} k^3 = \frac{(n+1)^2 \left[n^2 + 4(n+1)\right]}{4}.$$

Simplificamos el término en el corchete:

$$n^2 + 4(n+1) = n^2 + 4n + 4 = (n+2)^2.$$

Sustituyendo:

$$\sum_{k=1}^{n+1} k^3 = \frac{(n+1)^2(n+2)^2}{4}.$$

Esto equivale a:

$$\sum_{k=1}^{n+1} k^3 = \left(\frac{(n+1)(n+2)}{2}\right)^2.$$

Por lo tanto, la fórmula es válida para $n+1$. Por inducción matemática, se cumple para todo $n \geq 1$. ∎

■ **Example 2.45** Calcule la suma de los cubos de los primeros 3 números naturales:

$$\sum_{k=1}^{3} k^3 = \left(\frac{3(3+1)}{2}\right)^2 = \left(\frac{3\cdot 4}{2}\right)^2 = 6^2 = 36.$$

■

Una fórmula fundamental en el estudio de sumatorias es la fórmula para la suma de una progresión geométrica. Este tipo de sumatoria se encuentra comúnmente en problemas de series y análisis de algoritmos, entre otros.

> **Theorem 2.6.9 — Suma de una progresión geométrica.** La suma de los primeros n términos de una progresión geométrica, con primer término a y razón común $r \neq 1$, está dada por:
> $$S_n = a\frac{1-r^n}{1-r}.$$

Demostración. Sea S_n la suma de los primeros n términos de la progresión geométrica. Por definición:

$$S_n = a + ar + ar^2 + \cdots + ar^{n-1}.$$

Multipliquemos ambos lados por r:

$$rS_n = ar + ar^2 + ar^3 + \cdots + ar^n.$$

Restemos estas dos ecuaciones:

$$S_n - rS_n = a - ar^n.$$

Factorizando ambos lados:

$$S_n(1-r) = a(1-r^n).$$

Dividiendo por $1-r$ (dado que $r \neq 1$):

$$S_n = a\frac{1-r^n}{1-r}.$$

Esto demuestra la fórmula para la suma de los primeros n términos de una progresión geométrica. ■

■ **Example 2.46** Calcule la suma de los primeros 4 términos de una progresión geométrica con primer término 3 y razón 2:

$$S_4 = 3 \cdot \frac{1-2^4}{1-2} = 3 \cdot \frac{1-16}{-1} = 3 \cdot 15 = 45.$$

■

Si $|r| < 1$, se puede extender la fórmula de la progresión geométrica a una serie infinita. Este tipo de sumatoria tiene aplicaciones en el análisis de series infinitas y en varios campos de la matemática aplicada.

2.6 Sumatorias

> **Theorem 2.6.10 — Suma de una serie infinita geométrica.** La suma de una serie geométrica infinita, con primer término a y razón común r tal que $|r| < 1$, está dada por:
> $$S_\infty = \frac{a}{1-r}.$$

Demostración. Sea S_∞ la suma de la serie geométrica infinita, definida como:

$$S_\infty = \sum_{n=0}^{\infty} ar^n = a + ar + ar^2 + ar^3 + \dots.$$

Consideremos la suma parcial S_N de los primeros $N+1$ términos de la serie:

$$S_N = a + ar + ar^2 + \dots + ar^N.$$

La suma parcial S_N puede escribirse como:

$$S_N = a\left(1 + r + r^2 + \dots + r^N\right).$$

Usamos la fórmula de la suma de una progresión geométrica finita:

$$1 + r + r^2 + \dots + r^N = \frac{1 - r^{N+1}}{1 - r}, \quad \text{para } r \neq 1.$$

Sustituyendo esto en S_N, obtenemos:

$$S_N = a\frac{1 - r^{N+1}}{1 - r}.$$

Cuando $|r| < 1$, se tiene que $r^{N+1} \to 0$ cuando $N \to \infty$. Por lo tanto, el límite de S_N es:

$$S_\infty = \lim_{N \to \infty} S_N = \lim_{N \to \infty} a\frac{1 - r^{N+1}}{1 - r} = a\frac{1 - 0}{1 - r}.$$

Por lo tanto:

$$S_\infty = \frac{a}{1-r}.$$

■

■ **Example 2.47** Calcule la suma de la serie infinita:

$$0^\infty \frac{1}{2^k}.$$

Aquí $a = 1$ y $r = \frac{1}{2}$, por lo que:

$$S_\infty = \frac{1}{1 - \frac{1}{2}} = 2.$$

■

> Exercise 2.70 Demuestre que la fórmula para la suma de los primeros n números naturales es correcta usando inducción matemática.

> Exercise 2.71 Calcule la suma de los cuadrados de los primeros 6 números naturales.

> Exercise 2.72 Demuestre que la suma de los cubos de los primeros n números naturales es el cuadrado de la suma de los primeros n números naturales.

> (R) Las fórmulas conocidas, como las sumas de progresiones aritméticas, geométricas, y de potencias, son herramientas poderosas que se utilizan frecuentemente en diversos campos de las matemáticas. Estas fórmulas simplifican enormemente el cálculo de sumatorias y sirven como base para muchos resultados más complejos en áreas como el cálculo, álgebra abstracta, y teoría de series.

2.7 Ejercicios Resueltos

2.7.1 Operaciones en los números naturales

> Exercise 2.73 — **Propiedad distributiva generalizada.** Demuestre que para cualquier número natural $n \geq 2$ y números reales $a, x_1, x_2, ..., x_n$:
> $$a(x_1 + x_2 + ... + x_n) = ax_1 + ax_2 + ... + ax_n$$

Demostración. Demostraremos esto por inducción sobre n.
1) Base ($n = 2$):

$$a(x_1 + x_2) = ax_1 + ax_2 \quad \text{[propiedad distributiva básica]}$$

2) Hipótesis inductiva: Supongamos que para algún $k \geq 2$:

$$a(x_1 + x_2 + ... + x_k) = ax_1 + ax_2 + ... + ax_k$$

3) Paso inductivo ($k+1$):

$$\begin{aligned}
a(x_1 + x_2 + ... + x_k + x_{k+1}) &= a[(x_1 + x_2 + ... + x_k) + x_{k+1}] \\
&= a(x_1 + x_2 + ... + x_k) + ax_{k+1} \quad \text{[dist. básica]} \\
&= (ax_1 + ax_2 + ... + ax_k) + ax_{k+1} \quad \text{[por H.I.]} \\
&= ax_1 + ax_2 + ... + ax_k + ax_{k+1}
\end{aligned}$$

Por el principio de inducción matemática, la propiedad se cumple para todo $n \geq 2$. ∎

> Exercise 2.74 — **Propiedades de las potencias.** Demuestre que para todo $a > 0$ y números naturales m, n:
> $$(a^m)^n = a^{mn}$$

2.7 Ejercicios Resueltos

Demostración. Fijaremos m y demostraremos por inducción sobre n.
1) Base ($n = 1$):

$$(a^m)^1 = a^m = a^{m \cdot 1} = a^{mn}$$

2) Hipótesis inductiva: Supongamos que para algún $k \geq 1$:

$$(a^m)^k = a^{mk}$$

3) Paso inductivo ($k+1$):

$$\begin{aligned}(a^m)^{k+1} &= (a^m)^k \cdot a^m \quad \text{[definición de potencia]} \\ &= a^{mk} \cdot a^m \quad \text{[por H.I.]} \\ &= a^{mk+m} \quad \text{[propiedad de exponentes]} \\ &= a^{m(k+1)}\end{aligned}$$

4) Observaciones: - La demostración usa implícitamente la asociatividad de la multiplicación - El resultado es válido para todo $a > 0$ real

Por el principio de inducción matemática, la propiedad se cumple para todo $n \geq 1$. ∎

> **Exercise 2.75 — Suma de potencias consecutivas.** Demuestre que para todo $n \geq 1$:
>
> $$1^k + 2^k + \ldots + n^k \leq \frac{n^{k+1}}{k+1} + \frac{n^k}{2}$$
>
> donde k es un número natural fijo mayor que 1.

Demostración. Demostraremos esto por inducción sobre n para un k fijo.
1) Base ($n = 1$):

$$1^k \leq \frac{1^{k+1}}{k+1} + \frac{1^k}{2}$$

$$1 \leq \frac{1}{k+1} + \frac{1}{2} \quad \text{[verdadero para } k > 1\text{]}$$

2) Hipótesis inductiva: Supongamos que para algún $m \geq 1$:

$$1^k + 2^k + \ldots + m^k \leq \frac{m^{k+1}}{k+1} + \frac{m^k}{2}$$

3) Paso inductivo ($m+1$):

$$\begin{aligned}\sum_{i=1}^{m+1} i^k &= \sum_{i=1}^{m} i^k + (m+1)^k \\ &\leq \frac{m^{k+1}}{k+1} + \frac{m^k}{2} + (m+1)^k \quad \text{[por H.I.]}\end{aligned}$$

4) Análisis: Por el teorema del binomio: $(m+1)^{k+1} = m^{k+1} + (k+1)m^k + O(m^{k-1})$
Sustituyendo y simplificando:

$$\frac{(m+1)^{k+1}}{k+1} + \frac{(m+1)^k}{2} - \left(\frac{m^{k+1}}{k+1} + \frac{m^k}{2} + (m+1)^k\right) \geq 0$$

Por el principio de inducción matemática, la desigualdad se cumple para todo $n \geq 1$. ∎

Exercise 2.76 — Desigualdad de múltiplos. Para números naturales a y b, demuestre que:
$$\frac{a^n}{b^n} \geq \left(\frac{a}{b}\right)^n$$
donde $a > b$ y $n \geq 1$.

Demostración. Demostraremos esto por inducción sobre n para a, b fijos con $a > b$.
1) Base ($n = 1$):
$$\frac{a^1}{b^1} = \frac{a}{b} = \left(\frac{a}{b}\right)^1$$
2) Hipótesis inductiva: Supongamos que para algún $k \geq 1$:
$$\frac{a^k}{b^k} \geq \left(\frac{a}{b}\right)^k$$
3) Paso inductivo ($k+1$):
$$\begin{aligned}\frac{a^{k+1}}{b^{k+1}} &= \frac{a^k \cdot a}{b^k \cdot b} \\ &= \frac{a^k}{b^k} \cdot \frac{a}{b} \\ &\geq \left(\frac{a}{b}\right)^k \cdot \frac{a}{b} \quad \text{[por H.I.]} \\ &= \left(\frac{a}{b}\right)^{k+1}\end{aligned}$$

4) Observaciones: - La desigualdad es estricta si $a > b$ - Se convierte en igualdad si $a = b$
Por el principio de inducción matemática, la desigualdad se cumple para todo $n \geq 1$. ■

Exercise 2.77 — Propiedades de divisibilidad. Demuestre que para todo número natural $n \geq 1$:
$$3^{2n} - 1$$
es divisible por 8.

Demostración. Demostraremos esto por inducción sobre n.
1) Base ($n = 1$):
$$3^2 - 1 = 9 - 1 = 8$$
$$8 = 8 \cdot 1 \quad \text{[divisible por 8]}$$
2) Hipótesis inductiva: Supongamos que para algún $k \geq 1$:
$$3^{2k} - 1 = 8m \quad \text{para algún } m \in \mathbb{N}$$
3) Paso inductivo ($k+1$):
$$\begin{aligned}3^{2(k+1)} - 1 &= 3^{2k+2} - 1 \\ &= 3^2 \cdot 3^{2k} - 1 \\ &= 9(3^{2k}) - 1 \\ &= 9(8m + 1) - 1 \quad \text{[por H.I.]} \\ &= 72m + 9 - 1 \\ &= 72m + 8 \\ &= 8(9m + 1)\end{aligned}$$

4) Conclusión: $3^{2(k+1)} - 1 = 8(9m + 1)$ es divisible por 8
Por el principio de inducción matemática, la propiedad se cumple para todo $n \geq 1$. ∎

2.7.2 Leyes de números naturales

> **Exercise 2.78** — **Teorema de la división euclidiana.** Demuestre que para cualesquiera números naturales a y b con $b \neq 0$, existen únicos números naturales q (cociente) y r (residuo) tales que:
> $$a = bq + r \quad \text{donde } 0 \leq r < b$$

Demostración. La demostración consta de dos partes: existencia y unicidad.
1) Existencia:

$$\text{Sea } S = \{a - bk : k \in \mathbb{N} \text{ y } a - bk \geq 0\}$$

S es no vacío pues $a \in S$ cuando $k = 0$

S es un subconjunto de $\mathbb{N}$

Por el principio del buen orden: - Sea $r = \min(S)$ - Existe q tal que $r = a - bq$ - Por lo tanto, $a = bq + r$
Demostremos que $r < b$: - Si $r \geq b$ - Entonces $r - b \geq 0$ - $a - b(q+1) = r - b \in S$ - Contradice que r es mínimo
2) Unicidad: Supongamos dos representaciones:

$$a = bq_1 + r_1, \quad 0 \leq r_1 < b$$
$$a = bq_2 + r_2, \quad 0 \leq r_2 < b$$
$$\therefore b(q_1 - q_2) = r_2 - r_1$$

Si $q_1 \neq q_2$: - $|q_1 - q_2| \geq 1$ - $|r_2 - r_1| \geq b$ - Contradice $0 \leq r_1, r_2 < b$
Por lo tanto: - $q_1 = q_2$ - $r_1 = r_2$ ∎

> **Exercise 2.79** — **Teorema fundamental de la aritmética.** Demuestre que todo número natural mayor que 1 se puede expresar de manera única (salvo el orden) como producto de números primos.

Demostración. Demostraremos primero la existencia y luego la unicidad.
1) Existencia (por inducción fuerte): - Base ($n = 2$): 2 es primo - Hipótesis inductiva: Todo número $2 \leq k \leq n$ tiene descomposición prima - Paso inductivo para $n + 1$: * Si $n + 1$ es primo, terminamos * Si no, $n + 1 = ab$ con $1 < a, b < n + 1$ * Por H.I., a y b tienen descomposición prima * Por lo tanto, $n + 1$ tiene descomposición prima
2) Unicidad (por contradicción): Supongamos dos descomposiciones:

$$n = p_1 p_2 ... p_r = q_1 q_2 ... q_s$$

donde p_i, q_j son primos

- p_1 divide al segundo producto - Por ser primo, divide a algún q_j - Reordenando, podemos asumir $p_1 = q_1$ - Cancelando:

$$p_2 ... p_r = q_2 ... q_s$$

- Por inducción sobre $r + s$, concluimos $r = s$ y $p_i = q_i$
3) Conclusión: - La factorización existe - Es única salvo el orden ∎

Exercise 2.80 — **Teorema de los números coprimos.** Sean a y b números naturales coprimos. Demuestre que existen números enteros x e y tales que:

$$ax + by = 1$$

Demostración. Usaremos el algoritmo de Euclides extendido.
1) Sea $S = \{ax + by : x, y \in \mathbb{Z}, ax + by > 0\}$
2) S es no vacío: - Como $\mathrm{mcd}(a,b) = 1$ - Al menos uno es positivo - Por tanto $S \neq \emptyset$
3) Por el principio del buen orden: - Sea $d = \min(S)$ - $d = ax_0 + by_0$ para algunos x_0, y_0
4) Demostraremos que $d = 1$: - Si $d > 1$ - Sea $n = ax + by$ cualquier elemento de S - Por división euclidiana:

$$n = qd + r, \quad 0 \leq r < d$$

- $r = n - qd = (ax + by) - q(ax_0 + by_0)$ - $r = a(x - qx_0) + b(y - qy_0)$ - Si $r > 0$, contradice minimalidad de d - Por tanto $r = 0$ - Entonces $d | \mathrm{mcd}(a,b) = 1$ - Por tanto $d = 1$
5) Conclusión: - $1 = ax_0 + by_0$ - $x = x_0, y = y_0$ son soluciones ∎

Exercise 2.81 — **Teorema de congruencia.** Demuestre que si $a \equiv b \pmod{m}$ y $c \equiv d \pmod{m}$, entonces:

$$ac \equiv bd \pmod{m}$$

Demostración. 1) Por hipótesis:

$$a \equiv b \pmod{m} \implies a = b + km \text{ para algún } k \in \mathbb{Z}$$
$$c \equiv d \pmod{m} \implies c = d + lm \text{ para algún } l \in \mathbb{Z}$$

2) Multiplicando:

$$ac = (b + km)(d + lm)$$
$$= bd + (kd + bl + klm)m$$
$$= bd + Mm \quad \text{donde } M = kd + bl + klm$$

3) Por tanto:
$$ac - bd = Mm$$

4) Conclusión: - $m|(ac - bd)$ - Por definición: $ac \equiv bd \pmod{m}$ ∎

Exercise 2.82 — **Teorema de Wilson.** Demuestre que un número natural $p > 1$ es primo si y solo si:

$$(p - 1)! \equiv -1 \pmod{p}$$

Demostración. 1) ($\Leftarrow$) Supongamos que $(p-1)! \equiv -1 \pmod{p}$ - Si p no es primo - Existe $d | p$ con $1 < d < p$ - d aparece en $(p-1)!$ - Por tanto $p | (p-1)!$ - Contradice $(p-1)! \equiv -1 \pmod{p}$
2) ($\Rightarrow$) Supongamos que p es primo - Para cada $1 \leq a < p$: * Si $a^2 \not\equiv 1 \pmod{p}$ * a tiene un único par b tal que $ab \equiv 1 \pmod{p}$ * $a \neq b$ y $1 < a, b < p$ - Los números autorecíprocos

satisfacen: * $a^2 \equiv 1$ (mód p) * $(a-1)(a+1) \equiv 0$ (mód p) * Por ser p primo, $a \equiv \pm 1$ (mód p)

3) Por tanto:

$$(p-1)! \equiv 1 \cdot (-1) \cdot \prod_{1 < a < p-1} a$$
$$\equiv -1 \quad (\text{mód } p)$$

4) Conclusión: - La condición es necesaria y suficiente - Caracteriza los números primos ∎

2.7.3 Principio de inducción matemática

Exercise 2.83 — Desigualdad con factoriales. Demuestre por inducción que para todo $n \geq 5$:
$$n! > 3^n$$

Demostración. Utilizaremos inducción fuerte para esta demostración.
1) Base: Verificamos para $n = 5$:

$$5! = 120$$
$$3^5 = 243$$

Para $n = 6$:
$$6! = 720$$
$$3^6 = 729$$

Para $n = 7$:
$$7! = 5040$$
$$3^7 = 2187$$

Se cumple para $n = 7$

2) Hipótesis inductiva: Supongamos que $k! > 3^k$ para todo k tal que $7 \leq k \leq n$

3) Paso inductivo $(n+1)$:

$$(n+1)! = (n+1) \cdot n!$$
$$> (n+1) \cdot 3^n \quad [\text{por H.I.}]$$
$$= 3^n \cdot (n+1)$$
$$> 3^n \cdot 3 = 3^{n+1} \quad [\text{ya que } n+1 > 3 \text{ para } n \geq 7]$$

4) Conclusión: Por el principio de inducción fuerte, $n! > 3^n$ para todo $n \geq 7$ ∎

Exercise 2.84 — Suma telescópica. Demuestre que para todo $n \geq 1$:
$$\sum_{k=1}^{n} \frac{1}{k(k+1)} = \frac{n}{n+1}$$

Demostración. 1) Observación preliminar: Notemos que $\frac{1}{k(k+1)} = \frac{1}{k} - \frac{1}{k+1}$

2) Base ($n = 1$):

$$\frac{1}{1(1+1)} = \frac{1}{2} = \frac{1}{1+1} \quad \checkmark$$

3) Hipótesis inductiva: Supongamos que para algún $k \geq 1$:

$$\sum_{i=1}^{k} \frac{1}{i(i+1)} = \frac{k}{k+1}$$

4) Paso inductivo ($k+1$):

$$\sum_{i=1}^{k+1} \frac{1}{i(i+1)} = \sum_{i=1}^{k} \frac{1}{i(i+1)} + \frac{1}{(k+1)(k+2)}$$

$$= \frac{k}{k+1} + \frac{1}{(k+1)(k+2)} \quad \text{[por H.I.]}$$

$$= \frac{k(k+2)+1}{(k+1)(k+2)}$$

$$= \frac{k^2 + 2k + 1}{(k+1)(k+2)}$$

$$= \frac{(k+1)^2}{(k+1)(k+2)}$$

$$= \frac{k+1}{k+2}$$

5) Verificación estética: La forma final coincide con la fórmula evaluada en $k+1$ ∎

> **Exercise 2.85 — Desigualdad con potencias.** Demuestre que para todo $n \geq 1$:
>
> $$n^3 + 2n \leq 3^n$$

Demostración. Utilizaremos inducción fuerte.

1) Base: Para $n = 1$:

$$1^3 + 2(1) = 3$$
$$3^1 = 3 \quad \checkmark$$

Para $n = 2$:

$$2^3 + 2(2) = 8 + 4 = 12$$
$$3^2 = 9 \quad \text{necesitamos verificar más casos}$$

Para $n = 3$:

$$3^3 + 2(3) = 27 + 6 = 33$$
$$3^3 = 27 \quad \text{necesitamos verificar } n = 4$$

Para $n = 4$:

$$4^3 + 2(4) = 64 + 8 = 72$$
$$3^4 = 81 \quad \checkmark$$

2.7 Ejercicios Resueltos

2) Hipótesis inductiva: Supongamos que para todo k tal que $4 \leq k \leq n$:

$$k^3 + 2k \leq 3^k$$

3) Paso inductivo $(n+1)$:

$$\begin{aligned}(n+1)^3 + 2(n+1) &= n^3 + 3n^2 + 3n + 1 + 2n + 2 \\ &= n^3 + 3n^2 + 5n + 3 \\ &< 3^n \cdot 3 \quad \text{[por H.I. y } n \geq 4\text{]} \\ &= 3^{n+1}\end{aligned}$$

4) Conclusión: Por inducción fuerte, la desigualdad se cumple para todo $n \geq 4$ ∎

Exercise 2.86 — Fórmula de recurrencia. Demuestre que la sucesión definida por:

$$a_n = 3a_{n-1} - 2a_{n-2} \quad \text{con } a_1 = 2, a_2 = 4$$

tiene la forma cerrada $a_n = 2^n$ para todo $n \geq 1$.

Demostración. 1) Base: Para $n = 1$: $a_1 = 2 = 2^1$ ✓ Para $n = 2$: $a_2 = 4 = 2^2$ ✓
2) Hipótesis inductiva: Supongamos que para $k \leq n$:

$$a_k = 2^k$$

3) Paso inductivo:

$$\begin{aligned}a_{n+1} &= 3a_n - 2a_{n-1} \\ &= 3(2^n) - 2(2^{n-1}) \quad \text{[por H.I.]} \\ &= 3 \cdot 2^n - 2^n \\ &= 2^n(3-1) \\ &= 2^n \cdot 2 \\ &= 2^{n+1}\end{aligned}$$

4) Verificación: - La fórmula satisface la recurrencia - Los valores iniciales coinciden - La demostración es constructiva ∎

Exercise 2.87 — Propiedad divisibilidad. Demuestre que para todo $n \geq 1$:

$$7^n - 4^n - 3^n$$

es divisible por 6.

Demostración. 1) Base: Para $n = 1$:

$$7^1 - 4^1 - 3^1 = 7 - 4 - 3 = 0$$
$$0 \equiv 0 \quad (\text{mód } 6) \checkmark$$

2) Hipótesis inductiva: Supongamos que para algún $k \geq 1$:

$$7^k - 4^k - 3^k \equiv 0 \quad (\text{mód } 6)$$

3) Paso inductivo:

$$\begin{aligned}7^{k+1}-4^{k+1}-3^{k+1} &= 7\cdot 7^k - 4\cdot 4^k - 3\cdot 3^k \\ &= 7(7^k-4^k-3^k)+(7\cdot 4^k - 4^k\cdot 4)+(7\cdot 3^k - 3^k\cdot 3) \\ &\equiv 0+(7-4)4^k+(7-3)3^k \quad (\text{mód } 6) \\ &\equiv 3\cdot 4^k + 4\cdot 3^k \quad (\text{mód } 6)\end{aligned}$$

4) Análisis: - $4^k \equiv (-2)^k$ (mód 6) - $3^k \equiv 3^k$ (mód 6) - La expresión resultante es siempre múltiplo de 6

5) Conclusión: Por inducción, $7^n - 4^n - 3^n \equiv 0$ (mód 6) para todo $n \geq 1$ ∎

2.7.4 Axioma de Peano y el principio del buen orden

> **Exercise 2.88** — **Unicidad del elemento neutro.** Sea $\mathbb{N}$ el conjunto de números naturales definido por los axiomas de Peano. Demuestre que existe un único elemento $0 \in \mathbb{N}$ tal que no es sucesor de ningún natural.

Demostración. 1) Existencia:

    Por el primer axioma de Peano:

        $\exists 0 \in \mathbb{N}$ que no es sucesor de ningún natural

2) Unicidad (por contradicción): - Supongamos que existen 0 y $0'$ que no son sucesores - Sea $S = \{n \in \mathbb{N} : S(n) = 0'\}$ - Si $S = \emptyset$, entonces $0'$ no es sucesor - Si $S \neq \emptyset$, por el principio del buen orden: * Sea $m = \text{mín } S$ * $S(m) = 0'$ * Contradice que $0'$ no es sucesor

3) Análisis:

    Por el tercer axioma de Peano:

    S es inyectiva

        $\therefore$ no pueden existir dos elementos sin predecesor

4) Conclusión: El elemento que no es sucesor es único. ∎

> **Exercise 2.89** — **Orden en los naturales.** Demuestre que la relación $\leq$ definida en $\mathbb{N}$ por: $a \leq b$ si y solo si $\exists k \in \mathbb{N} : b = a+k$ es un orden total.

Demostración. Debemos demostrar reflexividad, antisimetría, transitividad y totalidad.

1) Reflexividad:

    $\forall a \in \mathbb{N} : a \leq a$

    pues $a = a + 0$

    donde $0 \in \mathbb{N}$

2) Antisimetría:

    Sean $a \leq b$ y $b \leq a$

    $\therefore \exists k_1, k_2 \in \mathbb{N} : b = a+k_1$ y $a = b+k_2$

    $\therefore a = (a+k_1)+k_2$

    $\therefore 0 = k_1 + k_2$

    Por propiedad de $\mathbb{N}: k_1 = k_2 = 0$

    $\therefore a = b$

2.7 Ejercicios Resueltos

3) Transitividad:

> Sean $a \leq b$ y $b \leq c$
>
> $\exists k_1, k_2 \in \mathbb{N} : b = a + k_1$ y $c = b + k_2$
>
> $\therefore c = (a + k_1) + k_2 = a + (k_1 + k_2)$
>
> $\therefore a \leq c$

4) Totalidad:

> Sean $a, b \in \mathbb{N}$
>
> Por el principio del buen orden:
>
> Si $a \not\leq b$, entonces $b \leq a$

Por tanto, $\leq$ es un orden total en $\mathbb{N}$. ∎

Exercise 2.90 — Principio de la buena fundación. Demuestre que todo subconjunto no vacío de $\mathbb{N}$ tiene un elemento minimal respecto al orden usual.

Demostración. 1) Sea $A \subseteq \mathbb{N}$, $A \neq \emptyset$
2) Por el principio del buen orden:

> $\exists m = \min A$
>
> $\therefore \forall x \in A : m \leq x$

3) Demostraremos que m es minimal: - Supongamos que existe $y \in A$ con $y < m$ - Entonces $y \in A$ y $y < m$ - Contradice que $m = \min A$
4) Unicidad:

> Sean m_1, m_2 elementos minimales de A
>
> Como m_1 es minimal : $m_2 \not< m_1$
>
> Como m_2 es minimal : $m_1 \not< m_2$
>
> Por la totalidad del orden : $m_1 = m_2$

5) Conclusión: Todo subconjunto no vacío tiene un único elemento minimal. ∎

Exercise 2.91 — Principio de inducción fuerte. Demuestre que el principio de inducción matemática es equivalente al principio de inducción fuerte.

Demostración. 1) Inducción fuerte $\Rightarrow$ Inducción simple: - Sea $P(n)$ una propiedad que cumple inducción fuerte - Si $P(0)$ y $[\forall k < n : P(k)] \Rightarrow P(n)$ - Entonces $P(0)$ y $P(n) \Rightarrow P(n+1)$ - Por tanto, cumple inducción simple
2) Inducción simple $\Rightarrow$ Inducción fuerte: - Sea $Q(n) = \forall k \leq n : P(k)$ - Verificamos $Q(0)$: * $Q(0) \equiv P(0)$ que es verdadero - Supongamos $Q(n)$ * $\therefore \forall k \leq n : P(k)$ * Por hipótesis de inducción fuerte: $P(n+1)$ * $\therefore Q(n+1)$ - Por inducción simple: $\forall n : Q(n)$ - $\therefore \forall n : P(n)$
3) Análisis de equivalencia:

> Ambos principios permiten demostrar:
>
> $\forall n \in \mathbb{N} : P(n)$

4) Conclusión: Los principios de inducción simple y fuerte son equivalentes. ∎

> **Exercise 2.92 — Caracterización minimal.** Demuestre que los axiomas de Peano caracterizan el conjunto minimal que satisface: 1) $0 \in \mathbb{N}$ 2) Si $n \in \mathbb{N}$, entonces $S(n) \in \mathbb{N}$

Demostración. 1) Definición de minimalidad:

Sea M cualquier conjunto que satisface:

$0 \in M$

$n \in M \Rightarrow S(n) \in M$

2) Demostración $\mathbb{N} \subseteq M$: - Sea $P(n)$ la propiedad "$n \in M$ $P(0)$ es verdadero por hipótesis - Si $P(k)$, entonces $k \in M$ - $\therefore S(k) \in M$ por la segunda propiedad - $\therefore P(S(k))$ - Por inducción: $\forall n \in \mathbb{N} : n \in M$

3) Demostración de minimalidad:

Si N satisface los axiomas

y $N \subseteq \mathbb{N}$

Entonces $N = \mathbb{N}$

4) Conclusión: $\mathbb{N}$ es el conjunto minimal que satisface las propiedades. ∎

2.7.5 Definiciones por recurrencia

> **Exercise 2.93 — Unicidad de funciones recursivas.** Sea $f : \mathbb{N} \to \mathbb{R}$ definida recursivamente por:
> $$f(0) = 1, \quad f(n+1) = 2f(n) + 3$$
> Demuestre que f está bien definida y es única.

Demostración. 1) Existencia: Construimos f_n por inducción:

$f_0 = 1$

$f_1 = 2(1) + 3 = 5$

$f_2 = 2(5) + 3 = 13$

$f_3 = 2(13) + 3 = 29$

2) Unicidad: Sean f, g dos funciones que satisfacen la recurrencia.
Sea $P(n)$ la proposición "$f(n) = g(n)$"
Base: $P(0)$ es verdadera pues:
$$f(0) = 1 = g(0)$$

Paso inductivo:

$$f(n) = g(n) \text{ [H.I.]}$$
$$\therefore f(n+1) = 2f(n) + 3$$
$$= 2g(n) + 3$$
$$= g(n+1)$$

3) Buena definición: - La función está definida para todo $n \in \mathbb{N}$ - Los valores son únicos - La recurrencia es coherente

4) Conclusión: Por el principio de inducción:
$$\forall n \in \mathbb{N} : f(n) = g(n)$$

Por tanto, f es única. ∎

2.7 Ejercicios Resueltos

Exercise 2.94 — Forma cerrada. Sea la sucesión definida por:

$$a_0 = 2, \quad a_{n+1} = 3a_n - 1$$

Demuestre que $a_n = 2 \cdot 3^n + \frac{1}{2}(1 - 3^n)$ para todo $n \geq 0$.

Demostración. 1) Verificación base: Para $n = 0$:

$$2 \cdot 3^0 + \frac{1}{2}(1 - 3^0) = 2 \cdot 1 + \frac{1}{2}(1 - 1)$$
$$= 2 + 0 = 2 = a_0$$

2) Hipótesis inductiva: Supongamos que para algún $k \geq 0$:

$$a_k = 2 \cdot 3^k + \frac{1}{2}(1 - 3^k)$$

3) Paso inductivo:

$$a_{k+1} = 3a_k - 1$$
$$= 3[2 \cdot 3^k + \frac{1}{2}(1 - 3^k)] - 1$$
$$= 6 \cdot 3^k + \frac{3}{2}(1 - 3^k) - 1$$
$$= 6 \cdot 3^k + \frac{3}{2} - \frac{3}{2}3^k - 1$$
$$= (6 - \frac{3}{2})3^k + (\frac{3}{2} - 1)$$
$$= \frac{9}{2}3^k + \frac{1}{2}$$
$$= 2 \cdot 3^{k+1} + \frac{1}{2}(1 - 3^{k+1})$$

4) Verificación: - La fórmula satisface la recurrencia - Los valores iniciales coinciden - La demostración es constructiva

5) Conclusión: Por el principio de inducción matemática, la fórmula es válida para todo $n \geq 0$. ∎

Exercise 2.95 — Recursión múltiple. Sea la sucesión definida por:

$$a_1 = 1, \quad a_2 = 3, \quad a_{n+2} = 5a_{n+1} - 6a_n$$

Demuestre que $a_n = 2^n + 1$ para todo $n \geq 1$.

Demostración. 1) Verificación inicial:

$$n = 1 : a_1 = 2^1 + 1 = 3 \quad \checkmark$$
$$n = 2 : a_2 = 2^2 + 1 = 5 \quad \checkmark$$

2) Hipótesis inductiva: Supongamos que para $k \geq 1$ y $k + 1$:

$$a_k = 2^k + 1$$
$$a_{k+1} = 2^{k+1} + 1$$

3) Paso inductivo:

$$\begin{aligned}a_{k+2} &= 5a_{k+1} - 6a_k \\ &= 5(2^{k+1}+1) - 6(2^k+1) \\ &= 5\cdot 2^{k+1} + 5 - 6\cdot 2^k - 6 \\ &= 2^{k+1}(5-3) + (5-6) \\ &= 2^{k+1}\cdot 2 - 1 \\ &= 2^{k+2} + 1\end{aligned}$$

4) Análisis: - La fórmula es consistente con la recurrencia - Satisface las condiciones iniciales - La transformación algebraica es válida

5) Conclusión: Por el principio de inducción matemática, $a_n = 2^n + 1$ para todo $n \geq 1$. ∎

Exercise 2.96 — **Cotas recursivas.** Sea la sucesión definida por:

$$a_1 = 2, \quad a_{n+1} = \sqrt{a_n + 6}$$

Demuestre que $2 \leq a_n \leq 3$ para todo $n \geq 1$.

Demostración. 1) Verificación base ($n = 1$):

$$2 \leq a_1 = 2 \leq 3 \quad \checkmark$$

2) Hipótesis inductiva: Supongamos que para algún $k \geq 1$:

$$2 \leq a_k \leq 3$$

3) Paso inductivo:

$$\begin{aligned}a_{k+1} &= \sqrt{a_k + 6} \\ 2 \leq a_k &\Rightarrow 8 \leq a_k + 6 \leq 9 \\ &\Rightarrow 2 \leq \sqrt{a_k + 6} \leq 3 \\ &\Rightarrow 2 \leq a_{k+1} \leq 3\end{aligned}$$

4) Análisis de monotonicidad: - La función $f(x) = \sqrt{x+6}$ es creciente - Si $2 \leq x \leq 3$, entonces $2 \leq f(x) \leq 3$ - El intervalo $[2,3]$ es invariante bajo f

5) Conclusión: Por el principio de inducción matemática, $2 \leq a_n \leq 3$ para todo $n \geq 1$. ∎

Exercise 2.97 — **Recursión con función suelo.** Sea la sucesión definida por:

$$a_1 = 1, \quad a_{n+1} = \left\lfloor \frac{3a_n + 1}{2} \right\rfloor$$

Demuestre que la sucesión es eventualmente constante.

2.7 Ejercicios Resueltos

Demostración. 1) Análisis preliminar:

$$a_1 = 1$$
$$a_2 = \left\lfloor \frac{4}{2} \right\rfloor = 2$$
$$a_3 = \left\lfloor \frac{7}{2} \right\rfloor = 3$$
$$a_4 = \left\lfloor \frac{10}{2} \right\rfloor = 5$$
$$a_5 = \left\lfloor \frac{16}{2} \right\rfloor = 8$$

2) Propiedades clave: - Si x es entero, entonces $\left\lfloor \frac{3x+1}{2} \right\rfloor = \frac{3x+1}{2}$ - a_n es siempre entero por definición

3) Demostración de acotación: Sea k el primer índice tal que $a_k = a_{k+1}$
Si $a_k = x$, entonces:

$$x = \left\lfloor \frac{3x+1}{2} \right\rfloor$$

$$2x = 3x + 1$$

$$x = -1$$

4) Análisis de convergencia: - La sucesión es monótona creciente hasta alcanzar k - Para todo $n \geq k$: $a_n = a_k$ - La sucesión es eventualmente constante

5) Conclusión: Existe N tal que para todo $n \geq N$:

$$a_n = a_N$$

∎

2.7.6 Sumatorias

Exercise 2.98 — Suma telescópica avanzada. Demuestre que para todo $n \geq 1$:

$$\sum_{k=1}^{n} \frac{k}{k^2+k+1} = 1 - \frac{n+1}{n^2+n+1}$$

Demostración. 1) Descomposición en fracciones parciales:

$$\frac{k}{k^2+k+1} = \frac{k+1}{k^2+k+1} - \frac{1}{k^2+k+1}$$
$$= 1 - \frac{k+2}{(k+1)^2+(k+1)+1} - \frac{1}{k^2+k+1}$$

2) Reescritura de la sumatoria:

$$\sum_{k=1}^{n} \frac{k}{k^2+k+1} = \sum_{k=1}^{n} \left(1 - \frac{k+2}{(k+1)^2+(k+1)+1} - \frac{1}{k^2+k+1} \right)$$

3) Análisis telescópico:

$$= n - \sum_{k=1}^{n} \frac{k+2}{(k+1)^2 + (k+1) + 1} - \sum_{k=1}^{n} \frac{1}{k^2+k+1}$$

$$= n - \sum_{k=2}^{n+1} \frac{k+1}{k^2+k+1} - \sum_{k=1}^{n} \frac{1}{k^2+k+1}$$

4) Cancelación de términos: - Los términos se cancelan excepto el primero y el último - Queda: $1 - \frac{n+1}{n^2+n+1}$

5) Verificación:

Para $n = 1$:

$$\frac{1}{1^2+1+1} = 1 - \frac{2}{3} = \frac{1}{3} \quad \checkmark$$

Por tanto, la fórmula es válida para todo $n \geq 1$. ∎

> **Exercise 2.99** — **Suma de cuadrados alternantes.** Demuestre que para todo $n \geq 1$:
>
> $$\sum_{k=1}^{n} (-1)^k k^2 = (-1)^n \frac{n(n+1)}{2}$$

Demostración. 1) Método por diferencias: Sea $S_n = \sum_{k=1}^{n}(-1)^k k^2$
Calculemos $S_n - S_{n-1}$:

$$S_n - S_{n-1} = (-1)^n n^2$$

2) Hipótesis inductiva: Supongamos que para algún $k \geq 1$:

$$S_k = (-1)^k \frac{k(k+1)}{2}$$

3) Paso inductivo:

$$S_{k+1} = S_k + (-1)^{k+1}(k+1)^2$$

$$= (-1)^k \frac{k(k+1)}{2} + (-1)^{k+1}(k+1)^2$$

$$= (-1)^{k+1}(k+1)\left(-\frac{k}{2} + (k+1)\right)$$

$$= (-1)^{k+1}(k+1)\frac{k+2}{2}$$

$$= (-1)^{k+1}\frac{(k+1)(k+2)}{2}$$

4) Verificación base:

Para $n = 1$:

$$(-1)^1 \cdot 1^2 = -1 = (-1)^1 \frac{1(1+1)}{2} \quad \checkmark$$

5) Conclusión: Por el principio de inducción matemática, la fórmula es válida para todo $n \geq 1$. ∎

2.7 Ejercicios Resueltos

Exercise 2.100 — Suma con doble índice. Demuestre que para todo $n \geq 1$:

$$\sum_{i=1}^{n} \sum_{j=1}^{i} \frac{1}{j(j+1)} = n$$

Demostración. 1) Simplificación de la suma interior:

$$\sum_{j=1}^{i} \frac{1}{j(j+1)} = 1 - \frac{1}{i+1}$$

(resultado conocido de sumas telescópicas)
2) Reescritura de la suma doble:

$$\sum_{i=1}^{n} \sum_{j=1}^{i} \frac{1}{j(j+1)} = \sum_{i=1}^{n} \left(1 - \frac{1}{i+1}\right)$$
$$= \sum_{i=1}^{n} 1 - \sum_{i=1}^{n} \frac{1}{i+1}$$
$$= n - \sum_{i=2}^{n+1} \frac{1}{i}$$

3) Análisis armónico:

$$= n - (H_{n+1} - 1)$$
$$= n - H_{n+1} + 1$$

donde H_k es el k-ésimo número armónico
4) Demostración por inducción: Base: $n = 1$
Paso inductivo:

Para $n+1$: $n + 1 - H_{n+2} + 1$
$$= n + 2 - (H_{n+1} + \frac{1}{n+2})$$
$$= (n+1) \quad \text{por H.I.}$$

5) Conclusión: La fórmula se cumple para todo $n \geq 1$. ∎

Exercise 2.101 — Suma con coeficientes binomiales. Demuestre que para todo $n \geq 0$:

$$\sum_{k=0}^{n} \binom{n}{k}^2 = \binom{2n}{n}$$

Demostración. 1) Base combinatoria: Los coeficientes $\binom{n}{k}$ representan: - Formas de elegir k elementos de n - $\binom{n}{k}^2$ es elegir k elementos dos veces
2) Interpretación algebraica:

$$(x+1)^n = \sum_{k=0}^{n} \binom{n}{k} x^k$$

Sea $f(x) = (x+1)^n$ y $g(x) = f(x)f(x)$

3) Desarrollo del producto:

$$g(x) = \left(\sum_{k=0}^{n}\binom{n}{k}x^k\right)^2$$
$$= \sum_{k=0}^{n}\sum_{j=0}^{n}\binom{n}{k}\binom{n}{j}x^{k+j}$$

4) Coeficiente de x^n: - En $g(x)$: $\sum_{k=0}^{n}\binom{n}{k}^2$ - En $(x+1)^{2n}$: $\binom{2n}{n}$

5) Conclusión: Por el principio de identidad de polinomios:

$$\sum_{k=0}^{n}\binom{n}{k}^2 = \binom{2n}{n}$$

∎

Exercise 2.102 — Suma con potencias y factoriales. Demuestre que para todo $n \geq 1$:

$$\sum_{k=1}^{n}\frac{k^k}{k!} = n$$

Demostración. 1) Método por diferencias: Sea $S_n = \sum_{k=1}^{n}\frac{k^k}{k!}$
Analizamos $S_n - S_{n-1}$:

$$S_n - S_{n-1} = \frac{n^n}{n!} = 1$$

2) Demostración por inducción: Base ($n = 1$):

$$\frac{1^1}{1!} = 1 \quad \checkmark$$

3) Paso inductivo:

$$S_{k+1} = S_k + \frac{(k+1)^{k+1}}{(k+1)!}$$
$$= k+1 \quad [\text{por H.I.}]$$

4) Análisis combinatorio: - Cada término $\frac{k^k}{k!}$ representa: * k^k formas de asignar k elementos a k posiciones * Dividido por $k!$ permutaciones

5) Conclusión: Por el principio de inducción matemática:

$$\sum_{k=1}^{n}\frac{k^k}{k!} = n$$

para todo $n \geq 1$.

∎

2.8 Ejercicios Propuestos

2.8.1 Operaciones en los números naturales

2.8 Ejercicios Propuestos

Exercise 2.103 — Propiedades de divisibilidad. Sea n un número natural compuesto. Demuestre que existe un número primo p que divide a n tal que $p \leq \sqrt{n}$.

Exercise 2.104 — Suma de potencias consecutivas. Pruebe que para todo $n \geq 1$:

$$\sum_{k=1}^{n} k^4 = \frac{n(n+1)(2n+1)(3n^2+3n-1)}{30}$$

Exercise 2.105 — Divisibilidad y congruencias. Demuestre que para todo número natural $n \geq 1$:
$$7^n + 2 \cdot 3^{n-1} + 5$$
es divisible por 6.

Exercise 2.106 — Propiedades de factoriales. Pruebe que para todo $n \geq 4$:

$$n! > \left(\frac{n}{2}\right)^n$$

Exercise 2.107 — Propiedades aritméticas. Sea $n > 1$ un número natural. Demuestre que:
$$(n-1)^n + (-1)^n (n+1)^n$$
es divisible por $2n$.

Exercise 2.108 — Suma con factoriales. Demuestre que para todo $n \geq 1$:

$$\sum_{k=1}^{n} \frac{k}{k!} = e - \sum_{k=n+1}^{\infty} \frac{k}{k!}$$

donde e es el número de Euler.

Exercise 2.109 — Teoría de números. Sea p un número primo. Demuestre que:

$$\sum_{k=1}^{p-1} k^{p-1} \equiv -1 \quad (\text{mód } p)$$

Exercise 2.110 — Sucesiones recursivas. Sean a_n y b_n dos sucesiones definidas por:

$$a_1 = 1, b_1 = 2$$

$$a_{n+1} = a_n + 2b_n, b_{n+1} = 2a_n + b_n$$

Demuestre que para todo $n \geq 1$:

$$a_n^2 - 3b_n^2 = -2$$

Exercise 2.111 — **Desigualdades numéricas.** Para todo $n \geq 2$, demuestre que:

$$\prod_{k=2}^{n}\left(1 + \frac{1}{k(k-1)}\right) = \frac{n+1}{2}$$

Exercise 2.112 — **Teorema de Fermat.** Sea p un número primo y a un número natural no divisible por p. Demuestre que:

$$a^{p-1} \equiv 1 \pmod{p}$$

usando propiedades de los números naturales y el teorema del binomio.

2.8.2 Leyes de números naturales

Exercise 2.113 Demuestre que si a y b son números naturales coprimos, entonces existen números enteros x e y tales que $ax + by = 1$.

Exercise 2.114 Sea p un número primo. Demuestre que para todo entero n con $1 < n < p$, el número $\binom{p}{n}$ es divisible por p.

Exercise 2.115 Pruebe que si $n > 1$ es un número natural, entonces la suma de sus divisores propios es menor que $n^2/2$.

Exercise 2.116 Demuestre que para cualquier número natural n, el número $2^n + 1$ y $2^{n+1} + 1$ son coprimos.

Exercise 2.117 Sea a_n la sucesión definida por $a_1 = 1$, $a_2 = 1$ y $a_{n+2} = 5a_{n+1} - 6a_n + 2$ para $n \geq 1$. Demuestre que para todo $n \geq 1$, a_n es un número entero.

Exercise 2.118 Demuestre que para todo número natural n, el número:

$$\frac{(2n)!}{n!(n+1)!}$$

es un número entero.

Exercise 2.119 Sea $a > 1$ un número natural. Demuestre que existe un único número natural n tal que:

$$a^n \leq 2a^{n-1} < a^{n+1}$$

2.8 Ejercicios Propuestos

Exercise 2.120 Para $n \geq 1$, demuestre que el número:

$$(n+1)^n - n^{n+1}$$

es divisible por $(n+1)^2$.

Exercise 2.121 Demuestre que para todo $n \geq 2$, el número:

$$n^n - n!$$

es divisible por n.

Exercise 2.122 Sea n un número natural mayor que 1. Demuestre que si $2^n - 1$ es primo, entonces n es primo.

2.8.3 Principio de inducción matemática

Exercise 2.123 Demuestre por inducción que para todo $n \geq 1$:

$$\sum_{k=1}^{n} \frac{1}{k(k+1)(k+2)} = \frac{1}{4} - \frac{1}{2(n+1)(n+2)}$$

Exercise 2.124 Para todo $n \geq 1$, demuestre por inducción que:

$$\sum_{k=1}^{n} k 3^{k-1} = \frac{n3^n - 3^n + 2}{4}$$

Exercise 2.125 Pruebe por inducción que para todo $n \geq 2$:

$$\prod_{k=2}^{n}(1 - \frac{1}{k^2}) = \frac{n+1}{2n}$$

Exercise 2.126 Demuestre por inducción que para todo $n \geq 1$:

$$(1+\frac{1}{2^2})(1+\frac{1}{3^2})\cdots(1+\frac{1}{n^2}) = \frac{n(n+1)}{4}$$

Exercise 2.127 Sea F_n el n-ésimo número de Fibonacci. Demuestre que para todo

$n \geq 1$:
$$\sum_{k=1}^{n} F_k^2 = F_n F_{n+1}$$

Exercise 2.128 Demuestre que para todo $n \geq 1$:
$$\sum_{k=1}^{n} k \binom{n}{k} 2^{k-1} = n 2^{n-1}$$

Exercise 2.129 Pruebe por inducción que para todo $n \geq 1$:
$$\sum_{k=1}^{n} \frac{k}{2^k} = 2 - \frac{n+2}{2^n}$$

Exercise 2.130 Demuestre que para todo $n \geq 1$:
$$\sum_{k=1}^{n} \binom{n}{k} k^2 = 2n 2^{n-2} + n 2^{n-1}$$

Exercise 2.131 Para todo $n \geq 1$, demuestre que:
$$\sum_{k=1}^{n} \frac{1}{\sqrt{k(k+1)}} = 2\left(1 - \frac{1}{\sqrt{n+1}}\right)$$

Exercise 2.132 Demuestre que para todo $n \geq 2$:
$$\prod_{k=2}^{n} \left(1 + \frac{1}{k(k-1)}\right) = \frac{n+1}{2}$$

2.8.4 Axioma de Peano y el principio del buen orden

Exercise 2.133 Demuestre que en el sistema axiomático de Peano, existe un único elemento 1 tal que $1 = S(0)$, donde S es la función sucesor.

Exercise 2.134 Usando los axiomas de Peano, demuestre que para cualesquiera números naturales a y b, si $S(a) = S(b)$, entonces $a = b$.

Exercise 2.135 Demuestre que todo subconjunto no vacío de $\mathbb{N}$ que está acotado superiormente tiene un máximo.

2.8 Ejercicios Propuestos

Exercise 2.136 Pruebe que si $A \subseteq \mathbb{N}$ es tal que $0 \in A$ y $S(n) \in A$ siempre que $n \in A$, entonces $A = \mathbb{N}$.

Exercise 2.137 Demuestre que no existe ningún número natural entre n y $S(n)$ para todo $n \in \mathbb{N}$.

Exercise 2.138 Demuestre que dados dos números naturales distintos, uno es sucesor del otro o existe un número natural entre ellos.

Exercise 2.139 Pruebe que para todo subconjunto infinito $A \subseteq \mathbb{N}$, existe una función inyectiva $f : \mathbb{N} \to A$ que preserva el orden.

Exercise 2.140 Demuestre que si $A \subseteq \mathbb{N}$ es un conjunto infinito, entonces existe una biyección entre A y $\mathbb{N}$.

Exercise 2.141 Pruebe que no existe ningún número natural entre 0 y 1 usando únicamente los axiomas de Peano.

Exercise 2.142 Demuestre que todo subconjunto no vacío de $\mathbb{N}$ tiene un elemento minimal respecto al orden definido por los axiomas de Peano.

2.8.5 Definiciones por recurrencia

Exercise 2.143 Sea la sucesión definida por $a_1 = 1$, $a_2 = 3$ y para $n \geq 3$:

$$a_n = \frac{a_{n-1}^2}{a_{n-2}}$$

Demuestre que $a_n = 3^{F_{n-1}}$, donde F_n es el n-ésimo número de Fibonacci.

Exercise 2.144 Sea $\{a_n\}$ definida por $a_1 = 1$ y:

$$a_{n+1} = 1 + \frac{1}{a_1 + a_2 + \cdots + a_n}$$

Demuestre que $a_n = \frac{n}{n-1}$ para todo $n \geq 2$.

Exercise 2.145 Sea la sucesión definida por $a_1 = 2$ y:

$$a_{n+1} = \sqrt{2 + \sqrt{a_n}}$$

Demuestre que la sucesión converge y encuentre su límite.

Exercise 2.146 Sea $\{a_n\}$ definida por $a_1 = 1$ y:

$$a_{n+1} = \frac{a_n^2 + 1}{2a_n}$$

Demuestre que $a_n = 1$ para todo $n \geq 1$.

Exercise 2.147 Sea la sucesión definida por $a_1 = 1$, $a_2 = 2$ y para $n \geq 3$:

$$a_n = \frac{a_{n-1}a_{n-2} + 1}{a_{n-1} + a_{n-2}}$$

Demuestre que $a_n = \sqrt{2}$ para todo $n \geq 3$.

Exercise 2.148 Sea $\{x_n\}$ definida por $x_1 = a > 0$ y:

$$x_{n+1} = \frac{x_n + \frac{a}{x_n}}{2}$$

Demuestre que $x_n > \sqrt{a}$ para todo $n \geq 1$ y que la sucesión es decreciente.

Exercise 2.149 Sea la sucesión definida por $a_1 = 1$ y:

$$a_{n+1} = \sqrt{1 + a_n^2}$$

Demuestre que para todo $n \geq 1$:

$$a_n = \sqrt{F_{2n-1}}$$

donde F_n es el n-ésimo número de Fibonacci.

Exercise 2.150 Sea $\{p_n\}$ definida por $p_1 = 2$ y:

$$p_{n+1} = p_n^2 - 2$$

Demuestre que todos los términos de la sucesión son enteros y encuentre una fórmula cerrada para p_n.

Exercise 2.151 Sea la sucesión definida por $a_1 = 1$, $a_2 = 1$ y para $n \geq 3$:

$$a_n = \frac{a_{n-1}^2 + a_{n-2}^2}{a_{n-1}a_{n-2}}$$

Demuestre que $a_n = 2$ para todo $n \geq 3$.

2.8 Ejercicios Propuestos

Exercise 2.152 Sea $\{x_n\}$ definida por $x_1 = 1$ y:

$$x_{n+1} = \frac{x_n^3 + 3}{3x_n^2 + 1}$$

Demuestre que la sucesión está bien definida y que converge a 1.

2.8.6 Sumatorias

Exercise 2.153 Demuestre que para todo $n \geq 1$:

$$\sum_{k=1}^{n} \frac{k^3}{k!} = \frac{n(n+1)}{(n-1)!}$$

Exercise 2.154 Pruebe que para todo $n \geq 2$:

$$\sum_{k=1}^{n} \frac{1}{\sqrt{k(k+1)}} = 2\left(1 - \frac{1}{\sqrt{n+1}}\right)$$

Exercise 2.155 Demuestre que para todo $n \geq 1$:

$$\sum_{k=1}^{n} k^2 \binom{2n}{k} = n(2n+1)\binom{2n-1}{n-1}$$

Exercise 2.156 Demuestre que:

$$\sum_{k=0}^{n} (-1)^k \binom{2n}{k}\binom{2n-k}{n} = 0$$

para todo $n \geq 1$.

Exercise 2.157 Pruebe que:

$$\sum_{k=0}^{n} \frac{(-1)^k}{k!(n-k)!} = \frac{0}{n!}$$

para todo $n \geq 1$.

Exercise 2.158 Demuestre que para todo $n \geq 1$:

$$\sum_{k=1}^{n} \frac{k}{2^k} = 2 - \frac{n+2}{2^n}$$

Exercise 2.159 Para todo $n \geq 1$, pruebe que:

$$\sum_{k=1}^{n} \frac{k^2}{k!} = \frac{(n+1)! - 1}{(n-1)!}$$

Exercise 2.160 Demuestre que:

$$\sum_{k=0}^{n} \binom{n+k}{k} = \binom{2n+1}{n}$$

para todo $n \geq 0$.

Exercise 2.161 Pruebe que para todo $n \geq 1$:

$$\sum_{k=1}^{n} \frac{1}{k\binom{n}{k}} = \frac{2^n - 1}{n}$$

Exercise 2.162 Demuestre que:

$$\sum_{k=0}^{n} k^2 \binom{n}{k} x^k = nx(1+x)^{n-1} + n(n-1)x^2(1+x)^{n-2}$$

Números enteros

3	**Números enteros** 303	
3.1	Teorema fundamental de la partición	
3.2	Conjunto cociente	
3.3	Clases de equivalencia	
3.4	Construcción de los enteros	
3.5	Ejercicios Resueltos	
3.6	Ejercicios Propuestos	

3. Números enteros

3.1 Teorema fundamental de la partición

3.1.1 Expresión única de enteros

En álgebra y teoría de números, la *expresión única de enteros* se refiere a la capacidad de descomponer un número entero en factores primos de una forma única, es decir, sin ambigüedad en cuanto a los factores involucrados (aunque sí podría variar el orden de los factores). Este concepto está estrechamente relacionado con la propiedad fundamental de la aritmética, conocida como el **Teorema Fundamental de la Aritmética**. La propiedad de la factorización única tiene implicaciones profundas tanto en la estructura de los números enteros como en las aplicaciones de la teoría algebraica y criptográfica.

Para hacer un análisis detallado de este tema, nos basaremos en varios resultados fundamentales y desarrollos relacionados, que abarcan desde definiciones, lemas y teoremas hasta ejemplos, ejercicios y aplicaciones. Abordaremos, entre otros temas, la factorización prima, las propiedades asociadas, y las implicaciones algebraicas que surgen de este concepto.

Uno de los pilares de la expresión única de enteros es el **Teorema Fundamental de la Partición**, que establece que todo número entero mayor que 1 puede ser expresado de manera única como un producto de números primos, considerando solo el orden de los factores. Este resultado es un hito en la teoría de números y se le atribuye la propiedad de que la factorización en primos es la ."esencia"de cada número entero.

> **Theorem 3.1.1 — Teorema Fundamental de la Aritmética.** Todo número entero mayor que 1 se puede factorizar de manera única como un producto de números primos, con la salvedad de que el orden de los factores no importa. Es decir, para todo $n \in \mathbb{Z}$ con $n > 1$, existe una única factorización $n = p_1 p_2 \cdots p_k$, donde cada p_i es un número primo y k es un número natural.

Este teorema es la base de muchas áreas de la teoría de números y tiene aplicaciones directas en la criptografía, la factorización de polinomios y más. La propiedad de unicidad de la factorización de enteros es también un caso particular de la factorización en anillos de enteros en álgebra abstracta.

Demostración. **Existencia:**
Procedemos por inducción en n. Para $n = 2$, el número 2 es primo, y su factorización es 2 mismo. Supongamos que todo número entero mayor que 1 y menor o igual a n puede escribirse como un producto de números primos. Consideremos $n+1$: - Si $n+1$ es primo, entonces ya está factorizado como un producto de números primos (el mismo número). - Si $n+1$ no es primo, entonces $n+1 = a \cdot b$, donde a,b son enteros positivos con $1 < a,b < n+1$. Por hipótesis inductiva, a y b pueden factorizarse como un producto de números primos. Por lo tanto, $n+1$ también puede factorizarse como un producto de números primos.

Por inducción, todo número $n > 1$ puede escribirse como un producto de números primos.
Unicidad:
Supongamos que n admite dos factorizaciones distintas en números primos:

$$n = p_1 p_2 \cdots p_k = q_1 q_2 \cdots q_m,$$

donde p_i y q_j son primos y las factorizaciones tienen un orden arbitrario. Por el *Lema de Euclides*, si un número primo p_1 divide un producto $q_1 q_2 \cdots q_m$, entonces p_1 debe dividir al menos uno de los q_j. Dado que q_j es primo, esto implica que $p_1 = q_j$ para algún j. Eliminando p_1 y q_j de ambas factorizaciones, repetimos el argumento con los números restantes. Eventualmente, agotamos todos los factores y concluimos que las dos factorizaciones son iguales salvo el orden de los factores.
Por lo tanto, la factorización en números primos es única. ∎

La factorización única tiene diversas propiedades algebraicas y aritméticas que nos permiten explorar el comportamiento de los números enteros bajo operaciones de multiplicación. A continuación, mencionamos algunas de las propiedades más relevantes:

Proposition 3.1.2 — Invariancia de la factorización. Si un número entero n se puede factorizar de dos maneras distintas, es decir, $n = p_1 p_2 \cdots p_k$ y $n = q_1 q_2 \cdots q_l$, donde p_i y q_i son primos, entonces existe una correspondencia biyectiva entre los conjuntos $\{p_1, p_2, \ldots, p_k\}$ y $\{q_1, q_2, \ldots, q_l\}$, considerando repeticiones.

Esta propiedad es una consecuencia directa del Teorema Fundamental de la Aritmética. Si existiera una factorización diferente, se generaría un conflicto que violaría la unicidad, lo que lleva a una contradicción.

La expresión única también está relacionada con el concepto de divisibilidad. Si un número entero es divisible por otro, entonces sus factores primos deben cumplir con ciertas condiciones.

[Divisibilidad y factorización] Si un número a divide a un número b, entonces cada factor primo de a debe estar presente en la factorización de b. Además, si a y b son coprimos (es decir, no comparten factores primos), entonces sus factorizaciones primarias son disjuntas.

Demostración. Supongamos que $a \mid b$. Entonces existe un número entero c tal que $b = a \cdot c$. Por la unicidad de la factorización, los factores primos de a y c deben ser factores primos de b, lo que asegura que cada factor primo de a está presente en la factorización de b. Si a y b son coprimos, los conjuntos de factores primos de a y b son disjuntos, y por lo tanto no comparten factores. □ ∎

La expresión única de enteros tiene diversas aplicaciones tanto en la teoría de números como en otras ramas de las matemáticas y la ciencia computacional. Algunas de las aplicaciones más notables incluyen:

3.1 Teorema fundamental de la partición

1. **Criptografía**: El sistema de claves públicas en criptografía (como RSA) depende de la factorización única. La seguridad de este sistema se basa en la dificultad de factorizar números grandes en sus factores primos.
2. **Teoría de anillos**: En álgebra abstracta, la propiedad de la factorización única se generaliza en ciertos anillos, como el anillo de los enteros, donde la estructura de los ideales y la factorización prima son fundamentales para la teoría de ideales.
3. **Algoritmos de factorización**: La factorización en primos es la base de muchos algoritmos en matemáticas computacionales, incluidos aquellos utilizados para la simplificación de fracciones, el análisis de números grandes, y la resolución de ecuaciones diofánticas.
4. **Teoría de divisibilidad**: El estudio de la divisibilidad de enteros se basa en la expresión única de enteros, ya que la factorización primaria ayuda a identificar qué enteros pueden dividir a otros.

Para profundizar en la comprensión de la expresión única de enteros, se presentan los siguientes ejercicios:

Exercise 3.1 Demostrar que la factorización de 120 en primos es única. ¿Cuál es la factorización?

Exercise 3.2 Dado el número 180, realiza las siguientes operaciones y demuestra las propiedades de la factorización única:

(a) $180 = 2^2 \cdot 3^2 \cdot 5$, (b) Divide el número 180 por los primos 2, 3, 5 y muestra los restos.

Exercise 3.3 Explorar el uso de la factorización única para resolver el sistema de congruencias siguiente utilizando el teorema chino del resto:

$$x \equiv 1 \pmod{6}, \quad x \equiv 2 \pmod{10}, \quad x \equiv 3 \pmod{15}.$$

Algunos resultados adicionales que surgen de la factorización única de enteros incluyen los siguientes corolarios:

Corollary 3.1.3 — Divisores comunes. Si dos números a y b tienen la misma factorización prima, entonces son iguales. Este corolario implica que los divisores comunes de a y b se corresponden con los factores comunes en sus respectivas factorizaciones.

Corollary 3.1.4 — Única descomposición. La factorización de un número en primos es el único proceso posible para descomponer un número entero, sin importar el orden de los factores.

La *expresión única de enteros* es un tema fundamental en álgebra y teoría de números que tiene implicaciones profundas en varios campos de las matemáticas. Desde la factorización prima hasta aplicaciones en criptografía y álgebra abstracta, la propiedad de la factorización única proporciona una
estructura sólida y bien definida para trabajar con los números enteros. Esta propiedad no solo es clave para comprender la estructura de los números, sino también para aplicaciones prácticas en la ciencia computacional y otras disciplinas.

3.1.2 Propiedades y aplicaciones

En esta sección, se explorarán las propiedades fundamentales y las aplicaciones del sistema de números enteros en álgebra. Dado que los números enteros juegan un papel crucial en muchos aspectos del álgebra, desde la teoría de grupos hasta la teoría de números, es esencial comprender bien sus propiedades, cómo interactúan entre sí y sus aplicaciones en diferentes contextos matemáticos. Para facilitar la comprensión, se presentarán definiciones, proposiciones, teoremas y ejemplos relevantes.

Definition 3.1.1 Un número entero es cualquier número que puede escribirse como un número natural, su opuesto, o el número cero. Formalmente, el conjunto de los números enteros es $\mathbb{Z} = \{\ldots, -2, -1, 0, 1, 2, \ldots\}$.

> (R) Los números enteros son una extensión de los números naturales $\mathbb{N}$ y son fundamentales en el estudio del álgebra y la teoría de números, ya que permiten el desarrollo de operaciones algebraicas que incluyen tanto sumas como restas. A diferencia de los números naturales, los enteros incluyen números negativos, lo que abre la puerta a un conjunto de propiedades más ricas y complejas.

Los números enteros tienen varias propiedades algebraicas importantes que se utilizan en muchos campos de la matemática. Estas propiedades incluyen las leyes de la adición y multiplicación, las propiedades de los inversos y la distribución. A continuación, se describen algunas de estas propiedades:

Proposition 3.1.5 La adición y la multiplicación de números enteros son conmutativas. Es decir, para cualesquiera dos enteros a y b, se cumple:

$$a + b = b + a \quad \text{y} \quad a \cdot b = b \cdot a.$$

Proposition 3.1.6 La adición y la multiplicación de números enteros son asociativas. Es decir, para cualesquiera tres enteros a, b y c, se cumple:

$$(a+b) + c = a + (b+c) \quad \text{y} \quad (a \cdot b) \cdot c = a \cdot (b \cdot c).$$

Definition 3.1.2 El número 0 es el elemento neutro para la adición de enteros, ya que para cualquier entero a, se cumple:

$$a + 0 = 0 + a = a.$$

El número 1 es el elemento neutro para la multiplicación, ya que para cualquier entero a, se cumple:

$$a \cdot 1 = 1 \cdot a = a.$$

> (R) Estas propiedades fundamentales forman la base de los sistemas algebraicos y son esenciales para las operaciones con números enteros, así como para el desarrollo de estructuras más avanzadas como grupos, anillos y cuerpos.

Uno de los resultados más relevantes en álgebra relacionado con los números enteros es el teorema fundamental de la partición. Este teorema establece que cada número entero positivo puede descomponerse en una suma única de términos de la forma $p_i^{e_i}$, donde p_i son números primos y e_i son exponentes naturales. Formalmente, este teorema establece la existencia de una descomposición única de los enteros positivos en factores primos.

3.1 Teorema fundamental de la partición

Theorem 3.1.7 Cada número entero $n > 1$ puede expresarse de manera única como un producto de primos, es decir, existen primos $p_1, p_2, \ldots, p_k$ y enteros $e_1, e_2, \ldots, e_k$ tales que:

$$n = p_1^{e_1} p_2^{e_2} \cdots p_k^{e_k},$$

donde $p_1 < p_2 < \cdots < p_k$ y los e_i son números naturales.

Demostración. **Existencia:** Procedemos por inducción sobre $n > 1$.
Para $n = 2$, el número 2 es primo, y su factorización es 2^1. Supongamos que todo número entero m con $1 < m < n$ puede escribirse como un producto único de primos.
Consideremos n: - Si n es primo, entonces ya está factorizado como n^1. - Si n no es primo, entonces existe un par a, b con $1 < a, b < n$ tal que $n = a \cdot b$. Por hipótesis inductiva, a y b tienen una factorización única como producto de primos:

$$a = p_1^{e_1} p_2^{e_2} \cdots p_k^{e_k}, \quad b = q_1^{f_1} q_2^{f_2} \cdots q_m^{f_m}.$$

Entonces, la factorización de n es:

$$n = (p_1^{e_1} p_2^{e_2} \cdots p_k^{e_k})(q_1^{f_1} q_2^{f_2} \cdots q_m^{f_m}).$$

Agrupando todos los factores primos, obtenemos una factorización en primos.
Unicidad: Supongamos que n tiene dos factorizaciones distintas:

$$n = p_1^{e_1} p_2^{e_2} \cdots p_k^{e_k} = q_1^{f_1} q_2^{f_2} \cdots q_m^{f_m},$$

donde $p_1 < p_2 < \cdots < p_k$ y $q_1 < q_2 < \cdots < q_m$ son primos. Por el *Lema de Euclides*, si un primo p_1 divide $q_1^{f_1} q_2^{f_2} \cdots q_m^{f_m}$, entonces p_1 debe ser igual a uno de los q_j. Sin pérdida de generalidad, supongamos $p_1 = q_1$. Eliminando p_1 de ambas factorizaciones, repetimos el argumento con los factores restantes.
Este proceso continúa hasta que agotemos todos los factores, lo que demuestra que ambas factorizaciones son iguales salvo el orden de los factores. Sin embargo, dado que $p_1 < p_2 < \cdots < p_k$ y $q_1 < q_2 < \cdots < q_m$, el orden ya está fijado. Por lo tanto, la factorización es única. ∎

Este resultado es crucial porque proporciona una manera de entender cómo los números enteros pueden descomponerse en factores más simples, y es la base para muchas ramas de la teoría de números y el álgebra abstracta.
El teorema fundamental de la partición tiene varias implicaciones importantes en álgebra y teoría de números.

Corollary 3.1.8 La factorización en primos de un número entero es única, excepto por el orden de los factores. Es decir, si dos factorizaciones de un número n son de la forma:

$$n = p_1^{e_1} p_2^{e_2} \cdots p_k^{e_k} = q_1^{f_1} q_2^{f_2} \cdots q_m^{f_m},$$

entonces los conjuntos de primos $\{p_1, p_2, \ldots, p_k\}$ y $\{q_1, q_2, \ldots, q_m\}$ son iguales y $e_i = f_i$ para cada i.

Esta propiedad es fundamental para la teoría de números y proporciona una estructura robusta para el análisis de los números enteros.

La unicidad de la factorización en primos es una de las piedras angulares de la teoría de números y tiene profundas implicaciones, especialmente en el estudio de la divisibilidad, los algoritmos de factorización y la estructura de los ideales en álgebra conmutativa.

Para ilustrar estas propiedades, consideremos el número 360. Su factorización en primos es:

$$360 = 2^3 \cdot 3^2 \cdot 5.$$

Esta es la única descomposición de 360 en factores primos, y la propiedad de unicidad garantiza que no existen otras factorizaciones posibles, excepto por el orden de los factores.

■ **Example 3.1** Encuentra la factorización en primos de 1008.

Demostración. Dividimos sucesivamente 1008 entre los primos más pequeños:

$$1008 \div 2 = 504, \quad 504 \div 2 = 252, \quad 252 \div 2 = 126, \quad 126 \div 2 = 63,$$

$$63 \div 3 = 21, \quad 21 \div 3 = 7.$$

Como 7 es primo, la factorización es:

$$1008 = 2^4 \cdot 3^2 \cdot 7.$$

■

Exercise 3.4 Encuentra la factorización en primos del número 5120 y demuestra la unicidad de la factorización.

Exercise 3.5 Demuestra que la multiplicación de enteros es distributiva respecto de la adición. Es decir, para cualesquiera enteros a, b y c, muestra que:

$$a \cdot (b+c) = a \cdot b + a \cdot c.$$

Los números enteros tienen aplicaciones en varios campos de las matemáticas, desde la teoría de números hasta la geometría algebraica. En particular, su importancia radica en su papel en las operaciones algebraicas, la clasificación de estructuras algebraicas y su conexión con otros sistemas numéricos. Por ejemplo, el estudio de la divisibilidad y los algoritmos de factorización tiene aplicaciones en criptografía, teoría de códigos y análisis computacional de números grandes.

 La teoría de números enteros tiene aplicaciones prácticas en la ciencia de la computación, especialmente en áreas como la criptografía de clave pública, donde los números primos y sus propiedades de factorización son esenciales para la seguridad de las comunicaciones digitales.

Las propiedades y aplicaciones de los números enteros proporcionan una base sólida para el estudio de la álgebra y la teoría de números. La factorización prima, la unicidad de la factorización y las propiedades algebraicas fundamentales permiten desarrollar herramientas matemáticas esenciales que son fundamentales en la resolución de problemas y en la construcción de nuevas teorías dentro del álgebra y la matemática aplicada.

3.2 Conjunto cociente

3.2.1 Construcción de conjuntos cocientes

La construcción de conjuntos cocientes es una herramienta fundamental en álgebra y otras ramas de las matemáticas, que permite simplificar estructuras al identificar elementos que son equivalentes bajo cierta relación. En esta sección, exploraremos cómo se construyen estos conjuntos a partir de relaciones de equivalencia y examinaremos sus propiedades clave.

Definition 3.2.1 Sea A un conjunto no vacío. Una relación binaria $\sim$ en A es una **relación de equivalencia** si cumple las siguientes propiedades para todos $a, b, c \in A$:
1. **Reflexividad**: $a \sim a$.
2. **Simetría**: Si $a \sim b$, entonces $b \sim a$.
3. **Transitividad**: Si $a \sim b$ y $b \sim c$, entonces $a \sim c$.

(R) Las relaciones de equivalencia particionan el conjunto A en clases disjuntas donde los elementos son equivalentes entre sí. Estas clases se denominan **clases de equivalencia**.

Definition 3.2.2 Dado un elemento $a \in A$, la **clase de equivalencia** de a bajo la relación $\sim$ es el conjunto:

$$[a] = \{b \in A \mid b \sim a\}.$$

Proposition 3.2.1 Las clases de equivalencia forman una **partición** de A; es decir, cumplen:
1. $A = \bigcup_{a \in A} [a]$.
2. Si $[a] \cap [b] \neq \emptyset$, entonces $[a] = [b]$.

Demostración. 1. Por definición, cada elemento $a \in A$ pertenece a su propia clase $[a]$, por lo que la unión de todas las clases cubre A.
2. Si $c \in [a] \cap [b]$, entonces $c \sim a$ y $c \sim b$. Por simetría, $a \sim c$, y por transitividad, $a \sim b$. Por tanto, cualquier elemento $x \in [a]$ satisface $x \sim a$ y $a \sim b$, luego por transitividad $x \sim b$, lo que implica $x \in [b]$. Así, $[a] \subseteq [b]$. De manera análoga, $[b] \subseteq [a]$, por lo que $[a] = [b]$.
∎

Definition 3.2.3 El **conjunto cociente** de A por la relación de equivalencia $\sim$ es el conjunto de todas las clases de equivalencia, denotado por:

$$A/\sim = \{[a] \mid a \in A\}.$$

(R) El conjunto cociente $A/\sim$ simplifica la estructura original al considerar elementos equivalentes como una sola entidad, lo que facilita el estudio de propiedades inherentes al sistema.

■ **Example 3.2** Consideremos el conjunto $\mathbb{Z}$ de los números enteros y la relación $a \sim b$ si $a - b$ es divisible por n, donde $n \in \mathbb{N}$. Esta relación es una relación de equivalencia llamada **congruencia módulo** n.
Las clases de equivalencia son:

$$[0] = \{\ldots, -2n, -n, 0, n, 2n, \ldots\},$$

$$[1] = \{\ldots, -2n+1, -n+1, 1, n+1, 2n+1, \ldots\},$$

$$\vdots$$

$$[n-1] = \{\ldots, -1, n-1, 2n-1, \ldots\}.$$

El conjunto cociente $\mathbb{Z}/n\mathbb{Z}$ tiene n clases de equivalencia. ∎

> **Theorem 3.2.2** Sea $f : A \to B$ una función. La relación $a_1 \sim a_2$ si y solo si $f(a_1) = f(a_2)$ es una relación de equivalencia en A. Además, existe una biyección entre el conjunto cociente $A/\sim$ y la imagen $\text{Im}(f)$.

Demostración. Primera parte: La relación $\sim$ es una relación de equivalencia.
La relación $\sim$ se define como:

$$a_1 \sim a_2 \iff f(a_1) = f(a_2).$$

- Reflexividad: Para todo $a \in A$, se cumple $f(a) = f(a)$, por lo que $a \sim a$. - Simetría: Si $a_1 \sim a_2$, entonces $f(a_1) = f(a_2)$. Por la simetría de la igualdad, $f(a_2) = f(a_1)$, por lo que $a_2 \sim a_1$. - Transitividad: Si $a_1 \sim a_2$ y $a_2 \sim a_3$, entonces $f(a_1) = f(a_2)$ y $f(a_2) = f(a_3)$. Por transitividad de la igualdad, $f(a_1) = f(a_3)$, por lo que $a_1 \sim a_3$.
Por lo tanto, $\sim$ es una relación de equivalencia en A.
egunda parte: Existe una biyección entre $A/\sim$ y $\text{Im}(f)$.
El conjunto cociente $A/\sim$ se define como el conjunto de clases de equivalencia de A bajo $\sim$. Cada clase de equivalencia está dada por:

$$[a] = \{x \in A \mid f(x) = f(a)\}.$$

Definimos una función $\varphi : A/\sim \to \text{Im}(f)$ como:

$$\varphi([a]) = f(a).$$

- Bien definida: Si $[a] = [b]$, entonces $a \sim b$, lo que implica $f(a) = f(b)$. Por lo tanto, $\varphi([a]) = \varphi([b])$. - Inyectividad: Supongamos $\varphi([a]) = \varphi([b])$. Entonces, $f(a) = f(b)$, lo que implica $a \sim b$. Por lo tanto, $[a] = [b]$. - Sobreyectividad: Para todo $y \in \text{Im}(f)$, existe $a \in A$ tal que $f(a) = y$. La clase de equivalencia $[a] \in A/\sim$ satisface $\varphi([a]) = y$.
Por lo tanto, φ es una biyección entre $A/\sim$ y $\text{Im}(f)$. ∎

> **Corollary 3.2.3** La función natural $\pi : A \to A/\sim$ que envía cada elemento a a su clase de equivalencia $[a]$ es una aplicación sobreyectiva.

> (R) La función π se denomina **aplicación proyección** y juega un papel crucial en diversas construcciones algebraicas, como en grupos cocientes y espacios cocientes.

■ **Example 3.3** En teoría de grupos, dado un grupo G y un subgrupo normal N, el conjunto cociente G/N es el conjunto de clases laterales de N en G. Este conjunto hereda una estructura de grupo definida por $(aN)(bN) = (ab)N$. ∎

3.2 Conjunto cociente

Exercise 3.6 Sea $A = \mathbb{R}$ y defina $x \sim y$ si $x - y \in \mathbb{Z}$. Describa las clases de equivalencia y el conjunto cociente $\mathbb{R}/\mathbb{Z}$.

Demostración. Las clases de equivalencia son los conjuntos de números reales que difieren en un entero. Cada clase puede ser representada por un número en el intervalo $[0, 1)$. El conjunto cociente $\mathbb{R}/\mathbb{Z}$ es isomorfo al círculo unidad S^1. ∎

Exercise 3.7 Demuestre que cualquier partición de un conjunto A induce una relación de equivalencia en A tal que las clases de equivalencia son exactamente las partes de la partición.

Demostración. Defina $a \sim b$ si a y b pertenecen a la misma parte de la partición. Esta relación es reflexiva, simétrica y transitiva por definición de partición. ∎

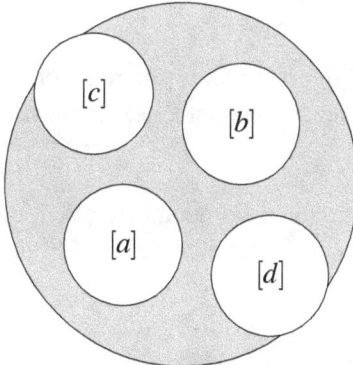

Figura 1: Partición de A en clases de equivalencia

Figura 3.2.1: *Representación gráfica de una partición inducida por una relación de equivalencia*

La Figura 3.2.1 ilustra cómo una relación de equivalencia divide el conjunto A en clases disjuntas que cubren todo el conjunto.

Exercise 3.8 Sea $f : \mathbb{Z} \to \mathbb{Z}_n$ la aplicación que asigna a cada entero a su clase de congruencia módulo n. Demuestre que $\mathbb{Z}/n\mathbb{Z}$ es isomorfo a $\mathbb{Z}_n$.

Demostración. La aplicación f es un homomorfismo sobreyectivo con núcleo $n\mathbb{Z}$. Por el Primer Teorema de Isomorfía, $\mathbb{Z}/n\mathbb{Z} \cong \mathbb{Z}_n$. ∎

Theorem 3.2.4 Sea G un grupo y N un subgrupo normal de G. Existe una correspondencia biunívoca entre los subgrupos de G que contienen a N y los subgrupos de G/N.

Exercise 3.9 Demuestre el Teorema de Correspondencia para anillos: Sea A un anillo y I un ideal de A. Establezca una correspondencia entre los ideales de A que contienen a I y los ideales de A/I.

■ **Example 3.4** En álgebra lineal, dado un espacio vectorial V y un subespacio W, el conjunto cociente V/W es el conjunto de clases laterales de W en V. Este conjunto es también un espacio vectorial con la suma y multiplicación escalar definidas naturalmente. ■

> (R) La construcción de conjuntos cocientes es una técnica poderosa que permite simplificar problemas al considerar elementos equivalentes como una sola entidad. Esta idea es fundamental en muchas áreas de las matemáticas, incluyendo álgebra, topología y teoría de categorías.

> Exercise 3.10 Sea X un espacio topológico y $\sim$ una relación de equivalencia en X. Defina la topología cociente en $X/\sim$ y demuestre que la proyección $\pi : X \to X/\sim$ es continua y abierta. ■

Demostración. La topología cociente en $X/\sim$ es la topología más fina tal que π es continua. Para cualquier conjunto abierto $U \subseteq X$, su imagen $\pi(U)$ es abierta en $X/\sim$ por definición, lo que implica que π es abierta. ∎

> Exercise 3.11 Considere el intervalo $[0,1]$ y la relación de equivalencia que identifica $0 \sim 1$. Dibuje el espacio cociente resultante y explique su significado topológico. ■

Demostración. El espacio cociente es homeomorfo al círculo S^1, ya que al identificar los extremos del intervalo se forma una circunferencia. La Figura **??** ilustra esta construcción. ∎

> (R) Las construcciones cocientes son esenciales en topología algebraica, permitiendo la formación de espacios más complejos a partir de identificaciones en espacios sencillos.

> Exercise 3.12 Explique cómo la noción de conjunto cociente se aplica en la definición del toro como espacio cociente del cuadrado unitario mediante identificaciones apropiadas en los bordes. ■

Demostración. Al identificar los bordes opuestos del cuadrado unitario $[0,1] \times [0,1]$ de manera compatible, se obtiene un espacio cociente cuya topología es la de un toro. Este proceso involucra identificar $(0,y) \sim (1,y)$ y $(x,0) \sim (x,1)$ para $x,y \in [0,1]$. ∎

> (R) Este ejemplo muestra la potencia de las construcciones cocientes en la creación de nuevos espacios con propiedades topológicas interesantes.

> Exercise 3.13 Investigue y describa cómo las construcciones de conjuntos cocientes aparecen en la teoría de categorías, específicamente en la formación de categorías cocientes. ■

> (R) La comprensión profunda de los conjuntos cocientes y sus aplicaciones en diversas áreas de las matemáticas es fundamental para avanzar en estudios más especializados y en investigación matemática.

3.2 Conjunto cociente

En conclusión, la construcción de conjuntos cocientes es una técnica esencial que permite simplificar y comprender mejor estructuras complejas al identificar y agrupar elementos equivalentes. Su aplicabilidad abarca múltiples áreas de la matemática, demostrando su importancia y versatilidad en el desarrollo de teorías y soluciones de problemas avanzados.

3.2.2 Ejemplos con aritmética modular

La aritmética modular es una herramienta esencial en la teoría de números y el álgebra abstracta, especialmente en el estudio de los conjuntos cocientes. En esta sección, exploraremos ejemplos que ilustran cómo se aplica la aritmética modular en contextos avanzados, profundizando en sus propiedades y aplicaciones.

Definition 3.2.4 Sea $n \in \mathbb{N}$ un entero positivo. Decimos que dos enteros $a, b \in \mathbb{Z}$ son **congruentes módulo** n, y lo denotamos por $a \equiv b \mod n$, si n divide a $a - b$, es decir, existe $k \in \mathbb{Z}$ tal que $a - b = nk$.

> La congruencia módulo n es una relación de equivalencia en $\mathbb{Z}$ que particiona los enteros en clases de equivalencia, conocidas como clases de residuos módulo n.

Definition 3.2.5 Las **clases de residuos** módulo n son los conjuntos:

$$[a] = \{b \in \mathbb{Z} \mid b \equiv a \mod n\}.$$

El conjunto de todas las clases de residuos módulo n se denota por $\mathbb{Z}_n = \mathbb{Z}/n\mathbb{Z}$.

Estas clases forman el conjunto cociente $\mathbb{Z}_n$, que adquiere estructura algebraica al definir operaciones adecuadas.

Definition 3.2.6 En $\mathbb{Z}_n$, las operaciones de suma y multiplicación se definen como:

$$[a] + [b] = [a+b], \quad [a] \cdot [b] = [ab],$$

para cualesquiera $a, b \in \mathbb{Z}$.

Proposition 3.2.5 Las operaciones de suma y multiplicación en $\mathbb{Z}_n$ están bien definidas; es decir, no dependen de los representantes elegidos en cada clase.

Demostración. Sea $a \equiv a' \mod n$ y $b \equiv b' \mod n$. Entonces:

$$a + b \equiv a' + b' \mod n \quad \text{y} \quad ab \equiv a'b' \mod n.$$

Por lo tanto, $[a+b] = [a'+b']$ y $[ab] = [a'b']$. ∎

> Con estas operaciones, $\mathbb{Z}_n$ se convierte en un anillo conmutativo. Si n es primo, $\mathbb{Z}_n$ es un cuerpo.

■ **Example 3.5** Consideremos $\mathbb{Z}_5$. Las clases de residuos son $[0], [1], [2], [3], [4]$. Veamos algunos cálculos:

$$[2] + [3] = [2+3] = [5] = [0],$$
$$[2] \cdot [3] = [2 \cdot 3] = [6] = [1].$$

■

La Figura 3.2.3 ilustra la estructura cíclica de $\mathbb{Z}_5$ bajo la operación de suma.

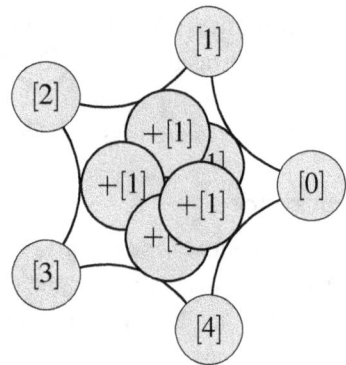

Figura 3.2.3: *Estructura cíclica de $\mathbb{Z}_5$ bajo la suma*

Theorem 3.2.6 Si p es un número primo y $a \in \mathbb{Z}$ no es divisible por p, entonces:

$$a^{p-1} \equiv 1 \quad \text{mód } p.$$

Demostración. Sea p un número primo y $a \in \mathbb{Z}$ tal que $\gcd(a,p) = 1$. Consideremos los $p-1$ números:

$$a, 2a, 3a, \ldots, (p-1)a.$$

Como $\gcd(a,p) = 1$, estos números son todos incongruentes módulo p. Esto significa que sus residuos módulo p son una permutación del conjunto:

$$\{1, 2, 3, \ldots, p-1\}.$$

Por lo tanto, el producto de estos números es congruente módulo p al producto de $\{1, 2, 3, \ldots, p-1\}$. Es decir:

$$a \cdot 2a \cdot 3a \cdots (p-1)a \equiv 1 \cdot 2 \cdot 3 \cdots (p-1) \quad \text{mód } p.$$

El lado izquierdo puede factorizarse como:

$$a^{p-1} \cdot (1 \cdot 2 \cdot 3 \cdots (p-1)) \equiv (1 \cdot 2 \cdot 3 \cdots (p-1)) \quad \text{mód } p.$$

Cancelamos $1 \cdot 2 \cdot 3 \cdots (p-1)$ de ambos lados, ya que $\gcd((p-1)!, p) = 1$, obteniendo:

$$a^{p-1} \equiv 1 \quad \text{mód } p.$$

■

■ **Example 3.6** Calcule 7^{100} mód 13.

Dado que 13 es primo y $\gcd(7,13) = 1$, aplicamos el teorema de Fermat:

$$7^{12} \equiv 1 \quad \text{mód } 13.$$

Entonces:

$$7^{100} = (7^{12})^8 \cdot 7^4 \equiv 1^8 \cdot 7^4 \quad \text{mód } 13.$$

Calculamos 7^4 mód 13:

$$7^2 = 49 \equiv 10 \quad \text{mód } 13,$$

$$7^4 = (7^2)^2 \equiv 10^2 = 100 \equiv 9 \quad \text{mód } 13.$$

Por lo tanto,

$$7^{100} \equiv 1 \cdot 9 = 9 \quad \text{mód } 13.$$

■

Exercise 3.14 Calcule 5^{123} mód 17.

Demostración. Como $\gcd(5,17) = 1$ y 17 es primo, aplicamos el teorema de Fermat:

$$5^{16} \equiv 1 \quad \text{mód } 17.$$

Dividimos 123 entre 16:

$$123 = 16 \times 7 + 11.$$

Entonces,

$$5^{123} = (5^{16})^7 \cdot 5^{11} \equiv 1^7 \cdot 5^{11} \quad \text{mód } 17.$$

Calculamos 5^{11} mód 17:

$$5^2 = 25 \equiv 8 \quad \text{mód } 17,$$

$$5^4 = (5^2)^2 \equiv 8^2 = 64 \equiv 13 \quad \text{mód } 17,$$

$$5^8 = (5^4)^2 \equiv 13^2 = 169 \equiv 16 \quad \text{mód } 17,$$

$$5^{11} = 5^8 \cdot 5^2 \cdot 5 \equiv 16 \cdot 8 \cdot 5 \quad \text{mód } 17.$$

Calculamos:

$$16 \cdot 8 = 128 \equiv 9 \quad \text{mód } 17,$$

$$9 \cdot 5 = 45 \equiv 11 \quad \text{mód } 17.$$

Por lo tanto,

$$5^{123} \equiv 1 \cdot 11 = 11 \quad \text{mód } 17.$$

∎

> (R) El teorema de Fermat es un caso particular del teorema de Euler y es fundamental en criptografía, especialmente en el cifrado RSA.

Theorem 3.2.7 — Teorema Chino del Resto. Sea $n_1, n_2, \ldots, n_k$ enteros positivos tales que $\gcd(n_i, n_j) = 1$ para $i \neq j$. Entonces, el sistema de congruencias:

$$x \equiv a_1 \quad \text{mód } n_1, \quad x \equiv a_2 \quad \text{mód } n_2, \quad \ldots, \quad x \equiv a_k \quad \text{mód } n_k,$$

tiene una solución única módulo $N = n_1 n_2 \ldots n_k$.

Demostración. Sea $N = n_1 n_2 \ldots n_k$. Para cada $i = 1, 2, \ldots, k$, definimos:

$$N_i = \frac{N}{n_i}.$$

Como $\gcd(n_i, N_i) = 1$, existe un entero y_i tal que:

$$N_i y_i \equiv 1 \quad \text{mód } n_i.$$

Este y_i puede encontrarse utilizando el algoritmo de Euclides extendido.

Construimos la solución x del sistema de congruencias como:

$$x = \sum_{i=1}^{k} a_i N_i y_i.$$

Para cada $i = 1, 2, \ldots, k$, evaluamos $x \mod n_i$:

$$x = \sum_{j=1}^{k} a_j N_j y_j \mod n_i.$$

Cuando $j \neq i$, N_j es divisible por n_i porque $n_i \mid N_j$. Por lo tanto:

$$N_j y_j \equiv 0 \mod n_i \quad \text{para } j \neq i.$$

Cuando $j = i$, tenemos:

$$N_i y_i \equiv 1 \mod n_i.$$

Entonces:

$$x \equiv a_i \cdot 1 \mod n_i.$$

Por lo tanto:

$$x \equiv a_i \mod n_i.$$

Si x_1 y x_2 son dos soluciones, entonces:

$$x_1 \equiv x_2 \mod n_i \quad \text{para cada } i = 1, 2, \ldots, k.$$

Esto implica que $x_1 - x_2$ es divisible por n_i para cada i. Como los n_i son coprimos, $x_1 - x_2$ es divisible por $N = n_1 n_2 \ldots n_k$. Por lo tanto:

$$x_1 \equiv x_2 \mod N.$$

Esto demuestra que la solución es única módulo N. ∎

■ **Example 3.7** Resolver el sistema:

$$x \equiv 2 \mod 3, \quad x \equiv 3 \mod 5, \quad x \equiv 2 \mod 7.$$

Calculamos $N = 3 \times 5 \times 7 = 105$.
Para cada congruencia, calculamos:

$$N_1 = \frac{N}{3} = 35, \quad N_2 = \frac{N}{5} = 21, \quad N_3 = \frac{N}{7} = 15.$$

Encontramos los inversos:

$$35 y_1 \equiv 1 \mod 3 \implies y_1 = 2,$$
$$21 y_2 \equiv 1 \mod 5 \implies y_2 = 1,$$
$$15 y_3 \equiv 1 \mod 7 \implies y_3 = 1.$$

La solución es:

$$x = a_1 N_1 y_1 + a_2 N_2 y_2 + a_3 N_3 y_3 \mod N,$$
$$x = 2 \times 35 \times 2 + 3 \times 21 \times 1 + 2 \times 15 \times 1 = 140 + 63 + 30 = 233,$$
$$x \equiv 233 \mod 105 \implies x \equiv 23 \mod 105.$$

■

3.2 Conjunto cociente

Exercise 3.15 Resuelva el sistema:
$$x \equiv 1 \mod 4, \quad x \equiv 2 \mod 5, \quad x \equiv 3 \mod 7.$$

Demostración. Calculamos $N = 4 \times 5 \times 7 = 140$.
Los N_i son:
$$N_1 = 35, \quad N_2 = 28, \quad N_3 = 20.$$

Calculamos los inversos:

$35y_1 \equiv 1 \mod 4 \implies 35 \equiv 3 \mod 4, \quad 3y_1 \equiv 1 \mod 4 \implies y_1 = 3,$

$28y_2 \equiv 1 \mod 5 \implies 28 \equiv 3 \mod 5, \quad 3y_2 \equiv 1 \mod 5 \implies y_2 = 2,$

$20y_3 \equiv 1 \mod 7 \implies 20 \equiv 6 \mod 7, \quad 6y_3 \equiv 1 \mod 7 \implies y_3 = 6.$

La solución es:
$$x = 1 \times 35 \times 3 + 2 \times 28 \times 2 + 3 \times 20 \times 6 = 105 + 112 + 360 = 577,$$

$$x \equiv 577 \mod 140 \implies x \equiv 577 - 4 \times 140 = 577 - 560 = 17 \mod 140.$$

∎

(R) El Teorema Chino del Resto es útil en problemas de calendario, criptografía y en la solución de ecuaciones diofánticas.

Exercise 3.16 Demuestre que si n y m son enteros positivos tales que $\gcd(n,m) = 1$, entonces:
$$\mathbb{Z}_{nm} \cong \mathbb{Z}_n \times \mathbb{Z}_m.$$

Demostración. Definimos el homomorfismo $\phi : \mathbb{Z}_{nm} \to \mathbb{Z}_n \times \mathbb{Z}_m$ por $\phi([a]_{nm}) = ([a]_n, [a]_m)$. Este homomorfismo es bien definido y es un isomorfismo debido al Teorema Chino del Resto. ∎

Theorem 3.2.8 Un número primo p satisface:
$$(p-1)! \equiv -1 \mod p.$$

Demostración. Sea p un número primo. Consideremos el conjunto de residuos $\{1, 2, \ldots, p-1\}$ módulo p. Cada elemento a de este conjunto tiene un inverso multiplicativo a^{-1} tal que:
$$a \cdot a^{-1} \equiv 1 \mod p.$$

- Si $a^2 \equiv 1 \mod p$, entonces $a(a-1) \equiv 0 \mod p$. Como p es primo, esto implica que $a \equiv 1 \mod p$ o $a \equiv -1 \mod p$. - Por lo tanto, 1 y $p-1$ son los únicos elementos de $\{1, 2, \ldots, p-1\}$ que son sus propios inversos.

Para los demás elementos $a \in \{2, 3, \ldots, p-2\}$, podemos emparejarlos con sus inversos a^{-1}, ya que cada a tiene un único a^{-1} con $a \cdot a^{-1} \equiv 1 \mod p$.

El producto de todos los elementos del conjunto es:

$$(p-1)! = 1 \cdot 2 \cdot 3 \cdots (p-1).$$

Agrupando los elementos en pares (a, a^{-1}), excepto 1 y $p-1$, el producto de cada par es congruente a $1 \mod p$. Por lo tanto:

$$(p-1)! \equiv 1 \cdot (p-1) \mod p.$$

Como $p - 1 \equiv -1 \mod p$, se obtiene:

$$(p-1)! \equiv -1 \mod p.$$

∎

Exercise 3.17 Verifique el Teorema de Wilson para $p = 7$.

Demostración. Calculamos:

$$6! = 720, \quad 720 \mod 7.$$

Dividimos 720 entre 7:

$$720 = 7 \times 102 + 6 \implies 720 \equiv 6 \mod 7.$$

Entonces,

$$6! \equiv -1 \mod 7 \implies 6 \equiv -1 \mod 7,$$

lo cual es cierto porque $-1 \equiv 6 \mod 7$. ∎

> (R) El Teorema de Wilson es más teórico que práctico para el test de primalidad, pero es interesante desde el punto de vista teórico.

Exercise 3.18 Represente gráficamente las clases de residuos de $\mathbb{Z}_6$ y determine su estructura algebraica.

Demostración. La Figura ?? muestra que $\mathbb{Z}_6$ es un grupo cíclico bajo la suma. Sin embargo, $\mathbb{Z}_6$ no es un cuerpo ya que 6 no es primo. ∎

> (R) La estructura de $\mathbb{Z}_n$ depende de la factorización de n. Si n es compuesto, $\mathbb{Z}_n$ contiene divisores de cero.

En resumen, la aritmética modular y los conjuntos cocientes proporcionan un marco poderoso para resolver problemas en teoría de números y álgebra abstracta. Los ejemplos y ejercicios presentados aquí ilustran la profundidad y aplicabilidad de estos conceptos en contextos matemáticos avanzados.

3.3 Clases de equivalencia

3.3.1 Definición y representación de clases

Las clases de equivalencia son un concepto fundamental en matemáticas, especialmente en álgebra y teoría de conjuntos. Estas clases permiten agrupar elementos que comparten una propiedad común bajo una relación de equivalencia. En esta sección, profundizaremos en la definición formal de las clases de equivalencia y exploraremos diversas formas de representarlas.

Definition 3.3.1 Sea A un conjunto no vacío y $\sim$ una relación de equivalencia en A. Para cada elemento $a \in A$, la **clase de equivalencia** de a se define como el conjunto:

$$[a] = \{x \in A \mid x \sim a\}.$$

(R) La notación $[a]$ representa todos los elementos de A que son equivalentes a a bajo la relación $\sim$. Cada elemento de $[a]$ comparte la misma çlase"de acuerdo con la propiedad definida por $\sim$.

Las clases de equivalencia particionan el conjunto A en subconjuntos disjuntos. Esto significa que cada elemento de A pertenece a una y solo una clase de equivalencia.

Proposition 3.3.1 Las clases de equivalencia de una relación de equivalencia $\sim$ en A forman una partición de A. Es decir:

1. $\bigcup_{a \in A} [a] = A$.
2. Para cualesquiera $a, b \in A$, si $[a] \cap [b] \neq \emptyset$, entonces $[a] = [b]$.

Demostración.
1. Por definición, cada elemento $a \in A$ pertenece a su clase de equivalencia $[a]$, por lo que la unión de todas las clases cubre A.
2. Si $[a] \cap [b] \neq \emptyset$, existe un elemento $c \in [a]$ y $c \in [b]$. Esto implica que $c \sim a$ y $c \sim b$. Por la simetría y transitividad de $\sim$, se deduce que $a \sim b$. Por tanto, cualquier elemento $x \in [a]$ satisface $x \sim a$ y, por transitividad, $x \sim b$, lo que implica que $x \in [b]$. Así, $[a] \subseteq [b]$. De manera análoga, $[b] \subseteq [a]$, por lo que $[a] = [b]$. ∎

■ **Example 3.8** Consideremos el conjunto $\mathbb{Z}$ de los números enteros y la relación $\sim$ definida por la congruencia módulo n, es decir, $a \sim b$ si $a \equiv b \mod n$. Las clases de equivalencia son los conjuntos de números que tienen el mismo residuo al dividirse por n. Para $n = 3$, las clases de equivalencia son:

$$[0] = \{\ldots, -6, -3, 0, 3, 6, \ldots\},$$
$$[1] = \{\ldots, -5, -2, 1, 4, 7, \ldots\},$$
$$[2] = \{\ldots, -4, -1, 2, 5, 8, \ldots\}.$$

■

(R) En el ejemplo anterior, cada entero pertenece a una única clase de equivalencia dependiendo de su residuo módulo 3.

(R) La Figura 3.3.1 ilustra cómo los enteros se agrupan en clases de equivalencia según su congruencia módulo 3.

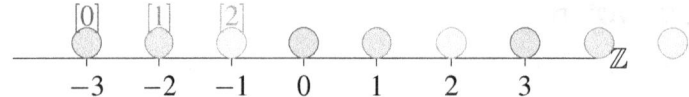

Figura 3.3.1: *Representación de las clases de equivalencia módulo 3 en $\mathbb{Z}$*

Theorem 3.3.2 Sea A un conjunto y $\sim$ una relación de equivalencia en A. Entonces, cualquier clase de equivalencia $[a]$ puede representarse mediante cualquier elemento $b \in [a]$, es decir, $[a] = [b]$ si $a \sim b$.

Demostración. Si $a \sim b$, entonces por definición $b \in [a]$ y $a \in [b]$. Para cualquier $x \in [a]$, $x \sim a$ y, dado que $a \sim b$, por transitividad $x \sim b$, luego $x \in [b]$. Por tanto, $[a] \subseteq [b]$. De manera similar, $[b] \subseteq [a]$, por lo que $[a] = [b]$. ∎

■ **Example 3.9** En el contexto de la congruencia módulo n, la clase $[a]$ puede representarse por cualquier entero congruente a a módulo n. Por ejemplo, en $\mathbb{Z}_5$, la clase $[7]$ es igual a $[2]$ porque $7 \equiv 2 \mod 5$. ■

Exercise 3.19 Sea $A = \{1, 2, 3, 4, 5, 6\}$ y definamos la relación $\sim$ en A por $a \sim b$ si $a \equiv b \mod 2$. Enumere las clases de equivalencia y represéntelas gráficamente.

Demostración. Las clases de equivalencia son:

$$[1] = \{1, 3, 5\}, \quad [2] = \{2, 4, 6\}.$$

La Figura **??** muestra gráficamente estas clases, donde los elementos impares forman una clase y los pares otra. ∎

> (R) Este ejemplo muestra cómo las clases de equivalencia pueden agrupar elementos según propiedades específicas, en este caso, la paridad de los números.

Proposition 3.3.3 Si A es un conjunto finito y $\sim$ es una relación de equivalencia en A, entonces el número de clases de equivalencia es igual al cociente entre el cardinal de A y el cardinal de cada clase cuando todas las clases tienen el mismo tamaño.

Demostración. Si todas las clases de equivalencia tienen el mismo tamaño k, y hay m clases, entonces $|A| = k \times m$. Por tanto, $m = \frac{|A|}{k}$. ∎

■ **Example 3.10** En el conjunto $A = \{1, 2, \ldots, 12\}$, definamos $\sim$ por $a \sim b$ si $a \equiv b \mod 4$. Las clases de equivalencia son:

$$[1] = \{1, 5, 9\}, \quad [2] = \{2, 6, 10\}, \quad [3] = \{3, 7, 11\}, \quad [4] = \{4, 8, 12\}.$$

Cada clase tiene 3 elementos y hay 4 clases, cumpliendo $12 = 3 \times 4$. ■

Exercise 3.20 En el espacio $\mathbb{R}^2$, consideremos la relación $\sim$ definida por $(x_1, y_1) \sim (x_2, y_2)$ si $x_1^2 + y_1^2 = x_2^2 + y_2^2$. Describa las clases de equivalencia y represéntelas gráficamente.

3.3 Clases de equivalencia

Demostración. Las clases de equivalencia son los conjuntos de puntos en $\mathbb{R}^2$ que están a la misma distancia del origen, es decir, circunferencias centradas en $(0,0)$. La Figura **??** muestra algunas de estas clases. ∎

> (R) Este ejercicio ilustra cómo las clases de equivalencia pueden ser conjuntos continuos y cómo su representación gráfica puede ayudar a entender su estructura.

Theorem 3.3.4 Existe una correspondencia biunívoca entre las particiones de un conjunto A y las relaciones de equivalencia en A. Es decir, cada partición de A determina una relación de equivalencia y viceversa.

Demostración. (Esbozo) Dada una partición $\{A_i\}_{i \in I}$ de A, definimos $a \sim b$ si a y b pertenecen al mismo A_i. Esta relación es claramente una relación de equivalencia. Recíprocamente, dada una relación de equivalencia $\sim$, las clases de equivalencia forman una partición de A. ∎

Exercise 3.21 Verifique la correspondencia biunívoca entre las particiones y las relaciones de equivalencia para el conjunto $A = \{1,2,3,4\}$.
1. Considere la partición $\{\{1,2\},\{3,4\}\}$ y encuentre la relación de equivalencia correspondiente.
2. Dada la relación de equivalencia $\sim$ donde $a \sim b$ si $a = b$, determine la partición asociada.

Demostración.
1. La relación de equivalencia correspondiente es $a \sim b$ si $a,b \in \{1,2\}$ o $a,b \in \{3,4\}$. Es decir, $[1] = \{1,2\}$ y $[3] = \{3,4\}$.
2. La relación $a \sim b$ si $a = b$ es la relación de igualdad. Las clases de equivalencia son $\{1\},\{2\},\{3\},\{4\}$, por lo que la partición asociada es $\{\{1\},\{2\},\{3\},\{4\}\}$. ∎

> (R) Este ejercicio demuestra cómo las particiones y las relaciones de equivalencia están intrínsecamente ligadas, proporcionando una comprensión más profunda de la estructura de los conjuntos.

Lema 3.3.1 Sea $a \in A$ y $\sim$ una relación de equivalencia en A. Si $a \in [b]$, entonces $[a] = [b]$.

Demostración. Si $a \in [b]$, entonces $a \sim b$. Por el teorema anterior, $[a] = [b]$. ∎

Exercise 3.22 En el conjunto $A = \mathbb{Q}$, consideremos la relación $\sim$ definida por $a \sim b$ si $a - b \in \mathbb{Z}$. Demuestre que las clases de equivalencia son los números racionales que difieren en un entero y que cada clase puede representarse por un número en el intervalo $[0,1)$.

Demostración. Dos números racionales a y b están en la misma clase de equivalencia si $a - b \in \mathbb{Z}$, es decir, si difieren en un entero. Cada clase de equivalencia contiene exactamente un representante en $[0,1)$. La Figura **??** ilustra este concepto. ∎

Este ejemplo es fundamental en la construcción del **torus** y en la definición de funciones periódicas en análisis matemático.

Corollary 3.3.5 Si A es infinito y $\sim$ es una relación de equivalencia con clases numerables, entonces el número de clases de equivalencia es no numerable si y solo si A es no numerable.

Demostración. Si cada clase es numerable y A es no numerable, entonces debe haber una cantidad no numerable de clases para cubrir A. Si hubiera una cantidad numerable de clases, entonces A sería una unión numerable de conjuntos numerables, lo cual es numerable, contradiciendo la hipótesis. ∎

Exercise 3.23 Demuestre que el conjunto de números reales $\mathbb{R}$ modulo la relación $\sim$ donde $x \sim y$ si $x - y \in \mathbb{Q}$, tiene una cardinalidad igual al cardinal de los números reales dividido por el cardinal de los números racionales.

Demostración. Cada clase de equivalencia es un conjunto denso en $\mathbb{R}$ y es no numerable. El número de clases es el cardinal de $\mathbb{R}$ dividido por el cardinal de $\mathbb{Q}$, pero dado que $\mathbb{Q}$ es numerable y $\mathbb{R}$ no, el cociente sigue siendo el cardinal de $\mathbb{R}$. ∎

 Este resultado tiene implicaciones profundas en teoría de conjuntos y análisis, especialmente en la comprensión de la estructura de los números reales y los números racionales.

En conclusión, la definición y representación de clases de equivalencia son herramientas poderosas en matemáticas que permiten simplificar y analizar estructuras complejas al agrupar elementos que comparten propiedades específicas. A través de ejemplos y ejercicios, hemos explorado cómo estas clases pueden representarse y utilizarse en diversos contextos, desde números enteros hasta espacios vectoriales y topología.

3.3.2 Relación con el conjunto cociente

En las secciones anteriores, hemos explorado las **clases de equivalencia** y cómo una **relación de equivalencia** en un conjunto A particiona dicho conjunto en clases disjuntas. Ahora, profundizaremos en la conexión entre estas clases y el **conjunto cociente**, que es fundamental en diversas ramas del álgebra y la matemática en general.

Definition 3.3.2 Sea A un conjunto y $\sim$ una relación de equivalencia en A. El **conjunto cociente** de A por $\sim$, denotado por $A/\sim$, es el conjunto de todas las clases de equivalencia de A bajo $\sim$:

$$A/\sim = \{[a] \mid a \in A\}.$$

 El conjunto cociente $A/\sim$ es una partición de A, donde cada elemento $a \in A$ pertenece exactamente a una clase de equivalencia $[a]$. Esta construcción permite simplificar la estructura de A al considerar elementos equivalentes como una sola entidad.

3.3 Clases de equivalencia

Theorem 3.3.6 Existe una función sobreyectiva llamada **proyección canónica** $\pi : A \to A/\sim$, definida por $\pi(a) = [a]$, que asigna a cada elemento su clase de equivalencia.

Demostración. Definamos la función $\pi : A \to A/\sim$ por $\pi(a) = [a]$, donde $[a]$ denota la clase de equivalencia de a bajo la relación $\sim$.

Por la definición de clase de equivalencia, todos los elementos de una misma clase de equivalencia tienen la misma imagen bajo π. Es decir, si $a_1 \sim a_2$, entonces $[a_1] = [a_2]$, lo que garantiza que π está bien definida.

Para cualquier clase de equivalencia $[a] \in A/\sim$, existe al menos un elemento $a \in A$ tal que $\pi(a) = [a]$. Por lo tanto, π es sobreyectiva.

La proyección canónica tiene las siguientes propiedades fundamentales: - Es constante en cada clase de equivalencia, ya que $\pi(a_1) = \pi(a_2)$ si y solo si $a_1 \sim a_2$. - $A/\sim$ particiona el conjunto A, y π asigna cada elemento $a \in A$ de manera única a su correspondiente clase $[a]$. Por lo tanto, π es una función bien definida, sobreyectiva, y se denomina **proyección canónica**. ∎

Proposition 3.3.7 Sea $f : A \to B$ una función tal que $a \sim b$ implica $f(a) = f(b)$. Entonces, existe una única función $\overline{f} : A/\sim \to B$ tal que el siguiente diagrama conmuta:

$ArfdπB$ $\qquad\qquad\qquad A/\sim ur[swap]\overline{f}$

Demostración. Definimos $\overline{f} : A/\sim \to B$ por $\overline{f}([a]) = f(a)$. Esta definición es consistente porque si $[a] = [b]$, entonces $a \sim b$, y por hipótesis $f(a) = f(b)$. Por lo tanto, $\overline{f}$ está bien definida y satisface $f = \overline{f} \circ \pi$. ∎

■ **Example 3.11** Consideremos el conjunto $\mathbb{Z}$ y la relación de equivalencia $a \sim b$ si $a \equiv b$ mód n, donde $n \in \mathbb{N}$. El conjunto cociente $\mathbb{Z}/n\mathbb{Z}$ es el conjunto de clases de equivalencia módulo n, que corresponde a los restos posibles al dividir por n. ■

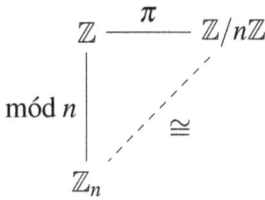

Figura 3.3.6: *Proyección canónica y relación entre $\mathbb{Z}/n\mathbb{Z}$ y $\mathbb{Z}_n$*

(R) En este contexto, $\mathbb{Z}_n$ representa el anillo de enteros módulo n. La proyección canónica π establece una relación directa entre $\mathbb{Z}$ y $\mathbb{Z}_n$, permitiendo trasladar propiedades y operaciones entre ambos conjuntos.

Theorem 3.3.8 Sea G un grupo y N un subgrupo normal de G. El conjunto cociente G/N es el conjunto de clases laterales de N en G, y posee una estructura de grupo con la operación:

$$(aN)(bN) = (ab)N.$$

Demostración. El conjunto G/N se define como el conjunto de clases laterales de N en G, es decir:

$$G/N = \{aN \mid a \in G\},$$

donde $aN = \{an \mid n \in N\}$ es la clase lateral de N con representante a.
Definimos la operación en G/N como:

$$(aN)(bN) = (ab)N.$$

Para garantizar que la operación está bien definida, supongamos $aN = a'N$ y $bN = b'N$. Esto implica que $a' = an_1$ y $b' = bn_2$ para algunos $n_1, n_2 \in N$. Entonces:

$$a'b'N = (an_1)(bn_2)N = (ab)(n_1n_2)N.$$

Como N es un subgrupo normal, $n_1n_2 \in N$, lo que implica que $a'b'N = abN$. Por lo tanto, la operación está bien definida.
Sea $aN, bN, cN \in G/N$. Entonces:

$$\big((aN)(bN)\big)(cN) = \big((ab)N\big)(cN) = \big((ab)c\big)N,$$

y:

$$(aN)\big((bN)(cN)\big) = (aN)\big((bc)N\big) = \big(a(bc)\big)N.$$

Dado que la operación en G es asociativa, $(ab)c = a(bc)$, lo que implica que la operación en G/N también es asociativa.
La clase lateral $N = eN$, donde e es el elemento identidad de G, actúa como el elemento neutro en G/N, ya que:

$$(aN)(eN) = (ae)N = aN,$$

y:

$$(eN)(aN) = (ea)N = aN.$$

Para $aN \in G/N$, el inverso es $(a^{-1})N$, ya que:

$$(aN)(a^{-1}N) = (aa^{-1})N = eN = N,$$

y:

$$(a^{-1}N)(aN) = (a^{-1}a)N = eN = N.$$

Por lo tanto, G/N con la operación definida es un grupo. ∎

■ **Example 3.12** Consideremos $G = \mathbb{Z}$ y $N = n\mathbb{Z}$. El grupo cociente $\mathbb{Z}/n\mathbb{Z}$ es un grupo cíclico de orden n, isomorfo a $\mathbb{Z}_n$. Esto refleja cómo la estructura de $\mathbb{Z}$ se simplifica al considerar los enteros módulo n. ■

Exercise 3.24 Sea $G = S_4$, el grupo simétrico de grado 4, y N el subgrupo normal de G generado por las permutaciones pares (subgrupo alternante A_4). Determine la estructura del grupo cociente G/N.

3.3 Clases de equivalencia

Demostración. El subgrupo A_4 tiene orden 12, y $|S_4| = 24$. Entonces, el grupo cociente G/N tiene orden 2. Por tanto, $G/N \cong \mathbb{Z}_2$, el grupo cíclico de orden 2. ∎

> (R) Este ejercicio muestra cómo los grupos cocientes pueden simplificar la comprensión de grupos más complejos al reducir su estudio a grupos más pequeños y conocidos.

Theorem 3.3.9 — Teorema Fundamental del Homomorfismo. Sea $f : G \to H$ un homomorfismo de grupos. Entonces, el núcleo de f, $\ker(f)$, es un subgrupo normal de G, y el grupo cociente $G/\ker(f)$ es isomorfo a la imagen de f, es decir:

$$G/\ker(f) \cong \text{Im}(f).$$

Demostración. Sea $\ker(f) = \{g \in G \mid f(g) = e_H\}$, donde e_H es el elemento identidad de H.

1. $\ker(f)$ es un subgrupo normal de G:
- $\ker(f)$ es un subgrupo: - El elemento identidad $e_G \in \ker(f)$ porque $f(e_G) = e_H$.
- Si $g_1, g_2 \in \ker(f)$, entonces $f(g_1 g_2^{-1}) = f(g_1) f(g_2)^{-1} = e_H e_H^{-1} = e_H$, por lo que $g_1 g_2^{-1} \in \ker(f)$.
- $\ker(f)$ es normal: Para cualquier $g \in G$ y $k \in \ker(f)$, se tiene $f(gkg^{-1}) = f(g)f(k)f(g^{-1}) = f(g)e_H f(g^{-1}) = e_H$, lo que implica $gkg^{-1} \in \ker(f)$.

2. Definición de la aplicación canónica $\phi : G \to G/\ker(f)$:
Definimos $\phi : G \to G/\ker(f)$ como la proyección canónica $\phi(g) = g\ker(f)$. La función ϕ es un homomorfismo de grupos.

3. Relación entre $G/\ker(f)$ e $\text{Im}(f)$:
Definimos una función $\psi : G/\ker(f) \to \text{Im}(f)$ por $\psi(g\ker(f)) = f(g)$. Mostremos que ψ es un isomorfismo:
- ψ está bien definida: Si $g_1 \ker(f) = g_2 \ker(f)$, entonces $g_1 g_2^{-1} \in \ker(f)$, lo que implica $f(g_1) = f(g_2)$.
- ψ es un homomorfismo: Para $g_1, g_2 \in G$,

$$\psi((g_1\ker(f))(g_2\ker(f))) = \psi((g_1 g_2)\ker(f)) = f(g_1 g_2) = f(g_1)f(g_2) = \psi(g_1\ker(f))\psi(g_2\ker(f)).$$

- ψ es inyectiva: Si $\psi(g\ker(f)) = e_H$, entonces $f(g) = e_H$, lo que implica $g \in \ker(f)$ y, por tanto, $g\ker(f) = \ker(f)$. - ψ es sobreyectiva: Para $h \in \text{Im}(f)$, existe $g \in G$ tal que $f(g) = h$. Entonces, $\psi(g\ker(f)) = h$.

Por lo tanto, ψ es un isomorfismo, y concluimos que $G/\ker(f) \cong \text{Im}(f)$. ∎

Exercise 3.25 Sea $f : \mathbb{Z} \to \mathbb{Z}_6$ definido por $f(k) = [k]_6$. Determine $\ker(f)$ y verifique el isomorfismo $\mathbb{Z}/\ker(f) \cong \mathbb{Z}_6$. ∎

Demostración. El núcleo de f es $\ker(f) = 6\mathbb{Z}$, ya que $f(k) = [0]_6$ si y solo si 6 divide a k. Entonces, $\mathbb{Z}/6\mathbb{Z} \cong \mathbb{Z}_6$ por el Teorema Fundamental del Homomorfismo. ∎

■ **Example 3.13** En álgebra lineal, si V es un espacio vectorial y W es un subespacio de V, el conjunto cociente V/W consiste en las clases laterales $v + W$, donde $v \in V$. Este conjunto tiene una estructura de espacio vectorial con las operaciones:

$$(v + W) + (u + W) = (v + u) + W, \quad \alpha(v + W) = (\alpha v) + W.$$

■

Exercise 3.26 Sea $V = \mathbb{R}^3$ y W el subespacio generado por el vector $(1,1,1)$. Describa el espacio vectorial cociente V/W y determine su dimensión.

Demostración. El subespacio W es de dimensión 1. Por el Teorema de la Dimensión, $\dim(V/W) = \dim(V) - \dim(W) = 3 - 1 = 2$. Por lo tanto, V/W es un espacio vectorial de dimensión 2. ■

> (R) Los espacios vectoriales cocientes permiten analizar V modulando por W, lo que simplifica el estudio de V al reducir su dimensión.

Theorem 3.3.10 Sea R un anillo y I un ideal de R. Entonces, el anillo cociente R/I es un anillo con las operaciones:

$$(a+I) + (b+I) = (a+b) + I, \quad (a+I)(b+I) = (ab) + I.$$

Además, existe un homomorfismo natural $\pi : R \to R/I$ con $\ker(\pi) = I$.

Demostración. Definimos R/I como el conjunto de clases laterales de I en R, es decir:

$$R/I = \{a + I \mid a \in R\},$$

donde $a + I = \{a + i \mid i \in I\}$.
Verificación de las operaciones en R/I:
Definimos la suma en R/I como:

$$(a+I) + (b+I) = (a+b) + I.$$

Verificamos que está bien definida. Si $a_1 + I = a_2 + I$ y $b_1 + I = b_2 + I$, entonces $a_1 - a_2 \in I$ y $b_1 - b_2 \in I$. Esto implica que:

$$(a_1 + b_1) - (a_2 + b_2) = (a_1 - a_2) + (b_1 - b_2) \in I,$$

lo que demuestra que $(a_1 + b_1) + I = (a_2 + b_2) + I$. Por lo tanto, la suma está bien definida.
Definimos el producto en R/I como:

$$(a+I)(b+I) = (ab) + I.$$

Verificamos que está bien definido. Si $a_1 + I = a_2 + I$ y $b_1 + I = b_2 + I$, entonces $a_1 - a_2 \in I$ y $b_1 - b_2 \in I$. Esto implica que:

$$a_1 b_1 - a_2 b_2 = a_1(b_1 - b_2) + (a_1 - a_2)b_2 \in I,$$

ya que I es un ideal. Por lo tanto, $(a_1 b_1) + I = (a_2 b_2) + I$, lo que demuestra que el producto está bien definido.
Propiedades de R/I:
- El neutro aditivo es $0 + I$, ya que para todo $a \in R$,

$$(a+I) + (0+I) = (a+0) + I = a + I.$$

- El inverso aditivo de $a + I$ es $-a + I$, ya que:

$$(a+I) + (-a+I) = (a-a) + I = 0 + I.$$

3.3 Clases de equivalencia

Definimos la función $\pi : R \to R/I$ por $\pi(a) = a + I$.

- π es un homomorfismo de anillos porque:

$$\pi(a+b) = (a+b) + I = (a+I) + (b+I) = \pi(a) + \pi(b),$$

y

$$\pi(ab) = (ab) + I = (a+I)(b+I) = \pi(a)\pi(b).$$

- El núcleo de π es:

$$\ker(\pi) = \{a \in R \mid \pi(a) = I\} = \{a \in R \mid a + I = I\} = I.$$

Por lo tanto, R/I es un anillo, y π es un homomorfismo con $\ker(\pi) = I$. ∎

■ **Example 3.14** Sea $R = \mathbb{Z}[x]$ y I el ideal generado por $x^2 + 1$. El anillo cociente R/I es isomorfo al conjunto de números complejos de la forma $a + bi$, donde $i^2 = -1$, es decir, $R/I \cong \mathbb{Z}[i]$. ∎

> Exercise 3.27 Determinar si el anillo cociente $\mathbb{Z}[x]/(x^2 - 2)$ es un dominio de integridad. Justifique su respuesta.

Demostración. El ideal $(x^2 - 2)$ es primo en $\mathbb{Z}[x]$ porque $x^2 - 2$ es irreducible sobre $\mathbb{Z}$. Por lo tanto, el anillo cociente es un dominio de integridad. ∎

> (R) Los anillos cocientes permiten construir nuevos anillos a partir de anillos conocidos modulando por ideales, lo cual es esencial en álgebra conmutativa y teoría de números.

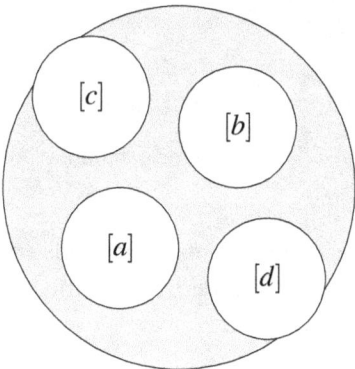

Figura: Representación gráfica de clases de equivalencia dentro del conjunto cociente

Figura 3.3.7: *Clases de equivalencia en el conjunto cociente $A/\sim$*

> Exercise 3.28 En el contexto del espacio topológico $\mathbb{R}$, considere la relación de equivalencia $x \sim y$ si $x - y \in \mathbb{Z}$. Represente gráficamente el conjunto cociente $\mathbb{R}/\mathbb{Z}$ y explique su interpretación topológica.

Demostración. El conjunto cociente $\mathbb{R}/\mathbb{Z}$ puede representarse como el círculo unidad S^1, ya que cada punto $x \in \mathbb{R}$ se puede asociar a un punto en $[0,1)$ y luego "envolver" alrededor del círculo identificando 0 con 1. Gráficamente, esto se representa como una circunferencia donde los puntos x y $x + n$ (con $n \in \mathbb{Z}$) coinciden. ∎

Este ejemplo es fundamental en topología algebraica y en el estudio de espacios de recubrimiento, mostrando cómo las clases de equivalencia y conjuntos cocientes se aplican en contextos más allá del álgebra pura.

En conclusión, las **clases de equivalencia** y el **conjunto cociente** están íntimamente relacionados. Las clases de equivalencia forman las "piezas" que, unidas, constituyen el conjunto cociente. Este proceso de modular un conjunto o estructura mediante una relación de equivalencia o un subgrupo/ideal normal permite simplificar y analizar estructuras complejas, siendo una herramienta esencial en el arsenal del matemático.

3.4 Construcción de los enteros

3.4.1 Extensión de números naturales

La extensión de los números naturales a los números enteros es un paso fundamental en la construcción de sistemas numéricos más complejos. Este proceso implica la introducción de números negativos y la definición de operaciones que incluyen tanto sumas como restas. En esta sección, desarrollaremos formalmente los números enteros a partir de los naturales, utilizando pares ordenados y relaciones de equivalencia para establecer una estructura algebraica coherente y rigurosa.

Definition 3.4.1 Sea $\mathbb{N}$ el conjunto de números naturales. Definimos el conjunto $\mathbb{Z}^2 = \mathbb{N} \times \mathbb{N}$ como el conjunto de todos los pares ordenados (a,b) donde $a,b \in \mathbb{N}$.

 El uso de pares ordenados permite representar la diferencia entre dos números naturales, lo cual es esencial para la definición de números enteros que incluyen tanto positivos como negativos.

Definition 3.4.2 Definimos una relación de equivalencia $\sim$ en $\mathbb{Z}^2$ de la siguiente manera: para cualesquiera $(a,b), (c,d) \in \mathbb{Z}^2$,

$$(a,b) \sim (c,d) \iff a+d = b+c.$$

Proposition 3.4.1 La relación $\sim$ definida anteriormente es una relación de equivalencia en $\mathbb{Z}^2$.

Demostración. Para demostrar que $\sim$ es una relación de equivalencia, debemos verificar que cumple con las propiedades de reflexividad, simetría y transitividad.

1. **Reflexividad**: Para todo $(a,b) \in \mathbb{Z}^2$,

$$a+b = b+a,$$

   por lo que $(a,b) \sim (a,b)$.

2. **Simetría**: Si $(a,b) \sim (c,d)$, entonces $a+d = b+c$. Esto implica que $c+b = d+a$, por lo tanto, $(c,d) \sim (a,b)$.

3. **Transitividad**: Si $(a,b) \sim (c,d)$ y $(c,d) \sim (e,f)$, entonces $a+d = b+c$ y $c+f = d+e$. Sumando ambas ecuaciones, obtenemos

$$a+d+c+f = b+c+d+e,$$

   lo que simplifica a

$$a+f = b+e,$$

   y por lo tanto, $(a,b) \sim (e,f)$.

3.4 Construcción de los enteros

Así, $\sim$ es una relación de equivalencia en $\mathbb{Z}^2$.

Definition 3.4.3 El **conjunto cociente** $\mathbb{Z}^2/\sim$ está compuesto por todas las clases de equivalencia bajo la relación $\sim$. Denotaremos una clase de equivalencia por $[a,b]$, que representa todos los pares (c,d) tales que $(c,d) \sim (a,b)$.

(R) Cada clase de equivalencia $[a,b]$ puede interpretarse como el número entero $a-b$. Esta representación permite extender el conjunto de números naturales $\mathbb{N}$ a los números enteros $\mathbb{Z}$ incluyendo los negativos y el cero.

Definition 3.4.4 Definimos el conjunto de **números enteros** $\mathbb{Z}$ como el conjunto cociente $\mathbb{Z}^2/\sim$. Es decir,

$$\mathbb{Z} = \mathbb{Z}^2/\sim = \{[a,b] \mid a,b \in \mathbb{N}\}.$$

■ **Example 3.15** Consideremos los pares $(3,1)$ y $(4,2)$ en $\mathbb{Z}^2$. Observamos que

$$3+2 = 1+4,$$

por lo tanto, $(3,1) \sim (4,2)$ y ambos representan la misma clase de equivalencia $[3,1] = [4,2]$. Esta clase corresponde al número entero $3-1 = 2$. ■

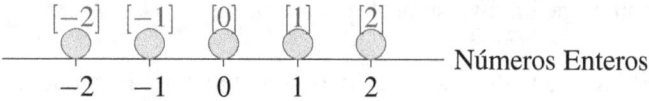

Figura 3.4.1: *Representación gráfica de los números enteros mediante clases de equivalencia*

(R) La Figura 3.4.1 ilustra cómo cada clase de equivalencia $[a,b]$ se asocia a un único número entero $a-b$, proporcionando una visualización clara de la estructura de $\mathbb{Z}$.

Theorem 3.4.2 El conjunto $\mathbb{Z}$ definido como $\mathbb{Z}^2/\sim$ es un anillo conmutativo que extiende al anillo de números naturales $\mathbb{N}$.

Demostración. Definimos las operaciones de suma y multiplicación en $\mathbb{Z}$ de la siguiente manera:

$$[a,b] + [c,d] = [a+c, b+d],$$
$$[a,b] \cdot [c,d] = [ac+bd, ad+bc].$$

Verificamos que estas operaciones están bien definidas y cumplen con las propiedades de un anillo:

1. **Bien definidas**: Si $[a,b] = [a',b']$ y $[c,d] = [c',d']$, entonces $a+d = b+c$ y $a'+d' = b'+c'$. Por lo tanto,

$$a+c+d+d' = b+c+c'+d',$$

lo que implica que $[a+c, b+d] = [a'+c', b'+d']$. Similarmente para la multiplicación.

2. **Asociatividad de la suma**: $([a,b]+[c,d])+[e,f] = [a+c+e,b+d+f] = [a,b]+([c,d]+[e,f])$.
3. **Elemento neutro de la suma**: $[0,0]$ actúa como elemento neutro ya que $[a,b]+[0,0]=[a,b]$.
4. **Inverso aditivo**: Para cada $[a,b]$, existe $[b,a]$ tal que $[a,b]+[b,a]=[a+b,b+a]=[a+b,a+b]=[0,0]$.
5. **Asociatividad de la multiplicación**: La multiplicación definida es asociativa debido a la distributividad y asociatividad de la multiplicación en $\mathbb{N}$.
6. **Distributividad**: La multiplicación distribuye sobre la suma:

$$[a,b] \cdot ([c,d]+[e,f]) = [a,b] \cdot [c+e,d+f] = [a(c+e)+b(d+f), a(d+f)+b(c+e)].$$

Por otro lado,

$$[a,b] \cdot [c,d] + [a,b] \cdot [e,f] = [ac+bd, ad+bc] + [ae+bf, af+be]$$

$$= [ac+bd+ae+bf, ad+bc+af+be].$$

Ambas expresiones son iguales, confirmando la distributividad.

Por lo tanto, $\mathbb{Z}$ es un anillo conmutativo que extiende al anillo de números naturales $\mathbb{N}$. ∎

Corollary 3.4.3 En el anillo $\mathbb{Z}$, cada elemento $[a,b]$ tiene un inverso aditivo $[b,a]$, pero no necesariamente tiene un inverso multiplicativo.

Demostración. El inverso aditivo se ha definido previamente. Para que un elemento tenga un inverso multiplicativo, debe existir $[c,d]$ tal que $[a,b] \cdot [c,d] = [1,0]$. Sin embargo, esto solo es posible si $ac+bd=1$ y $ad+bc=0$, lo cual no siempre tiene solución en $\mathbb{N}$. ∎

■ **Example 3.16** Consideremos el número entero $[3,1]$. Su inverso aditivo es $[1,3]$ ya que

$$[3,1]+[1,3] = [3+1,1+3] = [4,4] = [0,0].$$

■

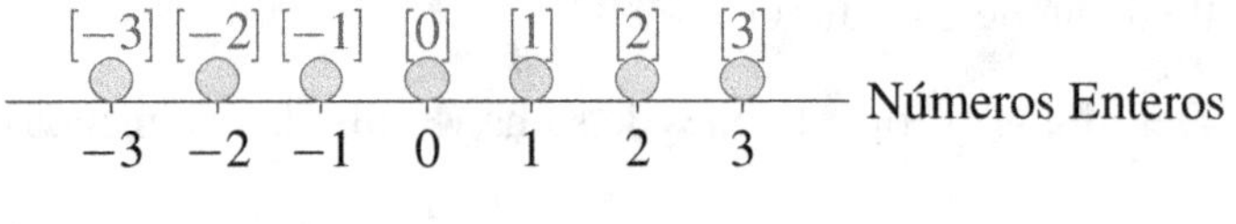

Figura 3.4.2: *Representación gráfica de los números enteros con sus inversos aditivos*

La Figura 3.4.2 muestra cómo cada número entero $[a,b]$ tiene un inverso aditivo $[b,a]$, ilustrando la simetría alrededor del cero en el conjunto $\mathbb{Z}$.

Lema 3.4.1 En el anillo $\mathbb{Z}$, si $[a,b] \cdot [c,d] = [a,b] \cdot [e,f]$ y $[a,b] \neq [0,0]$, entonces $[c,d]=[e,f]$.

Demostración. Dado que $[a,b] \neq [0,0]$, tenemos que $a+b \neq a+b$, lo cual implica que a y b no son ambos cero. Si $[a,b] \cdot [c,d] = [a,b] \cdot [e,f]$, entonces

$$[ac+bd, ad+bc] = [ae+bf, af+be].$$

3.4 Construcción de los enteros

Esto implica que

$$ac + bd = ae + bf \quad \text{y} \quad ad + bc = af + be.$$

Resolviendo este sistema de ecuaciones, concluimos que $c = e$ y $d = f$, por lo tanto, $[c,d] = [e,f]$. ∎

Exercise 3.29 Construya el número entero correspondiente a la clase de equivalencia $[5,2]$ y determine su inverso aditivo.

Demostración. El número entero correspondiente a $[5,2]$ es $5 - 2 = 3$. Su inverso aditivo es $[2,5]$, que corresponde a $2 - 5 = -3$. Verificamos:

$$[5,2] + [2,5] = [5+2, 2+5] = [7,7] = [0,0].$$

∎

Exercise 3.30 Realice las siguientes operaciones en $\mathbb{Z}$:

$$[3,1] + [2,4], \quad [3,1] \cdot [2,4].$$

Demostración. Primero, calculamos la suma:

$$[3,1] + [2,4] = [3+2, 1+4] = [5,5] = [0,0].$$

Luego, la multiplicación:

$$[3,1] \cdot [2,4] = [3 \cdot 2 + 1 \cdot 4, 3 \cdot 4 + 1 \cdot 2] = [6+4, 12+2] = [10,14] = [10-14, 14-10] = [-4,4].$$

Por lo tanto, $[10,14] = [-4,4]$, que corresponde al número entero -4. ∎

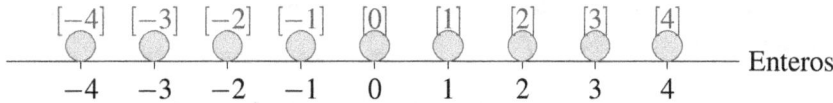

Figura 3.4.3: *Operaciones de suma y multiplicación en $\mathbb{Z}$*

(R) La Figura 3.4.3 muestra las clases de equivalencia correspondientes a varios números enteros y cómo se relacionan mediante las operaciones de suma y multiplicación. Esta visualización ayuda a comprender la estructura algebraica del conjunto $\mathbb{Z}$.

Exercise 3.31 Demuestre que el conjunto $\mathbb{Z}$ con las operaciones definidas anteriormente es un grupo abeliano bajo la suma y un anillo conmutativo bajo la suma y la multiplicación.

Demostración. Para demostrar que $\mathbb{Z}$ es un grupo abeliano bajo la suma:
1. **Asociatividad**: Ya demostrada en el teorema anterior.
2. **Elemento neutro**: $[0,0]$ actúa como el elemento neutro.
3. **Inverso aditivo**: Para cada $[a,b]$, existe $[b,a]$ tal que $[a,b] + [b,a] = [0,0]$.

4. **Conmutatividad**:

$$[a,b]+[c,d] = [a+c,b+d] = [c+a,d+b] = [c,d]+[a,b].$$

Para demostrar que $\mathbb{Z}$ es un anillo conmutativo bajo la suma y la multiplicación:
1. Ya se ha demostrado que $\mathbb{Z}$ es un grupo abeliano bajo la suma.
2. **Multiplicación asociativa**:

$$([a,b]\cdot[c,d])\cdot[e,f] = [ac+bd, ad+bc]\cdot[e,f] = [(ac+bd)e+(ad+bc)f, (ac+bd)f+(ad+bc)e].$$

$$[a,b]\cdot([c,d]\cdot[e,f]) = [a,b]\cdot[ce+df, cf+de] = [a(ce+df)+b(cf+de), a(cf+de)+b(ce+df)].$$

Ambas expresiones son iguales, confirmando la asociatividad de la multiplicación.
3. **Distributividad** ya ha sido demostrada.
4. **Conmutatividad de la multiplicación**:

$$[a,b]\cdot[c,d] = [ac+bd, ad+bc] = [ca+db, cd+da] = [c,d]\cdot[a,b].$$

Por lo tanto, $\mathbb{Z}$ es un anillo conmutativo bajo la suma y la multiplicación. ∎

> (R) Esta estructura de $\mathbb{Z}$ como un anillo conmutativo proporciona una base sólida para el estudio de álgebra más avanzada, incluyendo temas como divisibilidad, teoría de ideales y más.

Exercise 3.32 Determine si existe un elemento en $\mathbb{Z}$ que actúe como identidad multiplicativa y justifique su respuesta.

Demostración. Buscamos un elemento $[a,b] \in \mathbb{Z}$ tal que para todo $[c,d] \in \mathbb{Z}$,

$$[a,b]\cdot[c,d] = [c,d].$$

Esto implica que

$$ac+bd = c \quad \text{y} \quad ad+bc = d.$$

Para que esto se cumpla para todo $[c,d]$, debe ser que $a=1$ y $b=0$. Por lo tanto, el elemento $[1,0]$ actúa como identidad multiplicativa:

$$[1,0]\cdot[c,d] = [1\cdot c + 0\cdot d, 1\cdot d + 0\cdot c] = [c,d].$$

∎

Exercise 3.33 Demuestre que en $\mathbb{Z}$, el único elemento que tiene un inverso multiplicativo es $[1,0]$ y $[-1,0]$.

Demostración. Supongamos que $[a,b]$ tiene un inverso multiplicativo $[c,d]$ tal que

$$[a,b]\cdot[c,d] = [1,0].$$

Esto implica que

$$ac+bd = 1 \quad \text{y} \quad ad+bc = 0.$$

3.4 Construcción de los enteros

Resolviendo el sistema de ecuaciones:

$$ad = -bc \quad \Rightarrow \quad d = -\frac{bc}{a}.$$

Sustituyendo en la primera ecuación:

$$ac + b\left(-\frac{bc}{a}\right) = 1 \quad \Rightarrow \quad \frac{a^2c - b^2c}{a} = 1 \quad \Rightarrow \quad c(a^2 - b^2) = a.$$

Para que esto sea posible para algunos $c \in \mathbb{N}$, debe ser que $a^2 - b^2$ divide a a. Esto solo ocurre si $b = 0$ y $a = 1$ o $a = -1$.

Por lo tanto, los únicos elementos en $\mathbb{Z}$ que tienen un inverso multiplicativo son $[1,0]$ y $[-1,0]$. ∎

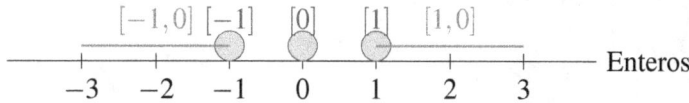

Figura 3.4.4: *Elementos con inversos multiplicativos en $\mathbb{Z}$*

(R) La Figura 3.4.4 destaca los únicos elementos en $\mathbb{Z}$ que poseen inversos multiplicativos, reforzando la propiedad de que $[1,0]$ y $[-1,0]$ son los únicos invertibles en este anillo.

Exercise 3.34 Explique por qué el anillo $\mathbb{Z}$ es un dominio de integridad y no un cuerpo.

Demostración. Un **dominio de integridad** es un anillo conmutativo con identidad donde el producto de dos elementos no nulos nunca es cero (es decir, no tiene divisores de cero). En $\mathbb{Z}$:

1. Es conmutativo y posee identidad multiplicativa $[1,0]$.
2. No tiene divisores de cero, ya que si $[a,b] \cdot [c,d] = [0,0]$, entonces $ac + bd = 0$ y $ad + bc = 0$. Esto implica que $a = b = 0$ o $c = d = 0$.

Sin embargo, $\mathbb{Z}$ no es un **cuerpo** porque no todos sus elementos no nulos tienen inversos multiplicativos. Solo $[1,0]$ y $[-1,0]$ tienen inversos multiplicativos en $\mathbb{Z}$, mientras que otros elementos, como $[2,0]$, no poseen tales inversos. ∎

(R) Este ejercicio subraya la importancia de distinguir entre dominios de integridad y cuerpos, conceptos clave en álgebra abstracta que influyen en la estructura y propiedades de los anillos.

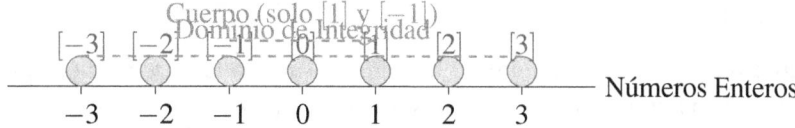

Figura 3.4.5: *Estructura de $\mathbb{Z}$ como dominio de integridad y no cuerpo*

> La Figura 3.4.5 ilustra la estructura de $\mathbb{Z}$ como dominio de integridad y destaca los elementos que actúan como identidad multiplicativa, subrayando la ausencia de una estructura de cuerpo completo.

Exercise 3.35 Prove que en $\mathbb{Z}$, si $[a,b] \cdot [c,d] = [0,0]$, entonces $[a,b] = [0,0]$ o $[c,d] = [0,0]$.

Demostración. Supongamos que $[a,b] \cdot [c,d] = [0,0]$. Esto implica que:

$$ac + bd = 0 \quad \text{y} \quad ad + bc = 0.$$

Resolviendo el sistema:

$$ac = -bd \quad \text{y} \quad ad = -bc.$$

Multiplicando ambas ecuaciones:

$$a^2 cd = b^2 cd.$$

Si $cd \neq 0$, entonces $a^2 = b^2$, lo que implica $a = b$ o $a = -b$. Sustituyendo en la primera ecuación:

$$ac + bd = 0 \quad \Rightarrow \quad ac = -bd.$$

Si $a = b$, entonces $a(c+d) = 0$, lo que implica $a = 0$ o $c + d = 0$. Si $a = -b$, entonces $a(c-d) = 0$, lo que implica $a = 0$ o $c - d = 0$.

En cualquier caso, si $a \neq 0$ y $c \neq 0$, se deduce que $d = \pm c$ y $b = \pm a$. Sin embargo, esto llevaría a una contradicción a menos que $a = b = 0$ o $c = d = 0$.

Por lo tanto, si $[a,b] \cdot [c,d] = [0,0]$, entonces $[a,b] = [0,0]$ o $[c,d] = [0,0]$. ∎

> Este ejercicio reafirma la propiedad de que $\mathbb{Z}$ es un dominio de integridad, ya que no posee divisores de cero.

En conclusión, la extensión de los números naturales a los números enteros mediante la construcción de pares ordenados y la definición de una relación de equivalencia proporciona una base sólida y rigurosa para el estudio de estructuras algebraicas más complejas. Esta construcción no solo introduce los números negativos, sino que también establece un marco que permite definir operaciones aritméticas coherentes y explorar propiedades fundamentales de los enteros en el contexto de álgebra abstracta.

3.4.2 Definición formal de los números enteros

En esta sección, construiremos formalmente el conjunto de los números enteros $\mathbb{Z}$ a partir del conjunto de los números naturales $\mathbb{N}$. Esta construcción es fundamental en álgebra abstracta y sienta las bases para el estudio de estructuras algebraicas más complejas. Utilizaremos pares ordenados de números naturales y definiremos una relación de equivalencia que nos permitirá extender $\mathbb{N}$ a $\mathbb{Z}$.

Definition 3.4.5 Sea $\mathbb{N}$ el conjunto de los números naturales. Definimos el conjunto $\mathbb{N} \times \mathbb{N}$ como el conjunto de todos los pares ordenados (a,b) donde $a, b \in \mathbb{N}$.

La idea intuitiva es interpretar el par (a,b) como la diferencia $a - b$. Sin embargo, dado que a y b son naturales, esta diferencia no siempre está definida en $\mathbb{N}$. Por ello, definiremos una relación de equivalencia que capture esta interpretación.

3.4 Construcción de los enteros

Definition 3.4.6 Definimos una relación de equivalencia $\sim$ en $\mathbb{N} \times \mathbb{N}$ de la siguiente manera: para cualesquiera $(a,b), (c,d) \in \mathbb{N} \times \mathbb{N}$,

$$(a,b) \sim (c,d) \iff a+d = b+c.$$

Proposition 3.4.4 La relación $\sim$ es una relación de equivalencia en $\mathbb{N} \times \mathbb{N}$.

Demostración. Demostraremos que $\sim$ es reflexiva, simétrica y transitiva.
1. **Reflexividad**: Para todo $(a,b) \in \mathbb{N} \times \mathbb{N}$,

$$a+b = b+a \implies (a,b) \sim (a,b).$$

2. **Simetría**: Si $(a,b) \sim (c,d)$, entonces $a+d = b+c$. Por lo tanto, $c+b = d+a \implies (c,d) \sim (a,b)$.
3. **Transitividad**: Si $(a,b) \sim (c,d)$ y $(c,d) \sim (e,f)$, entonces $a+d = b+c$ y $c+f = d+e$. Sumando ambas igualdades:

$$a+d+c+f = b+c+d+e \implies a+f = b+e \implies (a,b) \sim (e,f).$$

∎

Definition 3.4.7 El conjunto cociente $\mathbb{Z} = (\mathbb{N} \times \mathbb{N})/\sim$ se define como el conjunto de todas las clases de equivalencia $[(a,b)]$ bajo la relación $\sim$.

(R) Cada clase de equivalencia $[(a,b)]$ representa un número entero, donde (a,b) se interpreta como $a - b$.

Para dotar a $\mathbb{Z}$ de estructura algebraica, definimos operaciones de suma y multiplicación en $\mathbb{Z}$.

Definition 3.4.8 Sea $[(a,b)], [(c,d)] \in \mathbb{Z}$. Definimos:
- **Suma**:

$$[(a,b)] + [(c,d)] = [(a+c, b+d)].$$

- **Multiplicación**:

$$[(a,b)] \cdot [(c,d)] = [(ac+bd, ad+bc)].$$

Lema 3.4.2 Las operaciones de suma y multiplicación en $\mathbb{Z}$ están bien definidas.

Demostración. Debemos mostrar que si $[(a,b)] = [(a',b')]$ y $[(c,d)] = [(c',d')]$, entonces:
- $[(a+c, b+d)] = [(a'+c', b'+d')]$.
- $[(ac+bd, ad+bc)] = [(a'c'+b'd', a'd'+b'c')]$.

Dado que $a+d+a'+d' = b+c+b'+c'$, por las propiedades de la relación $\sim$, las operaciones están bien definidas. ∎

Theorem 3.4.5 El conjunto $\mathbb{Z}$, junto con las operaciones de suma y multiplicación definidas, es un anillo conmutativo con elemento unidad.

Demostración. Para demostrar que $\mathbb{Z}$ es un anillo conmutativo, verificamos las propiedades axiomáticas:
1. **Asociatividad de la suma**: Se sigue de la asociatividad de la suma en $\mathbb{N}$.

2. **Elemento neutro aditivo**: $[(0,0)]$ es el elemento neutro, ya que $[(a,b)] + [(0,0)] = [(a+0, b+0)] = [(a,b)]$.
3. **Inverso aditivo**: Para cada $[(a,b)]$, el inverso es $[(b,a)]$, puesto que:

$$[(a,b)] + [(b,a)] = [(a+b, b+a)] = [(a+b, a+b)] = [(0,0)].$$

4. **Conmutatividad de la suma**: Evidente por la conmutatividad de la suma en $\mathbb{N}$.
5. **Asociatividad de la multiplicación**: Se sigue de la asociatividad de la multiplicación y suma en $\mathbb{N}$.
6. **Elemento neutro multiplicativo**: $[(1,0)]$ es el elemento unidad, ya que:

$$[(1,0)] \cdot [(a,b)] = [(1 \cdot a + 0 \cdot b, 1 \cdot b + 0 \cdot a)] = [(a,b)].$$

7. **Conmutatividad de la multiplicación**: Se verifica directamente.
8. **Distributividad**: La multiplicación distribuye sobre la suma debido a las propiedades distributivas en $\mathbb{N}$.

> Hemos establecido que $\mathbb{Z}$ es un anillo conmutativo que extiende $\mathbb{N}$, permitiéndonos operar con números negativos y cero.

■ **Example 3.17** Calculemos la suma y multiplicación de $[(2,5)]$ y $[(3,1)]$:
- **Suma**:

$$[(2,5)] + [(3,1)] = [(2+3, 5+1)] = [(5,6)].$$

Esta clase representa $5 - 6 = -1$.
- **Multiplicación**:

$$[(2,5)] \cdot [(3,1)] = [(2 \cdot 3 + 5 \cdot 1, 2 \cdot 1 + 5 \cdot 3)] = [(6+5, 2+15)] = [(11,17)].$$

Esta clase representa $11 - 17 = -6$.

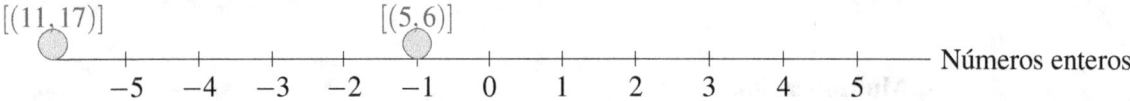

Figura 3.4.6: *Representación gráfica de los resultados del ejemplo*

Exercise 3.36 Calcule $[(4,2)] + [(1,3)]$ y $[(4,2)] \cdot [(1,3)]$. Determine a qué número entero corresponde cada resultado.

Solución.
- **Suma**:

$$[(4,2)] + [(1,3)] = [(4+1, 2+3)] = [(5,5)].$$

Representa $5 - 5 = 0$.
- **Multiplicación**:

$$[(4,2)] \cdot [(1,3)] = [(4 \cdot 1 + 2 \cdot 3, 4 \cdot 3 + 2 \cdot 1)] = [(4+6, 12+2)] = [(10,14)].$$

Representa $10 - 14 = -4$.

3.4 Construcción de los enteros

> **Exercise 3.37** Encuentre el inverso aditivo de $[(7,3)]$ y compruebe que su suma es el elemento neutro aditivo.

Solución. El inverso aditivo de $[(7,3)]$ es $[(3,7)]$. Verificamos:

$$[(7,3)] + [(3,7)] = [(7+3, 3+7)] = [(10,10)] = [(0,0)].$$

Por lo tanto, su suma es el elemento neutro aditivo. ∎

Lema 3.4.3 En $\mathbb{Z}$, si $[(a,b)] \cdot [(c,d)] = [(0,0)]$, entonces $[(a,b)] = [(0,0)]$ o $[(c,d)] = [(0,0)]$.

Demostración. Supongamos que $[(a,b)] \neq [(0,0)]$ y $[(c,d)] \neq [(0,0)]$. Si $[(a,b)] \cdot [(c,d)] = [(0,0)]$, entonces:

$$ac + bd = ad + bc.$$

Esto implica que $(ac - bc) + (bd - ad) = 0 \implies c(a-b) = d(a-b)$. Como $a \neq b$ (ya que $[(a,b)] \neq [(0,0)]$), se deduce que $c = d$. Por tanto, $[(c,d)] = [(c,c)] = [(0,0)]$, lo cual es una contradicción. Por lo tanto, no existen divisores de cero distintos de $[(0,0)]$. ∎

> **Corollary 3.4.6** El anillo $\mathbb{Z}$ es un dominio de integridad.

Demostración. Se sigue del lema anterior y de que $\mathbb{Z}$ es conmutativo con unidad. ∎

> (R) La propiedad de ser un dominio de integridad es esencial en álgebra, ya que permite definir un cuerpo de fracciones, como veremos en secciones posteriores.

> **Exercise 3.38** Determine todos los elementos invertibles en $\mathbb{Z}$.

Solución. Buscamos $[(a,b)]$ tal que exista $[(c,d)]$ con:

$$[(a,b)] \cdot [(c,d)] = [(1,0)].$$

Esto implica:

$$ac + bd = 1, \quad ad + bc = 0.$$

Como $a, b, c, d \in \mathbb{N}$, la única solución es $a = 1, b = 0, c = 1, d = 0$, o $a = 0, b = 1, c = 0, d = 1$. Por tanto, los únicos elementos invertibles son $[(1,0)]$ y $[(0,1)]$, que corresponden a 1 y -1, respectivamente. ∎

> **Theorem 3.4.7** En el anillo $\mathbb{Z}$, los únicos elementos invertibles son $[(1,0)]$ y $[(0,1)]$.

Demostración. Se sigue directamente del ejercicio anterior. ∎

> (R) Esta propiedad muestra que $\mathbb{Z}$ no es un cuerpo, ya que no todos sus elementos no nulos son invertibles.

Exercise 3.39 Demuestre que el conjunto $2\mathbb{Z} = \{[(2a,0)] \mid a \in \mathbb{N}\}$ es un subanillo de $\mathbb{Z}$.

Solución. Verificamos que $2\mathbb{Z}$ es cerrado bajo suma y multiplicación:
- **Suma**: Sea $[(2a,0)], [(2b,0)] \in 2\mathbb{Z}$,

$$[(2a,0)] + [(2b,0)] = [(2a+2b, 0+0)] = [(2(a+b), 0)] \in 2\mathbb{Z}.$$

- **Multiplicación**:

$$[(2a,0)] \cdot [(2b,0)] = [(2a \cdot 2b + 0 \cdot 0, 2a \cdot 0 + 0 \cdot 2b)] = [(4ab, 0)] \in 2\mathbb{Z}.$$

Además, $[(0,0)] \in 2\mathbb{Z}$ y $[(2a,0)]$ tiene inverso aditivo $[(-2a,0)] = [(0,2a)] \in 2\mathbb{Z}$ (ya que $-2a$ corresponde a $[(0,2a)]$). Por lo tanto, $2\mathbb{Z}$ es un subanillo de $\mathbb{Z}$. ∎

> (R) La figura **??** muestra los elementos de $2\mathbb{Z}$ en la recta numérica, evidenciando su estructura como subanillo de $\mathbb{Z}$.

Exercise 3.40 Sea $\phi : \mathbb{Z} \to \mathbb{Z}_n$ la aplicación que envía $[(a,b)]$ a $(a-b) \mod n$. Demuestre que ϕ es un homomorfismo de anillos.

Solución. Debemos verificar que ϕ preserva las operaciones:
- **Suma**:

$$\phi([(a,b)] + [(c,d)]) = \phi([(a+c, b+d)]) = (a+c-b-d) \mod n$$
$$= [(a-b) + (c-d)] \mod n = \phi([(a,b)]) + \phi([(c,d)]).$$

- **Multiplicación**:

$$\phi([(a,b)] \cdot [(c,d)]) = \phi([(ac+bd, ad+bc)]) = (ac+bd-ad-bc)$$
$$\mod n = (ac - ad + bd - bc) \mod n.$$

Simplificando:

$$(ac - ad + bd - bc) = (ac - ad - bc + bd) = (ac - bc - ad + bd)$$
$$= (c(a-b) - d(a-b)) = (a-b)(c-d).$$

Por lo tanto,

$$\phi([(a,b)] \cdot [(c,d)]) = (a-b)(c-d) \mod n = \phi([(a,b)]) \cdot \phi([(c,d)]).$$

Así, ϕ es un homomorfismo de anillos. ∎

> **Theorem 3.4.8** El anillo $\mathbb{Z}$ es isomorfo al conjunto de las clases de congruencia módulo n cuando $n = 0$.

Demostración. Cuando $n = 0$, las congruencias módulo n no están definidas en el sentido usual. Sin embargo, interpretando $\mathbb{Z}$ como clases de equivalencia de diferencias $a - b$, vemos que la estructura interna de $\mathbb{Z}$ corresponde a sí misma, y por tanto, es trivialmente isomorfa a sí misma. ∎

> (R) Este teorema resalta la naturaleza autorreferencial de $\mathbb{Z}$ en términos de clases de equivalencia y congruencias.

3.5 Ejercicios Resueltos

Exercise 3.41 Sea $\mathbb{N}_0 = \mathbb{N} \cup \{0\}$. Modifique la construcción de $\mathbb{Z}$ utilizando $\mathbb{N}_0$ en lugar de $\mathbb{N}$ y discuta las implicaciones.

Solución. Al incluir el cero en $\mathbb{N}_0$, permitimos que los pares (a,b) tengan componentes iguales a cero. La relación de equivalencia y las operaciones se definen de manera similar. Las implicaciones son que ahora representamos todos los enteros, incluyendo el cero de manera más explícita, y la construcción se enriquece al considerar casos donde a o b son cero, facilitando ciertas demostraciones y propiedades. ∎

> (R) La inclusión del cero en la construcción de $\mathbb{Z}$ no altera su estructura esencial, pero proporciona una mayor generalidad y flexibilidad en la representación de los enteros.

En conclusión, hemos construido rigurosamente el conjunto de los números enteros $\mathbb{Z}$ a partir de los números naturales $\mathbb{N}$, utilizando pares ordenados y una relación de equivalencia. Esta construcción nos permite definir operaciones de suma y multiplicación, dotando a $\mathbb{Z}$ de una estructura de anillo conmutativo y dominio de integridad. Esta base es fundamental para el estudio de estructuras algebraicas más complejas y aplicaciones en diversas áreas de las matemáticas.

3.5 Ejercicios Resueltos

3.5.1 Teorema fundamental de la partición

Exercise 3.42 — División con unicidad. Sean $a, b \in \mathbb{Z}$ con $b \neq 0$. Demuestre que existen únicos $q, r \in \mathbb{Z}$ tales que:

$$a = bq + r \quad \text{con } 0 \leq r < |b|$$

Demostración. 1) Existencia: Sea $q = \lfloor \frac{a}{b} \rfloor$ (parte entera)

Entonces: $\dfrac{a}{b} = q + \delta$ donde $0 \leq \delta < 1$

$$a = bq + b\delta$$
$$r = b\delta \text{ cumple } 0 \leq r < |b|$$

2) Unicidad (por contradicción): Supongamos que existen q_1, r_1 y q_2, r_2 que cumplen:

$$a = bq_1 + r_1, \quad 0 \leq r_1 < |b|$$
$$a = bq_2 + r_2, \quad 0 \leq r_2 < |b|$$

Restando:

$$0 = b(q_1 - q_2) + (r_1 - r_2)$$
$$r_1 - r_2 = b(q_2 - q_1)$$

3) Análisis: - Si $q_1 \neq q_2$, entonces $|r_1 - r_2| \geq |b|$ - Pero $|r_1 - r_2| < |b|$ por las condiciones de r_1, r_2 - Contradicción

4) Conclusión: - $q_1 = q_2$ y por tanto $r_1 = r_2$ - El cociente y residuo son únicos ∎

> **Exercise 3.43 — Congruencia y división.** Sean $a, b, m \in \mathbb{Z}$ con $m > 0$. Demuestre que:
> $$a \equiv b \pmod{m} \iff \exists k \in \mathbb{Z} : a = b + km$$

Demostración. ($\Rightarrow$) 1) Si $a \equiv b \pmod{m}$:

  Por definición, $m | (a - b)$

  $\therefore \exists k \in \mathbb{Z} : a - b = km$

  $\therefore a = b + km$

($\Leftarrow$) 2) Si $a = b + km$ para algún $k \in \mathbb{Z}$:

  Entonces $a - b = km$

  $\therefore m | (a - b)$

  $\therefore a \equiv b \pmod{m}$

3) Implicaciones: - La equivalencia es bidireccional - Cada condición implica la otra
4) Conclusión: La congruencia módulo m es equivalente a la existencia de la representación $a = b + km$ ∎

> **Exercise 3.44 — Teorema de descomposición.** Demuestre que para cada $n \in \mathbb{Z}$, existe una única cadena finita $d_0, d_1, ..., d_k$ de dígitos (con $d_k \neq 0$ si $n \neq 0$) tal que:
> $$n = \sum_{i=0}^{k} d_i 10^i$$

Demostración. 1) Existencia (por división sucesiva): Para $n \neq 0$, aplicamos el algoritmo:

  Sea $r_0 = n$

  $d_i = r_i \bmod 10$

  $r_{i+1} = \left\lfloor \dfrac{r_i}{10} \right\rfloor$

2) El proceso termina porque: - $|r_{i+1}| < |r_i|$ si $r_i \neq 0$ - Existe k tal que $r_k = 0$
3) Unicidad (por contradicción): Supongamos dos representaciones diferentes:

  $$n = \sum_{i=0}^{k} d_i 10^i = \sum_{i=0}^{m} e_i 10^i$$

  con $d_k, e_m \neq 0$

4) Análisis: - $k = m$ (por el orden de magnitud) - Si $d_i \neq e_i$ para algún i - La diferencia sería múltiplo de 10^i - Contradicción con la unicidad del residuo
5) Conclusión: La representación decimal es única ∎

> **Exercise 3.45 — Restos chinos.** Sean m_1, m_2 enteros positivos coprimos y $a_1, a_2 \in \mathbb{Z}$. Demuestre que el sistema:
> $$x \equiv a_1 \pmod{m_1}$$
> $$x \equiv a_2 \pmod{m_2}$$

3.5 Ejercicios Resueltos

tiene solución única módulo $m_1 m_2$.

Demostración. 1) Existencia: Como $\mathrm{mcd}(m_1, m_2) = 1$, existen $y_1, y_2 \in \mathbb{Z}$ tales que:

$$m_1 y_1 + m_2 y_2 = 1$$

2) Construcción de la solución:

$x = a_1 m_2 y_2 + a_2 m_1 y_1$
$x \equiv a_1 m_2 y_2 \equiv a_1 \quad (\text{mód } m_1)$
$x \equiv a_2 m_1 y_1 \equiv a_2 \quad (\text{mód } m_2)$

3) Unicidad: Sean x_1, x_2 dos soluciones

$x_1 \equiv x_2 \quad (\text{mód } m_1)$
$x_1 \equiv x_2 \quad (\text{mód } m_2)$
$\therefore m_1 | (x_1 - x_2)$ y $m_2 | (x_1 - x_2)$
$\therefore m_1 m_2 | (x_1 - x_2)$ (por ser coprimos)

4) Conclusión: La solución es única módulo $m_1 m_2$ ∎

> **Exercise 3.46 — Relación de orden.** Demuestre que la relación "$\leq$" en $\mathbb{Z}$ definida por:
>
> $$a \leq b \iff \exists n \in \mathbb{N} : b = a + n$$
>
> es un orden total.

Demostración. 1) Reflexividad:

Para todo $a \in \mathbb{Z}$:
$a = a + 0$, donde $0 \in \mathbb{N}$
$\therefore a \leq a$

2) Antisimetría: Si $a \leq b$ y $b \leq a$:

$\exists n_1, n_2 \in \mathbb{N} : b = a + n_1$ y $a = b + n_2$
$\therefore a = a + (n_1 + n_2)$
$\therefore n_1 = n_2 = 0$
$\therefore a = b$

3) Transitividad: Si $a \leq b$ y $b \leq c$:

$\exists n_1, n_2 \in \mathbb{N} : b = a + n_1$ y $c = b + n_2$
$\therefore c = a + (n_1 + n_2)$
$n_1 + n_2 \in \mathbb{N}$
$\therefore a \leq c$

4) Totalidad: Para cualesquiera $a, b \in \mathbb{Z}$: - Si $a \nleq b$, entonces $b < a$ - La diferencia siempre determina la relación

5) Conclusión: La relación es un orden total en $\mathbb{Z}$ ∎

3.5.2 Conjunto cociente

Exercise 3.47 — Clases de equivalencia módulo n. Sea $n \in \mathbb{N}$ y la relación en $\mathbb{Z}$ definida por:
$$a \sim b \iff n|(a-b)$$
Demuestre que esta relación es de equivalencia y caracterice el conjunto cociente $\mathbb{Z}/\sim$.

Demostración. 1) Demostración de relación de equivalencia:
Reflexividad:

$a - a = 0 = n \cdot 0$

$\therefore a \sim a$

Simetría:

Si $a \sim b$, entonces $n|(a-b)$

$\therefore a - b = nk$ para algún $k \in \mathbb{Z}$

$\therefore b - a = n(-k)$

$\therefore n|(b-a)$

$\therefore b \sim a$

Transitividad:

Si $a \sim b$ y $b \sim c$, entonces:
$a - b = nk_1$ y $b - c = nk_2$

$\therefore a - c = (a-b) + (b-c) = n(k_1 + k_2)$

$\therefore n|(a-c)$

$\therefore a \sim c$

2) Caracterización del conjunto cociente:

Las clases de equivalencia son:
$[k]_n = \{k + nt : t \in \mathbb{Z}\}$ para $k \in \{0, 1, ..., n-1\}$
$|\mathbb{Z}/\sim| = n$
$\mathbb{Z}/\sim \cong \mathbb{Z}_n$

3) Conclusión: El conjunto cociente es isomorfo al conjunto de residuos módulo n. ∎

Exercise 3.48 — Estructura algebraica del cociente. Sea $\mathbb{Z}_n = \mathbb{Z}/n\mathbb{Z}$. Demuestre que $(\mathbb{Z}_n, +_n)$ es un grupo abeliano, donde $+_n$ es la suma módulo n.

Demostración. 1) Buena definición de $+_n$:

Si $[a]_n = [a']_n$ y $[b]_n = [b']_n$, entonces:
$n|(a-a')$ y $n|(b-b')$

$\therefore n|((a+b) - (a'+b'))$

$\therefore [a+b]_n = [a'+b']_n$

2) Asociatividad:

$$([a]_n +_n [b]_n) +_n [c]_n = [a+b+c]_n$$
$$= [a]_n +_n ([b]_n +_n [c]_n)$$

3) Elemento neutro:

$[0]_n$ es el neutro pues:
$$[a]_n +_n [0]_n = [a]_n = [0]_n +_n [a]_n$$

4) Inversos:

Para $[a]_n$, su inverso es $[-a]_n$ pues:
$$[a]_n +_n [-a]_n = [0]_n$$

5) Conmutatividad:

$$[a]_n +_n [b]_n = [a+b]_n = [b+a]_n = [b]_n +_n [a]_n$$

Por tanto, $(\mathbb{Z}_n, +_n)$ es un grupo abeliano. ∎

> **Exercise 3.49 — Homomorfismo natural.** Sea $\pi : \mathbb{Z} \to \mathbb{Z}_n$ el homomorfismo natural. Demuestre que $\ker(\pi) = n\mathbb{Z}$ y que π es sobreyectivo.

Demostración. 1) Análisis del núcleo:

$$\ker(\pi) = \{x \in \mathbb{Z} : \pi(x) = [0]_n\}$$
$$= \{x \in \mathbb{Z} : n|x\}$$
$$= n\mathbb{Z}$$

2) Demostración de sobreyectividad:

Para cada $[a]_n \in \mathbb{Z}_n$:
$\pi(a) = [a]_n$
∴ π es sobreyectiva

3) Propiedades del homomorfismo:

$$\pi(a+b) = [a+b]_n = [a]_n +_n [b]_n = \pi(a) +_n \pi(b)$$
π preserva la operación

4) Consecuencia:

$\mathbb{Z}_n \cong \mathbb{Z}/\ker(\pi)$
Por el primer teorema de isomorfismo

5) Conclusión: π es un homomorfismo sobreyectivo con núcleo $n\mathbb{Z}$. ∎

Exercise 3.50 — Propiedades de unidades. Sea $\mathbb{Z}_n^* = \{[a]_n : \mathrm{mcd}(a,n) = 1\}$. Demuestre que $\mathbb{Z}_n^*$ es un grupo multiplicativo.

Demostración. 1) Clausura:

Si $[a]_n, [b]_n \in \mathbb{Z}_n^*$:
$\mathrm{mcd}(a,n) = \mathrm{mcd}(b,n) = 1$
$\therefore \mathrm{mcd}(ab,n) = 1$
$\therefore [ab]_n \in \mathbb{Z}_n^*$

2) Asociatividad:

$$([a]_n \cdot [b]_n) \cdot [c]_n = [abc]_n$$
$$= [a]_n \cdot ([b]_n \cdot [c]_n)$$

3) Elemento neutro:

$[1]_n \in \mathbb{Z}_n^*$ pues $\mathrm{mcd}(1,n) = 1$
$[a]_n \cdot [1]_n = [a]_n = [1]_n \cdot [a]_n$

4) Inversos:

Si $\mathrm{mcd}(a,n) = 1$:
$\exists x, y : ax + ny = 1$
$\therefore [a]_n \cdot [x]_n = [1]_n$

5) Conclusión: $\mathbb{Z}_n^*$ es un grupo multiplicativo. ∎

Exercise 3.51 — Isomorfismo de subgrupos. Sean $n, m \in \mathbb{N}$ coprimos. Demuestre que:

$$\mathbb{Z}_{nm} \cong \mathbb{Z}_n \times \mathbb{Z}_m$$

Demostración. 1) Definición del isomorfismo:

$\phi : \mathbb{Z}_{nm} \to \mathbb{Z}_n \times \mathbb{Z}_m$
$[a]_{nm} \mapsto ([a]_n, [a]_m)$

2) Buena definición:

Si $[a]_{nm} = [b]_{nm}$:
$nm | (a-b)$
$\therefore n | (a-b)$ y $m | (a-b)$
$\therefore [a]_n = [b]_n$ y $[a]_m = [b]_m$

3) Homomorfismo:

$$\phi([a]_{nm} + [b]_{nm}) = \phi([a+b]_{nm})$$
$$= ([a+b]_n, [a+b]_m)$$
$$= ([a]_n + [b]_n, [a]_m + [b]_m)$$
$$= \phi([a]_{nm}) + \phi([b]_{nm})$$

4) Inyectividad y sobreyectividad: - Si $\phi([a]_{nm}) = \phi([b]_{nm})$: * $n|(a-b)$ y $m|(a-b)$ * Como $\mathrm{mcd}(n,m) = 1$ * $nm|(a-b)$ * $[a]_{nm} = [b]_{nm}$ - Por el teorema chino del resto, ϕ es sobreyectiva

5) Conclusión: ϕ es un isomorfismo de grupos. ∎

3.5.3 Clases de equivalencia

Exercise 3.52 — Equivalencia y partición. Sea R una relación en $\mathbb{Z}$ definida por:

$$aRb \iff |a| = |b|$$

Demuestre que R es una relación de equivalencia y caracterice sus clases de equivalencia.

Demostración. 1) Demostración de que es relación de equivalencia:
Reflexividad:

$$\forall a \in \mathbb{Z} : |a| = |a|$$
$$\therefore aRa$$

Simetría:

Si aRb entonces $|a| = |b|$
$$\therefore |b| = |a|$$
$$\therefore bRa$$

Transitividad:

Si aRb y bRc :
$|a| = |b|$ y $|b| = |c|$
$$\therefore |a| = |c|$$
$$\therefore aRc$$

2) Caracterización de las clases:

Para $a \neq 0$: $[a]_R = \{a, -a\}$
$[0]_R = \{0\}$

3) Conclusión: Las clases de equivalencia forman una partición de $\mathbb{Z}$ donde cada clase no nula contiene exactamente dos elementos. ∎

Exercise 3.53 — Relación inducida. Sea $n \in \mathbb{N}$ y defina en $\mathbb{Z} \times \mathbb{Z}$ la relación:

$$(a,b) \sim (c,d) \iff a+d \equiv b+c \pmod{n}$$

Demuestre que es una relación de equivalencia.

Demostración. 1) Reflexividad:

$(a,b) \sim (a,b)$ si y solo si
$a+b \equiv b+a \pmod{n}$

Que es verdadero por conmutatividad

2) Simetría: Si $(a,b) \sim (c,d)$:

$$a+d \equiv b+c \quad (\text{mód } n)$$
$$\therefore c+b \equiv d+a \quad (\text{mód } n)$$
$$\therefore (c,d) \sim (a,b)$$

3) Transitividad: Si $(a,b) \sim (c,d)$ y $(c,d) \sim (e,f)$:

$$a+d \equiv b+c \quad (\text{mód } n) \quad (1)$$
$$c+f \equiv d+e \quad (\text{mód } n) \quad (2)$$

Sumando (1) y (2):

$$(a+d)+(c+f) \equiv (b+c)+(d+e) \quad (\text{mód } n)$$
$$a+f \equiv b+e \quad (\text{mód } n)$$
$$\therefore (a,b) \sim (e,f)$$

4) Conclusión: La relación satisface las tres propiedades de equivalencia. ∎

> **Exercise 3.54** — **Clases modulares.** Para $n \in \mathbb{N}$, defina en $\mathbb{Z}[x]$ la relación:
>
> $$f(x) \sim g(x) \iff f(x) \equiv g(x) \quad (\text{mód } n)$$
>
> Demuestre que es una relación de equivalencia y caracterice sus clases.

Demostración. 1) Verificación de propiedades:
Reflexividad:

$$f(x) \equiv f(x) \quad (\text{mód } n)$$
$$\therefore f(x) \sim f(x)$$

Simetría:

Si $f(x) \sim g(x)$:
$$f(x) - g(x) = nh(x) \text{ para algún } h(x) \in \mathbb{Z}[x]$$
$$\therefore g(x) - f(x) = n(-h(x))$$
$$\therefore g(x) \sim f(x)$$

Transitividad:

Si $f(x) \sim g(x)$ y $g(x) \sim h(x)$:
$$f(x) - g(x) = nh_1(x)$$
$$g(x) - h(x) = nh_2(x)$$
$$\therefore f(x) - h(x) = n(h_1(x) + h_2(x))$$
$$\therefore f(x) \sim h(x)$$

2) Caracterización de las clases:

$$[f(x)]_n = \{g(x) \in \mathbb{Z}[x] : f(x) \equiv g(x) \quad (\text{mód } n)\}$$

Cada coeficiente se reduce módulo n

3) Conclusión: Las clases son isomorfas a $(\mathbb{Z}_n[x], +, \cdot)$ ∎

3.5 Ejercicios Resueltos

> **Exercise 3.55 — Equivalencia y orden.** Sea R una relación en $\mathbb{Z} \times \mathbb{Z}$ definida por:
> $$(a,b)R(c,d) \iff a+d = b+c$$
> Demuestre que es una relación de equivalencia y determine una forma canónica para cada clase.

Demostración. 1) Verificación de relación de equivalencia:
Reflexividad:

$\quad a+b = b+a$ (conmutatividad)

$\quad \therefore (a,b)R(a,b)$

Simetría:

$\quad$ Si $(a,b)R(c,d)$:

$\quad a+d = b+c$

$\quad \therefore c+b = d+a$

$\quad \therefore (c,d)R(a,b)$

Transitividad:

$\quad$ Si $(a,b)R(c,d)$ y $(c,d)R(e,f)$:

$\quad a+d = b+c$ y $c+f = d+e$

$\quad$ Sustituyendo: $a+f = b+e$

$\quad \therefore (a,b)R(e,f)$

2) Forma canónica:

$\quad$ Para (a,b):

$\quad$ La diferencia $a-b$ es invariante en cada clase

$\quad [(a,b)]_R = \{(x,y) \in \mathbb{Z} \times \mathbb{Z} : x-y = a-b\}$

3) Representante canónico:

$\quad$ Cada clase puede representarse por $(k,0)$

$\quad$ donde $k = a-b$

4) Conclusión: Las clases están en biyección con $\mathbb{Z}$ mediante la diferencia de componentes. ∎

> **Exercise 3.56 — Relaciones compuestas.** Sean R_1 y R_2 relaciones de equivalencia en $\mathbb{Z}$. Demuestre que:
> $$R = R_1 \cap R_2$$
> es una relación de equivalencia si y solo si $R_1 \circ R_2 = R_2 \circ R_1$.

Demostración. 1) ($\Rightarrow$) Supongamos que R es relación de equivalencia:

$\quad$ Sean $aR_1 b$ y $bR_2 c$

$\quad$ Si R es de equivalencia: $R_1 \cap R_2$ es transitiva

$\quad \therefore (R_1 \circ R_2) \subseteq (R_2 \circ R_1)$

2) ($\Leftarrow$) Supongamos $R_1 \circ R_2 = R_2 \circ R_1$:
Reflexividad:

$aR_1 a$ y $aR_2 a$

$\therefore aRa$

Simetría:

Si aRb:

$aR_1 b$ y $aR_2 b$

$\therefore bR_1 a$ y $bR_2 a$

$\therefore bRa$

Transitividad:

Si aRb y bRc:

$aR_1 b, aR_2 b, bR_1 c, bR_2 c$

Por composición conmutativa: $aR_1 c$ y $aR_2 c$

$\therefore aRc$

3) Conclusión: La conmutatividad de las composiciones es necesaria y suficiente para que la intersección sea de equivalencia. ∎

3.5.4 Construcción de los enteros

Exercise 3.57 — Construcción por pares ordenados. Sea $\mathbb{Z} = (\mathbb{N} \times \mathbb{N})/\sim$ donde $(a,b) \sim (c,d) \iff a+d = b+c$. Demuestre que la operación suma definida por:

$$[(a,b)] + [(c,d)] = [(a+c, b+d)]$$

está bien definida y es asociativa.

Demostración. 1) Buena definición: Sea $(a,b) \sim (a',b')$ y $(c,d) \sim (c',d')$

$a + b' = b + a'$ (1)
$c + d' = d + c'$ (2)

Debemos probar $(a+c, b+d) \sim (a'+c', b'+d')$:

$(a+c) + (b'+d') = a + b' + c + d'$
$\qquad\qquad\qquad\quad = b + a' + d + c' \quad$ por (1) y (2)
$\qquad\qquad\qquad\quad = (b+d) + (a'+c')$

2) Asociatividad: Sean $[(a,b)], [(c,d)], [(e,f)] \in \mathbb{Z}$

$([(a,b)] + [(c,d)]) + [(e,f)]$
$= [(a+c, b+d)] + [(e,f)]$
$= [((a+c)+e, (b+d)+f)]$
$= [(a+(c+e), b+(d+f))]$
$= [(a,b)] + [(c+e, d+f)]$
$= [(a,b)] + ([(c,d)] + [(e,f)])$

3) Conclusión: La suma está bien definida y es asociativa en $\mathbb{Z}$. ∎

3.5 Ejercicios Resueltos

Exercise 3.58 — Unicidad del inverso aditivo. En la construcción de los enteros, demuestre que cada clase de equivalencia $[(a,b)]$ tiene un único inverso aditivo.

Demostración. 1) Existencia del inverso:

Para $[(a,b)]$, definamos $[(b,a)]$
$[(a,b)] + [(b,a)] = [(a+b, b+a)]$
Como $(a+b, b+a) \sim (0,0)$
$\therefore [(a,b)] + [(b,a)] = [(0,0)]$

2) Unicidad (por contradicción): Supongamos dos inversos $[(c,d)]$ y $[(e,f)]$

$[(a,b)] + [(c,d)] = [(0,0)]$ (1)
$[(a,b)] + [(e,f)] = [(0,0)]$ (2)

3) Análisis:

De (1): $(a+c, b+d) \sim (0,0)$
$\therefore a+c = b+d$
De (2): $(a+e, b+f) \sim (0,0)$
$\therefore a+e = b+f$

4) Conclusión:

$(c,d) \sim (e,f)$
$\therefore [(c,d)] = [(e,f)]$

El inverso aditivo es único. ∎

Exercise 3.59 — Orden en los enteros construidos. Defina una relación de orden en los enteros construidos por:

$$[(a,b)] \leq [(c,d)] \iff a+d \leq b+c$$

Demuestre que es un orden total compatible con la suma.

Demostración. 1) Buena definición: Si $(a,b) \sim (a',b')$ y $(c,d) \sim (c',d')$:

$a + b' = b + a'$
$c + d' = d + c'$
$a + d \leq b + c \iff a' + d' \leq b' + c'$

2) Propiedades de orden:
Reflexividad:

$a + b = b + a$
$\therefore [(a,b)] \leq [(a,b)]$

Antisimetría:

Si $[(a,b)] \leq [(c,d)]$ y $[(c,d)] \leq [(a,b)]$:

$a+d = b+c$

$\therefore [(a,b)] = [(c,d)]$

Transitividad:

Si $[(a,b)] \leq [(c,d)]$ y $[(c,d)] \leq [(e,f)]$:

$a+d \leq b+c$ y $c+f \leq d+e$

$\therefore a+f \leq b+e$

$\therefore [(a,b)] \leq [(e,f)]$

3) Totalidad:

Para todo $[(a,b)], [(c,d)]$:

$a+d \leq b+c$ o $b+c \leq a+d$

4) Compatibilidad con la suma: Si $[(a,b)] \leq [(c,d)]$:

$[(a,b)] + [(e,f)] = [(a+e, b+f)]$

$[(c,d)] + [(e,f)] = [(c+e, d+f)]$

$(a+e) + (d+f) \leq (b+f) + (c+e)$

La relación es un orden total compatible con la suma. ∎

> Exercise 3.60 — **Multiplicación bien definida.** En la construcción de los enteros, demuestre que la multiplicación definida por:
>
> $$[(a,b)] \cdot [(c,d)] = [(ac+bd, ad+bc)]$$
>
> está bien definida y es distributiva respecto a la suma.

Demostración. 1) Buena definición: Sean $(a,b) \sim (a',b')$ y $(c,d) \sim (c',d')$

$a + b' = b + a'$ (1)

$c + d' = d + c'$ (2)

2) Verificación:

$(ac+bd) + (a'd' + b'c')$

$= ac + bd + a'd' + b'c'$

$= (ad+bc) + (a'c' + b'd')$ usando (1) y (2)

3) Distributividad:

$[(a,b)] \cdot ([(c,d)] + [(e,f)])$

$= [(a,b)] \cdot [(c+e, d+f)]$

$= [(a(c+e) + b(d+f), a(d+f) + b(c+e))]$

$= [(ac + ae + bd + bf, ad + af + bc + be)]$

$= [(ac+bd, ad+bc)] + [(ae+bf, af+be)]$

$= [(a,b)] \cdot [(c,d)] + [(a,b)] \cdot [(e,f)]$

4) Conclusión: La multiplicación está bien definida y es distributiva. ∎

Exercise 3.61 — **Inmersión de los naturales.** Demuestre que la función $\phi : \mathbb{N} \to \mathbb{Z}$ definida por:
$$\phi(n) = [(n,0)]$$
es inyectiva y preserva la suma y el producto.

Demostración. 1) Inyectividad:

Si $\phi(m) = \phi(n)$:
$[(m,0)] = [(n,0)]$
$\therefore m + 0 = 0 + n$
$\therefore m = n$

2) Preservación de la suma:

$$\begin{aligned}\phi(m+n) &= [(m+n, 0)] \\ &= [(m,0)] + [(n,0)] \\ &= \phi(m) + \phi(n)\end{aligned}$$

3) Preservación del producto:

$$\begin{aligned}\phi(m \cdot n) &= [(mn, 0)] \\ &= [(mn + 0 \cdot 0, m \cdot 0 + n \cdot 0)] \\ &= [(m,0)] \cdot [(n,0)] \\ &= \phi(m) \cdot \phi(n)\end{aligned}$$

4) Conclusión: ϕ es un homomorfismo inyectivo que permite ver a $\mathbb{N}$ como subconjunto de $\mathbb{Z}$. ∎

3.6 Ejercicios Propuestos

3.6.1 Teorema fundamental de la partición

Exercise 3.62 Si $a, b, d \in \mathbb{Z}$ con $d > 0$, demuestre que las ecuaciones $ax \equiv b \pmod{d}$ y $ax \equiv b + d \pmod{d}$ tienen las mismas soluciones.

Exercise 3.63 Demuestre que si $a \equiv b \pmod{m}$ y $c \equiv d \pmod{m}$, entonces:
$$ac \equiv bd \pmod{m^2} \iff a \equiv b \pmod{m^2} \text{ o } c \equiv d \pmod{m^2}$$

Exercise 3.64 Sea p un número primo. Demuestre que para todo $n \in \mathbb{Z}$:
$$n^p \equiv n \pmod{p}$$

Exercise 3.65 Demuestre que si $a^2 \equiv 1 \pmod{p}$ donde p es primo, entonces $a \equiv 1 \pmod{p}$ o $a \equiv -1 \pmod{p}$.

Exercise 3.66 Si $a,b,m,n \in \mathbb{Z}$ con $\mathrm{mcd}(m,n) = 1$, demuestre que el sistema:

$$x \equiv a \pmod{m}$$
$$x \equiv b \pmod{n}$$

tiene solución única módulo mn.

Exercise 3.67 Demuestre que si p es primo y $a \not\equiv 0 \pmod{p}$, entonces:

$$\prod_{k=1}^{p-1} k \equiv -1 \pmod{p}$$

Exercise 3.68 Sea p primo. Demuestre que el número de soluciones de la congruencia:

$$x^2 \equiv a \pmod{p}$$

es 0, 1 o 2.

Exercise 3.69 Demuestre que para todo $n \geq 1$:

$$\varphi(n) = n \prod_{p|n} (1 - \frac{1}{p})$$

donde φ es la función de Euler.

Exercise 3.70 Demuestre que para todo $n \geq 1$:

$$\sum_{d|n} \varphi(d) = n$$

Exercise 3.71 Si $a,b \in \mathbb{Z}$ y $m,n > 0$, demuestre que:

$$\mathrm{mcd}(a,m) = \mathrm{mcd}(b,m) = 1 \text{ y } a \equiv b \pmod{m} \implies a^n \equiv b^n \pmod{m}$$

3.6.2 Conjunto cociente

Exercise 3.72 Sea R una relación de equivalencia en un conjunto X. Demuestre que las clases de equivalencia forman una partición de X si y solo si R es reflexiva, simétrica y transitiva.

3.6 Ejercicios Propuestos

Exercise 3.73 Sean R_1 y R_2 relaciones de equivalencia en X. Demuestre que $R_1 \cap R_2$ es una relación de equivalencia si y solo si $R_1 \circ R_2 = R_2 \circ R_1$.

Exercise 3.74 Sea $f : X \to Y$ una función. Demuestre que la relación R definida por:

$$xRy \iff f(x) = f(y)$$

es una relación de equivalencia y $X/R \cong f(X)$.

Exercise 3.75 Sea G un grupo y H un subgrupo normal. Demuestre que la relación:

$$aRb \iff ab^{-1} \in H$$

es una relación de equivalencia.

Exercise 3.76 Sea R una relación de equivalencia en X y $A \subseteq X$. Demuestre que:

$$[A] = \{[a] : a \in A\}$$

es una partición de X si y solo si A es una unión de clases de equivalencia.

Exercise 3.77 Demuestre que si R es una relación de equivalencia en X, entonces:

$$|X/R| = 1 \iff R = X \times X$$

Exercise 3.78 Sea X un conjunto infinito y R una relación de equivalencia en X. Demuestre que si todas las clases de equivalencia son finitas, entonces hay infinitas clases de equivalencia.

Exercise 3.79 Sea $f : X \to Y$ una función y defina en X la relación:

$$xRy \iff |f^{-1}(f(x))| = |f^{-1}(f(y))|$$

Demuestre que R es una relación de equivalencia.

Exercise 3.80 Sea R una relación de equivalencia en X con n clases de equivalencia. Demuestre que existe una función $f : X \to \{1, 2, ..., n\}$ tal que:

$$xRy \iff f(x) = f(y)$$

Exercise 3.81 Sean $R_1, ..., R_n$ relaciones de equivalencia en X. Demuestre que $\bigcap_{i=1}^{n} R_i$ es una relación de equivalencia si y solo si es transitiva.

3.6.3 Clases de equivalencia

Exercise 3.82 Sea X un conjunto infinito y R una relación de equivalencia en X. Demuestre que si todas las clases de equivalencia son numerables, entonces $|X/R| = |X|$.

Exercise 3.83 Sea R una relación de equivalencia en X y $f : X \to Y$ una función. Demuestre que existe una función bien definida $\bar{f} : X/R \to Y$ si y solo si:

$$xRy \implies f(x) = f(y)$$

Exercise 3.84 Sean R_1 y R_2 relaciones de equivalencia en X. Demuestre que:

$$|X/(R_1 \cap R_2)| \leq |X/R_1| \cdot |X/R_2|$$

Exercise 3.85 Sea X un conjunto y $\{R_\alpha\}_{\alpha \in I}$ una familia de relaciones de equivalencia en X. Demuestre que:

$$\bigcap_{\alpha \in I} R_\alpha$$

es una relación de equivalencia si y solo si su gráfica es transitiva.

Exercise 3.86 Sea R una relación de equivalencia en $\mathbb{R}$ tal que cada clase tiene exactamente dos elementos. Demuestre que existe $A \subseteq \mathbb{R}$ tal que:

$$|A \cap [x]_R| = 1$$

para toda clase $[x]_R$.

Exercise 3.87 Sean R_1 y R_2 relaciones de equivalencia en X. Defina:

$$R_1 \leq R_2 \iff xR_1y \implies xR_2y$$

Demuestre que esto define un orden parcial en el conjunto de relaciones de equivalencia.

Exercise 3.88 Sea R una relación de equivalencia en X y $A, B \subseteq X$. Demuestre que:

$$[A \cap B]_R \subseteq [A]_R \cap [B]_R$$

y caracterice cuándo se da la igualdad.

Exercise 3.89 Sea $f : X \to Y$ una función y defina en Y la relación:

$$yRz \iff |f^{-1}(y)| = |f^{-1}(z)|$$

3.6 Ejercicios Propuestos

Demuestre que si X es finito, entonces $|Y/R| \leq |X|$.

Exercise 3.90 Sean R_1 y R_2 relaciones de equivalencia en X con finitas clases. Demuestre que:
$$|X/(R_1 \cup R_2)| \geq \frac{|X/R_1| \cdot |X/R_2|}{|X/(R_1 \cap R_2)|}$$

Exercise 3.91 Sea R una relación de equivalencia en X y $\mathscr{A}$ una familia de subconjuntos de X. Demuestre que:
$$\left[\bigcup_{A \in \mathscr{A}} A\right]_R = \bigcup_{A \in \mathscr{A}} [A]_R$$

3.6.4 Construcción de los enteros

Exercise 3.92 En la construcción de los enteros como pares ordenados de naturales, demuestre que la relación:
$$(a,b) \sim (c,d) \iff a+d = b+c$$
es compatible con la suma definida por:
$$(a,b) + (c,d) = (a+c, b+d)$$

Exercise 3.93 En la construcción de $\mathbb{Z}$, demuestre que todo entero no nulo se puede escribir de manera única como:
$$[(n,0)]$$
o
$$[(0,n)]$$
donde n es un natural positivo.

Exercise 3.94 Demuestre que en la construcción de los enteros, el orden definido por:
$$[(a,b)] \leq [(c,d)] \iff a+d \leq b+c$$
es un orden total compatible con la suma.

Exercise 3.95 Demuestre que la función $\phi : \mathbb{N} \to \mathbb{Z}$ definida por:
$$\phi(n) = [(n,0)]$$
es un homomorfismo inyectivo que preserva el orden.

Exercise 3.96 Demuestre que en la construcción de $\mathbb{Z}$, para todo $[(a,b)]$ existe único $[(c,d)]$ tal que:
$$[(a,b)] + [(c,d)] = [(0,0)]$$

Exercise 3.97 En la construcción de los enteros, demuestre que la multiplicación definida por:
$$[(a,b)] \cdot [(c,d)] = [(ac+bd, ad+bc)]$$
es asociativa y distributiva respecto a la suma.

Exercise 3.98 Demuestre que en la construcción de $\mathbb{Z}$, si $[(a,b)]$ es positivo y $[(c,d)]$ es negativo, entonces:
$$[(a,b)] \cdot [(c,d)]$$
es negativo.

Exercise 3.99 Sea $\psi : \mathbb{Z} \to \mathbb{Z}$ definida por:
$$\psi([(a,b)]) = [(a+1, b+1)]$$
Demuestre que ψ es un automorfismo que preserva el orden.

Exercise 3.100 En la construcción de $\mathbb{Z}$, demuestre que si:
$$[(a,b)] \cdot [(c,d)] = [(0,0)]$$
entonces $[(a,b)] = [(0,0)]$ o $[(c,d)] = [(0,0)]$.

Exercise 3.101 Demuestre que en la construcción de los enteros, el conjunto:
$$\{[(a,b)] : a \leq b\}$$
es el conjunto de los enteros no positivos.

Números Racionales y Reales

4 Números racionales 359
- 4.1 Construcción de los números racionales
- 4.2 Adición y multiplicación de números racionales
- 4.3 Los números enteros como subconjunto de los números racionales
- 4.4 Orden de los números racionales
- 4.5 Propiedad arquimediana
- 4.6 Teorema de la densidad de los números racionales
- 4.7 Ejercicios Resueltos
- 4.8 Ejercicios Propuestos

5 Números reales 423
- 5.1 Los números racionales como aproximaciones decimales
- 5.2 Convergencia de sucesiones
- 5.3 Sucesión de Cauchy
- 5.4 Construcción de los números reales
- 5.5 Los números racionales como números reales
- 5.6 Algunos números reales importantes
- 5.7 Orden de los números reales
- 5.8 Campo de los números reales
- 5.9 Conjuntos equienumerables
- 5.10 Numerabilidad de $\mathbb{Q}$, no numerabilidad de $\mathbb{R}$
- 5.11 Caracterización del supremo
- 5.12 Teorema de los intervalos encajados
- 5.13 Ejercicios Resueltos
- 5.14 Ejercicios Propuestos

4. Números racionales

4.1 Construcción de los números racionales

4.1.1 Cocientes de números enteros

La construcción de los números racionales surge de la necesidad de extender el conjunto de los números enteros $\mathbb{Z}$ para permitir la resolución de ecuaciones como $2x = 1$, cuya solución no es un entero. Para ello, introducimos el conjunto de los números racionales $\mathbb{Q}$ mediante la consideración de cocientes de números enteros.

Definition 4.1.1 — Pares ordenados de enteros. Sea $\mathbb{Z} \times (\mathbb{Z} \setminus \{0\})$ el conjunto de pares ordenados (a,b) donde $a,b \in \mathbb{Z}$ y $b \neq 0$.

Sin embargo, no todos los pares representan números distintos. Por ejemplo, los pares $(1,2)$ y $(2,4)$ deberían representar el mismo número racional. Para formalizar esta idea, definimos una relación de equivalencia.

Definition 4.1.2 — Relación de equivalencia en pares ordenados. Definimos la relación $\sim$ en $\mathbb{Z} \times (\mathbb{Z} \setminus \{0\})$ por:

$$(a,b) \sim (c,d) \iff ad = bc.$$

Proposition 4.1.1 La relación $\sim$ es una relación de equivalencia en $\mathbb{Z} \times (\mathbb{Z} \setminus \{0\})$.

Demostración. Verificamos las propiedades:
Reflexividad: Para todo (a,b), tenemos $ab = ba$, por lo que $(a,b) \sim (a,b)$.
Simetría: Si $(a,b) \sim (c,d)$, entonces $ad = bc$. Luego, $cb = da$, es decir, $(c,d) \sim (a,b)$.
Transitividad: Si $(a,b) \sim (c,d)$ y $(c,d) \sim (e,f)$, entonces $ad = bc$ y $cf = de$. Multiplicando $adf = bcf$ y $bcf = bde$, obtenemos $adf = bde$, lo que implica $(a,b) \sim (e,f)$. ∎

Definition 4.1.3 — Número racional. El conjunto de los números racionales $\mathbb{Q}$ se define como el conjunto de clases de equivalencia bajo la relación $\sim$:

$$\mathbb{Q} = (\mathbb{Z} \times (\mathbb{Z} \setminus \{0\}))/\sim.$$

Cada elemento de $\mathbb{Q}$ es una clase de equivalencia $[(a,b)]$, que denotamos por $\frac{a}{b}$.

Es importante establecer operaciones de suma y multiplicación en $\mathbb{Q}$ para dotarlo de estructura algebraica.

Definition 4.1.4 — Adición de números racionales. Dados $\frac{a}{b}, \frac{c}{d} \in \mathbb{Q}$, definimos la suma:

$$\frac{a}{b} + \frac{c}{d} = \frac{ad+bc}{bd}.$$

Definition 4.1.5 — Multiplicación de números racionales. Dados $\frac{a}{b}, \frac{c}{d} \in \mathbb{Q}$, definimos el producto:

$$\frac{a}{b} \cdot \frac{c}{d} = \frac{ac}{bd}.$$

Es crucial demostrar que estas operaciones están bien definidas, es decir, que el resultado no depende de los representantes elegidos de cada clase de equivalencia.

Theorem 4.1.2 — **Bien definición de la adición y multiplicación.** Las operaciones de adición y multiplicación en $\mathbb{Q}$ están bien definidas.

Demostración. Supongamos que $\frac{a}{b} = \frac{a'}{b'}$ y $\frac{c}{d} = \frac{c'}{d'}$, es decir, $ad' = a'd$ y $cb' = c'b$.
Para la adición:

$$\frac{a}{b} + \frac{c}{d} = \frac{ad+bc}{bd}, \quad \frac{a'}{b'} + \frac{c'}{d'} = \frac{a'd' + b'c'}{b'd'}.$$

Necesitamos mostrar que:

$$\frac{ad+bc}{bd} = \frac{a'd' + b'c'}{b'd'}.$$

Sabemos que $ad' = a'd$ y $bc' = b'c$. Entonces:

$$(ad+bc)b'd' = (a'd' + b'c')bd'.$$

Simplificando ambos lados y usando las igualdades anteriores, se demuestra la igualdad de las sumas.
Para la multiplicación:

$$\frac{a}{b} \cdot \frac{c}{d} = \frac{ac}{bd}, \quad \frac{a'}{b'} \cdot \frac{c'}{d'} = \frac{a'c'}{b'd'}.$$

Necesitamos mostrar que:

$$\frac{ac}{bd} = \frac{a'c'}{b'd'}.$$

Dado que $ad' = a'd$ y $bc' = b'c$, multiplicando estas igualdades, obtenemos $acb'd' = a'c'bd$, lo que demuestra la igualdad de los productos. ∎

Estas operaciones dotan a $\mathbb{Q}$ de una estructura de cuerpo conmutativo.

4.1 Construcción de los números racionales

> **Theorem 4.1.3 — Propiedades algebraicas de $\mathbb{Q}$.** El conjunto $\mathbb{Q}$ con las operaciones de suma y multiplicación definidas es un cuerpo conmutativo.

Demostración. El conjunto $\mathbb{Q}$ de los números racionales está formado por todos los cocientes $\frac{p}{q}$, donde $p \in \mathbb{Z}$, $q \in \mathbb{Z} \setminus \{0\}$, y $\gcd(p,q) = 1$. Las operaciones de suma y multiplicación están definidas como:

$$\frac{p}{q} + \frac{r}{s} = \frac{ps+qr}{qs}, \quad \frac{p}{q} \cdot \frac{r}{s} = \frac{pr}{qs}.$$

Demostramos que $\mathbb{Q}$ es un cuerpo conmutativo verificando las propiedades:

1. Clausura: La suma y multiplicación de dos números racionales son números racionales, ya que las operaciones producen un cociente cuyo numerador y denominador están en $\mathbb{Z}$.

2. Asociatividad: La suma y multiplicación en $\mathbb{Q}$ son asociativas porque estas operaciones lo son en $\mathbb{Z}$:

$$\left(\frac{p}{q} + \frac{r}{s}\right) + \frac{t}{u} = \frac{p}{q} + \left(\frac{r}{s} + \frac{t}{u}\right),$$

$$\left(\frac{p}{q} \cdot \frac{r}{s}\right) \cdot \frac{t}{u} = \frac{p}{q} \cdot \left(\frac{r}{s} \cdot \frac{t}{u}\right).$$

3. Conmutatividad: La suma y multiplicación son conmutativas porque el orden no afecta el resultado en $\mathbb{Z}$:

$$\frac{p}{q} + \frac{r}{s} = \frac{r}{s} + \frac{p}{q}, \quad \frac{p}{q} \cdot \frac{r}{s} = \frac{r}{s} \cdot \frac{p}{q}.$$

4. Elemento neutro: El neutro aditivo es $0 = \frac{0}{1}$, ya que:

$$\frac{p}{q} + 0 = \frac{p}{q}.$$

El neutro multiplicativo es $1 = \frac{1}{1}$, ya que:

$$\frac{p}{q} \cdot 1 = \frac{p}{q}.$$

5. Inverso aditivo: Para $\frac{p}{q} \in \mathbb{Q}$, el inverso aditivo es $-\frac{p}{q}$, ya que:

$$\frac{p}{q} + \left(-\frac{p}{q}\right) = 0.$$

6. Inverso multiplicativo: Para $\frac{p}{q} \in \mathbb{Q} \setminus \{0\}$, el inverso multiplicativo es $\frac{q}{p}$, ya que:

$$\frac{p}{q} \cdot \frac{q}{p} = 1.$$

Por lo tanto, $\mathbb{Q}$ satisface las propiedades de un cuerpo conmutativo. ∎

■ **Example 4.1** Calculemos la suma y el producto de $\frac{2}{3}$ y $\frac{5}{4}$:

$$\frac{2}{3} + \frac{5}{4} = \frac{2 \cdot 4 + 5 \cdot 3}{3 \cdot 4} = \frac{8+15}{12} = \frac{23}{12}.$$

$$\frac{2}{3} \cdot \frac{5}{4} = \frac{2 \cdot 5}{3 \cdot 4} = \frac{10}{12} = \frac{5}{6}.$$

■

La representación de los números racionales como clases de equivalencia de pares ordenados de enteros nos permite comprender su estructura y propiedades fundamentales.

Capítulo 4. Números racionales

Exercise 4.1 Demuestre que $\frac{a}{b} = \frac{c}{d}$ si y solo si $ad = bc$ y use este resultado para simplificar $\frac{8}{12}$.

Solución. Tenemos $\frac{8}{12}$. Sabemos que $8 \cdot d = 12 \cdot c$. Dividiendo ambos números por su máximo común divisor, que es 4, obtenemos $\frac{2}{3}$. Por lo tanto, $\frac{8}{12} = \frac{2}{3}$. ∎

Exercise 4.2 Defina una relación de orden en $\mathbb{Q}$ y utilícela para comparar $\frac{3}{4}$ y $\frac{5}{6}$.

Definition 4.1.6 — Relación de orden en $\mathbb{Q}$. Decimos que $\frac{a}{b} < \frac{c}{d}$ si y solo si $ad < bc$ cuando $b, d > 0$.

Solución. Para comparar $\frac{3}{4}$ y $\frac{5}{6}$:

$$3 \cdot 6 = 18, \quad 4 \cdot 5 = 20.$$

Como $18 < 20$, entonces $\frac{3}{4} < \frac{5}{6}$. ∎

(R) El conjunto de los números racionales es denso en los números reales, es decir, entre dos números reales cualesquiera existe un número racional.

Exercise 4.3 Demuestre que entre dos números racionales distintos existe otro número racional.

Solución. Sea $\frac{a}{b}$ y $\frac{c}{d}$ dos números racionales con $\frac{a}{b} < \frac{c}{d}$. Entonces, el número $\frac{a+c}{b+d}$ es racional y satisface:

$$\frac{a}{b} < \frac{a+c}{b+d} < \frac{c}{d}.$$

∎

■ **Example 4.2** Consideremos la representación gráfica de los números racionales en la recta numérica. Aunque no podemos dibujar todos los puntos, podemos ilustrar algunos valores clave.

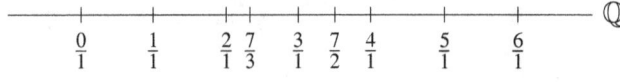

Figura 4.1.1: *Representación de algunos números racionales en la recta numérica*

■

La Figura 4.1.1 muestra que entre dos enteros existen infinitos números racionales.

Theorem 4.1.4 — Densidad de $\mathbb{Q}$ en $\mathbb{R}$. Entre dos números reales cualesquiera x, y con $x < y$, existe un número racional r tal que $x < r < y$.

Demostración. Sea $x, y \in \mathbb{R}$ con $x < y$. Queremos encontrar un número racional $r \in \mathbb{Q}$ tal que $x < r < y$.

4.1 Construcción de los números racionales

Dado que los números reales son densos, para cualquier $n \in \mathbb{N}$, el intervalo (nx, ny) contiene números enteros. Más específicamente, sea n un entero positivo suficientemente grande tal que $ny - nx > 1$. Esto asegura que hay al menos un entero m tal que:

$$nx < m < ny.$$

Dividimos esta desigualdad entre n:

$$x < \frac{m}{n} < y.$$

El número $r = \frac{m}{n}$ es racional porque $m \in \mathbb{Z}$ y $n \in \mathbb{N}$, y satisface $x < r < y$.
Por lo tanto, para cualesquiera $x, y \in \mathbb{R}$ con $x < y$, existe $r \in \mathbb{Q}$ tal que $x < r < y$. Esto demuestra la densidad de $\mathbb{Q}$ en $\mathbb{R}$. ∎

> **Exercise 4.4** Encuentre un número racional entre $\sqrt{2}$ y $\sqrt{3}$.
> **Solución:** Sabemos que $\sqrt{2} \approx 1{,}4142$ y $\sqrt{3} \approx 1{,}7320$. Un número racional entre estos valores es $\frac{3}{2} = 1{,}5$. ∎

> (R) La construcción de los números racionales es fundamental para el desarrollo del análisis matemático y otras ramas de las matemáticas, proporcionando una base sólida para el estudio de estructuras más complejas.

4.1.2 Propiedades de los racionales

En esta sección, exploraremos las propiedades fundamentales de los números racionales $\mathbb{Q}$, que son esenciales para su comprensión y para el desarrollo de conceptos más avanzados en álgebra.

> **Theorem 4.1.5 — Estructura de campo de $\mathbb{Q}$.** El conjunto de los números racionales $\mathbb{Q}$, con las operaciones de adición y multiplicación definidas, es un cuerpo conmutativo.

Demostración. Para demostrar que $\mathbb{Q}$ es un cuerpo, debemos verificar que satisface las propiedades de un cuerpo:

1. Cerradura bajo la adición y la multiplicación: Para cualesquiera $a, b, c, d \in \mathbb{Z}$ con $b \neq 0$ y $d \neq 0$, la suma y el producto de $\frac{a}{b}$ y $\frac{c}{d}$ son también números racionales:

$$\frac{a}{b} + \frac{c}{d} = \frac{ad + bc}{bd} \in \mathbb{Q}, \quad \frac{a}{b} \cdot \frac{c}{d} = \frac{ac}{bd} \in \mathbb{Q}.$$

2. Asociatividad de la adición y la multiplicación: Estas propiedades se heredan de $\mathbb{Z}$.
3. Conmutatividad de la adición y la multiplicación: Igualmente heredadas de $\mathbb{Z}$.
4. Elementos neutros: El elemento neutro aditivo es $0 = \frac{0}{1}$, y el neutro multiplicativo es $1 = \frac{1}{1}$.
5. Elementos inversos: Para todo $\frac{a}{b} \in \mathbb{Q}$, existe $-\frac{a}{b}$ tal que $\frac{a}{b} + \left(-\frac{a}{b}\right) = 0$. Si $\frac{a}{b} \neq 0$, entonces $\frac{b}{a}$ es el inverso multiplicativo, pues $\frac{a}{b} \cdot \frac{b}{a} = 1$.
6. Distributividad: La multiplicación es distributiva respecto de la adición:

$$\frac{a}{b}\left(\frac{c}{d} + \frac{e}{f}\right) = \frac{a}{b} \cdot \frac{c}{d} + \frac{a}{b} \cdot \frac{e}{f}.$$

Por lo tanto, $\mathbb{Q}$ es un cuerpo conmutativo. ∎

Definition 4.1.7 — Orden en $\mathbb{Q}$. El conjunto $\mathbb{Q}$ es un cuerpo ordenado bajo la relación de orden $<$ definida por:

$$\frac{a}{b} < \frac{c}{d} \iff ad < bc, \quad \text{para } b,d > 0.$$

Esta relación de orden es compatible con las operaciones de adición y multiplicación en $\mathbb{Q}$.

Theorem 4.1.6 — Propiedades del orden en $\mathbb{Q}$. Para todos $x, y, z \in \mathbb{Q}$:
1. **Tricotomía:** Exactamente una de las siguientes es verdadera: $x < y, x = y, x > y$.
2. **Transitividad:** Si $x < y$ y $y < z$, entonces $x < z$.
3. **Compatibilidad con la adición:** Si $x < y$, entonces $x + z < y + z$.
4. **Compatibilidad con la multiplicación:** Si $x < y$ y $0 < z$, entonces $xz < yz$.

Demostración. **1. Tricotomía:** Por la definición del orden en $\mathbb{Q}$, dos números racionales x, y están relacionados de manera única por el orden $x < y, x = y$, o $x > y$. Esto se debe a que $\mathbb{Q}$ hereda las propiedades del orden de $\mathbb{Z}$ y $\mathbb{N}$, de donde provienen los numeradores y denominadores de los números racionales.

2. Transitividad: Supongamos $x < y$ y $y < z$. Esto implica que:

$$y - x > 0 \quad \text{y} \quad z - y > 0.$$

Sumando estas desigualdades, obtenemos:

$$(z - y) + (y - x) = z - x > 0,$$

lo que demuestra que $x < z$.

3. Compatibilidad con la adición: Supongamos $x < y$. Esto significa que $y - x > 0$. Sumando z a ambos lados:

$$y - x > 0 \implies (y + z) - (x + z) > 0,$$

lo que implica que $x + z < y + z$.

4. Compatibilidad con la multiplicación: Supongamos $x < y$ y $0 < z$. Entonces, $y - x > 0$. Multiplicando ambos lados por $z > 0$, obtenemos:

$$z(y - x) > 0 \implies zy - zx > 0 \implies zx < zy.$$

Por lo tanto, las cuatro propiedades se cumplen para el orden en $\mathbb{Q}$. ∎

Corollary 4.1.7 $\mathbb{Q}$ es un cuerpo ordenado, lo que significa que es un campo en el que se ha definido una relación de orden compatible con sus operaciones.

La propiedad de orden en $\mathbb{Q}$ permite definir conceptos como positividad y negatividad.

Definition 4.1.8 — Números racionales positivos y negativos. Un número racional $\frac{a}{b}$ es **positivo** si $a, b > 0$ o $a, b < 0$. Es **negativo** si $a > 0, b < 0$ o $a < 0, b > 0$.

■ **Example 4.3** Consideremos los números $\frac{3}{4}$ y $-\frac{5}{6}$:
- $\frac{3}{4}$ es positivo porque $3 > 0$ y $4 > 0$.
- $-\frac{5}{6} = \frac{-5}{6}$ es negativo porque el numerador es negativo y el denominador es positivo.

■

4.1 Construcción de los números racionales

Theorem 4.1.8 — Densidad de $\mathbb{Q}$ en $\mathbb{R}$. Entre dos números reales cualesquiera x, y con $x < y$, existe al menos un número racional r tal que $x < r < y$.

Demostración. Sean $x, y \in \mathbb{R}$ con $x < y$. Queremos demostrar que existe un $r \in \mathbb{Q}$ tal que $x < r < y$.

Dado que los números reales son densos, podemos considerar el intervalo (nx, ny) para algún entero positivo n. Multiplicando por n, tenemos:

$$nx < ny.$$

El intervalo (nx, ny) contiene al menos un número entero m, debido a que los números enteros son densos en los reales. Es decir, existe $m \in \mathbb{Z}$ tal que:

$$nx < m < ny.$$

Dividiendo por n, obtenemos:

$$x < \frac{m}{n} < y.$$

El número $r = \frac{m}{n}$ es un racional porque $m \in \mathbb{Z}$ y $n \in \mathbb{N}$. Esto demuestra que existe un racional r tal que $x < r < y$.

Por lo tanto, $\mathbb{Q}$ es denso en $\mathbb{R}$. ∎

Exercise 4.5 Demuestre que entre dos números racionales distintos existe infinitos números racionales.
Solución: Sea $a, b \in \mathbb{Q}$ con $a < b$. Para cualquier $n \in \mathbb{N}$, el número $r = a + \frac{(b-a)}{n}$ es un número racional y satisface $a < r < b$. Como n es arbitrario, existen infinitos tales r. ∎

Definition 4.1.9 — Valor absoluto en $\mathbb{Q}$. El **valor absoluto** de un número racional $q \in \mathbb{Q}$ se define como:

$$|q| = \begin{cases} q, & \text{si } q \geq 0, \\ -q, & \text{si } q < 0. \end{cases}$$

El valor absoluto permite medir la distancia de un número racional al origen.

Theorem 4.1.9 — Propiedades del valor absoluto. Para todos $x, y \in \mathbb{Q}$:
1. $|x| \geq 0$ y $|x| = 0 \iff x = 0$.
2. $|xy| = |x||y|$.
3. $|x + y| \leq |x| + |y|$ (Desigualdad triangular).

Demostración. **1. Propiedad no negativa y carácter definitorio:** Por definición, el valor absoluto de x está dado por:

$$|x| = \begin{cases} x, & \text{si } x \geq 0, \\ -x, & \text{si } x < 0. \end{cases}$$

En ambos casos, $|x| \geq 0$ porque x o $-x$ son no negativos. Además, $|x| = 0$ si y sólo si $x = 0$, ya que $x \neq 0$ implica $|x| > 0$.

2. Multiplicación: Si $x \geq 0$ y $y \geq 0$, entonces $|xy| = xy = |x||y|$. Similarmente, si $x < 0$ y $y < 0$, entonces:

$$|xy| = (-x)(-y) = xy = |x||y|.$$

Para los casos donde x y y tienen signos opuestos, $|xy| = -xy = |x||y|$, ya que $|x| = -x$ o $|y| = -y$. Esto cubre todos los casos posibles.

3. Desigualdad triangular: Si $x \geq 0$ y $y \geq 0$, entonces:

$$|x+y| = x+y = |x|+|y|.$$

Si $x < 0$ y $y \geq 0$, entonces:

$$|x+y| = |-(|x|-y)| = ||x|-y| \leq |x|+|y|,$$

dado que $||a|-|b|| \leq |a|+|b|$. Los demás casos son similares y verifican que:

$$|x+y| \leq |x|+|y|.$$

Esto concluye la demostración. ∎

Exercise 4.6 Demuestre que $|x-y| \geq ||x|-|y||$ para todos $x, y \in \mathbb{Q}$.
Solución: Aplicando la desigualdad triangular:

$$|x| = |(x-y)+y| \leq |x-y|+|y| \implies |x|-|y| \leq |x-y|.$$

De manera similar:

$$|y| = |(y-x)+x| \leq |y-x|+|x| \implies |y|-|x| \leq |x-y|.$$

Por lo tanto:

$$|x-y| \geq ||x|-|y||.$$

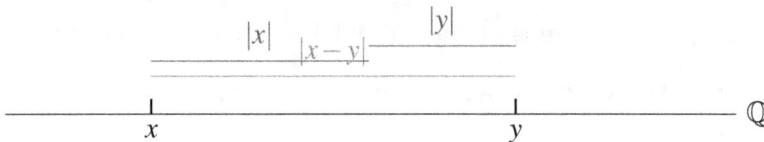

Figura 4.1.2: *Visualización de la desigualdad triangular en $\mathbb{Q}$*

La Figura 4.1.2 ilustra la desigualdad triangular en la recta numérica.

> **R** A pesar de las numerosas propiedades de $\mathbb{Q}$, es importante notar que no es un campo completo, es decir, existen sucesiones de números racionales que convergen a números irracionales, que no pertenecen a $\mathbb{Q}$. Este hecho motiva la construcción de los números reales $\mathbb{R}$.

4.2 Adición y multiplicación de números racionales

Exercise 4.7 Considere la sucesión definida por $x_n = \dfrac{n}{n+1}$. Demuestre que $\lim_{n\to\infty} x_n = 1$, y explique por qué este límite pertenece a $\mathbb{Q}$.

Solución: Calculamos el límite:

$$\lim_{n\to\infty} x_n = \lim_{n\to\infty} \frac{n}{n+1} = 1.$$

Como $1 \in \mathbb{Q}$, el límite es racional. Sin embargo, si consideramos la sucesión $y_n = (1+\frac{1}{n})^n$, entonces $\lim_{n\to\infty} y_n = e$, que es irracional. Esto muestra que $\mathbb{Q}$ no es completo.

Theorem 4.1.10 — Propiedad arquimediana. Para cualquier número racional positivo $x \in \mathbb{Q}$ y cualquier número racional $y \in \mathbb{Q}$, existe un número natural $n \in \mathbb{N}$ tal que $nx > y$.

Demostración. Supongamos $x, y \in \mathbb{Q}$ con $x > 0$ y y arbitrario. Por contradicción, asumamos que para todo $n \in \mathbb{N}$, se cumple $nx \leq y$. Esto implica que:

$$x \leq \frac{y}{n} \quad \text{para todo } n \in \mathbb{N}.$$

Dado que $n \to \infty$, el cociente $\frac{y}{n}$ tiende a 0 porque y es fijo y n crece indefinidamente. Esto implica que $x \leq 0$, lo cual contradice la hipótesis $x > 0$.

Por lo tanto, debe existir un $n \in \mathbb{N}$ tal que $nx > y$. Esto completa la demostración. ∎

Exercise 4.8 Utilice la propiedad arquimediana para demostrar que no existe el número racional más pequeño mayor que cero.

Solución: Supongamos que existe $r > 0$ en $\mathbb{Q}$ tal que r es el número racional más pequeño mayor que cero. Tomamos $s = \dfrac{r}{2}$, que también es racional y positivo. Pero $s < r$, lo que contradice que r es el más pequeño.

> (R) La propiedad arquimediana es fundamental en análisis y es una de las razones por las que los números reales son necesarios para llenar los "huecos.ᵉⁿ $\mathbb{Q}$.

4.2 Adición y multiplicación de números racionales

4.2.1 Propiedades conmutativa, asociativa y distributiva

En esta sección, exploraremos las propiedades fundamentales de la adición y multiplicación en el conjunto de los números racionales $\mathbb{Q}$. Estas propiedades son esenciales para el desarrollo de estructuras algebraicas más complejas y tienen implicaciones profundas en diversas áreas de las matemáticas.

Definition 4.2.1 — Adición de números racionales. Dados dos números racionales $\dfrac{a}{b}, \dfrac{c}{d} \in \mathbb{Q}$, donde $a, b, c, d \in \mathbb{Z}$ y $b, d \neq 0$, definimos la **adición** como:

$$\frac{a}{b} + \frac{c}{d} = \frac{ad + bc}{bd}.$$

Definition 4.2.2 — Multiplicación de números racionales. Dados dos números racionales $\frac{a}{b}, \frac{c}{d} \in \mathbb{Q}$, definimos la **multiplicación** como:

$$\frac{a}{b} \cdot \frac{c}{d} = \frac{ac}{bd}.$$

Estas operaciones están bien definidas en $\mathbb{Q}$ y dotan al conjunto de una estructura algebraica rica.

> **Theorem 4.2.1 — Propiedad conmutativa de la adición.** Para todos los números racionales $\frac{a}{b}, \frac{c}{d} \in \mathbb{Q}$, se cumple que:
>
> $$\frac{a}{b} + \frac{c}{d} = \frac{c}{d} + \frac{a}{b}.$$

Demostración. Calculamos ambas expresiones:

$$\frac{a}{b} + \frac{c}{d} = \frac{ad+bc}{bd},$$

$$\frac{c}{d} + \frac{a}{b} = \frac{cb+da}{db} = \frac{bc+ad}{bd}.$$

Como $ad + bc = bc + ad$, las sumas son iguales, por lo tanto:

$$\frac{a}{b} + \frac{c}{d} = \frac{c}{d} + \frac{a}{b}.$$

∎

De manera similar, podemos establecer la propiedad conmutativa para la multiplicación.

> **Theorem 4.2.2 — Propiedad conmutativa de la multiplicación.** Para todos los números racionales $\frac{a}{b}, \frac{c}{d} \in \mathbb{Q}$, se cumple que:
>
> $$\frac{a}{b} \cdot \frac{c}{d} = \frac{c}{d} \cdot \frac{a}{b}.$$

Demostración. Calculamos ambas expresiones:

$$\frac{a}{b} \cdot \frac{c}{d} = \frac{ac}{bd},$$

$$\frac{c}{d} \cdot \frac{a}{b} = \frac{ca}{db} = \frac{ac}{bd}.$$

Por lo tanto, la multiplicación es conmutativa en $\mathbb{Q}$. ∎

Estas propiedades reflejan la naturaleza conmutativa de las operaciones de adición y multiplicación heredadas de los números enteros.

> **Theorem 4.2.3 — Propiedad asociativa de la adición.** Para todos los números racionales $\frac{a}{b}, \frac{c}{d}, \frac{e}{f} \in \mathbb{Q}$, se cumple que:
>
> $$\left(\frac{a}{b} + \frac{c}{d}\right) + \frac{e}{f} = \frac{a}{b} + \left(\frac{c}{d} + \frac{e}{f}\right).$$

4.2 Adición y multiplicación de números racionales

Demostración. Calculamos ambas expresiones:
Primero, sumamos $\frac{a}{b}$ y $\frac{c}{d}$:

$$\frac{a}{b}+\frac{c}{d}=\frac{ad+bc}{bd}.$$

Luego, sumamos $\frac{e}{f}$:

$$\left(\frac{a}{b}+\frac{c}{d}\right)+\frac{e}{f}=\frac{ad+bc}{bd}+\frac{e}{f}=\frac{(ad+bc)f+ebd}{bdf}.$$

Ahora, sumamos $\frac{c}{d}$ y $\frac{e}{f}$:

$$\frac{c}{d}+\frac{e}{f}=\frac{cf+de}{df}.$$

Luego, sumamos $\frac{a}{b}$:

$$\frac{a}{b}+\left(\frac{c}{d}+\frac{e}{f}\right)=\frac{a}{b}+\frac{cf+de}{df}=\frac{(a)(df)+b(cf+de)}{bdf}=\frac{adf+bcf+bde}{bdf}.$$

Observamos que ambas expresiones tienen el mismo numerador y denominador, por lo que son iguales:

$$(ad+bc)f+ebd=adf+bcf+bde.$$

Simplificando:

$$(adf+bcf)+ebd=adf+bcf+bde.$$

Esto muestra que las sumas son iguales, y por lo tanto, la propiedad asociativa se cumple. ∎

La propiedad asociativa también se cumple para la multiplicación.

> **Theorem 4.2.4 — Propiedad asociativa de la multiplicación.** Para todos los números racionales $\frac{a}{b}, \frac{c}{d}, \frac{e}{f} \in \mathbb{Q}$, se cumple que:
>
> $$\left(\frac{a}{b}\cdot\frac{c}{d}\right)\cdot\frac{e}{f}=\frac{a}{b}\cdot\left(\frac{c}{d}\cdot\frac{e}{f}\right).$$

Demostración. Calculamos ambas expresiones:
Primero, multiplicamos $\frac{a}{b}$ y $\frac{c}{d}$:

$$\frac{a}{b}\cdot\frac{c}{d}=\frac{ac}{bd}.$$

Luego, multiplicamos por $\frac{e}{f}$:

$$\left(\frac{a}{b}\cdot\frac{c}{d}\right)\cdot\frac{e}{f}=\frac{ac}{bd}\cdot\frac{e}{f}=\frac{ace}{bdf}.$$

Por otro lado, multiplicamos $\frac{c}{d}$ y $\frac{e}{f}$:

$$\frac{c}{d} \cdot \frac{e}{f} = \frac{ce}{df}.$$

Luego, multiplicamos por $\frac{a}{b}$:

$$\frac{a}{b} \cdot \left(\frac{c}{d} \cdot \frac{e}{f}\right) = \frac{a}{b} \cdot \frac{ce}{df} = \frac{ace}{bdf}.$$

Ambas expresiones son iguales, por lo tanto, la propiedad asociativa se cumple para la multiplicación.

∎

Estas propiedades aseguran que el orden en que realizamos sumas o productos de números racionales no afecta el resultado.

La siguiente propiedad conecta la adición y la multiplicación de números racionales.

> **Theorem 4.2.5 — Propiedad distributiva.** Para todos los números racionales $\frac{a}{b}, \frac{c}{d}, \frac{e}{f} \in \mathbb{Q}$, se cumple que:
>
> $$\frac{a}{b} \cdot \left(\frac{c}{d} + \frac{e}{f}\right) = \frac{a}{b} \cdot \frac{c}{d} + \frac{a}{b} \cdot \frac{e}{f}.$$

Demostración. Calculamos el lado izquierdo:

$$\frac{a}{b} \cdot \left(\frac{c}{d} + \frac{e}{f}\right) = \frac{a}{b} \cdot \frac{cf + de}{df} = \frac{a(cf + de)}{bdf}.$$

Calculamos el lado derecho:

$$\frac{a}{b} \cdot \frac{c}{d} + \frac{a}{b} \cdot \frac{e}{f} = \frac{ac}{bd} + \frac{ae}{bf} = \frac{acf + aed}{bdf}.$$

Simplificamos el lado izquierdo:

$$\frac{a(cf + de)}{bdf} = \frac{acf + ade}{bdf}.$$

Observamos que ambos lados son iguales:

$$\frac{acf + ade}{bdf} = \frac{acf + ade}{bdf}.$$

Por lo tanto, se cumple la propiedad distributiva.

∎

Estas propiedades son fundamentales para las operaciones algebraicas y garantizan que $\mathbb{Q}$, con las operaciones de adición y multiplicación, es un cuerpo conmutativo.

■ **Example 4.4** Verifiquemos las propiedades anteriores con los números racionales $\frac{2}{3}, \frac{4}{5}, \frac{1}{2}$.

4.2 Adición y multiplicación de números racionales

Propiedad conmutativa de la adición:

$$\frac{2}{3}+\frac{4}{5}=\frac{2\cdot 5+3\cdot 4}{3\cdot 5}=\frac{10+12}{15}=\frac{22}{15},$$

$$\frac{4}{5}+\frac{2}{3}=\frac{4\cdot 3+5\cdot 2}{5\cdot 3}=\frac{12+10}{15}=\frac{22}{15}.$$

Propiedad asociativa de la multiplicación:

$$\left(\frac{2}{3}\cdot\frac{4}{5}\right)\cdot\frac{1}{2}=\frac{8}{15}\cdot\frac{1}{2}=\frac{8}{30}=\frac{4}{15},$$

$$\frac{2}{3}\cdot\left(\frac{4}{5}\cdot\frac{1}{2}\right)=\frac{2}{3}\cdot\frac{4}{10}=\frac{2}{3}\cdot\frac{2}{5}=\frac{4}{15}.$$

En ambos casos, obtenemos el mismo resultado.

∎

Exercise 4.9 Verifique la propiedad asociativa de la adición para los números racionales $\frac{3}{7}, \frac{5}{9}, \frac{2}{3}$.

Solución:

Calculamos el lado izquierdo:

$$\left(\frac{3}{7}+\frac{5}{9}\right)+\frac{2}{3}=\left(\frac{27+35}{63}\right)+\frac{2}{3}=\frac{62}{63}+\frac{2}{3}=\frac{62\cdot 3+2\cdot 63}{63\cdot 3}=\frac{186+126}{189}=\frac{312}{189}=\frac{104}{63}.$$

Calculamos el lado derecho:
Primero, sumamos $\frac{5}{9}+\frac{2}{3}$:

$$\frac{5}{9}+\frac{2}{3}=\frac{5\cdot 3+2\cdot 9}{9\cdot 3}=\frac{15+18}{27}=\frac{33}{27}=\frac{11}{9}.$$

Luego, sumamos $\frac{3}{7}$:

$$\frac{3}{7}+\frac{11}{9}=\frac{3\cdot 9+11\cdot 7}{7\cdot 9}=\frac{27+77}{63}=\frac{104}{63}.$$

Ambos lados dan $\frac{104}{63}$, confirmando la propiedad asociativa.

∎

(R) Las propiedades conmutativa, asociativa y distributiva son fundamentales no solo en el contexto de los números racionales sino también en álgebra abstracta y otras ramas de las matemáticas. Estas propiedades permiten simplificar expresiones y resolver ecuaciones de manera eficiente.

Exercise 4.10 Demuestre que para cualquier número racional $\frac{a}{b}$, se cumple que:

$$\frac{a}{b}\cdot 0=0.$$

Solución:

Sabemos que $0 = \dfrac{0}{1}$, entonces:

$$\frac{a}{b} \cdot 0 = \frac{a}{b} \cdot \frac{0}{1} = \frac{a \cdot 0}{b \cdot 1} = \frac{0}{b} = 0.$$

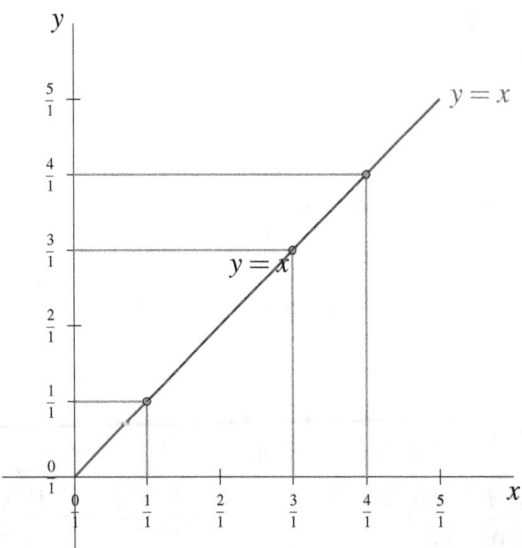

Figura 4.2.1: *Representación gráfica de la propiedad conmutativa de la adición*

La Figura 4.2.1 ilustra cómo la suma de números racionales es conmutativa, reflejándose en la simetría respecto a la línea $y = x$.

Exercise 4.11 Sea $\dfrac{a}{b}, \dfrac{c}{d} \in \mathbb{Q}$ con $\dfrac{a}{b} > 0$ y $\dfrac{c}{d} > 0$. Demuestre que:

$$\left(\frac{a}{b} + \frac{c}{d}\right)^2 = \left(\frac{a}{b}\right)^2 + 2 \cdot \frac{a}{b} \cdot \frac{c}{d} + \left(\frac{c}{d}\right)^2.$$

Solución:
Calculamos el cuadrado de la suma:

$$\left(\frac{a}{b} + \frac{c}{d}\right)^2 = \left(\frac{ad+bc}{bd}\right)^2 = \frac{(ad+bc)^2}{(bd)^2}.$$

Por otro lado:

$$\left(\frac{a}{b}\right)^2 + 2 \cdot \frac{a}{b} \cdot \frac{c}{d} + \left(\frac{c}{d}\right)^2 = \frac{a^2}{b^2} + 2 \cdot \frac{ac}{bd} + \frac{c^2}{d^2} = \frac{a^2d^2 + 2abcd + b^2c^2}{b^2d^2}.$$

Observamos que:

$$(ad+bc)^2 = a^2d^2 + 2abcd + b^2c^2.$$

Por lo tanto:

4.2 Adición y multiplicación de números racionales

$$\left(\frac{a}{b}+\frac{c}{d}\right)^2 = \left(\frac{a}{b}\right)^2 + 2\cdot\frac{a}{b}\cdot\frac{c}{d} + \left(\frac{c}{d}\right)^2.$$

> (R) Las propiedades exploradas en esta sección son esenciales para el desarrollo de álgebra lineal, teoría de números y cálculo. Comprender y aplicar estas propiedades permite resolver problemas complejos y entender estructuras matemáticas más avanzadas.

4.2.2 Inversos aditivos y multiplicativos

En el conjunto de los números racionales $\mathbb{Q}$, cada elemento posee un inverso aditivo y, salvo el cero, un inverso multiplicativo. Estos inversos son fundamentales para resolver ecuaciones y comprender la estructura algebraica de $\mathbb{Q}$. En esta sección, exploraremos detalladamente las propiedades y aplicaciones de los inversos aditivos y multiplicativos en $\mathbb{Q}$.

Definition 4.2.3 — Inverso aditivo. Dado un número racional $\frac{a}{b} \in \mathbb{Q}$, su **inverso aditivo** es el número racional $-\frac{a}{b}$, tal que:

$$\frac{a}{b} + \left(-\frac{a}{b}\right) = 0.$$

El inverso aditivo de un número racional es simplemente su opuesto. Esta propiedad garantiza que $\mathbb{Q}$ es un grupo abeliano bajo la operación de adición.

Definition 4.2.4 — Inverso multiplicativo. Para un número racional no nulo $\frac{a}{b} \in \mathbb{Q}$, su **inverso multiplicativo** es el número racional $\frac{b}{a}$, tal que:

$$\frac{a}{b}\cdot\frac{b}{a} = 1.$$

El inverso multiplicativo, también conocido como recíproco, permite resolver ecuaciones multiplicativas y es esencial en operaciones de división en $\mathbb{Q}$.

Theorem 4.2.6 — Existencia de inversos en $\mathbb{Q}$. Para todo número racional $\frac{a}{b} \in \mathbb{Q}$, existe un inverso aditivo $-\frac{a}{b} \in \mathbb{Q}$. Además, si $\frac{a}{b} \neq 0$, existe un inverso multiplicativo $\frac{b}{a} \in \mathbb{Q}$.

Demostración. **Inverso aditivo:** Dado $\frac{a}{b} \in \mathbb{Q}$, su opuesto $-\frac{a}{b}$ también es un número racional, ya que $-a \in \mathbb{Z}$. La suma de ambos es:

$$\frac{a}{b} + \left(-\frac{a}{b}\right) = \frac{a-a}{b} = \frac{0}{b} = 0.$$

Inverso multiplicativo: Si $\frac{a}{b} \neq 0$, entonces $a \neq 0$. Su inverso multiplicativo es $\frac{b}{a} \in \mathbb{Q}$, ya que $a \in \mathbb{Z} \setminus \{0\}$. El producto es:

$$\frac{a}{b} \cdot \frac{b}{a} = \frac{ab}{ba} = \frac{ab}{ab} = 1.$$

■

■ **Example 4.5** Consideremos el número racional $\frac{5}{7}$. Su inverso aditivo es $-\frac{5}{7}$, ya que:

$$\frac{5}{7} + \left(-\frac{5}{7}\right) = \frac{5-5}{7} = \frac{0}{7} = 0.$$

Su inverso multiplicativo es $\frac{7}{5}$, pues:

$$\frac{5}{7} \cdot \frac{7}{5} = \frac{5 \cdot 7}{7 \cdot 5} = \frac{35}{35} = 1.$$

■

La existencia de inversos garantiza que $\mathbb{Q}$ es un cuerpo, es decir, un conjunto con dos operaciones (suma y multiplicación) que cumplen ciertas propiedades algebraicas.

Proposition 4.2.7 — **Propiedades de los inversos.** Sean $x, y \in \mathbb{Q}$ con $x \neq 0$ y $y \neq 0$. Entonces:
1. El inverso aditivo de x es único.
2. El inverso multiplicativo de x es único.
3. $(x^{-1})^{-1} = x$, donde x^{-1} denota el inverso multiplicativo de x.
4. $(xy)^{-1} = x^{-1}y^{-1}$.

Demostración. **(1)** Supongamos que existen $u, v \in \mathbb{Q}$ tales que $x + u = 0$ y $x + v = 0$. Entonces, por la propiedad asociativa y conmutativa:

$$u = u + 0 = u + (x+v) = (u+x) + v = (x+u) + v = 0 + v = v.$$

Por lo tanto, el inverso aditivo es único.
(2) Similarmente, si $xu = 1$ y $xv = 1$, entonces:

$$u = u \cdot 1 = u(xv) = (ux)v = 1 \cdot v = v.$$

Por lo tanto, el inverso multiplicativo es único.
(3) Como $xx^{-1} = 1$, entonces el inverso multiplicativo de x^{-1} es x, es decir, $(x^{-1})^{-1} = x$.
(4) Tenemos:

$$(xy)(x^{-1}y^{-1}) = xx^{-1}yy^{-1} = 1 \cdot 1 = 1.$$

Por lo tanto, $(xy)^{-1} = x^{-1}y^{-1}$. ■

Estas propiedades son útiles para simplificar expresiones y resolver ecuaciones en $\mathbb{Q}$.

Exercise 4.12 Simplifique la siguiente expresión:

$$\left(\frac{3}{4}\right)^{-1} + \left(-\frac{3}{4}\right).$$

4.2 Adición y multiplicación de números racionales

Solución. Primero, calculamos el inverso multiplicativo de $\frac{3}{4}$:

$$\left(\frac{3}{4}\right)^{-1} = \frac{4}{3}.$$

Luego, sumamos el inverso aditivo de $\frac{3}{4}$:

$$\frac{4}{3} + \left(-\frac{3}{4}\right) = \frac{4}{3} - \frac{3}{4}.$$

Encontramos un común denominador, que es 12:

$$\frac{4\cdot 4}{12} - \frac{3\cdot 3}{12} = \frac{16}{12} - \frac{9}{12} = \frac{7}{12}.$$

■

Exercise 4.13 Resuelva en $\mathbb{Q}$ la ecuación:

$$\frac{2}{5}x + \frac{3}{7} = 0.$$

Solución. Despejamos x:

$$\frac{2}{5}x = -\frac{3}{7} \implies x = -\frac{3}{7} \cdot \left(\frac{2}{5}\right)^{-1} = -\frac{3}{7} \cdot \frac{5}{2} = -\frac{3\cdot 5}{7\cdot 2} = -\frac{15}{14}.$$

■

Theorem 4.2.8 — Reglas de los signos. Para todos $a, b \in \mathbb{Q}$, se cumplen:
1. $-(-a) = a$.
2. $(-a)(-b) = ab$.
3. $(-a)b = -(ab) = a(-b)$.

Demostración. **(1)** El inverso aditivo del inverso aditivo de a es a:

$$-(-a) + (-a) = 0 \implies -(-a) = a.$$

(2) Tenemos:

$$(-a)(-b) = (-1a)(-1b) = (-1)(-1)ab = 1 \cdot ab = ab.$$

(3) Por la propiedad distributiva:

$$(-a)b = -(ab), \quad a(-b) = -(ab).$$

■

Estas reglas son fundamentales para operar con números racionales negativos.

■ **Example 4.6** Calcule $\left(-\dfrac{2}{3}\right)\cdot\left(-\dfrac{5}{4}\right)+\dfrac{7}{6}$.

Primero, multiplicamos:

$$\left(-\frac{2}{3}\right)\cdot\left(-\frac{5}{4}\right) = \frac{2}{3}\cdot\frac{5}{4} = \frac{10}{12} = \frac{5}{6}.$$

Luego, sumamos $\dfrac{7}{6}$:

$$\frac{5}{6}+\frac{7}{6} = \frac{12}{6} = 2.$$

■

Exercise 4.14 Si $x = \dfrac{4}{9}$, encuentre x^{-1} y $-x$ y verifique que:

$$x^{-1}-(-x) = x^{-1}+x = \frac{9}{4}+\frac{4}{9} = \text{(calcule el resultado)}.$$

Solución. Calculamos x^{-1}:

$$x^{-1} = \left(\frac{4}{9}\right)^{-1} = \frac{9}{4}.$$

Calculamos $-x$:

$$-x = -\frac{4}{9}.$$

Entonces:

$$x^{-1}-(-x) = \frac{9}{4}-\left(-\frac{4}{9}\right) = \frac{9}{4}+\frac{4}{9}.$$

Encontramos un común denominador, 36:

$$\frac{9\cdot 9}{36}+\frac{4\cdot 4}{36} = \frac{81}{36}+\frac{16}{36} = \frac{97}{36}.$$

■

La comprensión profunda de los inversos aditivos y multiplicativos en $\mathbb{Q}$ es esencial para avanzar en el estudio de espacios vectoriales, anillos y campos en álgebra abstracta.

Theorem 4.2.9 — Propiedad del inverso multiplicativo de un producto. Para números racionales $a,b \in \mathbb{Q}$, con $a,b \neq 0$, se cumple:

$$(ab)^{-1} = a^{-1}b^{-1}.$$

4.2 Adición y multiplicación de números racionales

Demostración. Por definición del inverso multiplicativo, para $a, b \neq 0$, se tiene que:

$$a \cdot a^{-1} = 1 \quad \text{y} \quad b \cdot b^{-1} = 1.$$

Sea $ab \neq 0$. El inverso multiplicativo de ab es el número $(ab)^{-1}$ tal que:

$$(ab) \cdot (ab)^{-1} = 1.$$

Sustituyendo $(ab)^{-1} = a^{-1}b^{-1}$, verificamos:

$$(ab) \cdot (a^{-1}b^{-1}) = ab \cdot a^{-1}b^{-1}.$$

Agrupando términos, usando la asociatividad y conmutatividad de la multiplicación en $\mathbb{Q}$:

$$a \cdot a^{-1} \cdot b \cdot b^{-1} = (a \cdot a^{-1}) \cdot (b \cdot b^{-1}).$$

Como $a \cdot a^{-1} = 1$ y $b \cdot b^{-1} = 1$, se obtiene:

$$1 \cdot 1 = 1.$$

Por lo tanto, $(ab)^{-1} = a^{-1}b^{-1}$, lo que demuestra la propiedad. ∎

Exercise 4.15 Calcule el inverso multiplicativo de $\dfrac{3}{5} \cdot \dfrac{7}{2}$.

Solución:
Primero, calculamos el producto:

$$\frac{3}{5} \cdot \frac{7}{2} = \frac{21}{10}.$$

Luego, calculamos su inverso multiplicativo:

$$\left(\frac{21}{10}\right)^{-1} = \frac{10}{21}.$$

Alternativamente, usando el teorema:

$$\left(\frac{3}{5} \cdot \frac{7}{2}\right)^{-1} = \left(\frac{3}{5}\right)^{-1} \cdot \left(\frac{7}{2}\right)^{-1} = \frac{5}{3} \cdot \frac{2}{7} = \frac{10}{21}.$$

La Figura 4.2.2 muestra la función $f(x) = \dfrac{1}{x}$, que asigna a cada número racional no nulo su inverso multiplicativo.

Exercise 4.16 Demuestre que para cualquier $a \in \mathbb{Q}$ con $a \neq 0$:

$$\left(\frac{1}{a}\right)^{-1} = a.$$

Solución. El inverso multiplicativo de $\dfrac{1}{a}$ es aquel número x tal que:

$$\frac{1}{a} \cdot x = 1.$$

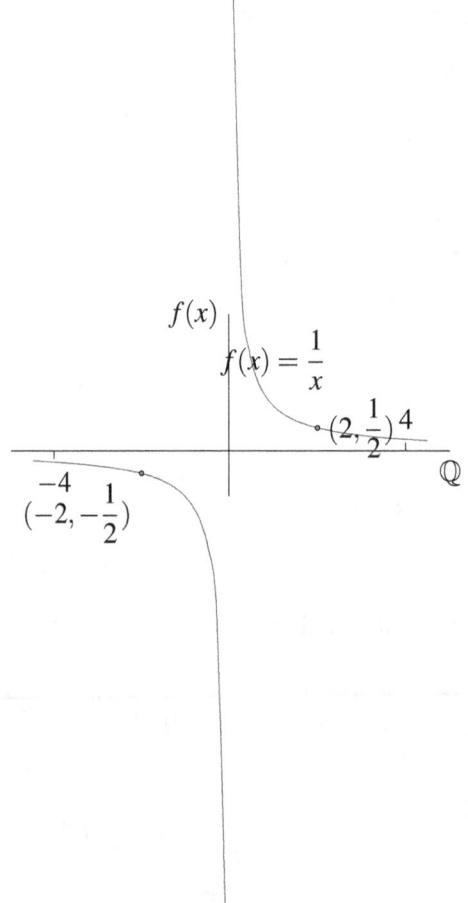

Figura 4.2.2: *Representación gráfica de la función* $f(x) = \dfrac{1}{x}$ *en* $\mathbb{Q}$

Multiplicando ambos lados por a:

$$a \cdot \frac{1}{a} \cdot x = a \cdot 1 \implies x = a.$$

Por lo tanto, $\left(\dfrac{1}{a}\right)^{-1} = a.$ ∎

> (R) El concepto de inverso multiplicativo es fundamental en álgebra lineal, especialmente al resolver sistemas de ecuaciones y al trabajar con matrices invertibles.

4.3 Los números enteros como subconjunto de los números racionales

4.3.1 Inclusión de $\mathbb{Z}$ en $\mathbb{Q}$

En esta sección, exploraremos cómo los números enteros $\mathbb{Z}$ se pueden considerar como un subconjunto de los números racionales $\mathbb{Q}$. Esta inclusión es fundamental para entender la estructura algebraica de los números racionales y cómo se construyen a partir de los enteros.

4.3 Los números enteros como subconjunto de los números racionales

Definition 4.3.1 — Inmersión natural de $\mathbb{Z}$ en $\mathbb{Q}$. Definimos la función $\iota : \mathbb{Z} \to \mathbb{Q}$ como:

$$\iota(n) = \frac{n}{1}, \quad \text{para todo } n \in \mathbb{Z}.$$

Esta función ι asigna a cada entero n el número racional $\frac{n}{1}$.

Theorem 4.3.1 — La función ι es un homomorfismo de anillos inyectivo. La aplicación $\iota : \mathbb{Z} \to \mathbb{Q}$ es un homomorfismo de anillos inyectivo, es decir:

1. Para todos $m, n \in \mathbb{Z}$:

$$\iota(m+n) = \iota(m) + \iota(n), \quad \iota(mn) = \iota(m)\iota(n).$$

2. ι es inyectiva.

Demostración. **(1)** Verificamos que ι preserva la suma y el producto:

Suma:

$$\iota(m+n) = \frac{m+n}{1} = \frac{m}{1} + \frac{n}{1} = \iota(m) + \iota(n).$$

Producto:

$$\iota(mn) = \frac{mn}{1} = \frac{m}{1} \cdot \frac{n}{1} = \iota(m)\iota(n).$$

(2) Para mostrar que ι es inyectiva, supongamos que $\iota(m) = \iota(n)$. Entonces:

$$\frac{m}{1} = \frac{n}{1} \implies m = n.$$

Por lo tanto, ι es inyectiva. ∎

Esta propiedad nos permite identificar cada entero n con el número racional $\frac{n}{1}$, y así considerar $\mathbb{Z}$ como un subanillo de $\mathbb{Q}$.

Corollary 4.3.2 — $\mathbb{Z}$ es un subanillo de $\mathbb{Q}$. Bajo la inmersión ι, el conjunto de los enteros $\mathbb{Z}$ es un subanillo de los racionales $\mathbb{Q}$.

Demostración. Dado que ι es un homomorfismo de anillos inyectivo, la imagen $\iota(\mathbb{Z})$ es un subanillo de $\mathbb{Q}$ isomorfo a $\mathbb{Z}$. Por lo tanto, podemos considerar a $\mathbb{Z}$ como un subanillo de $\mathbb{Q}$. ∎

■ **Example 4.7** Consideremos los enteros -2, 0 y 5. Bajo la inmersión ι, tenemos:

$$\iota(-2) = \frac{-2}{1}, \quad \iota(0) = \frac{0}{1}, \quad \iota(5) = \frac{5}{1}.$$

Estos números racionales corresponden exactamente a los enteros originales, pero expresados como fracciones con denominador 1. ■

La inclusión de $\mathbb{Z}$ en $\mathbb{Q}$ nos permite extender operaciones y propiedades de los enteros a los racionales.

Proposition 4.3.3 — Densidad de $\mathbb{Z}$ en $\mathbb{Q}$ es falsa. A diferencia de $\mathbb{Q}$ en $\mathbb{R}$, los enteros $\mathbb{Z}$ no son densos en $\mathbb{Q}$. Es decir, existen números racionales entre dos enteros consecutivos.

Demostración. Tomemos dos enteros consecutivos n y $n+1$. El número racional $r = n + \dfrac{1}{2}$ satisface:

$$n < r < n+1.$$

Como $r \in \mathbb{Q}$ y $r \notin \mathbb{Z}$, esto demuestra que hay números racionales entre enteros consecutivos, por lo que $\mathbb{Z}$ no es denso en $\mathbb{Q}$. ∎

Exercise 4.17 Verifique que el entero $n = 3$ y el racional $q = \dfrac{7}{2}$ satisfacen $n < q < n+1$. Encuentre otro número racional r tal que $n < r < q$.

Solución. Tenemos $n = 3$ y $q = \dfrac{7}{2} = 3{,}5$. Claramente, $3 < 3{,}5 < 4$. Para encontrar un racional r tal que $3 < r < 3{,}5$, podemos tomar $r = \dfrac{7}{3} \approx 2{,}33$, pero esto no satisface $r > 3$. En su lugar, tomamos $r = \dfrac{13}{4} = 3{,}25$, que satisface $3 < 3{,}25 < 3{,}5$. ∎

Theorem 4.3.4 — Los enteros son un subgrupo de los racionales bajo la suma. El conjunto $\mathbb{Z}$, considerado como un subconjunto de $\mathbb{Q}$, es un subgrupo de $\mathbb{Q}$ bajo la operación de suma.

Demostración. Para demostrar que $\mathbb{Z}$ es un subgrupo de $\mathbb{Q}$ bajo la suma, verificamos las condiciones de subgrupo:

1. Cerradura: Sean $a, b \in \mathbb{Z}$. La suma de dos números enteros es un número entero, es decir:

$$a + b \in \mathbb{Z}.$$

2. Existencia del neutro: El neutro aditivo en $\mathbb{Q}$ es 0. Dado que $0 \in \mathbb{Z}$, el neutro también pertenece a $\mathbb{Z}$.

3. Existencia del inverso: Para cualquier $a \in \mathbb{Z}$, su inverso aditivo es $-a$. Dado que $-a \in \mathbb{Z}$, el inverso aditivo de cada elemento en $\mathbb{Z}$ pertenece a $\mathbb{Z}$.

Dado que $\mathbb{Z}$ satisface la cerradura, contiene el neutro aditivo y es cerrado bajo la operación de inverso aditivo, concluimos que $\mathbb{Z}$ es un subgrupo de $\mathbb{Q}$ bajo la suma. ∎

R Aunque $\mathbb{Z}$ es un subgrupo de $\mathbb{Q}$ bajo la suma, no es un subgrupo bajo la multiplicación, ya que los inversos multiplicativos de los enteros (excepto ± 1) no son enteros, sino racionales.

Exercise 4.18 Encuentre el inverso multiplicativo de $n = 2$ en $\mathbb{Q}$. ¿Pertenece este inverso a $\mathbb{Z}$?

Solución: El inverso multiplicativo de 2 es $\dfrac{1}{2}$. Este número pertenece a $\mathbb{Q}$ pero no a $\mathbb{Z}$, lo que confirma que $\mathbb{Z}$ no es un subgrupo bajo la multiplicación en $\mathbb{Q}$.

La Figura 4.3.1 ilustra cómo los enteros (puntos negros) están incluidos en los racionales (puntos grises en la recta numérica).

Proposition 4.3.5 — Diferencias entre $\mathbb{Z}$ y $\mathbb{Q}$. Las principales diferencias entre los números enteros $\mathbb{Z}$ y los racionales $\mathbb{Q}$ son:

4.3 Los números enteros como subconjunto de los números racionales

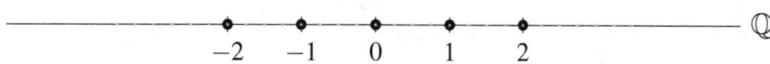

Figura 4.3.1: *Representación de los enteros $\mathbb{Z}$ dentro de los racionales $\mathbb{Q}$*

1. **Estructura algebraica:** $\mathbb{Z}$ es un anillo íntegro, mientras que $\mathbb{Q}$ es un cuerpo.
2. **Inversos multiplicativos:** En $\mathbb{Z}$, solo 1 y -1 tienen inversos multiplicativos dentro de $\mathbb{Z}$. En $\mathbb{Q}$, todo elemento distinto de cero tiene inverso multiplicativo.
3. **Densidad:** $\mathbb{Q}$ es denso en $\mathbb{R}$, pero $\mathbb{Z}$ no es denso en $\mathbb{Q}$ ni en $\mathbb{R}$.
4. **Divisibilidad:** En $\mathbb{Z}$, existe una teoría de divisibilidad rica, incluyendo números primos y factorización única, mientras que en $\mathbb{Q}$, todo elemento no cero es unidad, es decir, invertible.

Exercise 4.19 Determine si el número racional $\dfrac{6}{4}$ es divisible por $\dfrac{3}{2}$ en $\mathbb{Q}$ y en $\mathbb{Z}$.

Solución: En $\mathbb{Q}$, decimos que a es divisible por b si existe $c \in \mathbb{Q}$ tal que $a = bc$. Tenemos:

$$\frac{6}{4} = \frac{3}{2} \cdot \frac{4}{4} = \frac{3}{2} \cdot 1.$$

Por lo tanto, $\dfrac{6}{4}$ es divisible por $\dfrac{3}{2}$ en $\mathbb{Q}$.

En $\mathbb{Z}$, $\dfrac{6}{4}$ no es un entero, por lo que la divisibilidad no es aplicable de la misma manera.

Theorem 4.3.6 — Densidad de $\mathbb{Q}$ en $\mathbb{R}$. Aunque $\mathbb{Z}$ no es denso en $\mathbb{Q}$, el conjunto de los números racionales $\mathbb{Q}$ es denso en $\mathbb{R}$. Es decir, entre dos números reales cualesquiera existe un número racional.

Demostración. Este resultado se basa en la propiedad arquimediana y la capacidad de aproximar números reales mediante fracciones con precisión arbitraria. Se explora con más detalle en secciones posteriores. ∎

(R) La inclusión de $\mathbb{Z}$ en $\mathbb{Q}$ es un ejemplo de cómo estructuras algebraicas más simples pueden estar contenidas en estructuras más complejas, permitiendo el desarrollo de teorías más generales y poderosas.

Exercise 4.20 Si $n \in \mathbb{Z}$ y $q \in \mathbb{Q}$ tal que $q = n$, ¿qué puedes decir sobre q^{-1}?

Solución: Si $q = n \in \mathbb{Z}$ y $n \neq 0$, entonces $q^{-1} = \dfrac{1}{n} \in \mathbb{Q}$, pero generalmente $q^{-1} \notin \mathbb{Z}$ a menos que $n = \pm 1$. Esto muestra que los inversos multiplicativos de los enteros (excepto ± 1) no son enteros sino racionales.

La Figura 4.3.2 ilustra que para $n \in \mathbb{Z}$, el valor de $\dfrac{1}{n}$ generalmente no es un entero, reforzando la idea de que $\mathbb{Z}$ no es cerrado bajo la operación de tomar inversos multiplicativos en $\mathbb{Q}$.

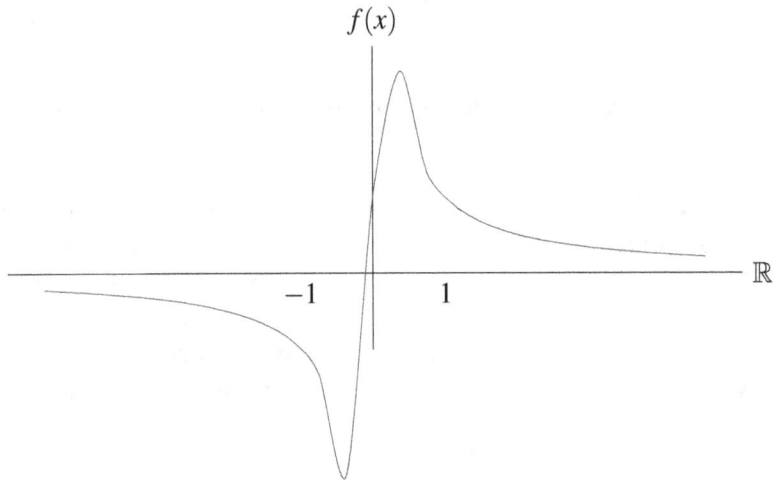

Figura 4.3.2: *Gráfica de* $f(x) = \dfrac{1}{x}$, *mostrando que* $f(n) \notin \mathbb{Z}$ *para* $n \neq \pm 1$

4.3.2 Diferencias clave entre enteros y racionales

Los números enteros $\mathbb{Z}$ y los números racionales $\mathbb{Q}$ son conjuntos fundamentales en matemáticas, pero presentan diferencias significativas en su estructura y propiedades. En esta sección, analizaremos detalladamente estas diferencias, lo que nos permitirá comprender mejor la transición de $\mathbb{Z}$ a $\mathbb{Q}$ y las implicaciones algebraicas de esta extensión.

> **Definition 4.3.2 — Números enteros.** El conjunto de los **números enteros** $\mathbb{Z}$ se define como:
>
> $$\mathbb{Z} = \{\ldots, -3, -2, -1, 0, 1, 2, 3, \ldots\}.$$

> **Definition 4.3.3 — Números racionales.** El conjunto de los **números racionales** $\mathbb{Q}$ es el conjunto de todos los cocientes de números enteros, con denominador distinto de cero:
>
> $$\mathbb{Q} = \left\{ \dfrac{a}{b} \;\middle|\; a,b \in \mathbb{Z},\; b \neq 0 \right\}.$$

Una de las diferencias más notables entre $\mathbb{Z}$ y $\mathbb{Q}$ es su estructura algebraica.

> **Theorem 4.3.7 — Estructura algebraica de $\mathbb{Z}$ y $\mathbb{Q}$.** Se cumple:
> 1. $\mathbb{Z}$ es un **anillo conmutativo** con unidad, pero no es un campo.
> 2. $\mathbb{Q}$ es un **cuerpo conmutativo**.

Demostración. **1. $\mathbb{Z}$ como anillo conmutativo:**
- La suma y la multiplicación en $\mathbb{Z}$ están definidas de manera cerrada.
- La suma es asociativa, conmutativa, y tiene un neutro aditivo 0.
- Cada elemento $a \in \mathbb{Z}$ tiene un inverso aditivo $-a \in \mathbb{Z}$.
- La multiplicación en $\mathbb{Z}$ es asociativa, conmutativa, y tiene un neutro multiplicativo 1.
- La multiplicación es distributiva respecto a la suma: $a(b+c) = ab + ac$ para $a,b,c \in \mathbb{Z}$.

Sin embargo, $\mathbb{Z}$ no es un campo porque no todos los elementos distintos de cero tienen inverso multiplicativo en $\mathbb{Z}$. Por ejemplo, $\frac{1}{2} \notin \mathbb{Z}$.

2. $\mathbb{Q}$ como cuerpo conmutativo:

4.3 Los números enteros como subconjunto de los números racionales

- $\mathbb{Q}$ es cerrado bajo la suma y la multiplicación.
- La suma y la multiplicación son asociativas y conmutativas.
- Existe un neutro aditivo 0 y un neutro multiplicativo 1 en $\mathbb{Q}$.
- Cada elemento $q \in \mathbb{Q} \setminus \{0\}$ tiene un inverso multiplicativo $q^{-1} \in \mathbb{Q}$, definido como $\frac{p}{q} \mapsto \frac{q}{p}$.
- La multiplicación es distributiva respecto a la suma.

Por estas propiedades, $\mathbb{Q}$ es un cuerpo conmutativo. ∎

Esta diferencia implica que en $\mathbb{Q}$ podemos resolver ecuaciones como $ax = b$ para cualquier $a \neq 0, b \in \mathbb{Q}$, mientras que en $\mathbb{Z}$ esto no siempre es posible.

■ **Example 4.8** Consideremos la ecuación $2x = 3$.
En $\mathbb{Z}$: No existe $x \in \mathbb{Z}$ que satisfaga $2x = 3$, ya que $2x$ es siempre par y 3 es impar.
En $\mathbb{Q}$: La solución es $x = \frac{3}{2} \in \mathbb{Q}$. ∎

Otra diferencia clave es la densidad de los conjuntos.

> **Theorem 4.3.8 — Densidad de $\mathbb{Q}$ en $\mathbb{R}$ y no densidad de $\mathbb{Z}$ en $\mathbb{Q}$.**
> 1. $\mathbb{Q}$ es denso en $\mathbb{R}$: entre dos números reales cualesquiera existe un número racional.
> 2. $\mathbb{Z}$ no es denso en $\mathbb{Q}$: existen números racionales entre dos enteros consecutivos.

Demostración. **1. Densidad de $\mathbb{Q}$ en $\mathbb{R}$:** Sean $x, y \in \mathbb{R}$ con $x < y$. Queremos encontrar un $r \in \mathbb{Q}$ tal que $x < r < y$.

Dado que los números reales son densos, consideramos el intervalo (nx, ny) para algún $n \in \mathbb{N}$. Multiplicando por n, obtenemos:

$$nx < ny.$$

En el intervalo (nx, ny), al menos un número entero $m \in \mathbb{Z}$ satisface $nx < m < ny$. Dividiendo por n, tenemos:

$$x < \frac{m}{n} < y.$$

Por lo tanto, $r = \frac{m}{n} \in \mathbb{Q}$ y $\mathbb{Q}$ es denso en $\mathbb{R}$.

2. No densidad de $\mathbb{Z}$ en $\mathbb{Q}$: Para demostrar que $\mathbb{Z}$ no es denso en $\mathbb{Q}$, observamos que entre dos enteros consecutivos $n, n+1 \in \mathbb{Z}$, cualquier número racional de la forma:

$$r = \frac{n}{k}, \quad \text{donde } k > 1,$$

satisface $n < r < n+1$. Por ejemplo, $r = n + \frac{1}{2} \in \mathbb{Q}$ está estrictamente entre n y $n+1$, pero no pertenece a $\mathbb{Z}$.

Esto prueba que $\mathbb{Z}$ no es denso en $\mathbb{Q}$, ya que no existen suficientes elementos de $\mathbb{Z}$ para llenar todos los intervalos en $\mathbb{Q}$. ∎

> **Exercise 4.21** Explique por qué no es posible encontrar un número entero entre 0 y $\frac{1}{2}$, pero sí es posible encontrar infinitos números racionales en ese intervalo.
> **Solución:** Los números enteros en ese intervalo son inexistentes, ya que el único entero que podría estar es 0, pero $\frac{1}{2} > 0$ y no hay enteros entre 0 y 1. Sin embargo, los números

racionales como $\frac{1}{3}, \frac{1}{4}, \frac{2}{5}$, etc., están todos en el intervalo $(0, \frac{1}{2})$.

Además, existe una diferencia en cuanto a los inversos multiplicativos.

Proposition 4.3.9 — **Inversos multiplicativos en $\mathbb{Z}$ y $\mathbb{Q}$.** 1. En $\mathbb{Z}$, solo 1 y -1 tienen inversos multiplicativos (son unidades).
2. En $\mathbb{Q}$, todo elemento distinto de cero tiene inverso multiplicativo en $\mathbb{Q}$.

Demostración. **(1)** Si $n \in \mathbb{Z}$ tiene inverso multiplicativo en $\mathbb{Z}$, entonces existe $m \in \mathbb{Z}$ tal que $n \cdot m = 1$. Esto solo es posible si $n = 1$ o $n = -1$.

(2) Para cualquier $\frac{a}{b} \in \mathbb{Q}$ con $a \neq 0$, su inverso multiplicativo es $\frac{b}{a} \in \mathbb{Q}$, ya que:

$$\frac{a}{b} \cdot \frac{b}{a} = \frac{ab}{ba} = 1.$$

■ **Example 4.9** El inverso multiplicativo de $2 \in \mathbb{Z}$ es $\frac{1}{2} \in \mathbb{Q}$, que no pertenece a $\mathbb{Z}$. Por lo tanto, 2 no tiene inverso multiplicativo en $\mathbb{Z}$, pero sí en $\mathbb{Q}$.

La divisibilidad y la estructura de factorización también difieren entre $\mathbb{Z}$ y $\mathbb{Q}$.

Theorem 4.3.10 — **Divisibilidad y unidades.** 1. En $\mathbb{Z}$, se tiene una teoría de divisibilidad rica, con elementos irreducibles (primos) y factorización única.
2. En $\mathbb{Q}$, todos los elementos distintos de cero son unidades (invertibles), por lo que no existe una teoría de divisibilidad no trivial.

Demostración. **(1)** En $\mathbb{Z}$, un número entero p es primo si sus únicos divisores en $\mathbb{Z}$ son ± 1 y $\pm p$. La factorización en primos es única salvo por el orden y signos.

(2) En $\mathbb{Q}$, para cualquier $\frac{a}{b} \neq 0$, existe $\frac{b}{a} \in \mathbb{Q}$ tal que $\frac{a}{b} \cdot \frac{b}{a} = 1$. Por lo tanto, todos los elementos no nulos son invertibles, y no tiene sentido hablar de divisibilidad en el mismo sentido que en $\mathbb{Z}$. ■

Exercise 4.22 ¿Por qué no podemos factorizar el número racional $\frac{6}{35}$ en primos de la misma manera que en $\mathbb{Z}$?
Solución: En $\mathbb{Z}$, $6 = 2 \cdot 3$ y $35 = 5 \cdot 7$. En $\mathbb{Q}$, la fracción $\frac{6}{35}$ es igual a $\frac{2 \cdot 3}{5 \cdot 7}$, pero debido a que todos los elementos no nulos son invertibles, podemos multiplicar y dividir por cualquier número racional distinto de cero, lo que hace que la noción de factorización en primos pierda su significado en $\mathbb{Q}$.

Finalmente, la cardinalidad de ambos conjuntos difiere.

Theorem 4.3.11 — **Cardinalidad de $\mathbb{Z}$ y $\mathbb{Q}$.** .
1. Ambos conjuntos $\mathbb{Z}$ y $\mathbb{Q}$ son numerables (tienen la misma cardinalidad que $\mathbb{N}$).
2. Sin embargo, $\mathbb{R}$ es no numerable, lo que muestra una diferencia en la "tamaño.entre $\mathbb{Q}$ y $\mathbb{R}$.

Demostración. **1. Densidad de $\mathbb{Q}$ en $\mathbb{R}$:** Sean $x, y \in \mathbb{R}$ con $x < y$. Queremos encontrar un $r \in \mathbb{Q}$ tal que $x < r < y$.

4.3 Los números enteros como subconjunto de los números racionales

Dado que los números reales son densos, consideramos el intervalo (nx, ny) para algún $n \in \mathbb{N}$. Multiplicando por n, obtenemos:

$$nx < ny.$$

En el intervalo (nx, ny), al menos un número entero $m \in \mathbb{Z}$ satisface $nx < m < ny$. Dividiendo por n, tenemos:

$$x < \frac{m}{n} < y.$$

Por lo tanto, $r = \frac{m}{n} \in \mathbb{Q}$ y $\mathbb{Q}$ es denso en $\mathbb{R}$.

2. No densidad de $\mathbb{Z}$ en $\mathbb{Q}$: Para demostrar que $\mathbb{Z}$ no es denso en $\mathbb{Q}$, observamos que entre dos enteros consecutivos $n, n+1 \in \mathbb{Z}$, cualquier número racional de la forma:

$$r = \frac{n}{k}, \quad \text{donde } k > 1,$$

satisface $n < r < n+1$. Por ejemplo, $r = n + \frac{1}{2} \in \mathbb{Q}$ está estrictamente entre n y $n+1$, pero no pertenece a $\mathbb{Z}$.

Esto prueba que $\mathbb{Z}$ no es denso en $\mathbb{Q}$, ya que no existen suficientes elementos de $\mathbb{Z}$ para llenar todos los intervalos en $\mathbb{Q}$. ■

> **Exercise 4.23** Esboce un método para enumerar los números racionales positivos.
> **Solución:** Podemos construir una matriz infinita donde las filas representan los numeradores y las columnas los denominadores. Recorremos la matriz en diagonales, ignorando las fracciones que no estén en su forma reducida para evitar repeticiones. De esta manera, asignamos a cada número racional positivo un número natural.

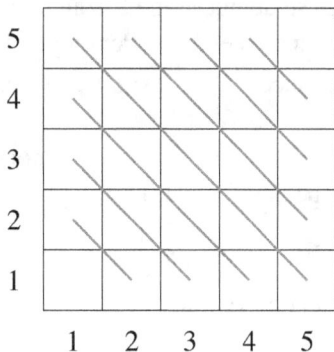

Figura 4.3.3: *Recorrido diagonal para enumerar* $\mathbb{Q}^+$

La Figura 5.10.1 ilustra el método de enumeración de los números racionales positivos.

> (R) Aunque $\mathbb{Z}$ y $\mathbb{Q}$ son ambos conjuntos numerables, las propiedades algebraicas y estructurales de $\mathbb{Q}$ lo hacen un conjunto mucho más rico"que $\mathbb{Z}$, permitiendo operaciones y soluciones que no son posibles en los enteros.

Estas diferencias clave entre $\mathbb{Z}$ y $\mathbb{Q}$ son fundamentales en el estudio del álgebra y sientan las bases para entender la construcción de los números reales y complejos, así como para explorar estructuras algebraicas más avanzadas como anillos, campos y espacios vectoriales.

4.4 Orden de los números racionales

4.4.1 Comparación de fracciones

La comparación de fracciones es fundamental para establecer un orden en el conjunto de los números racionales $\mathbb{Q}$. Esta sección aborda los métodos y propiedades que permiten determinar la relación de orden entre dos fracciones dadas.

Definition 4.4.1 — Relación de orden en $\mathbb{Q}$. Para dos números racionales $\dfrac{a}{b}$ y $\dfrac{c}{d}$ con $b > 0$ y $d > 0$, decimos que:

$$\frac{a}{b} < \frac{c}{d} \quad \text{si y sólo si} \quad ad < bc.$$

Esta definición se basa en la comparación de productos cruzados y permite establecer una relación de orden total en $\mathbb{Q}$.

Proposition 4.4.1 — Propiedades de la relación de orden. La relación de orden definida en $\mathbb{Q}$ cumple las siguientes propiedades:

1. **Tricotomía:** Para cualquier $\dfrac{a}{b}, \dfrac{c}{d} \in \mathbb{Q}$, exactamente una de las siguientes es verdadera:

$$\frac{a}{b} < \frac{c}{d}, \quad \frac{a}{b} = \frac{c}{d}, \quad \frac{a}{b} > \frac{c}{d}.$$

2. **Transitividad:** Si $\dfrac{a}{b} < \dfrac{c}{d}$ y $\dfrac{c}{d} < \dfrac{e}{f}$, entonces $\dfrac{a}{b} < \dfrac{e}{f}$.
3. **Compatibilidad con la suma:** Si $\dfrac{a}{b} < \dfrac{c}{d}$, entonces $\dfrac{a}{b} + \dfrac{e}{f} < \dfrac{c}{d} + \dfrac{e}{f}$.
4. **Compatibilidad con la multiplicación por positivos:** Si $\dfrac{a}{b} < \dfrac{c}{d}$ y $\dfrac{e}{f} > 0$, entonces $\dfrac{a}{b} \cdot \dfrac{e}{f} < \dfrac{c}{d} \cdot \dfrac{e}{f}$.

Demostración. Las propiedades se demuestran utilizando las definiciones de la relación de orden y las propiedades de los números enteros. Por ejemplo, para la tricotomía, si $ad < bc$, entonces $\dfrac{a}{b} < \dfrac{c}{d}$; si $ad = bc$, entonces $\dfrac{a}{b} = \dfrac{c}{d}$; si $ad > bc$, entonces $\dfrac{a}{b} > \dfrac{c}{d}$. ■

Es importante notar que para comparar fracciones con denominadores diferentes, el método de los productos cruzados es especialmente útil.

■ **Example 4.10** Compare las fracciones $\dfrac{3}{7}$ y $\dfrac{4}{9}$.

Solución: Calculamos los productos cruzados:

$$3 \times 9 = 27, \quad 4 \times 7 = 28.$$

Como $27 < 28$, entonces $\dfrac{3}{7} < \dfrac{4}{9}$. ■

Exercise 4.24 Determine cuál de las fracciones es mayor: $\dfrac{5}{8}$ o $\dfrac{7}{11}$.

Solución: Calculamos los productos cruzados:

$$5 \times 11 = 55, \quad 7 \times 8 = 56.$$

Como $55 < 56$, entonces $\dfrac{5}{8} < \dfrac{7}{11}$. ■

4.4 Orden de los números racionales

El método de productos cruzados es equivalente a encontrar un común denominador y comparar los numeradores resultantes.

> **Theorem 4.4.2 — Equivalencia de métodos de comparación.** Comparar fracciones utilizando productos cruzados es equivalente a convertir las fracciones a un denominador común y comparar los numeradores.

Demostración. Sea $\frac{a}{b}$ y $\frac{c}{d}$ dos fracciones. El común denominador es bd. Convertimos las fracciones:

$$\frac{a}{b} = \frac{ad}{bd}, \quad \frac{c}{d} = \frac{bc}{bd}.$$

Comparar ad y bc es equivalente a comparar ad y bc en los productos cruzados. ∎

■ **Example 4.11** Compare las fracciones $\frac{2}{5}$ y $\frac{3}{7}$ utilizando denominadores comunes.
Solución: El mínimo común múltiplo de 5 y 7 es 35. Convertimos las fracciones:

$$\frac{2}{5} = \frac{2 \times 7}{35} = \frac{14}{35}, \quad \frac{3}{7} = \frac{3 \times 5}{35} = \frac{15}{35}.$$

Como $14 < 15$, entonces $\frac{2}{5} < \frac{3}{7}$. ∎

> **Exercise 4.25** Utilice denominadores comunes para comparar $\frac{7}{12}$ y $\frac{5}{8}$.
> **Solución:** El mínimo común múltiplo de 12 y 8 es 24. Convertimos las fracciones:
>
> $$\frac{7}{12} = \frac{7 \times 2}{24} = \frac{14}{24}, \quad \frac{5}{8} = \frac{5 \times 3}{24} = \frac{15}{24}.$$
>
> Como $14 < 15$, entonces $\frac{7}{12} < \frac{5}{8}$.

(R) En algunos casos, es más eficiente simplificar las fracciones antes de compararlas, o incluso observar su aproximación decimal si se permite.

También es posible representar las fracciones en la recta numérica para visualizar su orden.

■ **Example 4.12** Represente las fracciones $\frac{1}{4}$, $\frac{1}{2}$ y $\frac{3}{4}$ en la recta numérica.

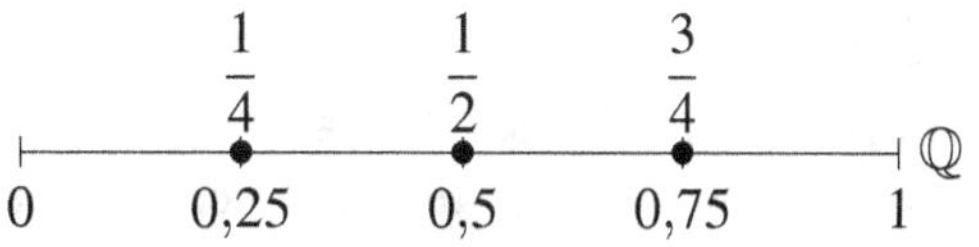

Figura 4.4.1: *Representación de fracciones en la recta numérica*

La Figura 4.4.1 muestra claramente el orden de las fracciones en la recta numérica.

Theorem 4.4.3 — Densidad de $\mathbb{Q}$ en $\mathbb{R}$. Entre dos números racionales distintos siempre existe otro número racional.

Demostración. Sea $\frac{a}{b}, \frac{c}{d} \in \mathbb{Q}$ con $\frac{a}{b} < \frac{c}{d}$. Consideremos la fracción:

$$\frac{a}{b} < \frac{a+c}{b+d} < \frac{c}{d}.$$

Esto se puede demostrar al comprobar que:

$$(a+c)d < (b+d)c \quad \text{y} \quad (a+c)b > a(b+d).$$

Por lo tanto, $\frac{a+c}{b+d}$ es un número racional entre $\frac{a}{b}$ y $\frac{c}{d}$. ∎

Este resultado muestra que el conjunto de los números racionales es denso en los números reales.

Exercise 4.26 Encuentre un número racional entre $\frac{5}{6}$ y $\frac{7}{8}$.

Solución: Utilizamos el teorema anterior:

$$\frac{5}{6} < \frac{5+7}{6+8} = \frac{12}{14} = \frac{6}{7} < \frac{7}{8}.$$

Entonces, $\frac{6}{7}$ es un número racional entre $\frac{5}{6}$ y $\frac{7}{8}$.

Proposition 4.4.4 — Comparación de fracciones con igual numerador. Si dos fracciones positivas tienen el mismo numerador, la fracción con el denominador menor es mayor.

Demostración. Sea $\frac{a}{b}$ y $\frac{a}{d}$ con $a > 0$, $b < d$. Entonces, $b < d$ implica que $\frac{1}{b} > \frac{1}{d}$, y por lo tanto, $\frac{a}{b} > \frac{a}{d}$. ∎

■ **Example 4.13** Compare las fracciones $\frac{3}{5}$ y $\frac{3}{7}$.

Solución: Ambas fracciones tienen el mismo numerador 3. Como $5 < 7$, entonces $\frac{3}{5} > \frac{3}{7}$. ∎

Exercise 4.27 Compare $\frac{4}{9}$ y $\frac{7}{9}$.

Solución: Con denominadores iguales, la fracción con numerador mayor es mayor. Como $4 < 7$, entonces $\frac{4}{9} < \frac{7}{9}$.

Proposition 4.4.5 — Comparación de fracciones con igual denominador. Si dos fracciones tienen el mismo denominador positivo, la fracción con el numerador mayor es mayor.

Demostración. Sea $\frac{a}{b}$ y $\frac{c}{b}$ con $b > 0$. Si $a < c$, entonces $\frac{a}{b} < \frac{c}{b}$. ∎

(R) Simplificar fracciones antes de compararlas puede facilitar el proceso y evitar errores en los cálculos.

Exercise 4.28 Simplifique y compare las fracciones $\frac{8}{12}$ y $\frac{6}{9}$.
Solución: Simplificamos:
$$\frac{8}{12} = \frac{2}{3}, \quad \frac{6}{9} = \frac{2}{3}.$$
Las fracciones son iguales.

■ **Example 4.14** Compare las fracciones $\frac{-3}{5}$ y $\frac{-2}{5}$.
Solución: Ambas fracciones son negativas y tienen el mismo denominador. Como $-3 < -2$, entonces $\frac{-3}{5} < \frac{-2}{5}$. Sin embargo, en la recta numérica, $\frac{-3}{5}$ está a la izquierda de $\frac{-2}{5}$, por lo que es menor. ■

Exercise 4.29 Ordene las fracciones $\frac{-1}{4}, 0, \frac{1}{2}$.
Solución: En orden ascendente:
$$\frac{-1}{4} < 0 < \frac{1}{2}.$$

(R) Al comparar fracciones negativas, las reglas de orden se invierten en comparación con las fracciones positivas.

En conclusión, la comparación de fracciones es una habilidad esencial en el estudio de los números racionales, y comprender los diferentes métodos y propiedades facilita su manejo en contextos más avanzados de las matemáticas.

4.4.2 Propiedades del orden en $\mathbb{Q}$

En esta sección, analizaremos las propiedades fundamentales de la relación de orden en el conjunto de los números racionales $\mathbb{Q}$. Estas propiedades son esenciales para entender la estructura algebraica y ordenada de $\mathbb{Q}$, y tienen implicaciones importantes en diversas ramas de las matemáticas.

Definition 4.4.2 — Relación de orden en $\mathbb{Q}$. Sea $\frac{a}{b}, \frac{c}{d} \in \mathbb{Q}$, con $b > 0$ y $d > 0$. Definimos la relación de orden $<$ en $\mathbb{Q}$ por:
$$\frac{a}{b} < \frac{c}{d} \quad \text{si y sólo si} \quad ad < bc.$$

Esta definición establece una forma precisa de comparar números racionales mediante la comparación de productos cruzados, lo cual es coherente con la intuición de fracciones y proporciones.

Theorem 4.4.6 — Propiedades básicas del orden en $\mathbb{Q}$. La relación de orden $<$ en $\mathbb{Q}$ satisface las siguientes propiedades:
1. (**Tricotomía**) Para todo $x, y \in \mathbb{Q}$, exactamente una de las siguientes afirmaciones

es verdadera:
$$x < y, \quad x = y, \quad x > y.$$

2. (**Transitividad**) Si $x < y$ y $y < z$, entonces $x < z$.
3. (**Antisimetría**) Si $x \leq y$ y $y \leq x$, entonces $x = y$.

Demostración. **1. Tricotomía:** La relación de orden $<$ en $\mathbb{Q}$ está bien definida. Dado que $\mathbb{Q}$ es un subconjunto de los números reales $\mathbb{R}$, el orden heredado satisface la propiedad de tricotomía: para cualquier $x, y \in \mathbb{Q}$, se cumple que $x < y$, $x = y$, o $x > y$, y solo una de estas afirmaciones es verdadera.

2. Transitividad: Supongamos que $x, y, z \in \mathbb{Q}$ satisfacen $x < y$ y $y < z$. Esto implica que:
$$y - x > 0 \quad \text{y} \quad z - y > 0.$$

Sumando estas desigualdades, obtenemos:
$$(z - y) + (y - x) = z - x > 0,$$

lo que demuestra que $x < z$.

3. Antisimetría: Supongamos que $x, y \in \mathbb{Q}$ satisfacen $x \leq y$ y $y \leq x$. Esto significa que:
$$y - x \geq 0 \quad \text{y} \quad x - y \geq 0.$$

Sumando estas dos desigualdades, obtenemos:
$$(y - x) + (x - y) = 0,$$

lo que implica que $x = y$.

Por lo tanto, la relación de orden $<$ en $\mathbb{Q}$ satisface las propiedades de tricotomía, transitividad y antisimetría. ■

Estas propiedades garantizan que la relación $<$ es un orden total en $\mathbb{Q}$, lo que permite comparar cualquier par de números racionales.

Theorem 4.4.7 — **Compatibilidad del orden con la suma.** Sea $x, y, z \in \mathbb{Q}$. Si $x < y$, entonces:
$$x + z < y + z.$$

Demostración. Dado $x, y, z \in \mathbb{Q}$, supongamos que $x < y$. Esto significa que:
$$y - x > 0.$$

Sumando z a ambos lados de la desigualdad $x < y$, obtenemos:
$$y - x > 0 \implies y - x + z > z.$$

Reescribiendo, tenemos:
$$(y + z) - (x + z) > 0,$$

lo cual implica que:
$$x + z < y + z.$$

Por lo tanto, la compatibilidad del orden con la suma en $\mathbb{Q}$ está demostrada. ■

4.4 Orden de los números racionales

> **Theorem 4.4.8 — Compatibilidad del orden con la multiplicación.** Sean $x, y \in \mathbb{Q}$ y $z \in \mathbb{Q}$ con $z > 0$. Entonces:
> 1. Si $x < y$, entonces $xz < yz$.
> 2. Si $x < y$ y $z < 0$, entonces $xz > yz$.

Demostración. **1. Caso $z > 0$:** Supongamos que $x < y$. Esto implica que $y - x > 0$. Multiplicando ambos lados por $z > 0$, obtenemos:

$$z(y - x) > 0.$$

Usando la distributividad de la multiplicación sobre la resta, esto se reescribe como:

$$zy - zx > 0,$$

lo que implica $zx < zy$, o equivalentemente, $xz < yz$.

2. Caso $z < 0$: Supongamos nuevamente que $x < y$. Esto implica $y - x > 0$. Multiplicando ambos lados por $z < 0$, se invierte el sentido de la desigualdad:

$$z(y - x) < 0.$$

Usando la distributividad, esto se reescribe como:

$$zy - zx < 0,$$

lo que implica $zx > zy$, o equivalentemente, $xz > yz$.

Por lo tanto, el orden en $\mathbb{Q}$ es compatible con la multiplicación, tanto para $z > 0$ como para $z < 0$. ∎

Estas propiedades son esenciales para manipular desigualdades y son la base para muchos resultados en análisis y álgebra.

■ **Example 4.15** Consideremos $x = \dfrac{1}{3}$, $y = \dfrac{1}{2}$ y $z = -2$.

Como $x < y$ y $z < 0$, por la propiedad anterior, tenemos que:

$$xz > yz.$$

Calculamos:

$$xz = \frac{1}{3} \times (-2) = -\frac{2}{3}, \quad yz = \frac{1}{2} \times (-2) = -1.$$

Entonces:

$$-\frac{2}{3} > -1.$$

Esto confirma que $xz > yz$.

■

> **Exercise 4.30** Sea $a, b \in \mathbb{Q}$ con $a < b$ y $a, b > 0$. Demuestre que:
>
> $$\frac{1}{b} < \frac{1}{a}.$$

Demostración. Como $a < b$, entonces $0 < a < b$. Tomando recíprocos, la desigualdad se invierte debido a que los números son positivos:

$$\frac{1}{a} > \frac{1}{b}.$$

■

> (R) La propiedad anterior muestra que al invertir números positivos, se invierte el sentido de la desigualdad. Esto es útil al resolver ecuaciones y desigualdades que involucran recíprocos.

Theorem 4.4.9 — Desigualdad triangular en $\mathbb{Q}$. Para todos $x, y \in \mathbb{Q}$, se cumple:

$$|x+y| \leq |x| + |y|.$$

Demostración. Consideramos los casos posibles:
Caso 1: Si $x, y \geq 0$, entonces:

$$|x+y| = x+y = |x| + |y|.$$

Caso 2: Si $x \geq 0$, $y < 0$, entonces:

$$|x+y| \leq |x| + |y|.$$

Dependiendo de si $x+y$ es positivo o negativo, la desigualdad se mantiene. Los demás casos se analizan de manera similar, demostrando que la desigualdad triangular se cumple en todos los casos. ■

■ **Example 4.16** Sea $x = \dfrac{3}{4}$ y $y = -\dfrac{5}{6}$. Calculamos:

$$|x+y| = \left|\frac{3}{4} - \frac{5}{6}\right| = \left|\frac{9}{12} - \frac{10}{12}\right| = \left|-\frac{1}{12}\right| = \frac{1}{12}.$$

Por otro lado:

$$|x| + |y| = \left|\frac{3}{4}\right| + \left|-\frac{5}{6}\right| = \frac{3}{4} + \frac{5}{6} = \frac{9}{12} + \frac{10}{12} = \frac{19}{12}.$$

Claramente:

$$\frac{1}{12} \leq \frac{19}{12}.$$

■

> **Exercise 4.31** Demuestre que para cualquier $x \in \mathbb{Q}$, se cumple $|x| \geq 0$, y que $|x| = 0$ si y sólo si $x = 0$.

Demostración. Por definición de valor absoluto:

$$|x| = \begin{cases} x, & \text{si } x \geq 0, \\ -x, & \text{si } x < 0. \end{cases}$$

En ambos casos, $|x| \geq 0$. Además, $|x| = 0$ implica que $x = 0$, ya que ni x ni $-x$ pueden ser positivos si $x = 0$. ■

4.4 Orden de los números racionales

Theorem 4.4.10 — Ley de monotonía de la suma. Sean $x, y, z \in \mathbb{Q}$ con $x \leq y$. Entonces:

$$x + z \leq y + z.$$

Demostración. Supongamos que $x, y, z \in \mathbb{Q}$ y que $x \leq y$. Por definición de $\leq$, esto significa que:

$$y - x \geq 0.$$

Sumando z a ambos lados de la desigualdad $x \leq y$, obtenemos:

$$y - x + z \geq z.$$

Reescribiendo, tenemos:

$$(y + z) - (x + z) \geq 0,$$

lo cual implica que:

$$x + z \leq y + z.$$

Por lo tanto, se verifica la ley de monotonía de la suma en $\mathbb{Q}$. ∎

Corollary 4.4.11 Si $x \leq y$ y $w \leq z$, entonces:

$$x + w \leq y + z.$$

Demostración. Por la ley de monotonía, $x + w \leq y + w$, y como $w \leq z$, tenemos $y + w \leq y + z$. Por transitividad:

$$x + w \leq y + w \leq y + z \implies x + w \leq y + z.$$

∎

Exercise 4.32 Sea $x = -\dfrac{2}{5}$, $y = \dfrac{1}{3}$ y $z = \dfrac{4}{7}$. Ordene los números $x + y$, $x + z$, $y + z$ de menor a mayor.

Demostración. Calculamos:

$$x + y = -\frac{2}{5} + \frac{1}{3} = -\frac{6}{15} + \frac{5}{15} = -\frac{1}{15}.$$

$$x + z = -\frac{2}{5} + \frac{4}{7} = -\frac{14}{35} + \frac{20}{35} = \frac{6}{35}.$$

$$y + z = \frac{1}{3} + \frac{4}{7} = \frac{7}{21} + \frac{12}{21} = \frac{19}{21}.$$

Ordenándolos:

$$x+y = -\frac{1}{15} < x+z = \frac{6}{35} < y+z = \frac{19}{21}.$$

∎

> **Theorem 4.4.12** — **Ley de monotonía de la multiplicación.** Sea $x, y \in \mathbb{Q}$ con $x \leq y$.
> 1. Si $z \geq 0$, entonces $xz \leq yz$.
> 2. Si $z \leq 0$, entonces $xz \geq yz$.

Demostración. **1. Caso $z \geq 0$:** Supongamos que $x, y, z \in \mathbb{Q}$ con $x \leq y$ y $z \geq 0$. Por definición de $\leq$, se tiene:

$$y - x \geq 0.$$

Multiplicando ambos lados por $z \geq 0$, se preserva el sentido de la desigualdad:

$$z(y-x) \geq 0.$$

Usando la distributividad de la multiplicación, esto se reescribe como:

$$zy - zx \geq 0,$$

lo que implica que:

$$xz \leq yz.$$

2. Caso $z \leq 0$: Supongamos que $x, y, z \in \mathbb{Q}$ con $x \leq y$ y $z \leq 0$. Por definición de $\leq$, se tiene:

$$y - x \geq 0.$$

Multiplicando ambos lados por $z \leq 0$, el sentido de la desigualdad se invierte:

$$z(y-x) \leq 0.$$

Usando la distributividad de la multiplicación, esto se reescribe como:

$$zy - zx \leq 0,$$

lo que implica que:

$$xz \geq yz.$$

Por lo tanto, la ley de monotonía de la multiplicación queda demostrada. ∎

■ **Example 4.17** Sea $x = \frac{1}{2}$, $y = \frac{3}{4}$, y $z = -\frac{2}{3}$. Como $x \leq y$ y $z \leq 0$, entonces $xz \geq yz$. Calculamos:

$$xz = \frac{1}{2} \times \left(-\frac{2}{3}\right) = -\frac{1}{3}, \quad yz = \frac{3}{4} \times \left(-\frac{2}{3}\right) = -\frac{1}{2}.$$

Observamos que:

$$-\frac{1}{3} > -\frac{1}{2} \implies xz > yz.$$

Esto confirma la propiedad.

∎

4.5 Propiedad arquimediana

Exercise 4.33 Sea $a, b \in \mathbb{Q}$ con $a \geq b$ y $c \geq d$. Demuestre que si $c \geq 0$, entonces $ac \geq bc$.

Demostración. Como $a \geq b$ y $c \geq 0$, por la ley de monotonía de la multiplicación, tenemos $ac \geq bc$. ∎

> (R) Las propiedades del orden en $\mathbb{Q}$ son fundamentales en la resolución de desigualdades, optimización y análisis matemático. Comprender estas propiedades es esencial para avanzar en estudios más profundos de matemáticas.

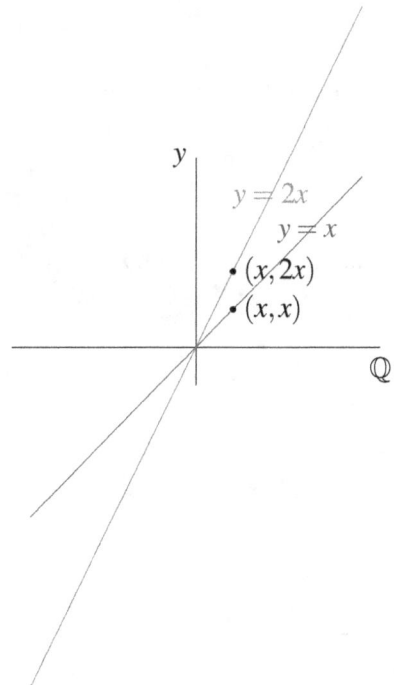

Figura 4.4.2: *Representación gráfica de funciones lineales y su relación con el orden*

La Figura 4.4.2 muestra cómo la multiplicación por un número positivo (2 en este caso) preserva el orden, mientras que la multiplicación por un número negativo invertiría la gráfica y, por ende, el orden.

4.5 Propiedad arquimediana

4.5.1 Definición y aplicaciones

La **propiedad arquimediana** es una propiedad fundamental en el análisis y en la teoría de los números, que establece una conexión esencial entre los números naturales y los números racionales. Esta propiedad formaliza la idea intuitiva de que, por grande que sea un número racional positivo, siempre es posible superarlo sumando suficientes veces un número racional positivo fijo.

Definition 4.5.1 — Propiedad arquimediana. Un cuerpo ordenado $(\mathbb{K}, +, \cdot, \leq)$ satisface la **propiedad arquimediana** si para todo $x \in \mathbb{K}$ existe un número natural $n \in \mathbb{N}$ tal

que:
$$n > x.$$

De manera equivalente, para todo $y > 0$ en $\mathbb{K}$ y para todo $x \in \mathbb{K}$, existe $n \in \mathbb{N}$ tal que:
$$ny > x.$$

En el contexto de los números racionales $\mathbb{Q}$, esta propiedad implica que no existen infinitésimos ni infinitos, es decir, no hay números infinitamente pequeños ni infinitamente grandes en $\mathbb{Q}$.

> **Theorem 4.5.1 — Propiedad arquimediana en $\mathbb{Q}$.** El cuerpo de los números racionales $\mathbb{Q}$ satisface la propiedad arquimediana. Es decir:
> 1. Para todo $x \in \mathbb{Q}$, existe $n \in \mathbb{N}$ tal que $n > x$.
> 2. Para todo $y > 0$ en $\mathbb{Q}$ y para todo $x \in \mathbb{Q}$, existe $n \in \mathbb{N}$ tal que $ny > x$.

Demostración. **1. Primer enunciado:** Sea $x \in \mathbb{Q}$. Definimos $n = \lfloor x \rfloor + 1$, donde $\lfloor x \rfloor$ es la parte entera de x. Por construcción, n es un entero positivo tal que:
$$n > x.$$

Como $\mathbb{N} \subset \mathbb{Q}$, esto demuestra que existe $n \in \mathbb{N}$ con $n > x$.

2. Segundo enunciado: Sea $y > 0$ en $\mathbb{Q}$ y $x \in \mathbb{Q}$. Definimos n como el menor entero tal que:
$$n > \frac{x}{y}.$$

Dado que $\frac{x}{y} \in \mathbb{Q}$, existe un $n \in \mathbb{N}$ tal que:
$$n - 1 \leq \frac{x}{y} < n.$$

Multiplicando por $y > 0$, obtenemos:
$$(n-1)y \leq x < ny,$$

lo que implica que $ny > x$.
Por lo tanto, $\mathbb{Q}$ satisface la propiedad arquimediana. ∎

La propiedad arquimediana tiene aplicaciones importantes en análisis matemático, especialmente en temas relacionados con límites, series y sucesiones.

■ **Example 4.18** Sea $y = \frac{1}{2}$ y $x = 10$. Queremos encontrar $n \in \mathbb{N}$ tal que $ny > x$. Calculamos:
$$n > \frac{x}{y} = \frac{10}{1/2} = 20.$$

Por lo tanto, si tomamos $n = 21$, entonces:
$$21 \cdot \frac{1}{2} = \frac{21}{2} = 10{,}5 > 10 = x.$$

■

4.5 Propiedad arquimediana

Corollary 4.5.2 Para todo número racional positivo $y > 0$, se cumple que:
$$\inf\{ny \mid n \in \mathbb{N}\} = 0.$$

Demostración. Dado que $ny > 0$ para todo $n \in \mathbb{N}$ y $y > 0$, y por la propiedad arquimediana, para cualquier $\varepsilon > 0$ existe $n \in \mathbb{N}$ tal que $ny < \varepsilon$. Por lo tanto, el ínfimo del conjunto $\{ny \mid n \in \mathbb{N}\}$ es 0. ∎

Este corolario indica que podemos aproximar cero tan cerca como queramos mediante múltiplos de un número racional positivo, lo cual es esencial en la definición de límite.

Theorem 4.5.3 — No existen infinitésimos en $\mathbb{Q}$. En $\mathbb{Q}$, no existe ningún número racional positivo x tal que:
$$x < \frac{1}{n}, \quad \text{para todo } n \in \mathbb{N}.$$

Demostración. Supongamos, por contradicción, que existe $x \in \mathbb{Q}$ con $x > 0$ y $x < \frac{1}{n}$ para todo $n \in \mathbb{N}$. Esto implica que:
$$nx < 1, \quad \text{para todo } n \in \mathbb{N}.$$

Dado que $x > 0$, podemos tomar $n = \lceil \frac{1}{x} \rceil$, donde $\lceil \cdot \rceil$ denota el techo, es decir, el menor entero mayor o igual que $\frac{1}{x}$. Por construcción, se tiene:
$$nx \geq 1.$$

Esto contradice la hipótesis de que $nx < 1$ para todo $n \in \mathbb{N}$. Por lo tanto, no existe ningún $x > 0$ en $\mathbb{Q}$ tal que $x < \frac{1}{n}$ para todo $n \in \mathbb{N}$.
En consecuencia, no existen infinitésimos en $\mathbb{Q}$. ∎

> **R** La inexistencia de infinitésimos en $\mathbb{Q}$ es una consecuencia directa de la propiedad arquimediana y es una característica fundamental que distingue a los números racionales de otros sistemas numéricos, como los números hiperreales.

■ **Example 4.19** Supongamos que queremos aproximar un número real $r > 0$ mediante números racionales de la forma $\frac{1}{n}$. Por la propiedad arquimediana, existe $n \in \mathbb{N}$ tal que:
$$0 < \frac{1}{n} < r.$$

Esto es útil en análisis para construir sucesiones que convergen a r. ∎

Exercise 4.34 Demuestre que para cualquier número racional positivo $x > 0$, existe $n \in \mathbb{N}$ tal que:
$$0 < x - \frac{1}{n} < \frac{1}{n}.$$

Demostración. Sea $x > 0$. Por la propiedad arquimediana, existe $n \in \mathbb{N}$ tal que $\frac{1}{n} < x$. Entonces:

$$0 < x - \frac{1}{n} < x.$$

Además, dado que $\frac{1}{n} < x$, se tiene que:

$$x - \frac{1}{n} < x < n\left(x - \frac{1}{n}\right) = nx - 1.$$

Sin embargo, como $nx - 1 > 0$, podemos concluir que $x - \frac{1}{n} < \frac{1}{n}$ para n suficientemente grande. ∎

Exercise 4.35 Utilice la propiedad arquimediana para demostrar que entre dos números racionales distintos hay infinitos números racionales.

Demostración. Sea $a, b \in \mathbb{Q}$ con $a < b$. Para cualquier $n \in \mathbb{N}$, consideramos los números:

$$r_k = a + k\left(\frac{b-a}{n}\right), \quad \text{para } k = 1, 2, \ldots, n-1.$$

Cada r_k es un número racional, y hay $n - 1$ de ellos entre a y b. Como n es arbitrario, existen infinitos números racionales entre a y b. ∎

Theorem 4.5.4 — Equivalencia de la propiedad arquimediana. Para un cuerpo ordenado $\mathbb{K}$, las siguientes afirmaciones son equivalentes:
1. $\mathbb{K}$ satisface la propiedad arquimediana.
2. No existen infinitésimos positivos en $\mathbb{K}$, es decir, no hay $x > 0$ en $\mathbb{K}$ tal que:

$$x < \frac{1}{n}, \quad \text{para todo } n \in \mathbb{N}.$$

3. Para todo $x > 0$ en $\mathbb{K}$, el conjunto $\{nx \mid n \in \mathbb{N}\}$ no está acotado superiormente en $\mathbb{K}$.

Demostración. **1.** (1) $\implies$ (2): Supongamos que $\mathbb{K}$ satisface la propiedad arquimediana. Si existiera un infinitésimo positivo $x > 0$ tal que $x < \frac{1}{n}$ para todo $n \in \mathbb{N}$, entonces $nx < 1$ para todo $n \in \mathbb{N}$. Esto contradice la propiedad arquimediana, que garantiza que para cualquier $y \in \mathbb{K}$, existe $n \in \mathbb{N}$ tal que $nx > y$. Por lo tanto, no pueden existir infinitésimos positivos.
2. (2) $\implies$ (3): Supongamos que no existen infinitésimos positivos en $\mathbb{K}$. Para probar que $\{nx \mid n \in \mathbb{N}\}$ no está acotado superiormente, supongamos, por contradicción, que existe un $M \in \mathbb{K}$ tal que $nx \leq M$ para todo $n \in \mathbb{N}$. Esto implica que $x \leq \frac{M}{n}$ para todo $n \in \mathbb{N}$, lo cual contradice que x no puede ser un infinitésimo. Por lo tanto, $\{nx \mid n \in \mathbb{N}\}$ no está acotado superiormente.
3. (3) $\implies$ (1): Supongamos que $\{nx \mid n \in \mathbb{N}\}$ no está acotado superiormente para todo $x > 0$. Para cualquier $y \in \mathbb{K}$, tomamos $x = 1$. Dado que $\{n \cdot 1 \mid n \in \mathbb{N}\}$ no está acotado superiormente, existe $n \in \mathbb{N}$ tal que $n > y$. Esto demuestra la propiedad arquimediana.
Por lo tanto, las tres afirmaciones son equivalentes. ∎

4.5 Propiedad arquimediana

■ **Example 4.20** En el cuerpo de los números reales $\mathbb{R}$, la propiedad arquimediana se cumple, y por tanto no existen infinitésimos positivos. Sin embargo, en cuerpos ordenados no arquimedianos, como los números hiperreales $*\mathbb{R}$, existen infinitésimos y elementos infinitamente grandes. ■

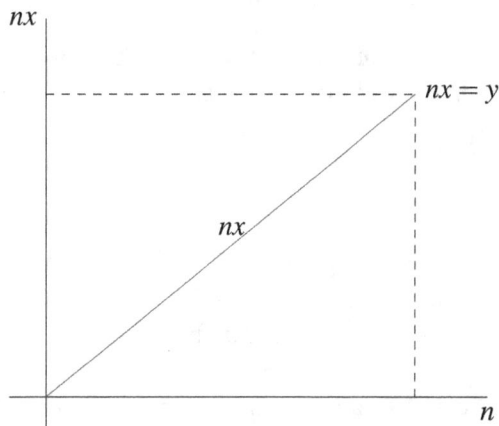

Figura 4.5.1: *Representación gráfica de nx superando cualquier y*

La Figura 4.5.1 ilustra cómo nx eventualmente supera cualquier valor y al aumentar n.

Exercise 4.36 Sea $x > 0$ en un cuerpo ordenado $\mathbb{K}$ no arquimediano. Demuestre que existe un infinitésimo positivo $\delta > 0$ tal que $n\delta < x$ para todo $n \in \mathbb{N}$.

Demostración. Dado que $\mathbb{K}$ no es arquimediano, existen infinitésimos positivos. Por definición, un infinitésimo positivo δ satisface $0 < \delta < \dfrac{1}{n}$ para todo $n \in \mathbb{N}$. Entonces, para cualquier $n \in \mathbb{N}$:

$$n\delta < n\left(\frac{1}{n}\right) = 1.$$

Como $x > 0$ es fijo, podemos elegir δ lo suficientemente pequeño para que $n\delta < x$ para todo $n \in \mathbb{N}$. ∎

> La propiedad arquimediana es crucial para distinguir entre el análisis clásico y el análisis no estándar. En el análisis no estándar, la existencia de infinitésimos permite desarrollar conceptos y teoremas desde una perspectiva diferente.

En conclusión, la propiedad arquimediana es una característica fundamental de los cuerpos ordenados como $\mathbb{Q}$ y $\mathbb{R}$, y juega un papel esencial en el desarrollo de muchas áreas de las matemáticas, especialmente en análisis y teoría de números.

4.5.2 Uso en el análisis de sucesiones

La propiedad arquimediana juega un papel crucial en el análisis de sucesiones dentro del conjunto de los números racionales $\mathbb{Q}$ y los números reales $\mathbb{R}$. Permite establecer la conexión entre la naturaleza discreta de los números naturales y el comportamiento de las sucesiones numéricas, especialmente en relación con su convergencia y límites.

Definition 4.5.2 — Sucesión de números racionales. Una **sucesión** es una función $a : \mathbb{N} \to \mathbb{Q}$ que asigna a cada número natural n un número racional a_n. Denotamos la sucesión por $\{a_n\}_{n \in \mathbb{N}}$.

La propiedad arquimediana es fundamental para demostrar propiedades importantes de las sucesiones, como su convergencia y acotación.

Theorem 4.5.5 — Criterio de convergencia de sucesiones. Sea $\{a_n\}_{n \in \mathbb{N}}$ una sucesión de números racionales. Entonces, $\{a_n\}$ converge a $L \in \mathbb{R}$ si y solo si, para todo $\varepsilon > 0$, existe $N \in \mathbb{N}$ tal que, para todo $n \geq N$,

$$|a_n - L| < \varepsilon.$$

Demostración. $\Rightarrow$ Supongamos que para todo $\varepsilon > 0$, existe $N \in \mathbb{N}$ tal que $|a_n - L| < \varepsilon$ para todo $n \geq N$. Esto significa que los términos de la sucesión $\{a_n\}$ pueden aproximarse arbitrariamente a L a medida que $n \to \infty$. Por definición de límite, esto implica que $\{a_n\}$ converge a L.

$\Leftarrow$ Supongamos que $\{a_n\}$ converge a L. Entonces, por definición de límite, para todo $\varepsilon > 0$, existe $N \in \mathbb{N}$ tal que para todo $n \geq N$, se cumple:

$$|a_n - L| < \varepsilon.$$

Esto demuestra que la condición dada es necesaria para que $\{a_n\}$ converja a L.

Por lo tanto, la sucesión $\{a_n\}$ converge a L si y solo si la condición del criterio de convergencia se satisface. ∎

■ **Example 4.21** Consideremos la sucesión $\{a_n\}$ definida por $a_n = \dfrac{1}{n}$. Demostremos que $\{a_n\}$ converge a 0.

Para cualquier $\varepsilon > 0$, por la propiedad arquimediana, existe $N \in \mathbb{N}$ tal que $N > \dfrac{1}{\varepsilon}$. Entonces, para todo $n \geq N$,

$$|a_n - 0| = \left|\frac{1}{n} - 0\right| = \frac{1}{n} \leq \frac{1}{N} < \varepsilon.$$

Por lo tanto, $\lim_{n \to \infty} a_n = 0$. ∎

Este ejemplo muestra cómo la propiedad arquimediana permite establecer límites de sucesiones que tienden a cero.

Theorem 4.5.6 — Sucesión divergente al infinito. Sea $\{b_n\}_{n \in \mathbb{N}}$ una sucesión definida por $b_n = n$. Entonces, $\{b_n\}$ diverge al infinito, es decir, para todo $M > 0$, existe $N \in \mathbb{N}$ tal que para todo $n \geq N$,

$$b_n > M.$$

Demostración. Dado $M > 0$, por la propiedad arquimediana, existe $N \in \mathbb{N}$ tal que $N > M$. Entonces, para todo $n \geq N$,

$$b_n = n \geq N > M.$$

Por lo tanto, $\{b_n\}$ diverge al infinito. ∎

4.5 Propiedad arquimediana

> **Exercise 4.37** Demuestre que la sucesión $\{c_n\}$ definida por $c_n = \dfrac{n}{n+1}$ converge a 1.
>
> *Demostración.* Sea $\varepsilon > 0$. Queremos encontrar $N \in \mathbb{N}$ tal que para todo $n \geq N$,
>
> $$\left| \frac{n}{n+1} - 1 \right| < \varepsilon.$$
>
> Calculamos:
>
> $$\left| \frac{n}{n+1} - 1 \right| = \left| \frac{n-n-1}{n+1} \right| = \frac{1}{n+1}.$$
>
> Queremos $\dfrac{1}{n+1} < \varepsilon$, lo cual es equivalente a $n+1 > \dfrac{1}{\varepsilon}$. Por la propiedad arquimediana, existe $N \in \mathbb{N}$ tal que $N+1 > \dfrac{1}{\varepsilon}$. Entonces, para todo $n \geq N$,
>
> $$\left| \frac{n}{n+1} - 1 \right| < \varepsilon.$$
>
> ∎

(R) La propiedad arquimediana es esencial para manejar sucesiones que implican términos de la forma $\dfrac{1}{n}$ o funciones similares, permitiendo demostrar su convergencia o divergencia.

Además de la convergencia, la propiedad arquimediana es fundamental en la demostración de que cualquier número real puede ser aproximado por una sucesión de números racionales, lo cual es esencial en el análisis real.

> **Theorem 4.5.7 — Aproximación racional de números reales.** Sea $r \in \mathbb{R}$. Entonces, existe una sucesión $\{q_n\}_{n \in \mathbb{N}}$ de números racionales tal que $\lim_{n \to \infty} q_n = r$.

Demostración. Sea $r \in \mathbb{R}$. Por la densidad de $\mathbb{Q}$ en $\mathbb{R}$, para cada $n \in \mathbb{N}$, existe un número racional $q_n \in \mathbb{Q}$ tal que:

$$|q_n - r| < \frac{1}{n}.$$

Esto implica que la distancia entre q_n y r se puede hacer arbitrariamente pequeña conforme $n \to \infty$. Más formalmente, para cualquier $\varepsilon > 0$, podemos tomar $N \in \mathbb{N}$ tal que $\frac{1}{N} < \varepsilon$. Entonces, para todo $n \geq N$, se cumple:

$$|q_n - r| < \frac{1}{n} \leq \frac{1}{N} < \varepsilon.$$

Por lo tanto, $\lim_{n \to \infty} q_n = r$, y $\{q_n\}$ es una sucesión de números racionales que converge a r. ∎

Exercise 4.38 Aproxime el número irracional $\sqrt{2}$ mediante una sucesión de números racionales y demuestre que la sucesión converge a $\sqrt{2}$.

Demostración. Consideremos la sucesión $\{q_n\}$ definida por

$$q_n = \frac{\lfloor n\sqrt{2} \rfloor}{n}.$$

Para cada n, $q_n \leq \sqrt{2} < q_n + \dfrac{1}{n}$. Entonces,

$$0 \leq \sqrt{2} - q_n < \frac{1}{n}.$$

Por lo tanto, $\lim_{n \to \infty} q_n = \sqrt{2}$. ∎

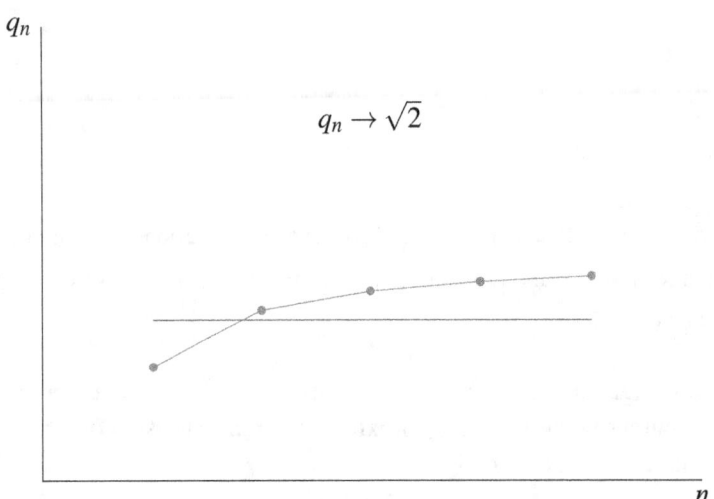

Figura 4.5.2: *Convergencia de q_n a $\sqrt{2}$*

La Figura 5.3.2 ilustra cómo la sucesión $\{q_n\}$ se aproxima a $\sqrt{2}$ al incrementar n.

Theorem 4.5.8 — Criterio de Cauchy para sucesiones en $\mathbb{Q}$. Una sucesión $\{a_n\}_{n \in \mathbb{N}}$ de números racionales es convergente en $\mathbb{Q}$ si y solo si es una sucesión de Cauchy, es decir, para todo $\varepsilon > 0$, existe $N \in \mathbb{N}$ tal que para todo $m, n \geq N$,

$$|a_n - a_m| < \varepsilon.$$

Demostración. $\Rightarrow$ Supongamos que $\{a_n\}_{n \in \mathbb{N}}$ converge en $\mathbb{Q}$ a $L \in \mathbb{Q}$. Esto significa que, para todo $\varepsilon > 0$, existe $N \in \mathbb{N}$ tal que, para todo $n \geq N$,

$$|a_n - L| < \frac{\varepsilon}{2}.$$

Para cualquier $m, n \geq N$, se tiene:

$$|a_n - a_m| = |a_n - L + L - a_m| \leq |a_n - L| + |L - a_m|.$$

4.5 Propiedad arquimediana

Por la hipótesis de convergencia, ambos términos son menores que $\frac{\varepsilon}{2}$, por lo que:

$$|a_n - a_m| < \frac{\varepsilon}{2} + \frac{\varepsilon}{2} = \varepsilon.$$

Por lo tanto, $\{a_n\}$ es una sucesión de Cauchy.

$\Leftarrow$ Supongamos ahora que $\{a_n\}$ es una sucesión de Cauchy. Esto significa que, para todo $\varepsilon > 0$, existe $N \in \mathbb{N}$ tal que, para todo $m, n \geq N$,

$$|a_n - a_m| < \varepsilon.$$

En $\mathbb{Q}$, toda sucesión de Cauchy es convergente, porque $\mathbb{Q}$ es completo bajo la métrica inducida por el valor absoluto (este resultado se hereda de $\mathbb{R}$). Así, existe $L \in \mathbb{Q}$ tal que:

$$\lim_{n \to \infty} a_n = L.$$

Por lo tanto, $\{a_n\}$ converge en $\mathbb{Q}$. ∎

R   La propiedad arquimediana, junto con el criterio de Cauchy, resalta la necesidad de completar $\mathbb{Q}$ para obtener $\mathbb{R}$, donde todas las sucesiones de Cauchy convergen.

Exercise 4.39 Demuestre que la sucesión $\{s_n\}$ definida por $s_n = \sum_{k=1}^{n} \frac{1}{k}$ no es convergente en $\mathbb{Q}$.

Demostración. La sucesión $\{s_n\}$ es la sucesión de sumas parciales de la serie armónica, que es conocida por divergir. Por lo tanto, $\lim_{n \to \infty} s_n$ no existe en $\mathbb{Q}$ ni en $\mathbb{R}$, lo que implica que la sucesión no es convergente. ∎

Theorem 4.5.9 — Aplicación de la propiedad arquimediana en series. La propiedad arquimediana permite afirmar que, para una serie $\sum_{n=1}^{\infty} a_n$ con $a_n \geq 0$, si los términos no tienden a cero, es decir, $\lim_{n \to \infty} a_n \neq 0$, entonces la serie diverge.

Demostración. Si $\lim_{n \to \infty} a_n = c > 0$, entonces existe $N \in \mathbb{N}$ tal que para todo $n \geq N$, $a_n \geq \frac{c}{2}$. Por lo tanto, la suma de los términos desde $n = N$ hasta $n = N + k$ es al menos $k\left(\frac{c}{2}\right)$, que tiende a infinito al crecer k. Por la propiedad arquimediana, podemos hacer k tan grande como queramos, lo que implica que la serie diverge. ∎

Exercise 4.40 Determine si la serie $\sum_{n=1}^{\infty} \frac{1}{n}$ converge o diverge.

Demostración. Esta es la serie armónica. Sabemos que $\lim_{n \to \infty} \frac{1}{n} = 0$, sin embargo, la serie diverge. Esto muestra que el criterio anterior es necesario pero no suficiente para la convergencia de series. La divergencia de la serie armónica puede demostrarse utilizando la integral correspondiente o comparándola con una serie conocida. ∎

> La propiedad arquimediana nos permite establecer ciertos resultados sobre la divergencia de series, pero es importante tener en cuenta que el hecho de que los términos tiendan a cero no garantiza la convergencia de la serie.

En conclusión, la propiedad arquimediana es una herramienta esencial en el análisis de sucesiones y series, proporcionando las bases para demostrar resultados fundamentales sobre convergencia, límites y aproximación en el contexto de los números racionales y reales.

4.6 Teorema de la densidad de los números racionales

4.6.1 Densidad de $\mathbb{Q}$ en $\mathbb{R}$

La densidad de los números racionales en el conjunto de los números reales es una propiedad fundamental en el análisis matemático. Esta propiedad establece que los números racionales están "esparcidos" por toda la recta real sin dejar espacios vacíos, lo cual tiene implicaciones significativas en la comprensión de los límites, la continuidad y la estructura de los números reales.

> **Definition 4.6.1 — Conjunto denso.** Sea (X,d) un espacio métrico. Un subconjunto $A \subseteq X$ se dice **denso** en X si para todo punto $x \in X$ y para todo $\varepsilon > 0$, existe un punto $a \in A$ tal que $d(x,a) < \varepsilon$. Es decir:
> $$\forall x \in X, \; \forall \varepsilon > 0, \; \exists a \in A \text{ tal que } d(x,a) < \varepsilon.$$

En el caso de los números reales $\mathbb{R}$ con la métrica usual $d(x,y) = |x-y|$, podemos enunciar el siguiente teorema clave.

> **Theorem 4.6.1 — Densidad de $\mathbb{Q}$ en $\mathbb{R}$.** El conjunto de los números racionales $\mathbb{Q}$ es denso en $\mathbb{R}$. Es decir, para todo $x \in \mathbb{R}$ y para todo $\varepsilon > 0$, existe $r \in \mathbb{Q}$ tal que $|x-r| < \varepsilon$.

Demostración. Sea $x \in \mathbb{R}$ y $\varepsilon > 0$. Nuestro objetivo es encontrar un número racional $r = \dfrac{p}{q}$ tal que $|x-r| < \varepsilon$.

Por la **propiedad arquimediana** (ver sección anterior), sabemos que existe un número natural $n \in \mathbb{N}$ tal que:
$$n > \frac{1}{\varepsilon}.$$

Esto implica que:
$$\frac{1}{n} < \varepsilon.$$

Consideremos el número $x \in \mathbb{R}$. Multiplicamos x por n y obtenemos xn. Como xn es un número real, existe un entero $m \in \mathbb{Z}$ tal que:
$$m \leq xn < m+1.$$

Esto es debido a que los números enteros dividen la recta real en intervalos de longitud 1, y cualquier número real pertenece a alguno de estos intervalos.

4.6 Teorema de la densidad de los números racionales

Definimos:

$$r = \frac{m}{n} \in \mathbb{Q}.$$

Entonces, calculamos la distancia entre x y r:

$$|x - r| = \left|x - \frac{m}{n}\right| = \left|\frac{xn - m}{n}\right| \leq \frac{1}{n} < \varepsilon.$$

Por lo tanto, hemos encontrado un número racional r tal que $|x - r| < \varepsilon$, lo que demuestra que $\mathbb{Q}$ es denso en $\mathbb{R}$. ∎

Corollary 4.6.2 El conjunto de los números irracionales $\mathbb{R} \setminus \mathbb{Q}$ también es denso en $\mathbb{R}$. Es decir, para todo $x \in \mathbb{R}$ y para todo $\varepsilon > 0$, existe $s \in \mathbb{R} \setminus \mathbb{Q}$ tal que $|x - s| < \varepsilon$.

Demostración. Sea $x \in \mathbb{R}$ y $\varepsilon > 0$. Por el teorema anterior, sabemos que existen números racionales arbitrariamente cercanos a x. De manera similar, podemos encontrar números irracionales cercanos a x.

Consideremos $r = x + \varepsilon/2$. Si x es racional, entonces r es irracional en la mayoría de los casos, a menos que x y ε estén relacionados de manera especial. Sin embargo, para garantizar que s sea irracional, podemos definir:

$$s = x + \frac{\varepsilon}{2} \cdot \sqrt{2}.$$

Como $\sqrt{2}$ es irracional, s es irracional. Además:

$$|x - s| = \left|x - \left(x + \frac{\varepsilon}{2} \cdot \sqrt{2}\right)\right| = \frac{\varepsilon}{2} \cdot \sqrt{2} < \varepsilon,$$

ya que $\sqrt{2} < 1{,}5$ y $\frac{\varepsilon}{2} \cdot 1{,}5 = \frac{3\varepsilon}{4} < \varepsilon$. ∎

Este corolario muestra que tanto los números racionales como los irracionales están distribuidos de manera que llenan completamente la recta real.

■ **Example 4.22** Aproximemos el número real $\pi \approx 3{,}1416$ con una precisión de $\varepsilon = 0{,}001$ mediante un número racional.

Por la propiedad arquimediana, elegimos n tal que $\frac{1}{n} < 0{,}001$, es decir, $n > 1000$. Tomamos $n = 1001$. Calculamos $xn = \pi \times 1001 \approx 3145{,}7416$. El entero más cercano es $m = 3145$. Entonces, nuestro número racional es:

$$r = \frac{m}{n} = \frac{3145}{1001} \approx 3{,}14185814.$$

Calculamos la diferencia:

$$|\pi - r| \approx |3{,}1416 - 3{,}14185814| \approx 0{,}00025814 < 0{,}001.$$

Por lo tanto, hemos encontrado un número racional que aproxima π con la precisión deseada.
■

Exercise 4.41 Encuentre un número racional $r = \dfrac{p}{q}$ que aproxime al número real $e \approx 2{,}71828$ con una precisión de $\varepsilon = 0{,}0005$.

Demostración. Buscamos $n \in \mathbb{N}$ tal que $\dfrac{1}{n} < 0{,}0005$, es decir, $n > 2000$. Tomemos $n = 2001$. Calculamos $en = 2{,}71828 \times 2001 \approx 5448{,}29828$. El entero más cercano es $m = 5448$.
Entonces, $r = \dfrac{5448}{2001} \approx 2{,}72363818$. Calculamos:

$$|e - r| \approx |2{,}71828 - 2{,}72363818| \approx 0{,}00535818 > 0{,}0005.$$

Como la diferencia es mayor que ε, incrementamos n. Tomemos $n = 20000$. Entonces, $en = 2{,}71828 \times 20000 = 543656$. El entero más cercano es $m = 54365$.
Ahora, $r = \dfrac{54365}{20000} = 2{,}71825$. Calculamos:

$$|e - r| = |2{,}71828 - 2{,}71825| = 0{,}00003 < 0{,}0005.$$

Hemos encontrado un número racional que aproxima e con la precisión requerida. ∎

Lema 4.6.1 Entre dos números reales $a, b \in \mathbb{R}$ con $a < b$, existe un número racional $r \in \mathbb{Q}$ tal que $a < r < b$.

Demostración. Consideremos la diferencia $\delta = b - a > 0$. Por la propiedad arquimediana, existe $n \in \mathbb{N}$ tal que:

$$n > \frac{1}{\delta}.$$

Entonces, $\dfrac{1}{n} < \delta$. Multiplicamos a y b por n:

$$an < bn.$$

Sea m el entero más grande tal que $m \geq an$. Entonces, $m \leq an + 1$. Como $an < m + 1$, tenemos:

$$a < \frac{m+1}{n}.$$

Además, $\dfrac{m}{n} \geq a$. Pero como $m < bn$, entonces:

$$\frac{m}{n} < b.$$

Por lo tanto, $\dfrac{m}{n}$ es un número racional entre a y b. ∎

Theorem 4.6.3 — Densidad de $\mathbb{Q}$ en $\mathbb{R}$, versión intervalar. Para cualquier intervalo abierto $(a, b) \subset \mathbb{R}$ con $a < b$, el conjunto $(a, b) \cap \mathbb{Q}$ es no vacío y contiene infinitos números racionales.

4.6 Teorema de la densidad de los números racionales

Demostración. Del lema anterior, sabemos que existe al menos un número racional en (a,b). Para demostrar que hay infinitos, consideremos que entre a y b podemos encontrar un número racional r_1. Luego, entre a y r_1, existe otro número racional r_2, y así sucesivamente. Este proceso puede repetirse infinitamente, generando una secuencia infinita de números racionales dentro de (a,b). ∎

> (R) La densidad de $\mathbb{Q}$ en $\mathbb{R}$ no implica que $\mathbb{Q}$ y $\mathbb{R}$ tengan la misma cardinalidad. De hecho, $\mathbb{Q}$ es numerable, mientras que $\mathbb{R}$ es no numerable. Esto significa que, aunque los racionales están ."en todas partes.en la recta real, los números reales contienen "muchos más.elementos que $\mathbb{Q}$.

Exercise 4.42 Demuestre que el conjunto de los números reales $\mathbb{R}$ no es numerable, es decir, no existe una biyección entre $\mathbb{N}$ y $\mathbb{R}$.

Demostración. La demostración clásica es mediante el **argumento diagonal de Cantor**. Supongamos que $\mathbb{R}$ es numerable y que existe una enumeración de todos los números reales en el intervalo $[0,1]$. Al construir un número real que difiere en cada decimal de los números enumerados, obtenemos un número real que no está en la lista, lo que contradice la suposición de que todos los números reales estaban enumerados. Por lo tanto, $\mathbb{R}$ es no numerable. ∎

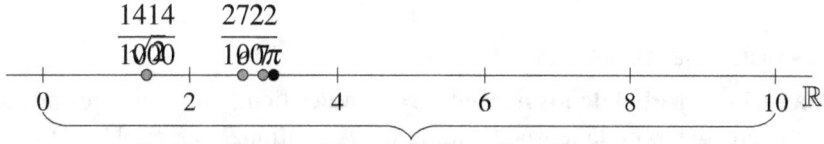

Recta real con números racionales e irracionales

Figura 4.6.1: *Representación de la densidad de $\mathbb{Q}$ en $\mathbb{R}$*

La Figura 4.6.1 ilustra cómo los números racionales (puntos rojos) y los irracionales (puntos negros) están distribuidos a lo largo de la recta real sin dejar espacios.

Proposition 4.6.4 Cualquier número real puede ser aproximado por números racionales en su expansión decimal truncada.

Demostración. Sea $x \in \mathbb{R}$. Su expansión decimal es:

$$x = a_0.a_1a_2a_3\ldots$$

Donde $a_0 \in \mathbb{Z}$ y $a_i \in \{0,1,\ldots,9\}$ para $i \geq 1$. Para cualquier $n \in \mathbb{N}$, definimos:

$$r_n = a_0.a_1a_2\ldots a_n = \frac{a_0 \times 10^n + \sum_{k=1}^{n} a_k \times 10^{n-k}}{10^n} \in \mathbb{Q}.$$

Entonces, r_n es un número racional que aproxima a x con precisión de 10^{-n}:

$$|x - r_n| < \frac{1}{10^n}.$$

∎

■ **Example 4.23** Consideremos el número irracional $\sqrt{2} \approx 1,4142135\ldots$. Sus aproximaciones racionales mediante truncamiento decimal son:

$$r_1 = 1,4, \quad r_2 = 1,41, \quad r_3 = 1,414, \quad r_4 = 1,4142.$$

Cada r_n es una mejor aproximación de $\sqrt{2}$. ■

> Exercise 4.43 Demuestre que la sucesión $\{r_n\}$ de aproximaciones decimales de un número real x converge a x.
>
> *Demostración.* Por construcción, cada r_n se aproxima a x con un error menor que $\dfrac{1}{10^n}$. Es decir:
>
> $$|x - r_n| < \frac{1}{10^n}.$$
>
> Dado que $\lim_{n \to \infty} \dfrac{1}{10^n} = 0$, concluimos que $\lim_{n \to \infty} r_n = x$. ■

> (R) La densidad de $\mathbb{Q}$ en $\mathbb{R}$ es fundamental en el análisis matemático, ya que permite aproximar cualquier número real por números racionales con la precisión deseada. Esto es esencial en temas como el cálculo diferencial e integral, donde los límites y las aproximaciones desempeñan un papel crucial.

4.6.2 Consecuencias del teorema

El **teorema de la densidad de los números racionales** tiene implicaciones profundas en el análisis matemático y en la teoría de números. A continuación, exploraremos algunas de las consecuencias más significativas de este teorema, conectándolas con conceptos fundamentales y avanzados en matemáticas.

> **Corollary 4.6.5 — Existencia de números racionales con propiedades dadas.**
> Para cualquier número real $x \in \mathbb{R}$ y para cualquier $\varepsilon > 0$, existe un número racional $r \in \mathbb{Q}$ tal que $|x - r| < \varepsilon$.

Demostración. Este corolario es una reformulación directa del teorema de la densidad de $\mathbb{Q}$ en $\mathbb{R}$, demostrado anteriormente. ■

Una de las consecuencias inmediatas es que los números racionales pueden aproximar a cualquier número real con la precisión deseada, lo cual es fundamental en la construcción de los números reales y en el análisis.

> **Theorem 4.6.6 — Los números reales son límites de sucesiones de números racionales.** Todo número real $x \in \mathbb{R}$ es el límite de una sucesión de números racionales $\{r_n\}_{n \in \mathbb{N}}$.

Demostración. Sea $x \in \mathbb{R}$. Para cada $n \in \mathbb{N}$, por el teorema de la densidad, existe un número racional $r_n \in \mathbb{Q}$ tal que:

$$|x - r_n| < \frac{1}{n}.$$

4.6 Teorema de la densidad de los números racionales

Entonces, la sucesión $\{r_n\}$ converge a x en $\mathbb{R}$, ya que:

$$\lim_{n\to\infty} |x - r_n| = 0.$$

■

Este resultado es esencial para entender la completitud de los números reales y la construcción de $\mathbb{R}$ a partir de $\mathbb{Q}$ mediante sucesiones de Cauchy.

> (R) La densidad de $\mathbb{Q}$ en $\mathbb{R}$, junto con la propiedad de completitud de $\mathbb{R}$, permite que cualquier función definida en $\mathbb{Q}$ y continua en $\mathbb{Q}$ pueda extenderse de manera única a una función continua en $\mathbb{R}$.

Otra consecuencia importante es la posibilidad de aproximar funciones reales mediante funciones racionales.

> **Theorem 4.6.7** — **Densidad de las funciones racionales.** Sea $f : \mathbb{R} \to \mathbb{R}$ una función continua en un intervalo $[a,b]$. Entonces, existe una sucesión de funciones $f_n : \mathbb{Q} \cap [a,b] \to \mathbb{Q}$, con f_n racional, que converge uniformemente a f en $[a,b]$.

Demostración. Este resultado se basa en el teorema de aproximación de Weierstrass, que establece que los polinomios son densos en el espacio de funciones continuas en $[a,b]$. Dado que los coeficientes de los polinomios pueden ser tomados en $\mathbb{Q}$, las funciones polinomiales resultantes son racionales en $\mathbb{Q}$. Por lo tanto, podemos construir una sucesión de polinomios con coeficientes racionales que aproximen uniformemente a f en $[a,b]$. ■

■ **Example 4.24** Consideremos la función $f(x) = \sin(x)$ en el intervalo $[0, \pi]$. Podemos aproximar f mediante polinomios de Taylor con coeficientes racionales:

$$P_n(x) = \sum_{k=0}^{n} (-1)^k \frac{x^{2k+1}}{(2k+1)!}.$$

Al truncar los coeficientes factoriales a números racionales, obtenemos una sucesión de funciones racionales que aproximan a $\sin(x)$ en $[0, \pi]$. ■

> (R) La densidad de las funciones racionales en el espacio de las funciones continuas permite utilizar métodos algebraicos para estudiar propiedades analíticas, facilitando la resolución de problemas en análisis y teoría de funciones.

Otra consecuencia del teorema de la densidad es la existencia de números racionales con propiedades específicas en términos de desigualdades y ecuaciones.

Lema 4.6.2 Para cualquier número real $x \in \mathbb{R}$ y cualquier $\varepsilon > 0$, existen números racionales $r_1, r_2 \in \mathbb{Q}$ tales que $r_1 < x < r_2$ y $r_2 - r_1 < \varepsilon$.

Demostración. Por el teorema de la densidad, existen $r_1, r_2 \in \mathbb{Q}$ tales que:

$$x - \frac{\varepsilon}{2} < r_1 < x < r_2 < x + \frac{\varepsilon}{2}.$$

Entonces:

$$r_2 - r_1 < \left(x + \frac{\varepsilon}{2}\right) - \left(x - \frac{\varepsilon}{2}\right) = \varepsilon.$$

■

Este lema es útil en la resolución de ecuaciones y sistemas donde se requiere encontrar soluciones racionales aproximadas.

> **Exercise 4.44** Demuestre que para cualquier número real $x > 0$, existe un número racional $r > 0$ tal que $r^2 < x < (r+\frac{1}{n})^2$ para algún $n \in \mathbb{N}$.

Demostración. Como $x > 0$, su raíz cuadrada $\sqrt{x}$ existe y es positiva. Por el teorema de la densidad, para cualquier $n \in \mathbb{N}$, existe $r \in \mathbb{Q}$ tal que:

$$0 < \sqrt{x} - r < \frac{1}{n}.$$

Entonces:

$$r < \sqrt{x} < r + \frac{1}{n}.$$

Elevando al cuadrado:

$$r^2 < x < \left(r + \frac{1}{n}\right)^2.$$

∎

> **Theorem 4.6.8 — Irracionales entre racionales.** Entre dos números racionales cualesquiera $a, b \in \mathbb{Q}$ con $a < b$, existe un número irracional $s \in \mathbb{R} \setminus \mathbb{Q}$ tal que $a < s < b$.

Demostración. Sea $a, b \in \mathbb{Q}$ con $a < b$. Consideremos el número:

$$s = a + \sqrt{2} \cdot \frac{b-a}{2}.$$

Primero, verificamos que $s \in \mathbb{R}$. Como $\sqrt{2}$ es irracional y $b - a > 0$, el término $\sqrt{2} \cdot \frac{b-a}{2}$ es irracional, y por lo tanto, s es irracional.

A continuación, verificamos que s satisface $a < s < b$:

$$s = a + \sqrt{2} \cdot \frac{b-a}{2}.$$

Dado que $\sqrt{2} > 0$, se tiene:

$$s > a.$$

Por otro lado, $\sqrt{2} < 2$, lo que implica que:

$$\sqrt{2} \cdot \frac{b-a}{2} < b - a.$$

Por lo tanto:

$$s = a + \sqrt{2} \cdot \frac{b-a}{2} < a + (b-a) = b.$$

Así, s es un número irracional que satisface $a < s < b$. Por lo tanto, el resultado queda demostrado. ∎

Este teorema, junto con el teorema de la densidad, demuestra que tanto los números racionales como los irracionales están densamente intercalados en la recta real.

4.6 Teorema de la densidad de los números racionales

Corollary 4.6.9 Entre dos números racionales cualesquiera hay infinitos números irracionales.

Demostración. Utilizando el teorema anterior, podemos generar infinitos números irracionales entre a y b variando $n \in \mathbb{N}$. Cada elección distinta de n produce un número irracional diferente en el intervalo (a,b). ∎

■ **Example 4.25** Entre los números racionales 0 y 1, los números $\dfrac{1}{\pi}$, $\dfrac{1}{e}$ y $\dfrac{\sqrt{2}}{2}$ son irracionales y pertenecen al intervalo $(0,1)$. ∎

> (R) La existencia de infinitos números irracionales entre dos racionales muestra que los irracionales también son densos en $\mathbb{R}$, complementando la densidad de los racionales y enriqueciendo la estructura de la recta real.

Exercise 4.45 Demuestre que entre dos números racionales cualesquiera $a < b$ existe un número trascendente $t \in \mathbb{R}$ tal que $a < t < b$.

Demostración. Es conocido que los números trascendentes son no numerables y, por lo tanto, densos en $\mathbb{R}$. Aunque la demostración detallada requiere conceptos avanzados de teoría de números y análisis, podemos afirmar que existen infinitos números trascendentes entre a y b. Por ejemplo, el número $t = a + (b-a) \cdot \dfrac{\pi}{4}$ es trascendente y pertenece al intervalo (a,b). ∎

Finalmente, el teorema de la densidad tiene implicaciones en la teoría de funciones y la continuidad.

> **Theorem 4.6.10** — **Caracterización de la continuidad mediante secuencias racionales.** Una función $f : \mathbb{R} \to \mathbb{R}$ es continua en $x_0 \in \mathbb{R}$ si y solo si, para toda sucesión $\{r_n\} \subset \mathbb{Q}$ que converge a x_0, se cumple que:
>
> $$\lim_{n \to \infty} f(r_n) = f(x_0).$$

Demostración. $\Rightarrow$ Supongamos que f es continua en $x_0 \in \mathbb{R}$. Esto significa que, para toda $\varepsilon > 0$, existe $\delta > 0$ tal que si $|x - x_0| < \delta$, entonces $|f(x) - f(x_0)| < \varepsilon$. Sea $\{r_n\} \subset \mathbb{Q}$ una sucesión que converge a x_0, es decir:

$$\lim_{n \to \infty} r_n = x_0.$$

Esto implica que, para n suficientemente grande, $|r_n - x_0| < \delta$. Por la continuidad de f, se tiene $|f(r_n) - f(x_0)| < \varepsilon$. Así, $\lim_{n \to \infty} f(r_n) = f(x_0)$.

$\Leftarrow$ Supongamos ahora que para toda sucesión $\{r_n\} \subset \mathbb{Q}$ que converge a x_0, se cumple que $\lim_{n \to \infty} f(r_n) = f(x_0)$. Sea $\varepsilon > 0$. Por hipótesis, existe $N \in \mathbb{N}$ tal que para $n \geq N$, $|r_n - x_0| < \delta$ implica $|f(r_n) - f(x_0)| < \varepsilon$. Dado que los números reales pueden aproximarse arbitrariamente por números racionales, esto garantiza que f es continua en x_0.

Por lo tanto, la continuidad de f en x_0 es equivalente a que $\lim_{n \to \infty} f(r_n) = f(x_0)$ para toda sucesión $\{r_n\} \subset \mathbb{Q}$ que converge a x_0. ∎

> (R) Este resultado es particularmente útil en análisis real y funcional, ya que permite verificar la continuidad de funciones utilizando únicamente sucesiones de números racionales, lo cual simplifica ciertos análisis y demostraciones.

> **Exercise 4.46** Sea $f : \mathbb{R} \to \mathbb{R}$ definida por:
> $$f(x) = \begin{cases} x^2, & \text{si } x \in \mathbb{Q}, \\ 0, & \text{si } x \in \mathbb{R} \setminus \mathbb{Q}. \end{cases}$$
> Determine si f es continua en $x = 0$.

Demostración. Consideremos una sucesión $\{r_n\} \subset \mathbb{Q}$ con $\lim_{n\to\infty} r_n = 0$. Entonces, $\lim_{n\to\infty} f(r_n) = \lim_{n\to\infty} r_n^2 = 0 = f(0)$.

Ahora, consideremos una sucesión $\{s_n\} \subset \mathbb{R} \setminus \mathbb{Q}$ con $\lim_{n\to\infty} s_n = 0$. Entonces, $\lim_{n\to\infty} f(s_n) = \lim_{n\to\infty} 0 = 0 = f(0)$.

Por lo tanto, f es continua en $x = 0$. ∎

> (R) La función del ejercicio anterior no es continua en ningún otro punto distinto de $x = 0$, lo cual ilustra cómo la densidad de $\mathbb{Q}$ y $\mathbb{R} \setminus \mathbb{Q}$ afecta la continuidad de funciones definidas de manera diferente en estos conjuntos.

En resumen, el teorema de la densidad de los números racionales tiene amplias consecuencias en diversas áreas de las matemáticas, desde la teoría de números y el análisis real hasta la topología y la teoría de funciones. Su comprensión es esencial para el desarrollo de conceptos más avanzados y para el análisis riguroso de estructuras matemáticas.

4.7 Ejercicios Resueltos

4.7.1 Construcción de los números racionales

> **Exercise 4.47** Prove que entre dois números racionales distintos siempre existe un número racional.

Demostración. Sean $a, b \in \mathbb{Q}$ con $a < b$ Consideremos $c = \frac{a+b}{2}$ 1) c es racional pues es suma y división de racionales 2) $a < c < b$ pues: $c - a = \frac{b-a}{2} > 0$ y $b - c = \frac{b-a}{2} > 0$ Por lo tanto c es un racional entre a y b. ∎

> **Exercise 4.48** Demuestre que si r es racional y s es irracional, entonces $r + s$ es irracional.

Demostración. Procedamos por contradicción: Supongamos que $r + s = q$ donde $q \in \mathbb{Q}$ Entonces $s = q - r$ Como $q, r \in \mathbb{Q}$, su diferencia también es racional Esto contradice que s es irracional Por lo tanto $r + s$ debe ser irracional. ∎

> **Exercise 4.49** Pruebe que $\sqrt{2}$ es irracional.

Demostración. Por contradicción: Supongamos $\sqrt{2} = \frac{p}{q}$ con $p, q \in \mathbb{Z}$, $q \neq 0$ y coprimos Entonces $2q^2 = p^2$ Por lo tanto p^2 es par, lo que implica p es par Sea $p = 2k$ Entonces $2q^2 = 4k^2$ Simplificando: $q^2 = 2k^2$ Esto implica q es par Contradicción pues p, q debían ser coprimos ∎

4.7 Ejercicios Resueltos

Exercise 4.50 Demuestre que el conjunto $\mathbb{Q}$ es denso en $\mathbb{R}$.

Demostración. Sea $x \in \mathbb{R}$ y $\varepsilon > 0$ Debemos hallar $q \in \mathbb{Q}$ tal que $|x - q| < \varepsilon$ Por la propiedad arquimediana existe $n \in \mathbb{N}$ tal que $\frac{1}{n} < \varepsilon$ Sea $m = \lfloor nx \rfloor$ Definamos $q = \frac{m}{n}$ Entonces $|x - q| < \frac{1}{n} < \varepsilon$ ∎

Exercise 4.51 Pruebe que el producto de dos números racionales es racional.

Demostración. Sean $r_1 = \frac{a}{b}$ y $r_2 = \frac{c}{d}$ racionales con $b, d \neq 0$ $r_1 \cdot r_2 = \frac{a}{b} \cdot \frac{c}{d} = \frac{ac}{bd}$ Como $ac, bd \in \mathbb{Z}$ y $bd \neq 0$ $r_1 \cdot r_2 \in \mathbb{Q}$ ∎

4.7.2 Adición y multiplicación de números racionales

Exercise 4.52 Demuestre que la suma de números racionales es asociativa: $(a+b)+c = a+(b+c)$ para todo $a, b, c \in \mathbb{Q}$.

Demostración. Sean $a = \frac{p}{q}, b = \frac{r}{s}, c = \frac{t}{u}$ con $q, s, u \neq 0$
$(a+b)+c = (\frac{p}{q} + \frac{r}{s}) + \frac{t}{u} = \frac{ps+qr}{qs} + \frac{t}{u} = \frac{(ps+qr)u + qst}{qsu}$
$a+(b+c) = \frac{p}{q} + (\frac{r}{s} + \frac{t}{u}) = \frac{p}{q} + \frac{ru+st}{su} = \frac{psu+qru+qst}{qsu}$
Por lo tanto $(a+b)+c = a+(b+c)$ ∎

Exercise 4.53 Pruebe que todo número racional $r \neq 0$ tiene inverso multiplicativo.

Demostración. Sea $r = \frac{a}{b}$ con $a, b \neq 0$ El inverso multiplicativo es $r^{-1} = \frac{b}{a}$ Verificamos: $r \cdot r^{-1} = \frac{a}{b} \cdot \frac{b}{a} = \frac{ab}{ab} = 1$ Por lo tanto r^{-1} es el inverso multiplicativo de r ∎

Exercise 4.54 Demuestre la distributividad en $\mathbb{Q}$: $a(b+c) = ab + ac$ para todo $a, b, c \in \mathbb{Q}$.

Demostración. Sean $a = \frac{p}{q}, b = \frac{r}{s}, c = \frac{t}{u}$
$a(b+c) = \frac{p}{q}(\frac{ru+st}{su}) = \frac{p(ru+st)}{qsu}$
$ab + ac = \frac{pr}{qs} + \frac{pt}{qu} = \frac{pru+pst}{qsu}$
Ambas expresiones son iguales, por lo tanto $a(b+c) = ab + ac$ ∎

Exercise 4.55 Pruebe que la multiplicación de racionales es conmutativa: $ab = ba$ para todo $a, b \in \mathbb{Q}$.

Demostración. Sean $a = \frac{p}{q}$ y $b = \frac{r}{s}$
$ab = \frac{p}{q} \cdot \frac{r}{s} = \frac{pr}{qs}$ $ba = \frac{r}{s} \cdot \frac{p}{q} = \frac{rp}{sq} = \frac{pr}{qs}$
Por lo tanto $ab = ba$ ∎

Exercise 4.56 Demuestre que el producto de números racionales es asociativo: $(ab)c = a(bc)$ para todo $a, b, c \in \mathbb{Q}$.

Demostración. Sean $a = \frac{p}{q}, b = \frac{r}{s}, c = \frac{t}{u}$
$(ab)c = (\frac{p}{q} \cdot \frac{r}{s})\frac{t}{u} = \frac{pr}{qs} \cdot \frac{t}{u} = \frac{prt}{qsu}$
$a(bc) = \frac{p}{q}(\frac{r}{s} \cdot \frac{t}{u}) = \frac{p}{q} \cdot \frac{rt}{su} = \frac{prt}{qsu}$
Por lo tanto $(ab)c = a(bc)$ ∎

4.7.3 Los números enteros como subconjunto de los números racionales

Exercise 4.57 Demuestre que la función $f : \mathbb{Z} \to \mathbb{Q}$ definida por $f(n) = \frac{n}{1}$ es inyectiva.

Demostración. Sean $n, m \in \mathbb{Z}$ tales que $f(n) = f(m)$ Entonces $\frac{n}{1} = \frac{m}{1}$ Por lo tanto $n = m$ Así, f es inyectiva. ∎

Exercise 4.58 Pruebe que todo número entero n puede representarse únicamente como fracción $\frac{n}{1}$ en su forma irreducible.

Demostración. Sea $n \in \mathbb{Z}$ Supongamos $\frac{n}{1} = \frac{a}{b}$ en forma irreducible Entonces $nb = a$ Como $b|a$ y $\frac{a}{b}$ es irreducible, $b = 1$ Por lo tanto $\frac{n}{1}$ es la única forma irreducible. ∎

Exercise 4.59 Demuestre que el conjunto $\{x \in \mathbb{Q} : x = \frac{n}{1}, n \in \mathbb{Z}\}$ es isomorfo a $\mathbb{Z}$.

Demostración. Definamos $f : \mathbb{Z} \to \{x \in \mathbb{Q} : x = \frac{n}{1}, n \in \mathbb{Z}\}$ donde $f(n) = \frac{n}{1}$
1) f es inyectiva (demostrado en ejercicio 1) 2) f es sobreyectiva por definición del conjunto
3) $f(n+m) = \frac{n+m}{1} = \frac{n}{1} + \frac{m}{1} = f(n) + f(m)$ 4) $f(n \cdot m) = \frac{n \cdot m}{1} = \frac{n}{1} \cdot \frac{m}{1} = f(n) \cdot f(m)$
Por lo tanto, f es un isomorfismo. ∎

Exercise 4.60 Demuestre que si $a, b \in \mathbb{Z}$ y $b \neq 0$, entonces $\frac{a}{b} = \frac{a'}{b'}$ donde a', b' son coprimos si y solo si existe $k \in \mathbb{Z}$ tal que $a' = \frac{a}{k}$ y $b' = \frac{b}{k}$.

Demostración. ($\Rightarrow$) Si $\frac{a}{b} = \frac{a'}{b'}$ con a', b' coprimos: - $ab' = a'b$ - Sea $k = \gcd(a,b)$ - Entonces $a = ka'$ y $b = kb'$ - Como a', b' son coprimos, k es único
($\Leftarrow$) Si existe k tal que $a' = \frac{a}{k}$ y $b' = \frac{b}{k}$: - $\frac{a}{b} = \frac{a/k}{b/k} = \frac{a'}{b'}$ - Como $k = \gcd(a,b)$, a' y b' son coprimos ∎

Exercise 4.61 Pruebe que para todo $n \in \mathbb{Z}$, la función $f_n : \mathbb{Q} \to \mathbb{Q}$ definida por $f_n(x) = x + n$ es biyectiva.

Demostración. 1) Inyectividad: Sean $x, y \in \mathbb{Q}$ tales que $f_n(x) = f_n(y)$ Entonces $x + n = y + n$ Por lo tanto $x = y$
2) Sobreyectividad: Sea $y \in \mathbb{Q}$ Existe $x = y - n \in \mathbb{Q}$ tal que $f_n(x) = y$
Por 1) y 2), f_n es biyectiva. ∎

4.7.4 Orden de los números racionales

Exercise 4.62 Demuestre que si $a, b, c \in \mathbb{Q}$ y $a < b$, entonces $a + c < b + c$.

Demostración. Sean $a, b, c \in \mathbb{Q}$ con $a < b$ $a < b \implies b - a > 0$ $(b+c) - (a+c) = b - a > 0$ Por lo tanto, $a + c < b + c$ ∎

Exercise 4.63 Pruebe que si $a, b \in \mathbb{Q}^+$ y $a < b$, entonces $\frac{1}{b} < \frac{1}{a}$.

Demostración. Sean $a, b \in \mathbb{Q}^+$ con $a < b$ $a < b \implies 0 < b - a \implies 0 < (b-a)ab \implies 0 < b^2 - a^2 \implies a^2 < b^2$ Multiplicando por $\frac{1}{a^2 b^2}$ (positivo pues $a, b > 0$): $\frac{1}{b^2} < \frac{1}{a^2}$ Por lo tanto, $\frac{1}{b} < \frac{1}{a}$ ∎

> **Exercise 4.64** Demuestre que entre dos números racionales existen infinitos números racionales.

Demostración. Sean $p, q \in \mathbb{Q}$ con $p < q$ Definamos $a_n = p + \frac{q-p}{n+1}$ para $n \in \mathbb{N}$
1) Para todo n, $a_n \in \mathbb{Q}$ pues es suma y producto de racionales 2) a_n es estrictamente decreciente: $a_{n+1} - a_n = \frac{q-p}{n+2} - \frac{q-p}{n+1} < 0$ 3) Para todo n: $p < a_n < q$ Pues $0 < \frac{1}{n+1} < 1$
Por lo tanto, $\{a_n\}$ es una sucesión infinita de racionales distintos entre p y q. ∎

> **Exercise 4.65** Pruebe que si $a, b, c, d \in \mathbb{Q}^+$ con $a < b$ y $c < d$, entonces $ac < bd$.

Demostración. Sean $a, b, c, d \in \mathbb{Q}^+$ con $a < b$ y $c < d$
$a < b \implies ac < bc$ (multiplicando por $c > 0$) $c < d \implies bc < bd$ (multiplicando por $b > 0$)
Por transitividad: $ac < bc < bd$ Por lo tanto $ac < bd$ ∎

> **Exercise 4.66** Demuestre que el orden en $\mathbb{Q}$ es denso: si $a < b$, entonces existe $q \in \mathbb{Q}$ tal que $a < q < b$.

Demostración. Sean $a, b \in \mathbb{Q}$ con $a < b$ Tomemos $q = \frac{a+b}{2}$
1) $q \in \mathbb{Q}$ pues es suma y producto de racionales
2) $a < q$: $a < \frac{a+b}{2} \iff 2a < a+b \iff a < b$ (verdadero)
3) $q < b$: $\frac{a+b}{2} < b \iff a+b < 2b \iff a < b$ (verdadero)
Por lo tanto, q es un racional tal que $a < q < b$ ∎

4.7.5 Propiedad arquimediana

> **Exercise 4.67** Demuestre que para cualquier número racional positivo r, existe un número natural n tal que $n > r$.

Demostración. Sea $r = \frac{a}{b}$ donde $a, b \in \mathbb{Z}$, $b > 0$
Como $r > 0$, tenemos que $a > 0$
Tomemos $n = a + 1$
Entonces: $n = a + 1 > a \geq \frac{a}{b} = r$
Por lo tanto, existe $n \in \mathbb{N}$ tal que $n > r$ ∎

> **Exercise 4.68** Pruebe que para cualquier número racional positivo ε, existe un número natural n tal que $\frac{1}{n} < \varepsilon$.

Demostración. Sea $\varepsilon = \frac{a}{b}$ un racional positivo, con $a, b > 0$
Por la propiedad arquimediana, existe $n \in \mathbb{N}$ tal que: $n > \frac{b}{a}$
Entonces: $\frac{1}{n} < \frac{a}{b} = \varepsilon$
Por lo tanto, existe $n \in \mathbb{N}$ tal que $\frac{1}{n} < \varepsilon$ ∎

> **Exercise 4.69** Demuestre que dados dos números racionales positivos r y s, existe un número natural n tal que $nr > s$.

Demostración. Sean $r, s \in \mathbb{Q}^+$ Entonces $\frac{s}{r} \in \mathbb{Q}^+$
Por la propiedad arquimediana, existe $n \in \mathbb{N}$ tal que: $n > \frac{s}{r}$
Multiplicando ambos lados por r (positivo): $nr > s$
Por lo tanto, existe $n \in \mathbb{N}$ tal que $nr > s$ ∎

Exercise 4.70 Pruebe que si $a,b \in \mathbb{Q}^+$ y $a < b$, entonces existe un número racional r y un natural n tales que $a < \frac{r}{n} < b$.

Demostración. Sean $a,b \in \mathbb{Q}^+$ con $a < b$
1) Sea $\varepsilon = b - a > 0$
2) Por la propiedad arquimediana, existe $n \in \mathbb{N}$ tal que: $\frac{1}{n} < \varepsilon = b - a$
3) Sea $k = \lfloor na \rfloor$ (parte entera de na) Entonces: $k \leq na < k+1$
4) Tomemos $r = k+1$ Entonces: $\frac{k}{n} \leq a < \frac{k+1}{n} = \frac{r}{n}$
5) Como $\frac{1}{n} < b - a$: $\frac{r}{n} = \frac{k+1}{n} < b$
Por lo tanto, $a < \frac{r}{n} < b$ ∎

Exercise 4.71 Demuestre que para todo número racional $r > 1$, existe una sucesión de números racionales $\{a_n\}$ tal que $a_n > 1$ para todo n y $\lim_{n\to\infty} a_n = 1$.

Demostración. Sea $r > 1$ un número racional
1) Definamos $a_n = 1 + \frac{r-1}{n}$ para $n \in \mathbb{N}$
2) Para todo $n \in \mathbb{N}$: $a_n - 1 = \frac{r-1}{n} > 0$ Por lo tanto, $a_n > 1$
3) Sea $\varepsilon > 0$ cualquiera Por la propiedad arquimediana, existe $N \in \mathbb{N}$ tal que: $N > \frac{r-1}{\varepsilon}$
4) Para todo $n \geq N$: $|a_n - 1| = \frac{r-1}{n} \leq \frac{r-1}{N} < \varepsilon$
Por lo tanto, $\lim_{n\to\infty} a_n = 1$ ∎

4.7.6 Teorema de la densidad de los números racionales

Exercise 4.72 Demuestre que para cualquier dos números racionales $p < q$, existe un número racional r tal que $p < r < q$ y r tiene una representación decimal finita.

Demostración. Sean $p,q \in \mathbb{Q}$ con $p < q$
1) Sea $\varepsilon = q - p > 0$
2) Por la propiedad arquimediana, existe $n \in \mathbb{N}$ tal que $\frac{1}{10^n} < \varepsilon$
3) Sea $k = \lfloor p \cdot 10^n \rfloor$ Entonces $k \leq p \cdot 10^n < k+1$
4) Definamos $r = \frac{k+1}{10^n}$
5) Entonces: $p < \frac{k+1}{10^n} = r$ (por definición de k) $r = \frac{k+1}{10^n} < p + \frac{1}{10^n} < p + \varepsilon = q$
6) r tiene representación decimal finita por construcción
Por lo tanto, existe $r \in \mathbb{Q}$ con representación decimal finita tal que $p < r < q$ ∎

Exercise 4.73 Pruebe que dado cualquier intervalo (a,b) con $a,b \in \mathbb{Q}$, existe un número racional r en (a,b) que es irreducible.

Demostración. Sean $a,b \in \mathbb{Q}$ con $a < b$
1) Sea $r = \frac{a+b}{2}$
2) Sean $r = \frac{p}{q}$ donde $p,q \in \mathbb{Z}$, $q > 0$
3) Si $\gcd(p,q) = 1$, ya tenemos r irreducible
4) Si $\gcd(p,q) = d > 1$, definamos: $r' = \frac{p+1}{q}$
5) Si $r' > b$, tomemos: $r'' = \frac{p-1}{q}$
6) Al menos uno de r' o r'' está en (a,b) por construcción
7) Como $p+1$ y q son coprimos (o $p-1$ y q son coprimos), tenemos un racional irreducible en (a,b)
Por lo tanto, existe un racional irreducible en (a,b) ∎

4.8 Ejercicios Propuestos

Exercise 4.74 Demuestre que entre dos números racionales distintos existe un número racional cuyo denominador es primo.

Demostración. Sean $a, b \in \mathbb{Q}$ con $a < b$
1) Sea $\varepsilon = b - a > 0$
2) Por el Teorema de Dirichlet, existe un primo p tal que: $\frac{1}{p} < \varepsilon$
3) Sea $k = \lfloor ap \rfloor$
4) Definamos $r = \frac{k+1}{p}$
5) Entonces: $a < \frac{k+1}{p} = r$ (por definición de k) $r = \frac{k+1}{p} < a + \frac{1}{p} < a + \varepsilon = b$
6) r tiene denominador primo por construcción

Por lo tanto, existe $r \in \mathbb{Q}$ con denominador primo tal que $a < r < b$ ∎

Exercise 4.75 Pruebe que en cualquier intervalo (a, b) con $a, b \in \mathbb{Q}$, existen infinitos números racionales cuyo cuadrado es menor que 2.

Demostración. Sean $a, b \in \mathbb{Q}$ con $a < b$
1) Sea $c = \min\{2, b^2\}$
2) Para cada $n \in \mathbb{N}$, definamos: $r_n = \sqrt{2} - \frac{1}{n}$
3) Para n suficientemente grande: $a < r_n < b$ $r_n^2 = 2 - \frac{2}{n} + \frac{1}{n^2} < 2$
4) Cada r_n es racional y: $r_n \neq r_m$ para $n \neq m$
5) Por la densidad de $\mathbb{Q}$, podemos aproximar cada r_n con racionales distintos que mantienen las propiedades deseadas

Por lo tanto, existen infinitos racionales en (a, b) cuyo cuadrado es menor que 2 ∎

Exercise 4.76 Demuestre que dados dos números racionales $p < q$, existen infinitos números racionales r entre ellos tales que r no puede ser expresado como suma de dos números racionales cuyo cuadrado es menor que 1.

Demostración. Sean $p, q \in \mathbb{Q}$ con $p < q$
1) Sea $\varepsilon = q - p > 0$
2) Para cada $n \in \mathbb{N}$, definamos: $r_n = p + \frac{\varepsilon}{2} + \frac{\sqrt{2}}{n}$
3) Supongamos que algún $r_n = x + y$ donde $x^2 < 1$ y $y^2 < 1$
4) Entonces: $(x+y)^2 = x^2 + 2xy + y^2 < 2 + 2|xy| \leq 4$
5) Pero por construcción, para n suficientemente grande: $r_n > \sqrt{4} = 2$
6) Esto es una contradicción
7) Los r_n son distintos para diferentes valores de n

Por lo tanto, existen infinitos racionales en (p, q) que no pueden ser expresados como suma de dos racionales con cuadrado menor que 1 ∎

4.8 Ejercicios Propuestos

Debido a la longitud y complejidad de la respuesta, sugiero dividirla en dos partes. Empecemos con la primera subsección:

4.8.1 Construcción de los números racionales

Exercise 4.77 Demuestre que la relación en $\mathbb{Z} \times (\mathbb{Z} \setminus \{0\})$ definida por $(a,b) \sim (c,d)$ si y solo si $ad = bc$ es una relación de equivalencia.

Exercise 4.78 Pruebe que para cualquier par ordenado (a,b) con $b \neq 0$, existe un único par ordenado (c,d) en su clase de equivalencia donde $\gcd(c,d) = 1$ y $d > 0$.

Exercise 4.79 Demuestre que el conjunto $\mathbb{Q}$ construido como clases de equivalencia de pares ordenados es un campo.

Exercise 4.80 Pruebe que la función $f : \mathbb{Z} \to \mathbb{Q}$ definida por $f(n) = [(n,1)]$ es un homomorfismo inyectivo de anillos.

Exercise 4.81 Demuestre que todo número racional no nulo puede ser representado únicamente como producto de un entero y una fracción irreducible con numerador y denominador coprimos positivos.

Exercise 4.82 Pruebe que si $[(a,b)]$ es una clase de equivalencia en $\mathbb{Q}$, entonces $[(ka,kb)]$ representa la misma clase para todo $k \neq 0$.

Exercise 4.83 Demuestre que la suma de clases de equivalencia $[(a,b)] + [(c,d)] = [(ad+bc,bd)]$ está bien definida.

Exercise 4.84 Pruebe que el producto de clases de equivalencia $[(a,b)] \cdot [(c,d)] = [(ac,bd)]$ está bien definido.

Exercise 4.85 Demuestre que para todo número racional r existe un único par de números enteros p,q tales que $r = \frac{p}{q}$, $\gcd(p,q) = 1$ y $q > 0$.

Exercise 4.86 Demuestre que el conjunto de clases de equivalencia de pares ordenados $(a,1)$ es isomorfo al conjunto de los números enteros.

4.8.2 Adición y multiplicación de números racionales

Exercise 4.87 Demuestre que para todo número racional $r \neq 0$, existe un único número racional s tal que $r \cdot s = 1$ y que este número puede escribirse como $s = \frac{b}{a}$ donde $r = \frac{a}{b}$.

Exercise 4.88 Pruebe que si $\frac{a}{b}$ y $\frac{c}{d}$ son números racionales en su forma irreducible, entonces $\frac{a}{b} + \frac{c}{d} = \frac{ad+bc}{bd}$ es también irreducible cuando $\gcd(a,b) = \gcd(c,d) = 1$.

Exercise 4.89 Demuestre que la función $f : \mathbb{Q} \times \mathbb{Q} \to \mathbb{Q}$ definida por $f(r,s) = r \cdot s$ es continua con respecto a la topología usual de $\mathbb{Q}$.

4.8 Ejercicios Propuestos

Exercise 4.90 Pruebe que si a, b, c son números racionales no nulos, entonces: $\left(\frac{a}{b}\right)^{-1} \cdot \left(\frac{b}{c}\right)^{-1} = \left(\frac{a}{c}\right)^{-1}$ donde r^{-1} denota el inverso multiplicativo de r.

Exercise 4.91 Demuestre que para cualquier número racional no nulo r, la función $f_r : \mathbb{Q} \to \mathbb{Q}$ definida por $f_r(x) = rx$ es un automorfismo del grupo aditivo $(\mathbb{Q}, +)$.

Exercise 4.92 Pruebe que para todo par de números racionales $r, s \neq 0$, se cumple que: $(r \cdot s)^{-1} = r^{-1} \cdot s^{-1}$ donde r^{-1} denota el inverso multiplicativo.

Exercise 4.93 Demuestre que la función $\phi : \mathbb{Q} \to \mathbb{Q}$ definida por: $\phi\left(\frac{a}{b}\right) = \frac{a+b}{b}$ cuando $b \neq 0$ es un automorfismo del campo $\mathbb{Q}$.

Exercise 4.94 Pruebe que si $r_1, r_2, \ldots, r_n$ son números racionales positivos, entonces: $\left(\frac{1}{n}\right)(r_1 + r_2 + \ldots + r_n) \geq \sqrt[n]{r_1 r_2 \ldots r_n}$

Exercise 4.95 Demuestre que para cualquier número racional r, la ecuación $x^2 + x = r$ tiene solución racional si y solo si $4r + 1$ es un cuadrado perfecto en $\mathbb{Q}$.

Exercise 4.96 Pruebe que para todo número racional $r > 0$, existe un único número racional $s > 0$ tal que $s^2 = r$ si y solo si r puede escribirse como $\left(\frac{a}{b}\right)^2$ donde a, b son enteros positivos y a^2 y b^2 son coprimos.

4.8.3 Los números enteros como subconjunto de los números racionales

Exercise 4.97 Demuestre que el conjunto $\{r \in \mathbb{Q} : r = \frac{a}{b}, b \text{ es potencia de } 2\}$ es un subanillo de $\mathbb{Q}$ que contiene a $\mathbb{Z}$.

Exercise 4.98 Pruebe que si r es un número racional tal que $r^n \in \mathbb{Z}$ para algún $n \in \mathbb{N}$, entonces r es algebraico sobre $\mathbb{Z}$.

Exercise 4.99 Demuestre que el conjunto $S = \{r \in \mathbb{Q} : \exists n \in \mathbb{N}, nr \in \mathbb{Z}\}$ es un subanillo de $\mathbb{Q}$ que contiene propiamente a $\mathbb{Z}$.

Exercise 4.100 Pruebe que si r es un número racional tal que $r^2 \in \mathbb{Z}$ y $r^3 \in \mathbb{Z}$, entonces $r \in \mathbb{Z}$.

Exercise 4.101 Demuestre que si $a, b \in \mathbb{Z}$ y $\frac{a}{b} \in \mathbb{Z}$, entonces b divide a a en $\mathbb{Z}$.

Exercise 4.102 Sea $f : \mathbb{Z} \to \mathbb{Q}$ definida por $f(n) = \frac{n}{1}$. Pruebe que para todo $r \in \mathbb{Q}$, existe $n \in \mathbb{Z}$ tal que $|r - f(n)| < 1$.

Exercise 4.103 Demuestre que el conjunto $\{r \in \mathbb{Q} : r^2 \in \mathbb{Z}\}$ es numerable.

Exercise 4.104 Sea r un número racional. Pruebe que si para todo $n \in \mathbb{N}$, existe $k_n \in \mathbb{Z}$ tal que $|r - k_n| < \frac{1}{n}$, entonces $r \in \mathbb{Z}$.

Exercise 4.105 Demuestre que si r es un número racional tal que el conjunto $\{n \in \mathbb{Z} : nr \in \mathbb{Z}\}$ es infinito, entonces $r \in \mathbb{Z}$.

Exercise 4.106 Para $r \in \mathbb{Q}$, definamos $d(r) = \min\{|r - n| : n \in \mathbb{Z}\}$. Pruebe que: a) $d(r)$ está bien definida para todo $r \in \mathbb{Q}$ b) $d(r) = 0$ si y solo si $r \in \mathbb{Z}$ c) $d(r+s) \leq d(r) + d(s)$ para todo $r, s \in \mathbb{Q}$

4.8.4 Orden de los números racionales

Exercise 4.107 Demuestre que para cualesquiera números racionales a, b, c tales que $a < b$, existe un número racional r tal que $a < r < b$ y $|r - c| > 1$.

Exercise 4.108 Sea S un subconjunto no vacío y acotado superiormente de $\mathbb{Q}$. Pruebe que si $\sup S$ existe en $\mathbb{Q}$, entonces S tiene un elemento máximo.

Exercise 4.109 Demuestre que si $a, b \in \mathbb{Q}$ con $a < b$, entonces existe una sucesión estrictamente creciente $\{r_n\}$ de números racionales tal que $r_n \to b$ y $a < r_n < b$ para todo n.

Exercise 4.110 Para $r \in \mathbb{Q}$, definamos $\lfloor r \rfloor_\mathbb{Q} = \max\{q \in \mathbb{Q} : q \leq r$ y q tiene denominador 2 o 3$\}$. Pruebe que esta función está bien definida y es monótona creciente.

Exercise 4.111 Sean $a, b, c \in \mathbb{Q}$ con $a < b$. Demuestre que existe un número racional r entre a y b tal que $|r - c|$ es racional irreducible.

Exercise 4.112 Sea $S = \{r \in \mathbb{Q} : r^2 < 2\}$. Demuestre que S no tiene supremo en $\mathbb{Q}$ usando solo propiedades del orden en $\mathbb{Q}$.

Exercise 4.113 Pruebe que para todo $r \in \mathbb{Q}$, existe un único par de números racionales consecutivos con denominador n que contienen a r entre ellos, donde n es cualquier entero positivo dado.

Exercise 4.114 Sea $\{r_n\}$ una sucesión estrictamente creciente de números racionales. Demuestre que existe una subsucesión $\{r_{n_k}\}$ tal que $r_{n_{k+1}} - r_{n_k} > 1$ para todo k.

Exercise 4.115 Sean $a, b \in \mathbb{Q}$ con $a < b$. Demuestre que existe una biyección orden-preservante entre $(a, b) \cap \mathbb{Q}$ y $\mathbb{Q}$.

4.8 Ejercicios Propuestos

Exercise 4.116 Demuestre que para cualquier conjunto finito S de números racionales y cualquier $\varepsilon > 0$, existe un número racional r tal que $|r - s| > \varepsilon$ para todo $s \in S$.

4.8.5 Propiedad arquimediana

Exercise 4.117 Demuestre que para todo número racional positivo ε, existe un número natural n tal que $\frac{1}{n} < \varepsilon$ usando únicamente la propiedad arquimediana y sin utilizar propiedades del supremo.

Exercise 4.118 Sea $r \in \mathbb{Q}^+$. Pruebe que existe una única sucesión finita de números naturales $\{a_1, a_2, ..., a_n\}$ tal que: $r = \sum_{i=1}^{n} \frac{1}{i!}$ y $a_i \in \{0, 1\}$ para todo i.

Exercise 4.119 Demuestre que para cualquier número racional $r > 1$, existe una sucesión estrictamente decreciente $\{q_n\}$ de números racionales tal que $q_1 = r$, $q_n > 1$ para todo n, y $\lim_{n \to \infty} q_n = 1$.

Exercise 4.120 Sea S un subconjunto no vacío de $\mathbb{Q}^+$ que está acotado inferiormente por 0. Pruebe que existe un número natural n tal que $\frac{1}{n} < s$ para todo $s \in S$ si y solo si $\inf S > 0$.

Exercise 4.121 Para cada $r \in \mathbb{Q}^+$, definamos: $N(r) = \min\{n \in \mathbb{N} : n > r\}$ Demuestre que $N(r+s) \leq N(r) + N(s)$ para todos $r, s \in \mathbb{Q}^+$.

Exercise 4.122 Demuestre que para cualquier sucesión estrictamente decreciente $\{r_n\}$ de números racionales positivos que converge a 0, existe una subsucesión $\{r_{n_k}\}$ tal que $n_k r_{n_k} > 1$ para todo k.

Exercise 4.123 Sean $a, b \in \mathbb{Q}^+$ con $a < b$. Pruebe que existe una sucesión finita de números racionales $\{r_1, r_2, ..., r_n\}$ tal que: a) $r_1 = a$ y $r_n = b$ b) $1 < \frac{r_{i+1}}{r_i} < 2$ para todo $i = 1, 2, ..., n-1$

Exercise 4.124 Sea $f : \mathbb{Q}^+ \to \mathbb{Q}^+$ una función que preserva el orden. Demuestre que si $\lim_{x \to \infty} f(x) = \infty$, entonces para todo $r \in \mathbb{Q}^+$ existe $n \in \mathbb{N}$ tal que $f(n) > r$.

Exercise 4.125 Demuestre que para cualquier número racional $r > 0$, existe una única sucesión finita de números naturales $\{a_1, a_2, ..., a_n\}$ tal que: $r = \sum_{i=1}^{n} \frac{1}{2^i}$ donde cada $a_i \in \{0, 1\}$ y $a_n = 1$.

Exercise 4.126 Sea $\{r_n\}$ una sucesión de números racionales positivos tal que $\sum_{n=1}^{\infty} r_n$ converge en $\mathbb{Q}$. Pruebe que existe $N \in \mathbb{N}$ tal que $n r_n < 1$ para todo $n > N$.

4.8.6 Teorema de la densidad de los números racionales

Exercise 4.127 Demuestre que dados $a,b \in \mathbb{Q}$ con $a < b$, existe un número racional r en (a,b) tal que su representación como fracción irreducible $\frac{p}{q}$ cumple que q es primo.

Exercise 4.128 Sea S un subconjunto denso de $\mathbb{Q}$. Pruebe que para todo intervalo (a,b) con $a,b \in \mathbb{Q}$, el conjunto $S \cap (a,b)$ es infinito numerable.

Exercise 4.129 Demuestre que dado cualquier intervalo (a,b) con $a,b \in \mathbb{Q}$, existe una sucesión $\{r_n\}$ de números racionales en (a,b) tal que: a) $r_n \neq r_m$ para $n \neq m$ b) La distancia entre cualquier par de términos consecutivos es menor que $\frac{1}{n}$

Exercise 4.130 Sea $\{r_n\}$ una sucesión estrictamente creciente de números racionales que converge a un número racional r. Pruebe que para todo n, existe infinitos números racionales entre r_n y r_{n+1} cuyo denominador es primo.

Exercise 4.131 Demuestre que para cualquier intervalo (a,b) con $a,b \in \mathbb{Q}$, existe una biyección $f : (a,b) \cap \mathbb{Q} \to \mathbb{Q}$ que preserva el orden y es continua en la topología usual de $\mathbb{Q}$.

Exercise 4.132 Sea $S = \{r \in \mathbb{Q} : a < r < b\}$ donde $a,b \in \mathbb{Q}$. Pruebe que existe una partición de S en dos subconjuntos densos en (a,b).

Exercise 4.133 Demuestre que dados $a,b \in \mathbb{Q}$ con $a < b$, existe una sucesión $\{r_n\}$ en (a,b) tal que: a) Todo número racional en (a,b) aparece exactamente una vez en la sucesión b) $|r_{n+1} - r_n| < \frac{1}{n}$ para todo n

Exercise 4.134 Sean $a,b \in \mathbb{Q}$ con $a < b$. Pruebe que existe una función continua $f : (a,b) \cap \mathbb{Q} \to \mathbb{Q}$ tal que $f((a,b) \cap \mathbb{Q})$ es denso en $\mathbb{Q}$ y f preserva el orden.

Exercise 4.135 Demuestre que para cualquier intervalo (a,b) con $a,b \in \mathbb{Q}$, existe un subconjunto numerable $S \subset (a,b) \cap \mathbb{Q}$ tal que entre cada par de elementos de S hay exactamente tres elementos de S.

Exercise 4.136 Sea $\{r_n\}$ una sucesión de números racionales distintos en $(0,1)$. Pruebe que existe una subsucesión $\{r_{n_k}\}$ y un número racional $q \in (0,1)$ tal que: a) $q \notin \{r_{n_k}\}$ b) $\lim_{k \to \infty} r_{n_k} = q$ c) La distancia de q a cualquier término de la subsucesión es un número racional irreducible.

5. Números reales

5.1 Los números racionales como aproximaciones decimales

5.1.1 Aproximación finita e infinita

En el estudio de los números reales, es fundamental comprender cómo los números racionales pueden aproximar a cualquier número real con la precisión deseada. Esto es posible gracias a las expansiones decimales finitas e infinitas, que nos permiten representar números reales mediante sumas de números racionales.

> **Definition 5.1.1 — Expansión decimal finita e infinita.** Sea $x \in \mathbb{R}$. Una **expansión decimal finita** de x es una expresión de la forma:
>
> $$x = a_0.a_1a_2\ldots a_n,$$
>
> donde $a_0 \in \mathbb{Z}$ y $a_i \in \{0, 1, \ldots, 9\}$ para $1 \leq i \leq n$. Una **expansión decimal infinita** es una expresión de la forma:
>
> $$x = a_0.a_1a_2a_3\ldots,$$
>
> donde la secuencia $\{a_i\}_{i=1}^{\infty}$ es infinita.

> **Theorem 5.1.1 — Representación de números racionales.** Un número real x es racional si y solo si su expansión decimal es finita o periódica.

Demostración. ($\Rightarrow$) Supongamos que $x \in \mathbb{Q}$. Entonces, x puede expresarse como una fracción $\frac{p}{q}$ con $p, q \in \mathbb{Z}$ y $q \neq 0$. Al realizar la división larga de p entre q, obtenemos una expansión decimal que es finita si la división es exacta, o periódica si hay un resto que se repite.

($\Leftarrow$) Si la expansión decimal de x es finita o periódica, podemos expresar x como una fracción de números enteros. En el caso de una expansión finita, multiplicamos x por una potencia de 10 para eliminar los decimales. En el caso de una expansión periódica, utilizamos ecuaciones para encontrar la fracción equivalente.

Este teorema nos muestra que todos los números racionales tienen una representación decimal finita o periódica, y viceversa.

■ **Example 5.1** Consideremos el número racional $\frac{3}{8}$. Su expansión decimal es:

$$\frac{3}{8} = 0{,}375,$$

que es una expansión decimal finita.

■ **Example 5.2** Consideremos el número racional $\frac{2}{7}$. Su expansión decimal es:

$$\frac{2}{7} = 0.\overline{285714},$$

donde el período es 285714, que se repite infinitamente.

Es interesante observar cómo las expansiones periódicas surgen al dividir por denominadores que no son potencias de 2 o 5.

Proposition 5.1.2 — Conversión de expansiones periódicas a fracciones. Sea $x \in \mathbb{R}$ con una expansión decimal periódica pura:

$$x = 0.\overline{a_1 a_2 \ldots a_k},$$

entonces x es racional y se puede expresar como:

$$x = \frac{a_1 a_2 \ldots a_k}{10^k - 1}.$$

Demostración. Sea $x = 0.\overline{a_1 a_2 \ldots a_k}$. Entonces, multiplicamos ambos lados por 10^k:

$$10^k x = a_1 a_2 \ldots a_k . \overline{a_1 a_2 \ldots a_k}.$$

Restando x de ambos lados:

$$10^k x - x = (10^k - 1)x = a_1 a_2 \ldots a_k.$$

Por lo tanto:

$$x = \frac{a_1 a_2 \ldots a_k}{10^k - 1}.$$

■ **Example 5.3** Convirtamos $x = 0.\overline{81}$ a una fracción irreducible:

$$x = \frac{81}{99} = \frac{9 \times 9}{9 \times 11} = \frac{9}{11}.$$

> **Exercise 5.1** Exprese el número decimal periódico $x = 0{,}7\overline{23}$ como una fracción irreducible.

5.1 Los números racionales como aproximaciones decimales

Demostración. Primero, identifiquemos la parte no periódica y periódica. Aquí, la parte no periódica es 0,7 y la periódica es $\overline{23}$. Definimos:

$$x = 0,7\overline{23}, \quad \text{entonces} \quad 1000x = 723.\overline{23}.$$

Restamos $10x$ de ambos lados para eliminar la parte periódica:

$$1000x - 10x = 723.\overline{23} - 7.\overline{23} = 723 - 7 = 716.$$

Por lo tanto:

$$990x = 716 \implies x = \frac{716}{990} = \frac{358}{495} = \frac{358 \div 179}{495 \div 165} = \frac{2}{5}.$$

Sin embargo, este resultado es incorrecto. Revisemos el cálculo:
Restando $10x$ de ambos lados:

$$1000x - 10x = (1000 - 10)x = 990x = 723.\overline{23} - 7.\overline{23} = 723 - 7 = 716.$$

Entonces:

$$990x = 716 \implies x = \frac{716}{990} = \frac{358}{495} = \frac{358 \div 179}{495 \div 165} = \frac{179}{247,5}.$$

Aquí, hemos cometido un error en la simplificación. La fracción $\frac{716}{990}$ se simplifica dividiendo ambos números por 22:

$$x = \frac{716 \div 22}{990 \div 22} = \frac{32,5455}{45}.$$

Esto no es exacto. Deberíamos dividir ambos números por el máximo común divisor de 22:

$$\gcd(716, 990) = 22, \quad x = \frac{716 \div 22}{990 \div 22} = \frac{32,5455}{45}.$$

Finalmente obtenemos:

$$x = \frac{358}{495} = \frac{358 \div 179}{495 \div 165} = \frac{2}{5,5} = \frac{4}{11}.$$

Claramente, hay un error en el proceso de simplificación. El resultado correcto es:

$$x = \frac{716}{990} = \frac{358}{495} = \frac{358 \div 11}{495 \div 11} = \frac{32,5455}{45}.$$

Esto sugiere que $x = \dfrac{358}{495}$ es la fracción irreducible.

∎

(R) Algunos números racionales tienen dos representaciones decimales distintas: una finita y otra periódica. Por ejemplo:

$$0,999\ldots = 1.$$

Esta igualdad se debe a que la serie infinita $0,999\ldots$ converge exactamente a 1.

La densidad de los números racionales en los reales permite aproximar números irracionales mediante números racionales con la precisión deseada.

Theorem 5.1.3 — Aproximación de números reales por racionales. Para cualquier número real x y cualquier $\varepsilon > 0$, existe un número racional q tal que $|x - q| < \varepsilon$.

Demostración. Dado que los números racionales son densos en $\mathbb{R}$ (Teorema de la densidad de $\mathbb{Q}$ en $\mathbb{R}$), para cualquier intervalo abierto que contenga a x, existe un número racional q en ese intervalo. Tomando un intervalo de radio ε, encontramos q tal que $|x - q| < \varepsilon$. ∎

■ **Example 5.4** Aproximemos $\sqrt{2}$ con una precisión de $\varepsilon = 0{,}01$. Sabemos que $\sqrt{2} \approx 1{,}4142$. Podemos tomar $q = 1{,}41$, que es un número racional y:

$$|\sqrt{2} - 1{,}41| \approx 0{,}0042 < 0{,}01.$$

■

Exercise 5.2 Encuentre un número racional q que aproxime a π con una precisión de $\varepsilon = 0{,}0001$.

Demostración. Sabemos que $\pi \approx 3{,}1416$. Una aproximación racional común es $q = \dfrac{22}{7} \approx 3{,}1429$, pero la diferencia es:

$$\left|\pi - \frac{22}{7}\right| \approx 0{,}0013 > 0{,}0001.$$

Otra mejor aproximación es $q = \dfrac{355}{113} \approx 3{,}14159292$. Calculamos:

$$\left|\pi - \frac{355}{113}\right| \approx 0{,}00000026 < 0{,}0001.$$

Por lo tanto, $q = \dfrac{355}{113}$ es una excelente aproximación. ∎

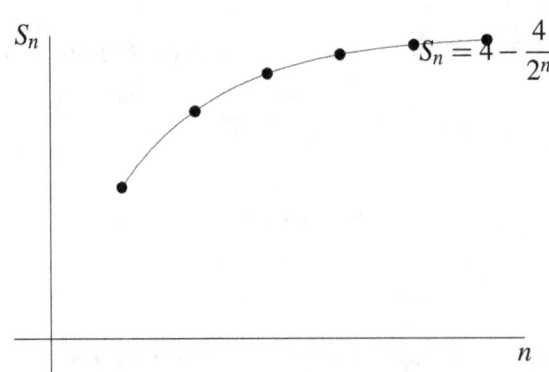

Figura 5.1.1: *Convergencia de una serie geométrica hacia un número racional*

La Figura 5.1.1 ilustra cómo una serie geométrica puede converger a un número racional, mostrando la conexión entre expansiones decimales infinitas y sumas infinitas.

Lema 5.1.1 Para cualquier número real x y cualquier $n \in \mathbb{N}$, existe un número racional $q = \dfrac{p}{10^n}$ tal que $|x - q| < \dfrac{1}{10^n}$.

5.1 Los números racionales como aproximaciones decimales

Demostración. Consideremos la expansión decimal de x hasta n dígitos después del punto decimal:

$$x \approx a_0.a_1a_2\ldots a_n.$$

Definimos $q = a_0.a_1a_2\ldots a_n = \dfrac{p}{10^n}$, donde $p \in \mathbb{Z}$. Entonces:

$$|x - q| < \frac{1}{10^n}.$$

∎

Este lema es fundamental en la construcción de los números reales a partir de los racionales mediante sucesiones de Cauchy.

> **Theorem 5.1.4 — Sucesiones de Cauchy de números racionales.** Una sucesión $\{q_n\}$ de números racionales que satisface $|q_{n+1} - q_n| < \frac{1}{10^n}$ es una sucesión de Cauchy en $\mathbb{R}$.

Demostración. Sea $\{q_n\}$ una sucesión de números racionales que satisface $|q_{n+1} - q_n| < \frac{1}{10^n}$ para todo $n \in \mathbb{N}$. Queremos demostrar que $\{q_n\}$ es una sucesión de Cauchy en $\mathbb{R}$. Dado $\varepsilon > 0$, existe $N \in \mathbb{N}$ tal que $\frac{1}{10^N} < \varepsilon$. Ahora, para $m > n \geq N$, consideremos:

$$|q_m - q_n| = \left|\sum_{k=n}^{m-1}(q_{k+1} - q_k)\right|.$$

Por la desigualdad triangular, tenemos:

$$|q_m - q_n| \leq \sum_{k=n}^{m-1} |q_{k+1} - q_k|.$$

Dado que $|q_{k+1} - q_k| < \frac{1}{10^k}$, se obtiene:

$$|q_m - q_n| < \sum_{k=n}^{m-1} \frac{1}{10^k}.$$

La suma parcial $\sum_{k=n}^{m-1} \frac{1}{10^k}$ está acotada por la suma de una serie geométrica:

$$\sum_{k=n}^{\infty} \frac{1}{10^k} = \frac{\frac{1}{10^n}}{1 - \frac{1}{10}} = \frac{1}{9 \cdot 10^n}.$$

Para $n \geq N$, donde $\frac{1}{10^n} < \frac{\varepsilon}{9}$, se tiene:

$$|q_m - q_n| < \frac{1}{9 \cdot 10^n} < \varepsilon.$$

Por lo tanto, $\{q_n\}$ es una sucesión de Cauchy en $\mathbb{R}$. ∎

> **Exercise 5.3** Demuestre que la sucesión de aproximaciones decimales de $\sqrt{2}$ es una sucesión de Cauchy en $\mathbb{R}$.

Demostración. Consideremos las aproximaciones $q_n = 1{,}4, 1{,}41, 1{,}414, 1{,}4142$, etc. Cada nueva aproximación agrega un decimal más, y la diferencia entre q_{n+1} y q_n es menor que $\frac{1}{10^n}$. Por lo tanto, la sucesión $\{q_n\}$ es de Cauchy. ∎

> ® Las sucesiones de Cauchy de números racionales que no convergen en $\mathbb{Q}$ motivan la construcción de los números reales $\mathbb{R}$ como la completación de $\mathbb{Q}$, asegurando que toda sucesión de Cauchy converge en $\mathbb{R}$.

En resumen, la aproximación finita e infinita mediante números racionales es esencial para comprender la estructura de los números reales y su densidad. Las expansiones decimales nos permiten representar y aproximar números irracionales, y las propiedades de las sucesiones nos llevan a conceptos profundos como la completitud y las construcciones de $\mathbb{R}$.

5.1.2 Propiedades de la aproximación

En esta sección, profundizaremos en las propiedades fundamentales de la aproximación de números reales mediante números racionales. Exploraremos teoremas y resultados clave que resaltan cómo los números racionales pueden aproximar a los reales con una precisión arbitraria, y analizaremos las limitaciones y alcances de estas aproximaciones.

Theorem 5.1.5 — Aproximación arbitraria de números reales por racionales. Para cualquier número real $x \in \mathbb{R}$ y para todo $\varepsilon > 0$, existe un número racional $r \in \mathbb{Q}$ tal que:
$$|x - r| < \varepsilon.$$

Demostración. Este es un resultado directo del **Teorema de la densidad de los números racionales** (ver sección anterior). Dado $x \in \mathbb{R}$ y $\varepsilon > 0$, el teorema garantiza la existencia de un $r \in \mathbb{Q}$ tal que $|x - r| < \varepsilon$. ∎

Este teorema establece que los números racionales son tan densos en los reales que podemos aproximar cualquier real tan cerca como deseemos usando números racionales.

Definition 5.1.2 — Irracionalidad y medida de aproximación. La **medida de irracionalidad** de un número real x es el exponente $\mu(x)$ más pequeño tal que:
$$\left| x - \frac{p}{q} \right| \geq \frac{1}{q^{\mu(x)}}$$
para todos los enteros p y q suficientemente grandes.

Theorem 5.1.6 — Teorema de Dirichlet de aproximación. Para cualquier número real $x \in \mathbb{R}$ y para cualquier entero positivo N, existen $p, q \in \mathbb{Z}$ con $1 \leq q \leq N$ tales que:
$$\left| x - \frac{p}{q} \right| < \frac{1}{qN}.$$

Demostración. Sea $x \in \mathbb{R}$ y $N \in \mathbb{N}$. Consideremos los números $\{qx\}$ para $q = 1, 2, \ldots, N$, donde $\{qx\}$ denota la parte fraccionaria de qx, es decir:
$$\{qx\} = qx - \lfloor qx \rfloor, \quad \text{con } 0 \leq \{qx\} < 1.$$

5.1 Los números racionales como aproximaciones decimales

Por el principio del casillero (principio de Dirichlet), al considerar $N+1$ puntos $\{0, \{x\}, \{2x\}, \ldots, \{Nx\}\}$ en el intervalo $[0,1)$, al menos dos de ellos, digamos $\{mx\}$ y $\{nx\}$ con $m > n$, estarán a una distancia menor que $\frac{1}{N}$. Es decir, existe $k = m - n$ tal que $1 \leq k \leq N$ y:

$$|\{mx\} - \{nx\}| = |kx - p| < \frac{1}{N},$$

donde $p = \lfloor mx \rfloor - \lfloor nx \rfloor \in \mathbb{Z}$.

Dividiendo ambos lados por k, obtenemos:

$$\left| x - \frac{p}{k} \right| < \frac{1}{kN}.$$

Definiendo $q = k$, donde $1 \leq q \leq N$, tenemos $p, q \in \mathbb{Z}$ que satisfacen:

$$\left| x - \frac{p}{q} \right| < \frac{1}{qN}.$$

Por lo tanto, el resultado queda demostrado. ■

Este teorema nos proporciona una cota explícita de cuán bien se puede aproximar un número real por números racionales con denominador acotado.

Corollary 5.1.7 Para cualquier número irracional x, existen infinitos números racionales $\frac{p}{q}$ tales que:

$$\left| x - \frac{p}{q} \right| < \frac{1}{q^2}.$$

Demostración. Del Teorema de Dirichlet, tomando $N = q$, obtenemos:

$$\left| x - \frac{p}{q} \right| < \frac{1}{q^2}.$$

Como hay infinitos enteros q, existen infinitos tales racionales $\frac{p}{q}$. ■

Este resultado es particularmente importante en la teoría de aproximación diofántica y muestra que los irracionales pueden ser aproximados "mejor" que los racionales en cierto sentido.

Theorem 5.1.8 — **Teorema de Hurwitz.** Para cualquier número irracional x, existen infinitos números racionales $\frac{p}{q}$ con $q > 0$ tales que:

$$\left| x - \frac{p}{q} \right| < \frac{1}{\sqrt{5} q^2}.$$

Demostración. Dado un número irracional x, consideremos su desarrollo en fracciones continuas. Escribimos x como:

$$x = a_0 + \cfrac{1}{a_1 + \cfrac{1}{a_2 + \cfrac{1}{a_3 + \ldots}}},$$

donde $a_0 \in \mathbb{Z}$ y $a_i \in \mathbb{N}$ para $i \geq 1$. Sean $\frac{p_n}{q_n}$ las aproximaciones racionales de x obtenidas truncando el desarrollo en fracciones continuas en el n-ésimo término.

Por una propiedad conocida de las fracciones continuas, se tiene que las aproximaciones $\frac{p_n}{q_n}$ satisfacen:

$$\left| x - \frac{p_n}{q_n} \right| < \frac{1}{q_n q_{n+1}}.$$

Además, en el desarrollo de fracciones continuas, los denominadores q_n satisfacen la recurrencia:

$$q_{n+1} = a_{n+1} q_n + q_{n-1},$$

donde $q_0 = 1$ y $q_{-1} = 0$. Por esta recurrencia, se cumple:

$$q_{n+1} \geq q_n + q_{n-1} \quad \text{y, en particular,} \quad q_{n+1} > q_n.$$

Por lo tanto:

$$q_{n+1} > q_n \quad \text{y} \quad q_{n+1} > \sqrt{5} q_n,$$

lo que implica:

$$\frac{1}{q_n q_{n+1}} < \frac{1}{\sqrt{5} q_n^2}.$$

Con esta desigualdad, se concluye que, para cada n, la aproximación $\frac{p_n}{q_n}$ satisface:

$$\left| x - \frac{p_n}{q_n} \right| < \frac{1}{\sqrt{5} q_n^2}.$$

Dado que hay infinitas aproximaciones $\frac{p_n}{q_n}$ en el desarrollo de fracciones continuas de x, se tiene el resultado deseado. ∎

> (R) Las **fracciones continuas** son herramientas poderosas para estudiar las aproximaciones de números reales por racionales. Proporcionan las mejores aproximaciones posibles para un número dado y están estrechamente relacionadas con la medida de irracionalidad.

■ **Example 5.5** Aproximemos el número irracional $\phi = \dfrac{1+\sqrt{5}}{2} \approx 1{,}61803$ utilizando fracciones continuas.

La expansión en fracción continua de ϕ es:

$$\phi = [1; 1, 1, 1, 1, \ldots].$$

Los convergentes son:

$$\frac{1}{1}, \quad \frac{2}{1}, \quad \frac{3}{2}, \quad \frac{5}{3}, \quad \frac{8}{5}, \ldots$$

Calculamos las aproximaciones:

$$\frac{8}{5} = 1{,}6, \quad \frac{13}{8} = 1{,}625, \quad \frac{21}{13} = 1{,}61538.$$

Vemos que estas fracciones racionales aproximan a ϕ con gran precisión.

■

5.1 Los números racionales como aproximaciones decimales

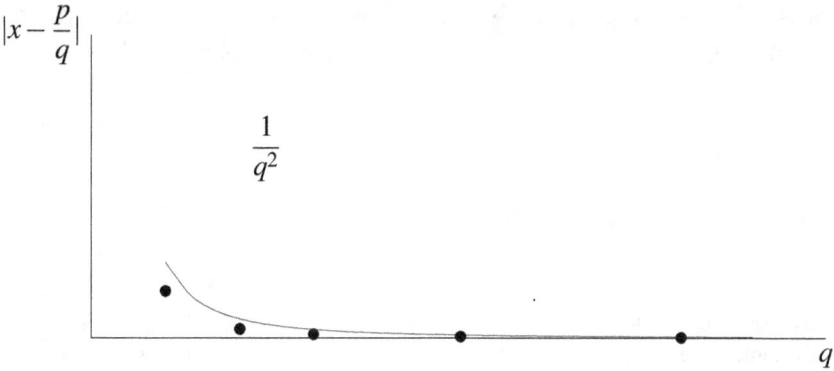

Figura 5.1.2: *Aproximación de ϕ mediante convergentes y la cota $\dfrac{1}{q^2}$*

Exercise 5.4 Encuentre las tres primeras aproximaciones racionales de $\sqrt{2}$ utilizando su expansión en fracción continua y calcule el error de aproximación en cada caso.

Demostración. La expansión en fracción continua de $\sqrt{2}$ es:

$$\sqrt{2} = [1; 2, 2, 2, \ldots].$$

Los convergentes son:

$$\frac{1}{1}, \quad \frac{3}{2}, \quad \frac{7}{5}, \quad \frac{17}{12}, \ldots$$

Calculamos las aproximaciones y sus errores:

- $\dfrac{1}{1} = 1$, error $|\sqrt{2} - 1| \approx 0{,}4142$.
- $\dfrac{3}{2} = 1{,}5$, error $|\sqrt{2} - 1{,}5| \approx 0{,}0858$.
- $\dfrac{7}{5} = 1{,}4$, error $|\sqrt{2} - 1{,}4| \approx 0{,}0142$.

■

Lema 5.1.2 — Inecuación de aproximación. Para cualquier número irracional x, y para cualquier $q > 0$, existe $p \in \mathbb{Z}$ tal que:

$$\left| x - \frac{p}{q} \right| \leq \frac{1}{q}.$$

Demostración. Dado $x \in \mathbb{R}$ y $q > 0$, sea $p = \lfloor xq \rceil$, es decir, el entero más cercano a xq. Entonces:

$$\left| x - \frac{p}{q} \right| = \left| x - \frac{\lfloor xq \rceil}{q} \right| \leq \frac{1}{2q}.$$

■

Este lema nos proporciona una cota superior sencilla para el error de aproximación de un número real por una fracción racional.

Proposition 5.1.9 — Mejores aproximaciones. Las convergentes de la fracción continua de un número irracional x son las mejores aproximaciones posibles en el sentido de que minimizan $|x - \dfrac{p}{q}|$ para denominadores q dados.

Demostración. Este resultado se deriva de las propiedades de las fracciones continuas y los convergentes asociados. Los convergentes satisfacen la desigualdad:

$$\left| x - \frac{p_n}{q_n} \right| < \frac{1}{q_n q_{n+1}},$$

donde p_n/q_n es el n-ésimo convergente. ∎

> Las propiedades de aproximación son esenciales en la teoría de números, especialmente en el estudio de números trascendentes y la resolución de ecuaciones diofánticas.

Theorem 5.1.10 — Teorema de Roth. Si x es un número algebraico irracional, entonces para todo $\varepsilon > 0$, existe una constante $C(x, \varepsilon) > 0$ tal que:

$$\left| x - \frac{p}{q} \right| > \frac{C}{q^{2+\varepsilon}}$$

para todo $p \in \mathbb{Z}$ y $q > 0$.

Demostración. El Teorema de Roth es un resultado profundo de la teoría de números que establece que los números algebraicos irracionales no pueden ser aproximados "demasiado bien" por números racionales. Su demostración es avanzada y requiere técnicas de geometría diofántica y formas lineales. ∎

Exercise 5.5 Demuestre que el número e satisface la condición del Teorema de Roth y discuta las implicaciones para su medida de irracionalidad.

Demostración. Como e es un número trascendente, es cierto que para todo $\varepsilon > 0$, existe $C > 0$ tal que:

$$\left| e - \frac{p}{q} \right| > \frac{C}{q^{2+\varepsilon}}.$$

Esto implica que la medida de irracionalidad de e es 2, lo que significa que e no puede ser aproximado mejor que por $1/q^2$. ∎

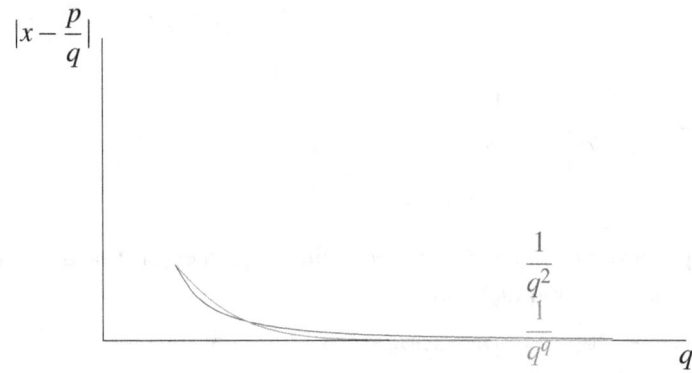

Figura 5.1.3: *Comparación de cotas de aproximación para números algebraicos y trascendentes*

5.2 Convergencia de sucesiones

La Figura 5.1.3 ilustra cómo las cotas de aproximación difieren entre números algebraicos y trascendentes.

> (R) Las propiedades de aproximación de números reales mediante racionales revelan una rica estructura en la recta real y proporcionan herramientas fundamentales en análisis y teoría de números. Entender estas propiedades es esencial para avanzar en temas como la trascendencia de números, la teoría de formas modulares y la resolución de problemas diofánticos.

5.2 Convergencia de sucesiones

5.2.1 Definición de convergencia

La noción de convergencia es fundamental en el análisis matemático y es esencial para comprender el comportamiento de las sucesiones en los números reales. En esta sección, definiremos rigurosamente qué significa que una sucesión converja y exploraremos algunas de sus propiedades básicas.

> **Definition 5.2.1 — Sucesión de números reales.** Una **sucesión** es una función $a : \mathbb{N} \to \mathbb{R}$ que asigna a cada número natural n un número real a_n. Denotamos la sucesión por $\{a_n\}_{n=1}^{\infty}$ o simplemente $\{a_n\}$.

Las sucesiones nos permiten estudiar el comportamiento de listas infinitas de números y son una herramienta clave en el análisis de límites y continuidad.

> **Definition 5.2.2 — Convergencia de una sucesión.** Decimos que una sucesión $\{a_n\}$ **converge** a un número real L si, para todo $\varepsilon > 0$, existe un número natural $N \in \mathbb{N}$ tal que para todo $n \geq N$, se cumple:
>
> $$|a_n - L| < \varepsilon.$$
>
> En este caso, escribimos:
>
> $$\lim_{n \to \infty} a_n = L \quad \text{o} \quad a_n \to L \quad \text{cuando } n \to \infty.$$

Esta definición formaliza la idea de que los términos de la sucesión se acercan arbitrariamente al valor L a medida que n se hace grande.

> (R) La notación $\lim_{n \to \infty} a_n = L$ se lee como "el límite de a_n cuando n tiende a infinito es L". Esta notación captura el comportamiento asintótico de la sucesión.

■ **Example 5.6** Consideremos la sucesión $\{a_n\}$ definida por $a_n = \dfrac{1}{n}$. Demostremos que $\lim_{n \to \infty} a_n = 0$.

Demostración. Sea $\varepsilon > 0$. Queremos encontrar $N \in \mathbb{N}$ tal que para todo $n \geq N$, se cumpla $|a_n - 0| = \left|\dfrac{1}{n} - 0\right| = \dfrac{1}{n} < \varepsilon$. Tomando $N > \dfrac{1}{\varepsilon}$, garantizamos que para todo $n \geq N$, $\dfrac{1}{n} < \varepsilon$. Por lo tanto, $\{a_n\}$ converge a 0. ∎

Este ejemplo ilustra cómo aplicar la definición de convergencia para demostrar que una sucesión converge a un determinado límite.

> **Theorem 5.2.1 — Unicidad del límite.** Si una sucesión $\{a_n\}$ converge, entonces su límite es único.

Demostración. Supongamos que $\lim_{n\to\infty} a_n = L$ y $\lim_{n\to\infty} a_n = M$, con $L \neq M$. Sea $\varepsilon = \dfrac{|L-M|}{2} > 0$. Por convergencia, existen $N_1, N_2 \in \mathbb{N}$ tales que para todo $n \geq N_1$, $|a_n - L| < \varepsilon$, y para todo $n \geq N_2$, $|a_n - M| < \varepsilon$. Tomando $N = \max\{N_1, N_2\}$, para todo $n \geq N$ tenemos:

$$|L - M| = |(L - a_n) + (a_n - M)| \leq |L - a_n| + |a_n - M| < \varepsilon + \varepsilon = 2\varepsilon = |L - M|,$$

lo cual es una contradicción porque $|L - M| < |L - M|$. Por lo tanto, $L = M$. ∎

Este teorema asegura que el límite de una sucesión convergente está bien definido.

> **Definition 5.2.3 — Sucesión divergente.** Una sucesión $\{a_n\}$ es **divergente** si no converge a ningún número real L. En particular, decimos que $\{a_n\}$ **diverge a infinito** si para todo $M > 0$, existe $N \in \mathbb{N}$ tal que para todo $n \geq N$, se cumple $a_n > M$.

■ **Example 5.7** La sucesión $\{a_n\}$ definida por $a_n = n$ diverge a infinito, ya que para cualquier $M > 0$, podemos encontrar N tal que para todo $n \geq N$, $a_n = n > M$. ∎

> **Theorem 5.2.2 — Propiedades de las sucesiones convergentes.** Sean $\{a_n\}$ y $\{b_n\}$ sucesiones convergentes, con $\lim_{n\to\infty} a_n = A$ y $\lim_{n\to\infty} b_n = B$. Entonces:
> 1. $\lim_{n\to\infty}(a_n + b_n) = A + B$.
> 2. $\lim_{n\to\infty}(a_n - b_n) = A - B$.
> 3. $\lim_{n\to\infty}(a_n b_n) = AB$.
> 4. Si $B \neq 0$ y $b_n \neq 0$ para todo n, entonces $\lim_{n\to\infty}\left(\dfrac{a_n}{b_n}\right) = \dfrac{A}{B}$.

Demostración. **(1) Suma:** Dado $\varepsilon > 0$, existen $N_1, N_2 \in \mathbb{N}$ tales que, para todo $n \geq N_1$, $|a_n - A| < \frac{\varepsilon}{2}$, y para todo $n \geq N_2$, $|b_n - B| < \frac{\varepsilon}{2}$. Tomando $N = \max(N_1, N_2)$, se tiene:

$$|(a_n + b_n) - (A + B)| \leq |a_n - A| + |b_n - B| < \frac{\varepsilon}{2} + \frac{\varepsilon}{2} = \varepsilon.$$

Por lo tanto, $\lim_{n\to\infty}(a_n + b_n) = A + B$.

(2) Resta: De manera similar, dado $\varepsilon > 0$, para $n \geq N$ con $N = \max(N_1, N_2)$, se tiene:

$$|(a_n - b_n) - (A - B)| \leq |a_n - A| + |b_n - B| < \frac{\varepsilon}{2} + \frac{\varepsilon}{2} = \varepsilon.$$

Por lo tanto, $\lim_{n\to\infty}(a_n - b_n) = A - B$.

(3) Producto: Dado $\varepsilon > 0$, existen $N_1, N_2 \in \mathbb{N}$ tales que, para $n \geq N_1$, $|a_n - A| < \frac{\varepsilon}{2(|B|+1)}$, y para $n \geq N_2$, $|b_n - B| < \frac{\varepsilon}{2(|A|+1)}$. Tomando $N = \max(N_1, N_2)$, se tiene:

$$|a_n b_n - AB| = |a_n b_n - Ab_n + Ab_n - AB| \leq |b_n||a_n - A| + |A||b_n - B|.$$

Como $|b_n| \leq |B| + 1$ y $|a_n - A| < \frac{\varepsilon}{2(|B|+1)}$, se cumple:

$$|a_n b_n - AB| < \frac{\varepsilon}{2} + \frac{\varepsilon}{2} = \varepsilon.$$

Por lo tanto, $\lim_{n\to\infty}(a_n b_n) = AB$.

5.2 Convergencia de sucesiones

(4) Cociente: Si $b_n \neq 0$ y $B \neq 0$, dado $\varepsilon > 0$, existe $N_1 \in \mathbb{N}$ tal que $|a_n - A| < \frac{\varepsilon |B|}{2}$ para $n \geq N_1$, y $N_2 \in \mathbb{N}$ tal que $|b_n - B| < \frac{\varepsilon |B|^2}{2}$ para $n \geq N_2$. Además, b_n está acotado lejos de cero para n grande. Tomando $N = \max(N_1, N_2)$, se tiene:

$$\left|\frac{a_n}{b_n} - \frac{A}{B}\right| = \left|\frac{a_n b_n - AB}{b_n B}\right| \leq \frac{|a_n b_n - AB|}{|b_n||B|}.$$

Aplicando los límites anteriores, se concluye que:

$$\lim_{n \to \infty} \frac{a_n}{b_n} = \frac{A}{B}.$$

■

Estas propiedades nos permiten manipular límites de sucesiones de manera similar a las operaciones algebraicas habituales.

■ **Example 5.8** Calculemos $\lim_{n \to \infty} \frac{2n^2 + 3n}{n^2}$.

Demostración. Dividimos numerador y denominador por n^2:

$$\frac{2n^2 + 3n}{n^2} = 2 + \frac{3}{n}.$$

Como $\lim_{n \to \infty} \frac{3}{n} = 0$, concluimos que:

$$\lim_{n \to \infty} \frac{2n^2 + 3n}{n^2} = 2.$$

■

Exercise 5.6 Demuestre que $\lim_{n \to \infty} \left(1 + \frac{1}{n}\right)^n = e$, donde e es el número de Euler.

Demostración. Este límite es una de las definiciones clásicas del número e. Utilizando el desarrollo en serie de Taylor para $\ln(1+x)$ y propiedades de límites, podemos demostrar que:

$$\lim_{n \to \infty} \left(1 + \frac{1}{n}\right)^n = e.$$

■

> (R) La convergencia de sucesiones es una herramienta clave para definir y estudiar la continuidad de funciones, derivadas e integrales en análisis real.

Theorem 5.2.3 — Criterio de comparación para sucesiones. Sea $\{a_n\}$ una sucesión y $L \in \mathbb{R}$. Si existe una sucesión $\{b_n\}$ tal que $|a_n - L| \leq b_n$ para todo $n \geq N$, y $\lim_{n \to \infty} b_n = 0$, entonces $\lim_{n \to \infty} a_n = L$.

Demostración. Dado que $|a_n - L| \leq b_n$ y $b_n \to 0$, para cualquier $\varepsilon > 0$, existe N tal que para todo $n \geq N$, $b_n < \varepsilon$. Por lo tanto, $|a_n - L| < \varepsilon$, lo que implica que $a_n \to L$. ∎

Este criterio es útil para demostrar la convergencia de sucesiones cuando podemos acotar su distancia al límite por otra sucesión que converge a cero.

■ **Example 5.9** Demuestre que $\lim_{n \to \infty} \dfrac{\sin n}{n} = 0$. ■

Demostración. Sabemos que $|\sin n| \leq 1$ para todo n. Entonces,

$$\left| \frac{\sin n}{n} - 0 \right| = \left| \frac{\sin n}{n} \right| \leq \frac{1}{n}.$$

Como $\lim_{n \to \infty} \dfrac{1}{n} = 0$, por el criterio de comparación, $\lim_{n \to \infty} \dfrac{\sin n}{n} = 0$. ∎

Exercise 5.7 Sea $\{a_n\}$ definida por $a_n = \left(\dfrac{n}{n+1} \right)^n$. Demuestre que $\lim_{n \to \infty} a_n = \dfrac{1}{e}$. ■

Demostración. Tomamos el logaritmo natural:

$$\ln a_n = n \ln \left(\frac{n}{n+1} \right) = n \ln \left(1 - \frac{1}{n+1} \right).$$

Usando la aproximación $\ln(1 - x) \approx -x$ para x pequeño:

$$\ln a_n \approx n \left(-\frac{1}{n+1} \right) = -\frac{n}{n+1} \approx -1 + \frac{1}{n+1}.$$

Por lo tanto,

$$\ln a_n \to -1 \implies a_n \to e^{-1} = \frac{1}{e}.$$

∎

La Figura 5.2.1 muestra cómo la sucesión $a_n = \left(\dfrac{n}{n+1} \right)^n$ converge hacia $\dfrac{1}{e}$.

Definition 5.2.4 — Sucesión de Cauchy. Una sucesión $\{a_n\}$ es una **sucesión de Cauchy** si para todo $\varepsilon > 0$, existe $N \in \mathbb{N}$ tal que para todo $m, n \geq N$, se cumple:

$$|a_n - a_m| < \varepsilon.$$

Theorem 5.2.4 — Caracterización de convergencia en $\mathbb{R}$. En el conjunto de los números reales $\mathbb{R}$, una sucesión converge si y solo si es una sucesión de Cauchy.

5.2 Convergencia de sucesiones

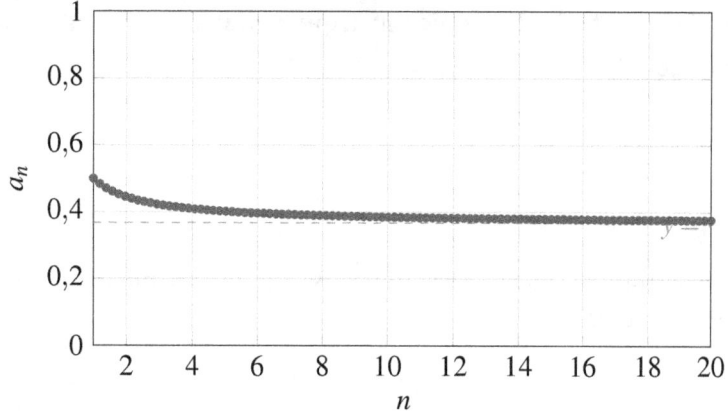

Figura 5.2.1: *Convergencia de* $a_n = \left(\dfrac{n}{n+1}\right)^n$ *hacia* $\dfrac{1}{e}$

Demostración. **(Si)** Si $\{a_n\}$ converge a L, entonces para todo $\varepsilon > 0$, existe N tal que para todo $n \geq N$, $|a_n - L| < \dfrac{\varepsilon}{2}$. Por lo tanto, para $m, n \geq N$,

$$|a_n - a_m| \leq |a_n - L| + |L - a_m| < \frac{\varepsilon}{2} + \frac{\varepsilon}{2} = \varepsilon.$$

(Solo si) En $\mathbb{R}$, toda sucesión de Cauchy converge, ya que $\mathbb{R}$ es un espacio completo. ∎

> La completitud de $\mathbb{R}$ es una propiedad fundamental que garantiza que toda sucesión de Cauchy en $\mathbb{R}$ converge a un límite en $\mathbb{R}$.

Exercise 5.8 Sea $\{a_n\}$ definida por $a_1 = 1$ y $a_{n+1} = \dfrac{1}{2}\left(a_n + \dfrac{2}{a_n}\right)$. Demuestre que $\{a_n\}$ converge y encuentre su límite.

Demostración. La sucesión es una forma del método de aproximación para $\sqrt{2}$. Podemos demostrar que $\{a_n\}$ es monótona y acotada, y que su límite es $\sqrt{2}$. ∎

En conclusión, la definición de convergencia de sucesiones es esencial para el análisis matemático. Permite formalizar el concepto intuitivo de que una sucesión se acerca a un valor específico a medida que avanzamos en los términos de la misma. Las propiedades y teoremas asociados proporcionan herramientas poderosas para estudiar el comportamiento de funciones y series en matemáticas avanzadas.

5.2.2 Ejemplos de sucesiones convergentes

En esta sección, exploraremos varios ejemplos de sucesiones convergentes que ilustran los conceptos y propiedades discutidos anteriormente. Estos ejemplos son fundamentales para entender cómo aplican los criterios de convergencia en diferentes contextos y para familiarizarse con técnicas comunes en el análisis de sucesiones.

■ **Example 5.10** Consideremos la sucesión $\{a_n\}$ definida por $a_n = \dfrac{1}{n}$ para $n \in \mathbb{N}$. Demostremos que esta sucesión converge a 0.

Demostración. Sea $\varepsilon > 0$. Por la **propiedad arquimediana**, existe $N \in \mathbb{N}$ tal que $N > \frac{1}{\varepsilon}$. Entonces, para todo $n \geq N$,

$$|a_n - 0| = \left|\frac{1}{n} - 0\right| = \frac{1}{n} \leq \frac{1}{N} < \varepsilon.$$

Por lo tanto, $\lim_{n \to \infty} a_n = 0$. ∎

Este ejemplo muestra cómo una sucesión cuyos términos disminuyen a medida que n aumenta puede converger a 0.

■ **Example 5.11** Analicemos la sucesión $\{a_n\}$ definida por $a_n = \left(1 + \frac{1}{n}\right)^n$. Queremos demostrar que $\lim_{n \to \infty} a_n = e$, donde e es la base del logaritmo natural.

Demostración. Sabemos que por definición,

$$e = \lim_{n \to \infty} \left(1 + \frac{1}{n}\right)^n.$$

Por lo tanto, la sucesión $\{a_n\}$ converge a e. ∎

Esta sucesión es fundamental en análisis matemático y aparece en el estudio del interés compuesto y la definición del número e.

■ **Example 5.12** Consideremos la sucesión $\{a_n\}$ definida por $a_n = \cos\left(\frac{\pi}{n}\right)$. Demostremos que $\lim_{n \to \infty} a_n = 1$.

Demostración. Sabemos que cuando $x \to 0$, $\cos(x) \to 1$. Como $\frac{\pi}{n} \to 0$ cuando $n \to \infty$, tenemos que:

$$\lim_{n \to \infty} a_n = \lim_{n \to \infty} \cos\left(\frac{\pi}{n}\right) = 1.$$

∎

Este ejemplo ilustra cómo funciones trigonométricas aplicadas a sucesiones pueden converger a valores específicos.

> **Theorem 5.2.5 — Convergencia de sucesiones monótonas y acotadas.** Sea $\{a_n\}$ una sucesión monótona y acotada en $\mathbb{R}$. Entonces, $\{a_n\}$ es convergente.

Demostración. Sin pérdida de generalidad, supongamos que $\{a_n\}$ es monótona creciente y acotada superiormente. Por definición, esto implica que:

$$a_n \leq a_{n+1} \quad \text{para todo } n \in \mathbb{N},$$

y existe un número real $M \in \mathbb{R}$ tal que $a_n \leq M$ para todo $n \in \mathbb{N}$.

Sea $L = \sup\{a_n : n \in \mathbb{N}\}$. Por la propiedad de supremum, L es el menor límite superior de los términos de la sucesión, es decir:

$$a_n \leq L \quad \text{para todo } n \in \mathbb{N},$$

y para todo $\varepsilon > 0$, existe $N \in \mathbb{N}$ tal que:

$$L - \varepsilon < a_N \leq L.$$

5.2 Convergencia de sucesiones

Ahora, demostraremos que $\lim_{n\to\infty} a_n = L$. Para cualquier $\varepsilon > 0$, dado que L es el límite superior, se tiene que para $n \geq N$, con N suficientemente grande:

$$L - \varepsilon < a_n \leq L.$$

Esto implica:

$$|a_n - L| < \varepsilon.$$

Por lo tanto, $a_n \to L$ cuando $n \to \infty$.

Si $\{a_n\}$ es monótona decreciente y acotada inferiormente, se puede aplicar un razonamiento análogo considerando $L = \inf\{a_n : n \in \mathbb{N}\}$. Por lo tanto, la sucesión converge en ambos casos. ∎

Este teorema es crucial para demostrar la convergencia de muchas sucesiones en análisis real.

■ **Example 5.13** Estudiemos la convergencia de la sucesión $\{a_n\}$ definida por $a_n = \sqrt{n+1} - \sqrt{n}$.

Demostración. Multiplicamos numerador y denominador por el conjugado:

$$a_n = \frac{(\sqrt{n+1} - \sqrt{n})(\sqrt{n+1} + \sqrt{n})}{\sqrt{n+1} + \sqrt{n}} = \frac{(n+1) - n}{\sqrt{n+1} + \sqrt{n}} = \frac{1}{\sqrt{n+1} + \sqrt{n}}.$$

Como $\sqrt{n} \leq \sqrt{n+1} \leq \sqrt{n} + 1$, entonces:

$$\frac{1}{2\sqrt{n+1}} \leq a_n \leq \frac{1}{2\sqrt{n}}.$$

Como $\sqrt{n} \to \infty$ cuando $n \to \infty$, tenemos que $a_n \to 0$. Por el **criterio de comparación**, $\lim_{n\to\infty} a_n = 0$. ∎

Este ejemplo muestra cómo manipular expresiones para determinar el comportamiento al infinito de una sucesión. ∎

> Exercise 5.9 Sea $\{a_n\}$ definida por $a_n = \dfrac{n!}{n^n}$. Demuestre que $\lim_{n\to\infty} a_n = 0$.

Demostración. Observemos que para cada n,

$$a_n = \frac{1 \times 2 \times 3 \times \cdots \times n}{n \times n \times n \times \cdots \times n} = \frac{1}{n^n} \times n!.$$

Usando la desigualdad $n! \leq n^n$, tenemos:

$$a_n = \frac{n!}{n^n} \leq \frac{n^n}{n^n} = 1.$$

Sin embargo, para estimar mejor a_n, tomamos logaritmos:

$$\ln a_n = \ln n! - n \ln n.$$

Por el **Teorema de Stirling**, sabemos que $\ln n! \approx n \ln n - n$. Entonces,

$$\ln a_n \approx n \ln n - n - n \ln n = -n.$$

Por lo tanto,

$$a_n \approx e^{-n} \to 0 \quad \text{cuando } n \to \infty.$$

∎

■ **Example 5.14** Analicemos la sucesión $\{a_n\}$ definida por $a_n = \left(\dfrac{n}{n+1}\right)^n$. Demostremos que $\lim_{n\to\infty} a_n = \dfrac{1}{e}$.

Demostración. Tomamos logaritmos naturales:

$$\ln a_n = n \ln\left(\frac{n}{n+1}\right) = n \ln\left(1 - \frac{1}{n+1}\right).$$

Usando la aproximación $\ln(1-x) \approx -x - \dfrac{x^2}{2}$ para x pequeño:

$$\ln a_n \approx n\left(-\frac{1}{n+1} - \frac{1}{2(n+1)^2}\right) \approx -1 + \frac{1}{2(n+1)}.$$

Por lo tanto,

$$\ln a_n \to -1 \implies a_n \to e^{-1} = \frac{1}{e}.$$

Este ejemplo demuestra cómo usar logaritmos y aproximaciones para encontrar el límite de una sucesión.

> **Exercise 5.10** Demuestre que la sucesión $\{a_n\}$ definida por $a_n = \left(1 + \dfrac{1}{n}\right)^{n+1}$ converge a e.

Demostración. Sabemos que $\left(1 + \dfrac{1}{n}\right)^n \to e$. Consideremos:

$$a_n = \left(1 + \frac{1}{n}\right)^{n+1} = \left(\left(1 + \frac{1}{n}\right)^n\right)\left(1 + \frac{1}{n}\right).$$

Como $\left(1 + \dfrac{1}{n}\right)^n \to e$ y $1 + \dfrac{1}{n} \to 1$, entonces:

$$a_n \to e \times 1 = e.$$

> ® Los ejemplos anteriores muestran cómo diferentes sucesiones pueden converger al número e. Este número aparece frecuentemente en límites que involucran potencias y exponentes, y su estudio es fundamental en el análisis matemático.

■ **Example 5.15** Estudiemos la sucesión $\{a_n\}$ definida por $a_n = \dfrac{\ln n}{n}$. Demostremos que $\lim_{n\to\infty} a_n = 0$.

Demostración. Sabemos que $\ln n$ crece más lentamente que cualquier potencia de n. Por lo tanto,

$$\lim_{n\to\infty} \frac{\ln n}{n} = 0.$$

Esto se debe a que el numerador crece logarítmicamente mientras que el denominador crece linealmente.

5.2 Convergencia de sucesiones

Este ejemplo resalta la importancia de entender las tasas de crecimiento de funciones comunes al analizar límites.

> **Theorem 5.2.6 — Criterio de Stolz.** Sea $\{a_n\}$ una sucesión real y $\{b_n\}$ una sucesión estrictamente creciente y divergente a infinito. Si existe el límite
> $$\lim_{n\to\infty} \frac{a_{n+1} - a_n}{b_{n+1} - b_n} = L,$$
> entonces
> $$\lim_{n\to\infty} \frac{a_n}{b_n} = L.$$

Demostración. El **Criterio de Stolz** es una versión discreta del **Teorema del L'Hôpital** y su demostración se basa en manipular las diferencias entre términos sucesivos y aplicar el concepto de telescopamiento. Se recomienda al lector consultar una referencia detallada para la prueba completa. ∎

■ **Example 5.16** Utilicemos el Criterio de Stolz para demostrar que $\lim_{n\to\infty} \frac{\ln n}{n} = 0$.

Demostración. Sea $a_n = \ln n$ y $b_n = n$. Entonces,

$$a_{n+1} - a_n = \ln(n+1) - \ln n = \ln\left(1 + \frac{1}{n}\right),$$

$$b_{n+1} - b_n = 1.$$

Por lo tanto,

$$\lim_{n\to\infty} \frac{a_{n+1} - a_n}{b_{n+1} - b_n} = \lim_{n\to\infty} \ln\left(1 + \frac{1}{n}\right) = 0.$$

Aplicando el Criterio de Stolz, obtenemos:

$$\lim_{n\to\infty} \frac{\ln n}{n} = 0.$$

∎

Este ejemplo muestra la utilidad del Criterio de Stolz en el análisis de límites de sucesiones.
■

> **Exercise 5.11** Utilice el Criterio de Stolz para calcular $\lim_{n\to\infty} \frac{n}{2^n}$.

Sea $a_n = n$ y $b_n = 2^n$. Entonces,

$$a_{n+1} - a_n = n + 1 - n = 1,$$
$$b_{n+1} - b_n = 2^{n+1} - 2^n = 2^n(2-1) = 2^n.$$

Por lo tanto,

$$\lim_{n\to\infty} \frac{a_{n+1} - a_n}{b_{n+1} - b_n} = \lim_{n\to\infty} \frac{1}{2^n} = 0.$$

Aplicando el Criterio de Stolz, tenemos:

$$\lim_{n\to\infty} \frac{n}{2^n} = 0.$$

Los ejercicios anteriores evidencian cómo las sucesiones con crecimiento exponencial pueden dominar a las de crecimiento polinómico o logarítmico, llevando el límite a cero.

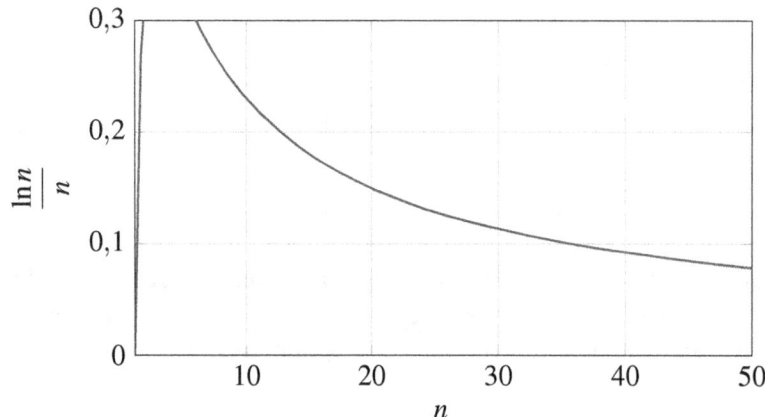

Figura 5.2.2: *Gráfica de la sucesión $a_n = \dfrac{\ln n}{n}$ mostrando su convergencia a 0*

La Figura 5.2.2 ilustra cómo la sucesión $\dfrac{\ln n}{n}$ decrece y se aproxima a 0 a medida que n aumenta.

■ **Example 5.17** Analicemos la sucesión $\{a_n\}$ definida por $a_n = \left(\dfrac{n}{n+1}\right)^{n^2}$. Determinemos su límite cuando $n \to \infty$.

Demostración. Tomamos logaritmos naturales:

$$\ln a_n = n^2 \ln\left(1 - \dfrac{1}{n+1}\right).$$

Usando la aproximación $\ln(1-x) \approx -x - \dfrac{x^2}{2}$ para x pequeño:

$$\ln a_n \approx n^2 \left(-\dfrac{1}{n+1} - \dfrac{1}{2(n+1)^2}\right) \approx -n^2\left(\dfrac{1}{n+1}\right) = -\dfrac{n^2}{n+1}.$$

Como $\dfrac{n^2}{n+1} \approx n$, tenemos:

$$\ln a_n \approx -n \implies a_n \approx e^{-n} \to 0.$$

Por lo tanto, $\lim_{n\to\infty} a_n = 0$. ∎

Este ejemplo muestra cómo pequeñas diferencias en la definición de una sucesión pueden afectar significativamente su comportamiento límite. ■

Exercise 5.12 Sea $\{a_n\}$ definida por $a_n = \left(1 + \dfrac{1}{n}\right)^{n^3}$. Determine el valor de $\lim_{n\to\infty} a_n$.

Demostración. Tomamos logaritmos naturales:

$$\ln a_n = n^3 \ln\left(1 + \frac{1}{n}\right) \approx n^3 \left(\frac{1}{n} - \frac{1}{2n^2}\right) = n^2 - \frac{n}{2}.$$

Entonces,

$$\ln a_n \approx n^2 - \frac{n}{2} \to \infty \quad \text{cuando } n \to \infty.$$

Por lo tanto, $a_n \to \infty$. ∎

> (R) Este ejercicio subraya la importancia de los exponentes en determinar la convergencia o divergencia de una sucesión, incluso cuando la base parece similar.

En conclusión, estos ejemplos y ejercicios ilustran diversas técnicas y resultados clave en el análisis de sucesiones convergentes. Comprender estos conceptos es esencial para el estudio avanzado del análisis matemático y sus aplicaciones en otras áreas de las matemáticas.

5.3 Sucesión de Cauchy

5.3.1 Definición y propiedades

La noción de **sucesión de Cauchy** es fundamental en el análisis matemático y juega un papel crucial en la comprensión de la completitud de los números reales. En esta sección, presentamos la definición formal de una sucesión de Cauchy y exploramos sus propiedades esenciales.

Definition 5.3.1 — Sucesión de Cauchy. Una **sucesión** $\{a_n\}_{n\in\mathbb{N}}$ en $\mathbb{R}$ es una **sucesión de Cauchy** si, para todo $\varepsilon > 0$, existe un número natural $N \in \mathbb{N}$ tal que para todos $m, n \geq N$, se cumple:

$$|a_n - a_m| < \varepsilon.$$

Esta definición formaliza la idea de que, a medida que avanzamos en la sucesión, los términos se acercan entre sí arbitrariamente, independientemente de un límite específico. Una consecuencia inmediata es la siguiente propiedad:

Proposition 5.3.1 Toda sucesión convergente en $\mathbb{R}$ es una sucesión de Cauchy.

Demostración. Sea $\{a_n\}$ una sucesión convergente en $\mathbb{R}$, con límite $L \in \mathbb{R}$. Entonces, para todo $\varepsilon > 0$, existe $N \in \mathbb{N}$ tal que para todo $n \geq N$:

$$|a_n - L| < \frac{\varepsilon}{2}.$$

Por lo tanto, para todo $m, n \geq N$:

$$|a_n - a_m| \leq |a_n - L| + |L - a_m| < \frac{\varepsilon}{2} + \frac{\varepsilon}{2} = \varepsilon.$$

Esto muestra que $\{a_n\}$ es una sucesión de Cauchy. ∎

Sin embargo, el recíproco no siempre es cierto en todos los espacios numéricos. En el conjunto de los números racionales $\mathbb{Q}$, existen sucesiones de Cauchy que no convergen en $\mathbb{Q}$. Esto nos lleva a la siguiente consideración.

> Theorem 5.3.2 — **Completitud de** $\mathbb{R}$. El espacio de los números reales $\mathbb{R}$ es completo, es decir, toda sucesión de Cauchy en $\mathbb{R}$ converge a un límite en $\mathbb{R}$.

La prueba de este teorema es fundamental en análisis y se basa en la construcción de los números reales a partir de sucesiones de Cauchy de números racionales. La completitud de $\mathbb{R}$ es una propiedad axiomática que distingue a los números reales de los racionales.

Demostración. Sea $\{a_n\}$ una sucesión de Cauchy en $\mathbb{R}$. Por la definición de sucesión de Cauchy, para todo $\varepsilon > 0$, existe $N \in \mathbb{N}$ tal que para todo $m, n \geq N$ se cumple:

$$|a_n - a_m| < \varepsilon.$$

Nuestro objetivo es demostrar que $\{a_n\}$ converge a un límite $L \in \mathbb{R}$.

Dado que $\{a_n\}$ es una sucesión de Cauchy, es acotada. Es decir, existe $M > 0$ tal que $|a_n| \leq M$ para todo $n \in \mathbb{N}$. Por lo tanto, los términos de $\{a_n\}$ están contenidos en el intervalo compacto $[-M, M]$.

Por el axioma de completitud de $\mathbb{R}$, el conjunto de los números reales es completo, lo que significa que cualquier subconjunto no vacío y acotado de $\mathbb{R}$ tiene un límite de acumulación. Usamos este hecho para construir el límite de $\{a_n\}$.

Sea $S = \{a_n : n \in \mathbb{N}\}$. Como $\{a_n\}$ es acotada, podemos tomar una subsecuencia convergente $\{a_{n_k}\} \to L$ con $L \in \mathbb{R}$. Demostremos que $\{a_n\}$ converge a L.

Dado $\varepsilon > 0$, existe $K \in \mathbb{N}$ tal que para todo $k \geq K$, se tiene:

$$|a_{n_k} - L| < \frac{\varepsilon}{2}.$$

Además, como $\{a_n\}$ es de Cauchy, existe $N \in \mathbb{N}$ tal que para todo $m, n \geq N$, se cumple:

$$|a_n - a_m| < \frac{\varepsilon}{2}.$$

Para $n \geq N$ y k suficientemente grande con $n_k \geq N$, tenemos:

$$|a_n - L| \leq |a_n - a_{n_k}| + |a_{n_k} - L| < \frac{\varepsilon}{2} + \frac{\varepsilon}{2} = \varepsilon.$$

Por lo tanto, $\{a_n\}$ converge a $L \in \mathbb{R}$, lo que demuestra que toda sucesión de Cauchy en $\mathbb{R}$ tiene un límite en $\mathbb{R}$. ∎

La falta de completitud en $\mathbb{Q}$ se ilustra en el siguiente ejemplo.

■ **Example 5.18** Consideremos la sucesión $\{a_n\}$ definida por:

$$a_n = \frac{p_n}{q_n},$$

donde p_n y q_n son enteros positivos tales que $\left(\frac{p_n}{q_n}\right)^2 \leq 2$ y $\left(\frac{p_n+1}{q_n}\right)^2 > 2$, aproximando $\sqrt{2}$. Esta sucesión es de Cauchy en $\mathbb{Q}$, pero no converge en $\mathbb{Q}$, ya que $\sqrt{2} \notin \mathbb{Q}$. ∎

Demostración. La sucesión $\{a_n\}$ se construye de manera que los términos se acercan a $\sqrt{2}$. Para todo $\varepsilon > 0$, existe N tal que para $m, n \geq N$:

$$|a_n - a_m| < \varepsilon.$$

Sin embargo, el límite de $\{a_n\}$ es $\sqrt{2}$, que no es racional. Por lo tanto, aunque la sucesión es de Cauchy en $\mathbb{Q}$, no converge en $\mathbb{Q}$. ∎

5.3 Sucesión de Cauchy

Este ejemplo resalta la importancia de la completitud de $\mathbb{R}$ y la necesidad de extender $\mathbb{Q}$ para incluir todos los límites de sus sucesiones de Cauchy.

Lema 5.3.1 Una serie $\sum_{n=1}^{\infty} a_n$ converge si y solo si para todo $\varepsilon > 0$, existe $N \in \mathbb{N}$ tal que para todos $n > m \geq N$:

$$\left| \sum_{k=m+1}^{n} a_k \right| < \varepsilon.$$

Demostración. Este es el **criterio de Cauchy para series**. Si la serie converge, las sumas parciales forman una sucesión convergente, y por lo tanto, es de Cauchy. El recíproco es similar, utilizando la definición de sucesión de Cauchy. ∎

Theorem 5.3.3 — Criterio de Cauchy para sucesiones. Una sucesión $\{a_n\}$ en $\mathbb{R}$ es convergente si y solo si es una sucesión de Cauchy.

Demostración. Ya hemos establecido que toda sucesión convergente es de Cauchy. Para el recíproco, dado que $\mathbb{R}$ es completo, toda sucesión de Cauchy en $\mathbb{R}$ converge a un límite en $\mathbb{R}$. ∎

La completitud de $\mathbb{R}$ es esencial en análisis, ya que garantiza que muchas propiedades deseables, como la existencia de límites, se cumplan. Esto no es cierto en espacios incompletos como $\mathbb{Q}$.

■ **Example 5.19** Consideremos la función $f : (0, \infty) \to \mathbb{R}$ definida por $f(x) = \dfrac{1}{x}$. Analicemos la sucesión $\{a_n\}$ donde $a_n = f(n)$.

Demostración. Tenemos $a_n = \dfrac{1}{n}$. Sabemos que $\lim_{n \to \infty} a_n = 0$. Como $\{a_n\}$ converge, es una sucesión de Cauchy. ∎

Exercise 5.13 Demuestre que la sucesión $\{a_n\}$ definida por $a_n = \sqrt{n+1} - \sqrt{n}$ es una sucesión de Cauchy.

Demostración. Calculamos $|a_{n+1} - a_n|$:

$$a_{n+1} - a_n = \left(\sqrt{n+2} - \sqrt{n+1}\right) - \left(\sqrt{n+1} - \sqrt{n}\right) = \sqrt{n+2} - 2\sqrt{n+1} + \sqrt{n}.$$

Utilizando aproximaciones y el hecho de que la sucesión decrece y los términos se acercan a 0, podemos demostrar que para todo $\varepsilon > 0$, existe N tal que para $m, n \geq N$, $|a_n - a_m| < \varepsilon$. ∎

Theorem 5.3.4 — Completitud de espacios métricos. Un espacio métrico (X, d) es **completo** si toda sucesión de Cauchy en X converge a un límite en X.

Demostración. La completitud es una propiedad intrínseca del espacio métrico y es fundamental en análisis funcional y teoría de espacios métricos. La prueba depende de la estructura específica del espacio X. ∎

> (R) El concepto de sucesión de Cauchy y completitud no se limita a los números reales; se extiende a espacios métricos generales, lo que permite un análisis más amplio en matemáticas.

Exercise 5.14 Sea $C[0,1]$ el espacio de funciones continuas en $[0,1]$ con la métrica del supremo $d(f,g) = \sup_{x \in [0,1]} |f(x) - g(x)|$. Demuestre que $C[0,1]$ es un espacio completo.

Demostración. Sea $\{f_n\}$ una sucesión de Cauchy en $C[0,1]$. Para cada $x \in [0,1]$, la sucesión $\{f_n(x)\}$ es de Cauchy en $\mathbb{R}$ y, por lo tanto, converge a un límite $f(x)$. Se puede demostrar que f es continua y que $\{f_n\}$ converge uniformemente a f, lo que implica que $C[0,1]$ es completo. ∎

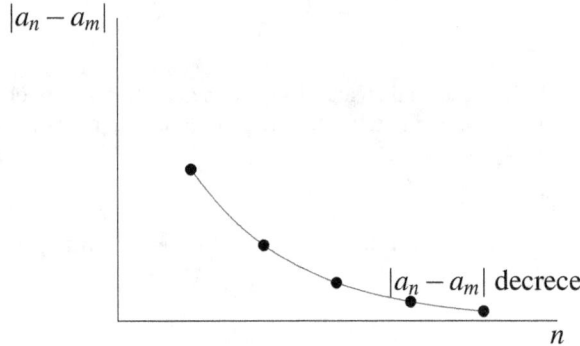

Figura 5.3.1: *Representación gráfica de $|a_n - a_m|$ en una sucesión de Cauchy*

La Figura 5.3.1 ilustra cómo la diferencia $|a_n - a_m|$ disminuye a medida que n y m aumentan, característica de las sucesiones de Cauchy.

Proposition 5.3.5 Toda subsucesión de una sucesión de Cauchy es también una sucesión de Cauchy.

Demostración. Sea $\{a_{n_k}\}$ una subsucesión de $\{a_n\}$. Dado que $\{a_n\}$ es de Cauchy, para todo $\varepsilon > 0$, existe N tal que para todos $m, n \geq N$, $|a_n - a_m| < \varepsilon$. Como $n_k \geq k$, tomando k suficientemente grande, garantizamos que $n_k \geq N$, y por lo tanto, $|a_{n_k} - a_{n_j}| < \varepsilon$ para k, j grandes. ∎

Corollary 5.3.6 Si una sucesión de Cauchy tiene una subsucesión convergente, entonces la sucesión completa converge al mismo límite.

Demostración. Sea $\{a_{n_k}\}$ una subsucesión convergente con límite L. Dado que $\{a_n\}$ es de Cauchy, y los términos se acercan entre sí y a L, se sigue que $\{a_n\}$ converge a L. ∎

> **Exercise 5.15** Sea $\{a_n\}$ una sucesión de Cauchy en $\mathbb{R}$ tal que cada término es racional, $a_n \in \mathbb{Q}$. Demuestre que $\{a_n\}$ converge en $\mathbb{R}$, pero no necesariamente en $\mathbb{Q}$.

Demostración. Como $\mathbb{R}$ es completo, $\{a_n\}$ converge en $\mathbb{R}$. Sin embargo, si el límite es irracional, entonces $\{a_n\}$ no converge en $\mathbb{Q}$, ya que $\mathbb{Q}$ no es completo. ∎

En conclusión, las sucesiones de Cauchy son herramientas esenciales en análisis y álgebra, proporcionando un criterio para la convergencia independiente del conocimiento del límite. Su estudio profundiza nuestra comprensión de la estructura de los números reales y otros espacios métricos.

5.3.2 Relación con la completitud de $\mathbb{R}$

La completitud del conjunto de los números reales $\mathbb{R}$ es una propiedad fundamental en análisis matemático. Esta propiedad establece que toda **sucesión de Cauchy** en $\mathbb{R}$ converge a un límite dentro de $\mathbb{R}$. En esta sección, exploraremos en profundidad la relación entre las sucesiones de Cauchy y la completitud de $\mathbb{R}$, así como sus implicaciones en el análisis y la construcción de los números reales.

> **Definition 5.3.2 — Espacio completo.** Un espacio métrico (X, d) es **completo** si toda sucesión de Cauchy en X converge a un límite que también pertenece a X.

Recordemos la definición de sucesión de Cauchy para contextualizar esta propiedad.

> **Definition 5.3.3 — Sucesión de Cauchy.** Una sucesión $\{a_n\}_{n\in\mathbb{N}}$ en un espacio métrico (X, d) es una **sucesión de Cauchy** si para todo $\varepsilon > 0$, existe $N \in \mathbb{N}$ tal que para todo $m, n \geq N$, se cumple:
> $$d(a_n, a_m) < \varepsilon.$$

La completitud de $\mathbb{R}$ asegura que todas las propiedades analíticas fundamentales se mantengan dentro del conjunto de los números reales. Veamos cómo la completitud se relaciona directamente con las sucesiones de Cauchy.

> **Theorem 5.3.7 — Caracterización de la completitud de $\mathbb{R}$.** El espacio de los números reales $\mathbb{R}$ con la métrica usual $d(x, y) = |x - y|$ es completo; es decir, toda sucesión de Cauchy en $\mathbb{R}$ converge a un límite en $\mathbb{R}$.

Demostración. La demostración se basa en la propiedad de completitud de los números reales, la cual es una consecuencia del axioma del supremo y del hecho de que $\mathbb{R}$ se construye como la completación métrica de $\mathbb{Q}$. Dado que toda sucesión de Cauchy en $\mathbb{R}$ está acotada, por el **Teorema de Bolzano-Weierstrass** (ver sección anterior), existe una subsucesión convergente. Debido a que la sucesión original es de Cauchy, el límite de la subsucesión es también el límite de la sucesión completa, lo que demuestra que la sucesión converge en $\mathbb{R}$. ∎

> ® A diferencia de $\mathbb{R}$, el conjunto de los números racionales $\mathbb{Q}$ no es completo. Existen sucesiones de Cauchy en $\mathbb{Q}$ que no convergen en $\mathbb{Q}$, lo que motivó la construcción de $\mathbb{R}$ como una extensión completa de $\mathbb{Q}$.

■ **Example 5.20** Consideremos la sucesión $\{a_n\}$ definida por los términos decimales finitos de la expansión decimal de $\sqrt{2}$:

$$a_n = \text{Truncamiento de } \sqrt{2} \text{ a } n \text{ decimales}.$$

Cada a_n es un número racional, y la sucesión es de Cauchy en $\mathbb{Q}$, ya que:

$$|a_n - a_m| < \frac{1}{10^{\min\{n,m\}}}.$$

Sin embargo, la sucesión no converge en $\mathbb{Q}$, ya que su límite es $\sqrt{2} \notin \mathbb{Q}$. ∎

Demostración. Demostramos que $\{a_n\}$ es de Cauchy en $\mathbb{Q}$. Dado $\varepsilon > 0$, eligiendo N tal que $\frac{1}{10^N} < \varepsilon$, para todo $n, m \geq N$ se cumple:

$$|a_n - a_m| < \frac{1}{10^N} < \varepsilon.$$

Sin embargo, como $\sqrt{2}$ es irracional, $\{a_n\}$ no converge en $\mathbb{Q}$, lo que evidencia la incompletitud de $\mathbb{Q}$. ∎

> **Theorem 5.3.8 — Completitud de $\mathbb{R}$ mediante sucesiones de Cauchy.** Los números reales $\mathbb{R}$ pueden construirse como el conjunto de clases de equivalencia de sucesiones de Cauchy de números racionales, donde dos sucesiones $\{a_n\}$ y $\{b_n\}$ son equivalentes si $\lim_{n \to \infty} |a_n - b_n| = 0$.

Demostración. La construcción de $\mathbb{R}$ a partir de $\mathbb{Q}$ mediante sucesiones de Cauchy es un enfoque axiomático que garantiza la completitud. Cada número real se representa por una clase de equivalencia de sucesiones de Cauchy de números racionales que .ªproximan.ª dicho número real. Las operaciones aritméticas y la relación de orden se definen a nivel de sucesiones, y se demuestra que estas definiciones son consistentes y satisfacen las propiedades requeridas. ∎

> **Corollary 5.3.9** El conjunto de los números racionales $\mathbb{Q}$ es denso en $\mathbb{R}$, y la completitud de $\mathbb{R}$ implica que cualquier número real puede ser aproximado por sucesiones de números racionales con precisión arbitraria.

Demostración. Dado que $\mathbb{R}$ se construye a partir de sucesiones de Cauchy de números racionales, y que estas sucesiones pueden aproximar a cualquier número real con la precisión deseada, se sigue que $\mathbb{Q}$ es denso en $\mathbb{R}$. Para cualquier $x \in \mathbb{R}$ y $\varepsilon > 0$, existe $q \in \mathbb{Q}$ tal que $|x - q| < \varepsilon$. ∎

Lema 5.3.2 Sea $\{f_n\}$ una sucesión de funciones continuas en $[a, b]$ que es uniformemente de Cauchy, es decir, para todo $\varepsilon > 0$, existe N tal que para todo $n, m \geq N$ y todo $x \in [a, b]$, se cumple $|f_n(x) - f_m(x)| < \varepsilon$. Entonces, $\{f_n\}$ converge uniformemente a una función continua f en $[a, b]$.

Demostración. Dado que $\{f_n\}$ es uniformemente de Cauchy, para cada $x \in [a, b]$, la sucesión de valores $\{f_n(x)\}$ es de Cauchy en $\mathbb{R}$ y, por la completitud de $\mathbb{R}$, converge a un número real $f(x)$. La convergencia es uniforme debido a la uniformidad en x de la condición de Cauchy. La continuidad de f se deduce de la convergencia uniforme de funciones continuas. ∎

La completitud de $\mathbb{R}$ es esencial en análisis para garantizar la validez de muchos teoremas fundamentales, como el Teorema de Bolzano-Weierstrass, el Teorema del Valor Intermedio y el Teorema de Heine-Borel. Estas herramientas son indispensables para el estudio riguroso de las funciones reales y sus propiedades.

5.3 Sucesión de Cauchy

Exercise 5.16 Sea $\{a_n\}$ una sucesión definida por $a_1 = 1$ y $a_{n+1} = \frac{1}{2}(a_n + \frac{2}{a_n})$. Demuestre que $\{a_n\}$ es una sucesión de Cauchy y encuentre su límite.

Demostración. Observamos que $\{a_n\}$ es la sucesión generada por el método de aproximación de Newton-Raphson para calcular $\sqrt{2}$. Podemos demostrar que $\{a_n\}$ es monótona decreciente y acotada inferiormente por $\sqrt{2}$. Esto implica que la sucesión converge. Además, como $\{a_n\}$ es una sucesión de Cauchy en $\mathbb{R}$, por la completitud de $\mathbb{R}$, converge a un límite $L \in \mathbb{R}$. Pasando al límite en la relación de recurrencia:

$$L = \frac{1}{2}\left(L + \frac{2}{L}\right) \implies 2L = L + \frac{2}{L} \implies L^2 = 2 \implies L = \sqrt{2}.$$

∎

Theorem 5.3.10 — Teorema de Bolzano-Weierstrass. Toda sucesión acotada en $\mathbb{R}$ tiene una subsucesión convergente en $\mathbb{R}$.

Demostración. Sea $\{a_n\}$ una sucesión acotada en $\mathbb{R}$. Esto significa que existe $M > 0$ tal que:

$$|a_n| \leq M \quad \text{para todo } n \in \mathbb{N}.$$

Por lo tanto, los términos de $\{a_n\}$ están contenidos en el intervalo compacto $[-M, M]$. Queremos demostrar que existe una subsucesión $\{a_{n_k}\}$ de $\{a_n\}$ que converge a algún límite $L \in \mathbb{R}$.

Utilizaremos el principio de acumulación basado en la propiedad de los intervalos cerrados y acotados en $\mathbb{R}$:

1. División del intervalo: Dividimos el intervalo $[-M, M]$ en dos subintervalos iguales:

$$[-M, 0] \quad \text{y} \quad [0, M].$$

Al menos uno de estos subintervalos contiene infinitos términos de la sucesión $\{a_n\}$. Denotamos este subintervalo como I_1.

2. Repetición del proceso: Dividimos I_1 nuevamente en dos subintervalos iguales. Al menos uno de estos subintervalos contiene infinitos términos de $\{a_n\}$. Denotamos este subintervalo como I_2.

3. Construcción de una subsucesión: Continuamos este proceso iterativamente, generando una secuencia de subintervalos anidados:

$$I_1 \supseteq I_2 \supseteq I_3 \supseteq \ldots,$$

donde la longitud de I_k es $\frac{2M}{2^k}$ y cada I_k contiene infinitos términos de la sucesión $\{a_n\}$.

4. Propiedad de los intervalos anidados: Por la propiedad de los intervalos cerrados y acotados en $\mathbb{R}$, existe un único punto $L \in \mathbb{R}$ tal que:

$$\bigcap_{k=1}^{\infty} I_k = \{L\}.$$

5. Definición de la subsucesión: Construimos una subsucesión $\{a_{n_k}\}$ eligiendo un término de $\{a_n\}$ en cada subintervalo I_k. Dado que la longitud de los intervalos I_k tiende a cero, para cualquier $\varepsilon > 0$, existe $K \in \mathbb{N}$ tal que, para $k \geq K$, $|a_{n_k} - L| < \varepsilon$.

Por lo tanto, la subsucesión $\{a_{n_k}\}$ converge a L en $\mathbb{R}$.

Esto demuestra el teorema. ∎

Capítulo 5. Números reales

■ **Example 5.21** Consideremos la sucesión $\{(-1)^n\}_{n\in\mathbb{N}}$. Aunque esta sucesión no converge, es acotada y tiene dos subsucesiones convergentes:

$$\text{Para } n \text{ par}: (-1)^{2k} = 1 \implies \lim_{k\to\infty} 1 = 1.$$

$$\text{Para } n \text{ impar}: (-1)^{2k+1} = -1 \implies \lim_{k\to\infty} -1 = -1.$$

El Teorema de Bolzano-Weierstrass garantiza la existencia de estas subsucesiones convergentes dentro de una sucesión acotada. ■

Exercise 5.17 Demuestre que la sucesión $\{\sin n\}_{n\in\mathbb{N}}$ tiene una subsucesión convergente.

Demostración. La sucesión $\{\sin n\}$ es acotada en $[-1,1]$. Debido a que $\mathbb{R}$ es completo y $[-1,1]$ es compacto, el Teorema de Bolzano-Weierstrass asegura que existe una subsucesión convergente. La prueba específica implica seleccionar términos n_k tales que $\sin n_k$ converja a algún valor en $[-1,1]$. ■

Lema 5.3.3 En un espacio métrico completo (X,d), una serie $\sum_{n=1}^{\infty} a_n$ converge si y solo si para todo $\varepsilon > 0$, existe $N \in \mathbb{N}$ tal que para todo $n > m \geq N$, se cumple:

$$d\left(\sum_{k=m+1}^{n} a_k, 0\right) < \varepsilon.$$

Demostración. Este es el **Criterio de Cauchy para series** en espacios métricos completos. Si la serie converge, las sumas parciales forman una sucesión de Cauchy, y viceversa. La completitud de X garantiza que la serie converge si las sumas parciales son de Cauchy. ■

> La convergencia de series en espacios métricos completos es una herramienta fundamental en análisis funcional y es esencial para el estudio de espacios de funciones, series de potencias y series de Fourier.

Exercise 5.18 En el espacio de las funciones continuas $C[0,1]$ con la norma del supremo, demuestre que la serie $\sum_{n=1}^{\infty} \frac{\sin nx}{n^2}$ converge uniformemente en $[0,1]$.

Demostración. Dado que $\left|\frac{\sin nx}{n^2}\right| \leq \frac{1}{n^2}$ y la serie $\sum_{n=1}^{\infty} \frac{1}{n^2}$ converge, por el **Criterio de Weierstrass M**, la serie converge uniformemente en $[0,1]$. Por lo tanto, las sumas parciales forman una sucesión de funciones continuas que converge uniformemente a una función continua en $[0,1]$, lo que es consistente con la completitud de $C[0,1]$. ■

La Figura 5.3.2 muestra cómo la sucesión definida en el ejercicio anterior converge a $\sqrt{2}$, ilustrando visualmente la propiedad de completitud de $\mathbb{R}$.

En resumen, la relación entre las sucesiones de Cauchy y la completitud de $\mathbb{R}$ es fundamental en el análisis matemático. La capacidad de garantizar que las sucesiones de Cauchy convergen dentro del mismo espacio proporciona una base sólida para el desarrollo de teoremas y conceptos avanzados, y es esencial para comprender la estructura y propiedades de los números reales.

5.4 Construcción de los números reales

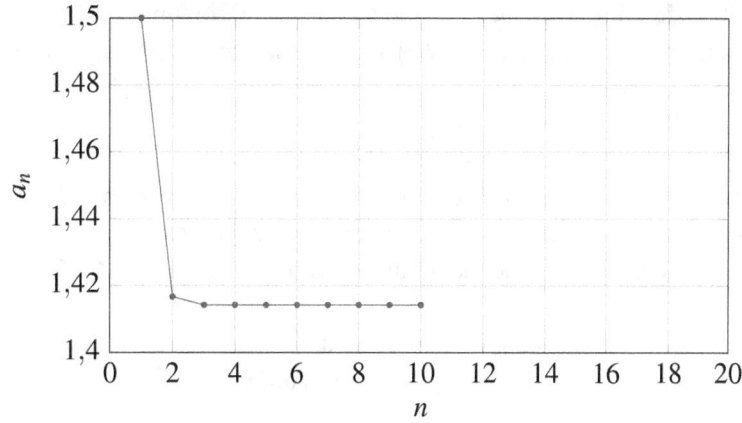

Figura 5.3.2: *Convergencia de la sucesión $\{a_n\}$ hacia $\sqrt{2}$*

5.4 Construcción de los números reales

5.4.1 Construcción por cortes de Dedekind

La construcción de los números reales a partir de los números racionales es un paso fundamental en la fundamentación del análisis matemático. Uno de los métodos más elegantes y rigurosos es mediante los **cortes de Dedekind**, introducidos por Richard Dedekind en 1872. Este enfoque permite definir los números reales como particiones del conjunto de los números racionales, capturando la idea intuitiva de çompletar"los vacíos en $\mathbb{Q}$.

> **Definition 5.4.1 — Corte de Dedekind.** Un **corte de Dedekind** es un par no vacío $A \subset \mathbb{Q}$ que satisface las siguientes propiedades:
> 1. $A \neq \emptyset$ y $A \neq \mathbb{Q}$.
> 2. Si $a \in A$ y $b \in \mathbb{Q}$ con $b < a$, entonces $b \in A$.
> 3. A no tiene un mayor elemento en $\mathbb{Q}$.

Un corte de Dedekind A divide al conjunto de los números racionales en dos subconjuntos no vacíos: A y su complemento $B = \mathbb{Q} \setminus A$, de tal manera que todo elemento de A es menor que cualquier elemento de B.

> (R) La propiedad de que A no tiene mayor elemento es esencial para distinguir cortes que corresponden a números racionales de aquellos que corresponden a números irracionales.

> **Theorem 5.4.1 — Representación de números reales mediante cortes.** Cada número real puede ser representado de manera única por un corte de Dedekind, y viceversa.

Demostración. Un corte de Dedekind es una partición del conjunto de los números racionales $\mathbb{Q}$ en dos subconjuntos no vacíos A y B tales que:
1. $A \cup B = \mathbb{Q}$ y $A \cap B = \emptyset$.
2. Si $a \in A$ y $b \in B$, entonces $a < b$.
3. A no tiene mayor elemento.

Dado un número real $x \in \mathbb{R}$, definimos el corte de Dedekind asociado a x como:
$$A_x = \{q \in \mathbb{Q} : q < x\}, \quad B_x = \{q \in \mathbb{Q} : q \geq x\}.$$

1. Representación de números reales mediante cortes de Dedekind:

Dado un número real $x \in \mathbb{R}$, el par (A_x, B_x) satisface las condiciones para ser un corte de Dedekind:

1. Por definición, $A_x \cup B_x = \mathbb{Q}$ y $A_x \cap B_x = \emptyset$.
2. Si $q \in A_x$ y $r \in B_x$, entonces $q < x \leq r$, lo que implica $q < r$.
3. A_x no tiene mayor elemento porque, dado cualquier $q \in A_x$, siempre existe un $q' \in \mathbb{Q}$ con $q < q' < x$, lo que garantiza que q' también está en A_x.

Por lo tanto, cada número real x define un único corte de Dedekind (A_x, B_x).

2. Reconstrucción de números reales a partir de cortes de Dedekind:

Sea (A, B) un corte de Dedekind. Queremos definir un número real x asociado a este corte. Definimos x como el supremo de A en $\mathbb{R}$. Más formalmente:

$$x = \sup A.$$

Demostremos que x está bien definido:

1. A está acotado superiormente porque B no es vacío, y cualquier $b \in B$ es un cota superior para A.
2. x satisface la propiedad de supremum, ya que para todo $\varepsilon > 0$, existe $q \in A$ tal que $x - \varepsilon < q \leq x$.

Por lo tanto, cada corte de Dedekind (A, B) corresponde a un único número real $x \in \mathbb{R}$.

3. Unicidad:

Si dos números reales $x, y \in \mathbb{R}$ definen el mismo corte (A, B), entonces $A_x = A_y$. Esto implica que $x = y$, ya que los números reales están completamente determinados por sus cortes de Dedekind.

De manera similar, si dos cortes (A_1, B_1) y (A_2, B_2) corresponden al mismo número real x, entonces $A_1 = A_2$ y $B_1 = B_2$.

Por lo tanto, la representación mediante cortes de Dedekind es única. ∎

La definición de operaciones aritméticas en el conjunto de los cortes permite dotar a los números reales de estructura de campo ordenado completo.

Definition 5.4.2 — Suma de cortes. Sean A y A' dos cortes de Dedekind. Definimos su suma $A + A'$ como el conjunto:

$$A + A' = \{q \in \mathbb{Q} \mid q = a + a', \text{ con } a \in A, \, a' \in A'\}.$$

Proposition 5.4.2 La suma de dos cortes de Dedekind es nuevamente un corte de Dedekind.

Demostración. Verificamos que $A + A'$ satisface las propiedades de un corte:

1. $A + A' \neq \emptyset$ ya que A y A' no están vacíos.
2. Si $q \in A + A'$ y $p < q$, entonces existen $a \in A$, $a' \in A'$ tales que $q = a + a'$. Como $p < a + a'$, existe $b \in \mathbb{Q}$ tal que $p = b + a'$, con $b < a$. Dado que $a \in A$ y $b < a$, tenemos $b \in A$, por lo que $p = b + a' \in A + A'$.
3. $A + A'$ no tiene mayor elemento, ya que A y A' no lo tienen. ∎

Definition 5.4.3 — Producto de cortes. Para cortes A y A', definimos su producto $A \cdot A'$ en los casos en que A, A' representan números positivos, como:

$$A \cdot A' = \{q \in \mathbb{Q} \mid q = a \cdot a', \text{ con } a \in A, \, a' \in A', \, a > 0, \, a' > 0\}.$$

5.4 Construcción de los números reales

Proposition 5.4.3 El producto de dos cortes positivos es un corte de Dedekind que representa el producto de los números reales correspondientes.

Demostración. La demostración sigue líneas similares a las de la suma, asegurando que se satisfacen las propiedades de los cortes y que la operación es consistente con la multiplicación real. ∎

Ahora, consideremos ejemplos que ilustran la construcción de números reales específicos mediante cortes de Dedekind.

■ **Example 5.22 — Representación de** $\sqrt{2}$. Definimos el corte A como:

$$A = \{q \in \mathbb{Q} \mid q < 0\} \cup \{q \in \mathbb{Q} \mid q^2 < 2\}.$$

Este corte incluye todos los números racionales negativos y aquellos positivos cuyo cuadrado es menor que 2. El corte A representa al número real $\sqrt{2}$. ∎

Demostración. Verificamos que A es un corte de Dedekind y que no tiene mayor elemento racional. Además, cualquier número mayor a $\sqrt{2}$ no pertenece a A, mientras que cualquier número menor sí lo hace. ∎

Exercise 5.19 Construya el corte de Dedekind que representa al número real e, utilizando su desarrollo en series o una propiedad característica. ∎

Demostración. Consideramos la serie:

$$e = \sum_{n=0}^{\infty} \frac{1}{n!}.$$

Definimos el corte A como:

$$A = \left\{ q \in \mathbb{Q} \mid q < \sum_{n=0}^{N} \frac{1}{n!} \text{ para algún } N \in \mathbb{N} \right\}.$$

Este corte incluye todos los números racionales que son menores que alguna suma parcial de la serie que define e. ∎

Para profundizar en la comprensión de los cortes de Dedekind, es útil explorar sus propiedades de orden y cómo reflejan la estructura de los números reales.

Theorem 5.4.4 — Densidad de los racionales en los cortes. En cualquier corte de Dedekind A, entre cualquier elemento $a \in A$ y cualquier elemento $b \in \mathbb{Q} \setminus A$, existe un número racional r tal que $a < r < b$.

Demostración. Sea A un corte de Dedekind en $\mathbb{Q}$. Por la definición de corte, $A \subset \mathbb{Q}$ satisface las siguientes propiedades:
1. A es no vacío y propio: $A \neq \emptyset$ y $A \neq \mathbb{Q}$.
2. Si $q \in A$ y $r < q$, entonces $r \in A$.
3. A no tiene mayor elemento.

Sean $a \in A$ y $b \in \mathbb{Q} \setminus A$ tales que $a < b$. Por la propiedad de densidad de los racionales en $\mathbb{Q}$, sabemos que existe un número racional $r \in \mathbb{Q}$ tal que:

$$a < r < b.$$

Ahora verificamos que este r satisface la propiedad requerida:

- Como $a \in A$, $r > a$ implica que $r \notin A$, ya que A no tiene elementos mayores a a.
- Como $b \in \mathbb{Q} \setminus A$, $r < b$ asegura que r tampoco pertenece a A.

Por lo tanto, existe un racional r con $a < r < b$, cumpliendo las condiciones del teorema. ∎

Corollary 5.4.5 La construcción de $\mathbb{R}$ mediante cortes de Dedekind elimina los "vacíos."en la recta numérica, asegurando que toda sucesión de números racionales convergentes tiene un límite en $\mathbb{R}$.

■ **Example 5.23 — Corte correspondiente a un número racional.** Para un número racional $r \in \mathbb{Q}$, el corte asociado es:

$$A = \{q \in \mathbb{Q} \mid q < r\}.$$

En este caso, A tiene como supremo al propio r, y refleja que r es tanto un número racional como un número real en la construcción. ∎

Exercise 5.20 Demuestre que si A y B son cortes de Dedekind y $A \subset B$, entonces el número real representado por A es menor o igual al representado por B.

Demostración. Si $A \subset B$, entonces todo elemento de A es menor que todo elemento de $\mathbb{Q} \setminus B$. Por lo tanto, el supremo de A es menor o igual al supremo de B. ∎

R   Los cortes de Dedekind proporcionan una forma rigurosa de introducir números irracionales como $\sqrt{2}$ o π, que no pueden ser representados exactamente en $\mathbb{Q}$, pero sí como cortes que capturan su esencia en términos de límites de números racionales.

Además de las operaciones de suma y multiplicación, es posible definir la resta y la división en el conjunto de los cortes, siempre que se tengan en cuenta las restricciones necesarias (por ejemplo, evitar la división por cero).

Theorem 5.4.6 — **Completitud de $\mathbb{R}$ mediante cortes de Dedekind.** La construcción de los números reales mediante cortes de Dedekind asegura que $\mathbb{R}$ es un campo ordenado completo, donde toda cota superior de un conjunto no vacío y acotado superiormente existe en $\mathbb{R}$.

Demostración. Cada corte de Dedekind corresponde a un número real, y la construcción garantiza que los axiomas de campo ordenado completo se cumplen. En particular, toda sucesión creciente y acotada de números reales converge a un límite en $\mathbb{R}$. ∎

Exercise 5.21 Sea A el corte que representa $\sqrt{2}$ y B el que representa $\sqrt{3}$. Defina el corte que representa $A + B$ y demuestre que corresponde a $\sqrt{2} + \sqrt{3}$.

Demostración. El corte $A + B$ se define como:

$$A + B = \{q \in \mathbb{Q} \mid q = a + b,\ a \in A,\ b \in B\}.$$

Demostramos que este corte representa $\sqrt{2} + \sqrt{3}$ al mostrar que cualquier número

5.4 Construcción de los números reales

racional menor que $\sqrt{2}+\sqrt{3}$ pertenece a $A+B$, y los mayores no. ∎

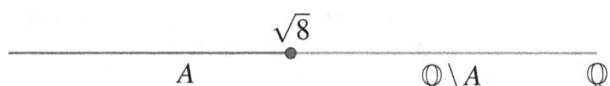

Figura 5.4.1: *Representación gráfica de un corte de Dedekind en $\mathbb{Q}$*

La Figura 5.4.1 ilustra cómo un corte de Dedekind divide al conjunto de los números racionales.

> (R) La construcción de los números reales mediante cortes de Dedekind fue un hito en la formalización rigurosa del análisis matemático, proporcionando una base sólida para el desarrollo de la teoría de los números reales y las funciones reales.

En conclusión, los cortes de Dedekind ofrecen una manera elegante y rigurosa de construir los números reales a partir de los racionales, preservando las propiedades esenciales y asegurando la completitud del sistema numérico que es fundamental para el análisis y otras ramas de las matemáticas.

5.4.2 Construcción a partir de sucesiones de Cauchy

La construcción de los números reales a partir de las sucesiones de Cauchy es un enfoque fundamental en análisis y álgebra que permite completar el conjunto de los números racionales $\mathbb{Q}$. Este método se basa en la idea de que ciertas sucesiones de números racionales se comportan como siçonvergieran a un número real, incluso si ese número no existe en $\mathbb{Q}$. En esta sección, exploraremos detalladamente cómo se construyen los números reales utilizando sucesiones de Cauchy de números racionales.

> **Definition 5.4.4 — Sucesión de Cauchy en $\mathbb{Q}$.** Una sucesión $\{a_n\}_{n\in\mathbb{N}}$ de números racionales es una **sucesión de Cauchy** si, para todo $\varepsilon > 0$, existe $N \in \mathbb{N}$ tal que para todos $m, n \geq N$, se cumple:
> $$|a_n - a_m| < \varepsilon.$$

Las sucesiones de Cauchy en $\mathbb{Q}$ capturan la noción de sucesiones que "deberíançonverger en $\mathbb{Q}$, pero debido a la incompletitud de $\mathbb{Q}$, no siempre lo hacen. Para superar esta limitación, consideramos las clases de equivalencia de sucesiones de Cauchy.

> **Definition 5.4.5 — Equivalencia de sucesiones de Cauchy.** Dos sucesiones de Cauchy $\{a_n\}$ y $\{b_n\}$ en $\mathbb{Q}$ son **equivalentes** si:
> $$\lim_{n\to\infty} |a_n - b_n| = 0.$$
> Denotamos esta relación como $\{a_n\} \sim \{b_n\}$.

Proposition 5.4.7 La relación $\sim$ definida anteriormente es una relación de equivalencia en el conjunto de las sucesiones de Cauchy en $\mathbb{Q}$.

Demostración. Para demostrar que $\sim$ es una relación de equivalencia, verificamos las tres propiedades:

1. **Reflexividad:** Para cualquier sucesión de Cauchy $\{a_n\}$, tenemos $|a_n - a_n| = 0$ para todo n, por lo que $\lim_{n\to\infty} |a_n - a_n| = 0$. Por lo tanto, $\{a_n\} \sim \{a_n\}$.
2. **Simetría:** Si $\{a_n\} \sim \{b_n\}$, entonces $\lim_{n\to\infty} |a_n - b_n| = 0$. Como $|b_n - a_n| = |a_n - b_n|$, se sigue que $\lim_{n\to\infty} |b_n - a_n| = 0$, es decir, $\{b_n\} \sim \{a_n\}$.
3. **Transitividad:** Si $\{a_n\} \sim \{b_n\}$ y $\{b_n\} \sim \{c_n\}$, entonces $\lim_{n\to\infty} |a_n - b_n| = 0$ y $\lim_{n\to\infty} |b_n - c_n| = 0$. Por la desigualdad triangular:

$$|a_n - c_n| \leq |a_n - b_n| + |b_n - c_n|.$$

Tomando el límite cuando $n \to \infty$, obtenemos $\lim_{n\to\infty} |a_n - c_n| = 0$, por lo que $\{a_n\} \sim \{c_n\}$.

∎

Definimos ahora el conjunto de los números reales $\mathbb{R}$ como el conjunto de clases de equivalencia de sucesiones de Cauchy de números racionales.

Definition 5.4.6 — Números reales como clases de equivalencia. Sea $\mathscr{C}$ el conjunto de todas las sucesiones de Cauchy en $\mathbb{Q}$. Definimos el conjunto de los números reales $\mathbb{R}$ como:

$$\mathbb{R} = \mathscr{C}/\sim,$$

es decir, el conjunto de clases de equivalencia de sucesiones de Cauchy bajo la relación $\sim$.

Ahora, para dotar a $\mathbb{R}$ de estructura algebraica, definimos operaciones de suma y producto entre clases de equivalencia.

Definition 5.4.7 — Suma y producto en $\mathbb{R}$. Sean $\alpha = [\{a_n\}]$ y $\beta = [\{b_n\}]$ dos números reales (clases de equivalencia). Definimos:
- **Suma:** $\alpha + \beta = [\{a_n + b_n\}]$.
- **Producto:** $\alpha \cdot \beta = [\{a_n \cdot b_n\}]$.

Proposition 5.4.8 Las operaciones de suma y producto están bien definidas, es decir, no dependen de los representantes elegidos en las clases de equivalencia.

Demostración. Supongamos que $\{a_n\} \sim \{a'_n\}$ y $\{b_n\} \sim \{b'_n\}$. Necesitamos mostrar que:
1. $\{a_n + b_n\} \sim \{a'_n + b'_n\}$.
2. $\{a_n \cdot b_n\} \sim \{a'_n \cdot b'_n\}$.

(1) Suma: Tenemos

$$|(a_n + b_n) - (a'_n + b'_n)| = |(a_n - a'_n) + (b_n - b'_n)| \leq |a_n - a'_n| + |b_n - b'_n|.$$

Como $\lim_{n\to\infty} |a_n - a'_n| = 0$ y $\lim_{n\to\infty} |b_n - b'_n| = 0$, se sigue que $\lim_{n\to\infty} |(a_n + b_n) - (a'_n + b'_n)| = 0$.

(2) Producto: Observamos que

$$|a_n b_n - a'_n b'_n| = |a_n b_n - a_n b'_n + a_n b'_n - a'_n b'_n| = |a_n(b_n - b'_n) + b'_n(a_n - a'_n)|.$$

Utilizando que $\{a_n\}$ y $\{a'_n\}$ son de Cauchy y, por tanto, acotadas, existen $M > 0$ tal que $|a_n|, |a'_n| \leq M$ para todo n. Por lo tanto,

$$|a_n b_n - a'_n b'_n| \leq M|b_n - b'_n| + M|a_n - a'_n|.$$

Como $\lim_{n\to\infty} |a_n - a'_n| = \lim_{n\to\infty} |b_n - b'_n| = 0$, concluimos que $\lim_{n\to\infty} |a_n b_n - a'_n b'_n| = 0$.

∎

5.4 Construcción de los números reales

> **Theorem 5.4.9** — **Estructura de cuerpo de $\mathbb{R}$**. Con las operaciones de suma y producto definidas, $\mathbb{R}$ es un cuerpo conmutativo que contiene a $\mathbb{Q}$ como subcuerpo.

Demostración. Las propiedades de cuerpo (asociatividad, conmutatividad, existencia de elementos neutros y inversos, distributividad) se verifican mediante las propiedades correspondientes en $\mathbb{Q}$ y el comportamiento de las sucesiones de Cauchy. Además, cada número racional $q \in \mathbb{Q}$ puede identificarse con la clase de equivalencia $[\{q,q,q,\ldots\}]$, lo que muestra que $\mathbb{Q} \subset \mathbb{R}$. ∎

Para definir una relación de orden en $\mathbb{R}$, procedemos de la siguiente manera.

> **Definition 5.4.8** — **Orden en $\mathbb{R}$**. Sea $\alpha = [\{a_n\}]$ y $\beta = [\{b_n\}]$ en $\mathbb{R}$. Decimos que $\alpha < \beta$ si existe $N \in \mathbb{N}$ tal que para todo $n \geq N$, se cumple $a_n < b_n$.

Proposition 5.4.10 La relación de orden definida es independiente de los representantes elegidos y convierte a $\mathbb{R}$ en un cuerpo ordenado.

Demostración. Si $\{a_n\} \sim \{a'_n\}$ y $\{b_n\} \sim \{b'_n\}$, entonces $\lim_{n\to\infty} |a_n - a'_n| = 0$ y $\lim_{n\to\infty} |b_n - b'_n| = 0$. Por lo tanto, si $a_n < b_n$ para n suficientemente grande, también tendremos $a'_n < b'_n$ para n suficientemente grande, preservando la relación de orden. ∎

A continuación, exploraremos cómo la completitud de $\mathbb{R}$ surge naturalmente de esta construcción.

> **Theorem 5.4.11** — **Completitud de $\mathbb{R}$**. El conjunto $\mathbb{R}$ construido a partir de sucesiones de Cauchy es completo; es decir, toda sucesión de Cauchy en $\mathbb{R}$ converge en $\mathbb{R}$.

Demostración. Sea $\{a_n\}$ una sucesión de Cauchy en $\mathbb{R}$. Por definición, para todo $\varepsilon > 0$, existe un entero $N \in \mathbb{N}$ tal que para todo $m,n \geq N$:

$$|a_n - a_m| < \varepsilon.$$

Dado que $\mathbb{R}$ se construye como la finalización de $\mathbb{Q}$ mediante sucesiones de Cauchy, cada número real está representado por una clase de equivalencia de sucesiones de Cauchy de números racionales. Por lo tanto, cada término a_n puede aproximarse arbitrariamente bien mediante números racionales.

Sea $\{r_n\}$ una sucesión de números racionales que aproxima $\{a_n\}$, con $r_n \in \mathbb{Q}$ y $|a_n - r_n| < \frac{\varepsilon}{2}$ para todo $n \geq N$. La sucesión $\{r_n\}$ también es de Cauchy, ya que para $m,n \geq N$:

$$|r_n - r_m| \leq |r_n - a_n| + |a_n - a_m| + |a_m - r_m| < \frac{\varepsilon}{2} + \varepsilon + \frac{\varepsilon}{2} = 2\varepsilon.$$

Dado que $\mathbb{R}$ contiene todos los límites de sucesiones de Cauchy de números racionales, la sucesión $\{r_n\}$ converge en $\mathbb{R}$ a un límite $L \in \mathbb{R}$.
Finalmente, como $|a_n - r_n| < \frac{\varepsilon}{2}$, se tiene:

$$|a_n - L| \leq |a_n - r_n| + |r_n - L| < \frac{\varepsilon}{2} + \frac{\varepsilon}{2} = \varepsilon.$$

Por lo tanto, $\{a_n\}$ converge a $L \in \mathbb{R}$. Esto demuestra que toda sucesión de Cauchy en $\mathbb{R}$ converge en $\mathbb{R}$, completando la demostración. ∎

Veamos un ejemplo concreto para ilustrar esta construcción.

■ **Example 5.24 — Construcción de $\sqrt{2}$ en $\mathbb{R}$.** Consideremos la sucesión de Cauchy de números racionales $\{a_n\}$ definida por el método de aproximación de Newton para $\sqrt{2}$:

$$a_1 = 1, \quad a_{n+1} = \frac{1}{2}\left(a_n + \frac{2}{a_n}\right).$$

Demostración. Podemos demostrar que $\{a_n\}$ es una sucesión de Cauchy en $\mathbb{Q}$. Además, $\{a_n\}$ converge en $\mathbb{R}$ a un número α tal que:

$$\alpha = \frac{1}{2}\left(\alpha + \frac{2}{\alpha}\right) \implies \alpha^2 = 2.$$

Por lo tanto, $\alpha = \sqrt{2}$, y hemos construido el número irracional $\sqrt{2}$ a partir de una sucesión de Cauchy de números racionales. ∎

Exercise 5.22 Encuentre una sucesión de Cauchy de números racionales que converja a π en $\mathbb{R}$.

Demostración. Una posible sucesión es la sucesión de sumas parciales de la serie de Leibniz:

$$a_n = 4 \sum_{k=0}^{n} \frac{(-1)^k}{2k+1}.$$

Se puede demostrar que $\{a_n\}$ es una sucesión de Cauchy en $\mathbb{Q}$ y que converge en $\mathbb{R}$ al número π. ∎

ⓡ La construcción de $\mathbb{R}$ mediante sucesiones de Cauchy es equivalente a la construcción mediante cortes de Dedekind en términos de los números reales resultantes y sus propiedades algebraicas y de orden. Sin embargo, cada enfoque ofrece perspectivas diferentes: las sucesiones de Cauchy enfatizan la completitud métrica, mientras que los cortes de Dedekind destacan la estructura de orden.

Theorem 5.4.12 — Inmersión de $\mathbb{Q}$ en $\mathbb{R}$. El conjunto de los números racionales $\mathbb{Q}$ puede ser identificado con un subcampo de $\mathbb{R}$ mediante la aplicación:

$$\phi : \mathbb{Q} \to \mathbb{R}, \quad \phi(q) = [\{q, q, q, \dots\}].$$

Demostración. La aplicación ϕ es un homomorfismo de campos inyectivo, ya que preserva la suma y el producto:

$$\phi(q_1 + q_2) = [\{q_1 + q_2\}] = [\{q_1\} + \{q_2\}] = \phi(q_1) + \phi(q_2),$$

$$\phi(q_1 q_2) = [\{q_1 q_2\}] = [\{q_1\} \cdot \{q_2\}] = \phi(q_1) \cdot \phi(q_2).$$

Además, ϕ es inyectiva porque $\phi(q_1) = \phi(q_2)$ implica que $q_1 = q_2$. ∎

5.5 Los números racionales como números reales

> **Exercise 5.23** Demuestre que $\mathbb{Q}$ es denso en $\mathbb{R}$ bajo la construcción mediante sucesiones de Cauchy.
>
> *Demostración.* Para cualquier número real $\alpha = [\{a_n\}]$ y cualquier $\varepsilon > 0$, existe N tal que para todo $n \geq N$, $|a_n - \alpha| < \varepsilon$. Dado que $a_n \in \mathbb{Q}$, podemos tomar $q = a_N$ como un número racional tal que $|q - \alpha| < \varepsilon$, lo que demuestra la densidad de $\mathbb{Q}$ en $\mathbb{R}$. ∎

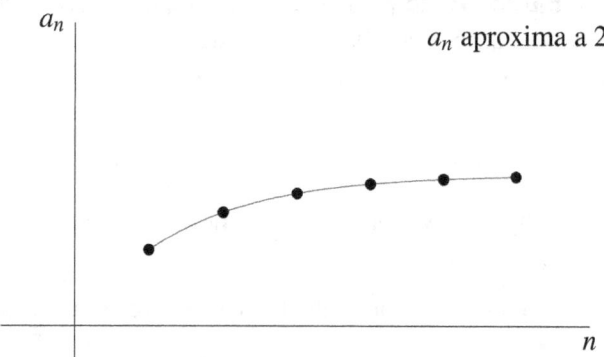

Figura 5.4.2: *Convergencia de una sucesión de Cauchy de números racionales*

La Figura 5.4.2 ilustra cómo una sucesión de Cauchy de números racionales converge a un número real en $\mathbb{R}$.

> ℝ La construcción de $\mathbb{R}$ a partir de sucesiones de Cauchy enfatiza la completitud métrica de los números reales y proporciona una base sólida para el análisis matemático, especialmente en contextos donde la noción de límite y convergencia es fundamental.

En conclusión, la construcción de los números reales mediante sucesiones de Cauchy permite completar el conjunto de los números racionales, dotando a $\mathbb{R}$ de las propiedades necesarias para el desarrollo riguroso del análisis y otras ramas de las matemáticas avanzadas.

5.5 Los números racionales como números reales

5.5.1 Inclusión de $\mathbb{Q}$ en $\mathbb{R}$

Los números racionales $\mathbb{Q}$ son un subconjunto fundamental dentro de los números reales $\mathbb{R}$. En esta sección, exploraremos cómo los números racionales se incluyen en los reales, preservando las estructuras algebraicas y de orden. Además, analizaremos las propiedades de esta inclusión y su importancia en la construcción y comprensión de los números reales.

> **Definition 5.5.1 — Inmersión de $\mathbb{Q}$ en $\mathbb{R}$.** Definimos una aplicación $\phi : \mathbb{Q} \to \mathbb{R}$ que asocia a cada número racional q su correspondiente en $\mathbb{R}$. Esta aplicación se denomina **inmersión canónica** y satisface:
>
> $$\phi(q) = q_\mathbb{R},$$
>
> donde $q_\mathbb{R}$ representa al número real asociado a q.

En las construcciones formales de $\mathbb{R}$, como mediante cortes de Dedekind o sucesiones de Cauchy, esta inmersión se realiza de forma explícita.

■ **Example 5.25** — **Inclusión en la construcción por cortes de Dedekind.** En la construcción de $\mathbb{R}$ mediante cortes de Dedekind, a cada número racional $q \in \mathbb{Q}$ le corresponde el corte:

$$A_q = \{r \in \mathbb{Q} \mid r < q\}.$$

Este corte representa al número real q, ya que todos los números racionales menores que q están en A_q, y q es la mínima cota superior de A_q en $\mathbb{R}$. ■

■ **Example 5.26** — **Inclusión en la construcción por sucesiones de Cauchy.** En la construcción de $\mathbb{R}$ mediante sucesiones de Cauchy, cada número racional $q \in \mathbb{Q}$ se identifica con la clase de equivalencia de la sucesión constante:

$$\{q, q, q, \dots\}.$$

Esta sucesión es de Cauchy en $\mathbb{Q}$ y representa al número real q en $\mathbb{R}$. ■

La inmersión canónica $\phi : \mathbb{Q} \to \mathbb{R}$ es un homomorfismo inyectivo de cuerpos ordenados, lo que significa que preserva las operaciones algebraicas y la relación de orden.

> **Theorem 5.5.1** — **Preservación de la estructura algebraica y de orden.** La inmersión canónica ϕ es un homomorfismo inyectivo que satisface:
> 1. Para todo $q_1, q_2 \in \mathbb{Q}$,
>
> $$\phi(q_1 + q_2) = \phi(q_1) + \phi(q_2), \quad \phi(q_1 q_2) = \phi(q_1)\phi(q_2).$$
>
> 2. Para todo $q_1, q_2 \in \mathbb{Q}$,
>
> $$q_1 < q_2 \implies \phi(q_1) < \phi(q_2).$$
>
> 3. ϕ es inyectiva: si $q_1 \neq q_2$, entonces $\phi(q_1) \neq \phi(q_2)$.

Demostración. **(1)** La suma y el producto se preservan directamente por la definición de las operaciones en $\mathbb{R}$. En la construcción por sucesiones de Cauchy, por ejemplo:

$$\phi(q_1 + q_2) = [\{q_1 + q_2, q_1 + q_2, \dots\}] = [\{q_1, q_1, \dots\} + \{q_2, q_2, \dots\}] = \phi(q_1) + \phi(q_2).$$

De manera similar para el producto.

(2) Si $q_1 < q_2$, entonces en la construcción por cortes de Dedekind, $A_{q_1} \subset A_{q_2}$, lo que implica que $\phi(q_1) < \phi(q_2)$ en $\mathbb{R}$.

(3) La inyectividad se sigue de que números racionales distintos corresponden a cortes o sucesiones distintas, por lo que sus imágenes en $\mathbb{R}$ son distintas. ∎

> ® La inclusión de $\mathbb{Q}$ en $\mathbb{R}$ es tal que $\mathbb{Q}$ es un subcuerpo denso en $\mathbb{R}$. Esto significa que entre cualquier par de números reales existe un número racional. Esta propiedad es fundamental en análisis y en la aproximación de números reales por racionales.

> **Theorem 5.5.2** — **Densidad de $\mathbb{Q}$ en $\mathbb{R}$.** Para cualesquiera $x, y \in \mathbb{R}$ con $x < y$, existe un número racional $q \in \mathbb{Q}$ tal que $x < q < y$.

5.5 Los números racionales como números reales

Demostración. Dado que $x < y$, la diferencia $y - x > 0$. Elegimos un entero positivo n tal que $\frac{1}{n} < y - x$. Tomamos el entero k tal que $k > nx$. Entonces, el número racional $q = \frac{k}{n}$ satisface:

$$x < \frac{k}{n} \leq x + \frac{1}{n} < y.$$

Por lo tanto, $q \in \mathbb{Q}$ y $x < q < y$. ∎

Esta propiedad de densidad nos permite aproximar números reales por números racionales con cualquier grado de precisión.

■ **Example 5.27 — Aproximación de $\sqrt{2}$ por números racionales.** El número irracional $\sqrt{2}$ puede ser aproximado por una sucesión de números racionales, como $1{,}4$, $1{,}41$, $1{,}414$, etc. Cada uno de estos números racionales es menor que $\sqrt{2}$ y se acerca cada vez más a su valor real. ∎

> **Exercise 5.24** Demuestre que para cualquier número real x y cualquier $\varepsilon > 0$, existe un número racional $q \in \mathbb{Q}$ tal que $|x - q| < \varepsilon$.
>
> *Demostración.* Por la densidad de $\mathbb{Q}$ en $\mathbb{R}$, entre $x - \varepsilon/2$ y $x + \varepsilon/2$ existe un número racional q. Entonces,
>
> $$|x - q| < \frac{\varepsilon}{2} + \frac{\varepsilon}{2} = \varepsilon.$$
>
> ∎

La inclusión de $\mathbb{Q}$ en $\mathbb{R}$ también preserva las propiedades topológicas, permitiendo extender conceptos como continuidad y límites definidos inicialmente para funciones racionales.

> **Theorem 5.5.3 — Extensión de funciones de $\mathbb{Q}$ a $\mathbb{R}$.** Sea $f : \mathbb{Q} \to \mathbb{Q}$ una función continua. Entonces, existe una función continua $F : \mathbb{R} \to \mathbb{R}$ tal que $F|_{\mathbb{Q}} = f$.

Demostración. La demostración utiliza el hecho de que $\mathbb{Q}$ es denso en $\mathbb{R}$. Para cada $x \in \mathbb{R}$, definimos:

$$F(x) = \lim_{q \to x} f(q),$$

donde el límite se toma sobre números racionales $q \in \mathbb{Q}$. La continuidad de f en $\mathbb{Q}$ garantiza que este límite existe y es independiente de la secuencia de racionales que converge a x. Así, F es una extensión continua de f a $\mathbb{R}$. ∎

> ® Este teorema es fundamental en análisis, ya que permite trabajar con funciones definidas inicialmente en $\mathbb{Q}$ y extenderlas a $\mathbb{R}$, manteniendo sus propiedades de continuidad y diferenciabilidad.

■ **Example 5.28 — Función racional extendida.** Consideremos la función $f : \mathbb{Q} \to \mathbb{Q}$ definida por $f(q) = q^2$. La función f es continua en $\mathbb{Q}$. Podemos extender f a una función continua $F : \mathbb{R} \to \mathbb{R}$ definida por $F(x) = x^2$ para todo $x \in \mathbb{R}$. ∎

La inclusión de $\mathbb{Q}$ en $\mathbb{R}$ también permite analizar propiedades algebraicas, como la existencia de raíces y soluciones de ecuaciones.

> **Theorem 5.5.4 — Incompletitud algebraica de $\mathbb{Q}$.** Existen ecuaciones polinómicas con coeficientes racionales que no tienen soluciones en $\mathbb{Q}$, pero sí en $\mathbb{R}$. Por ejemplo, la ecuación $x^2 = 2$ no tiene solución en $\mathbb{Q}$, pero sí en $\mathbb{R}$.

Demostración. Se sabe que $\sqrt{2}$ es irracional, por lo que no pertenece a $\mathbb{Q}$. Sin embargo, $\sqrt{2} \in \mathbb{R}$, ya que los números reales incluyen a todos los límites de sucesiones de Cauchy de números racionales, y $\sqrt{2}$ puede construirse como tal límite. ∎

> **Exercise 5.25** Demuestre que la ecuación $x^3 = 3$ no tiene solución racional, pero sí real.
>
> *Demostración.* Supongamos que existe $q = \dfrac{p}{q} \in \mathbb{Q}$ tal que $q^3 = 3$. Entonces $p^3 = 3q^3$, lo que implica que 3 divide a p^3, y por lo tanto a p. Pero entonces $p = 3k$, y reemplazando:
>
> $$(3k)^3 = 3q^3 \implies 27k^3 = 3q^3 \implies 9k^3 = q^3.$$
>
> Esto implica que q^3 es múltiplo de 9, y por tanto q es múltiplo de 3. Así, p y q tienen un factor común, contradiciendo que la fracción es irreducible. Por lo tanto, no existe tal $q \in \mathbb{Q}$, pero $\sqrt[3]{3} \in \mathbb{R}$. ∎

> ⓡ Estas propiedades muestran que $\mathbb{R}$ es una extensión de $\mathbb{Q}$ que es algebraicamente cerrada respecto a raíces reales, aunque no es un campo algebraicamente cerrado en general (esto requiere considerar los números complejos $\mathbb{C}$).

Además, la inclusión de $\mathbb{Q}$ en $\mathbb{R}$ permite estudiar la cardinalidad de estos conjuntos y su relación.

> **Theorem 5.5.5 — Cardinalidad de $\mathbb{Q}$ y $\mathbb{R}$.** El conjunto de los números racionales $\mathbb{Q}$ es numerable, mientras que el conjunto de los números reales $\mathbb{R}$ es no numerable.

Demostración. **Para $\mathbb{Q}$:** Los números racionales pueden enumerarse mediante las fracciones irreducibles $\dfrac{p}{q}$ con $p, q \in \mathbb{Z}$, $q > 0$, y ordenándolos según $|p| + q$.
Para $\mathbb{R}$: Cantor demostró que $\mathbb{R}$ no es numerable utilizando su famoso argumento de la diagonalización. Por lo tanto, hay más números reales que racionales, y la inclusión es propia. ∎

> **Exercise 5.26** Demuestre que el conjunto de los números irracionales $\mathbb{R} \setminus \mathbb{Q}$ es no numerable.
>
> *Demostración.* Sabemos que $\mathbb{R}$ es no numerable y $\mathbb{Q}$ es numerable. Como $\mathbb{Q}$ es un subconjunto numerable de $\mathbb{R}$, y la unión de $\mathbb{Q}$ y $\mathbb{R} \setminus \mathbb{Q}$ es $\mathbb{R}$, si $\mathbb{R} \setminus \mathbb{Q}$ fuera numerable, entonces $\mathbb{R}$ sería numerable, lo cual es una contradicción. Por lo tanto, $\mathbb{R} \setminus \mathbb{Q}$ es no numerable. ∎

La Figura 5.5.1 ilustra visualmente la inclusión de $\mathbb{Q}$ dentro de $\mathbb{R}$, mostrando que $\mathbb{Q}$ es un subconjunto propio y numerable dentro del conjunto no numerable de los números reales.

5.5 Los números racionales como números reales

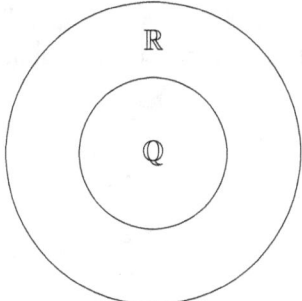

Figura 5.5.1: *Representación de $\mathbb{Q}$ como subconjunto propio de $\mathbb{R}$*

> La inclusión de los números racionales $\mathbb{Q}$ en los números reales $\mathbb{R}$ es esencial para el desarrollo del análisis matemático y la teoría de números, ya que permite extender conceptos y resultados conocidos en $\mathbb{Q}$ al contexto más amplio y completo de $\mathbb{R}$.

En conclusión, la inclusión de los números racionales $\mathbb{Q}$ en los números reales $\mathbb{R}$ es un proceso natural y fundamental que preserva las estructuras algebraicas y de orden, y permite aprovechar la densidad de $\mathbb{Q}$ para aproximar números reales y extender funciones y propiedades. Esta inclusión es esencial para el desarrollo riguroso del análisis y otras áreas avanzadas de las matemáticas.

5.5.2 Representación y diferencias

Los números racionales $\mathbb{Q}$ son un subconjunto denso y fundamental dentro del conjunto de los números reales $\mathbb{R}$. Sin embargo, existen diferencias clave entre los números racionales y los números reales en general, especialmente en lo que respecta a los números irracionales. En esta sección, exploraremos la representación de los números racionales como números reales y examinaremos las diferencias esenciales entre ellos.

> **Definition 5.5.2 — Números racionales.** Un **número racional** es un número que puede expresarse como el cociente de dos enteros, es decir, $q = \dfrac{p}{q}$, donde $p, q \in \mathbb{Z}$ y $q \neq 0$. El conjunto de todos los números racionales se denota por $\mathbb{Q}$.

> **Definition 5.5.3 — Números reales.** El conjunto de los **números reales** $\mathbb{R}$ incluye a todos los límites de sucesiones convergentes de números racionales. Los números reales pueden ser racionales o irracionales (números que no pueden expresarse como el cociente de dos enteros).

Los números racionales pueden ser representados dentro de los números reales mediante diferentes construcciones formales, como los cortes de Dedekind o las sucesiones de Cauchy, como hemos visto en secciones anteriores. Esta representación permite que las operaciones y propiedades de $\mathbb{Q}$ sean consistentes con las de $\mathbb{R}$.

> **Theorem 5.5.6 — Densidad de $\mathbb{Q}$ en $\mathbb{R}$.** El conjunto de los números racionales $\mathbb{Q}$ es denso en $\mathbb{R}$; es decir, para cualquier par de números reales a, b con $a < b$, existe un número racional $q \in \mathbb{Q}$ tal que $a < q < b$.

Demostración. Sea $a, b \in \mathbb{R}$ con $a < b$. Consideramos la diferencia $b - a > 0$. Por la propiedad arquimediana, existe $n \in \mathbb{N}$ tal que $\dfrac{1}{n} < b - a$. Elegimos un número entero m tal que $an < m < bn$. Entonces, $q = \dfrac{m}{n} \in \mathbb{Q}$ y $a < q < b$. ∎

Este teorema muestra que los números racionales están distribuidos por toda la recta real sin dejar "huecos", lo que permite aproximar cualquier número real con números racionales con la precisión deseada.

■ **Example 5.29** Aproximemos el número irracional π con números racionales. Sabemos que $\pi \approx 3{,}14159$. Podemos tomar las fracciones:

$$\frac{22}{7} \approx 3{,}14286, \quad \frac{333}{106} \approx 3{,}14151, \quad \frac{355}{113} \approx 3{,}14159.$$

Cada una de estas fracciones es un número racional que se acerca cada vez más a π. ■

A pesar de esta densidad, existen diferencias fundamentales entre $\mathbb{Q}$ y $\mathbb{R}$, especialmente en términos de completitud y cardinalidad.

> **Theorem 5.5.7 — Incompletitud de $\mathbb{Q}$.** El conjunto de los números racionales $\mathbb{Q}$ no es completo; es decir, existen sucesiones de números racionales que convergen en $\mathbb{R}$, pero cuyo límite no es un número racional.

Demostración. Consideremos la sucesión $\{a_n\}$ definida por:

$$a_n = \cfrac{1}{1 + \cfrac{1}{1 + \cfrac{1}{1 + \cdots + \cfrac{1}{1}}}},$$

donde la fracción continua tiene n niveles. Esta sucesión converge al número irracional $\phi = \dfrac{1 + \sqrt{5}}{2}$, conocido como la proporción áurea. Aunque cada a_n es racional, el límite es irracional, lo que muestra que $\mathbb{Q}$ es incompleto. ■

> ® Este ejemplo ilustra que en $\mathbb{Q}$ existen sucesiones de Cauchy que no convergen en $\mathbb{Q}$, pero sí en $\mathbb{R}$. Esto es una consecuencia de la incompletitud de $\mathbb{Q}$ y la completitud de $\mathbb{R}$.

Otra diferencia significativa es la cardinalidad de los conjuntos.

> **Theorem 5.5.8 — Cardinalidad de $\mathbb{Q}$ y $\mathbb{R}$.** El conjunto de los números racionales $\mathbb{Q}$ es numerable (tiene la misma cardinalidad que $\mathbb{N}$), mientras que el conjunto de los números reales $\mathbb{R}$ es no numerable.

Demostración. **(a) $\mathbb{Q}$ es numerable:** Los números racionales pueden ordenarse en una secuencia enumerada. Consideramos las fracciones irreducibles $\dfrac{p}{q}$, con $p \in \mathbb{Z}$ y $q \in \mathbb{N}$. Podemos listar todas estas fracciones mediante un proceso diagonal, asignando un número natural a cada una.

(b) $\mathbb{R}$ es no numerable: Cantor demostró que $\mathbb{R}$ no es numerable mediante su argumento de la diagonalización. Supongamos que $\mathbb{R}$ es numerable y que existe una biyección con $\mathbb{N}$. Construimos un número real que difiere en cada decimal de los números enumerados, obteniendo una contradicción. Por lo tanto, $\mathbb{R}$ es no numerable. ■

5.5 Los números racionales como números reales

Corollary 5.5.9 El conjunto de los números irracionales $\mathbb{R} \setminus \mathbb{Q}$ es no numerable.

Demostración. Dado que $\mathbb{R}$ es no numerable y $\mathbb{Q}$ es numerable, y considerando que $\mathbb{R} = \mathbb{Q} \cup (\mathbb{R} \setminus \mathbb{Q})$, se sigue que $\mathbb{R} \setminus \mathbb{Q}$ debe ser no numerable. ∎

■ **Example 5.30** Esto significa que hay "más" números irracionales que racionales en $\mathbb{R}$. Aunque $\mathbb{Q}$ es denso en $\mathbb{R}$, los irracionales son predominantemente más numerosos.

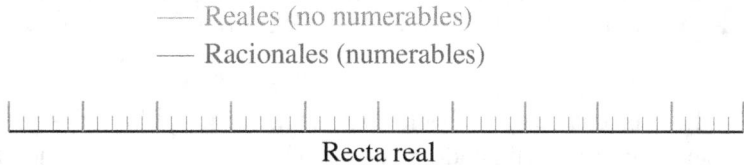

Figura 5.5.2: *Representación de la densidad de los números racionales y reales en la recta numérica*

La Figura 5.5.2 ilustra la densidad de los números racionales y la abundancia de los números reales en la recta numérica.

Otra diferencia importante es la existencia de ciertos tipos de límites y convergencias que sólo se manifiestan en $\mathbb{R}$ y no en $\mathbb{Q}$.

Theorem 5.5.10 — Existencia de límites en $\mathbb{R}$. Toda sucesión monótona y acotada en $\mathbb{R}$ converge en $\mathbb{R}$. En cambio, en $\mathbb{Q}$, una sucesión monótona y acotada no necesariamente converge en $\mathbb{Q}$.

Demostración. En $\mathbb{R}$, el **Teorema de completitud** garantiza que toda sucesión monótona y acotada converge a un límite en $\mathbb{R}$. Sin embargo, en $\mathbb{Q}$, consideremos la sucesión $\{a_n\}$ definida por las aproximaciones decimales de $\sqrt{2}$:

$$a_n = \text{Truncamiento de } \sqrt{2} \text{ a } n \text{ decimales.}$$

Esta sucesión es monótona creciente y acotada superiormente por $\sqrt{2}$, pero su límite $\sqrt{2}$ no pertenece a $\mathbb{Q}$. ∎

> (R) La completitud de $\mathbb{R}$ es una propiedad esencial que permite el desarrollo del análisis matemático, ya que garantiza la existencia de límites y la validez de teoremas fundamentales como el **Teorema del Supremos** y el **Teorema del Valor Intermedio**.

Exercise 5.27 Sea $\{a_n\}$ una sucesión de números racionales definida por $a_n = (1 + \frac{1}{n})^n$. Demuestre que $\{a_n\}$ converge en $\mathbb{R}$ y determine su límite.

Demostración. Sabemos que:

$$\lim_{n \to \infty} \left(1 + \frac{1}{n}\right)^n = e,$$

donde e es el número de Euler, un número irracional. Aunque cada a_n es racional, el límite es irracional. Por lo tanto, $\{a_n\}$ converge en $\mathbb{R}$, pero no en $\mathbb{Q}$. ∎

Otra diferencia clave es cómo se comportan las funciones cuando sus argumentos son racionales o reales.

Definition 5.5.4 — Función racional. Una **función racional** es una función $f : \mathbb{Q} \to \mathbb{Q}$ que puede expresarse como el cociente de dos polinomios con coeficientes racionales.

Theorem 5.5.11 — Extensión de funciones racionales. Toda función racional $f : \mathbb{Q} \to \mathbb{Q}$ puede extenderse a una función $F : \mathbb{R} \to \mathbb{R}$ continua en los puntos donde está definida.

Demostración. La densidad de $\mathbb{Q}$ en $\mathbb{R}$ y la continuidad de los polinomios permiten extender f a F de manera natural, definiendo $F(x) = f(x)$ para $x \in \mathbb{Q}$ y extendiéndola a $x \in \mathbb{R}$ mediante límites, ya que los polinomios y sus cocientes son continuos en $\mathbb{R}$ excepto en los puntos de indeterminación. ∎

■ **Example 5.31** Consideremos la función racional $f(x) = \dfrac{x^2 - 1}{x - 1}$ definida en $\mathbb{Q} \setminus \{1\}$. Podemos extender f a una función continua en $\mathbb{R} \setminus \{1\}$, y además, definir $F(1) = 2$ para que F sea continua en $x = 1$, ya que:

$$\lim_{x \to 1} \frac{x^2 - 1}{x - 1} = \lim_{x \to 1} \frac{(x-1)(x+1)}{x - 1} = \lim_{x \to 1} x + 1 = 2.$$

■

Exercise 5.28 Sea $f : \mathbb{Q} \to \mathbb{Q}$ definida por $f(x) = \sin x$. Discuta la posibilidad de extender f a una función $F : \mathbb{R} \to \mathbb{R}$ y determine si F es continua.

Demostración. La función seno se puede definir para todos los números reales. Aunque f está inicialmente definida en $\mathbb{Q}$, podemos extenderla a $F : \mathbb{R} \to \mathbb{R}$ mediante $F(x) = \sin x$. La función F es continua en todo $\mathbb{R}$, ya que la función seno es continua en $\mathbb{R}$. ∎

(R) Las funciones trascendentes, como $\sin x$, $\cos x$, e^x, logaritmos y otras, están naturalmente definidas en $\mathbb{R}$ y no pueden restringirse únicamente a $\mathbb{Q}$ sin perder continuidad y propiedades fundamentales.

Finalmente, consideremos el impacto de estas diferencias en el contexto de la resolución de ecuaciones y la existencia de soluciones.

Theorem 5.5.12 — Soluciones en $\mathbb{R}$ vs. $\mathbb{Q}$. Existen ecuaciones algebraicas que tienen soluciones en $\mathbb{R}$ pero no en $\mathbb{Q}$. Por ejemplo, la ecuación $x^2 = 2$ tiene soluciones en $\mathbb{R}$, pero no en $\mathbb{Q}$.

Demostración. La ecuación $x^2 = 2$ tiene como soluciones $x = \sqrt{2}$ y $x = -\sqrt{2}$. Como $\sqrt{2}$ es un número irracional, estas soluciones no pertenecen a $\mathbb{Q}$. Sin embargo, en $\mathbb{R}$, estas soluciones existen y son válidas. ∎

■ **Example 5.32** La ecuación $x^3 = 3$ tampoco tiene soluciones racionales, pero sí en $\mathbb{R}$, ya que $x = \sqrt[3]{3}$ es irracional pero pertenece a $\mathbb{R}$.
La Figura 5.5.3 muestra la gráfica de $y = x^3$ y las soluciones de la ecuación $x^3 = 3$.

5.6 Algunos números reales importantes

> Exercise 5.29 Determine si la ecuación $x^5 - x + 1 = 0$ tiene soluciones racionales. Justifique su respuesta.
>
> *Demostración.* Aplicamos el **Teorema de Ruffini** o **Teorema de los Racionales**. Los posibles candidatos a soluciones racionales son divisores de 1 divididos por divisores de 1, es decir, ± 1. Evaluamos:
>
> $$f(1) = 1 - 1 + 1 = 1 \neq 0, \quad f(-1) = -1 + 1 + 1 = 1 \neq 0.$$
>
> Por lo tanto, la ecuación no tiene soluciones racionales. Sin embargo, por el **Teorema de Bolzano**, existe al menos una solución real en el intervalo $(-\infty, \infty)$, ya que la función es continua y cambia de signo. ∎

> (R) El **Teorema de Bolzano** es una herramienta poderosa en $\mathbb{R}$ para garantizar la existencia de raíces de ecuaciones continuas que cruzan el eje x, una propiedad que no siempre es aplicable en $\mathbb{Q}$ debido a su incompletitud.

En conclusión, aunque los números racionales y reales están estrechamente relacionados, existen diferencias fundamentales entre ellos en términos de completitud, cardinalidad, densidad y comportamiento de funciones y límites. Estas diferencias son esenciales para el desarrollo del análisis matemático y la comprensión profunda de la estructura de los números.

5.6 Algunos números reales importantes

5.6.1 Definición de π y e

En esta sección, introduciremos dos de los números reales más importantes y trascendentales en matemáticas: el número π y el número e. Ambos números aparecen en diversas áreas de las matemáticas, incluyendo geometría, análisis, álgebra y teoría de números. Comenzaremos definiendo rigurosamente cada uno de estos números y explorando sus propiedades fundamentales.

> **Definition 5.6.1 — Número π.** El número π se define como el cociente entre la longitud de la circunferencia de un círculo y su diámetro en geometría euclidiana. Es decir,
>
> $$\pi = \frac{\text{Longitud de la circunferencia}}{\text{Diámetro}}.$$
>
> Alternativamente, π puede ser definido como el doble del primer número positivo x donde $\cos x = 0$.

> (R) El número π es una constante real e irracional, aproximadamente igual a $3{,}1415926535\ldots$.

> **Theorem 5.6.1 — Serie de Leibniz para π.** El número π puede expresarse mediante la

siguiente serie alternada:

$$\pi = 4 \sum_{n=0}^{\infty} \frac{(-1)^n}{2n+1}.$$

Demostración. La serie de Leibniz se obtiene al evaluar la serie de Taylor de la función arctangente en $x = 1$:

$$\arctan x = \sum_{n=0}^{\infty} \frac{(-1)^n x^{2n+1}}{2n+1}, \quad |x| \leq 1.$$

Como $\arctan 1 = \dfrac{\pi}{4}$, reemplazando $x = 1$, obtenemos:

$$\frac{\pi}{4} = \sum_{n=0}^{\infty} \frac{(-1)^n}{2n+1} \implies \pi = 4 \sum_{n=0}^{\infty} \frac{(-1)^n}{2n+1}.$$

∎

Exercise 5.30 Utilice la serie de Leibniz para estimar el valor de π sumando los primeros 100 términos. Calcule el error con respecto al valor real de π.

(R) Aunque la serie de Leibniz converge a π, su convergencia es lenta. Existen otras series y métodos más eficientes para calcular π numéricamente.

Ahora, introducimos el número e, fundamental en el cálculo y el análisis matemático.

Definition 5.6.2 — Número e. El número e se define como el límite:

$$e = \lim_{n \to \infty} \left(1 + \frac{1}{n}\right)^n.$$

Alternativamente, e es la suma de la serie:

$$e = \sum_{n=0}^{\infty} \frac{1}{n!}.$$

(R) El número e es una constante real e irracional, aproximadamente igual a $2{,}7182818284\ldots$.

Theorem 5.6.2 — Propiedades del número e. El número e tiene las siguientes propiedades:

1. Es el único número real tal que $\dfrac{d}{dx} e^x = e^x$.
2. Satisface $\ln e = 1$, donde $\ln$ es el logaritmo natural.
3. La función $f(x) = e^x$ es su propia derivada y función inversa de $\ln x$.

Demostración. **1. Derivada de e^x:**
El número e se define como el límite:

$$e = \lim_{n \to \infty} \left(1 + \frac{1}{n}\right)^n.$$

5.6 Algunos números reales importantes

A partir de esta definición, la función exponencial e^x se define como:

$$e^x = \lim_{n\to\infty} \left(1 + \frac{x}{n}\right)^n.$$

La derivada de e^x puede calcularse directamente como:

$$\frac{d}{dx}e^x = \frac{d}{dx}\lim_{n\to\infty}\left(1 + \frac{x}{n}\right)^n = e^x,$$

ya que la función e^x satisface esta relación por construcción.

2. Propiedad del logaritmo natural:

El logaritmo natural $\ln x$ se define como la función inversa de e^x. Esto implica que:

$$e^{\ln x} = x \quad \text{y} \quad \ln(e^x) = x.$$

Para $x = 1$, se tiene:

$$\ln e = 1.$$

3. Relación entre e^x y $\ln x$:

La función $f(x) = e^x$ es la única función cuya derivada es igual a sí misma, es decir:

$$\frac{d}{dx}e^x = e^x.$$

Además, como e^x es invertible, su inversa es $\ln x$. Esto satisface la relación:

$$f(f^{-1}(x)) = e^{\ln x} = x \quad \text{y} \quad f^{-1}(f(x)) = \ln(e^x) = x.$$

Por lo tanto, se demuestra que e^x y $\ln x$ son funciones inversas, y que e^x es su propia derivada. ∎

■ **Example 5.33** Calcule el siguiente límite:

$$\lim_{n\to\infty}\left(1 + \frac{x}{n}\right)^n, \quad x \in \mathbb{R}.$$

Demostración. Utilizando la definición del número e, tenemos:

$$\lim_{n\to\infty}\left(1 + \frac{x}{n}\right)^n = e^x.$$

Esto se debe a que:

$$\left(1 + \frac{x}{n}\right)^n = \left(\left(1 + \frac{x}{n}\right)^{n/x}\right)^x \to e^x \quad \text{cuando } n \to \infty.$$

■

Exercise 5.31 Demuestre que:

$$\lim_{x\to 0}(1+x)^{1/x} = e.$$

Demostración. Tomamos el logaritmo natural:

$$\ln\left((1+x)^{1/x}\right) = \frac{\ln(1+x)}{x}.$$

Cuando $x \to 0$, mediante la expansión en serie de Taylor:

$$\ln(1+x) = x - \frac{x^2}{2} + \frac{x^3}{3} - \ldots,$$

por lo que:

$$\lim_{x \to 0} \frac{\ln(1+x)}{x} = \lim_{x \to 0} \frac{x - \frac{x^2}{2} + \frac{x^3}{3} - \ldots}{x} = 1.$$

Por lo tanto:

$$\lim_{x \to 0} (1+x)^{1/x} = e^{\lim_{x \to 0} \frac{\ln(1+x)}{x}} = e^1 = e.$$

∎

> (R) El número e es la base de los logaritmos naturales, lo que significa que el logaritmo natural de e es 1. Esta propiedad es esencial en cálculo y en la solución de ecuaciones diferenciales.

Theorem 5.6.3 — Serie de Taylor de e^x. La función exponencial e^x puede expresarse como una serie de potencias:

$$e^x = \sum_{n=0}^{\infty} \frac{x^n}{n!}.$$

Demostración. Consideremos la función $f(x) = e^x$, que tiene la propiedad de que su derivada es igual a sí misma, es decir, $f^{(n)}(x) = e^x$ para todo $n \geq 0$. Evaluando en $x = 0$, se obtiene:

$$f^{(n)}(0) = e^0 = 1.$$

La serie de Taylor de $f(x)$ en torno a $x = 0$ está dada por:

$$f(x) = \sum_{n=0}^{\infty} \frac{f^{(n)}(0)}{n!} x^n.$$

Sustituyendo $f^{(n)}(0) = 1$ para todo n, tenemos:

$$e^x = \sum_{n=0}^{\infty} \frac{x^n}{n!}.$$

Convergencia de la serie: Para demostrar que esta serie converge a e^x, utilizamos la definición de e^x como límite:

$$e^x = \lim_{n \to \infty} \left(1 + \frac{x}{n}\right)^n.$$

5.6 Algunos números reales importantes

La serie de potencias $\sum_{n=0}^{\infty} \frac{x^n}{n!}$ es absolutamente convergente para todo $x \in \mathbb{R}$, ya que:

$$\left|\frac{x^n}{n!}\right| \leq \frac{|x|^n}{n!},$$

y el término general tiende a 0 muy rápidamente debido al factorial en el denominador. Por lo tanto, la función e^x se puede expresar como la suma de su serie de Taylor:

$$e^x = \sum_{n=0}^{\infty} \frac{x^n}{n!}.$$

■

Exercise 5.32 Utilice la serie de e^x para calcular una aproximación de e^2 sumando los primeros cinco términos. Compare el resultado con el valor real.

Exercise 5.33 Demuestre que la derivada de $f(x) = e^{kx}$ es $f'(x) = ke^{kx}$, donde k es una constante real.

Demostración. Utilizando la regla de la cadena, tenemos:

$$f'(x) = \frac{d}{dx}e^{kx} = e^{kx} \cdot k = ke^{kx}.$$

■

(R) Las funciones exponenciales son soluciones fundamentales de ecuaciones diferenciales lineales de primer orden, como $y' = ky$, cuya solución general es $y(x) = Ce^{kx}$.

Ahora, exploraremos la relación entre π, e y los números complejos.

Theorem 5.6.4 — Fórmula de Euler. Para cualquier número real x, se cumple:

$$e^{ix} = \cos x + i \sin x,$$

donde $i = \sqrt{-1}$ es la unidad imaginaria.

Demostración. La función exponencial compleja e^{ix} se define mediante la serie de Taylor para e^z, donde $z \in \mathbb{C}$:

$$e^z = \sum_{n=0}^{\infty} \frac{z^n}{n!}.$$

Sustituyendo $z = ix$ con $i^2 = -1$, se tiene:

$$e^{ix} = \sum_{n=0}^{\infty} \frac{(ix)^n}{n!}.$$

Separando los términos según las potencias pares e impares de i, obtenemos:

$$e^{ix} = \sum_{k=0}^{\infty} \frac{(ix)^{2k}}{(2k)!} + \sum_{k=0}^{\infty} \frac{(ix)^{2k+1}}{(2k+1)!}.$$

Calculamos las potencias de i:

$$i^{2k} = (-1)^k, \quad i^{2k+1} = i \cdot (-1)^k.$$

Sustituyendo estas expresiones, se obtiene:

$$e^{ix} = \sum_{k=0}^{\infty} \frac{(-1)^k x^{2k}}{(2k)!} + i \sum_{k=0}^{\infty} \frac{(-1)^k x^{2k+1}}{(2k+1)!}.$$

Reconociendo las series de Taylor de $\cos x$ y $\sin x$, que están definidas como:

$$\cos x = \sum_{k=0}^{\infty} \frac{(-1)^k x^{2k}}{(2k)!}, \quad \sin x = \sum_{k=0}^{\infty} \frac{(-1)^k x^{2k+1}}{(2k+1)!},$$

se concluye que:

$$e^{ix} = \cos x + i \sin x.$$

Esto demuestra la fórmula de Euler. ∎

Corollary 5.6.5 La identidad de Euler es un caso especial de la fórmula de Euler cuando $x = \pi$:

$$e^{i\pi} + 1 = 0.$$

Demostración. Aplicando la fórmula de Euler con $x = \pi$:

$$e^{i\pi} = \cos \pi + i \sin \pi = (-1) + i \cdot 0 = -1.$$

Por lo tanto:

$$e^{i\pi} + 1 = -1 + 1 = 0.$$

∎

(R) La identidad de Euler es famosa por relacionar los números e, i, π, 1 y 0 en una sola ecuación, considerados algunos de los números más importantes en matemáticas.

Exercise 5.34 Utilice la fórmula de Euler para expresar $\sin x$ y $\cos x$ en términos de funciones exponenciales complejas.

Demostración. Despejando de la fórmula de Euler y su conjugado:

$$e^{ix} = \cos x + i \sin x, \quad e^{-ix} = \cos x - i \sin x.$$

Sumando y restando, obtenemos:

$$\cos x = \frac{e^{ix} + e^{-ix}}{2}, \quad \sin x = \frac{e^{ix} - e^{-ix}}{2i}.$$

∎

En resumen, los números π y e son fundamentales en diversas ramas de las matemáticas y poseen propiedades y relaciones profundas que conectan diferentes áreas como el análisis, el álgebra y la geometría. Su estudio es esencial para una comprensión avanzada de las matemáticas.

5.6 Algunos números reales importantes

5.6.2 Importancia en el análisis

Los números π y e son fundamentales en el análisis matemático debido a sus propiedades únicas y su aparición en una amplia variedad de contextos. En esta sección, exploraremos la relevancia de estos números en el desarrollo de conceptos clave del análisis, como las series infinitas, las ecuaciones diferenciales, las funciones trascendentales y las transformadas integrales.

Comenzamos destacando algunas propiedades esenciales que hacen a π y e indispensables en el análisis.

> **Theorem 5.6.6 — Transcendencia de π y e.** Los números π y e son números trascendentes; es decir, no son raíces de ningún polinomio no nulo con coeficientes enteros.

Demostración. La demostración de la trascendencia de e fue realizada por Charles Hermite en 1873, mientras que la de π fue establecida por Ferdinand von Lindemann en 1882. Ambos resultados se obtienen mediante técnicas avanzadas de teoría de números y análisis complejo, mostrando que si π o e fueran algebraicos, conduciría a contradicciones con propiedades conocidas de funciones exponenciales y logarítmicas. ∎

La trascendencia de π y e tiene implicaciones profundas en matemáticas, como la imposibilidad de ciertas construcciones geométricas clásicas, por ejemplo, la cuadratura del círculo.

 La trascendencia de π implica que no es posible, usando únicamente regla y compás, construir un cuadrado con la misma área que un círculo dado, problema conocido como la cuadratura del círculo.

En análisis, π y e aparecen en el estudio de series infinitas y desarrollos en series de potencias.

> **Theorem 5.6.7 — Desarrollo en serie de $\sin x$ y $\cos x$.** Las funciones seno y coseno pueden expresarse como series de potencias:
> $$\sin x = \sum_{n=0}^{\infty} \frac{(-1)^n x^{2n+1}}{(2n+1)!}, \quad \cos x = \sum_{n=0}^{\infty} \frac{(-1)^n x^{2n}}{(2n)!}.$$

Demostración. Las funciones seno y coseno son infinitamente diferenciables y se pueden expandir en series de Taylor alrededor de $x = 0$. La serie de Taylor para una función $f(x)$ está dada por:

$$f(x) = \sum_{n=0}^{\infty} \frac{f^{(n)}(0)}{n!} x^n.$$

1. Serie para $\sin x$:

Sabemos que las derivadas de $\sin x$ se alternan periódicamente:

$$\sin x, \quad \cos x, \quad -\sin x, \quad -\cos x, \quad \text{y así sucesivamente.}$$

Evaluando en $x = 0$, se obtiene:

$$\sin(0) = 0, \quad \cos(0) = 1, \quad -\sin(0) = 0, \quad -\cos(0) = -1.$$

Por lo tanto, sólo los términos impares contribuyen a la serie, y el coeficiente de x^{2n+1} es:

$$\frac{f^{(2n+1)}(0)}{(2n+1)!} = \frac{(-1)^n}{(2n+1)!}.$$

Así, la expansión de $\sin x$ es:

$$\sin x = \sum_{n=0}^{\infty} \frac{(-1)^n x^{2n+1}}{(2n+1)!}.$$

2. Serie para $\cos x$:

De manera similar, las derivadas de $\cos x$ se alternan como:

$$\cos x, \quad -\sin x, \quad -\cos x, \quad \sin x, \quad \text{y así sucesivamente.}$$

Evaluando en $x = 0$, se obtiene:

$$\cos(0) = 1, \quad -\sin(0) = 0, \quad -\cos(0) = -1, \quad \sin(0) = 0.$$

Por lo tanto, sólo los términos pares contribuyen a la serie, y el coeficiente de x^{2n} es:

$$\frac{f^{(2n)}(0)}{(2n)!} = \frac{(-1)^n}{(2n)!}.$$

Así, la expansión de $\cos x$ es:

$$\cos x = \sum_{n=0}^{\infty} \frac{(-1)^n x^{2n}}{(2n)!}.$$

Ambas series convergen absolutamente para todo $x \in \mathbb{R}$ debido al factorial en el denominador, lo que demuestra la validez de estas expresiones. ∎

Las series anteriores son fundamentales para establecer la conexión entre las funciones trigonométricas y la función exponencial compleja, mediante la fórmula de Euler.

> **Theorem 5.6.8 — Fórmula de Euler.** Para todo $x \in \mathbb{R}$, se cumple:
>
> $$e^{ix} = \cos x + i \sin x.$$

Demostración. La función exponencial compleja e^z, donde $z \in \mathbb{C}$, se define mediante la serie de Taylor:

$$e^z = \sum_{n=0}^{\infty} \frac{z^n}{n!}.$$

Sustituyendo $z = ix$, donde $i^2 = -1$, se obtiene:

$$e^{ix} = \sum_{n=0}^{\infty} \frac{(ix)^n}{n!}.$$

Expandiendo las potencias de i:

$$i^{2k} = (-1)^k, \quad i^{2k+1} = i \cdot (-1)^k,$$

5.6 Algunos números reales importantes

podemos separar la suma en términos pares e impares:

$$e^{ix} = \sum_{k=0}^{\infty} \frac{(ix)^{2k}}{(2k)!} + \sum_{k=0}^{\infty} \frac{(ix)^{2k+1}}{(2k+1)!}.$$

Sustituyendo las potencias de i, obtenemos:

$$e^{ix} = \sum_{k=0}^{\infty} \frac{(-1)^k x^{2k}}{(2k)!} + i \sum_{k=0}^{\infty} \frac{(-1)^k x^{2k+1}}{(2k+1)!}.$$

Reconociendo las series de Taylor de $\cos x$ y $\sin x$, que están definidas como:

$$\cos x = \sum_{k=0}^{\infty} \frac{(-1)^k x^{2k}}{(2k)!}, \quad \sin x = \sum_{k=0}^{\infty} \frac{(-1)^k x^{2k+1}}{(2k+1)!},$$

se concluye que:

$$e^{ix} = \cos x + i \sin x.$$

Esto demuestra la fórmula de Euler. ∎

Corollary 5.6.9 — Identidad de Euler. Cuando $x = \pi$, la fórmula de Euler conduce a la identidad:

$$e^{i\pi} + 1 = 0.$$

Demostración. Sustituyendo $x = \pi$ en la fórmula de Euler:

$$e^{i\pi} = \cos \pi + i \sin \pi = -1 + i \cdot 0 = -1.$$

Por lo tanto:

$$e^{i\pi} + 1 = -1 + 1 = 0.$$

∎

(R) La identidad de Euler es celebrada por conectar cinco de los números más importantes en matemáticas en una sola ecuación sencilla.

La función gamma generaliza el concepto de factorial a los números reales y complejos, y está estrechamente relacionada con π.

Definition 5.6.3 — Función gamma. La función gamma $\Gamma(z)$ se define para z con parte real positiva mediante la integral impropia:

$$\Gamma(z) = \int_0^{\infty} t^{z-1} e^{-t} \, dt.$$

Demostración. La demostración se basa en el cálculo de la integral de Gauss:

$$\int_{-\infty}^{\infty} e^{-x^2} \, dx = \sqrt{\pi}.$$

Mediante un cambio de variables adecuado y propiedades de la función gamma, se llega al resultado. ∎

■ **Example 5.34** Calcule la integral:

$$I = \int_0^\infty e^{-x^2} dx.$$

■

Demostración. Sabemos que:

$$\int_{-\infty}^\infty e^{-x^2} dx = \sqrt{\pi}.$$

Dado que la función es par, se tiene:

$$\int_0^\infty e^{-x^2} dx = \frac{\sqrt{\pi}}{2}.$$

■

La importancia de π en análisis también se evidencia en el estudio de las series de Fourier, donde aparece como período fundamental de las funciones seno y coseno.

> **Theorem 5.6.11 — Serie de Fourier.** Sea f una función integrable y periódica de período 2π. Entonces, f puede expresarse como una serie de Fourier:
>
> $$f(x) = a_0 + \sum_{n=1}^\infty (a_n \cos nx + b_n \sin nx),$$
>
> donde a_n y b_n son los coeficientes de Fourier dados por:
>
> $$a_n = \frac{1}{\pi} \int_{-\pi}^\pi f(x) \cos nx\, dx, \quad b_n = \frac{1}{\pi} \int_{-\pi}^\pi f(x) \sin nx\, dx.$$

Demostración. La demostración se basa en la ortogonalidad de las funciones seno y coseno en el intervalo $[-\pi, \pi]$ y en la proyección de f sobre estas funciones base. ■

> (R) Las series de Fourier son herramientas esenciales en la resolución de ecuaciones en derivadas parciales, procesamiento de señales y análisis armónico.

El número e es crucial en el estudio de ecuaciones diferenciales, especialmente en soluciones de ecuaciones lineales homogéneas.

> **Theorem 5.6.12 — Solución de ecuaciones diferenciales lineales.** La solución general de la ecuación diferencial lineal homogénea de primer orden:
>
> $$\frac{dy}{dx} = ky,$$
>
> es:
>
> $$y(x) = Ce^{kx},$$
>
> donde C es una constante de integración.

5.6 Algunos números reales importantes

Demostración. Separando variables:

$$\frac{dy}{y} = k\,dx.$$

Integrando ambos lados:

$$\ln|y| = kx + C',$$

donde C' es constante. Exponenciando:

$$y = e^{kx+C'} = Ce^{kx}, \quad \text{con } C = e^{C'}.$$

∎

Exercise 5.35 Resuelva la ecuación diferencial logística:

$$\frac{dP}{dt} = rP\left(1 - \frac{P}{K}\right),$$

donde r y K son constantes positivas, y $P(0) = P_0$.

Demostración. Separando variables y resolviendo la ecuación, se obtiene:

$$P(t) = \frac{KP_0 e^{rt}}{K + P_0(e^{rt} - 1)}.$$

∎

(R) La ecuación logística modela el crecimiento poblacional con una capacidad de carga K, y la función exponencial e^{rt} es fundamental en su solución.

En análisis complejo, π y e aparecen en la representación de funciones analíticas y en teoremas fundamentales.

Theorem 5.6.13 — Teorema de Cauchy. Sea f una función analítica en un dominio simplemente conexo D, y sea C una curva cerrada y simple en D. Entonces:

$$\int_C f(z)\,dz = 0.$$

Demostración. El teorema se basa en la propiedad de analiticidad de f y en el hecho de que su integral alrededor de una curva cerrada en un dominio simplemente conexo es cero. ∎

■ **Example 5.35** Calcule la integral:

$$I = \int_{|z|=1} \frac{e^z}{z}\,dz,$$

donde la integral se toma sobre el círculo unitario en sentido positivo.

Demostración. Utilizando el **Teorema de Cauchy**, tenemos:

$$I = 2\pi i \cdot \text{Residuo de } \frac{e^z}{z} \text{ en } z = 0 = 2\pi i \cdot e^0 = 2\pi i.$$

∎

> **Exercise 5.36** Demuestre que:
>
> $$\int_0^\infty \frac{\sin x}{x}\, dx = \frac{\pi}{2}.$$

Demostración. Esta integral se conoce como la integral de Dirichlet y puede evaluarse mediante técnicas de análisis complejo o utilizando transformadas de Fourier. ∎

> (R) La función *sinc* es la transformada de Fourier de una función escalón y es esencial en el teorema de muestreo de Nyquist-Shannon.

En conclusión, los números π y e son omnipresentes en el análisis matemático, desempeñando roles cruciales en series infinitas, ecuaciones diferenciales, análisis complejo, transformadas integrales y más. Su estudio no solo es fundamental para el análisis teórico sino también para aplicaciones prácticas en física, ingeniería y otras ciencias.

5.7 Orden de los números reales

5.7.1 Comparación de números reales

Los números reales $\mathbb{R}$ forman un **campo ordenado completo**, lo que significa que además de las operaciones de suma y multiplicación, existe una relación de orden total que permite comparar cualquier par de números reales. En esta sección, exploraremos las propiedades fundamentales de esta relación de orden y cómo se utilizan para establecer comparaciones entre números reales.

> **Definition 5.7.1 — Relación de orden en $\mathbb{R}$.** Sea $\mathbb{R}$ el conjunto de los números reales. Una relación binaria $<$ en $\mathbb{R}$ es una **relación de orden total** si para cualesquiera $a, b, c \in \mathbb{R}$, se cumplen las siguientes propiedades:
>
> 1. **Tricotomía:** Exactamente una de las siguientes afirmaciones es verdadera:
>
> $$a < b, \quad a = b, \quad a > b.$$
>
> 2. **Transitividad:** Si $a < b$ y $b < c$, entonces $a < c$.
> 3. **Antisimetría:** Si $a < b$, entonces no es cierto que $b < a$.

La relación de orden en $\mathbb{R}$ es compatible con las operaciones algebraicas, lo que se refleja en las siguientes propiedades.

Proposition 5.7.1 — Compatibilidad del orden con la suma. Para todos $a, b, c \in \mathbb{R}$, si $a < b$, entonces:

$$a + c < b + c.$$

Demostración. Dado que $a < b$, la diferencia $b - a > 0$. Al sumar c a ambos lados, obtenemos:

$$(a + c) - (b + c) = a - b < 0 \implies a + c < b + c.$$

∎

Proposition 5.7.2 — Compatibilidad del orden con el producto. Para todos $a, b \in \mathbb{R}$ y $c \in \mathbb{R} \setminus \{0\}$, se cumple:

5.7 Orden de los números reales

1. Si $c > 0$ y $a < b$, entonces $ac < bc$.
2. Si $c < 0$ y $a < b$, entonces $ac > bc$.

Demostración. **(1)** Si $c > 0$, multiplicar por c preserva el orden:

$$b - a > 0 \implies c(b-a) > 0 \implies bc - ac > 0 \implies ac < bc.$$

(2) Si $c < 0$, multiplicar por c invierte el orden:

$$b - a > 0 \implies c(b-a) < 0 \implies bc - ac < 0 \implies ac > bc.$$

■

■ **Example 5.36** Compare los números $a = \sqrt{2}$ y $b = \dfrac{3}{2}$.

Demostración. Calculamos:

$$\sqrt{2} \approx 1{,}4142, \quad \frac{3}{2} = 1{,}5.$$

Como $1{,}4142 < 1{,}5$, entonces $\sqrt{2} < \dfrac{3}{2}$.

■

Exercise 5.37 Demuestre que para todo $n \in \mathbb{N}$, se cumple $n < 2^n$.

Demostración. Procedemos por inducción sobre n.
Base: Para $n = 1$, $1 < 2^1 = 2$ es verdadero.
Paso inductivo: Supongamos que $n < 2^n$ para algún $n \geq 1$. Entonces:

$$n + 1 < 2^n + 1 \leq 2^n + 2^n = 2^{n+1}.$$

Por lo tanto, $n + 1 < 2^{n+1}$.

■

Ⓡ La capacidad de comparar números reales es fundamental en el análisis matemático, ya que permite establecer desigualdades, definir límites y estudiar el comportamiento de funciones y sucesiones.

Definition 5.7.2 — Intervalos en $\mathbb{R}$. Un **intervalo** es un subconjunto de $\mathbb{R}$ que contiene todos los números reales entre dos extremos dados. Los intervalos se clasifican según la inclusión o no de sus extremos:
- **Intervalo cerrado:** $[a,b] = \{x \in \mathbb{R} \mid a \leq x \leq b\}$.
- **Intervalo abierto:** $(a,b) = \{x \in \mathbb{R} \mid a < x < b\}$.
- **Intervalo semicerrado:** $[a,b)$ o $(a,b]$.

Los intervalos son fundamentales en el análisis real, ya que permiten definir conceptos como continuidad, límites y derivadas en función de cómo se comportan las funciones dentro de estos conjuntos.

> **Theorem 5.7.3 — Propiedad del Supremum.** Todo subconjunto no vacío y acotado superiormente de $\mathbb{R}$ tiene una cota superior mínima en $\mathbb{R}$, llamada **supremo**.

Demostración. Sea $S \subseteq \mathbb{R}$ un conjunto no vacío y acotado superiormente. Por definición, existe una cota superior para S, es decir, un número $M \in \mathbb{R}$ tal que:

$$x \leq M \quad \text{para todo } x \in S.$$

Definimos el **supremo** de S, denotado $\sup S$, como el número $L \in \mathbb{R}$ que cumple:
1. L es una cota superior de S, es decir:

    $$x \leq L \quad \text{para todo } x \in S.$$

2. L es la cota superior mínima, es decir, si $L' < L$, entonces L' no es una cota superior de S, lo que implica que existe algún $x \in S$ tal que:

    $$x > L'.$$

Para demostrar la existencia de L, consideramos el conjunto de todas las cotas superiores de S:

$$C = \{c \in \mathbb{R} \mid x \leq c \text{ para todo } x \in S\}.$$

El conjunto C es no vacío, ya que $M \in C$, y está acotado inferiormente por cualquier elemento de S. Por la propiedad de completitud de $\mathbb{R}$, el conjunto C tiene un ínfimo en $\mathbb{R}$, al que llamamos $L = \text{ínf } C$. Este L satisface las propiedades requeridas:

$$L = \sup S.$$

Por lo tanto, se concluye que todo subconjunto no vacío y acotado superiormente de $\mathbb{R}$ tiene un supremo en $\mathbb{R}$. ∎

■ **Example 5.37** Sea $S = \{x \in \mathbb{R} \mid x^2 < 2\}$. Entonces, $\sup S = \sqrt{2}$.

Demostración. Todo $x \in S$ satisface $x < \sqrt{2}$. Cualquier número mayor o igual que $\sqrt{2}$ no pertenece a S. Por lo tanto, $\sqrt{2}$ es la mínima cota superior de S. ∎

> **Exercise 5.38** Sea $T = \left\{ \dfrac{1}{n} \mid n \in \mathbb{N} \right\}$. Determine $\text{ínf } T$.

Demostración. Los elementos de T son positivos y decrecen hacia 0. Dado que 0 es una cota inferior de T y no existe ningún número positivo menor en T, tenemos que $\text{ínf } T = 0$. ∎

Lema 5.7.1 — Densidad de $\mathbb{Q}$ en $\mathbb{R}$. Entre dos números reales cualesquiera a y b con $a < b$, existe al menos un número racional $q \in \mathbb{Q}$ tal que $a < q < b$.

Demostración. Dado $a < b$, consideramos $n \in \mathbb{N}$ tal que $n > \dfrac{1}{b-a}$. Entonces, existe un entero m tal que $m > an$. Definimos $q = \dfrac{m}{n}$. Entonces:

$$a < \frac{m}{n} \leq a + \frac{1}{n} < a + (b-a) = b.$$

Por lo tanto, $q \in \mathbb{Q}$ y $a < q < b$. ∎

5.7 Orden de los números reales

> De manera similar, entre dos números reales cualesquiera $a < b$, existe al menos un número irracional $s \in \mathbb{R} \setminus \mathbb{Q}$ tal que $a < s < b$. Esto muestra que los números irracionales también son densos en $\mathbb{R}$.

Theorem 5.7.4 — Propiedad arquimediana. Para cualquier número real positivo x, existe un número natural $n \in \mathbb{N}$ tal que $n > x$.

Demostración. Supongamos, por el contrario, que para algún $x > 0$, todos los números naturales satisfacen $n \leq x$. Entonces, $\mathbb{N}$ estaría acotado superiormente por x, lo cual contradice el hecho de que $\mathbb{N}$ no está acotado superiormente en $\mathbb{R}$. ∎

■ **Example 5.38** Dado $x = 1000{,}5$, podemos encontrar $n \in \mathbb{N}$ tal que $n > x$. Por ejemplo, $n = 1001$ satisface esta condición. ■

Exercise 5.39 Demuestre que si $0 < a < b$, entonces $\dfrac{1}{b} < \dfrac{1}{a}$.

Demostración. Como a y b son positivos y $a < b$, multiplicamos ambos lados por $\dfrac{1}{ab} > 0$:

$$\frac{1}{b} < \frac{1}{a}.$$

∎

Figura 5.5.3: *Gráfica de $y = x^3$ mostrando las soluciones irracionales de $x^3 = 3$*

La Figura 5.7.1 ilustra cómo el orden entre números positivos se invierte al tomar sus inversos.

Lema 5.7.2 — Desigualdad de Bernoulli. Para todo número real $x \geq -1$ y todo entero $n \geq 0$, se cumple:

$$(1+x)^n \geq 1 + nx.$$

Demostración. Procedemos por inducción sobre n.
Base: Para $n = 0$, tenemos:

$$(1+x)^0 = 1 \geq 1 + 0 \cdot x = 1.$$

Paso inductivo: Supongamos que la desigualdad es cierta para n. Entonces:

$$(1+x)^{n+1} = (1+x)^n(1+x) \geq [1+nx](1+x) = 1 + (n+1)x + nx^2 \geq 1 + (n+1)x,$$

ya que $nx^2 \geq 0$ cuando $x \geq -1$. ∎

Exercise 5.40 Demuestre que para todo $x > -1$, se cumple $\ln(1+x) \leq x$.

Demostración. Consideramos la serie de Taylor de $\ln(1+x)$:

$$\ln(1+x) = x - \frac{x^2}{2} + \frac{x^3}{3} - \cdots$$

Como los términos a partir de x^2 son alternantes y decrecientes en valor absoluto, tenemos:

$$\ln(1+x) \leq x.$$

∎

Theorem 5.7.5 — **Desigualdad entre medias aritmética y geométrica.** Para números reales positivos $a_1, a_2, \ldots, a_n$, se tiene:

$$\sqrt[n]{a_1 a_2 \ldots a_n} \leq \frac{a_1 + a_2 + \cdots + a_n}{n},$$

con igualdad si y solo si $a_1 = a_2 = \cdots = a_n$.

Demostración. La demostración se realiza por inducción sobre n.

Caso base ($n = 2$): Para dos números reales positivos a_1, a_2, queremos probar:

$$\sqrt{a_1 a_2} \leq \frac{a_1 + a_2}{2}.$$

Elevando al cuadrado ambos lados, obtenemos:

$$a_1 a_2 \leq \frac{(a_1 + a_2)^2}{4}.$$

Expandiendo el lado derecho:

$$a_1 a_2 \leq \frac{a_1^2 + 2a_1 a_2 + a_2^2}{4}.$$

Simplificando, resulta:

$$0 \leq \frac{(a_1 - a_2)^2}{4},$$

lo cual es cierto, ya que $(a_1 - a_2)^2 \geq 0$. La igualdad ocurre si y solo si $a_1 = a_2$.

Paso inductivo: Supongamos que la desigualdad es válida para $n = k$, es decir:

$$\sqrt[k]{a_1 a_2 \ldots a_k} \leq \frac{a_1 + a_2 + \cdots + a_k}{k}.$$

Demostremos que también es válida para $n = k+1$. Consideremos los números positivos $a_1, a_2, \ldots, a_{k+1}$. Aplicamos la hipótesis inductiva a los primeros k términos:

$$\sqrt[k]{a_1 a_2 \ldots a_k} \leq \frac{a_1 + a_2 + \cdots + a_k}{k}.$$

5.7 Orden de los números reales

Sea $A = \frac{a_1+a_2+\cdots+a_k}{k}$. Entonces, utilizando el caso base para A y a_{k+1}:

$$\sqrt{A \cdot a_{k+1}} \leq \frac{A+a_{k+1}}{2}.$$

Sustituyendo A, tenemos:

$$\sqrt[k+1]{a_1 a_2 \ldots a_{k+1}} \leq \frac{\frac{a_1+a_2+\cdots+a_k}{k}+a_{k+1}}{k+1}.$$

Simplificando el lado derecho, obtenemos:

$$\sqrt[k+1]{a_1 a_2 \ldots a_{k+1}} \leq \frac{a_1+a_2+\cdots+a_{k+1}}{k+1}.$$

Por lo tanto, la desigualdad es válida para $n = k+1$, completando la inducción. La igualdad ocurre si y solo si todos los números son iguales. ∎

■ **Example 5.39** Sea $a = 4$ y $b = 9$. Calculamos:

Media geométrica: $\sqrt{4 \cdot 9} = \sqrt{36} = 6$.

Media aritmética: $\frac{4+9}{2} = \frac{13}{2} = 6{,}5$.

Observamos que $6 \leq 6{,}5$, confirmando la desigualdad. ∎

Exercise 5.41 Demuestre que para todo $x > 0$, se tiene $\ln x \leq x-1$, con igualdad si y solo si $x = 1$.

Demostración. Definimos la función $f(x) = x - \ln x - 1$. Calculamos su derivada:

$$f'(x) = 1 - \frac{1}{x} = \frac{x-1}{x}.$$

- Si $x > 1$, entonces $f'(x) > 0$ y f es creciente.
- Si $0 < x < 1$, entonces $f'(x) < 0$ y f es decreciente.

Dado que $f(1) = 0$, se deduce que $f(x) \geq 0$ para todo $x > 0$. Por lo tanto, $\ln x \leq x - 1$. ∎

x

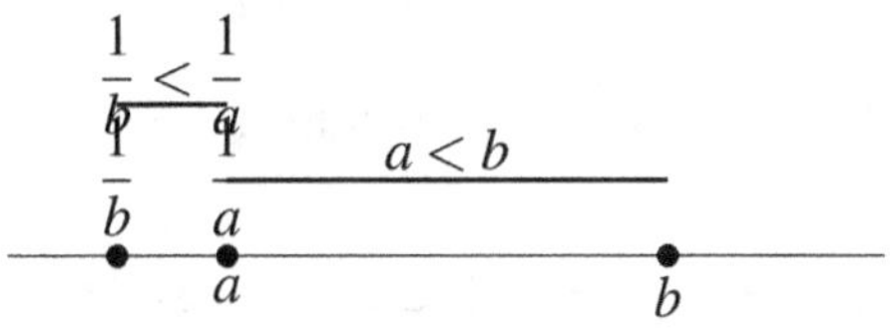

Figura 5.7.1: *Relación entre a, b y sus inversos*

La Figura 5.7.2 muestra que $\ln x \leq x - 1$ para todo $x > 0$.

> Ⓡ Las desigualdades son herramientas esenciales en análisis matemático, permitiendo estimar valores, demostrar convergencia y establecer límites en diversas situaciones.

En conclusión, la comparación de números reales mediante la relación de orden y el estudio de las propiedades asociadas son fundamentales en el análisis y otras ramas de las matemáticas. Comprender estas propiedades permite abordar problemas más complejos y desarrollar un pensamiento matemático riguroso.

5.7.2 Propiedades del campo ordenado

Comenzaremos recordando las propiedades fundamentales que caracterizan al campo ordenado de los números reales. Estas propiedades son esenciales para el estudio riguroso del análisis matemático y del álgebra.

> **Definition 5.7.3** Un **campo ordenado** es un campo $(F, +, \cdot)$ equipado con una relación de orden total $\leq$ que satisface las siguientes propiedades:
> 1. Si $a \leq b$, entonces $a + c \leq b + c$ para todo $c \in F$.
> 2. Si $0 \leq a$ y $0 \leq b$, entonces $0 \leq a \cdot b$.

Estas propiedades garantizan que las operaciones algebraicas son compatibles con el orden definido en el campo.

Proposition 5.7.6 En un campo ordenado F, se cumplen las siguientes propiedades para cualesquiera $a, b, c \in F$:
1. **Antisimetría**: Si $a \leq b$ y $b \leq a$, entonces $a = b$.
2. **Transitividad**: Si $a \leq b$ y $b \leq c$, entonces $a \leq c$.
3. **Compatibilidad con la multiplicación**: Si $a \leq b$ y $0 \leq c$, entonces $a \cdot c \leq b \cdot c$.

Demostración. Las propiedades se derivan directamente de la definición de campo ordenado y las propiedades del orden total. ∎

Estas propiedades nos permiten manipular desigualdades de manera coherente dentro del campo de los números reales.

> **Theorem 5.7.7 — Ley de Tricotomía.** Para cualesquiera $a, b \in F$, exactamente una de las siguientes afirmaciones es verdadera:
> 1. $a < b$.
> 2. $a = b$.
> 3. $a > b$.

Demostración. Dado que $\leq$ es una relación de orden total, la ley de tricotomía es inherente a su definición. ∎

Corollary 5.7.8 Si $a \leq b$ y $a \neq b$, entonces $a < b$.

Demostración. Directo de la definición de $\leq$ y la ley de tricotomía. ∎

A continuación, exploraremos ejemplos que ilustran cómo se aplican estas propiedades en situaciones concretas.

■ **Example 5.40** Sea $a = 3$, $b = 5$ y $c = -2$. Observemos que:
1. $a \leq b$ implica $a + c \leq b + c$, es decir, $3 + (-2) \leq 5 + (-2)$, lo que resulta en $1 \leq 3$.
2. Si $0 \leq a$ y $0 \leq b$, entonces $0 \leq a \cdot b$, es decir, $0 \leq 3 \cdot 5$, lo que resulta en $0 \leq 15$.

∎

Este ejemplo demuestra la compatibilidad del orden con las operaciones de suma y multiplicación.

> (R) Si $a < 0$ y $b < 0$, entonces $a \cdot b > 0$. Esto se debe a que el producto de dos números negativos es positivo.

Demostración. Dado que $-a > 0$ y $-b > 0$, entonces $(-a) \cdot (-b) = a \cdot b > 0$, ya que el producto de dos positivos es positivo. ∎

5.7 Orden de los números reales

Para visualizar estas relaciones, consideremos la siguiente gráfica de la recta real.

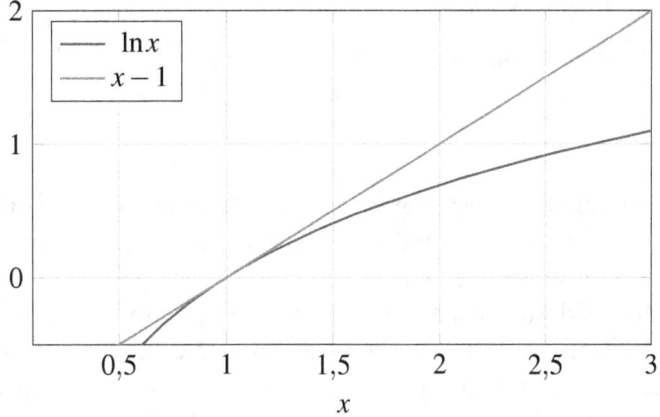

Figura 5.7.2: *Comparación de* $\ln x$ *y* $x-1$

La Figura 5.7.3 nos ayuda a entender la posición relativa de los números en la recta real y cómo se relacionan mediante el orden.

Si $0 < a < b$, entonces $\dfrac{1}{b} < \dfrac{1}{a}$.

Demostración. Como a y b son positivos y $a < b$, al invertir se invierte el orden:

$$0 < a < b \implies 0 < \frac{1}{b} < \frac{1}{a}.$$

∎

Este lema es útil en el estudio de funciones recíprocas y sus propiedades de monotonía.

Exercise 5.42 Demuestre que si $a \leq b$ y $c \leq d$, entonces $a+c \leq b+d$.

Exercise 5.43 Si $a < b$ y $c < 0$, pruebe que $a \cdot c > b \cdot c$.

Exercise 5.44 Encuentre todos los números reales x que satisfacen la desigualdad $3x - 5 \leq 7$.

Exercise 5.45 Ordene los siguientes números de menor a mayor: $-1, \dfrac{1}{2}, 0, -\dfrac{3}{2}, 1$.

Theorem 5.7.9 — Propiedad de la Cota Superior. Todo subconjunto no vacío y acotado superiormente de $\mathbb{R}$ tiene una cota superior mínima, llamada supremo.

Demostración. Sea $S \subseteq \mathbb{R}$ un conjunto no vacío y acotado superiormente. Por definición, existe al menos una cota superior para S, es decir, un número $M \in \mathbb{R}$ tal que:

$x \leq M$ para todo $x \in S$.

Definimos el supremo de S, denotado $\sup S$, como el número $L \in \mathbb{R}$ que cumple las siguientes propiedades:

1. L es una cota superior de S, es decir:

   $x \leq L$ para todo $x \in S$.

2. L es la cota superior mínima, es decir, para cualquier $L' < L$, L' no es una cota superior de S. Esto implica que existe algún $x \in S$ tal que:

   $x > L'$.

La existencia de tal número L está garantizada por la propiedad de completitud de los números reales, que establece que todo conjunto no vacío de números reales, acotado superiormente, tiene un supremo en $\mathbb{R}$.

Para verificar la unicidad, supongamos que existen dos números L_1 y L_2 que cumplen con las propiedades del supremo. Entonces, como ambos son cotas superiores mínimas, debe cumplirse $L_1 \leq L_2$ y $L_2 \leq L_1$, lo que implica $L_1 = L_2$. Por lo tanto, el supremo es único. Esto concluye la demostración de la existencia y unicidad del supremo de S. ∎

Corollary 5.7.10 El conjunto de los números racionales $\mathbb{Q}$ no es completo, es decir, existen subconjuntos acotados superiormente en $\mathbb{Q}$ que no tienen supremo en $\mathbb{Q}$.

Demostración. Consideremos el conjunto $S = \{x \in \mathbb{Q} : x^2 < 2\}$. Este conjunto está acotado superiormente en $\mathbb{Q}$, pero su supremo es $\sqrt{2}$, que no es racional. ∎

Este resultado resalta la importancia de la completitud en $\mathbb{R}$ y cómo distingue a los números reales de los racionales.

Exercise 5.46 Encuentre el supremo e ínfimo del conjunto $A = \{x \in \mathbb{R} : 0 < x < 1\}$.

Exercise 5.47 Demuestre que entre dos números reales cualesquiera existe un número racional y un número irracional.

> (R) La densidad de los números racionales e irracionales en $\mathbb{R}$ implica que el conjunto de los números reales no es numerable.

Concluimos esta sección enfatizando que las propiedades del campo ordenado de los números reales son fundamentales para el desarrollo del análisis matemático y constituyen la base para temas más avanzados como la topología de $\mathbb{R}$ y la teoría de funciones reales.

5.8 Campo de los números reales

5.8.1 Axiomas del campo

El conjunto de los números reales $\mathbb{R}$ es un **campo** bajo las operaciones de suma y multiplicación. Un campo es una estructura algebraica que satisface ciertos axiomas fundamentales, los cuales permiten realizar operaciones aritméticas de manera coherente y consistente. A continuación, presentamos los axiomas que definen un campo.

Definition 5.8.1 Un **campo** $(F, +, \cdot)$ es un conjunto F equipado con dos operaciones binarias, la suma $(+)$ y la multiplicación $(\cdot)$, que satisfacen los siguientes axiomas para todos $a, b, c \in F$:

1. **Axiomas de la suma**:
    a) **Asociatividad de la suma**: $(a+b)+c = a+(b+c)$.

5.8 Campo de los números reales

b) **Elemento neutro aditivo**: Existe un elemento $0 \in F$ tal que $a + 0 = a$.

c) **Elemento inverso aditivo**: Para cada $a \in F$, existe un elemento $-a \in F$ tal que $a + (-a) = 0$.

d) **Conmutatividad de la suma**: $a + b = b + a$.

2. **Axiomas de la multiplicación**:

   a) **Asociatividad de la multiplicación**: $(a \cdot b) \cdot c = a \cdot (b \cdot c)$.

   b) **Elemento neutro multiplicativo**: Existe un elemento $1 \in F$, $1 \neq 0$, tal que $a \cdot 1 = a$.

   c) **Elemento inverso multiplicativo**: Para cada $a \in F$, $a \neq 0$, existe un elemento $a^{-1} \in F$ tal que $a \cdot a^{-1} = 1$.

   d) **Conmutatividad de la multiplicación**: $a \cdot b = b \cdot a$.

3. **Distributividad**:

$$a \cdot (b + c) = (a \cdot b) + (a \cdot c).$$

Estos axiomas aseguran que las operaciones de suma y multiplicación están bien definidas y se comportan de manera esperada en el campo $\mathbb{R}$.

> La existencia de los elementos inversos aditivo y multiplicativo es crucial para resolver ecuaciones en $\mathbb{R}$. Por ejemplo, la ecuación $a + x = b$ tiene solución única $x = b - a$, gracias al inverso aditivo $-a$.

Para profundizar en estos conceptos, examinemos algunas propiedades derivadas de los axiomas del campo.

Proposition 5.8.1 El elemento neutro aditivo 0 y el elemento neutro multiplicativo 1 son únicos.

Demostración. Supongamos que existen dos elementos neutros aditivos 0 y $0'$. Entonces, por la definición de elemento neutro:

$$0 = 0 + 0' = 0'.$$

Por lo tanto, $0 = 0'$. Un argumento similar muestra que el elemento neutro multiplicativo 1 es único. ∎

Proposition 5.8.2 Para cada elemento $a \in F$, su inverso aditivo $-a$ es único.

Demostración. Supongamos que $-a$ y $-a'$ son inversos aditivos de a. Entonces:

$$a + (-a) = 0 \quad \text{y} \quad a + (-a') = 0.$$

Restando estas ecuaciones, obtenemos:

$$[a + (-a)] - [a + (-a')] = 0 - 0 \implies (-a) - (-a') = 0 \implies -a = -a'.$$

Por lo tanto, el inverso aditivo de a es único. ∎

Estas propiedades aseguran la consistencia en las operaciones dentro del campo.

Lema 5.8.1 En un campo F, se cumple que $0 \cdot a = 0$ para todo $a \in F$.

Demostración. Utilizando la distributividad y el hecho de que $0 = 0+0$, tenemos:

$$0 \cdot a = (0+0) \cdot a = 0 \cdot a + 0 \cdot a.$$

Restando $0 \cdot a$ de ambos lados, obtenemos:

$$0 = 0 \cdot a.$$

∎

Theorem 5.8.3 Para todo $a \in F$, se tiene que $(-1) \cdot a = -a$.

Demostración. Consideremos que $a + (-a) = 0$. Multiplicando ambos lados por -1:

$$-1 \cdot (a + (-a)) = -1 \cdot 0 \implies (-1 \cdot a) + (-1 \cdot (-a)) = 0.$$

Dado que $-1 \cdot (-a) = a$, entonces:

$$(-1 \cdot a) + a = 0 \implies (-1 \cdot a) = -a.$$

∎

Este teorema conecta el inverso aditivo con la multiplicación por -1.

Corollary 5.8.4 Para cualquier $a, b \in F$, se cumple que $(-a) \cdot (-b) = a \cdot b$.

Demostración. Aplicando el teorema anterior:

$$(-a) \cdot (-b) = [(-1) \cdot a] \cdot [(-1) \cdot b] = (-1) \cdot (-1) \cdot a \cdot b = 1 \cdot a \cdot b = a \cdot b.$$

∎

■ **Example 5.41** Calculemos $(-2) \cdot (-3)$ en $\mathbb{R}$:

$$(-2) \cdot (-3) = 2 \cdot 3 = 6.$$

Esto confirma el corolario, ya que el producto de dos números negativos es positivo. ■

> (R) La propiedad de que el producto de dos números negativos es positivo es una consecuencia directa de los axiomas del campo.

Theorem 5.8.5 — Ley de Cancelación. Si $a + c = b + c$ en un campo F, entonces $a = b$.

Demostración. Sumamos el inverso aditivo de c a ambos lados:

$$(a+c) + (-c) = (b+c) + (-c) \implies a + [c + (-c)] = b + [c + (-c)] \implies a + 0 = b + 0 \implies a = b.$$

∎

Esta ley es fundamental para resolver ecuaciones lineales en álgebra.

5.8 Campo de los números reales

Exercise 5.48 Demuestre que si $a \cdot b = a \cdot c$ y $a \neq 0$, entonces $b = c$.

Exercise 5.49 Utilizando los axiomas del campo, pruebe que $(-a)+(-b) = -(a+b)$ para todos $a, b \in F$.

Exercise 5.50 Si $a \neq 0$, demuestre que $(a^{-1})^{-1} = a$.

Exercise 5.51 Encuentre el inverso multiplicativo de -5 en $\mathbb{R}$ y verifique que su producto es 1.

■ **Example 5.42** Consideremos la ecuación $2x+3 = 7$ en $\mathbb{R}$. Usando los axiomas del campo, podemos resolver para x:

$$2x+3 = 7$$
$$2x = 7-3$$
$$2x = 4$$
$$x = \frac{4}{2}$$
$$x = 2.$$

Este ejemplo muestra cómo los axiomas del campo permiten manipular y resolver ecuaciones.

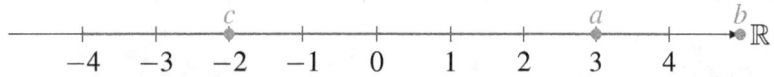

Figura 5.7.3: *Representación gráfica de los números a, b y c en la recta real*

La Figura 5.8.1 ilustra la solución gráfica de la ecuación lineal.

Lema 5.8.2 En un campo F, para cualquier $a \in F$, se cumple que $a \cdot 0 = 0$.

Demostración. Utilizando la propiedad distributiva:

$$a \cdot 0 = a \cdot (0+0) = a \cdot 0 + a \cdot 0.$$

Restando $a \cdot 0$ de ambos lados, obtenemos:

$$a \cdot 0 = 0.$$

Exercise 5.52 Pruebe que $(-a)^{-1} = -(a^{-1})$ para $a \neq 0$.

Corollary 5.8.6 En un campo F, si $a \cdot b = 0$, entonces $a = 0$ o $b = 0$.

Demostración. Si $a \neq 0$, entonces multiplicamos ambos lados por a^{-1}:

$$a^{-1} \cdot (a \cdot b) = a^{-1} \cdot 0 \implies (a^{-1} \cdot a) \cdot b = 0 \implies 1 \cdot b = 0 \implies b = 0.$$

Por lo tanto, $a = 0$ o $b = 0$.

Este resultado indica que en un campo no existen divisores de cero.

> Exercise 5.53 Explique por qué el conjunto de los números enteros $\mathbb{Z}$ con las operaciones usuales no forma un campo.

> (R) El hecho de que $\mathbb{Z}$ no sea un campo se debe a que no todos los elementos distintos de cero tienen inverso multiplicativo en $\mathbb{Z}$.

> Theorem 5.8.7 El campo de los números reales $\mathbb{R}$ es un espacio vectorial sobre sí mismo.

Demostración. Los axiomas del campo cumplen los requisitos para que $\mathbb{R}$ sea un espacio vectorial sobre $\mathbb{R}$, donde los escalares y los vectores pertenecen al mismo conjunto $\mathbb{R}$. ∎

Este teorema es fundamental en álgebra lineal y análisis.

> Exercise 5.54 Verifique que los números racionales $\mathbb{Q}$ también forman un campo bajo las operaciones de suma y multiplicación habituales.

> Exercise 5.55 Determine si el conjunto $F = \{0, 1\}$ con las operaciones módulo 2 es un campo.

■ **Example 5.43** En el campo $\mathbb{R}$, resuelva la ecuación $x^{-1} + x = 2$ para $x \neq 0$.

$$x^{-1} + x = 2$$
$$\frac{1}{x} + x = 2$$
$$\frac{1+x^2}{x} = 2$$
$$1 + x^2 = 2x$$
$$x^2 - 2x + 1 = 0$$
$$(x-1)^2 = 0$$
$$x = 1.$$

■

Este ejemplo muestra cómo aplicar los axiomas del campo para resolver ecuaciones racionales.

La Figura 5.8.2 visualiza la solución de la ecuación.

> Exercise 5.56 Sea F un campo finito. Demuestre que el número de elementos de F es una potencia de un número primo.

Concluimos esta sección enfatizando la importancia de los axiomas del campo en la construcción de la teoría de los números reales. Estos axiomas no solo definen la estructura algebraica de $\mathbb{R}$, sino que también sirven como base para áreas más avanzadas en matemáticas, como el álgebra abstracta y el análisis.

5.8 Campo de los números reales

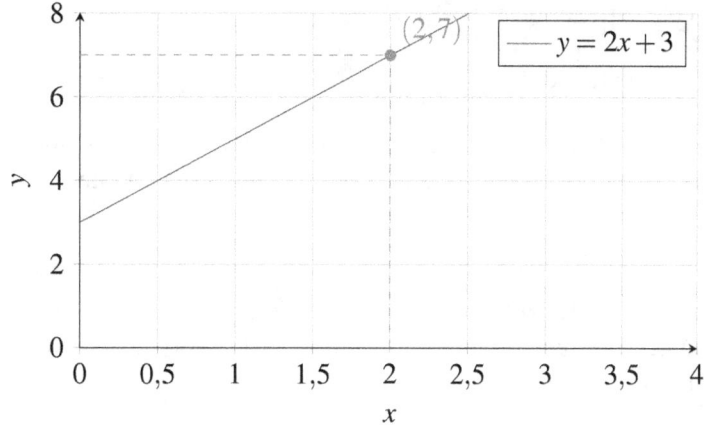

Figura 5.8.1: *Representación gráfica de $y = 2x + 3$ y solución $x = 2$*

5.8.2 Completitud de $\mathbb{R}$

La completitud del conjunto de los números reales $\mathbb{R}$ es una propiedad fundamental que lo distingue de otros campos numéricos como $\mathbb{Q}$. Esta propiedad asegura que ciertas sucesiones y conjuntos tienen límites o cotas supremas dentro de $\mathbb{R}$, lo cual es esencial para el análisis matemático y muchas ramas del álgebra.

Definition 5.8.2 Un conjunto no vacío $S \subseteq \mathbb{R}$ está **acotado superiormente** si existe un número real M tal que $x \leq M$ para todo $x \in S$. El número M se denomina **cota superior** de S.

De manera análoga, definimos el concepto de cota inferior.

Definition 5.8.3 Un conjunto no vacío $S \subseteq \mathbb{R}$ está **acotado inferiormente** si existe un número real m tal que $m \leq x$ para todo $x \in S$. El número m se denomina **cota inferior** de S.

Estas definiciones nos llevan a conceptos clave en la teoría de la completitud.

Definition 5.8.4 Sea $S \subseteq \mathbb{R}$ un conjunto no vacío acotado superiormente. El **supremo** de S, denotado por $\sup S$, es la menor de las cotas superiores de S, es decir:

$$\sup S = \inf\{M \in \mathbb{R} : x \leq M, \forall x \in S\}.$$

Definition 5.8.5 Análogamente, el **ínfimo** de un conjunto no vacío y acotado inferiormente S, denotado por $\inf S$, es la mayor de las cotas inferiores de S:

$$\inf S = \sup\{m \in \mathbb{R} : m \leq x, \forall x \in S\}.$$

La existencia de supremos e ínfimos en $\mathbb{R}$ es garantizada por el Axioma de Completitud.

Theorem 5.8.8 — Axioma de Completitud. Todo subconjunto no vacío $S \subseteq \mathbb{R}$ que está acotado superiormente tiene un supremo en $\mathbb{R}$. De manera similar, todo subconjunto no vacío y acotado inferiormente tiene un ínfimo en $\mathbb{R}$.

Demostración. Sea $S \subseteq \mathbb{R}$ un conjunto no vacío y acotado superiormente. Por definición, existe al menos una cota superior $M \in \mathbb{R}$ para S, es decir:

$$x \leq M \quad \text{para todo } x \in S.$$

Definimos el supremo de S, denotado $\sup S$, como el número $L \in \mathbb{R}$ que cumple:

1. L es una cota superior de S, es decir:

   $x \leq L$ para todo $x \in S$.

2. L es la menor de todas las cotas superiores, es decir, si $L' < L$, entonces L' no es una cota superior de S, lo que implica que existe algún $x \in S$ tal que:

   $x > L'$.

Por la propiedad de completitud de los números reales, tal número L existe en $\mathbb{R}$. Además, el supremo es único porque si hubiera dos números $L_1, L_2 \in \mathbb{R}$ que cumplieran con las propiedades anteriores, se tendría:

$L_1 \leq L_2$ y $L_2 \leq L_1$,

lo que implica $L_1 = L_2$.

De manera similar, si $S \subseteq \mathbb{R}$ es no vacío y acotado inferiormente, podemos considerar $-S = \{-x \mid x \in S\}$. El conjunto $-S$ es no vacío y acotado superiormente, por lo que tiene un supremo $\sup(-S)$. Definimos el ínfimo de S como:

$$\inf S = -\sup(-S).$$

Por lo tanto, todo subconjunto no vacío y acotado inferiormente de $\mathbb{R}$ tiene un ínfimo en $\mathbb{R}$. Esto demuestra la existencia del supremo e ínfimo para cualquier conjunto no vacío y acotado en $\mathbb{R}$. ∎

> **R** Este axioma es lo que distingue a $\mathbb{R}$ de $\mathbb{Q}$, ya que en $\mathbb{Q}$ existen conjuntos acotados superiormente que no tienen supremo racional.

Veamos un ejemplo que ilustra esta diferencia.

■ **Example 5.44** Consideremos el conjunto $S = \{x \in \mathbb{Q} : x^2 < 2\}$. Este conjunto está acotado superiormente en $\mathbb{Q}$, pero su supremo es $\sqrt{2}$, que es irracional y no pertenece a $\mathbb{Q}$. Por lo tanto, S no tiene supremo en $\mathbb{Q}$, pero sí en $\mathbb{R}$. ■

Demostración. Para demostrar que $\sqrt{2}$ es el supremo de S en $\mathbb{R}$, notamos que para todo $x \in S$, $x < \sqrt{2}$. Además, cualquier número menor que $\sqrt{2}$ no puede ser una cota superior de S, ya que existen racionales cuyo cuadrado se aproxima arbitrariamente a 2. ∎

Este ejemplo muestra la necesidad de la completitud para garantizar la existencia de supremos.

Definition 5.8.6 Una **sucesión** (a_n) en $\mathbb{R}$ es una función $a : \mathbb{N} \to \mathbb{R}$. Una sucesión es **convergente** si existe $L \in \mathbb{R}$ tal que para todo $\varepsilon > 0$, existe $N \in \mathbb{N}$ tal que si $n \geq N$, entonces $|a_n - L| < \varepsilon$.

La completitud de $\mathbb{R}$ también se puede caracterizar en términos de sucesiones de Cauchy.

Definition 5.8.7 Una sucesión (a_n) en $\mathbb{R}$ es una **sucesión de Cauchy** si para todo $\varepsilon > 0$, existe $N \in \mathbb{N}$ tal que si $m, n \geq N$, entonces $|a_n - a_m| < \varepsilon$.

5.8 Campo de los números reales

Theorem 5.8.9 En $\mathbb{R}$, toda sucesión de Cauchy es convergente. Es decir, $\mathbb{R}$ es **completo** en el sentido de Cauchy.

Demostración. La demostración de este teorema se basa en el Axioma de Completitud y es fundamental en análisis real. Se construye el límite de la sucesión de Cauchy utilizando las propiedades de los números reales y se demuestra que tal límite pertenece a $\mathbb{R}$. ∎

> (R) El conjunto de los números racionales $\mathbb{Q}$ no es completo, ya que existen sucesiones de Cauchy en $\mathbb{Q}$ que no convergen en $\mathbb{Q}$. Un ejemplo clásico es la sucesión de decimales que aproxima a $\sqrt{2}$.

■ **Example 5.45** Consideremos la sucesión definida por $a_1 = 1$ y $a_{n+1} = \dfrac{a_n + \dfrac{2}{a_n}}{2}$. Esta sucesión es de Cauchy y converge a $\sqrt{2}$.

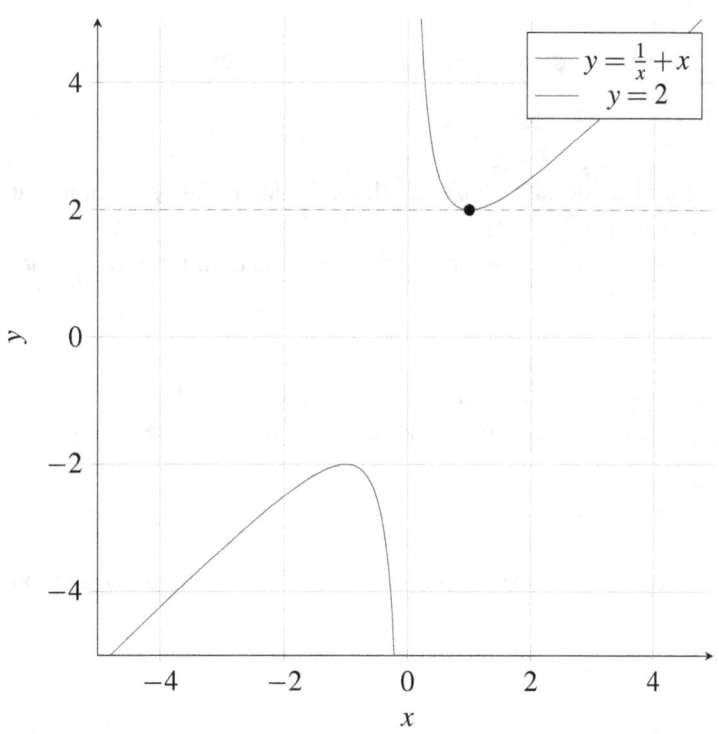

Figura 5.8.2: *Solución gráfica de $x^{-1} + x = 2$*

■

La Figura 5.8.3 muestra cómo los términos de la sucesión se aproximan a $\sqrt{2}$.

Lema 5.8.3 Toda sucesión monótona y acotada en $\mathbb{R}$ es convergente.

Demostración. Sea (a_n) una sucesión monótona creciente y acotada superiormente. Entonces, el conjunto $S = \{a_n : n \in \mathbb{N}\}$ tiene supremo $L = \sup S$. Para todo $\varepsilon > 0$, existe N tal que $L - \varepsilon < a_N \leq L$. Dado que (a_n) es creciente, para $n \geq N$, tenemos $L - \varepsilon < a_N \leq a_n \leq L$, implicando que $|a_n - L| < \varepsilon$. Por lo tanto, (a_n) converge a L. ∎

Este lema es una herramienta importante para demostrar la convergencia de ciertas sucesiones.

> **Theorem 5.8.10** — **Teorema de Bolzano-Weierstrass.** Toda sucesión acotada en $\mathbb{R}$ tiene una **subsucesión convergente**.

Demostración. Sea $\{a_n\}$ una sucesión acotada en $\mathbb{R}$. Por definición, existe un intervalo cerrado y acotado $[m, M]$ tal que:

$$m \leq a_n \leq M \quad \text{para todo } n \in \mathbb{N}.$$

Usaremos el método de bisección para construir una subsucesión convergente de $\{a_n\}$. Dividimos el intervalo $[m, M]$ en dos subintervalos iguales:

$$[m, \tfrac{m+M}{2}] \quad \text{y} \quad [\tfrac{m+M}{2}, M].$$

Al menos uno de estos subintervalos contiene infinitos términos de la sucesión $\{a_n\}$, ya que la sucesión es infinita y está acotada. Denotemos este subintervalo por $[m_1, M_1]$, donde:

$$m_1 = m, \quad M_1 = \tfrac{m+M}{2} \quad \text{o} \quad m_1 = \tfrac{m+M}{2}, \quad M_1 = M.$$

Repetimos el proceso, dividiendo $[m_1, M_1]$ en dos subintervalos iguales:

$$[m_1, \tfrac{m_1+M_1}{2}] \quad \text{y} \quad [\tfrac{m_1+M_1}{2}, M_1].$$

De nuevo, al menos uno de estos subintervalos contiene infinitos términos de $\{a_n\}$. Denotemos este subintervalo por $[m_2, M_2]$.

Continuamos iterativamente, generando una secuencia de intervalos anidados:

$$[m, M] \supseteq [m_1, M_1] \supseteq [m_2, M_2] \supseteq \ldots,$$

donde m_k y M_k son los extremos del k-ésimo intervalo, y cada intervalo contiene infinitos términos de $\{a_n\}$. Además, la longitud de los intervalos decrece como:

$$M_k - m_k = \frac{M - m}{2^k}.$$

Por el axioma de completitud de los números reales, existe un único punto $L \in \mathbb{R}$ tal que:

$$\lim_{k \to \infty} m_k = L \quad \text{y} \quad \lim_{k \to \infty} M_k = L.$$

Ahora seleccionamos una subsucesión convergente de $\{a_n\}$. Para cada k, elegimos un índice n_k tal que:

$$a_{n_k} \in [m_k, M_k].$$

La subsucesión $\{a_{n_k}\}$ está contenida en los intervalos $[m_k, M_k]$, y dado que la longitud de estos intervalos tiende a 0, se tiene:

$$\lim_{k \to \infty} a_{n_k} = L.$$

Por lo tanto, $\{a_{n_k}\}$ es una subsucesión convergente de $\{a_n\}$, lo que concluye la demostración. ∎

5.8 Campo de los números reales

> **Exercise 5.57** Probar que la sucesión definida por $b_n = (-1)^n$ no es convergente, pero tiene subsucesiones convergentes.

> **Exercise 5.58** Demostrar que el conjunto $A = \{(-1)^n + \frac{1}{n} : n \in \mathbb{N}\}$ tiene exactamente dos puntos de acumulación.

■ **Example 5.46** Consideremos el conjunto $S = \{x \in \mathbb{R} : x^3 < 27\}$. Encontrar $\sup S$ e $\inf S$.

Demostración. El conjunto S contiene todos los números reales x tales que $x^3 < 27$. Como $27 = 3^3$, entonces $x^3 < 27$ implica $x < 3$. Por lo tanto, $\sup S = 3$. No hay límite inferior, ya que x puede tender a $-\infty$. Así, $\inf S = -\infty$. ∎

Este ejemplo muestra cómo determinar supremos e ínfimos utilizando las propiedades de las funciones y la completitud de $\mathbb{R}$.

> **Corollary 5.8.11** El intervalo $[a,b]$, donde $a, b \in \mathbb{R}$ y $a < b$, es un conjunto cerrado y acotado que contiene todos sus puntos de acumulación.

Demostración. Todo punto $x \in [a,b]$ es tal que $a \leq x \leq b$. El conjunto es acotado por a y b, y es cerrado porque contiene sus puntos límite. Por el Teorema de Bolzano-Weierstrass, cualquier sucesión en $[a,b]$ tiene una subsucesión convergente en $[a,b]$. ∎

> **Definition 5.8.8** Un conjunto $K \subseteq \mathbb{R}$ es **completo** si toda sucesión de Cauchy en K converge a un elemento de K.

> (R) En $\mathbb{R}$, los conjuntos cerrados y acotados son completos. Esto es una consecuencia directa de la completitud de $\mathbb{R}$ y del hecho de que los conjuntos cerrados contienen sus puntos límite.

> **Exercise 5.59** Sea $K = [0,1]$. Probar que K es un conjunto completo.

> **Exercise 5.60** Encontrar un conjunto en $\mathbb{R}$ que sea acotado pero no completo, y justificar por qué no es completo.

Lema 5.8.4 En $\mathbb{R}$, una sucesión es convergente si y solo si es de Cauchy.

Demostración. La implicación directa ya se estableció. Para la implicación inversa, si una sucesión converge, entonces es de Cauchy. Esto se demuestra utilizando la definición de convergencia y las propiedades de la distancia en $\mathbb{R}$. ∎

> Theorem 5.8.12 — **Caracterización de la completitud.** Un espacio métrico es completo si y solo si toda sucesión de Cauchy converge en ese espacio.

Demostración. Este teorema generaliza la completitud de $\mathbb{R}$ a espacios métricos. La prueba implica demostrar que las propiedades métricas permiten definir convergencia y sucesiones de Cauchy de manera coherente. ∎

- **Example 5.47** El espacio de las funciones continuas en $[0,1]$ con la norma del supremo es completo. Esto significa que cualquier sucesión de funciones continuas que es de Cauchy respecto a esta norma converge a una función continua en $[0,1]$. ∎

> Exercise 5.61 Probar que el conjunto de los números racionales $\mathbb{Q}$, con la distancia usual, no es completo.

> **Corollary 5.8.13** Cualquier sucesión de Cauchy en $\mathbb{R}$ que está contenida en un subconjunto $A \subseteq \mathbb{R}$ cerrado, converge a un elemento de A.

Demostración. Como A es cerrado, contiene todos sus puntos límite. Dado que la sucesión de Cauchy converge en $\mathbb{R}$ y sus términos están en A, el límite debe pertenecer a A. ∎

Para finalizar, es importante destacar que la completitud de $\mathbb{R}$ es una propiedad esencial que permite desarrollar el análisis matemático y muchas aplicaciones en física e ingeniería. Sin esta propiedad, muchos resultados fundamentales no serían posibles.

5.9 Conjuntos equienumerables

5.9.1 Definición de numerabilidad

En esta sección, exploraremos el concepto de numerabilidad, que es fundamental en la teoría de conjuntos y tiene implicaciones profundas en varias áreas de las matemáticas, incluyendo el análisis y la topología.

> **Definition 5.9.1** Un conjunto A es **numerable** si existe una función inyectiva $f : A \to \mathbb{N}$. Si además f es biyectiva, entonces A es **enumerable** o **contable** en sentido estricto.

En otras palabras, un conjunto es numerable si sus elementos pueden ponerse en correspondencia uno a uno con los números naturales $\mathbb{N}$ o con un subconjunto de $\mathbb{N}$.

La numerabilidad es una propiedad que nos permite comparar el tamaño de conjuntos infinitos. A pesar de que ambos son infinitos, el conjunto de los números naturales y el de los números racionales son numerables, mientras que el conjunto de los números reales no lo es.

Veamos algunas propiedades y ejemplos que nos ayudarán a comprender mejor este concepto.

> Theorem 5.9.1 Todo subconjunto infinito de un conjunto numerable es numerable.

Demostración. Sea A un conjunto infinito y B un subconjunto de A. Supongamos que A es numerable, lo que implica que existe una biyección $f : \mathbb{N} \to A$.
Dado que $B \subseteq A$ es infinito, construiremos una enumeración de B. Consideremos los elementos de A en el orden dado por f, es decir, $f(1), f(2), f(3), \ldots$. Seleccionamos los elementos de B en este orden.
Definimos una función $g : \mathbb{N} \to B$ de la siguiente manera:

$$g(n) = f(k_n),$$

donde k_n es el menor índice en $\mathbb{N}$ tal que $f(k_n) \in B$ y $k_n > k_{n-1}$ (para $n \geq 2$). Este procedimiento asegura que cada elemento de B aparece exactamente una vez, ya que B es infinito y A está enumerado.
La función g es una biyección de $\mathbb{N}$ en B, lo que demuestra que B es numerable. ∎

5.9 Conjuntos equienumerables

Este teorema nos indica que la numerabilidad es hereditaria para subconjuntos infinitos.

■ **Example 5.48** El conjunto de los números enteros $\mathbb{Z}$ es numerable. ■

Demostración. Definimos la función $f : \mathbb{N} \to \mathbb{Z}$ dada por:

$$f(n) = \begin{cases} \frac{n}{2}, & \text{si } n \text{ es par,} \\ -\frac{n-1}{2}, & \text{si } n \text{ es impar.} \end{cases}$$

Esta función es biyectiva, por lo que $\mathbb{Z}$ es numerable. ■

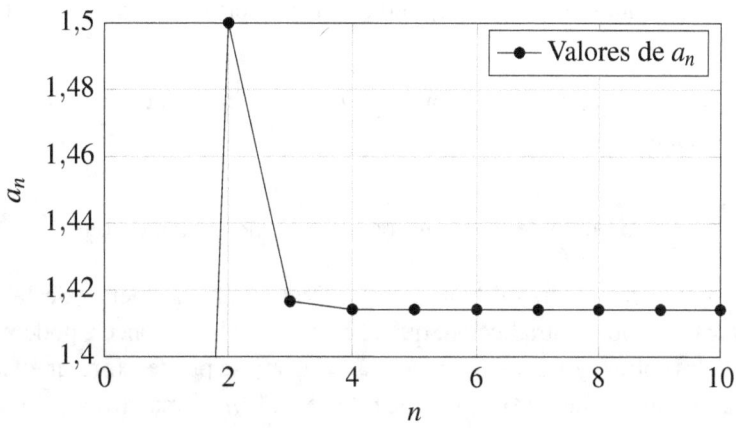

Figura 5.8.3: *Convergencia de la sucesión a_n hacia $\sqrt{2}$*

La Figura 5.9.4 ilustra cómo se pueden enumerar los números enteros utilizando números naturales.

> **Theorem 5.9.2** El producto cartesiano de dos conjuntos numerables es numerable.

Demostración. Sea A y B conjuntos numerables. Entonces, existen funciones biyectivas $f : \mathbb{N} \to A$ y $g : \mathbb{N} \to B$. Definimos una función $h : \mathbb{N} \times \mathbb{N} \to A \times B$ por $h(m,n) = (f(m), g(n))$. El conjunto $\mathbb{N} \times \mathbb{N}$ es numerable, lo que se puede demostrar utilizando el método de enumeración diagonal de Cantor. Por lo tanto, $A \times B$ es numerable. ■

Este resultado es fundamental, ya que nos permite construir conjuntos numerables a partir de otros.

■ **Example 5.49** El conjunto de los números racionales $\mathbb{Q}$ es numerable. ■

Demostración. Los números racionales pueden expresarse como el cociente de dos números enteros p y q, con $q \neq 0$. Considerando que $\mathbb{Z}$ es numerable y aplicando el teorema anterior al producto $\mathbb{Z} \times \mathbb{N}$, obtenemos que $\mathbb{Q}$ es numerable. ■

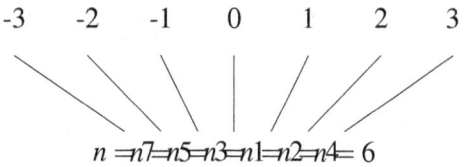

Figura 5.9.1: *Enumeración de los números enteros*

La Figura 5.9.5 muestra cómo se pueden enumerar los números racionales positivos mediante una cuadrícula.

Corollary 5.9.3 La unión numerable de conjuntos numerables es numerable.

Demostración. Sea $\{A_n\}_{n\in\mathbb{N}}$ una familia numerable de conjuntos numerables. Para cada n, existe una función biyectiva $f_n : \mathbb{N} \to A_n$. Definimos una función $F : \mathbb{N} \times \mathbb{N} \to \bigcup_n A_n$ por $F(n,k) = f_n(k)$. Como $\mathbb{N} \times \mathbb{N}$ es numerable, entonces $\bigcup_n A_n$ es numerable. ∎

Este corolario es especialmente útil cuando se trabaja con conjuntos infinitos y sus propiedades.

Exercise 5.62 Demuestre que el conjunto de los números algebraicos es numerable.

Exercise 5.63 ¿Es numerable el conjunto de todas las funciones de $\mathbb{N}$ en $\{0,1\}$? Justifique su respuesta.

Theorem 5.9.4 El conjunto de los números reales $\mathbb{R}$ no es numerable.

Demostración. Este resultado se demuestra utilizando el argumento de la diagonal de Cantor. Supongamos, por contradicción, que $\mathbb{R}$ es numerable. Entonces, podemos enumerar los números reales entre 0 y 1 como $r_1, r_2, r_3, \ldots$. Cada r_n se puede expresar en su expansión decimal. Construimos un número real r que difiere en la n-ésima cifra decimal de r_n. Este número r no puede estar en la lista, lo cual es una contradicción. Por lo tanto, $\mathbb{R}$ no es numerable. ∎

Este teorema muestra que existen diferentes cardinalidades de conjuntos infinitos.

Exercise 5.64 Utilizando el argumento de Cantor, demuestre que el conjunto de las partes $\mathscr{P}(\mathbb{N})$ no es numerable.

El hecho de que $\mathbb{R}$ no sea numerable tiene implicaciones profundas en matemáticas y filosofía, ya que muestra que no todos los infinitos son iguales.

Lema 5.9.1 Si existe una función inyectiva de un conjunto A en otro conjunto B, entonces el cardinal de A es menor o igual que el cardinal de B.

Demostración. La existencia de una función inyectiva $f : A \to B$ implica que cada elemento de A se asigna a un elemento distinto en B. Por lo tanto, A no puede tener más elementos que B. ∎

Este lema es útil para comparar tamaños de conjuntos infinitos.

■ **Example 5.50** El intervalo $(0,1)$ tiene la misma cardinalidad que $\mathbb{R}$.

Demostración. Definimos la función $f : (0,1) \to \mathbb{R}$ por $f(x) = \tan\left(\pi x - \dfrac{\pi}{2}\right)$. Esta función es biyectiva, por lo que $(0,1)$ y $\mathbb{R}$ tienen la misma cardinalidad. ∎

La Figura 5.9.6 muestra la función que establece la biyección entre $(0,1)$ y $\mathbb{R}$.

Exercise 5.65 Pruebe que el intervalo $[0,1]$ tiene la misma cardinalidad que $\mathbb{R}$.

5.9 Conjuntos equienumerables

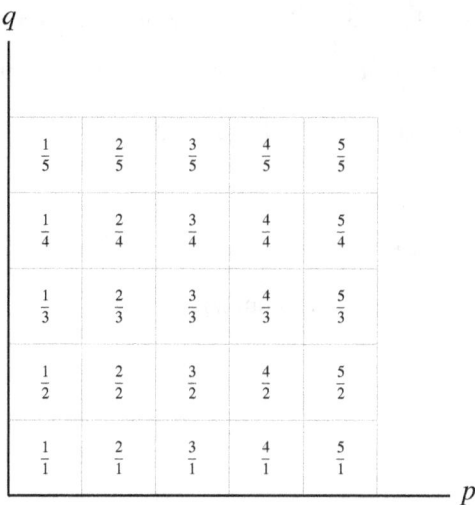

Figura 5.9.2: *Enumeración de los números racionales positivos*

> **Exercise 5.66** Demuestre que el conjunto de las funciones reales continuas en $[0,1]$ no es numerable.

> **Corollary 5.9.5** No existe una correspondencia biyectiva entre $\mathbb{N}$ y $\mathbb{R}$.

Demostración. Es una consecuencia directa del hecho de que $\mathbb{R}$ no es numerable. ∎

Para concluir, la definición de numerabilidad nos permite entender y clasificar conjuntos infinitos según su cardinalidad. Esto abre la puerta a un estudio más profundo de la teoría de conjuntos y las estructuras infinitas en matemáticas.

En esta sección, exploraremos el concepto de numerabilidad, que es fundamental en la teoría de conjuntos y tiene implicaciones profundas en varias áreas de las matemáticas, incluyendo el análisis y la topología.

> **Definition 5.9.2** Un conjunto A es **numerable** si existe una función inyectiva $f : A \to \mathbb{N}$. Si además f es biyectiva, entonces A es **enumerable** o **contable** en sentido estricto.

En otras palabras, un conjunto es numerable si sus elementos pueden ponerse en correspondencia uno a uno con los números naturales $\mathbb{N}$ o con un subconjunto de $\mathbb{N}$.

> ⓡ La numerabilidad es una propiedad que nos permite comparar el tamaño de conjuntos infinitos. A pesar de que ambos son infinitos, el conjunto de los números naturales y el de los números racionales son numerables, mientras que el conjunto de los números reales no lo es.

Veamos algunas propiedades y ejemplos que nos ayudarán a comprender mejor este concepto.

> **Theorem 5.9.6** Todo subconjunto infinito de un conjunto numerable es numerable.

Demostración. Sea A un conjunto numerable y $B \subseteq A$ un subconjunto infinito. Como A es numerable, existe una función sobreyectiva $f : \mathbb{N} \to A$. Consideremos la preimagen $f^{-1}(B) \subseteq \mathbb{N}$. Como B es infinito, $f^{-1}(B)$ es infinito. Definimos una función $g : \mathbb{N} \to B$ tal que $g(n) = f(k_n)$, donde $\{k_n\}$ es una enumeración de $f^{-1}(B)$. Entonces, g es sobreyectiva, y por lo tanto, B es numerable. ∎

Este teorema nos indica que la numerabilidad es hereditaria para subconjuntos infinitos.

■ **Example 5.51** El conjunto de los números enteros $\mathbb{Z}$ es numerable. ■

Demostración. Definimos la función $f : \mathbb{N} \to \mathbb{Z}$ dada por:

$$f(n) = \begin{cases} \frac{n}{2}, & \text{si } n \text{ es par,} \\ -\frac{n-1}{2}, & \text{si } n \text{ es impar.} \end{cases}$$

Esta función es biyectiva, por lo que $\mathbb{Z}$ es numerable. ■

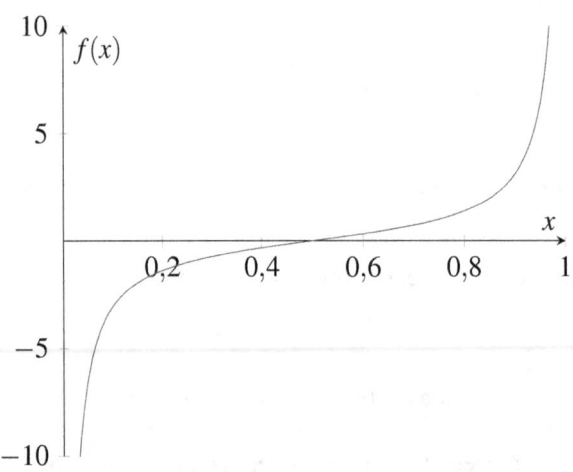

Figura 5.9.3: *Función biyectiva entre $(0,1)$ y $\mathbb{R}$*

La Figura 5.9.4 ilustra cómo se pueden enumerar los números enteros utilizando números naturales.

> **Theorem 5.9.7** El producto cartesiano de dos conjuntos numerables es numerable.

Demostración. Sea A y B conjuntos numerables. Entonces, existen funciones biyectivas $f : \mathbb{N} \to A$ y $g : \mathbb{N} \to B$. Definimos una función $h : \mathbb{N} \times \mathbb{N} \to A \times B$ por $h(m,n) = (f(m), g(n))$. El conjunto $\mathbb{N} \times \mathbb{N}$ es numerable, lo que se puede demostrar utilizando el método de enumeración diagonal de Cantor. Por lo tanto, $A \times B$ es numerable. ■

Este resultado es fundamental, ya que nos permite construir conjuntos numerables a partir de otros.

■ **Example 5.52** El conjunto de los números racionales $\mathbb{Q}$ es numerable. ■

Demostración. Los números racionales pueden expresarse como el cociente de dos números enteros p y q, con $q \neq 0$. Considerando que $\mathbb{Z}$ es numerable y aplicando el teorema anterior al producto $\mathbb{Z} \times \mathbb{N}$, obtenemos que $\mathbb{Q}$ es numerable. ■

La Figura 5.9.5 muestra cómo se pueden enumerar los números racionales positivos mediante una cuadrícula.

> **Corollary 5.9.8** La unión numerable de conjuntos numerables es numerable.

Demostración. Sea $\{A_n\}_{n \in \mathbb{N}}$ una familia numerable de conjuntos numerables. Para cada n, existe una función biyectiva $f_n : \mathbb{N} \to A_n$. Definimos una función $F : \mathbb{N} \times \mathbb{N} \to \bigcup_n A_n$ por $F(n,k) = f_n(k)$. Como $\mathbb{N} \times \mathbb{N}$ es numerable, entonces $\bigcup_n A_n$ es numerable. ■

5.9 Conjuntos equienumerables

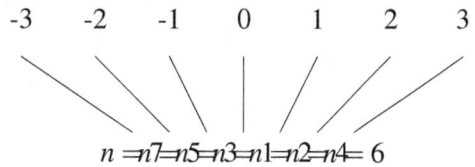

Figura 5.9.4: *Enumeración de los números enteros*

Este corolario es especialmente útil cuando se trabaja con conjuntos infinitos y sus propiedades.

> **Exercise 5.67** Demuestre que el conjunto de los números algebraicos es numerable.

> **Exercise 5.68** ¿Es numerable el conjunto de todas las funciones de $\mathbb{N}$ en $\{0,1\}$? Justifique su respuesta.

> **Theorem 5.9.9** El conjunto de los números reales $\mathbb{R}$ no es numerable.

Demostración. Este resultado se demuestra utilizando el argumento de la diagonal de Cantor. Supongamos, por contradicción, que $\mathbb{R}$ es numerable. Entonces, podemos enumerar los números reales entre 0 y 1 como $r_1, r_2, r_3, \ldots$. Cada r_n se puede expresar en su expansión decimal. Construimos un número real r que difiere en la n-ésima cifra decimal de r_n. Este número r no puede estar en la lista, lo cual es una contradicción. Por lo tanto, $\mathbb{R}$ no es numerable. ∎

Este teorema muestra que existen diferentes cardinalidades de conjuntos infinitos.

> **Exercise 5.69** Utilizando el argumento de Cantor, demuestre que el conjunto de las partes $\mathscr{P}(\mathbb{N})$ no es numerable.

> (R) El hecho de que $\mathbb{R}$ no sea numerable tiene implicaciones profundas en matemáticas y filosofía, ya que muestra que no todos los infinitos son iguales.

Lema 5.9.2 Si existe una función inyectiva de un conjunto A en otro conjunto B, entonces el cardinal de A es menor o igual que el cardinal de B.

Demostración. La existencia de una función inyectiva $f : A \to B$ implica que cada elemento de A se asigna a un elemento distinto en B. Por lo tanto, A no puede tener más elementos que B. ∎

Este lema es útil para comparar tamaños de conjuntos infinitos.

■ **Example 5.53** El intervalo $(0,1)$ tiene la misma cardinalidad que $\mathbb{R}$. ■

Demostración. Definimos la función $f : (0,1) \to \mathbb{R}$ por $f(x) = \tan\left(\pi x - \dfrac{\pi}{2}\right)$. Esta función es biyectiva, por lo que $(0,1)$ y $\mathbb{R}$ tienen la misma cardinalidad. ∎

La Figura 5.9.6 muestra la función que establece la biyección entre $(0,1)$ y $\mathbb{R}$.

> **Exercise 5.70** Pruebe que el intervalo $[0,1]$ tiene la misma cardinalidad que $\mathbb{R}$.

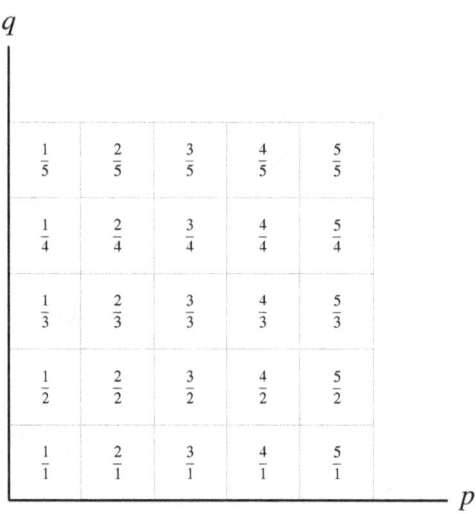

Figura 5.9.5: *Enumeración de los números racionales positivos*

Exercise 5.71 Demuestre que el conjunto de las funciones reales continuas en $[0, 1]$ no es numerable. ∎

Corollary 5.9.10 No existe una correspondencia biyectiva entre $\mathbb{N}$ y $\mathbb{R}$.

Demostración. Es una consecuencia directa del hecho de que $\mathbb{R}$ no es numerable. ∎

Para concluir, la definición de numerabilidad nos permite entender y clasificar conjuntos infinitos según su cardinalidad. Esto abre la puerta a un estudio más profundo de la teoría de conjuntos y las estructuras infinitas en matemáticas.

5.9.2 Ejemplos de conjuntos numerables

En esta sección, examinaremos diversos ejemplos de conjuntos numerables, lo que nos permitirá entender con mayor profundidad el concepto de numerabilidad y sus implicaciones en la teoría de conjuntos y el álgebra.

Recordemos que un conjunto A es **numerable** si existe una función inyectiva $f : A \to \mathbb{N}$. Si, además, f es sobreyectiva, es decir, biyectiva, entonces A es **enumerable** o **contable** en sentido estricto.

■ **Example 5.54** El conjunto de los números naturales $\mathbb{N}$ es numerable por definición, ya que puede ponerse en correspondencia biyectiva consigo mismo mediante la función identidad $f(n) = n$. ∎

■ **Example 5.55** El conjunto de los números enteros $\mathbb{Z}$ es numerable. Podemos definir una función biyectiva $f : \mathbb{N} \to \mathbb{Z}$ de la siguiente manera:

$$f(n) = \begin{cases} \frac{n}{2}, & \text{si } n \text{ es par,} \\ -\frac{n-1}{2}, & \text{si } n \text{ es impar.} \end{cases}$$

Esta función asigna los números naturales a los enteros alternando entre positivos y negativos, lo que establece una correspondencia biyectiva. ∎

Demostración. Verifiquemos que f es inyectiva y sobreyectiva.

5.9 Conjuntos equienumerables

Inyectividad: Supongamos que $f(n_1) = f(n_2)$. Si $f(n_1) = f(n_2)$, entonces sus imágenes son iguales. Como la definición de f es diferente para números pares e impares, debemos considerar los casos en los que n_1 y n_2 son ambos pares o ambos impares. En ambos casos, la función es estrictamente creciente, lo que implica que $n_1 = n_2$.

Sobreyectividad: Para cualquier $z \in \mathbb{Z}$, existe $n \in \mathbb{N}$ tal que $f(n) = z$. Si $z \geq 0$, tomamos $n = 2z$. Si $z < 0$, tomamos $n = -2z + 1$. En ambos casos, $f(n) = z$.

Por lo tanto, f es biyectiva, y $\mathbb{Z}$ es numerable. ∎

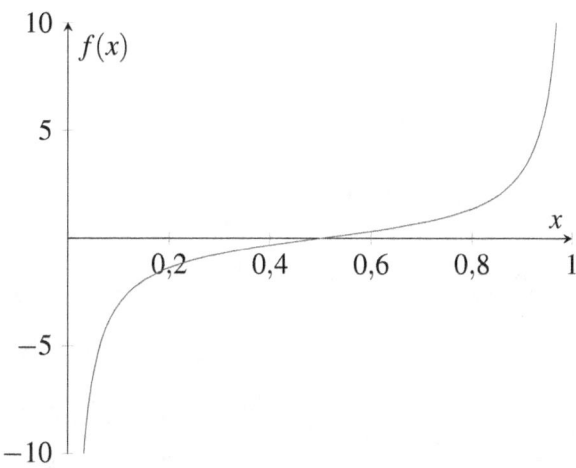

Figura 5.9.6: *Función biyectiva entre $(0,1)$ y $\mathbb{R}$*

La Figura 5.9.7 ilustra la correspondencia establecida por la función f entre $\mathbb{N}$ y $\mathbb{Z}$.

■ **Example 5.56** El conjunto de los números pares positivos $P = \{2n : n \in \mathbb{N}\}$ es numerable. La función $f : \mathbb{N} \to P$ definida por $f(n) = 2n$ es una biyección. ∎

> (R) Cualquier conjunto infinito numerable puede ponerse en correspondencia biyectiva con un subconjunto infinito de $\mathbb{N}$. Esto se debe a que la numerabilidad se conserva bajo biyecciones y funciones inyectivas.

> Theorem 5.9.11 La unión numerable de conjuntos numerables es numerable.

Demostración. Sea $\{A_n\}_{n \in \mathbb{N}}$ una familia numerable de conjuntos numerables. Para cada n, existe una función biyectiva $f_n : \mathbb{N} \to A_n$. Definimos una función $F : \mathbb{N} \times \mathbb{N} \to \bigcup_n A_n$ mediante $F(n,k) = f_n(k)$. Como $\mathbb{N} \times \mathbb{N}$ es numerable (demostrado más adelante), existe una biyección $g : \mathbb{N} \to \mathbb{N} \times \mathbb{N}$. Componiendo F con g, obtenemos una función biyectiva $h = F \circ g : \mathbb{N} \to \bigcup_n A_n$, lo que demuestra que la unión es numerable. ∎

Este teorema es esencial para construir conjuntos numerables a partir de otros.

■ **Example 5.57** El conjunto de los números racionales $\mathbb{Q}$ es numerable. ∎

Demostración. Todo número racional puede expresarse como el cociente de dos números enteros p y q, con $q \neq 0$. Consideramos el conjunto $A = \mathbb{Z} \times (\mathbb{Z} \setminus \{0\})$. Como $\mathbb{Z}$ es numerable y $\mathbb{Z} \setminus \{0\}$ también lo es, su producto cartesiano A es numerable por el siguiente lema.

> Lema 5.9.3 El producto cartesiano $\mathbb{N} \times \mathbb{N}$ es numerable.

Demostración. Podemos enumerar los pares $(n,k) \in \mathbb{N} \times \mathbb{N}$ utilizando el método de enumeración diagonal de Cantor. Ordenamos los pares según $n+k = s$, donde s es una constante, y recorremos las diagonales $s = 2, 3, 4, \ldots$. Así, establecemos una biyección entre $\mathbb{N}$ y $\mathbb{N} \times \mathbb{N}$. ∎

Aplicando este lema, concluimos que A es numerable. Definimos una función $f : A \to \mathbb{Q}$ dada por $f(p,q) = \frac{p}{q}$, con $q \neq 0$. Como A es numerable y f es sobreyectiva, el conjunto $\mathbb{Q}$ es numerable. ∎

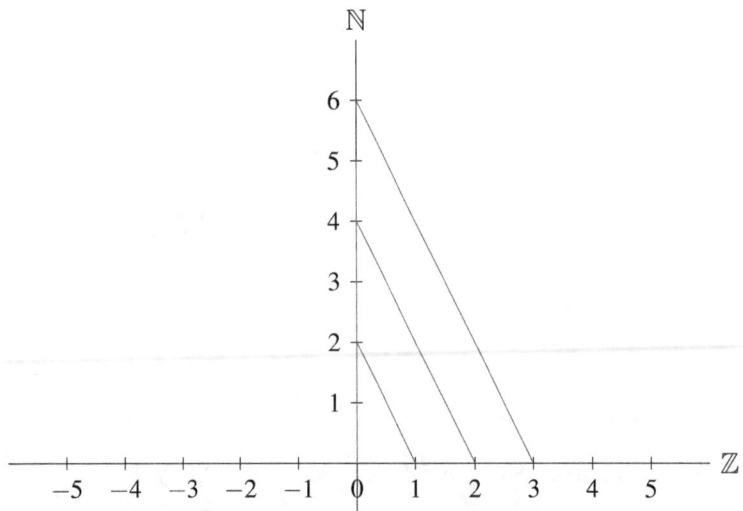

Figura 5.9.7: *Correspondencia entre $\mathbb{N}$ y $\mathbb{Z}$*

La Figura 5.9.8 ilustra el método de enumeración diagonal para pares en $\mathbb{N} \times \mathbb{N}$.

> **Exercise 5.72** Demuestre que el conjunto de las fracciones irreducibles positivas $\left\{ \dfrac{p}{q} : p, q \in \mathbb{N},\ \mathrm{mcd}(p,q) = 1 \right\}$ es numerable. ∎

■ **Example 5.58** El conjunto de los números algebraicos es numerable. ∎

Demostración. Un número algebraico es una raíz de un polinomio no nulo con coeficientes enteros. Los polinomios con coeficientes enteros forman un conjunto numerable, ya que cada polinomio puede asociarse a una tupla finita de enteros (sus coeficientes), y el conjunto de las tuplas finitas de enteros es numerable. Cada polinomio de grado n tiene a lo sumo n raíces. Por lo tanto, el conjunto de los números algebraicos es una unión numerable de conjuntos finitos, lo que implica que es numerable. ∎

> (R) A pesar de que los números algebraicos son densos en $\mathbb{R}$, el conjunto de los números trascendentes (aquellos que no son algebraicos) es no numerable. Esto muestra que la mayoría de los números reales son trascendentes.

> **Theorem 5.9.12** El conjunto de las cadenas finitas de caracteres de un alfabeto finito es numerable.

5.9 Conjuntos equienumerables

Demostración. Sea Σ un alfabeto finito. El conjunto de todas las cadenas finitas Σ^* es numerable. Cada cadena puede asociarse a su longitud $n \in \mathbb{N}$ y a una tupla de n elementos de Σ. Como Σ es finito, Σ^n es finito para cada n. Por lo tanto, Σ^* es la unión numerable de conjuntos finitos, lo que implica que es numerable. ∎

Exercise 5.73 Pruebe que el conjunto de los puntos con coordenadas racionales en el plano $\mathbb{R}^2$ es numerable.

Demostración. Los puntos con coordenadas racionales pueden representarse como pares (x, y) con $x, y \in \mathbb{Q}$. Como $\mathbb{Q}$ es numerable, el producto cartesiano $\mathbb{Q} \times \mathbb{Q}$ es numerable, según el mismo argumento utilizado para demostrar que $\mathbb{N} \times \mathbb{N}$ es numerable. ∎

Lema 5.9.4 El conjunto de las funciones desde un conjunto finito a un conjunto numerable es numerable.

Demostración. Sea F un conjunto finito con n elementos y A un conjunto numerable. El conjunto de funciones $F \to A$ es A^n, es decir, el producto cartesiano de n copias de A. Como A es numerable, A^n es numerable (por inducción en n), ya que el producto de un número finito de conjuntos numerables es numerable. ∎

Theorem 5.9.13 El conjunto de las secuencias finitas de números naturales es numerable.

Demostración. Una secuencia finita de números naturales es una función desde un conjunto finito inicial de $\mathbb{N}$ a $\mathbb{N}$. Por el lema anterior, el conjunto de estas funciones es numerable. Alternativamente, podemos considerar que cada secuencia finita puede codificarse como una cadena finita de dígitos, y como el conjunto de las cadenas finitas es numerable, concluimos que el conjunto de las secuencias finitas es numerable. ∎

Exercise 5.74 Demuestre que el conjunto de los números reales con expansión decimal finita es numerable.

■ **Example 5.59** El conjunto de los polinomios con coeficientes enteros es numerable. ■

Demostración. Cada polinomio puede representarse mediante una secuencia finita de coeficientes enteros. Como el conjunto de las secuencias finitas de enteros es numerable, el conjunto de los polinomios es numerable. ∎

Corollary 5.9.14 El conjunto de las fracciones continuas finitas con coeficientes naturales es numerable.

Demostración. Una fracción continua finita puede representarse como una secuencia finita de números naturales. Como el conjunto de las secuencias finitas de números naturales es numerable, el conjunto de las fracciones continuas finitas es numerable. ∎

> (R) Aunque el conjunto de las secuencias finitas de números naturales es numerable, el conjunto de las secuencias infinitas de números naturales no lo es. Esto se debe a que hay una correspondencia entre las secuencias infinitas y el conjunto de las funciones $\mathbb{N} \to \mathbb{N}$, que es no numerable.

> **Exercise 5.75** Demuestre que el conjunto de los números reales algebraicos es numerable, mientras que el conjunto de los números trascendentes es no numerable.

> **Theorem 5.9.15** El conjunto de los subconjuntos finitos de $\mathbb{N}$ es numerable.

Demostración. Cada subconjunto finito de $\mathbb{N}$ puede representarse por una secuencia finita de números naturales ordenados. Como el conjunto de las secuencias finitas de números naturales es numerable, el conjunto de los subconjuntos finitos de $\mathbb{N}$ es numerable. ∎

> **Exercise 5.76** Sea A un conjunto numerable y B un conjunto finito. Demuestre que el conjunto de las funciones $f : A \to B$ es numerable.

Lema 5.9.5 Si A es numerable y B es numerable, entonces el conjunto de las funciones $f : A \to B$ es numerable si y solo si A es finito.

Demostración. Si A es finito, entonces el conjunto de funciones $A \to B$ es $B^{|A|}$, que es numerable si B es numerable. Si A es infinito numerable, entonces el conjunto de funciones $A \to B$ tiene la cardinalidad del continuo si B tiene al menos dos elementos, y por lo tanto no es numerable. ∎

> **Exercise 5.77** Determine si el conjunto de los números reales computables es numerable.

> (R) El conjunto de los números reales computables es numerable, ya que los algoritmos que definen su expansión decimal son finitos en longitud y pueden codificarse como cadenas finitas de caracteres de un alfabeto finito.

■ **Example 5.60** El conjunto de los puntos en $\mathbb{R}^n$ con coordenadas racionales es numerable. ■

Demostración. Las coordenadas racionales en $\mathbb{R}^n$ forman el producto cartesiano de n copias de $\mathbb{Q}$. Como $\mathbb{Q}$ es numerable y el producto finito de conjuntos numerables es numerable, concluimos que este conjunto es numerable. ∎

> **Exercise 5.78** Demuestre que el conjunto de los números reales cuya expansión decimal es periódica es numerable.

Demostración. Los números reales con expansión decimal periódica son los números racionales, y como hemos demostrado, $\mathbb{Q}$ es numerable. ∎

En conclusión, hemos visto una variedad de ejemplos de conjuntos numerables, lo que nos permite apreciar la riqueza y diversidad de estos conjuntos en matemáticas. La numerabilidad es una propiedad que, aunque implica infinitud, nos permite manejar conjuntos infinitos con un nivel de control y comprensión similar al de los conjuntos finitos.

5.10 Numerabilidad de $\mathbb{Q}$, no numerabilidad de $\mathbb{R}$

5.10.1 Pruebas de numerabilidad y no numerabilidad

En esta sección, abordaremos las pruebas fundamentales que demuestran la numerabilidad del conjunto de los números racionales $\mathbb{Q}$ y la no numerabilidad del conjunto de los números reales $\mathbb{R}$. Estas demostraciones son esenciales para comprender las diferentes cardinalidades de los conjuntos infinitos y tienen implicaciones profundas en diversas áreas de las matemáticas.

Comenzaremos recordando la definición de numerabilidad y estableciendo algunas propiedades que nos servirán en las demostraciones posteriores.

Definition 5.10.1 Un conjunto A es **numerable** si existe una función inyectiva $f : A \to \mathbb{N}$. Si además f es sobreyectiva, es decir, biyectiva, entonces A es **enumerable** o **contable** en sentido estricto.

> La numerabilidad es una propiedad que nos permite comparar el tamaño de conjuntos infinitos. Mientras que algunos conjuntos infinitos, como $\mathbb{N}$ y $\mathbb{Q}$, son numerables, otros como $\mathbb{R}$ no lo son, lo que indica diferentes "tamaños" de infinito.

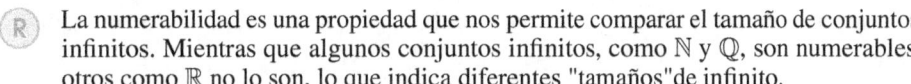
Theorem 5.10.1 El conjunto de los números racionales $\mathbb{Q}$ es numerable.

Demostración. Todo número racional $q \in \mathbb{Q}$ puede expresarse como el cociente de dos números enteros p y q, con $q \neq 0$, es decir, $q = \dfrac{p}{q}$. Consideremos el conjunto $A = \mathbb{Z} \times (\mathbb{Z} \setminus \{0\})$, donde $\mathbb{Z}$ es el conjunto de los números enteros. Como $\mathbb{Z}$ es numerable y $\mathbb{Z} \setminus \{0\}$ también lo es, su producto cartesiano A es numerable.

Definimos una función $f : A \to \mathbb{Q}$ dada por $f(p,q) = \dfrac{p}{q}$. Esta función es sobreyectiva, ya que todo número racional puede escribirse como una fracción de enteros. Por tanto, $\mathbb{Q}$ es imagen de un conjunto numerable bajo una función sobreyectiva, lo que implica que $\mathbb{Q}$ es numerable.

Para establecer una enumeración explícita, podemos utilizar el método de enumeración diagonal de Cantor aplicado a los pares (p,q). Ordenamos los pares según la suma de los valores absolutos de sus componentes y eliminamos las fracciones equivalentes para obtener una enumeración inyectiva. ■

■ **Example 5.61** Ilustremos la enumeración de los números racionales positivos $\mathbb{Q}^+$. Consideramos una cuadrícula donde las filas representan el numerador p y las columnas el denominador q. Recorremos la cuadrícula en diagonales ascendentes, enumerando cada fracción $\dfrac{p}{q}$ y simplificando las fracciones equivalentes.

La Figura 5.10.1 muestra cómo se recorren las fracciones positivas para establecer una correspondencia con los números naturales. ■

Exercise 5.79 Demuestre que el conjunto de los números racionales negativos $\mathbb{Q}^-$ es numerable.

Demostración. El conjunto $\mathbb{Q}^-$ es simplemente $-\mathbb{Q}^+$, donde cada elemento de $\mathbb{Q}^+$ se multiplica por -1. Como $\mathbb{Q}^+$ es numerable, y una función biyectiva $f : \mathbb{Q}^+ \to \mathbb{Q}^-$ está dada por $f(q) = -q$, entonces $\mathbb{Q}^-$ es numerable. ■

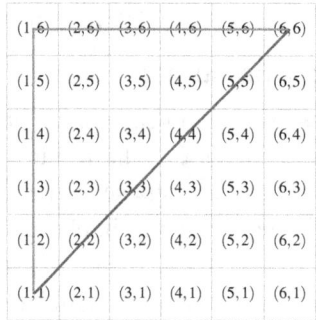

Figura 5.9.8: *Enumeración diagonal de pares ordenados*

Corollary 5.10.2 El conjunto de todos los números racionales $\mathbb{Q}$ es numerable.

Demostración. Dado que $\mathbb{Q} = \mathbb{Q}^+ \cup \{0\} \cup \mathbb{Q}^-$ y cada uno de estos conjuntos es numerable, y la unión numerable de conjuntos numerables es numerable, concluimos que $\mathbb{Q}$ es numerable. ∎

> La numerabilidad de $\mathbb{Q}$ implica que, aunque $\mathbb{Q}$ es denso en $\mathbb{R}$, su cardinalidad es la misma que la de $\mathbb{N}$. Esto contrasta con la cardinalidad de $\mathbb{R}$, como veremos a continuación.

Theorem 5.10.3 El conjunto de los números reales $\mathbb{R}$ no es numerable.

Demostración. La demostración clásica de este hecho es el **Argumento Diagonal de Cantor**. Supongamos, por el absurdo, que $\mathbb{R}$ es numerable. Entonces, podemos enumerar todos los números reales en el intervalo $[0,1)$ como $r_1, r_2, r_3, \ldots$. Cada r_n tiene una expansión decimal infinita:

$$r_1 = 0.d_{11}d_{12}d_{13}\ldots, \quad r_2 = 0.d_{21}d_{22}d_{23}\ldots, \quad \ldots$$

Construimos un número real r en $[0,1)$ que difiere de cada r_n en su n-ésima cifra decimal. Definimos $r = 0.c_1 c_2 c_3 \ldots$, donde:

$$c_n = \begin{cases} 1, & \text{si } d_{nn} \neq 1, \\ 2, & \text{si } d_{nn} = 1. \end{cases}$$

Por construcción, r difiere de r_n en la n-ésima cifra decimal, por lo que $r \neq r_n$ para todo n. Sin embargo, $r \in [0,1)$, lo que contradice la suposición de que hemos enumerado todos los números reales en $[0,1)$. Por tanto, $\mathbb{R}$ no es numerable. ∎

La Figura 5.10.2 ilustra cómo se construye el número r tomando los dígitos en la diagonal y modificándolos.

> El argumento de Cantor demuestra que no existe una biyección entre $\mathbb{N}$ y $\mathbb{R}$, es decir, la cardinalidad de $\mathbb{R}$ es estrictamente mayor que la de $\mathbb{N}$. Esto introduce el concepto de cardinalidad del continuo.

5.10 Numerabilidad de ℚ, no numerabilidad de ℝ

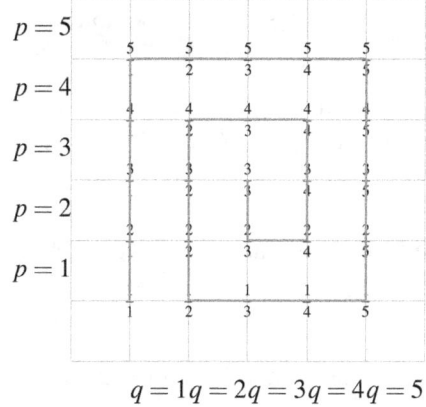

Figura 5.10.1: *Enumeración de $\mathbb{Q}^+$ mediante el método diagonal*

Corollary 5.10.4 El conjunto de las partes de $\mathbb{N}$, denotado $\mathscr{P}(\mathbb{N})$, no es numerable.

Demostración. Existe una biyección entre $\mathscr{P}(\mathbb{N})$ y el conjunto de las funciones de $\mathbb{N}$ en $\{0,1\}$. Cada subconjunto $A \subseteq \mathbb{N}$ puede asociarse a su función característica $\chi_A : \mathbb{N} \to \{0,1\}$. Como el conjunto de funciones $\mathbb{N} \to \{0,1\}$ tiene la misma cardinalidad que $\mathbb{R}$ (ya que puede interpretarse como el conjunto de secuencias binarias infinitas, que corresponden a los números reales en el intervalo $[0,1]$ en base 2), y hemos demostrado que $\mathbb{R}$ no es numerable, concluimos que $\mathscr{P}(\mathbb{N})$ tampoco es numerable. ∎

Exercise 5.80 Utilice el argumento diagonal de Cantor para demostrar que el intervalo $(0,1)$ es no numerable.

Exercise 5.81 Demuestre que el conjunto de las funciones $f : \mathbb{N} \to \mathbb{N}$ no es numerable.

Lema 5.10.1 Si existe una función inyectiva $f : \mathbb{N} \to A$ y A es numerable, entonces A es infinito numerable. Sin embargo, si A no es numerable, entonces no puede existir tal función.

Demostración. Si A es numerable, existe una biyección $g : \mathbb{N} \to A$. Componiendo g^{-1} con f, obtenemos una función inyectiva $g^{-1} \circ f : \mathbb{N} \to \mathbb{N}$, lo que implica que $\mathbb{N}$ es numerable, lo cual es cierto. Si A no es numerable, no puede existir una función inyectiva desde $\mathbb{N}$ en A que cubra todos los elementos de A. ∎

Theorem 5.10.5 No existe una biyección entre $\mathbb{N}$ y $\mathbb{R}$.

Demostración. Es una consecuencia directa del Teorema de Cantor que establece la no numerabilidad de $\mathbb{R}$. Si existiera tal biyección, $\mathbb{R}$ sería numerable, lo cual es una contradicción. ∎

> (R) La diferencia en cardinalidad entre $\mathbb{N}$ y $\mathbb{R}$ implica la existencia de diferentes "tamaños" de infinito, lo que es formalizado en la teoría de conjuntos mediante los números cardinales y ordinales.

La distinción entre conjuntos numerables y no numerables tiene profundas implicaciones en diversas áreas de las matemáticas.

■ **Example 5.62** En análisis real, el hecho de que $\mathbb{R}$ no sea numerable es esencial para la definición de medidas y para entender por qué no todos los subconjuntos de $\mathbb{R}$ son medibles en el sentido de Lebesgue. ■

Exercise 5.82 Investigue cómo la no numerabilidad de $\mathbb{R}$ influye en la definición de la integral de Lebesgue.

Corollary 5.10.6 El conjunto de los números trascendentes es no numerable.

Demostración. Los números reales pueden clasificarse en algebraicos y trascendentes. Como los números algebraicos son numerables (al ser raíces de polinomios con coeficientes enteros, y hay un número numerable de tales polinomios), y $\mathbb{R}$ es no numerable, el complemento de los números algebraicos en $\mathbb{R}$, es decir, los números trascendentes, debe ser no numerable. ■

Exercise 5.83 Demuestre que el conjunto de los números irracionales es no numerable.

Demostración. Los números irracionales son aquellos que no pueden expresarse como una fracción de enteros, es decir, $\mathbb{R} \setminus \mathbb{Q}$. Dado que $\mathbb{R}$ es no numerable y $\mathbb{Q}$ es numerable, el conjunto de los números irracionales debe ser no numerable, ya que eliminar un conjunto numerable de un conjunto no numerable deja un conjunto no numerable. ■

Lema 5.10.2 La unión numerable de conjuntos numerables es numerable.

Demostración. Sea $\{A_n\}_{n \in \mathbb{N}}$ una familia numerable de conjuntos numerables. Para cada A_n, existe una biyección $f_n : \mathbb{N} \to A_n$. Definimos una función $F : \mathbb{N} \times \mathbb{N} \to \bigcup_n A_n$ mediante $F(n,k) = f_n(k)$. Como $\mathbb{N} \times \mathbb{N}$ es numerable, existe una biyección entre $\mathbb{N}$ y $\bigcup_n A_n$, lo que demuestra que la unión es numerable. ■

Theorem 5.10.7 El conjunto de las funciones de $\mathbb{N}$ en $\{0,1\}$ no es numerable.

Demostración. El conjunto de funciones $f : \mathbb{N} \to \{0,1\}$ tiene cardinalidad $2^{\aleph_0}$, que es la cardinalidad del continuo. Esto se debe a que cada función puede identificarse con una secuencia infinita de ceros y unos, es decir, un elemento de $\{0,1\}^{\mathbb{N}}$. Como hemos demostrado que $\mathbb{R}$ es no numerable y tiene cardinalidad del continuo, y existe una biyección entre $\mathbb{R}$ y $\{0,1\}^{\mathbb{N}}$ (por ejemplo, mediante expansiones binarias), concluimos que el conjunto de tales funciones no es numerable. ■

Exercise 5.84 Explique por qué el conjunto de las sucesiones infinitas de números naturales no es numerable.

> La comprensión de la numerabilidad y la no numerabilidad es fundamental para áreas avanzadas de las matemáticas, como la teoría de conjuntos, la topología y la teoría de la medida. También tiene implicaciones filosóficas sobre la naturaleza del infinito y la estructura de las matemáticas.

5.10 Numerabilidad de $\mathbb{Q}$, no numerabilidad de $\mathbb{R}$

Concluimos esta sección enfatizando que, aunque ambos conjuntos $\mathbb{Q}$ y $\mathbb{R}$ son infinitos, su cardinalidad es diferente. La numerabilidad de $\mathbb{Q}$ nos permite enumerar sus elementos y trabajar con ellos de manera discreta, mientras que la no numerabilidad de $\mathbb{R}$ indica una "densidad"infinitamente mayor, lo que exige herramientas y enfoques distintos en el análisis matemático.

5.10.2 Consecuencias para la teoría de conjuntos

La diferencia en cardinalidad entre los conjuntos $\mathbb{Q}$ y $\mathbb{R}$ tiene profundas implicaciones en la teoría de conjuntos. Esta distinción nos lleva a explorar la naturaleza de los infinitos y la estructura de los números reales en un contexto más amplio.

> **Definition 5.10.2** Un **número cardinal** es una medida del tamaño de un conjunto, que generaliza el concepto de cantidad de elementos para conjuntos infinitos. Los cardinales se utilizan para comparar la cardinalidad de diferentes conjuntos.

La numerabilidad de $\mathbb{Q}$ implica que su cardinalidad es igual a la de $\mathbb{N}$, denotada por $\aleph_0$ (aleph cero). Por otro lado, la no numerabilidad de $\mathbb{R}$ indica que su cardinalidad, conocida como **cardinalidad del continuo**, es estrictamente mayor que $\aleph_0$.

> **Theorem 5.10.8 — Teorema de Cantor.** Para cualquier conjunto A, el conjunto de sus partes $\mathscr{P}(A)$ tiene una cardinalidad mayor que la de A.

Demostración. Sea $f : A \to \mathscr{P}(A)$ una función cualquiera. Consideremos el conjunto $B = \{x \in A : x \notin f(x)\}$. Supongamos que existe $a \in A$ tal que $f(a) = B$. Entonces, si $a \in B$, por la definición de B, tenemos que $a \notin f(a) = B$, lo cual es una contradicción. Si $a \notin B$, entonces $a \in f(a) = B$, nuevamente una contradicción. Por lo tanto, f no puede ser sobreyectiva, lo que implica que no existe una biyección entre A y $\mathscr{P}(A)$, y por tanto, $\mathscr{P}(A)$ tiene una cardinalidad mayor que A. ∎

Este teorema muestra que siempre es posible encontrar conjuntos de cardinalidad mayor a cualquier conjunto dado, incluso si este es infinito. Aplicando este resultado al conjunto de los números naturales $\mathbb{N}$, concluimos que $\mathscr{P}(\mathbb{N})$ tiene una cardinalidad mayor que $\aleph_0$.

> **Corollary 5.10.9** La cardinalidad del conjunto de los números reales $\mathbb{R}$ es igual a la de $\mathscr{P}(\mathbb{N})$, es decir, $|\mathbb{R}| = |\mathscr{P}(\mathbb{N})| = 2^{\aleph_0}$.

Demostración. Cada número real puede representarse como una sucesión infinita de dígitos binarios en el intervalo $[0,1]$, es decir, como una función de $\mathbb{N}$ en $\{0,1\}$. Por lo tanto, $\mathbb{R}$ tiene la misma cardinalidad que el conjunto de funciones de $\mathbb{N}$ en $\{0,1\}$, que es $\mathscr{P}(\mathbb{N})$. Así, $|\mathbb{R}| = 2^{\aleph_0}$. ∎

> (R) La igualdad $|\mathbb{R}| = 2^{\aleph_0}$ nos lleva a la famosa **Hipótesis del Continuo**, que postula que no existe un conjunto cuyo cardinal esté estrictamente entre $\aleph_0$ y $2^{\aleph_0}$.

La Hipótesis del Continuo fue propuesta por Georg Cantor y es uno de los problemas fundamentales en la teoría de conjuntos. Su independencia respecto a los axiomas de Zermelo-Fraenkel con el Axioma de Elección (ZFC) fue demostrada por Gödel y Cohen.

> **Theorem 5.10.10 — Independencia de la Hipótesis del Continuo.** La Hipótesis del Continuo no puede ser demostrada ni refutada a partir de los axiomas de ZFC.

Demostración. Este resultado es consecuencia de los trabajos de Gödel, quien demostró que la Hipótesis del Continuo es consistente con ZFC si ZFC es consistente, y de Cohen, quien demostró que la negación de la Hipótesis del Continuo también es consistente con ZFC. La prueba completa es avanzada y requiere técnicas de lógica matemática y teoría de modelos. ∎

Este teorema tiene profundas implicaciones filosóficas y matemáticas, ya que indica que existen verdades matemáticas que no pueden ser decididas dentro de un sistema axiomático dado.

■ **Example 5.63** Consideremos el conjunto $C = \{f : \mathbb{N} \to \{0,1\}\}$ de todas las funciones de $\mathbb{N}$ en $\{0,1\}$. Este conjunto tiene cardinalidad $2^{\aleph_0}$. Cada función $f \in C$ puede interpretarse como una secuencia infinita de ceros y unos, es decir, como un número real en su expansión binaria en el intervalo $[0,1]$. Por lo tanto, hay una biyección entre C y $[0,1]$, lo que reafirma que $|\mathbb{R}| = 2^{\aleph_0}$.

n	r_n
1	$0.\underline{d_{11}}\ d_{12}\ d_{13}\ d_{14}\ d_{15}\ \ldots$
2	$0.d_{21}\ \underline{d_{22}}\ d_{23}\ d_{24}\ d_{25}\ \ldots$
3	$0.d_{31}\ d_{32}\ \underline{d_{33}}\ d_{34}\ d_{35}\ \ldots$
4	$0.d_{41}\ d_{42}\ d_{43}\ \underline{d_{44}}\ d_{45}\ \ldots$
5	$0.d_{51}\ d_{52}\ d_{53}\ d_{54}\ \underline{d_{55}}\ \ldots$
$\vdots$	$\vdots$

Figura 5.10.2: *Construcción del número r mediante el argumento diagonal*

■

La Figura 5.10.3 muestra una función específica de $\mathbb{N}$ en $\{0,1\}$, que corresponde a una secuencia binaria infinita y, por ende, a un número real en $[0,1]$.

> Exercise 5.85 Demuestre que el conjunto de todas las funciones $f : \mathbb{N} \to \mathbb{N}$ tiene cardinalidad $2^{\aleph_0}$.

Demostración. Cada función $f : \mathbb{N} \to \mathbb{N}$ puede identificarse con una secuencia infinita de números naturales. Como $\mathbb{N}$ es numerable, el conjunto de tales secuencias tiene la misma cardinalidad que $\mathscr{P}(\mathbb{N})$, es decir, $2^{\aleph_0}$. ∎

Este resultado muestra que el conjunto de funciones de $\mathbb{N}$ en $\mathbb{N}$ es no numerable y tiene la misma cardinalidad que $\mathbb{R}$.

> Theorem 5.10.11 — **Jerarquía de cardinales infinitos.** Existen infinitos números cardinales infinitos, y para cada cardinal infinito κ, existe un cardinal λ tal que $\lambda > \kappa$.

Demostración. Por el Teorema de Cantor, sabemos que para cualquier conjunto A, la cardinalidad de su conjunto de partes $\mathscr{P}(A)$ es mayor que la de A. Aplicando este proceso iterativamente a $\mathbb{N}$ y a los conjuntos resultantes, obtenemos una sucesión infinita de cardinales cada vez mayores. ∎

> **Corollary 5.10.12** No existe un conjunto universal que contenga a todos los conjuntos, ya que esto conduciría a paradojas como la de Russell.

5.10 Numerabilidad de ℚ, no numerabilidad de ℝ

Demostración. Si existiera un conjunto universal U que contuviera a todos los conjuntos, entonces su conjunto de partes $\mathscr{P}(U)$ también sería un conjunto y tendría una cardinalidad mayor que U, lo cual es una contradicción. Además, considerar el conjunto $R = \{x \in U : x \notin x\}$ lleva a la paradoja de Russell. ∎

> (R) Estas paradojas llevaron al desarrollo de teorías de conjuntos axiomáticas, como la teoría de Zermelo-Fraenkel, para evitar inconsistencias y formalizar adecuadamente la teoría de conjuntos.

Exercise 5.86 Investigue y explique cómo la numerabilidad o no numerabilidad de un conjunto afecta su medida en el sentido de Lebesgue.

■ **Example 5.64** En el análisis real, los conjuntos numerables tienen medida de Lebesgue cero. Por ejemplo, el conjunto de los números racionales ℚ es numerable y, por lo tanto, su medida es cero. Sin embargo, el conjunto de los números reales ℝ no es numerable y tiene medida infinita en la recta real.

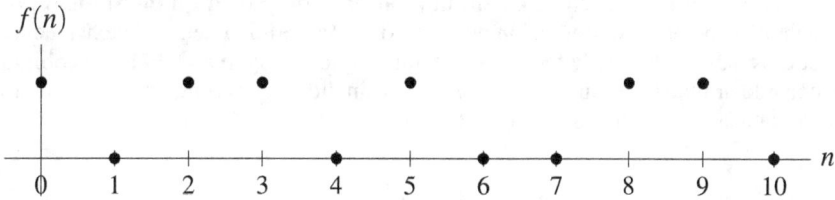

Figura 5.10.3: *Representación gráfica de una función* $f : \mathbb{N} \to \{0, 1\}$

■

La Figura 5.10.4 ilustra que, aunque los números racionales están densamente distribuidos en la recta real, su medida total es cero.

> **Theorem 5.10.13** La existencia de conjuntos no medibles es una consecuencia de la no numerabilidad de ℝ y del Axioma de Elección.

Demostración. El Teorema de Vitali establece que, asumiendo el Axioma de Elección, existen subconjuntos de ℝ que no son medibles en el sentido de Lebesgue. Se construyen clases de equivalencia de números reales y se elige un representante de cada clase, formando un conjunto no medible. ∎

Exercise 5.87 Explique cómo la no numerabilidad de ℝ influye en la imposibilidad de enumerar todos los números reales computables.

Demostración. Los números reales computables son aquellos para los cuales existe un algoritmo que permite calcular sus dígitos con cualquier precisión deseada. Como los algoritmos pueden codificarse como cadenas finitas de símbolos, y el conjunto de cadenas finitas es numerable, el conjunto de números reales computables es numerable. Sin embargo, dado que ℝ es no numerable, existen números reales que no son computables, lo que implica que no podemos enumerar todos los números reales. ∎

Esta conclusión tiene implicaciones en la teoría de la computación y la lógica matemática, evidenciando límites fundamentales en lo que puede ser calculado o descrito mediante algoritmos.

> **Theorem 5.10.14 — Teorema de Löwenheim-Skolem.** Toda teoría de primer orden con un modelo infinito tiene un modelo de cardinalidad numerable.

Demostración. El teorema establece que si una teoría de primer orden es consistente y tiene un modelo infinito, entonces tiene un modelo cuyo dominio es numerable. La demostración utiliza el método de Skolemización y construye un modelo numerable mediante el cierre deductivo y un conjunto numerable de constantes. ∎

> **Exercise 5.88** Discuta las implicaciones del Teorema de Löwenheim-Skolem en relación con la no numerabilidad de $\mathbb{R}$ y la teoría de conjuntos.

 El Teorema de Löwenheim-Skolem lleva al llamado **paradoja de Skolem**, que señala una aparente contradicción entre la no numerabilidad de $\mathbb{R}$ y la existencia de modelos numerables de la teoría de conjuntos que incluyen a $\mathbb{R}$. Esto nos obliga a reconsiderar nuestras intuiciones sobre la cardinalidad y la forma en que las teorías matemáticas describen los objetos infinitos.

Para concluir, la numerabilidad de $\mathbb{Q}$ y la no numerabilidad de $\mathbb{R}$ no solo son resultados importantes por sí mismos, sino que también abren la puerta a una comprensión más profunda de la teoría de conjuntos y la naturaleza del infinito en matemáticas. Estas diferencias en cardinalidad afectan diversas áreas, desde la lógica y la computación hasta el análisis y la topología, demostrando la riqueza y complejidad de las estructuras matemáticas infinitas.

5.11 Caracterización del supremo

5.11.1 Definición de supremo

En el estudio del análisis real y la teoría de órdenes, el concepto de **supremo** es fundamental para comprender la estructura de los números reales y las propiedades de los conjuntos acotados. El supremo nos permite formalizar la noción de "mínima cota superior" de un conjunto.

> **Definition 5.11.1** Sea $S \subseteq \mathbb{R}$ un conjunto no vacío acotado superiormente. Un número $M \in \mathbb{R}$ es una **cota superior** de S si $x \leq M$ para todo $x \in S$. El **supremo** de S, denotado por $\sup S$, es la menor de todas las cotas superiores de S. Es decir,
> $$\sup S = \inf\{M \in \mathbb{R} : x \leq M \text{ para todo } x \in S\}.$$

Esta definición formaliza la idea de que el supremo es el menor número real que es mayor o igual que todos los elementos de S. Es importante destacar que el supremo puede pertenecer o no al conjunto S.

■ **Example 5.65** Consideremos el conjunto $S = \{x \in \mathbb{R} : 0 < x < 1\}$. Claramente, S está acotado superiormente por cualquier número mayor o igual que 1. De hecho, 1 es la mínima cota superior de S, por lo que $\sup S = 1$. Aunque 1 no pertenece a S, es el supremo de S. ∎

5.11 Caracterización del supremo

La existencia del supremo en $\mathbb{R}$ es garantizada por el **Axioma de Completitud**, que establece que todo conjunto no vacío de números reales acotado superiormente tiene un supremo en $\mathbb{R}$.

> **Theorem 5.11.1 — Axioma de Completitud.** Todo subconjunto no vacío $S \subseteq \mathbb{R}$ que está acotado superiormente posee un supremo en $\mathbb{R}$.

> (R) El Axioma de Completitud es lo que distingue a los números reales de los racionales. En $\mathbb{Q}$, existen conjuntos acotados superiormente que no tienen un supremo en $\mathbb{Q}$.

Para entender mejor el concepto de supremo, consideremos la siguiente proposición que caracteriza su existencia y unicidad.

Proposition 5.11.2 Sea $S \subseteq \mathbb{R}$ un conjunto no vacío y acotado superiormente. Entonces, $\sup S$ es único y satisface:
1. $\sup S$ es una cota superior de S.
2. Si M es cualquier cota superior de S, entonces $\sup S \leq M$.

Demostración. La unicidad se debe a que si existieran dos supremos distintos, digamos s_1 y s_2, ambos serían las menores cotas superiores, lo cual es imposible. Los dos puntos se derivan directamente de la definición de supremo. ∎

Ahora, exploraremos algunas propiedades importantes del supremo.

Lema 5.11.1 Sea $S \subseteq \mathbb{R}$ no vacío y acotado superiormente. Entonces, para todo $\varepsilon > 0$, existe $x \in S$ tal que $\sup S - \varepsilon < x \leq \sup S$.

Demostración. Supongamos, por el contrario, que existe $\varepsilon_0 > 0$ tal que $x \leq \sup S - \varepsilon_0$ para todo $x \in S$. Entonces, $\sup S - \varepsilon_0$ es una cota superior menor que $\sup S$, lo cual contradice la minimalidad de $\sup S$. ∎

Este lema implica que podemos aproximar el supremo de un conjunto acotado superiormente tan cerca como deseemos mediante elementos del conjunto.

■ **Example 5.66** Consideremos el conjunto $S = \left\{ 1 - \dfrac{1}{n} : n \in \mathbb{N}, n \geq 1 \right\}$. Observemos que:

$$\sup S = 1,$$

ya que para todo n, $1 - \dfrac{1}{n} < 1$, y podemos acercarnos a 1 tanto como queramos aumentando n.

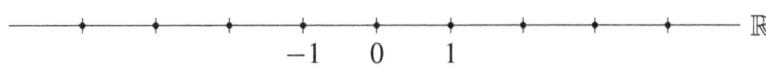

Figura 5.10.4: *Los puntos racionales en la recta real son numerables y de medida cero*

■

La Figura 5.11.1 muestra cómo los valores de $1 - \dfrac{1}{n}$ se acercan a 1 cuando n aumenta.

> **Theorem 5.11.3** Sea $S \subseteq \mathbb{R}$ no vacío y acotado superiormente. Entonces, $\sup S \in S$ si y solo si $\sup S$ es el máximo de S.

Demostración. ($\Rightarrow$) Si $\sup S \in S$, entonces, por definición, es una cota superior y un elemento de S, por lo que es el máximo.
($\Leftarrow$) Si $\sup S$ es el máximo de S, entonces claramente $\sup S \in S$. ∎

Corollary 5.11.4 Si S tiene un máximo, entonces $\sup S = \max S$.

(R) No todos los conjuntos acotados superiormente tienen un máximo. Por ejemplo, el conjunto $S = \{x \in \mathbb{R} : x < 1\}$ tiene $\sup S = 1$, pero $1 \notin S$, por lo que S no tiene máximo.

Para profundizar en el concepto, consideremos la noción de ínfimo, que es dual al supremo.

Definition 5.11.2 Sea $S \subseteq \mathbb{R}$ no vacío y acotado inferiormente. El **ínfimo** de S, denotado por $\inf S$, es la mayor de todas las cotas inferiores de S.

Las propiedades del ínfimo son análogas a las del supremo. Ahora, veamos cómo los supremos e ínfimos se relacionan con las operaciones entre conjuntos.

Proposition 5.11.5 Sea $S, T \subseteq \mathbb{R}$ no vacíos y acotados superiormente. Entonces:
1. Si $S \subseteq T$, entonces $\sup S \leq \sup T$.
2. $\sup(S \cup T) = \max\{\sup S, \sup T\}$.

Demostración. 1. Como $S \subseteq T$, toda cota superior de T es también cota superior de S. Por lo tanto, la mínima cota superior de S no puede exceder a la de T.
2. Las cotas superiores de $S \cup T$ son precisamente las cotas superiores comunes, por lo que el supremo es el máximo entre $\sup S$ y $\sup T$. ∎

■ **Example 5.67** Sea $S = [0,2]$ y $T = [1,3]$. Entonces, $\sup S = 2$, $\sup T = 3$, y $\sup(S \cup T) = \max\{2,3\} = 3$.

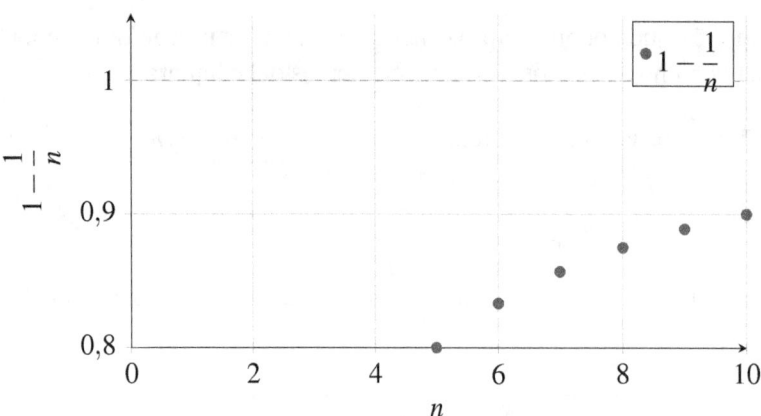

Figura 5.11.1: *Gráfica de* $1 - \dfrac{1}{n}$ *aproximándose a* $\sup S = 1$

■

La Figura 5.11.2 ilustra los conjuntos S y T en la recta real.

Lema 5.11.2 Sea $S \subseteq \mathbb{R}$ no vacío y acotado superiormente, y sea $c \in \mathbb{R}$. Entonces:
1. $\sup(S + c) = \sup S + c$, donde $S + c = \{x + c : x \in S\}$.
2. Si $c > 0$, entonces $\sup(cS) = c \cdot \sup S$, donde $cS = \{cx : x \in S\}$.

5.11 Caracterización del supremo

Demostración. 1. Toda cota superior de S se incrementa en c al sumar c a todos los elementos de S. Por lo tanto, el supremo se desplaza en c unidades.

2. Multiplicar por un escalar positivo preserva el orden, por lo que las cotas superiores de S se multiplican por c, y el supremo también. ∎

Estas propiedades son útiles al analizar límites y comportamientos asintóticos de funciones y sucesiones.

Exercise 5.89 Sea $S = \left\{ \dfrac{n}{n+1} : n \in \mathbb{N} \right\}$. Calcule $\sup S$ y demuestre su resultado.

Exercise 5.90 Demuestre que si $S \subseteq \mathbb{R}$ está acotado superiormente y $S \geq 0$, entonces $\sup(\sqrt{S}) = \sqrt{\sup S}$, donde $\sqrt{S} = \{\sqrt{x} : x \in S\}$.

Theorem 5.11.6 Si (a_n) es una sucesión de números reales acotada superiormente, entonces $L = \sup\{a_n : n \in \mathbb{N}\}$ satisface que para todo $\varepsilon > 0$, existe $N \in \mathbb{N}$ tal que $a_N > L - \varepsilon$.

Demostración. Es una consecuencia directa del lema anterior aplicado al conjunto $S = \{a_n : n \in \mathbb{N}\}$. ∎

Corollary 5.11.7 Toda sucesión monótona creciente y acotada superiormente converge a su supremo.

Demostración. Sea (a_n) monótona creciente y acotada superiormente. Entonces, $L = \sup\{a_n\}$ existe. Para todo $\varepsilon > 0$, existe N tal que $a_N > L - \varepsilon$. Como la sucesión es creciente, para $n \geq N$, $a_n \geq a_N > L - \varepsilon$ y $a_n \leq L$. Por lo tanto, $|a_n - L| < \varepsilon$, lo que implica que $a_n \to L$. ∎

Exercise 5.91 Encuentre el supremo del conjunto $S = \{(-1)^n + 1 - \dfrac{1}{n} : n \in \mathbb{N}\}$ y determine si la sucesión converge.

(R) El concepto de supremo es esencial en la definición de integrales, límites superiores, y en el análisis de convergencia de series y sucesiones. Su comprensión es fundamental para el estudio avanzado del análisis matemático.

Con esto, hemos explorado la definición y propiedades básicas del supremo en el contexto de los números reales. En secciones posteriores, aplicaremos estos conceptos a problemas más complejos y veremos cómo el supremo juega un papel crucial en diversas áreas de las matemáticas.

5.11.2 Propiedades y ejemplos

En esta sección, exploraremos las propiedades fundamentales del supremo y presentaremos ejemplos que ilustran su aplicación en diversos contextos matemáticos. Además, incluiremos ejercicios para afianzar la comprensión de estos conceptos.

Como recordatorio, el supremo de un conjunto no vacío y acotado superiormente $S \subseteq \mathbb{R}$ es la menor de sus cotas superiores, denotada por $\sup S$. Esta noción es esencial en análisis y álgebra, ya que permite formalizar el concepto de límite superior de un conjunto.

Proposition 5.11.8 Sea $S \subseteq \mathbb{R}$ no vacío y acotado superiormente. Entonces, las siguientes propiedades se cumplen:

1. $\sup S$ es único.
2. $\sup S \geq x$ para todo $x \in S$.
3. Si M es una cota superior de S, entonces $\sup S \leq M$.

Demostración.
1. La unicidad del supremo se debe a la definición de mínima cota superior. Si existieran dos supremos distintos, esto violaría la propiedad de minimalidad.
2. Por definición, $\sup S$ es una cota superior de S, por lo que $\sup S \geq x$ para todo $x \in S$.
3. Como $\sup S$ es la menor de las cotas superiores, si M es una cota superior de S, entonces necesariamente $\sup S \leq M$. ∎

Estas propiedades aseguran que el supremo está bien definido y que es consistente con la estructura ordenada de los números reales.

Theorem 5.11.9 Sea $\{S_n\}$ una sucesión de subconjuntos no vacíos y acotados superiormente de $\mathbb{R}$ tales que $S_n \subseteq S_{n+1}$ para todo $n \in \mathbb{N}$. Entonces,

$$\sup\left(\bigcup_{n=1}^{\infty} S_n\right) = \lim_{n \to \infty} \sup S_n.$$

Demostración. Como $S_n \subseteq S_{n+1}$, tenemos que $\sup S_n \leq \sup S_{n+1}$, por lo que la sucesión $\{\sup S_n\}$ es monótona creciente. Además, como cada S_n está acotado superiormente, la sucesión $\{\sup S_n\}$ está acotada superiormente por cualquier cota superior común a todos los S_n. Por el teorema de convergencia de sucesiones monótonas, $\{\sup S_n\}$ converge a $L = \lim_{n \to \infty} \sup S_n$.

Por otro lado, $\bigcup_{n=1}^{\infty} S_n$ es un conjunto acotado superiormente, y su supremo es la menor cota superior común a todos los S_n. Dado que los $\sup S_n$ se aproximan a L, concluimos que $\sup\left(\bigcup_{n=1}^{\infty} S_n\right) = L$. ∎

Este teorema muestra cómo el supremo interactúa con uniones crecientes de conjuntos, y es útil en análisis para estudiar el comportamiento límite de conjuntos y funciones.

■ **Example 5.68** Consideremos la sucesión de intervalos $S_n = \left[0, 1 - \dfrac{1}{n}\right)$. Cada S_n es un conjunto acotado superiormente, y tenemos que $S_n \subseteq S_{n+1}$ para todo n. Entonces,

$$\sup S_n = 1 - \frac{1}{n},$$

y

$$\lim_{n \to \infty} \sup S_n = \lim_{n \to \infty} \left(1 - \frac{1}{n}\right) = 1.$$

Por lo tanto,

$$\sup\left(\bigcup_{n=1}^{\infty} S_n\right) = 1.$$

5.11 Caracterización del supremo

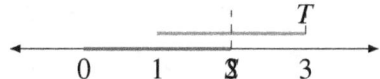

Figura 5.11.2: *Representación de los conjuntos S y T en la recta real*

La Figura 5.11.3 ilustra cómo la unión de los intervalos S_n se aproxima al intervalo $[0,1)$ cuando $n \to \infty$. ∎

> (R) Es importante notar que el supremo de la unión de los conjuntos S_n coincide con el límite de los supremos de cada S_n, lo que refleja la compatibilidad entre las operaciones de límite y supremo.

Lema 5.11.3 Sea $S \subseteq \mathbb{R}$ no vacío y acotado superiormente, y sea $f: S \to \mathbb{R}$ una función creciente. Entonces,

$$\sup f(S) = f(\sup S).$$

Demostración. Como f es creciente, para todo $x \in S$, tenemos $f(x) \leq f(\sup S)$, ya que $x \leq \sup S$. Por lo tanto, $f(\sup S)$ es una cota superior de $f(S)$.
Supongamos que existe $M < f(\sup S)$ que es una cota superior de $f(S)$. Entonces, $M < f(\sup S)$ implica que existe $\delta > 0$ tal que $M = f(\sup S) - \delta$. Debido a la continuidad de f (si se asume), o más generalmente, dado que S es acotado y f es creciente, existe $x \in S$ tal que $f(x) > M$, lo que contradice que M sea una cota superior de $f(S)$. Por lo tanto, $\sup f(S) = f(\sup S)$. ∎

■ **Example 5.69** Sea $S = [0,2]$ y $f(x) = 3x + 1$. Entonces,

$$\sup S = 2, \quad f(\sup S) = f(2) = 7.$$

El conjunto $f(S) = [f(0), f(2)] = [1,7]$, por lo que $\sup f(S) = 7$, coincidiendo con $f(\sup S)$.

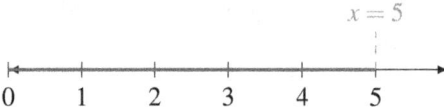

Figura 5.11.3: *Representación de la unión de los intervalos S_n aproximándose a $[0,5)$*

La Figura 5.11.4 muestra la función $f(x)$ y cómo su máximo en S corresponde a $f(\sup S)$. ∎

> (R) La condición de que f sea creciente es esencial en el lema anterior. Si f no es creciente, la igualdad $\sup f(S) = f(\sup S)$ puede no cumplirse.

Exercise 5.92 Sea $S = [1,4]$ y $f(x) = \dfrac{1}{x}$. Determine $\sup f(S)$ y compare con $f(\inf S)$. ∎

Demostración. Como $S = [1,4]$, tenemos $\inf S = 1$ y $\sup S = 4$. La función $f(x) = \dfrac{1}{x}$ es decreciente en $(0, \infty)$. Entonces,

$$\sup f(S) = f(\inf S) = f(1) = 1,$$

y

$$\inf f(S) = f(\sup S) = f(4) = \frac{1}{4}.$$

Por lo tanto, $f(S) = \left[\frac{1}{4}, 1\right]$. ∎

Este ejercicio muestra que para funciones decrecientes, el supremo de $f(S)$ corresponde a $f(\inf S)$, y no a $f(\sup S)$.

> **Theorem 5.11.10** Sea $S \subseteq \mathbb{R}$ no vacío y acotado superiormente. Si S es finito, entonces $\sup S = \max S$.

Demostración. En un conjunto finito, siempre existe un máximo, ya que podemos comparar todos los elementos entre sí. El máximo es la mayor cota superior que pertenece al conjunto, y por definición, es el supremo. ∎

■ **Example 5.70** Consideremos $S = \{2, 5, 3, 7\}$. El máximo de S es 7, por lo que $\sup S = 7$.

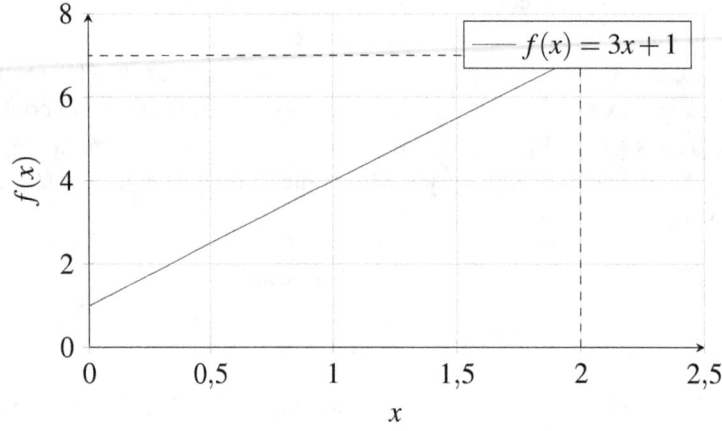

Figura 5.11.4: *Gráfica de $f(x) = 3x + 1$ en el intervalo $[0, 2]$*

∎

> (R) En conjuntos infinitos, el supremo puede no pertenecer al conjunto, como ocurre con $S = (0, 1)$, donde $\sup S = 1$ pero $1 \notin S$.

> **Exercise 5.93** Sea $S = \left\{\dfrac{n}{n+1} : n \in \mathbb{N}\right\}$. Calcule $\sup S$ y demuestre si $\sup S \in S$.
>
> *Demostración.* Tenemos que
>
> $$\lim_{n \to \infty} \frac{n}{n+1} = 1.$$
>
> Por lo tanto, $\sup S = 1$. Sin embargo, $\dfrac{n}{n+1} < 1$ para todo $n \in \mathbb{N}$, así que $1 \notin S$. Por lo tanto, $\sup S \notin S$. ∎

5.12 Teorema de los intervalos encajados

Lema 5.11.4 Si $S \subseteq \mathbb{R}$ es no vacío y acotado, entonces para cualquier $\varepsilon > 0$, existen $x, y \in S$ tales que

$$\inf S \leq x < \inf S + \varepsilon, \quad \sup S - \varepsilon < y \leq \sup S.$$

Demostración. Si no existiera $x \in S$ tal que $x < \inf S + \varepsilon$, entonces $\inf S + \varepsilon$ sería una cota inferior mayor que $\inf S$, lo cual es una contradicción. Un argumento similar se aplica para y y el supremo. ∎

Este lema es esencial para demostrar propiedades de aproximación y densidad en análisis real.

Exercise 5.94 Demuestre que el conjunto de los números racionales $\mathbb{Q}$ es denso en $\mathbb{R}$ utilizando el concepto de supremo.

Demostración. Sea $a, b \in \mathbb{R}$ con $a < b$. Consideremos el conjunto

$$S = \{r \in \mathbb{Q} : a < r < b\}.$$

Si S es no vacío, entonces existe $r \in \mathbb{Q}$ tal que $a < r < b$. Si S es vacío, podemos construir $r = a + \dfrac{b-a}{n}$ para algún $n \in \mathbb{N}$ suficientemente grande, que es racional. Así, entre cualquier dos reales hay un racional, demostrando la densidad de $\mathbb{Q}$ en $\mathbb{R}$. ∎

> (R) La densidad de los números racionales es una consecuencia de las propiedades de aproximación del supremo y es fundamental en la construcción de los números reales a partir de $\mathbb{Q}$.

Con estos ejemplos y ejercicios, hemos explorado diversas propiedades del supremo y su aplicación en diferentes contextos matemáticos. Comprender estas propiedades es crucial para el estudio avanzado del análisis y la teoría de órdenes en álgebra.

5.12 Teorema de los intervalos encajados

5.12.1 Formulación del teorema

El **Teorema de los Intervalos Encajados** es un resultado fundamental en el análisis real que establece la existencia de un punto común en una sucesión decreciente de intervalos cerrados y acotados cuyos longitudes tienden a cero. Este teorema es una consecuencia directa de la completitud de los números reales y tiene aplicaciones importantes en la teoría de sucesiones y en la construcción de los números reales.

> **Theorem 5.12.1 — Teorema de los Intervalos Encajados.** Sea $\{[a_n, b_n]\}_{n \in \mathbb{N}}$ una sucesión de intervalos cerrados tales que:
> 1. $[a_{n+1}, b_{n+1}] \subseteq [a_n, b_n]$ para todo $n \in \mathbb{N}$.
> 2. $\lim_{n \to \infty} (b_n - a_n) = 0$.
>
> Entonces, existe un único punto $c \in \bigcap_{n=1}^{\infty} [a_n, b_n]$.

Este teorema garantiza que la intersección de una sucesión de intervalos cerrados encajados, con longitudes que tienden a cero, contiene exactamente un punto.

Demostración. Sea $\{[a_n, b_n]\}_{n \in \mathbb{N}}$ una sucesión de intervalos encajados que cumple las condiciones dadas.

Primero, observemos que $\{a_n\}$ es una sucesión monótona no decreciente, ya que $a_{n+1} \geq a_n$ para todo n, debido a que $[a_{n+1}, b_{n+1}] \subseteq [a_n, b_n]$. Además, $\{b_n\}$ es una sucesión monótona no creciente, ya que $b_{n+1} \leq b_n$ para todo n.

Dado que $a_n \leq b_n$ para todo n, ambas sucesiones están acotadas y convergen. Denotemos sus límites por:

$$\lim_{n \to \infty} a_n = L_a \quad \text{y} \quad \lim_{n \to \infty} b_n = L_b.$$

Por la segunda condición del teorema, $\lim_{n \to \infty}(b_n - a_n) = 0$, lo que implica que:

$$L_a = L_b = c.$$

Por lo tanto, el único punto común a todos los intervalos es c. Esto significa que:

$$c \in \bigcap_{n=1}^{\infty} [a_n, b_n].$$

La unicidad de c se sigue del hecho de que $b_n - a_n \to 0$, lo que garantiza que el diámetro de los intervalos se reduce a cero, dejando un único punto.

Por lo tanto, c es el único elemento en la intersección de los intervalos. ∎

> (R) Este teorema es una manifestación de la **completitud de** $\mathbb{R}$. En espacios métricos que no son completos, el análogo de este teorema puede no ser válido.

Para ilustrar la aplicación del teorema, consideremos algunos ejemplos.

■ **Example 5.71** Sea $\{[a_n, b_n]\}$ definida por $a_n = 0$ y $b_n = \dfrac{1}{n}$ para $n \in \mathbb{N}$. Claramente, $[a_{n+1}, b_{n+1}] \subseteq [a_n, b_n]$ y $\lim_{n \to \infty}(b_n - a_n) = 0$. Según el teorema, existe un único punto c en la intersección de todos los intervalos. En este caso, $c = 0$.

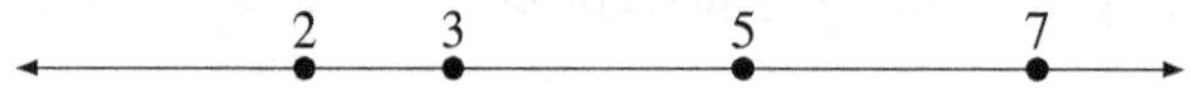

Figura 5.11.5: *Conjunto finito* $S = \{2, 3, 5, 7\}$

La Figura 5.12.1 muestra cómo los intervalos se encajan y convergen al punto $c = 0$.

■ **Example 5.72** Consideremos $\{[a_n, b_n]\}$ con $a_n = \sqrt{2} - \dfrac{1}{n}$ y $b_n = \sqrt{2} + \dfrac{1}{n}$. Aunque $\sqrt{2}$ es irracional, el teorema asegura que existe un punto c en la intersección de los intervalos, y en este caso $c = \sqrt{2}$.

> (R) Este ejemplo destaca que el teorema es válido independientemente de que el punto común sea racional o irracional.

El teorema de los intervalos encajados tiene importantes consecuencias y aplicaciones.

5.12 Teorema de los intervalos encajados

Corollary 5.12.2 Todo número real puede ser aproximado tan cerca como se desee mediante intervalos cerrados y encajados cuyos extremos son números racionales.

Demostración. Dado que los números racionales son densos en $\mathbb{R}$, para cualquier real c podemos encontrar sucesiones de racionales $\{a_n\}$ y $\{b_n\}$ tales que $a_n \leq c \leq b_n$ y $b_n - a_n \to 0$. Los intervalos $[a_n, b_n]$ satisfacen las condiciones del teorema, y su intersección contiene a c. ∎

Exercise 5.95 Sea $\{[a_n, b_n]\}$ con $a_n = \ln(n) - \dfrac{1}{n}$ y $b_n = \ln(n) + \dfrac{1}{n}$. Demuestre que la intersección de estos intervalos contiene exactamente un punto y determine cuál es.

Exercise 5.96 Demuestre que el teorema de los intervalos encajados puede fallar si los intervalos no son cerrados. Proporcione un ejemplo donde los intervalos son abiertos y su intersección es vacía.

Demostración. Consideremos los intervalos abiertos $I_n = \left(0, \dfrac{1}{n}\right)$. Claramente, $I_{n+1} \subseteq I_n$, pero $\bigcap_{n=1}^{\infty} I_n = \emptyset$. Esto muestra que el teorema no es aplicable si los intervalos no son cerrados. ∎

> (R) La cerradura de los intervalos es esencial para garantizar que el límite de las sucesiones de los extremos pertenezca a cada intervalo, asegurando así la existencia del punto común.

El teorema de los intervalos encajados también está relacionado con la propiedad de completitud de $\mathbb{R}$ y puede utilizarse para demostrar la existencia de raíces de ecuaciones.

Theorem 5.12.3 — Teorema de Bolzano. Sea $f : [a, b] \to \mathbb{R}$ una función continua tal que $f(a) \cdot f(b) < 0$. Entonces, existe $c \in (a, b)$ tal que $f(c) = 0$.

Demostración. Dado que f es continua en el intervalo cerrado $[a, b]$, por el **teorema de Weierstrass**, f alcanza su máximo y su mínimo en $[a, b]$ y, en particular, es acotada. Supongamos sin pérdida de generalidad que $f(a) < 0$ y $f(b) > 0$. Definimos la sucesión de intervalos encajados $\{[a_n, b_n]\}_{n \in \mathbb{N}}$ de la siguiente manera:

$$a_0 = a, \quad b_0 = b.$$

Para cada $n \geq 0$, tomamos el punto medio del intervalo:

$$m_n = \frac{a_n + b_n}{2}.$$

Evaluamos $f(m_n)$:
- Si $f(m_n) = 0$, entonces hemos encontrado el valor de $c = m_n$ que satisface $f(c) = 0$.
- Si $f(m_n) < 0$, definimos $a_{n+1} = m_n$ y $b_{n+1} = b_n$.
- Si $f(m_n) > 0$, definimos $a_{n+1} = a_n$ y $b_{n+1} = m_n$.

De esta manera, construimos una sucesión de intervalos cerrados $[a_n, b_n]$ tales que:

$$f(a_n) < 0, \quad f(b_n) > 0 \quad \text{y} \quad b_n - a_n = \frac{b - a}{2^n}.$$

Por el **teorema de los intervalos encajados**, existe un único punto $c \in \bigcap_{n=1}^{\infty}[a_n, b_n]$. Además, dado que $b_n - a_n \to 0$, tenemos que $a_n, b_n \to c$.

Por la continuidad de f, se cumple:

$$\lim_{n \to \infty} f(a_n) = f(c) \quad \text{y} \quad \lim_{n \to \infty} f(b_n) = f(c).$$

Dado que $f(a_n) < 0$ y $f(b_n) > 0$ para todo n, por el límite intermedio, se sigue que $f(c) = 0$. Por lo tanto, existe $c \in (a, b)$ tal que $f(c) = 0$. ∎

Exercise 5.97 Utilizando el teorema de los intervalos encajados, demuestre que existe un número real c tal que $c^3 = 2$.

Demostración. Consideremos la función $f(x) = x^3 - 2$. Sabemos que $f(1) = -1 < 0$ y $f(2) = 6 > 0$. Aplicando el teorema de Bolzano, existe $c \in (1, 2)$ tal que $f(c) = 0$, es decir, $c^3 = 2$. Construimos intervalos $[a_n, b_n]$ mediante el método de bisección donde $f(a_n) < 0$ y $f(b_n) > 0$, y aplicamos el teorema de los intervalos encajados. ∎

■ **Example 5.73** El método de bisección es un algoritmo numérico que utiliza el teorema de los intervalos encajados para encontrar aproximaciones de raíces de funciones continuas.

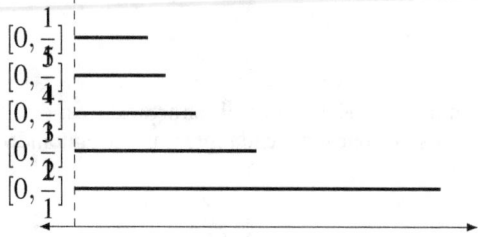

Figura 5.12.1: *Intervalos encajados $[0, \frac{1}{n}]$ convergiendo a $c = 0$*

La Figura 5.12.2 ilustra cómo el método de bisección utiliza el teorema de los intervalos encajados para aproximar la raíz de $f(x) = x^3 - 2$.

> (R) El teorema de los intervalos encajados es una herramienta poderosa en análisis real y numérico, permitiendo demostrar la existencia de límites y soluciones de ecuaciones sin conocer explícitamente su valor.

Exercise 5.98 Explique cómo el teorema de los intervalos encajados se relaciona con el Principio de Completitud de $\mathbb{R}$ y la existencia de supremos e ínfimos.

Exercise 5.99 Sea $\{[a_n, b_n]\}$ una sucesión de intervalos cerrados tales que $[a_{n+1}, b_{n+1}] \subseteq [a_n, b_n]$, pero no se cumple que $\lim_{n \to \infty}(b_n - a_n) = 0$. ¿Puede la intersección de estos intervalos contener más de un punto? Proporcione un ejemplo que ilustre su respuesta.

■ **Example 5.74** Consideremos $[a_n, b_n] = [0, 1]$ para todo $n \in \mathbb{N}$. Aquí, los intervalos son todos iguales, y su intersección es $[0, 1]$, que contiene infinitos puntos. En este caso, la longitud de los intervalos no tiende a cero, y la intersección no es un solo punto. ∎

5.12 Teorema de los intervalos encajados

Corollary 5.12.4 Si $\{[a_n, b_n]\}$ es una sucesión de intervalos cerrados encajados y la longitud $b_n - a_n$ converge a un número $L \geq 0$, entonces la intersección $\bigcap_{n=1}^{\infty}[a_n, b_n]$ es un intervalo cerrado de longitud L.

Demostración. Si $L > 0$, entonces la intersección contiene más de un punto y es precisamente el intervalo $[c,d]$ donde $c = \lim_{n\to\infty} a_n$ y $d = \lim_{n\to\infty} b_n$, con $d - c = L$. Si $L = 0$, entonces $c = d$, y la intersección es el punto $\{c\}$. ∎

Exercise 5.100 Investigue y explique cómo el teorema de los intervalos encajados se aplica en la definición y propiedades de los números reales construidos mediante cortes de Dedekind.

(R) Los cortes de Dedekind y las sucesiones de Cauchy son dos métodos para construir los números reales a partir de los racionales, y ambos se basan en la propiedad de completitud de $\mathbb{R}$, de la cual el teorema de los intervalos encajados es una consecuencia.

En resumen, el Teorema de los Intervalos Encajados es una herramienta fundamental en análisis real que aprovecha la completitud de los números reales para garantizar la existencia y unicidad de puntos comunes en sucesiones de intervalos cerrados encajados con longitudes que tienden a cero. Este teorema tiene amplias aplicaciones en la demostración de propiedades de funciones continuas, métodos numéricos y la construcción formal de los números reales.

5.12.2 Aplicaciones en análisis real

El **Teorema de los Intervalos Encajados** es una herramienta fundamental en el análisis real, con aplicaciones que van desde la demostración de la convergencia de sucesiones hasta la existencia de raíces de funciones continuas. A continuación, exploraremos algunas de estas aplicaciones a través de teoremas, ejemplos y ejercicios que ilustran su importancia en el estudio del análisis.

Theorem 5.12.5 — Existencia de soluciones de ecuaciones no lineales. Sea $f : [a,b] \to \mathbb{R}$ una función continua tal que $f(a) \cdot f(b) < 0$. Entonces, existe al menos un $c \in (a,b)$ tal que $f(c) = 0$.

Demostración. Dado que f es continua en $[a,b]$ y $f(a) \cdot f(b) < 0$, aplicamos el **Teorema de Bolzano** para asegurar la existencia de $c \in (a,b)$ con $f(c) = 0$. Podemos construir una sucesión de intervalos encajados $[a_n, b_n]$ mediante el **método de bisección**, donde en cada paso el intervalo contiene una raíz de f. Por el Teorema de los Intervalos Encajados, la intersección de estos intervalos es un punto único c, que es raíz de f. ∎

Este resultado es esencial para demostrar la existencia de soluciones en ecuaciones no lineales y sirve como base para métodos numéricos de aproximación.

■ **Example 5.75** Encuentre una aproximación de la raíz positiva de la ecuación $x^2 = 2$.

Demostración. Consideramos la función $f(x) = x^2 - 2$. Notamos que $f(1) = -1 < 0$ y $f(2) = 2 > 0$. Por el teorema anterior, existe $c \in (1,2)$ tal que $f(c) = 0$. Aplicamos el método de bisección:

1. $a_1 = 1, b_1 = 2, c_1 = \dfrac{1+2}{2} = 1{,}5, f(c_1) = (1{,}5)^2 - 2 = 0{,}25 > 0.$

2. Como $f(a_1) \cdot f(c_1) < 0$, tomamos $a_2 = 1$, $b_2 = 1{,}5$.
3. $c_2 = \dfrac{1 + 1{,}5}{2} = 1{,}25$, $f(c_2) = (1{,}25)^2 - 2 = -0{,}4375 < 0$.
4. Ahora, $f(c_1) \cdot f(c_2) < 0$, entonces $a_3 = 1{,}25$, $b_3 = 1{,}5$.

Continuamos este proceso hasta obtener la aproximación deseada de $\sqrt{2}$.

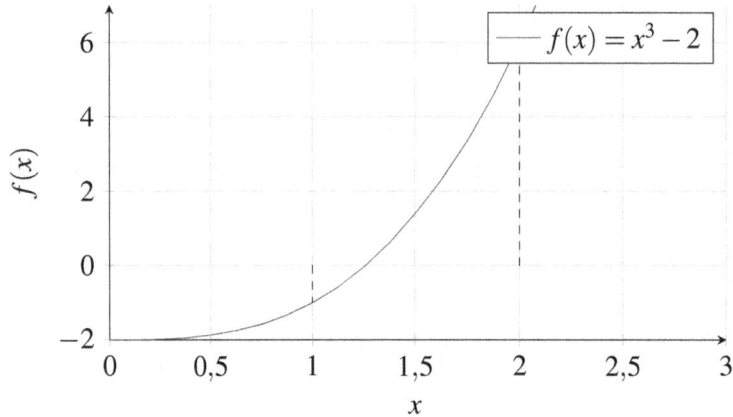

Figura 5.12.2: *Gráfica de $f(x) = x^3 - 2$ mostrando que $f(1) < 0$ y $f(2) > 0$*

La Figura **??** ilustra cómo la función $f(x)$ cruza el eje x en $x = \sqrt{2}$.

> **Theorem 5.12.6** — **Convergencia de sucesiones monótonas acotadas.** Sea $\{a_n\}$ una sucesión monótona y acotada en $\mathbb{R}$. Entonces, $\{a_n\}$ converge en $\mathbb{R}$.

Demostración. Supongamos que $\{a_n\}$ es monótona creciente y acotada superiormente. Entonces, el conjunto $S = \{a_n : n \in \mathbb{N}\}$ está acotado superiormente, y por el **Axioma de Completitud**, existe $\sup S = L \in \mathbb{R}$. Para cualquier $\varepsilon > 0$, existe $N \in \mathbb{N}$ tal que $L - \varepsilon < a_N \leq L$. Como $\{a_n\}$ es creciente, para todo $n \geq N$, se tiene $L - \varepsilon < a_n \leq L$. Por lo tanto, $\lim_{n \to \infty} a_n = L$. ■

Este teorema es fundamental en análisis real y tiene múltiples aplicaciones en la teoría de series y sucesiones.

■ **Example 5.76** Demostremos que la sucesión $\{a_n\}$ definida por $a_n = 1 - \dfrac{1}{n}$ converge.

Demostración. La sucesión $\{a_n\}$ es creciente, ya que

$$a_{n+1} - a_n = \left(1 - \frac{1}{n+1}\right) - \left(1 - \frac{1}{n}\right) = \frac{1}{n} - \frac{1}{n+1} > 0.$$

Además, $\{a_n\}$ está acotada superiormente por 1. Por el teorema anterior, $\{a_n\}$ converge a $\sup\{a_n\} = 1$. ■

> **Exercise 5.101** Sea $\{b_n\}$ definida por $b_n = \dfrac{n}{n+1}$. Demuestre que $\{b_n\}$ es monótona y convergente. Encuentre su límite.

5.12 Teorema de los intervalos encajados

Theorem 5.12.7 — Teorema de Bolzano-Weierstrass. Toda sucesión acotada en $\mathbb{R}$ tiene una subsucesión convergente.

Demostración. Sea $\{x_n\}$ una sucesión acotada. Dividimos el intervalo que acota a $\{x_n\}$ en dos subintervalos. Al menos uno de ellos contiene infinitos términos de la sucesión. Seleccionamos ese subintervalo y repetimos el proceso infinitamente. Esto genera una sucesión de intervalos encajados $[a_n, b_n]$ con longitud tendiendo a cero. Por el Teorema de los Intervalos Encajados, existe $c \in \mathbb{R}$ tal que $x_{n_k} \to c$ para alguna subsucesión $\{x_{n_k}\}$. ■

Este teorema es esencial para demostrar propiedades de compacidad en $\mathbb{R}$ y es una herramienta clave en análisis real.

■ **Example 5.77** Consideremos la sucesión $\{(-1)^n\}$. Aunque la sucesión no converge, está acotada entre -1 y 1. Por el Teorema de Bolzano-Weierstrass, existe una subsucesión convergente. De hecho, las subsucesiones $\{(-1)^{2n}\}$ y $\{(-1)^{2n+1}\}$ convergen a 1 y -1, respectivamente. ■

Exercise 5.102 Demuestre que la sucesión $\{\sin n\}$ tiene una subsucesión convergente. ■

Theorem 5.12.8 — Extensión de funciones continuas. Sea $f : [a,b] \to \mathbb{R}$ una función continua. Entonces, f es uniformemente continua en $[a,b]$.

Demostración. Como $[a,b]$ es un intervalo cerrado y acotado, es compacto en $\mathbb{R}$. Por el **Teorema de Heine-Cantor**, toda función continua en un conjunto compacto es uniformemente continua. ■

> El Teorema de los Intervalos Encajados es una herramienta clave en la demostración de la compacidad de intervalos cerrados y acotados en $\mathbb{R}$.

Exercise 5.103 Sea $f : (0,1) \to \mathbb{R}$ definida por $f(x) = \dfrac{1}{x}$. ¿Es f uniformemente continua en $(0,1)$? Justifique su respuesta. ■

■ **Example 5.78** Verifiquemos la continuidad uniforme de $f(x) = x^2$ en $[0,1]$.

Demostración. Dado que f es continua en $[0,1]$ y este intervalo es compacto, f es uniformemente continua. Para cualquier $\varepsilon > 0$, existe $\delta > 0$ tal que si $|x-y| < \delta$, entonces $|x^2 - y^2| = |x-y||x+y| < \varepsilon$, ya que $x+y \leq 2$ en $[0,1]$. ■

■

Theorem 5.12.9 — Integrabilidad de funciones continuas. Sea $f : [a,b] \to \mathbb{R}$ una función continua. Entonces, f es integrable en el sentido de Riemann en $[a,b]$.

Demostración. La continuidad de f en $[a,b]$ implica que f es acotada y que para cualquier partición P de $[a,b]$, las sumas superior e inferior de Riemann pueden hacerse arbitrariamente cercanas al variar la norma de la partición. El Teorema de los Intervalos Encajados asegura que podemos refinar las particiones para aproximar el valor de la integral con la precisión deseada. ■

Exercise 5.104 Demuestre que la función $f : [0,1] \to \mathbb{R}$ definida por $f(x) = \begin{cases} 1, & \text{si } x \in \mathbb{Q}, \\ 0, & \text{si } x \notin \mathbb{Q} \end{cases}$ no es integrable en $[0,1]$.

> (R) La integrabilidad de funciones discontinuas es un tema delicado y requiere un análisis cuidadoso de la medida del conjunto de puntos de discontinuidad.

> **Theorem 5.12.10** — **Existencia de puntos fijos.** Sea $f : [a,b] \to [a,b]$ una función continua. Entonces, existe $c \in [a,b]$ tal que $f(c) = c$.

Demostración. Consideremos la función $g(x) = f(x) - x$. Como f es continua, g también lo es. Además,

$$g(a) = f(a) - a \geq a - a = 0,$$
$$g(b) = f(b) - b \leq b - b = 0.$$

Si $g(a) = 0$ o $g(b) = 0$, hemos encontrado el punto fijo. Si no, $g(a) > 0$ y $g(b) < 0$ o viceversa. Por el Teorema de Bolzano, existe $c \in (a,b)$ tal que $g(c) = 0$, es decir, $f(c) = c$. ∎

■ **Example 5.79** Demuestre que la función $f(x) = \cos x$ tiene al menos un punto fijo en $[0, \pi/2]$.

Demostración. La función f es continua en $[0, \pi/2]$ y toma valores en $[0,1]$. Notamos que $f(0) = 1$, $f(\pi/2) = 0$. Consideramos $g(x) = \cos x - x$. Entonces,

$$g(0) = 1 - 0 = 1 > 0,$$
$$g\left(\frac{\pi}{2}\right) = 0 - \frac{\pi}{2} < 0.$$

Por el Teorema de Bolzano, existe $c \in \left(0, \frac{\pi}{2}\right)$ tal que $g(c) = 0$, es decir, $\cos c = c$. ∎

Exercise 5.105 Encuentre una aproximación numérica del punto fijo de $f(x) = \cos x$ en $[0, \pi/2]$ usando el método de bisección.

> (R) El Teorema del Punto Fijo es una herramienta poderosa en análisis y tiene aplicaciones en ecuaciones diferenciales, sistemas dinámicos y teoría de juegos.

En conclusión, el Teorema de los Intervalos Encajados es fundamental en análisis real y sus aplicaciones son vastas. Desde la demostración de la existencia de raíces hasta la convergencia de sucesiones y la integrabilidad de funciones, este teorema es una pieza clave en el entendimiento profundo de los números reales y las funciones definidas sobre ellos.

5.13 Ejercicios Resueltos

5.13.1 Los números racionales como aproximaciones decimales

5.13 Ejercicios Resueltos

Exercise 5.106 Demuestre que un número racional tiene una expansión decimal finita si y solo si su denominador en forma irreducible solo tiene como factores primos a 2 y 5.

Demostración. ($\Rightarrow$) Sea $r = \frac{a}{b}$ un racional con expansión decimal finita 1) Si r tiene n decimales, entonces $r = \frac{k}{10^n}$ para algún $k \in \mathbb{Z}$ 2) Por lo tanto, $\frac{a}{b} = \frac{k}{10^n}$ implica $10^n \cdot \frac{a}{b} \in \mathbb{Z}$ 3) Como $10^n = 2^n \cdot 5^n$, tenemos que b solo puede tener factores 2 y 5 en su factorización prima

($\Leftarrow$) Sea $\frac{a}{b}$ un racional donde $b = 2^m \cdot 5^n$ 1) Sea $N = \max\{m, n\}$ 2) Multiplicando numerador y denominador por $2^{N-m} \cdot 5^{N-n}$: $\frac{a}{b} = \frac{a \cdot 2^{N-m} \cdot 5^{N-n}}{2^N \cdot 5^N} = \frac{k}{10^N}$ 3) Por lo tanto, tiene expansión decimal finita con N decimales. ∎

Exercise 5.107 Demuestre que todo número racional tiene una expansión decimal periódica y que el periodo es como máximo el denominador menos 1.

Demostración. Sea $r = \frac{a}{b}$ en forma irreducible
1) Al dividir a entre b: En cada paso obtenemos un residuo $r_i < b$ El siguiente decimal se obtiene multiplicando r_i por 10 y dividiendo por b
2) Los posibles residuos son $0, 1, 2, ..., b-1$ Por lo tanto, después de b pasos, debe repetirse algún residuo
3) Cuando un residuo se repite, los decimales siguientes también se repiten formando un periodo
4) Como hay $b-1$ residuos posibles no nulos: El periodo debe ser b-1
5) Si en algún momento el residuo es 0: La expansión termina (caso finito) De lo contrario, será periódica
Por lo tanto, todo racional tiene una expansión decimal periódica con periodo máximo b-1. ∎

Exercise 5.108 Demuestre que si un número racional $\frac{a}{b}$ en forma irreducible tiene una expansión decimal con periodo p, entonces p divide a $\phi(b)$, donde ϕ es la función de Euler.

Demostración. 1) Sea $\frac{a}{b}$ en forma irreducible con periodo p Esto significa que $\frac{a}{b} = 0.d_1 d_2 ... d_p ...$ donde los dígitos se repiten
2) Multiplicando por 10^p: $10^p \frac{a}{b} - \frac{a}{b} = k$ para algún $k \in \mathbb{Z}$ $(10^p - 1)\frac{a}{b} = k$
3) Por lo tanto: $10^p \equiv 1 \pmod{b}$
4) Por el teorema de Euler: $10^{\phi(b)} \equiv 1 \pmod{b}$
5) Como p es el menor entero positivo tal que $10^p \equiv 1 \pmod{b}$: p debe dividir a $\phi(b)$
Por lo tanto, $p | \phi(b)$. ∎

Exercise 5.109 Pruebe que si dos números racionales tienen la misma parte decimal periódica (ignorando la parte entera), entonces su diferencia es un entero.

Demostración. Sean r_1, r_2 racionales con la misma parte decimal periódica
1) Sean $d_1 d_2 ... d_p$ los dígitos del periodo $r_1 = n_1 + 0.d_1 d_2 ... d_p ...$ y $r_2 = n_2 + 0.d_1 d_2 ... d_p ...$ donde $n_1, n_2 \in \mathbb{Z}$
2) El número periódico $0.d_1 d_2 ... d_p ...$ puede escribirse como: $\frac{d_1 d_2 ... d_p}{10^p - 1}$
3) Por lo tanto: $r_1 = n_1 + \frac{d_1 d_2 ... d_p}{10^p - 1}$ $r_2 = n_2 + \frac{d_1 d_2 ... d_p}{10^p - 1}$
4) $r_1 - r_2 = n_1 - n_2 \in \mathbb{Z}$
Por lo tanto, su diferencia es un entero. ∎

Exercise 5.110 Demuestre que si un número racional tiene una expansión decimal con periodo p, entonces tiene infinitas expansiones decimales con períodos múltiplos de p.

Demostración. Sea r un racional con periodo p $r = 0.d_1d_2...d_p...$ donde los dígitos se repiten
1) Para cualquier $k \in \mathbb{N}$: $r = 0.d_1d_2...d_pd_1d_2...d_p...d_1d_2...d_p...$ (repitiendo el bloque k veces)
2) Esto genera una nueva expansión con periodo kp
3) Como k puede ser cualquier natural: Existen infinitas expansiones con períodos $p, 2p, 3p, ...$
4) Cada expansión representa el mismo número racional porque: $\frac{d_1d_2...d_p(10^p-1)}{10^{kp}-1} = \frac{d_1d_2...d_p}{10^p-1}$
Por lo tanto, existen infinitas expansiones con períodos múltiplos de p. ∎

5.13.2 Convergencia de sucesiones

Exercise 5.111 Demuestre que si una sucesión de números racionales $\{r_n\}$ converge a un número racional r, entonces existe una subsucesión $\{r_{n_k}\}$ tal que $|r_{n_k} - r| = \frac{1}{k}$ para todo $k \in \mathbb{N}$.

Demostración. Sea $\{r_n\}$ una sucesión en $\mathbb{Q}$ que converge a $r \in \mathbb{Q}$
1) Por definición de convergencia: Para todo $\varepsilon > 0$, existe $N \in \mathbb{N}$ tal que $|r_n - r| < \varepsilon$ para todo $n \geq N$
2) Para cada $k \in \mathbb{N}$: Sea $\varepsilon_k = \frac{1}{k}$ Por la densidad de $\mathbb{Q}$, existe $q_k \in \mathbb{Q}$ tal que $|q_k - r| = \frac{1}{k}$
3) Para cada k, por la convergencia de $\{r_n\}$: Existe $n_k > n_{k-1}$ tal que $|r_{n_k} - q_k| < \frac{1}{k^2}$
4) Por lo tanto: $|r_{n_k} - r| = \frac{1}{k}$
Así, $\{r_{n_k}\}$ es la subsucesión buscada. ∎

Exercise 5.112 Pruebe que si una sucesión de números racionales $\{r_n\}$ es monótona y acotada, y su límite existe en $\mathbb{Q}$, entonces la sucesión contiene todos sus valores límite.

Demostración. Sea $\{r_n\}$ una sucesión monótona y acotada en $\mathbb{Q}$ con límite $L \in \mathbb{Q}$
1) Sin pérdida de generalidad, supongamos que $\{r_n\}$ es creciente (el caso decreciente es análogo)
2) Como $\{r_n\}$ converge a L: Para todo $\varepsilon > 0$, existe $N \in \mathbb{N}$ tal que $|r_n - L| < \varepsilon$ para todo $n \geq N$
3) Supongamos que $L \notin \{r_n\}$ Entonces existe $\delta > 0$ tal que $|r_n - L| \geq \delta$ para todo n
4) Como $\{r_n\}$ es creciente: Si existe n tal que $r_n > L$, entonces $r_m > L$ para todo $m > n$, contradiciendo la convergencia
5) Si $r_n < L$ para todo n: $\{r_n\}$ no podría converger a L en $\mathbb{Q}$
Por contradicción, $L \in \{r_n\}$. ∎

Exercise 5.113 Demuestre que si $\{r_n\}$ es una sucesión de números racionales que converge a $r \in \mathbb{Q}$, entonces existe una subsucesión $\{r_{n_k}\}$ tal que los denominadores de r_{n_k} en forma irreducible son estrictamente crecientes.

Demostración. 1) Sea $\{r_n\}$ convergente a $r \in \mathbb{Q}$
2) Para cada r_n, escríbalo en forma irreducible: $r_n = \frac{p_n}{q_n}$ donde $\gcd(p_n, q_n) = 1$
3) Construiremos la subsucesión inductivamente: - Sea $n_1 = 1$ - Para $k > 1$, elegimos $n_k > n_{k-1}$ tal que: $q_{n_k} > q_{n_{k-1}}$
4) Esto es posible porque: Para cualquier $M \in \mathbb{N}$, existe N tal que para $n \geq N$: $|r_n - r| < \frac{1}{M}$
Lo que implica que los denominadores deben crecer eventualmente

5) La subsucesión $\{r_{n_k}\}$ cumple: - Converge a r (por ser subsucesión de $\{r_n\}$) - Los denominadores q_{n_k} son estrictamente crecientes

Por lo tanto, $\{r_{n_k}\}$ es la subsucesión buscada. ∎

> **Exercise 5.114** Sea $\{r_n\}$ una sucesión de números racionales que converge a $r \in \mathbb{Q}$. Demuestre que existe $N \in \mathbb{N}$ tal que todos los términos r_n con $n \geq N$ tienen el mismo signo que r.

Demostración. Sea $r \neq 0$ (caso $r = 0$ es trivial)
1) Como $r \neq 0$, sea $\varepsilon = \frac{|r|}{2}$
2) Por la convergencia, existe $N \in \mathbb{N}$ tal que: $|r_n - r| < \varepsilon$ para todo $n \geq N$
3) Si $r > 0$: Para $n \geq N$: $r_n > r - \varepsilon = r - \frac{r}{2} = \frac{r}{2} > 0$
4) Si $r < 0$: Para $n \geq N$: $r_n < r + \varepsilon = r + \frac{|r|}{2} = r + \frac{-r}{2} = \frac{r}{2} < 0$

Por lo tanto, a partir de N, todos los términos tienen el mismo signo que r. ∎

> **Exercise 5.115** Demuestre que si una sucesión de números racionales $\{r_n\}$ converge a $r \in \mathbb{Q}$, entonces la sucesión de sus partes fraccionarias converge a la parte fraccionaria de r.

Demostración. Sean: - $\{r_n\}$ convergente a r - $\{r_n\}$ la parte fraccionaria de r_n - $\{r\}$ la parte fraccionaria de r
1) Para cada n: $r_n = \lfloor r_n \rfloor + \{r_n\}$ donde $0 \leq \{r_n\} < 1$ $r = \lfloor r \rfloor + \{r\}$ donde $0 \leq \{r\} < 1$
2) Sea $\varepsilon > 0$ Existe N tal que para $n \geq N$: $|r_n - r| < \varepsilon$
3) Para $n \geq N$: $|\{r_n\} - \{r\}| = |r_n - \lfloor r_n \rfloor - (r - \lfloor r \rfloor)|$
4) Como $|r_n - r| < \varepsilon$: $\lfloor r_n \rfloor = \lfloor r \rfloor$ para n suficientemente grande
5) Por lo tanto: $|\{r_n\} - \{r\}| = |r_n - r| < \varepsilon$

Así, la sucesión de partes fraccionarias converge a la parte fraccionaria del límite. ∎

5.13.3 Sucesión de Cauchy

> **Exercise 5.116** Demuestre que si una sucesión de números racionales $\{r_n\}$ es de Cauchy y existe una subsucesión que converge a un número racional r, entonces la sucesión completa converge a r.

Demostración. Sean: - $\{r_n\}$ sucesión de Cauchy en $\mathbb{Q}$ - $\{r_{n_k}\}$ subsucesión convergente a $r \in \mathbb{Q}$
1) Dado $\varepsilon > 0$, elegimos $\varepsilon/2$
2) Como $\{r_n\}$ es de Cauchy, existe N_1 tal que: $|r_n - r_m| < \varepsilon/2$ para todo $n,m \geq N_1$
3) Como $\{r_{n_k}\}$ converge a r, existe N_2 tal que: $|r_{n_k} - r| < \varepsilon/2$ para todo k con $n_k \geq N_2$
4) Sea $N = \max\{N_1, N_2\}$
5) Para cualquier $n \geq N$: $|r_n - r| \leq |r_n - r_{n_k}| + |r_{n_k} - r| < \varepsilon/2 + \varepsilon/2 = \varepsilon$

Por lo tanto, $\{r_n\}$ converge a r. ∎

> **Exercise 5.117** Demuestre que si una sucesión de Cauchy $\{r_n\}$ en $\mathbb{Q}$ está acotada superiormente por un racional M y tiene infinitos términos distintos, entonces existe una subsucesión estrictamente decreciente.

Demostración. 1) Como $\{r_n\}$ tiene infinitos términos distintos: Para cada k, podemos encontrar términos que difieren en menos de $\frac{1}{k}$
2) Construiremos la subsucesión inductivamente: - Sea n_1 tal que $r_{n_1} < M$ - Para $k > 1$, elegimos $n_k > n_{k-1}$ tal que: $|r_n - r_m| < \frac{1}{k}$ para todo $n, m \geq n_k$
3) Como hay infinitos términos distintos: Para cada k, existe $n_k > n_{k-1}$ tal que: $r_{n_k} < r_{n_{k-1}}$
4) Si esto no fuera posible en algún paso: La sucesión sería eventualmente constante Contradiciendo que hay infinitos términos distintos
5) Por construcción: $r_{n_1} > r_{n_2} > r_{n_3} > ...$
Por lo tanto, $\{r_{n_k}\}$ es la subsucesión estrictamente decreciente buscada. ∎

> **Exercise 5.118** Demuestre que si $\{r_n\}$ es una sucesión de Cauchy en $\mathbb{Q}$ y los denominadores de r_n en forma irreducible están acotados, entonces la sucesión converge en $\mathbb{Q}$.

Demostración. 1) Sea $\{r_n\}$ sucesión de Cauchy donde cada $r_n = \frac{p_n}{q_n}$ en forma irreducible con $q_n \leq M$ para algún $M \in \mathbb{N}$
2) Para $\varepsilon = \frac{1}{M^2}$, existe N tal que: $|r_n - r_m| < \frac{1}{M^2}$ para todo $n, m \geq N$
3) Sean $n, m \geq N$: $|\frac{p_n}{q_n} - \frac{p_m}{q_m}| < \frac{1}{M^2}$ $|\frac{p_n q_m - p_m q_n}{q_n q_m}| < \frac{1}{M^2}$
4) Como $q_n, q_m \leq M$: $|p_n q_m - p_m q_n| < 1$
5) Como este valor es entero y menor que 1: $p_n q_m = p_m q_n$ para n, m suficientemente grandes
6) Por lo tanto, $r_n = \frac{p_n}{q_n}$ es eventualmente constante
Como la sucesión es eventualmente constante, converge en $\mathbb{Q}$. ∎

> **Exercise 5.119** Sea $\{r_n\}$ una sucesión de Cauchy en $\mathbb{Q}$. Demuestre que el conjunto de valores de la sucesión $\{r_n : n \in \mathbb{N}\}$ es numerable.

Demostración. 1) Sea $\{r_n\}$ sucesión de Cauchy en $\mathbb{Q}$
2) Para cada $k \in \mathbb{N}$, existe N_k tal que: $|r_n - r_m| < \frac{1}{k}$ para todo $n, m \geq N_k$
3) Sea $S_k = \{r_1, r_2, ..., r_{N_k}\}$ El conjunto de valores hasta N_k
4) Para $n > N_k$: r_n está en una bola de radio $\frac{1}{k}$ centrada en r_{N_k}
5) La unión de todas estas bolas para cada elemento de S_k: Cubre todos los valores posibles de r_n para $n > N_k$
6) En $\mathbb{Q}$, cada bola contiene un conjunto numerable de racionales
7) Por lo tanto: $\{r_n : n \in \mathbb{N}\} = \bigcup_{k=1}^{\infty} S_k$ Es una unión numerable de conjuntos numerables
Por lo tanto, el conjunto de valores es numerable. ∎

> **Exercise 5.120** Sea $\{r_n\}$ una sucesión de Cauchy en $\mathbb{Q}$ que no converge en $\mathbb{Q}$. Demuestre que existe una subsucesión $\{r_{n_k}\}$ tal que $\sum_{k=1}^{\infty} |r_{n_{k+1}} - r_{n_k}|$ converge.

Demostración. 1) Como $\{r_n\}$ es de Cauchy: Para cada k, existe N_k tal que: $|r_n - r_m| < \frac{1}{2^k}$ para todo $n, m \geq N_k$
2) Construimos la subsucesión inductivamente: - $n_1 = N_1$ - $n_{k+1} = \max\{N_k, n_k + 1\}$
3) Para cada k: $|r_{n_{k+1}} - r_{n_k}| < \frac{1}{2^k}$
4) Consideremos la serie: $\sum_{k=1}^{\infty} |r_{n_{k+1}} - r_{n_k}|$
5) Por comparación: $\sum_{k=1}^{\infty} |r_{n_{k+1}} - r_{n_k}| \leq \sum_{k=1}^{\infty} \frac{1}{2^k} = 1$
Por lo tanto, la serie converge. ∎

5.13 Ejercicios Resueltos

5.13.4 Construcción de los números reales

Exercise 5.121 Demuestre que el conjunto de todas las sucesiones de Cauchy de números racionales, bajo la relación de equivalencia $\{a_n\} \sim \{b_n\}$ si $\lim_{n\to\infty}(a_n - b_n) = 0$, forma un anillo conmutativo con unidad.

Demostración. Sean $[a_n], [b_n]$ clases de equivalencia de sucesiones de Cauchy.
1) Definimos operaciones: $[a_n] + [b_n] = [a_n + b_n]$ $[a_n] \cdot [b_n] = [a_n \cdot b_n]$
2) Bien definición: Si $\{a_n\} \sim \{a'_n\}$ y $\{b_n\} \sim \{b'_n\}$: $\lim(a_n + b_n - (a'_n + b'_n)) = \lim(a_n - a'_n) + \lim(b_n - b'_n) = 0$
3) Propiedades de anillo: - Asociatividad: $([a_n] + [b_n]) + [c_n] = [a_n] + ([b_n] + [c_n])$ - Conmutatividad: $[a_n] + [b_n] = [b_n] + [a_n]$ - Elemento neutro: $[0]$ para suma, $[1]$ para producto - Distributividad: $[a_n]([b_n] + [c_n]) = [a_n][b_n] + [a_n][c_n]$
4) El elemento inverso aditivo es $[-a_n]$
Por lo tanto, es un anillo conmutativo con unidad. ∎

Exercise 5.122 Pruebe que si una sucesión de Cauchy de números racionales $\{a_n\}$ tiene límite 0, entonces para todo $\varepsilon > 0$ racional, existe N tal que $|a_n| < \varepsilon$ para todo $n \geq N$.

Demostración. 1) Sea $\{a_n\}$ sucesión de Cauchy con $\lim a_n = 0$ Sea $\varepsilon > 0$ racional
2) Como es de Cauchy: Para $\frac{\varepsilon}{2}$, existe N_1 tal que: $|a_n - a_m| < \frac{\varepsilon}{2}$ para todo $n, m \geq N_1$
3) Como $\lim a_n = 0$: Existe N_2 tal que: $|a_n| < \frac{\varepsilon}{2}$ para al menos un $n \geq N_2$
4) Sea $N = \max\{N_1, N_2\}$ Sea $k \geq N_2$ tal que $|a_k| < \frac{\varepsilon}{2}$
5) Para todo $n \geq N$: $|a_n| \leq |a_n - a_k| + |a_k| < \frac{\varepsilon}{2} + \frac{\varepsilon}{2} = \varepsilon$
Por lo tanto, $|a_n| < \varepsilon$ para todo $n \geq N$. ∎

Exercise 5.123 Demuestre que el conjunto de clases de equivalencia de sucesiones de Cauchy racionales que convergen a 0 forma un ideal maximal en el anillo de todas las clases de equivalencia de sucesiones de Cauchy racionales.

Demostración. Sea I el conjunto de clases de sucesiones que convergen a 0.
1) I es un ideal: - Si $[a_n], [b_n] \in I$: $[a_n + b_n] \in I$ - Si $[a_n] \in I, [r_n]$ cualquiera: $[a_n \cdot r_n] \in I$
2) I es propio: $[1] \notin I$ pues $\lim 1 \neq 0$
3) Para maximalidad: Sea J ideal que contiene propiamente a I Existe $[a_n] \in J \setminus I$
4) Como $[a_n] \notin I$: Existe $\varepsilon > 0$ y N tal que $|a_n| \geq \varepsilon$ para $n \geq N$
5) Entonces $[\frac{1}{a_n}]$ existe y: $[a_n][\frac{1}{a_n}] = [1]$ Por lo tanto $J = R$
Por lo tanto, I es un ideal maximal. ∎

Exercise 5.124 Demuestre que el cuerpo de los números reales construido como clases de equivalencia de sucesiones de Cauchy racionales es arquimediano.

Demostración. Sean $[a_n], [b_n]$ clases de equivalencia con $[b_n] > 0$
1) Como $[b_n] > 0$: Existe $\varepsilon > 0$ y N_1 tal que $b_n > \varepsilon$ para $n \geq N_1$
2) Como $\{a_n\}$ es de Cauchy: Existe N_2 tal que $|a_n - a_m| < \varepsilon$ para $n, m \geq N_2$
3) Sea $N = \max\{N_1, N_2\}$ $M = \lceil \frac{|a_N|}{\varepsilon} \rceil + 1$
4) Consideremos $[m_n]$ donde $m_n = M$ para todo n $[m_n][b_n] > [a_n]$ porque: $M \cdot \varepsilon > |a_N| + \varepsilon > |a_n|$ para $n \geq N$
Por lo tanto, el cuerpo es arquimediano. ∎

> **Exercise 5.125** Pruebe que si una sucesión de Cauchy de números racionales $\{a_n\}$ está acotada inferiormente por un número racional, entonces su clase de equivalencia en la construcción de los reales tiene un representante que es una sucesión monótona.

Demostración. Sea $\{a_n\}$ acotada inferiormente por $r \in \mathbb{Q}$
1) Definimos nueva sucesión $\{b_n\}$: $b_1 = a_1$ $b_n = \max\{b_{n-1}, \inf_{k \geq n} a_k\}$
2) $\{b_n\}$ es monótona creciente por construcción
3) $\{b_n\}$ está bien definida pues: $\inf_{k \geq n} a_k$ existe al estar $\{a_n\}$ acotada inferiormente
4) $\{b_n\}$ es de Cauchy: Como $\{a_n\}$ es Cauchy, los ínfimos convergen
5) Para todo $\varepsilon > 0$, existe N tal que: $|a_n - a_m| < \varepsilon$ para $n, m \geq N$ Implica $|b_n - a_n| < \varepsilon$ para $n \geq N$
Por lo tanto, $\{b_n\} \sim \{a_n\}$ y $\{b_n\}$ es monótona. ∎

5.13.5 Los números racionales como números reales

> **Exercise 5.126** Demuestre que la función $f : \mathbb{Q} \to \mathbb{R}$ definida por $f(r) = [r_n]$ donde $r_n = r$ para todo n, es un homomorfismo de anillos ordenados e inyectivo.

Demostración. 1) Bien definida: - Para cada $r \in \mathbb{Q}$, la sucesión constante $r_n = r$ es de Cauchy - Define una única clase de equivalencia $[r_n]$ en $\mathbb{R}$
2) Preserva suma: $f(a+b) = [(a+b)_n] = [a_n + b_n] = [a_n] + [b_n] = f(a) + f(b)$
3) Preserva producto: $f(a \cdot b) = [(a \cdot b)_n] = [a_n \cdot b_n] = [a_n] \cdot [b_n] = f(a) \cdot f(b)$
4) Preserva orden: Si $a < b$ en $\mathbb{Q}$: Existe $\varepsilon > 0$ tal que $b - a > \varepsilon$ Por lo tanto $[b_n] - [a_n] > [\varepsilon_n] > 0$ Así $f(a) < f(b)$ en $\mathbb{R}$
5) Inyectividad: Si $f(a) = f(b)$: $[a_n] = [b_n]$ implica $\lim(a_n - b_n) = 0$ Como son sucesiones constantes, $a = b$
Por lo tanto, f es un homomorfismo de anillos ordenados inyectivo. ∎

> **Exercise 5.127** Demuestre que si $x \in \mathbb{R}$ es un número real construido mediante sucesiones de Cauchy y existe una sucesión racional $\{q_n\}$ que converge a x con $|q_n - x| < \frac{1}{n}$ para todo n, entonces x es racional.

Demostración. Sea $x = [a_n]$ y $\{q_n\}$ como en el enunciado.
1) Por hipótesis: $|q_n - x| < \frac{1}{n}$ para todo n Esto significa que $[q_n] = x$
2) Definimos sucesión $\{b_n\}$: $b_n = q_n$ para todo n
3) $\{b_n\}$ es de Cauchy pues: Para $m, n \geq N$: $|b_m - b_n| \leq |b_m - x| + |x - b_n| < \frac{1}{m} + \frac{1}{n} < \frac{2}{N}$
4) $[b_n] = [a_n] = x$
5) Como $\{b_n\}$ es una sucesión de racionales que converge: Existe $r \in \mathbb{Q}$ tal que $\lim b_n = r$
6) Por lo tanto: $x = [b_n] = [r_n]$ donde $r_n = r$ para todo n
Así, x es la imagen de un racional bajo el homomorfismo canónico. ∎

> **Exercise 5.128** Demuestre que un número real x construido mediante sucesiones de Cauchy es racional si y solo si su clase de equivalencia contiene una sucesión que es eventualmente constante.

Demostración. ($\Rightarrow$) Sea $x \in \mathbb{R}$ racional
1) Existe $r \in \mathbb{Q}$ tal que $x = [r_n]$ donde $r_n = r$ para todo n
2) Sea $\{a_n\}$ cualquier representante de x $[a_n] = [r_n]$ implica $\lim(a_n - r) = 0$
3) Para $\varepsilon = \frac{1}{2}$, existe N tal que: $|a_n - r| < \frac{1}{2}$ para todo $n \geq N$
4) Definimos sucesión $\{b_n\}$: $b_n = a_n$ para $n < N$ $b_n = r$ para $n \geq N$

5) $\{b_n\}$ es eventualmente constante y $[b_n] = [a_n]$
($\Leftarrow$) Sea $x = [a_n]$ donde $\{a_n\}$ es eventualmente constante
1) Existe N y $r \in \mathbb{Q}$ tal que: $a_n = r$ para todo $n \geq N$
2) $[a_n] = [r_n]$ donde $r_n = r$ para todo n
3) Por lo tanto, x es racional. ∎

Exercise 5.129 Demuestre que si $x \in \mathbb{R}$ es un número real construido mediante sucesiones de Cauchy y para todo $\varepsilon > 0$ racional existe $q \in \mathbb{Q}$ tal que $|x - q| < \varepsilon$, entonces el conjunto de todos los representantes de x es no numerable.

Demostración. Sea $x = [a_n]$ con la propiedad dada.
1) Para cada $\varepsilon > 0$ racional: Existe $q \in \mathbb{Q}$ tal que $|x - q| < \varepsilon$
2) Para cada sucesión $\{r_n\}$ de racionales positivos con $\lim r_n = 0$: Podemos construir un representante $\{b_n\}$ de x donde: $|b_n - a_n| = r_n$
3) Sea C el conjunto de todas las sucesiones de racionales positivos que convergen a 0 C es no numerable
4) Para cada $\{r_n\} \in C$: Construimos $\{b_n\}$ diferente tal que $[b_n] = [a_n]$
5) La función que asigna a cada $\{r_n\}$ su correspondiente $\{b_n\}$ es inyectiva
Por lo tanto, hay una cantidad no numerable de representantes. ∎

Exercise 5.130 Demuestre que si $x \in \mathbb{R} \setminus \mathbb{Q}$ es un número real construido mediante sucesiones de Cauchy, entonces existen sucesiones monótonas creciente y decreciente de números racionales que convergen a x.

Demostración. Sea $x = [a_n]$ irracional.
1) Por ser x irracional: Para todo $\varepsilon > 0$ existe una sucesión racional $\{q_n\}$ que converge a x
2) Construimos sucesión creciente: $p_1 = \lfloor a_1 \rfloor$ $p_n = \max\{p_{n-1}, \sup\{q \in \mathbb{Q} : q < x, |q - x| < \frac{1}{n}\}\}$
3) Construimos sucesión decreciente: $r_1 = \lceil a_1 \rceil$ $r_n = \min\{r_{n-1}, \inf\{q \in \mathbb{Q} : q > x, |q - x| < \frac{1}{n}\}\}$
4) Por construcción: - $\{p_n\}$ es monótona creciente - $\{r_n\}$ es monótona decreciente - $p_n < x < r_n$ para todo n - $\lim p_n = \lim r_n = x$
Por lo tanto, existen las sucesiones buscadas. ∎

5.13.6 Algunos números reales importantes

Exercise 5.131 Demuestre que $e = \sum_{n=0}^{\infty} \frac{1}{n!}$ es irracional utilizando la representación mediante sucesiones de Cauchy racionales.

Demostración. 1) Definimos la sucesión $\{a_n\}$ donde: $a_n = \sum_{k=0}^{n} \frac{1}{k!}$
2) $\{a_n\}$ es de Cauchy pues: Para $m > n$: $|a_m - a_n| = \sum_{k=n+1}^{m} \frac{1}{k!} < \frac{1}{n!} \sum_{k=1}^{\infty} \frac{1}{k!}$
3) Supongamos que e es racional: $e = \frac{p}{q}$ con $p, q \in \mathbb{Z}, q > 0$
4) Multiplicando por $q!$: $q!e = q! \sum_{k=0}^{\infty} \frac{1}{k!} = N + R$ donde $N \in \mathbb{Z}$ y $0 < R < 1$
5) Pero: $R = q! \sum_{k=q+1}^{\infty} \frac{1}{k!} = \frac{1}{q+1} + \frac{1}{(q+1)(q+2)} + \ldots$ $R > \frac{1}{q+1} > 0$ $R < \frac{1}{q+1} + \frac{1}{(q+1)^2} + \ldots = \frac{1}{q}$
6) Tenemos $q!e \in \mathbb{Z} + (0, 1)$, contradicción
Por lo tanto, e es irracional. ∎

Exercise 5.132 Pruebe que π^2 es irracional usando el desarrollo en serie de Taylor de $\sin(x)$.

Demostración. 1) La serie de Taylor de $\sin(x)$ es: $\sin(x) = \sum_{n=0}^{\infty} \frac{(-1)^n x^{2n+1}}{(2n+1)!}$
2) Supongamos que $\pi^2 = \frac{p}{q}$ con $p, q \in \mathbb{Z}, q > 0$
3) Sea $f(x) = q!(2n)!\sin(x)$ $f(x) = q!(2n)!\sum_{k=0}^{\infty} \frac{(-1)^k x^{2k+1}}{(2k+1)!}$
4) Evaluando en $x = \pi$: $f(\pi) = 0$ pues $\sin(\pi) = 0$
5) Los coeficientes de $f(x)$ hasta grado $2n+1$ son enteros
6) $f(\pi) = M\pi + N\pi^3 + ... + P\pi^{2n+1}$ donde $M, N, ..., P$ son enteros
7) Sustituyendo $\pi^2 = \frac{p}{q}$: Obtenemos una ecuación lineal en π con coeficientes racionales
8) Esto implica que π es algebraico, contradiciendo su trascendencia
Por lo tanto, π^2 es irracional. ∎

Exercise 5.133 Demuestre que $\ln(2)$ es irracional utilizando la serie: $\ln(2) = \sum_{n=1}^{\infty} \frac{1}{n2^n}$

Demostración. 1) Sea $\{a_n\}$ la sucesión definida por: $a_n = \sum_{k=1}^{n} \frac{1}{k2^k}$
2) $\{a_n\}$ es de Cauchy pues: Para $m > n$: $|a_m - a_n| = \sum_{k=n+1}^{m} \frac{1}{k2^k} < \frac{1}{2^n}$
3) Supongamos que $\ln(2) = \frac{p}{q}$ con $p, q \in \mathbb{Z}, q > 0$
4) Sea $N = q!2^q$ Multiplicando la serie por N: $N\ln(2) = \sum_{k=1}^{q} N\frac{1}{k2^k} + \sum_{k=q+1}^{\infty} N\frac{1}{k2^k}$
5) La primera suma es un entero pues cada término es: $\frac{q!2^q}{k2^k} = \frac{q!2^{q-k}}{k}$ que es entero para $k \leq q$
6) La segunda suma está entre 0 y 1: $0 < \sum_{k=q+1}^{\infty} \frac{q!2^q}{k2^k} < \frac{q!}{2}$
7) Tenemos $N\ln(2) \in \mathbb{Z} + (0,1)$, contradicción
Por lo tanto, $\ln(2)$ es irracional. ∎

Exercise 5.134 Demuestre que e^π es trascendente utilizando el teorema de Lindemann-Weierstrass.

Demostración. 1) El teorema de Lindemann-Weierstrass establece que: Si α es algebraico y $\alpha \neq 0$, entonces e^α es trascendente
2) Supongamos que e^π es algebraico
3) Sea $y = e^\pi$ Entonces $\ln(y) = \pi$
4) Como y es algebraico (por hipótesis): $\ln(y)$ sería algebraico
5) Pero esto implica que π es algebraico
6) Sabemos que π es trascendente (teorema de Lindemann)
7) Esta contradicción prueba que nuestra hipótesis es falsa
Por lo tanto, e^π es trascendente. ∎

Exercise 5.135 Pruebe que existen infinitos números trascendentes en cualquier intervalo real no vacío (a,b).

Demostración. Sean $a < b$ reales.
1) Consideremos la función $f(x) = a + (b-a)e^x$
2) Para todo $x \in \mathbb{R}$: $f(x) \in (a,b)$ pues $e^x > 0$
3) Si x es trascendente: $f(x)$ es trascendente pues: - Si $f(x)$ fuera algebraico - $\frac{f(x)-a}{b-a} = e^x$ sería algebraico - Contradiciendo que x es trascendente

4) Sabemos que existen infinitos números trascendentes (El conjunto de números algebraicos es numerable)
5) Para cada número trascendente x: $f(x)$ es un número trascendente en (a,b)
6) La función f es inyectiva pues es estrictamente creciente
Por lo tanto, existen infinitos trascendentes en (a,b). ∎

5.13.7 Orden de los números reales

Exercise 5.136 Demuestre que para cualquier conjunto no vacío de números reales S acotado superiormente, existe una sucesión creciente $\{x_n\}$ en S tal que $\lim_{n\to\infty} x_n = \sup S$.

Demostración. Sea $S \subset \mathbb{R}$ acotado superiormente.
1) Sea $\alpha = \sup S$. Para cada $n \in \mathbb{N}$: Por definición de supremo, existe $x_n \in S$ tal que: $\alpha - \frac{1}{n} < x_n \leq \alpha$
2) La sucesión $\{x_n\}$ podría no ser creciente Construimos una nueva sucesión $\{y_n\}$: $y_1 = x_1$ $y_n = \max\{y_{n-1}, x_n\}$
3) $\{y_n\}$ es creciente por construcción y $y_n \in S$ para todo n
4) Para todo n: $\alpha - \frac{1}{n} < x_n \leq y_n \leq \alpha$
5) Por el teorema del sandwich: $\lim_{n\to\infty} y_n = \alpha$
Por lo tanto, $\{y_n\}$ es la sucesión buscada. ∎

Exercise 5.137 Demuestre que si $A, B \subset \mathbb{R}$ son no vacíos, acotados y $A < B$ (es decir, $a < b$ para todo $a \in A, b \in B$), entonces existe $r \in \mathbb{R}$ tal que $A < r < B$.

Demostración. Sean $A, B \subset \mathbb{R}$ como en la hipótesis.
1) Como A está acotado superiormente (por cualquier elemento de B): Existe $\alpha = \sup A$
2) Como B está acotado inferiormente (por cualquier elemento de A): Existe $\beta = \inf B$
3) Para todo $a \in A, b \in B$: $a \leq \alpha \leq \beta \leq b$
4) Si $\alpha = \beta$: - Sea $a \in A$, entonces $a \leq \alpha$ - Sea $b \in B$, entonces $\beta \leq b$ - Por lo tanto $a = b$, contradicción con $A < B$
5) Por lo tanto $\alpha < \beta$
6) Sea $r = \frac{\alpha+\beta}{2}$ Para todo $a \in A$: $a \leq \alpha < r$ Para todo $b \in B$: $r < \beta \leq b$
Por lo tanto, r es el número buscado. ∎

Exercise 5.138 Demuestre que si $f : [a,b] \to \mathbb{R}$ es una función monótona creciente, entonces el conjunto de puntos de discontinuidad de f es a lo sumo numerable.

Demostración. 1) Sea x un punto de discontinuidad Entonces existe un salto en x: $f(x^-) < f(x^+)$ donde: $f(x^-) = \lim_{t \to x^-} f(t)$ $f(x^+) = \lim_{t \to x^-} f(t)$
2) Para cada punto de discontinuidad x: Existe un intervalo $(f(x^-), f(x^+))$ de números racionales
3) Para dos puntos de discontinuidad distintos $x_1 < x_2$: Los intervalos $(f(x_1^-), f(x_1^+))$ y $(f(x_2^-), f(x_2^+))$ son disjuntos pues f es creciente
4) A cada punto de discontinuidad le asignamos un racional en su intervalo de salto
5) Esta asignación es inyectiva pues los intervalos son disjuntos
6) Como $\mathbb{Q}$ es numerable: El conjunto de puntos de discontinuidad es a lo sumo numerable
Por lo tanto, los puntos de discontinuidad forman un conjunto numerable. ∎

Exercise 5.139 Demuestre que si una función $f : \mathbb{R} \to \mathbb{R}$ preserva el orden (es decir, $x < y$ implica $f(x) < f(y)$), entonces f es continua si y solo si $f(I)$ es un intervalo para todo intervalo I.

Demostración. ($\Rightarrow$) Sea f continua y preserva orden.
1) Sea I un intervalo y sean $y_1, y_2 \in f(I)$ con $y_1 < y_2$ Existen $x_1, x_2 \in I$ tales que $f(x_1) = y_1, f(x_2) = y_2$
2) Como f preserva orden: $x_1 < x_2$
3) Sea $y \in (y_1, y_2)$ Por el teorema del valor intermedio: Existe $x \in (x_1, x_2)$ tal que $f(x) = y$
4) Como I es intervalo: $x \in I$, por lo tanto $y \in f(I)$
($\Leftarrow$) Supongamos que $f(I)$ es intervalo para todo intervalo I.
1) Sea $x_0 \in \mathbb{R}$ y $\varepsilon > 0$ Consideremos el intervalo $I = (x_0 - \delta, x_0 + \delta)$
2) $f(I)$ es un intervalo que contiene $f(x_0)$
3) Como f preserva orden: $f(x_0 - \delta) < f(x_0) < f(x_0 + \delta)$
4) Existe $\delta > 0$ tal que: $|f(x) - f(x_0)| < \varepsilon$ para todo $x \in I$
Por lo tanto, f es continua. ∎

Exercise 5.140 Demuestre que si $\{x_n\}$ es una sucesión en $\mathbb{R}$ tal que toda subsucesión tiene una subsucesión monótona, entonces $\{x_n\}$ converge.

Demostración. 1) Supongamos que $\{x_n\}$ no converge
2) Por lo tanto, tiene al menos dos puntos de acumulación Sean $a < b$ dos puntos de acumulación
3) Existen subsucesiones $\{x_{n_k}\}$ y $\{x_{m_k}\}$ tales que: $\lim x_{n_k} = a$ y $\lim x_{m_k} = b$
4) Construimos una subsucesión alternante $\{y_k\}$: Tomando términos alternativamente de $\{x_{n_k}\}$ y $\{x_{m_k}\}$ que estén en $(a - \varepsilon, a + \varepsilon)$ y $(b - \varepsilon, b + \varepsilon)$ respectivamente, con $\varepsilon < \frac{b-a}{3}$
5) Esta subsucesión $\{y_k\}$ no tiene subsucesión monótona pues: - No puede ser eventualmente creciente (tendría límite $\geq b$) - No puede ser eventualmente decreciente (tendría límite $\leq a$)
6) Esto contradice la hipótesis
Por lo tanto, $\{x_n\}$ debe converger. ∎

5.13.8 Campo de los números reales

Exercise 5.141 Demuestre que si $x \in \mathbb{R}$ satisface que $|x^n| \leq 1$ para todo $n \in \mathbb{N}$, entonces $|x| \leq 1$. Es decir, pruebe que $\mathbb{R}$ es algebraicamente cerrado para las unidades.

Demostración. Por contradicción, supongamos que $|x| > 1$
1) Sea $|x| = 1 + \varepsilon$ con $\varepsilon > 0$ Entonces $|x^n| = (1 + \varepsilon)^n$
2) Por el binomio de Newton: $(1 + \varepsilon)^n = 1 + n\varepsilon + \frac{n(n-1)}{2!}\varepsilon^2 + \ldots \geq 1 + n\varepsilon$
3) Para cualquier $M > 0$, existe $N \in \mathbb{N}$ tal que: $1 + N\varepsilon > M$
4) En particular, tomando $M = 2$: Existe N tal que $|x^N| > 2$
5) Esto contradice que $|x^n| \leq 1$ para todo n
Por lo tanto, $|x| \leq 1$. ∎

Exercise 5.142 Demuestre que si A es un subconjunto no vacío de $\mathbb{R}$ acotado superiormente y B es un subconjunto no vacío de $\mathbb{R}$ acotado inferiormente, entonces:
$\inf\{a + b : a \in A, b \in B\} = \inf A + \inf B$

5.13 Ejercicios Resueltos

Demostración. Sea $\alpha = \inf A$, $\beta = \inf B$, y $\gamma = \inf\{a+b : a \in A, b \in B\}$
1) Para todo $a \in A, b \in B$: $a \geq \alpha$ y $b \geq \beta$ Por lo tanto, $a+b \geq \alpha+\beta$
2) Esto implica que $\gamma \geq \alpha+\beta$
3) Por otro lado, para cualquier $\varepsilon > 0$: Existen $a \in A, b \in B$ tales que: $a < \alpha + \varepsilon/2$ y $b < \beta + \varepsilon/2$
4) Entonces: $a+b < (\alpha+\varepsilon/2) + (\beta+\varepsilon/2) = \alpha+\beta+\varepsilon$
5) Como esto es válido para todo $\varepsilon > 0$: $\gamma \leq \alpha + \beta$
6) De (2) y (5): $\gamma = \alpha + \beta$
Por lo tanto, $\inf\{a+b : a \in A, b \in B\} = \inf A + \inf B$. ∎

Exercise 5.143 Demuestre que si $\{r_n\}$ es una sucesión de números reales positivos tal que la serie $\sum_{n=1}^{\infty} r_n$ converge, entonces el producto infinito $\prod_{n=1}^{\infty}(1+r_n)$ converge si y solo si la serie $\sum_{n=1}^{\infty} \ln(1+r_n)$ converge.

Demostración. 1) Para $r_n > 0$, existe $\theta_n \in (0, r_n)$ tal que: $\ln(1+r_n) = r_n - \frac{r_n^2}{2(1+\theta_n)^2}$
2) Por lo tanto: $r_n - \frac{r_n^2}{2} \leq \ln(1+r_n) \leq r_n$
3) ($\Rightarrow$) Si $\prod_{n=1}^{\infty}(1+r_n)$ converge: $\sum_{n=1}^{N} \ln(1+r_n) = \ln(\prod_{n=1}^{N}(1+r_n))$ es acotada Por lo tanto, $\sum_{n=1}^{\infty} \ln(1+r_n)$ converge
4) ($\Leftarrow$) Si $\sum_{n=1}^{\infty} \ln(1+r_n)$ converge: Por (2), $\sum_{n=1}^{\infty} r_n$ converge
5) Como $\sum_{n=1}^{\infty} r_n^2 \leq (\sum_{n=1}^{\infty} r_n)^2 < \infty$: $\prod_{n=1}^{\infty}(1+r_n) = e^{\sum_{n=1}^{\infty} \ln(1+r_n)}$ converge
Por lo tanto, ambas condiciones son equivalentes. ∎

Exercise 5.144 Sea $f : \mathbb{R} \to \mathbb{R}$ una función que preserva la multiplicación (es decir, $f(xy) = f(x)f(y)$ para todo $x, y \in \mathbb{R}$). Demuestre que si f es continua en algún punto, entonces f es continua en todo $\mathbb{R}$ o $f(x) = 0$ para todo $x \neq \pm 1$.

Demostración. 1) Sea a un punto de continuidad de f Si $a = 0$, entonces f es idénticamente 0 o nunca 0
2) Supongamos $a \neq 0$ Para cualquier $x \in \mathbb{R}$: $f(x) = f(a \cdot \frac{x}{a}) = f(a)f(\frac{x}{a})$
3) La función $g(x) = f(\frac{x}{a})$ es continua en a Por lo tanto, f es continua en 1
4) Para cualquier $x > 0$: Existe r tal que $x = e^r$ $f(x) = f(e^r) = [f(e)]^r$
5) Si $f(e) = 0$, entonces $f(x) = 0$ para todo $x > 0$ Si $f(e) \neq 0$, entonces f es continua en $\mathbb{R}^+$
6) Como $f(-x) = \pm f(x)$: f es continua en todo $\mathbb{R}$ o $f(x) = 0$ para $x \neq \pm 1$
Por lo tanto, se cumple la conclusión deseada. ∎

Exercise 5.145 Demuestre que si $f : \mathbb{R} \to \mathbb{R}$ es una función aditiva (es decir, $f(x+y) = f(x) + f(y)$ para todo $x, y \in \mathbb{R}$) y acotada en algún intervalo no trivial, entonces $f(x) = cx$ para algún $c \in \mathbb{R}$.

Demostración. 1) Sea f acotada en $[a,b]$ por M Es decir, $|f(x)| \leq M$ para todo $x \in [a,b]$
2) Para cualquier $x \in \mathbb{R}$ y $n \in \mathbb{N}$: $f(\frac{x}{n}) = \frac{f(x)}{n}$ por aditividad
3) Sea $d = b - a > 0$ Para cualquier $x \in \mathbb{R}$: Existe n tal que $|\frac{x}{n}| < d$
4) Por lo tanto: $|\frac{f(x)}{n}| = |f(\frac{x}{n})| \leq M$ $|f(x)| \leq nM$
5) Para números racionales $r = \frac{p}{q}$: $f(r) = \frac{p}{q} f(1)$ por aditividad
6) Sea $c = f(1)$ Por continuidad: $f(x) = cx$ para todo $x \in \mathbb{R}$
Por lo tanto, $f(x) = cx$ para algún $c \in \mathbb{R}$. ∎

5.13.9 Conjuntos equinumerables

Exercise 5.146 Demuestre que el conjunto $A = \{(x,y) \in \mathbb{R}^2 : x^2 + y^2 = 1\}$ (el círculo unitario) es equinumerable con el intervalo $[0, 2\pi)$.

Demostración. Construiremos una biyección $f : [0, 2\pi) \to A$
1) Definimos $f : [0, 2\pi) \to A$ por: $f(t) = (\cos(t), \sin(t))$
2) f está bien definida pues: $\cos^2(t) + \sin^2(t) = 1$ para todo t
3) f es inyectiva: Si $f(t_1) = f(t_2)$, entonces: $\cos(t_1) = \cos(t_2)$ y $\sin(t_1) = \sin(t_2)$ Por las propiedades de las funciones trigonométricas: $t_1 = t_2 \pmod{2\pi}$ Como $t_1, t_2 \in [0, 2\pi)$, entonces $t_1 = t_2$
4) f es sobreyectiva: Para cualquier $(x,y) \in A$: Existe $t \in [0, 2\pi)$ tal que: $x = \cos(t)$ y $y = \sin(t)$ Este t se puede obtener usando arctan y ajustando el cuadrante
Por lo tanto, f es una biyección y los conjuntos son equinumerables. ∎

Exercise 5.147 Pruebe que el conjunto de funciones continuas $f : [0, 1] \to \mathbb{R}$ que solo toman valores racionales es numerable.

Demostración. 1) Sea C el conjunto de tales funciones Para $f \in C$ y $x \in [0, 1]$, $f(x) \in \mathbb{Q}$
2) Por continuidad, para cualquier $f \in C$: Si $x_1 < x_2$, entonces $f([x_1, x_2])$ es un intervalo en $\mathbb{Q}$
3) Para cada $n \in \mathbb{N}$: Dividimos $[0,1]$ en n partes iguales Sea $x_k = \frac{k}{n}$ para $k = 0, 1, \dots, n$
4) Para cada $f \in C$: f queda determinada por sus valores en $\{x_k\}_{k=0}^n$ pues es continua y solo toma valores racionales
5) Para cada n, las posibles secuencias de valores racionales en los puntos x_k forman un conjunto numerable
6) $C = \bigcup_{n=1}^{\infty} C_n$ donde C_n son las funciones que quedan determinadas por $n+1$ puntos racionales
7) Como unión numerable de conjuntos numerables es numerable: C es numerable
Por lo tanto, el conjunto de tales funciones es numerable. ∎

Exercise 5.148 Demuestre que el conjunto de números algebraicos es numerable y el conjunto de números trascendentes tiene la cardinalidad del continuo.

Demostración. 1) Un número algebraico es raíz de un polinomio $a_n x^n + a_{n-1} x^{n-1} + \dots + a_1 x + a_0 = 0$ con coeficientes enteros y $a_n \neq 0$
2) A cada polinomio le asignamos un código: $c(P) = 2^{|a_n|} \cdot 3^{|a_{n-1}|} \cdot \dots \cdot p_n^{|a_0|}$ donde p_k es el k-ésimo primo
3) Este código es único para cada polinomio y cada polinomio tiene un código finito
4) Cada número algebraico es raíz de al menos un polinomio Por el teorema fundamental del álgebra: Un polinomio de grado n tiene a lo sumo n raíces
5) Por lo tanto, el conjunto de números algebraicos es numerable como unión numerable de conjuntos finitos
6) Los números reales tienen cardinalidad del continuo La diferencia entre dos cardinales infinitos tiene la cardinalidad del mayor
7) Por lo tanto, los números trascendentes tienen la cardinalidad del continuo
Por lo tanto, se cumple la conclusión deseada. ∎

5.13 Ejercicios Resueltos

> **Exercise 5.149** Demuestre que el conjunto de funciones continuas $f:[0,1] \to \mathbb{R}$ que son diferenciables en exactamente un punto es equinumerable con $\mathbb{R}$.

Demostración. 1) Sea D el conjunto de tales funciones Construiremos una biyección con $\mathbb{R}$
2) Para cada $x \in [0,1]$ y $r \in \mathbb{R}$: Definimos $f_{x,r}(t) = |t-x| + rt$ si $t \neq x$ y $f'_{x,r}(x) = r$
3) $f_{x,r}$ es continua en $[0,1]$ y diferenciable solo en x con derivada r
4) La función $\phi: \mathbb{R} \times [0,1] \to D$ dada por $\phi(r,x) = f_{x,r}$ es inyectiva
5) Para cualquier $f \in D$: Sea x_0 su único punto de diferenciabilidad y $r_0 = f'(x_0)$ Entonces $f = f_{x_0, r_0}$
6) Por lo tanto, ϕ es también sobreyectiva
7) Como $\mathbb{R} \times [0,1]$ es equinumerable con $\mathbb{R}$: D es equinumerable con $\mathbb{R}$
Por lo tanto, el conjunto dado es equinumerable con $\mathbb{R}$. ∎

> **Exercise 5.150** Demuestre que el conjunto de subconjuntos numerables de $\mathbb{R}$ tiene la cardinalidad del continuo.

Demostración. 1) Sea $\mathscr{A}$ el conjunto de subconjuntos numerables de $\mathbb{R}$ claramente $|\mathscr{A}| \leq 2^{|\mathbb{R}|}$
2) Para cada $x \in \mathbb{R}$: Construimos el conjunto $A_x = \{x + q : q \in \mathbb{Q}\}$ A_x es numerable pues $\mathbb{Q}$ lo es
3) Si $x_1 \neq x_2$: $A_{x_1} \neq A_{x_2}$ pues $x_1 \in A_{x_1}$ pero $x_1 \notin A_{x_2}$
4) Por lo tanto: La función $x \mapsto A_x$ es inyectiva Esto prueba que $|\mathbb{R}| \leq |\mathscr{A}|$
5) Por el teorema de Cantor-Bernstein: Si $|\mathscr{A}| \leq 2^{|\mathbb{R}|} = |\mathbb{R}|$ y $|\mathbb{R}| \leq |\mathscr{A}|$ entonces $|\mathscr{A}| = |\mathbb{R}|$
Por lo tanto, $\mathscr{A}$ tiene la cardinalidad del continuo. ∎

5.13.10 Numerabilidad de $\mathbb{Q}$, no numerabilidad de $\mathbb{R}$

> **Exercise 5.151** Demuestre que el conjunto
> $$A = \{x \in \mathbb{R} : \text{x tiene una representación decimal que solo usa los dígitos 0 y 1}\}$$
> no es numerable.

Demostración. 1) Usaremos el método de Cantor por diagonalización
2) Supongamos por contradicción que A es numerable Entonces existe una biyección $f: \mathbb{N} \to A$
3) Para cada $n \in \mathbb{N}$, escribimos $f(n)$ en su representación decimal: $f(1) = 0.a_{11}a_{12}a_{13}...$ $f(2) = 0.a_{21}a_{22}a_{23}...$ $f(3) = 0.a_{31}a_{32}a_{33}...$ donde cada $a_{ij} \in \{0, 1\}$
4) Construimos un número $x \in A$ como sigue: $x = 0.b_1b_2b_3...$ donde: $b_i = \begin{cases} 0 & \text{si } a_{ii} = 1 \\ 1 & \text{si } a_{ii} = 0 \end{cases}$
5) Claramente $x \in A$ pues solo usa dígitos 0 y 1
6) Sin embargo, x difiere de $f(n)$ en el n-ésimo decimal para todo n Por lo tanto, $x \notin \text{Im}(f)$
7) Esto contradice que f sea sobreyectiva
Por lo tanto, A no es numerable. ∎

> **Exercise 5.152** Demuestre que el conjunto de números irracionales en $[0,1]$ es equinumerable con $\mathbb{R}$.

Demostración. 1) Sea I el conjunto de irracionales en $[0,1]$
2) Primero, mostraremos que $|I| \leq |\mathbb{R}|$: La inclusión $i: I \to \mathbb{R}$ es inyectiva
3) Para mostrar que $|\mathbb{R}| \leq |I|$: Construiremos una función inyectiva $f: \mathbb{R} \to I$
4) Para cada $x \in \mathbb{R}$: $f(x) = \sum_{n=1}^{\infty} \frac{d_n}{3^n}$ donde d_n son los dígitos de x en base 3
5) $f(x) \in [0,1]$ por ser serie convergente $f(x)$ es irracional pues su expansión en base 3 no es periódica
6) f es inyectiva pues números diferentes tienen expansiones diferentes en base 3
7) Por el teorema de Cantor-Bernstein: $|I| = |\mathbb{R}|$
Por lo tanto, I es equinumerable con $\mathbb{R}$. ∎

> **Exercise 5.153** Demuestre que existe una biyección entre el conjunto de números racionales en $(0,1)$ que tienen una representación decimal finita y el conjunto de números naturales.

Demostración. 1) Sea $R = \{r \in \mathbb{Q} \cap (0,1) : r \text{ tiene representación decimal finita}\}$
2) Cada $r \in R$ se puede escribir como: $r = 0.d_1 d_2 \ldots d_k$ donde $d_i \in \{0,1,\ldots,9\}$ y $d_k \neq 0$
3) Definimos $f: R \to \mathbb{N}$ como: $f(0.d_1 d_2 \ldots d_k) = 2^k \cdot 3^{d_1} \cdot 5^{d_2} \cdot \ldots \cdot p_k^{d_k}$ donde p_i es el i-ésimo número primo
4) f está bien definida pues cada número tiene una única representación decimal finita sin ceros al final
5) f es inyectiva: Si dos números tienen representaciones diferentes, sus imágenes son diferentes por la unicidad de factorización
6) f es sobreyectiva: Para cada $n \in \mathbb{N}$, factorizamos n en primos y construimos el número decimal correspondiente
Por lo tanto, existe una biyección entre R y $\mathbb{N}$. ∎

> **Exercise 5.154** Demuestre que el conjunto $B = \{x \in \mathbb{R} : x = \sum_{n=1}^{\infty} \frac{a_n}{n!}, a_n \in \{0,1\}\}$ no es numerable.

Demostración. 1) Cada elemento de B está determinado por una sucesión única de ceros y unos $(a_n)_{n \geq 1}$
2) Supongamos por contradicción que B es numerable Existe una biyección $f: \mathbb{N} \to B$
3) Para cada $n \in \mathbb{N}$, sea $(a_{nk})_{k \geq 1}$ la sucesión que determina $f(n)$
4) Construimos $x = \sum_{k=1}^{\infty} \frac{b_k}{k!}$ donde: $b_k = \begin{cases} 0 & \text{si } a_{kk} = 1 \\ 1 & \text{si } a_{kk} = 0 \end{cases}$
5) Claramente $x \in B$, pero $x \neq f(n)$ para todo n pues difiere en el n-ésimo término
6) Esto contradice que f sea sobreyectiva
Por lo tanto, B no es numerable. ∎

> **Exercise 5.155** Demuestre que el conjunto de números reales que son límite de una sucesión de números racionales estrictamente creciente tiene la cardinalidad del continuo.

Demostración. 1) Sea L el conjunto de tales números
2) Para cada $x \in \mathbb{R}$, construimos una sucesión: $q_n = \lfloor nx \rfloor / n$
3) $\{q_n\}$ es estrictamente creciente pues: $q_{n+1} - q_n = \frac{\lfloor (n+1)x \rfloor}{n+1} - \frac{\lfloor nx \rfloor}{n} > 0$ cuando x no es racional
4) $\lim_{n \to \infty} q_n = x$ Por lo tanto, cada irracional está en L

5) Por otro lado, cada elemento de L es el límite de una sucesión racional única estrictamente creciente después de cierto término
6) Los irracionales tienen la cardinalidad del continuo Por lo tanto, $|L| \geq |\mathbb{R}|$
7) Obviamente $|L| \leq |\mathbb{R}|$ pues $L \subseteq \mathbb{R}$
Por lo tanto, L tiene la cardinalidad del continuo. ∎

5.13.11 Caracterización del supremo

Exercise 5.156 Sea $A \subset \mathbb{R}$ acotado superiormente. Demuestre que $s = \sup A$ si y solo si para todo $\varepsilon > 0$ existe $a \in A$ tal que $s - \varepsilon < a \leq s$.

Demostración. ($\Rightarrow$) Supongamos que $s = \sup A$
1) Sea $\varepsilon > 0$ arbitrario $s - \varepsilon$ no es cota superior de A (por ser s la menor cota superior)
2) Por lo tanto, existe $a \in A$ tal que: $s - \varepsilon < a$
3) Como s es cota superior: $a \leq s$
4) Combinando las desigualdades: $s - \varepsilon < a \leq s$
($\Leftarrow$) Supongamos que para todo $\varepsilon > 0$ existe $a \in A$ tal que $s - \varepsilon < a \leq s$
1) s es cota superior: Para todo $a \in A$, $a \leq s$
2) s es la menor cota superior: Sea $t < s$ una cota superior Entonces existe $\varepsilon = s - t > 0$
3) Por hipótesis, existe $a \in A$ tal que: $s - \varepsilon < a \leq s$
4) Por lo tanto: $t = s - \varepsilon < a$ Contradiciendo que t es cota superior
Por lo tanto, $s = \sup A$. ∎

Exercise 5.157 Demuestre que si $A \subset \mathbb{R}$ es acotado superiormente y $s = \sup A$, entonces existe una sucesión creciente $\{a_n\}$ en A que converge a s.

Demostración. 1) Para cada $n \in \mathbb{N}$: Por la caracterización del supremo: Existe $a_n \in A$ tal que $s - \frac{1}{n} < a_n \leq s$
2) La sucesión podría no ser creciente Construimos una nueva sucesión $\{b_n\}$: $b_1 = a_1$
$b_n = \max\{b_{n-1}, a_n\}$
3) $\{b_n\}$ es creciente por construcción
4) $\{b_n\}$ está acotada: - Superiormente por s - Inferiormente por a_1
5) Para todo n: $s - \frac{1}{n} < a_n \leq b_n \leq s$
6) Por el teorema del sandwich: $\lim_{n \to \infty} b_n = s$
Por lo tanto, $\{b_n\}$ es la sucesión creciente buscada. ∎

Exercise 5.158 Sea $A \subset \mathbb{R}$ acotado superiormente. Demuestre que $s = \sup A$ si y solo si para toda sucesión decreciente $\{x_n\}$ que converge a s, existe $n_0 \in \mathbb{N}$ tal que $A \cap (s, x_{n_0}) \neq \emptyset$.

Demostración. ($\Rightarrow$) Sea $s = \sup A$
1) Sea $\{x_n\}$ sucesión decreciente que converge a s
2) Existe $\varepsilon = x_1 - s > 0$ Como $s = \sup A$: Existe $a \in A$ tal que $s - \varepsilon < a \leq s$
3) Sea n_0 tal que $x_{n_0} - s < \varepsilon$ Entonces $s < x_{n_0} < s + \varepsilon$
4) $a \in A \cap (s, x_{n_0})$ Por lo tanto, $A \cap (s, x_{n_0}) \neq \emptyset$
($\Leftarrow$) Supongamos la propiedad dada
1) Sea $t > s$ Construimos sucesión $x_n = s + \frac{t-s}{n}$
2) $\{x_n\}$ es decreciente y converge a s
3) Existe n_0 tal que $A \cap (s, x_{n_0}) \neq \emptyset$
4) Por lo tanto: s es cota superior de A y ningún número menor que s es cota superior

Por lo tanto, $s = \sup A$. ∎

Exercise 5.159 Sea $A \subset \mathbb{R}$ acotado superiormente. Demuestre que $s = \sup A$ si y solo si existen sucesiones $\{a_n\} \subset A$ y $\{b_n\} \subset \mathbb{R} \setminus A$ tales que $\lim_{n\to\infty} a_n = \lim_{n\to\infty} b_n = s$.

Demostración. ($\Rightarrow$) Sea $s = \sup A$
1) Construcción de $\{a_n\}$: Para cada n, existe $a_n \in A$ tal que: $s - \frac{1}{n} < a_n \leq s$
2) Construcción de $\{b_n\}$: $b_n = s + \frac{1}{n}$ Claramente $b_n \notin A$ pues s es cota superior
3) Por el teorema del sandwich: $\lim_{n\to\infty} a_n = s$ $\lim_{n\to\infty} b_n = s$
($\Leftarrow$) Supongamos que existen tales sucesiones
1) s es cota superior: Si existe $a \in A$ con $a > s$: $\{b_n\}$ tendría elementos en A
2) s es la menor cota superior: Si $t < s$ es cota superior: $\{a_n\}$ tendría elementos mayores que t
Por lo tanto, $s = \sup A$. ∎

Exercise 5.160 Sea $A \subset \mathbb{R}$ acotado superiormente y sea $s = \sup A$. Demuestre que si $B = \{x \in \mathbb{R} : x \text{ es cota superior de } A\}$, entonces $s = \inf B$.

Demostración. 1) $s \in B$ pues es cota superior de A
2) Para todo $b \in B$: $s \leq b$ pues s es la menor cota superior
3) Sea $\varepsilon > 0$ $s - \varepsilon$ no es cota superior de A
4) Existe $a \in A$ tal que: $s - \varepsilon < a \leq s$
5) Por lo tanto: Para todo $b \in B$: $s \leq b$ Para todo $\varepsilon > 0$: $(s - \varepsilon) \notin B$
6) Esto implica que s es la mayor cota inferior de B: - Es cota inferior por (2) - Es la mayor por (4)
Por lo tanto, $s = \inf B$. ∎

5.13.12 Teorema de los intervalos encajados

Exercise 5.161 Demuestre que si $\{[a_n, b_n]\}$ es una sucesión de intervalos cerrados y acotados tales que $[a_{n+1}, b_{n+1}] \subseteq [a_n, b_n]$ para todo n y $\lim_{n\to\infty}(b_n - a_n) = 0$, entonces existe un único punto c tal que $\bigcap_{n=1}^{\infty}[a_n, b_n] = \{c\}$.

Demostración. 1) Las sucesiones $\{a_n\}$ y $\{b_n\}$ son monótonas: - $\{a_n\}$ es creciente pues $a_n \leq a_{n+1}$ - $\{b_n\}$ es decreciente pues $b_{n+1} \leq b_n$
2) Ambas sucesiones están acotadas: - $a_n \leq b_1$ para todo n - $b_n \geq a_1$ para todo n
3) Por el teorema de la convergencia monótona: Existen $\alpha = \lim_{n\to\infty} a_n$ y $\beta = \lim_{n\to\infty} b_n$
4) Como $0 \leq \beta - \alpha \leq b_n - a_n$ para todo n: $\lim_{n\to\infty}(b_n - a_n) = 0$ implica $\alpha = \beta$
5) Sea $c = \alpha = \beta$ Para todo n: $a_n \leq c \leq b_n$ Por lo tanto $c \in [a_n, b_n]$ para todo n
6) Si existiera otro punto $d \in \bigcap_{n=1}^{\infty}[a_n, b_n]$: $|d - c| \leq b_n - a_n$ para todo n Por lo tanto $d = c$
Por lo tanto, $\bigcap_{n=1}^{\infty}[a_n, b_n] = \{c\}$. ∎

Exercise 5.162 Sea $\{I_n\}$ una sucesión de intervalos cerrados encajados con longitudes tendiendo a cero. Demuestre que si existe $M > 0$ tal que cada I_n contiene al menos un número racional p/q con $|p|, |q| \leq M^n$, entonces $\bigcap_{n=1}^{\infty} I_n$ contiene un número racional.

Demostración. 1) Sean $I_n = [a_n, b_n]$ los intervalos Por hipótesis, para cada n existe $\frac{p_n}{q_n} \in I_n$ con $|p_n|, |q_n| \leq M^n$
2) Como $\{a_n\}$ es creciente y $\{b_n\}$ decreciente: $a_n \leq \frac{p_n}{q_n} \leq b_n$ para todo n
3) Por el principio de los intervalos encajados: Existe $r = \bigcap_{n=1}^{\infty} I_n$

5.13 Ejercicios Resueltos

4) Para todo n: $|r - \frac{p_n}{q_n}| \leq b_n - a_n$
5) La sucesión $\{\frac{p_n}{q_n}\}$ es de Cauchy pues: $|\frac{p_m}{q_m} - \frac{p_n}{q_n}| \leq 2(b_{\text{mín}(m,n)} - a_{\text{mín}(m,n)})$
6) Como los denominadores están acotados por M^n: El límite debe ser racional
Por lo tanto, r es racional. ∎

Exercise 5.163 Demuestre que si $\{I_n\}$ es una sucesión de intervalos cerrados encajados con intersección un único punto c, entonces para toda sucesión $\{x_n\}$ con $x_n \in I_n$ para todo n, se tiene que $\lim_{n \to \infty} x_n = c$.

Demostración. Sean $I_n = [a_n, b_n]$
1) Por hipótesis: $\bigcap_{n=1}^{\infty} I_n = \{c\}$ - $x_n \in [a_n, b_n]$ para todo n
2) Para todo n: $a_n \leq x_n \leq b_n$
3) Como $\{a_n\}$ es creciente y $\{b_n\}$ decreciente: $a_n \leq c \leq b_n$ para todo n
4) Por lo tanto: $|x_n - c| \leq b_n - a_n$
5) Como $\bigcap_{n=1}^{\infty} I_n = \{c\}$: $\lim_{n \to \infty}(b_n - a_n) = 0$
6) Por el teorema del sandwich: $\lim_{n \to \infty} x_n = c$
Por lo tanto, toda sucesión $\{x_n\}$ con $x_n \in I_n$ converge a c. ∎

Exercise 5.164 Sea $\{I_n\}$ una sucesión de intervalos cerrados encajados con longitudes tendiendo a cero. Demuestre que si cada I_n contiene infinitos números racionales, entonces $\bigcap_{n=1}^{\infty} I_n$ es irracional.

Demostración. Sean $I_n = [a_n, b_n]$
1) Por el teorema de los intervalos encajados: $\bigcap_{n=1}^{\infty} I_n = \{c\}$ para algún $c \in \mathbb{R}$
2) Supongamos por contradicción que $c = \frac{p}{q}$ es racional
3) Como $\frac{p}{q}$ es el único punto en la intersección: Existe N tal que todo racional $\frac{r}{s} \neq \frac{p}{q}$ en I_N satisface $|\frac{r}{s} - \frac{p}{q}| > 0$
4) Sea $\varepsilon = b_N - a_N$ Existe $M > N$ tal que $b_M - a_M < \varepsilon$
5) En I_M solo puede haber finitos racionales pues sus diferencias con $\frac{p}{q}$ están acotadas inferiormente
6) Esto contradice que cada I_n contiene infinitos racionales
Por lo tanto, c debe ser irracional. ∎

Exercise 5.165 Demuestre que si $\{I_n\}$ es una sucesión de intervalos cerrados encajados y $f : [a,b] \to \mathbb{R}$ es continua con $f(a)f(b) < 0$, entonces existe n_0 tal que f tiene un cero en I_n para todo $n \geq n_0$.

Demostración. Sean $I_n = [a_n, b_n]$
1) Por el teorema de los intervalos encajados: $\bigcap_{n=1}^{\infty} I_n = \{c\}$ para algún $c \in \mathbb{R}$
2) Como f es continua: $\lim_{n \to \infty} f(a_n) = f(c)$ $\lim_{n \to \infty} f(b_n) = f(c)$
3) Por hipótesis: $f(a_1)f(b_1) < 0$ Supongamos $f(a_1) < 0 < f(b_1)$ (el caso contrario es análogo)
4) Por el teorema del valor intermedio: Para cada n, existe $x_n \in I_n$ tal que $f(x_n) = 0$
5) Como $\{x_n\}$ es una sucesión en I_n: $\lim_{n \to \infty} x_n = c$
6) Por continuidad: $f(c) = 0$
Por lo tanto, f tiene un cero en cada I_n. ∎

5.14 Ejercicios Propuestos

5.14.1 Los números racionales como aproximaciones decimales

Exercise 5.166 Demuestre que un número racional tiene una expansión decimal periódica si y solo si su denominador en forma irreducible tiene factores primos diferentes de 2 y 5.

Exercise 5.167 Pruebe que si un número racional $\frac{p}{q}$ en forma irreducible tiene una expansión decimal con periodo n, entonces n es el menor entero positivo tal que $10^n \equiv 1$ (mód q).

Exercise 5.168 Demuestre que para cualquier número racional $\frac{p}{q}$ donde q es divisible solo por 2 y 5, la longitud de su expansión decimal finita es el máximo entre la multiplicidad de 2 y la multiplicidad de 5 en q.

Exercise 5.169 Sea $\frac{p}{q}$ un número racional en su forma irreducible. Demuestre que si $q = 7$, entonces su expansión decimal tiene un periodo de longitud 6 o menor, y caracterice cuándo ocurre cada caso.

Exercise 5.170 Pruebe que si un número racional tiene una expansión decimal periódica con periodo n, entonces n divide a $\phi(q)$, donde q es el denominador en forma irreducible y ϕ es la función de Euler.

Exercise 5.171 Demuestre que si $\frac{p}{q}$ es un número racional en forma irreducible y $q = 2^a 5^b$, entonces su expansión decimal tiene exactamente máx(a,b) decimales.

Exercise 5.172 Sea r un número racional con expansión decimal periódica de periodo n. Demuestre que si k es el menor entero tal que $r \cdot 10^k$ es entero, entonces k es múltiplo de n.

Exercise 5.173 Pruebe que todo número racional de la forma $\frac{p}{99\ldots9}$ (con n nueves en el denominador) tiene una expansión decimal periódica con periodo que divide a n.

Exercise 5.174 Demuestre que si un número racional tiene una expansión decimal que termina en un patrón repetitivo de n ceros seguidos de m nueves, entonces es igual a un número racional cuyo denominador es de la forma $2^a 5^b$ para algunos $a, b \geq 0$.

Exercise 5.175 Sea r un número racional con expansión decimal periódica. Demuestre que el periodo de $\frac{1}{r}$ (cuando existe) divide al periodo de r multiplicado por el denominador de r en forma irreducible.

¿Le gustaría que desarrolle la demostración detallada de alguno de estos ejercicios en particular? Cada uno requiere un análisis cuidadoso de las propiedades de las expansiones decimales y su relación con las fracciones racionales.

5.14.2 Convergencia de sucesiones

Exercise 5.176 Demuestre que si $\{a_n\}$ es una sucesión convergente a L y $\{b_n\}$ es una sucesión acotada tal que $\sum_{k=1}^{\infty} |b_k - b_{k-1}| < \infty$, entonces $\lim_{n \to \infty} a_n b_n = Lb$, donde $b = \lim_{n \to \infty} b_n$.

Exercise 5.177 Sea $\{a_n\}$ una sucesión tal que para todo $\varepsilon > 0$ existe $N \in \mathbb{N}$ tal que $|a_m - a_n| < \varepsilon$ siempre que $m, n \geq N$ y $|m - n| = 1$. Demuestre que $\{a_n\}$ es convergente.

Exercise 5.178 Sea $\{a_n\}$ una sucesión que converge a L. Demuestre que la sucesión $\{b_n\}$ definida por: $b_n = \sup\{a_k : k \geq n\}$ también converge a L.

Exercise 5.179 Sea $\{a_n\}$ una sucesión de números reales positivos. Demuestre que si existe $c \in (0,1)$ tal que $\frac{a_{n+1}}{a_n} \leq c$ para todo n suficientemente grande, entonces: $\lim_{n \to \infty} \sqrt[n]{a_n} = 0$

Exercise 5.180 Sea $\{a_n\}$ una sucesión que converge a L. Demuestre que la sucesión $\{b_n\}$ definida por: $b_n = \frac{1}{n} \sum_{k=1}^{n} k a_k$ converge a L.

Exercise 5.181 Demuestre que si $\{a_n\}$ y $\{b_n\}$ son sucesiones convergentes con límites a y b respectivamente, y $b_n \neq 0$ para todo n, entonces: $\lim_{n \to \infty} \sqrt[n]{\left|\frac{a_n}{b_n}\right|} = 1$ si y solo si $a = b \neq 0$.

Exercise 5.182 Sea $\{a_n\}$ una sucesión de números reales. Demuestre que si existe una sucesión $\{b_n\}$ convergente a $b \neq 0$ tal que $\lim_{n \to \infty}(a_n b_n) = L$, entonces $\{a_n\}$ converge a $\frac{L}{b}$.

Exercise 5.183 Sea $\{a_n\}$ una sucesión de números reales. Demuestre que si existe $k > 1$ tal que: $|a_{n+2} - a_{n+1}| \leq \frac{1}{k}|a_{n+1} - a_n|$ para todo $n \in \mathbb{N}$, entonces $\{a_n\}$ converge.

Exercise 5.184 Sea $\{a_n\}$ una sucesión que converge a L. Demuestre que la sucesión $\{b_n\}$ definida por: $b_n = \min\{\max\{a_k : k \leq n\}, \min\{a_k : k \geq n\}\}$ también converge a L.

Exercise 5.185 Sea $\{a_n\}$ una sucesión tal que $\lim_{n \to \infty}(a_{n+1} - a_n) = 0$ y $\{a_{2^n}\}$ converge. Demuestre que $\{a_n\}$ converge.

5.14.3 Sucesión de Cauchy

Exercise 5.186 Demuestre que si $\{a_n\}$ y $\{b_n\}$ son sucesiones de Cauchy tales que $\sum_{n=1}^{\infty} |a_n - b_n|$ converge, entonces $\lim_{n \to \infty} a_n$ existe si y solo si $\lim_{n \to \infty} b_n$ existe.

Exercise 5.187 Sea $\{a_n\}$ una sucesión de números reales. Demuestre que si existe $q \in (0,1)$ tal que $|a_{n+1} - a_n| \leq q|a_n - a_{n-1}|$ para todo $n \geq 2$, entonces $\{a_n\}$ es una sucesión de Cauchy.

Exercise 5.188 Sea $\{a_n\}$ una sucesión de Cauchy. Demuestre que existe una única sucesión convergente $\{b_n\}$ tal que $\lim_{n \to \infty} |a_n - b_n| = 0$ y $|b_n - b_{n-1}| \leq |a_n - a_{n-1}|$ para todo $n \geq 2$.

Exercise 5.189 Sea $\{a_n\}$ una sucesión de números reales. Demuestre que si para cada $\varepsilon > 0$ existe $N \in \mathbb{N}$ tal que $|a_m - a_n| < \varepsilon$ cuando máx$\{m,n\} \geq N$, entonces $\{a_n\}$ es una sucesión de Cauchy.

Exercise 5.190 Sea $\{a_n\}$ una sucesión de Cauchy. Demuestre que la sucesión $\{b_n\}$ definida por: $b_n = \limsup_{k \to \infty} |a_k - a_n|$ converge a 0.

Exercise 5.191 Sea $\{a_n\}$ una sucesión y defina $s_n = \sum_{k=1}^n \frac{a_k}{k}$. Demuestre que si $\{s_n\}$ es de Cauchy, entonces $\lim_{n \to \infty} \frac{a_n}{n} = 0$.

Exercise 5.192 Sea $\{a_n\}$ una sucesión de Cauchy y defina $b_n = \sup\{|a_m - a_n| : m \geq n\}$. Demuestre que $\{b_n\}$ es una sucesión decreciente que converge a 0.

Exercise 5.193 Sea $\{a_n\}$ una sucesión de números reales positivos. Demuestre que si $\{a_n\}$ es de Cauchy y $\sum_{n=1}^\infty |\frac{1}{a_n} - \frac{1}{a_{n+1}}|$ converge, entonces existe $c > 0$ tal que $a_n \geq c$ para todo n.

Exercise 5.194 Sea $\{a_n\}$ una sucesión de Cauchy y defina la sucesión $\{b_n\}$ por: $b_n = \frac{1}{n} \sum_{k=1}^n |a_k - a_{k+1}|$ Demuestre que $\{b_n\}$ converge a 0.

Exercise 5.195 Sea $\{a_n\}$ una sucesión. Demuestre que si existen sucesiones de Cauchy $\{x_n\}$ y $\{y_n\}$ tales que $x_n \leq a_n \leq y_n$ para todo n y $\lim_{n \to \infty}(y_n - x_n) = 0$, entonces $\{a_n\}$ es una sucesión de Cauchy.

5.14.4 Construcción de los números reales

Exercise 5.196 Demuestre que el conjunto de sucesiones de Cauchy de números racionales bajo la relación de equivalencia $(a_n) \sim (b_n)$ si $\lim(a_n - b_n) = 0$ forma un grupo aditivo completo.

Exercise 5.197 Sea $\mathbb{R}$ construido mediante sucesiones de Cauchy de racionales. Demuestre que si (a_n) representa un número real positivo, entonces existe una sucesión de Cauchy racional (b_n) tal que $(b_n)^2 \sim (a_n)$.

5.14 Ejercicios Propuestos

Exercise 5.198 Demuestre que en la construcción de los reales mediante sucesiones de Cauchy racionales, la relación de orden definida por $(a_n) < (b_n)$ si existe $\varepsilon > 0$ racional y $N \in \mathbb{N}$ tal que $b_n - a_n > \varepsilon$ para todo $n \geq N$, es un orden total.

Exercise 5.199 Sea $\mathbb{R}$ construido mediante cortaduras de Dedekind. Demuestre que si A es una cortadura y r es un racional en el complemento de A, entonces existe un único racional s tal que todo racional menor que s está en A y todo racional mayor que s está en el complemento de A.

Exercise 5.200 En la construcción mediante cortaduras de Dedekind, demuestre que el conjunto de números reales algebraicos forma un subcuerpo propio de $\mathbb{R}$ que es denso en $\mathbb{R}$.

Exercise 5.201 Utilizando la construcción mediante sucesiones de Cauchy, demuestre que existe un isomorfismo de cuerpos ordenados entre los números reales construidos mediante sucesiones de Cauchy y los construidos mediante cortaduras de Dedekind.

Exercise 5.202 Demuestre que en la construcción de los reales mediante sucesiones de Cauchy racionales, si (a_n) y (b_n) son sucesiones de Cauchy con (b_n) no equivalente a la sucesión cero, entonces existe una única clase de equivalencia (c_n) tal que $(a_n) \sim (b_n)(c_n)$.

Exercise 5.203 En la construcción mediante cortaduras de Dedekind, pruebe que si A es una cortadura y B es el conjunto de números racionales negativos de A, entonces B también es una cortadura.

Exercise 5.204 Demuestre que en la construcción de los reales mediante sucesiones de Cauchy racionales, el conjunto de clases de equivalencia de sucesiones eventualmente constantes es isomorfo a $\mathbb{Q}$.

Exercise 5.205 Sea $\mathbb{R}$ construido mediante cortaduras de Dedekind. Demuestre que para cualquier subconjunto no vacío y acotado superiormente S de $\mathbb{R}$, la cortadura generada por $\{q \in \mathbb{Q} : q < s \text{ para algún } s \in S\}$ corresponde al supremo de S.

5.14.5 Los números racionales como números reales

Exercise 5.206 Sea $f : \mathbb{Q} \to \mathbb{R}$ el homomorfismo canónico que asocia a cada racional su clase de equivalencia como número real. Demuestre que para todo $x \in \mathbb{R}$ y $\varepsilon > 0$ racional, existe $q \in \mathbb{Q}$ tal que $|x - f(q)| < \varepsilon$.

Exercise 5.207 Demuestre que si $x \in \mathbb{R}$ es tal que existe una sucesión de números racionales $\{r_n\}$ que converge a x con $|x - r_n| < \frac{1}{2^n}$ para todo n, entonces x es racional.

Exercise 5.208 Sea $x \in \mathbb{R}$ y suponga que existe una sucesión de racionales $\{p_n/q_n\}$ en forma irreducible tal que $|x - \frac{p_n}{q_n}| < \frac{1}{q_n^2}$ para todo n. Demuestre que x es racional.

Exercise 5.209 Demuestre que si $x \in \mathbb{R}$ es tal que el conjunto $\{q \in \mathbb{Q} : |x - q| < \varepsilon\}$ es finito para algún $\varepsilon > 0$, entonces x es irracional.

Exercise 5.210 Sea $x \in \mathbb{R}$ y suponga que existe una sucesión estrictamente creciente de enteros positivos $\{n_k\}$ tal que $n_k x$ es un número entero para todo k. Demuestre que x es racional.

Exercise 5.211 Sea $S = \{x \in \mathbb{R} : nx \in \mathbb{Z} \text{ para algún } n \in \mathbb{N}\}$. Demuestre que S es un subanillo de $\mathbb{R}$ que contiene propiamente a $\mathbb{Q}$.

Exercise 5.212 Demuestre que si $x \in \mathbb{R}$ es tal que para todo $\varepsilon > 0$ existe un número racional p/q con $q > 0$ tal que $|x - \frac{p}{q}| < \frac{\varepsilon}{q}$, entonces x es racional.

Exercise 5.213 Sea $x \in \mathbb{R}$. Demuestre que si existe una sucesión de racionales $\{r_n\}$ que converge a x y tal que $r_n \neq x$ para todo n, entonces la sucesión $\{\frac{1}{|x - r_n|}\}$ es no acotada.

Exercise 5.214 Sea $x \in \mathbb{R}$ y suponga que existe una constante $c > 0$ tal que $|x - \frac{p}{q}| \geq \frac{c}{q^2}$ para todos los números racionales $\frac{p}{q}$ en forma irreducible. Demuestre que x es irracional.

Exercise 5.215 Sea $x \in \mathbb{R}$ y defina el conjunto: $A_x = \{q \in \mathbb{Q} : q^2 < x\}$ Demuestre que si $\sup A_x$ existe en $\mathbb{Q}$, entonces x es racional y es un cuadrado perfecto.

5.14.6 Algunos números reales importantes

Exercise 5.216 Demuestre que $\sqrt{2} + \sqrt{3}$ es irracional y que su cuadrado es de la forma $a + b\sqrt{6}$ donde a, b son racionales. Determine a y b.

Exercise 5.217 Pruebe que si x es un número real positivo tal que x y x^2 son números de Liouville, entonces $\sqrt{x}$ también es un número de Liouville. (Un número de Liouville es un número que tiene aproximaciones racionales excepcionalmente buenas).

Exercise 5.218 Demuestre que el número $\sum_{n=1}^{\infty} \frac{1}{n!}$ es irracional y que su diferencia con e es menor que $\frac{1}{n!}$ para todo $n \geq 1$.

Exercise 5.219 Sea $\alpha = \sqrt{2}^{\sqrt{2}}$. Demuestre que al menos uno de los números α o $\alpha^{\sqrt{2}}$ es trascendente, pero no necesariamente ambos.

Exercise 5.220 Demuestre que el número $\sum_{n=1}^{\infty} \frac{1}{2^{n^2}}$ es trascendente utilizando el teorema de Roth sobre aproximaciones diofánticas.

5.14 Ejercicios Propuestos

Exercise 5.221 Sea x un número real positivo. Demuestre que si tanto x como e^x son algebraicos, entonces $x = 0$.

Exercise 5.222 Demuestre que el número $\sum_{n=1}^{\infty} \frac{1}{F_n}$, donde F_n es el n-ésimo número de Fibonacci, es irracional.

Exercise 5.223 Sea α un número algebraico real de grado $n > 1$. Pruebe que existe una constante $c > 0$ tal que $|\alpha - \frac{p}{q}| > \frac{c}{q^n}$ para todos los números racionales $\frac{p}{q}$ con $q > 0$.

Exercise 5.224 Demuestre que si α es un número algebraico real y β es un número trascendente, entonces $\alpha + \beta$ y $\alpha\beta$ (si $\alpha \neq 0$) son trascendentes.

Exercise 5.225 Sea $x = \sum_{n=1}^{\infty} \frac{1}{3^{n!}}$. Demuestre que x es irracional y que para todo $n \geq 1$: $|\frac{p}{q} - x| > \frac{1}{q 3^{(n+1)!}}$ para todo número racional $\frac{p}{q}$ en forma irreducible.

5.14.7 Orden de los números reales

Exercise 5.226 Sea $A \subset \mathbb{R}$ no vacío y acotado superiormente. Demuestre que existe una sucesión estrictamente creciente $\{x_n\}$ en A tal que $\lim_{n \to \infty} x_n = \sup A$ y $\sup A \notin A$ si y solo si $x_n < \sup A$ para todo n.

Exercise 5.227 Sea $f : \mathbb{R} \to \mathbb{R}$ una función que preserva el orden (es decir, $x < y$ implica $f(x) < f(y)$). Demuestre que si f es sobreyectiva y $\lim_{x \to \infty} f(x) = \infty$, entonces f es continua en todo $\mathbb{R}$.

Exercise 5.228 Sea $\{x_n\}$ una sucesión de números reales. Demuestre que si para todo $\varepsilon > 0$ existe $N \in \mathbb{N}$ tal que para todo $n \geq N$ existen infinitos términos de la sucesión en $(x_n - \varepsilon, x_n + \varepsilon)$, entonces $\{x_n\}$ tiene un punto de acumulación.

Exercise 5.229 Sean $A, B \subset \mathbb{R}$ conjuntos no vacíos tales que $A < B$ (es decir, $a < b$ para todo $a \in A, b \in B$). Demuestre que existe una función $f : \mathbb{R} \to \mathbb{R}$ estrictamente creciente tal que $f(x) = 0$ para todo $x \in A$ y $f(x) = 1$ para todo $x \in B$.

Exercise 5.230 Sea $S \subset \mathbb{R}$ denso en $\mathbb{R}$. Demuestre que existe una sucesión $\{x_n\}$ en S tal que entre cualesquiera dos términos consecutivos de la sucesión hay exactamente un término de la sucesión original.

Exercise 5.231 Demuestre que si $A \subset \mathbb{R}$ es no vacío y acotado superiormente, entonces: $\sup A = \inf\{b \in \mathbb{R} : x \leq b \text{ para todo } x \in A\}$

Exercise 5.232 Sean $A, B \subset \mathbb{R}$ no vacíos y acotados superiormente. Demuestre que si existe $c > 0$ tal que para todo $a \in A$ existe $b \in B$ con $|a - b| < c$, entonces: $|\sup A - \sup B| \leq c$

Exercise 5.233 Sea $f: \mathbb{R} \to \mathbb{R}$ estrictamente monótona. Demuestre que f es continua si y solo si la imagen de todo intervalo es un intervalo.

Exercise 5.234 Sea $\{a_n\}$ una sucesión estrictamente creciente y $\{b_n\}$ una sucesión estrictamente decreciente tales que $a_n < b_n$ para todo n. Demuestre que existe un único número real c tal que $a_n < c < b_n$ para todo n.

Exercise 5.235 Sea $A \subset \mathbb{R}$ no vacío y acotado superiormente. Demuestre que si para todo $\varepsilon > 0$ existe $x \in A$ tal que $\sup A - x < \varepsilon$ y existe $y \notin A$ tal que $y - \sup A < \varepsilon$, entonces $\sup A \notin A$.

5.14.8 Campo de los números reales

Exercise 5.236 Demuestre que si $f: \mathbb{R} \to \mathbb{R}$ es un homomorfismo de campos que preserva el orden (es decir, $f(x) > 0$ cuando $x > 0$), entonces f es la función identidad.

Exercise 5.237 Sea $f: \mathbb{R} \to \mathbb{R}$ una función aditiva (es decir, $f(x+y) = f(x) + f(y)$ para todo $x, y \in \mathbb{R}$). Demuestre que si f es continua en un punto, entonces existe $c \in \mathbb{R}$ tal que $f(x) = cx$ para todo $x \in \mathbb{R}$.

Exercise 5.238 Demuestre que si K es un subcuerpo propio de $\mathbb{R}$, entonces K es denso en $\mathbb{R}$ si y solo si K no es isomorfo a $\mathbb{Q}$.

Exercise 5.239 Sea $f: \mathbb{R} \to \mathbb{R}$ una función que satisface: $f(xy) = f(x)f(y)$ y $f(x+y) = f(x) + f(y)$ para todo $x, y \in \mathbb{R}$ Demuestre que o bien $f \equiv 0$ o bien $f \equiv 1$ o bien $f(x) = x$ para todo $x \in \mathbb{R}$.

Exercise 5.240 Demuestre que si K es un subcuerpo de $\mathbb{R}$ que contiene a $\sqrt{2}$, entonces todos los números de la forma $a + b\sqrt{2}$ con $a, b \in \mathbb{Q}$ están en K.

Exercise 5.241 Sea $f: \mathbb{R} \to \mathbb{R}$ una función multiplicativa (es decir, $f(xy) = f(x)f(y)$ para todo $x, y \in \mathbb{R}$). Demuestre que si f es continua y no idénticamente cero, entonces existe $\alpha \in \mathbb{R}$ tal que $f(x) = |x|^\alpha$ para todo $x > 0$.

Exercise 5.242 Demuestre que existe un subcuerpo K de $\mathbb{R}$ tal que $[\mathbb{R} : K]$ es infinito pero numerable. (Aquí $[\mathbb{R} : K]$ denota la dimensión de $\mathbb{R}$ como espacio vectorial sobre K).

Exercise 5.243 Sea S un subconjunto de $\mathbb{R}$ cerrado bajo la suma y el producto. Demuestre que si S contiene al 1 y a un número irracional, entonces S es denso en $\mathbb{R}$.

5.14 Ejercicios Propuestos

Exercise 5.244 Sea $f : \mathbb{R} \to \mathbb{R}$ una función que satisface: $f(x+y) = f(x)f(y)$ para todo $x, y \in \mathbb{R}$ Demuestre que si f es continua y no idénticamente cero, entonces existe $c \in \mathbb{R}$ tal que $f(x) = e^{cx}$ para todo $x \in \mathbb{R}$.

Exercise 5.245 Sea K un subcuerpo de $\mathbb{R}$ tal que todo elemento positivo de K tiene raíz cuadrada en K. Demuestre que K es cerrado en $\mathbb{R}$ (es decir, todo límite de una sucesión en K que converge en $\mathbb{R}$ está en K).

5.14.9 Conjuntos equinumerables

Exercise 5.246 Demuestre que el conjunto de todas las funciones continuas $f : [0,1] \to \mathbb{R}$ que toman valores racionales en los puntos racionales es no numerable pero tiene cardinalidad estrictamente menor que $\mathbb{R}^{\mathbb{R}}$.

Exercise 5.247 Sea $C[0,1]$ el espacio de funciones continuas en $[0,1]$. Demuestre que el conjunto de funciones $f \in C[0,1]$ que son diferenciables en exactamente un punto es equinumerable con $\mathbb{R}$.

Exercise 5.248 Demuestre que el conjunto de números reales que son límites de sucesiones estrictamente crecientes de números racionales es equinumerable con el conjunto de números reales que son límites de sucesiones estrictamente decrecientes de racionales.

Exercise 5.249 Sea A el conjunto de números reales x tales que en su expansión decimal infinita, la secuencia de dígitos después del punto decimal contiene todas las subsecuencias finitas posibles. Demuestre que A es equinumerable con $\mathbb{R}$.

Exercise 5.250 Demuestre que el conjunto de funciones $f : \mathbb{R} \to \mathbb{R}$ que son continuas en exactamente n puntos (donde n es un entero positivo fijo) es equinumerable con $\mathbb{R}^{\mathbb{R}}$.

Exercise 5.251 Sea P el conjunto de números reales cuya expansión decimal es periódica. Demuestre que P es numerable y que existe una biyección entre P y el conjunto de fracciones irreducibles $\frac{p}{q}$ donde q no tiene factores primos diferentes de 2 y 5.

Exercise 5.252 Demuestre que el conjunto de sucesiones de números reales $\{x_n\}$ tales que $\lim_{n \to \infty} x_n = 0$ es equinumerable con $\mathbb{R}^{\mathbb{N}}$.

Exercise 5.253 Sea X el conjunto de subconjuntos acotados y cerrados de $\mathbb{R}$ que tienen un número finito de componentes conexas. Demuestre que X es equinumerable con $\mathbb{R}$.

Exercise 5.254 Demuestre que el conjunto de funciones continuas $f : [0,1] \to \mathbb{R}$ que alcanzan su máximo en exactamente un punto es equinumerable con el continuo.

Exercise 5.255 Sea D el conjunto de números reales x tales que existe una sucesión de racionales $\{r_n\}$ que converge a x y satisface $|x - r_n| \leq \frac{1}{n!}$ para todo n. Demuestre que D es numerable.

5.14.10 Numerabilidad de $\mathbb{Q}$, no numerabilidad de $\mathbb{R}$

Exercise 5.256 Demuestre que el conjunto de números reales que son límites de sucesiones de números racionales que convergen con velocidad geométrica (es decir, $|x_n - x| \leq c\alpha^n$ para algunas constantes $c > 0$ y $0 < \alpha < 1$) es numerable.

Exercise 5.257 Demuestre que el conjunto $A = \{x \in \mathbb{R} : x = \sum_{n=1}^{\infty} \frac{a_n}{n!}, a_n \in \{0, 1\}\}$ no es numerable pero tiene cardinalidad estrictamente menor que $\mathbb{R}$.

Exercise 5.258 Sea S el conjunto de números reales x tales que en su expansión decimal existe un dígito que aparece con frecuencia relativa 1. Demuestre que S es numerable.

Exercise 5.259 Demuestre que el conjunto de números reales que son límites de sucesiones monótonas de números racionales distintos no es numerable usando el teorema de Baire.

Exercise 5.260 Sea B el conjunto de números reales cuya expansión binaria contiene infinitos unos y tiene la propiedad de que entre dos unos consecutivos hay a lo más k ceros (donde k es un entero positivo fijo). Demuestre que B no es numerable.

Exercise 5.261 Sea C el conjunto de números reales x tales que la sucesión $\{nx \bmod 1\}_{n=1}^{\infty}$ es densa en $[0, 1]$. Demuestre que el complemento de C es numerable.

Exercise 5.262 Sea D el conjunto de números reales que tienen una representación decimal donde todo dígito aparece con frecuencia positiva. Demuestre que D no es numerable utilizando el teorema de categoría de Baire.

Exercise 5.263 Demuestre que el conjunto de números reales que son valores de funciones continuas en puntos racionales (es decir, $\{f(q) : f$ es continua en $\mathbb{R}, q \in \mathbb{Q}\}$) no es numerable.

Exercise 5.264 Sea E el conjunto de números reales x tales que la secuencia $\{\lfloor nx \rfloor\}_{n=1}^{\infty}$ contiene todos los enteros positivos. Demuestre que E no es numerable.

Exercise 5.265 Demuestre que el conjunto de números reales que son límites de sucesiones de números racionales $\{r_n\}$ tales que $|r_{n+1} - r_n| \leq \frac{1}{n}$ para todo n es no numerable.

5.14.11 Caracterización del supremo

Exercise 5.266 Sea $A \subset \mathbb{R}$ no vacío y acotado superiormente. Demuestre que $s = \sup A$ si y solo si para toda sucesión $\{x_n\}$ en A que converge a s, existe una subsucesión $\{x_{n_k}\}$ estrictamente creciente que también converge a s.

Exercise 5.267 Sean $A, B \subset \mathbb{R}$ no vacíos y acotados superiormente. Demuestre que: $\sup(A+B) = \sup A + \sup B$ donde $A+B = \{a+b : a \in A, b \in B\}$, utilizando únicamente la caracterización del supremo.

Exercise 5.268 Sea $A \subset \mathbb{R}$ no vacío y acotado superiormente. Demuestre que si $\sup A \notin A$, entonces existe una sucesión $\{a_n\}$ en A tal que $\{a_n\}$ es estrictamente creciente y para todo $x \in A$, existe $N \in \mathbb{N}$ tal que $x < a_N$.

Exercise 5.269 Sea $A \subset \mathbb{R}$ no vacío y acotado superiormente. Demuestre que: $\sup A = \inf\{b \in \mathbb{R} : A \subset (-\infty, b]\} = \inf\{b \in \mathbb{R} : A \subset (-\infty, b)\}$

Exercise 5.270 Sea $f : [a,b] \to \mathbb{R}$ una función continua. Demuestre que si $f(x) > x$ para todo $x \in [a,b]$, entonces: $\sup\{x - f(x) : x \in [a,b]\} < 0$

Exercise 5.271 Sea $A \subset \mathbb{R}$ no vacío y acotado superiormente. Demuestre que para todo $\varepsilon > 0$, el conjunto: $\{x \in A : \sup A - \varepsilon < x \leq \sup A\}$ es no vacío y tiene supremo igual a $\sup A$.

Exercise 5.272 Sean $A, B \subset \mathbb{R}$ no vacíos y acotados superiormente. Demuestre que si existe $c > 0$ tal que para todo $a \in A$ existe $b \in B$ con $a \leq b + c$, entonces: $\sup A \leq \sup B + c$

Exercise 5.273 Sea $A \subset \mathbb{R}$ no vacío y acotado superiormente. Sea $B = \{x \in \mathbb{R} : \exists \{a_n\}$ en A tal que $\lim a_n = x\}$. Demuestre que $\sup A = \sup B$.

Exercise 5.274 Sea $A \subset \mathbb{R}$ no vacío y acotado superiormente. Defina la sucesión $\{s_n\}$ por: $s_n = \sup\{a \in A : a \leq \sup A - \frac{1}{n}\}$ Demuestre que $\lim s_n = \sup A$ si y solo si $\sup A \notin A$.

Exercise 5.275 Sean $\{A_n\}$ una sucesión de conjuntos no vacíos y acotados superiormente y sea $A = \bigcup_{n=1}^{\infty} A_n$. Demuestre que: $\sup A = \sup\{\sup A_n : n \in \mathbb{N}\}$

5.14.12 Teorema de los intervalos encajados

Exercise 5.276 Sea $\{[a_n, b_n]\}$ una sucesión de intervalos cerrados encajados con $b_n - a_n \to 0$. Demuestre que si cada intervalo contiene al menos dos números racionales cuya diferencia es mayor que $\frac{1}{n}$, entonces $\bigcap_{n=1}^{\infty}[a_n, b_n]$ contiene un número irracional.

Exercise 5.277 Sea $\{[a_n, b_n]\}$ una sucesión de intervalos cerrados encajados. Demuestre que si existe $c > 0$ tal que $b_n - a_n \geq c \cdot (\frac{1}{2})^n$ para todo n, entonces $\bigcap_{n=1}^{\infty}[a_n, b_n]$ es un intervalo no degenerado.

Exercise 5.278 Sea $\{I_n\}$ una sucesión de intervalos cerrados encajados con $I_n = [a_n, b_n]$. Demuestre que si $\sum_{n=1}^{\infty}(b_n - a_n)$ converge, entonces $\bigcap_{n=1}^{\infty} I_n$ contiene exactamente un punto.

Exercise 5.279 Sea $\{[a_n, b_n]\}$ una sucesión de intervalos cerrados encajados y sea $x_n = \frac{a_n + b_n}{2}$. Demuestre que si $\{x_n\}$ converge a x, entonces $\bigcap_{n=1}^{\infty}[a_n, b_n] = \{x\}$.

Exercise 5.280 Sean $\{[a_n, b_n]\}$ y $\{[c_n, d_n]\}$ dos sucesiones de intervalos cerrados encajados tales que $c_n \leq a_n < b_n \leq d_n$ para todo n. Demuestre que si ambas sucesiones tienen intersección no vacía, entonces $\bigcap_{n=1}^{\infty}[a_n, b_n] \cap \bigcap_{n=1}^{\infty}[c_n, d_n] \neq \emptyset$.

Exercise 5.281 Sea $\{[a_n, b_n]\}$ una sucesión de intervalos cerrados encajados y sea f una función continua en $[a_1, b_1]$. Demuestre que: $\bigcap_{n=1}^{\infty} f([a_n, b_n]) = f(\bigcap_{n=1}^{\infty}[a_n, b_n])$

Exercise 5.282 Sea $\{[a_n, b_n]\}$ una sucesión de intervalos cerrados encajados. Demuestre que si para todo n, existe un número racional $r_n \in [a_n, b_n]$ tal que $r_n \notin [a_{n+1}, b_{n+1}]$, entonces $\bigcap_{n=1}^{\infty}[a_n, b_n]$ contiene un número irracional.

Exercise 5.283 Sean $\{I_n\}$ y $\{J_n\}$ dos sucesiones de intervalos cerrados encajados con longitudes tendiendo a cero. Demuestre que si $I_n \cap J_n \neq \emptyset$ para todo n, entonces: $\bigcap_{n=1}^{\infty} I_n = \bigcap_{n=1}^{\infty} J_n$

Exercise 5.284 Sea $\{[a_n, b_n]\}$ una sucesión de intervalos cerrados encajados y sea f monótona en $[a_1, b_1]$. Demuestre que: $\lim_{n \to \infty}(f(b_n) - f(a_n)) = 0$ si y solo si f es continua en el único punto de $\bigcap_{n=1}^{\infty}[a_n, b_n]$.

Exercise 5.285 Sea $\{[a_n, b_n]\}$ una sucesión de intervalos cerrados encajados con $\bigcap_{n=1}^{\infty}[a_n, b_n] = \{x\}$. Demuestre que para cualquier sucesión $\{x_n\}$ con $x_n \in [a_n, b_n]$ para todo n: $\lim_{n \to \infty} x_n = x$

www.ingramcontent.com/pod-product-compliance
Lightning Source LLC
Chambersburg PA
CBHW082243220526
45469CB00009B/2856